Tutorium Mathematik für Einsteiger

Klaus Fritzsche

Tutorium Mathematik für Einsteiger

Klaus Fritzsche
Bergische Universität Wuppertal
Wuppertal, Deutschland

ISBN 978-3-662-48909-3 ISBN 978-3-662-48910-9 (eBook)
DOI 10.1007/978-3-662-48910-9

Die Deutsche Nationalbibliothek verzeichnet diese Publikation in der Deutschen Nationalbibliografie; detaillierte bibliografische Daten sind im Internet über http://dnb.d-nb.de abrufbar.

Springer Spektrum

Planung: Dr. Andreas Rüdinger

Gedruckt auf säurefreiem und chlorfrei gebleichtem Papier

Springer Spektrum ist Teil von Springer Nature
Die eingetragene Gesellschaft ist Springer-Verlag GmbH Berlin Heidelberg

Vorwort

Die „Mathematik für Einsteiger“, künftig als das ***Textbuch*** bezeichnet, dient dazu, auf lockere Weise an die Mathematik heranzuführen. Man kann es in der Freizeit oder vor dem Einschlafen lesen, gewöhnt sich unmerklich an die Sprache und Denkweisen der Mathematik und verliert vor allem die Scheu davor. Allerdings fehlt ein wenig der Übungsaspekt, Mathematik lernt man ja letztlich nur, indem man sie praktisch betreibt, also Probleme mit ihr und in ihr löst.

Inzwischen haben sich zwar im Textbuch im Laufe von fünf Auflagen viele Übungsaufgaben angesammelt, und im Netz finden sich auch angedeutete Lösungen zur Kontrolle. Aber das alleine reicht nicht, und deshalb entstand die Idee, dieses ***Tutorium*** herauszugeben. Es bereitet den Leser auf die Bearbeitung der Aufgaben vor, durch kurze Zusammenfassungen der wichtigsten Sätze und Definitionen, durch neue Erklärungen schwieriger Sachverhalte, durch sorgfältig ausgewählte Beispiele und Anwendungen und vor allem durch eine Einführung in die verschiedensten Beweistechniken. Einige der Aufgaben sind – je nach Schwierigkeitsgrad – mit Hinweisen zur Lösung versehen worden. Das soll diejenigen, die bei der Bearbeitung nicht vorankommen, davon abhalten, zu rasch die Lösung nachzulesen. Im letzten Kapitel findet man schließlich „Musterlösungen“ zu sämtlichen Aufgaben. Das Wort „Musterlösung“ ist hier natürlich eher irreführend, denn es gibt fast immer unterschiedliche Rechen- und Beweiswege, und es wird keineswegs der Anspruch erhoben, dass hier jeweils der beste Weg gefunden wurde. Die Darstellung ist in der Regel recht ausführlich, aber sicher nicht immer mustergültig. Außenstehende meinen oft, Mathematik nachzuvollziehen oder zu korrigieren, sei einfach, es gäbe ja nur „richtig“ oder „falsch“. Letzteres stimmt zwar, aber dennoch sind die Mathematiker auch bei längst bekannten Formulierungen und Beweisen immer wieder auf der Suche nach einer besseren und möglichst eleganten und kurzen Darstellung.[1] Der Leser ist also durchaus aufgefordert, die hier vorgestellten Lösungen eventuell durch noch bessere zu ersetzen.

Das vorliegende Tutorium ist nun bewusst so gestaltet, dass es einerseits eine sehr nützliche Ergänzung zum Textbuch darstellt, andererseits aber auch ohne dieses durchgearbeitet oder als begleitendes Arbeitsbuch zu anderen Lehrbüchern verwendet werden kann. Deshalb wird auch weiter unten zu den einzelnen Kapiteln geeignete Literatur angegeben.

Neben den schon vorgestellten Ingredienzen enthält das Tutorium noch ein paar weitere Bestandteile:

- Die Beweise der zitierten Sätze soll man in der jeweils benutzten Begleitliteratur nachlesen. Gelegentlich werden hier aber alternative Beweise dazu vor-

[1] Ausgenommen sind vielleicht einige Genies, von Newton und Fermat bis zu Grigori Perelman, der 2002 die Poincaré-Vermutung bewies. Solchen Genies reicht es, ein schwieriges Problem gelöst zu haben, die perfekte Formulierung überlassen sie anderen.

gestellt, als Beispiele für das Vorgehen beim Beweisen. Sofern das Tutorium um neue, interessante Sätze, die sich nicht im Textbuch finden, angereichert wurde, enthält das Tutorium natürlich auch deren Beweise. Solche Ergänzungen stellen aber eher die Ausnahme dar. Das Ende eines Beweises wird wie üblich durch ein kleines Quadrat gekennzeichnet: ■

- Schwierige Begriffe und Techniken werden noch einmal besonders ausführlich (und mit anderen Worten) erklärt, auch wenn solche Erklärungen schon im Textbuch stehen. Unter der Rubrik „Nachgefragt" wird an kritischen Stellen zum Nachdenken angeregt oder eine Denkhilfe präsentiert.

- Wo es möglich ist, wird ein Bezug zur Schulmathematik hergestellt. Dazu gehört auch die Wiederholung einiger Inhalte, wie zum Beispiel das Lösen quadratischer Gleichungen oder eine Beschreibung der wichtigsten Konstruktionsmethoden der Elementargeometrie.

- Ein paar über das Textbuch hinausgehende Techniken, Theorien und Anwendungen sollen die Lektüre etwas spannender machen: Der Begriff der Äquivalenzklasse und seine zentrale Stellung in der Mathematik werden besonders betont, eine wichtige Anwendung ist das Rechnen mit Restklassen. Mit kombinatorischen Mitteln wird gezeigt, wie man wichtige Summenformeln finden kann. Der Zusammenhang zwischen Kongruenz und Bewegungen wird ausführlich dargestellt, in der Vektorrechnung finden die dreidimensionale Geometrie und die Vektorprodukte eine stärkere Beachtung. In der Differentialrechnung kann die Regel von de l'Hospital sehr elementar bewiesen und dann angewandt werden.

- Damit man passende Beispiele schneller finden kann, gibt es eine Liste der Beispiele direkt nach dem Inhaltsverzeichnis. Im Text wird das Ende eines Beispiels oder einer Gruppe von Beispielen durch folgendes Symbol am Rand gekennzeichnet: ♠

Nachfolgend soll der inhaltliche Aufbau des Buches vorgestellt werden. Dass dabei die Theorie im Tutorium nur knapp behandelt wird und der Schwerpunkt auf den Erklärungen, Beispielen und gelösten Aufgaben liegt, braucht nicht nochmals erwähnt zu werden. Neben dem Textbuch [FrME] ist das „Grundwissen Mathematikstudium" ([GrWi]) als generelle Begleitlektüre zu allen Kapiteln zu empfehlen. Außerdem sollte man vielleicht mal in [CouR] hineinschauen oder einen anderen Vorkurs (wie zum Beispiel [SchG]) zu Rate ziehen. Zu den einzelnen Themen werden aber in vielen Fällen weitere Fachbücher angegeben.

1. Im Kapitel „Logik und Geometrie" wird erklärt, wie axiomatische Mathematik funktioniert und wie die dafür benötigte Logik aussieht. Demonstriert wird das am Beispiel der klassischen euklidischen Geometrie. Dazu empfehle ich [Eucl], [Trud], [Tars] und [Thie].

2. Was in der „Mengenlehre" steht, erklärt sich von selbst.

3. Im Kapitel „Die Axiome der Algebra“ geht es vor allem um die algebraischen Eigenschaften der reellen Zahlen und die Axiome der Anordnung, die natürlichen Zahlen und das Induktionsprinzip sowie die Teilbarkeitslehre und Kongruenzrechnung.

4. Hinter dem Titel „Kombinatorik und Grenzwerte“ verbirgt sich allerlei: Es geht zunächst um das Summenzeichen, um die Lösung gewisser kombinatorischer Probleme und diverse damit zusammenhängende Formeln. Nach der Vorstellung des Vollständigkeitsaxioms für die reellen Zahlen folgen Regeln zum Umgang mit Beträgen und zum Rechnen mit Wurzelausdrücken. Damit sind alle Voraussetzungen erfüllt, um die Konvergenz von Folgen behandeln zu können, und ganz kurz wird sogar auf unendliche Reihen eingegangen. Dazu empfehle ich unter anderem [Ore], [ZtfE] und [Zahl], sowie [Sch1].

5. Die Überschrift „Relationen, Funktionen, Abbildungen“ enthält eigentlich eine Tautologie, denn Funktionen und Abbildungen sind nur zwei Bezeichnungen für den gleichen Begriff. Das Kapitel behandelt erst mal ausführlich Produktmengen, Relationen und speziell Äquivalenzrelationen, man vergleiche dazu auch [Sch1]. Danach erfährt man alles über Funktionen, als Beispiele werden insbesondere Polynome, rationale Funktionen, Exponential- und Logarithmusfunktionen behandelt. Ein kleiner Abschnitt über die Mächtigkeit von Mengen rundet das Ganze ab.

6. Das Kapitel „Grundlagen der Geometrie“ stellt eine etwas unkonventionelle axiomatische Einführung in die ebene euklidische Geometrie auf der Grundlage der reellen Zahlen vor. Hier wird man Schwierigkeiten haben, neben [FrME] noch ein alternatives Begleitbuch zu finden. Original findet sich dieser Zugang zur Geometrie in [Levi], es handelt sich um eine Variante des in den USA populären Axiomensystems von Birkhoff. Natürlich kann nicht die gesamte Geometrie behandelt werden, es bleibt bei einigen exemplarischen Anwendungen. Dazu gehört zum Beispiel die analytische Beschreibung von Geraden in der Ebene, der Umgang mit Orthogonalität und Parallelität, das Messen von Längen und Flächen und die Kongruenz und Ähnlichkeit von geometrischen Figuren auf der Grundlage von Bewegungen.

7. „Trigonometrie“ beinhaltet relativ viel Schulmathematik (zum Beispiel die Definitionen und Anwendungen von Winkelfunktionen oder die analytische Beschreibung von Kreisen und Ellipsen), aber auch eine genauere Analyse von Bewegungen aufgrund ihrer Fixpunkte.

8. „Vektorrechnung“ wird nicht zwangsläufig in der Schule durchgenommen. Deshalb wird sie hier relativ systematisch und ausführlich behandelt. Der Schwerpunkt liegt dabei auf den Rechentechniken der linearen Algebra und den verschiedenen Produkten von Vektoren (Skalarprodukt, Vektorprodukt, Spatprodukt). Als Literatur kann hier [Ant1], [FiLA] und [Sch2] empfohlen werden.

9. Das Kapitel „Grenzwerte von Funktionen“ führt in die Differentialrechnung ein, allerdings ein wenig anders, als man es von der Schule her kennt. Nach einer historischen Einführung nähert man sich sehr langsam dem Begriff der Ableitung. An der entscheidenden Stelle wird der Grenzwert von Funktionen und der Begriff der Stetigkeit eingeführt, und dann kann die Ableitung und die Eigenschaft „differenzierbar“ erklärt werden. Benutzt wird eine Definition, die in einfachen Fällen sogar ohne Grenzwertbetrachtungen auskommen würde (vgl. [Ran]), bei komplexeren Funktionen aber doch ein Verständnis der Stetigkeit voraussetzt. Was dann folgt, kann man in vielen Analysisbüchern nachlesen, ich empfehle zum Beispiel [Ant2], [Sch2] oder [ThWH].

10. In „Integrale und Stammfunktionen“ wird die Analysis durch eine kurze und einfache Einführung in die Integralrechnung fortgesetzt.

11. Zum Schluss entführt das Kapitel „Komplexe Zahlen“ den Leser in eine Welt jenseits der reellen Zahlen. Der Umgang mit komplexen Zahlen beschränkt sich weitgehend auf die wichtigsten Rechentechniken, umrahmt von der Vorstellung einer Lösung von Gleichungen dritten Grades und einer kurzen Einführung in die Quaternionen.

Wie das Textbuch wendet sich auch das Tutorium zunächst einmal an „Einsteiger“, also Schulabsolventen und andere Interessenten, die sich mit dem Gedanken tragen, Mathematik zu studieren. Aber selbstverständlich kann auch jeder andere Freund der Mathematik und jeder Student in einem natur- oder ingenieurwissenschaftlichen Studiengang seinen Nutzen daraus ziehen. Manchem wird dabei die Tatsache entgegenkommen, dass deutlich mehr gerechnet und weniger bewiesen wird als im Textbuch. Meinen Lesern wünsche ich nun viel Spaß bei der Lektüre und viel Erfolg beim Vorstoß in die wunderbare Welt der Mathematik. Vielleicht hilft dieses Tutorium ein wenig beim Verständnis.

Ganz besonders bedanken möchte ich mich bei Barbara Lühker und Andreas Rüdinger von Springer Spektrum, die auch die Erstellung dieses Buches wieder professionell begleitet und dabei viel Geduld bewiesen haben.

Wuppertal, im April 2016 Klaus Fritzsche

Inhaltsverzeichnis

Liste der Beispiele

Kapitel 5

Kapitel 6

Kapitel 7

Kapitel 8

1 Logik und Geometrie oder „Wie wahr ist die Mathematik?“

1.1 Ein Beispiel: der Satz des Pythagoras

Was ist Mathematik, und wozu braucht man sie? *Eine Antwort auf diese Frage wird meistens sehr vage bleiben oder sehr, sehr ausführlich ausfallen. Hier soll ein Mittelweg beschritten und eine erste, knappe und nicht zu ermüdende Einführung gegeben werden, anhand eines bekannten und wichtigen Lehrsatzes.*

Die Mathematik verbindet man meist mit Formeln und Gleichungen. Beispiele kennt man vielleicht aus der Physik, etwa in Gestalt des Ohm'schen Gesetzes:

$$U = R \cdot I \quad \text{(„Spannung ist Widerstand mal Stromstärke“).}$$

Warum man die Gesetze der Natur in der Sprache der Mathematik beschreiben kann und muss, ist eine sehr schwere Frage, die wahrscheinlich niemand endgültig beantworten kann. Faszinierend ist diese Entdeckung allemal.

Direkt aus der Mathematik stammt zum Beispiel die binomische Formel:

$$(a + b)^2 = a^2 + 2ab + b^2.$$

Für Laien, unter denen man viele Mathematik-Hasser findet, sind solche Formeln meist der reinste Horror. Fragt man sie nach einem typischen Beispiel aus der Mathematik, so nennen sie gerne den „Satz des Pythagoras“:

$$\boxed{a^2 + b^2 = c^2.}$$

Was diese Formel bedeutet, können allerdings viele der Befragten schon nicht mehr erklären. Ein frisch gebackener Abiturient mit der Absicht, Mathematik zu studieren, sollte jedoch etwas mehr dazu sagen können, etwa: „In einem rechtwinkligen Dreieck mit Hypotenuse c und Katheten a und b ist $a^2 + b^2 = c^2$.“

Diese Antwort zieht aber viele neue Fragen nach sich:

- Was ist ein Dreieck? Wann ist dieses rechtwinklig? Und was versteht man dann unter Hypotenuse und Katheten?

- Warum bezeichnet man die Seiten des Dreiecks mit Buchstaben? Warum gilt die Formel? Und weshalb kommen in der Formel nicht a, b und c, sondern deren „Quadrate“ a^2, b^2 und c^2 vor?
- Wer war überhaupt Pythagoras? Wann hat der gelebt? Stammt der Satz wirklich von ihm?
- Schließlich: Wozu ist das alles gut? Braucht das irgendjemand?

Auf der Suche nach den Ursprüngen der Formel muss man in der Geschichte weit zurückgehen, in eine Zeit, in der sich im Mittelmeerraum erstaunliche Dinge zutrugen.

Zwischen 1900 und 1000 v. Chr. wanderten von Norden her einige Volksstämme in das Gebiet des heutigen Griechenlands ein, darunter die Dorer und Ionier. Sie sprachen mehr oder weniger die gleiche Sprache und nannten sich alle Hellenen. Sie verehrten die gleichen Götter und kamen alle vier Jahre an dem Ort Olympia zu gemeinsamen Wettkämpfen zusammen. Die Dichtungen „Ilias“ und „Odyssee“, in denen Homer um 750 v. Chr. Sagen aus der Frühzeit besang, bildeten ein kulturelles Band, ebenso wie die griechische Schrift, die man ursprünglich von den Phöniziern übernommen hatte. Fremde, die nicht Griechisch sprachen, wurden als Barbaren bezeichnet. Es gab keine Zentralmacht, nur viele kleine Stadtstaaten. Das politische System war aristokratisch. Und weil der Platz auf der engen, gebirgigen Halbinsel bald knapp wurde, kam es zur „großen Kolonisation“. Ausgehend von Städten des Mutterlandes wurden Siedlungen zunächst in Kleinasien, dann aber auch im Westen, in Sizilien, Süditalien, Südfrankreich und auch in Nordafrika gegründet.

Um 600 v. Chr. begannen griechische Philosophen, ein Regelwerk für die Geometrie zu entwickeln. Einer ihrer prominentesten Vertreter war Pythagoras von Samos, der in Süditalien Gleichgesinnte in einer Art Orden um sich scharte. Ihm schrieb man damals den obigen Lehrsatz zu, der in Wirklichkeit wohl Ägyptern und Babyloniern schon 1000 Jahre vorher bekannt war. Neu war aber wahrscheinlich das Regelwerk, das es erst möglich machte, einen systematischen Beweis des Satzes zu formulieren.

Die Geometrie der Griechen handelte von Geraden und Kreisen, Dreiecken und Winkeln und ihren Beziehungen zueinander. Das Ganze baute auf wenigen, selbstverständlich erscheinenden Grundsätzen auf, den sogenannten Axiomen. Alles andere ergab sich daraus nach den Gesetzen der Logik, und diese Geometrie hat bis heute ihre Gültigkeit behalten. Keine andere Wissenschaft hat so die Zeiten überdauert.

Punkte, Geraden und einige ihrer elementaren Eigenschaften kann man nicht erklären. Die Geometrie ist so aufgebaut, dass man diese Erklärungen auch nicht braucht. Die Axiome regeln die Beziehungen geometrischer Objekte zueinander, so wie beim Schach gewisse Spielregeln festlegen, wie sich die einzelnen Figuren bewegen dürfen. Dabei ist es völlig unerheblich, wie die Figuren aussehen. Die Griechen erlaubten nur sehr einfache Instrumente: Ein ***Lineal*** war bei ihnen eine Vorrichtung ohne Maßeinteilung (wie zum Beispiel eine gespannte Schnur), mit deren Hilfe man die gerade Verbindungslinie $\overline{AB}$ zwischen zwei Punkten A, B der Ebene zeichnen konnte. Die Länge einer solchen „Verbindungsstrecke" konnte mit dem Lineal nicht gemessen werden, aber es stand bei zwei Strecken stets fest, ob sie gleich lang waren. Ein ***Zirkel*** war ein Instrument, mit dessen Hilfe ein Kreis mit gegebenem Mittelpunkt durch einen weiteren gegebenen Punkt gezogen werden konnte. Zur Übertragung von Abständen durfte er aber nicht verwendet werden.

In der modernen Schulgeometrie verfügt man über komfortablere Instrumente. Neben dem Zirkel gibt es das Geodreieck, mit dem man nicht nur Strecken bestimmter Länge zeichnen und messen kann, sondern auch Winkel bestimmter Größe, insbesondere rechte Winkel. ***Winkel*** entstehen, wenn in einem Punkt zwei verschiedene Geraden zusammentreffen. Die Festlegung eines rechten Winkels war in der Geometrie der Griechen eine komplizierte Angelegenheit; verwendet man einen Winkelmesser, so ist ein ***rechter Winkel*** einfach ein Winkel, der 90° beträgt.

Drei Punkte A, B, C, die nicht auf einer Geraden liegen, bestimmen ein ***Dreieck***, die Verbindungsstrecken $\overline{AB}$, $\overline{BC}$ und $\overline{AC}$ nennt man die ***Seiten*** des Dreiecks, ihre Längen bezeichnet man mit c, a und b, und zwar so, dass zum Beispiel die Seite der Länge c dem Punkt C gegenüberliegt. Die (inneren) Winkel bei A, B oder C bezeichnet man mit α, β und γ.

Abb. 1.1

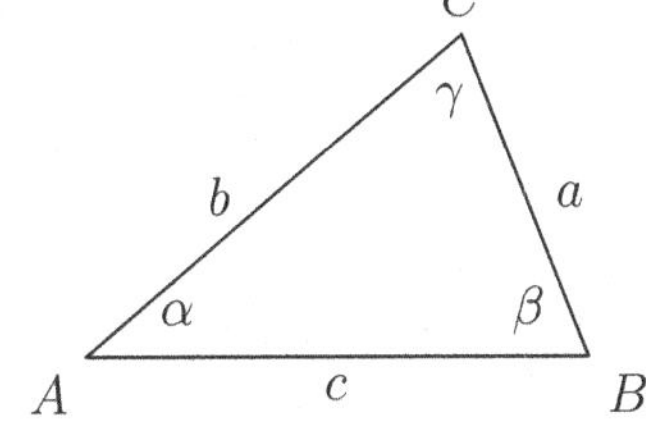

Die Summe $\alpha + \beta + \gamma$ der drei Innenwinkel eines Dreiecks beträgt immer 180°. Die Summe zweier Dreiecksseiten ist größer als die dritte Seite, es ist also zum Beispiel $a + b > c$. Zwei Dreiecke heißen ***kongruent***, falls sie deckungsgleich sind, falls sie also in allen Stücken (insbesondere in allen Seiten und allen Winkeln) übereinstimmen. Zur Kongruenz von Dreiecken gibt es einige Regeln, zum Beispiel:

(SWS) Wenn zwei Dreiecke in zwei Seiten und dem von ihnen eingeschlossenen Winkel übereinstimmen, sind sie kongruent.

(SSS) Wenn zwei Dreiecke in allen drei Seiten übereinstimmen, sind sie kongruent.

(WSW) Wenn zwei Dreiecke in einer Seite und den beiden anliegenden Winkeln übereinstimmen, sind sie kongruent.

Die Geometrie, die Euklid um 300 v.Chr. im ägyptischen Alexandria aufgeschrieben hat, ist fast bis zum heutigen Tag die Gleiche geblieben. Eine zentrale Forderung Euklids war das ***Parallelenaxiom***: Zwei Geraden heißen ***parallel***, falls sie sich nicht treffen, und das Parallelenaxiom besagt, dass man zu einer Geraden g durch einen beliebig vorgegebenen Punkt P, der nicht auf g liegt, genau eine Parallele ziehen kann. Euklids Nachfolger bezweifelten, dass dieses Axiom nötig sei. 2000 Jahre lang versuchten Mathematiker in aller Welt, das Parallelenaxiom als Satz zu beweisen. Die Versuche blieben erfolglos, und um 1830 n.Chr. wurde entdeckt, dass es – weit weg von unserer gewohnten Anschauung – eine Geometrie gibt, die in allen anderen Axiomen mit der euklidischen übereinstimmt, in der aber das Parallelenaxiom nicht gilt.

Kehren wir zurück zum Satz des Pythagoras. In der Antike kannte man keine algebraischen Formeln wie $a^2 + b^2 = c^2$. Was also sagt der Satz aus?

Ein Dreieck heißt rechtwinklig, wenn einer der Winkel 90° beträgt. Da dann die Summe der beiden anderen Winkel auch 90° beträgt, müssen diese Winkel spitz sein. Dem rechten Winkel liegt die größte Seite gegenüber, die ***Hypotenuse***. Die beiden anderen Seiten nennt man ***Katheten***. Der **Satz des Pythagoras** besagt:

Errichtet man Quadrate über den beiden Katheten eines rechtwinkligen Dreiecks, so stimmt die Summe der Flächeninhalte dieser Quadrate mit dem Flächeninhalt des Quadrates über der Hypotenuse überein.

Zum Beweis braucht man zwei Feststellungen über Flächeninhalte:

- Kongruente Dreiecke besitzen den gleichen Flächeninhalt.
- Zwei Dreiecke mit gleicher „Grundlinie“ haben genau dann den gleichen Flächeninhalt, wenn ihre Höhen übereinstimmen.[1]

Abb. 1.2

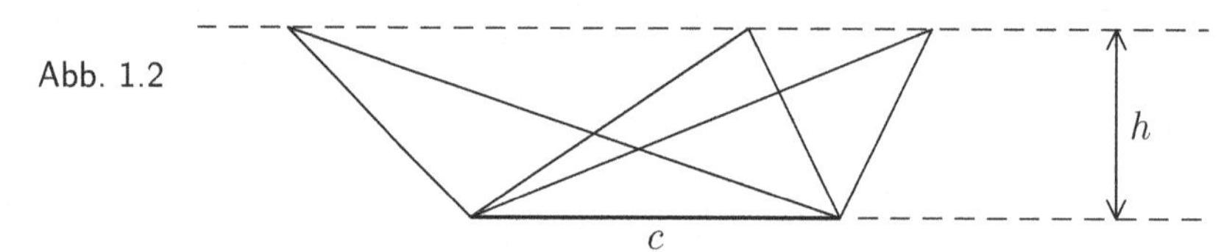

Die Beweisidee kann man nun der folgenden Abbildung entnehmen:

Abb. 1.3

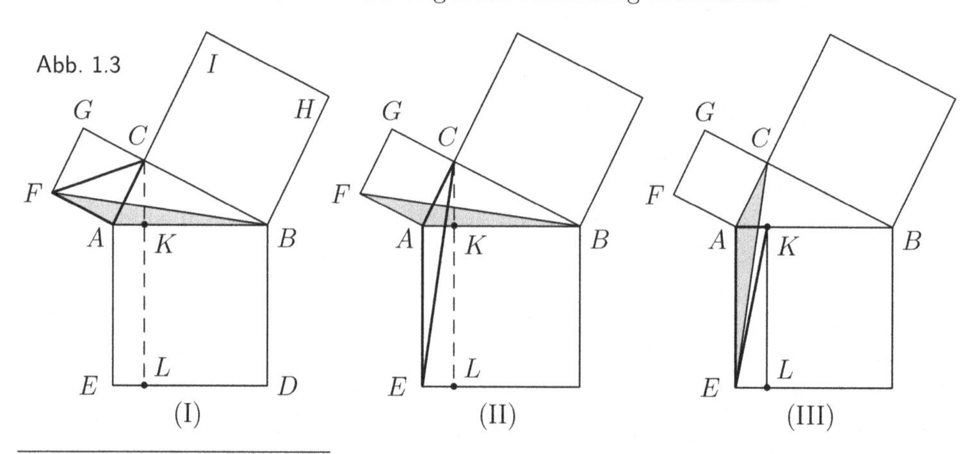

[1]Als „Grundlinie“ bezeichnet man eine beliebige, fest gewählte Seite des Dreiecks, meistens die Seite c. Bei einem rechtwinkligen Dreieck nimmt man als Grundlinie gerne die Hypotenuse. Die „Höhe“ h ist in diesem Zusammenhang die Senkrechte vom Punkt C auf die Grundlinie c.

Kommen wir zur Ausführung im Detail:

Schritt (I): Die Dreiecke FAC und FAB haben die gleiche Grundlinie und die gleiche Höhe und damit den gleichen Flächeninhalt.

Schritt (II): Die Dreiecke FAB und AEC sind kongruent (SWS), denn es ist $\overline{FA} = \overline{AC}$ und $\overline{AB} = \overline{AE}$, und die eingeschlossenen Winkel sind ebenfalls gleich (weil sich beide aus dem Winkel $\angle CAB$ und einem rechten Winkel zusammensetzen). Also weisen die beiden Dreiecke den gleichen Flächeninhalt auf.

Schritt (III): Die Dreiecke AEC und AEK haben wieder die gleiche Grundlinie und die gleiche Höhe und deshalb den gleichen Flächeninhalt.

Schritt (IV): Aus den ersten drei Schritten ergibt sich, dass das Quadrat $ACGF$ und das Rechteck $AELK$ den gleichen Flächeninhalt besitzen. Und ganz analog zeigt man, dass auch die Flächen des Quadrates $CBHI$ und des Rechtecks $KLDB$ übereinstimmen. Beides zusammen ergibt den Satz des Pythagoras.

Was zu beweisen war! ∎

Die Gleichung $a^2+b^2 = c^2$ konnte erst viele Jahrhunderte später aufgestellt werden, nachdem man die Buchstaben- und Formelschreibweise entwickelt hatte. Insbesondere musste man verstehen, was eine Gleichung ist und wie man mit ihr umgeht.

Heute benutzt man gerne einfachere Beweise für den Satz des Pythagoras, zum Beispiel:

Abb. 1.4

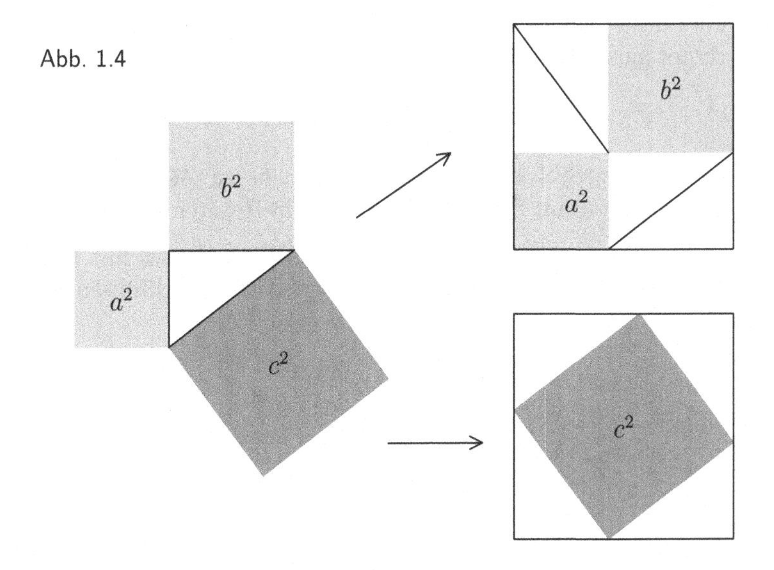

Das Quadrat mit der Seitenlänge $a + b$ setzt sich einerseits aus den Quadraten mit Seitenlänge a bzw. b und vier Exemplaren des rechtwinkligen Dreiecks zusammen, und andererseits – wie man rechts unten sieht – auch aus einem Quadrat der

Seitenlänge c und vier Exemplaren des rechtwinkligen Dreiecks. Daraus folgt das gewünschte Ergebnis.

Interessant ist auch, dass die folgende **Umkehrung des Satzes von Pythagoras** gilt:

Gegeben sei ein Dreieck ABC mit den Seiten a, b, c, zwischen denen die Beziehung $a^2 + b^2 = c^2$ gilt. Dann ist der Winkel bei C ein rechter Winkel.

Bei Euklid sieht der BEWEIS folgendermaßen aus: Man errichte über der Seite $\overline{AC}$ des gegebenen Dreiecks ABC ein weiteres Dreieck ACD mit einem rechten Winkel bei C, so dass die Kathete $\overline{CD}$ die gleiche Länge wie $\overline{BC}$ aufweist. Ist also p die Länge von $\overline{CD}$, so ist $a = p$.

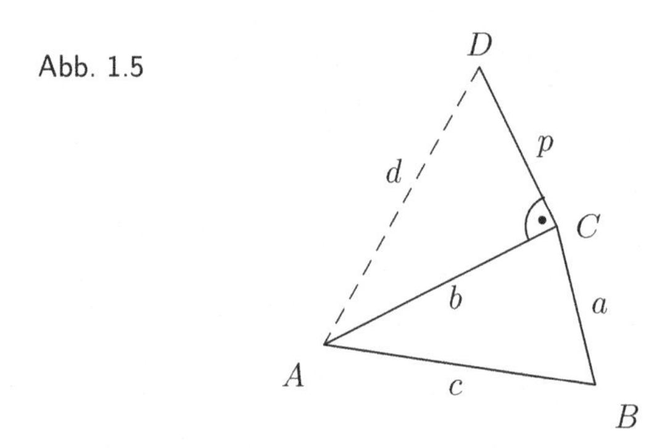

Abb. 1.5

Der klassische Satz des Pythagoras gilt natürlich auch für das Dreieck ACD. Wird die Länge der Hypotenuse $\overline{AD}$ mit d bezeichnet, so gilt:

$$d^2 = b^2 + p^2 = b^2 + a^2 = c^2, \quad \text{also } d = c.$$

Nach dem Kongruenzsatz SSS ist nun ABC kongruent zu ACD. Das bedeutet aber, dass der Winkel bei C im Dreieck ABC auch ein Rechter sein muss. ∎

Eine mögliche Anwendung ist die Erzeugung rechter Winkel, etwa mit Hilfe eines Dreiecks mit den Seiten $a = 3$, $b = 4$ und $c = 5$. Praktisch durchführen lässt sich das mit einem Zollstock.

Abb. 1.6

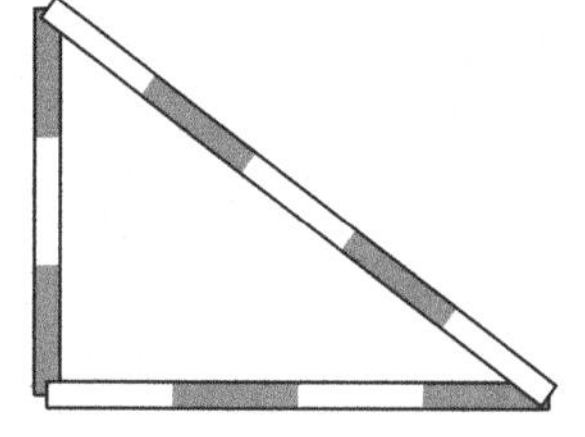

1.2 Alles beginnt mit den Axiomen

Erste Gehversuche in der Mathematik: *Hier geht es um die Regeln, nach denen das große Spiel „Mathematik" gespielt wird. Das soll am Beispiel der Geometrie demonstriert werden, weil die wahrscheinlich jedem am vertrautesten ist.*

Die Mathematik, die man in der Schule betreibt, ähnelt manchmal einem Spiel, das man ohne Spielregeln spielen soll. Man fängt an, mit Buchstaben zu rechnen, ohne zu begreifen, was man da tut und was die Regeln bedeuten. Man führt geometrische Konstruktionen durch, ohne genau zu verstehen, welche Hilfsmittel erlaubt sind. Man lernt die Ableitung als Grenzwert des Differenzenquotienten kennen, erfährt aber nicht, was ein Grenzwert eigentlich ist. Kein Wunder, dass die Mathematik einen ziemlich schlechten Ruf genießt.

Irgendwie gewöhnt man sich an dieses Stochern im Nebel, und dann will man die Details auch gar nicht mehr so genau wissen. Man möchte einfach nur noch Probleme lösen können. Umso größer ist der Schock an der Uni, wenn man erfährt, dass nun – so hat es zumindest den Anschein – nicht mehr die Problemlösung im Mittelpunkt steht, sondern die Formulierung der Spielregeln und ihre regelgerechte Anwendung. Manchen beschert das endlich ein großes Aha-Erlebnis, andere sind aber enttäuscht, verlieren rasch den Anschluss und wenden sich von der Mathematik ab.

Würde es denn reichen, sich auf Anwendungen mathematischer Methoden zu beschränken? Wenn die Probleme sehr einfach bleiben, dann wird das vielleicht funktionieren, weil die dafür nötigen Regeln auch sehr einfach sind und oftmals instinktiv richtig angewandt werden. Will man aber die allgemeine Relativitätstheorie verstehen, so muss man doch sehr tief in die Geheimnisse der Mathematik eindringen. Der normale Mathematikanwender wird sich irgendwo zwischen diesen beiden Extremen wiederfinden. Er sollte darauf vorbereitet sein, Probleme lösen zu müssen, für die das einfache Handwerkszeug nicht reicht. Dann kommt der Augenblick, wo man neue mathematische Texte lesen und verstehen muss. Um darauf vorbereitet zu sein, braucht man eine solide Grundlage.

Also ran an die Spielregeln! In der Mathematik wird zwar fast alles bewiesen, aber irgendwann muss man mit ein paar einfachen Aussagen beginnen, die sich nicht weiter zurückführen und beweisen lassen. Das sind die ***Axiome***. Zur Formulierung der Axiome, die in der Gestalt mathematischer Lehrsätze daherkommen, braucht man ein paar Worte aus der Alltagssprache und eventuell ein paar Fachbegriffe. Manche dieser Begriffe lassen sich in einer Definition erklären, aber die Erklärung benutzt wieder irgendwelche einfacheren Begriffe, und schließlich landet man bei Begriffen, die sich nicht weiter erklären lassen. Das sind die ***Grundbegriffe*** oder ***primitiven Terme***.

In der klassischen euklidischen Geometrie sind ***Punkt***, ***Gerade*** und ***Ebene*** primitive Terme. Kompliziertere Begriffe wie Dreiecke, Winkel oder Kreise können dagegen definiert werden. Von den primitiven Termen darf man nur die Eigenschaften verwenden, die in den Axiomen gefordert werden.

Üblicherweise beginnt man in der ebenen euklidischen Geometrie mit den ***Inzidenzaxiomen***:

- Durch je zwei verschiedene Punkte der Ebene geht genau eine Gerade.
- Jede Gerade enthält mindestens zwei Punkte.
- In der Ebene gibt es drei Punkte, die nicht auf einer Geraden liegen.

Genau genommen müsste man auch Redeweisen wie „liegt auf" oder „treffen sich" als primitive Terme einführen. Hier soll darauf verzichtet werden, um das Axiomensystem nicht zu kompliziert zu machen.

Aufgabe 1.1

Folgern Sie allein aus den Inzidenzaxiomen, dass sich zwei verschiedene Geraden in der Ebene höchstens in einem Punkt treffen und dass es in der Ebene mindestens drei Geraden gibt.

Hinweis: *Dies ist die erste Aufgabe im Buch, und es soll nichts berechnet, sondern etwas gefolgert werden. Das dürfte für die meisten neu sein. Was ist zu tun?*

Zunächst muss man sich daran gewöhnen, dass die Ausgangssituation nicht die gewohnte Geometrie ist. Für einen Augenblick ist die Welt eine öde und leere Ebene, es gibt nichts außer Punkten und Geraden, und selbst deren Gestalt ist ebenso unbekannt wie belanglos. Man weiß nur, dass Punkte auf Geraden liegen können oder umgekehrt Geraden durch Punkte gehen können. Alles andere wird durch die Axiome geregelt.

Jetzt soll gezeigt werden, dass zwei verschiedene Geraden genau einen Punkt gemeinsam besitzen. Keins der Axiome sagt etwas über zwei Geraden aus. Wenn nun weit und breit keine Idee zu sehen ist, kann man sich ja mal überlegen, was passieren würde, wenn die Behauptung falsch wäre, wenn es also zwei Geraden gäbe, die mindestens zwei Punkte gemeinsam haben. Diese Situation ist leichter zu handhaben, denn die Axiome geben durchaus Auskunft darüber, was man mit zwei gegebenen Punkten anfangen kann. Sollte man nun auf direktem Wege durch logisches Argumentieren zu einer absurden Aussage gelangen, so kann die Annahme, dass die Behauptung falsch sei, nicht fundiert gewesen sein. Das bedeutet, dass diese Behauptung wahr gewesen sein muss. So etwas nennt man einen Widerspruchsbeweis, genauer wird darauf im Abschnitt 1.4 eingegangen.

Eine vollständige Lösung findet sich in Kapitel 12, das die Lösungen aller Aufgaben enthält. Man sollte aber erst mal versuchen, selbst auf die richtige Idee zu kommen.

Für die nächste Aufgabe braucht man noch ein weiteres Axiom, das ***Parallelenaxiom***:

- Ist g eine Gerade und P ein Punkt, der nicht auf g liegt, so gibt es genau eine Parallele zu g durch P.

Aufgabe 1.2

Zeigen Sie, dass es eine Ebene geben kann, die aus nur vier Punkten besteht, so dass die Inzidenzaxiome und das Parallelenaxiom erfüllt sind.

Hinweis: *Hier muss man ein wenig kreativ sein. Man startet mit den vier Punkten und überlegt sich dann, welche Geraden man braucht. Aber Vorsicht! Die Anschauung kann einen hier eventuell in die Irre führen.*

Eines der ältesten bekannten Axiomensysteme findet man in dem Buch *Elemente* des schon erwähnten griechischen Mathematikers Euklid. Dort wird die Geometrie streng axiomatisch aufgebaut, und deshalb stehen am Anfang fünf Postulate. Dieses System ist aus heutiger Sicht zwar recht löchrig, aber doch plausibel, und es enthält als Höhepunkt das fünfte Postulat. Dessen komplizierte Formulierung muss man sich mal auf der Zunge zergehen lassen:

Euklids fünftes Postulat: *Wenn eine Gerade g zwei andere Geraden h_1 und h_2 trifft und mit ihnen auf derselben Seite innere Winkel bildet, die zusammen weniger als $180°$ betragen, dann treffen sich die Geraden h_1 und h_2 auf dieser Seite von g.*

Hieraus ergibt sich tatsächlich das moderne Parallelenaxiom. Zu zeigen, wie das genau geht, wäre hier mit zu viel Aufwand verbunden, denn wir müssten erst mal ausführlich klären, welche Lehrsätze mit und welche ohne Postulat V gelten.

Das erste moderne Axiomensystem der Geometrie stellte der Mathematiker David Hilbert (1862–1943) auf. Er forderte, dass ein Axiomensystem vollständig, unabhängig und widerspruchsfrei zu sein habe. „Vollständig“ bedeutet, dass man das System nicht erweitern kann, ohne Widersprüche zu erzeugen. „Unabhängig“ sind die Axiome, wenn keins von ihnen aus den anderen abgeleitet werden kann. Die Bedeutung der primitiven Terme spielt dagegen keine Rolle. Nichtmathematische Beispiele lieferten oftmals die „Logeleien“ von Zweistein in der Zeitschrift *Die Zeit.*

Aufgabe 1.3

Lösen Sie das folgende Rätsel:

Alle Knaffs haben die gleiche Form und sind gleich groß. Alle grünen Hunkis haben ebenfalls die gleiche Form und Größe. Zwanzig Knaffs passen gerade in einen Plauz. Alle Hemputis enthalten grüne Hunkis. Ein grüner Hunki ist zehn Prozent größer als ein Knaff. Ein Hemputi ist kleiner als ein Plauz. Wenn der Inhalt aller Plauze und aller Hemputis vorwiegend rot ist, wie viele grüne Hunkis können maximal in einem Hemputi sein?

Nachdem die primitiven Terme und die Axiome vorgestellt und vielleicht noch einige neue Begriffe definiert worden sind, geht es darum, Sätze zu beweisen. Das soll hier anhand einiger einfacher Beispiele demonstriert werden.

Wenn sich zwei Geraden treffen, dann entstehen vier Winkel. Zwei davon, die nebeneinander auf der gleichen Seite einer Geraden liegen, bezeichnet man jeweils als ***Nebenwinkel***. Sind solche Nebenwinkel sogar gleich, so handelt es sich um zwei rechte Winkel. Zusammen ergeben Nebenwinkel immer 180°.

Abb. 1.7

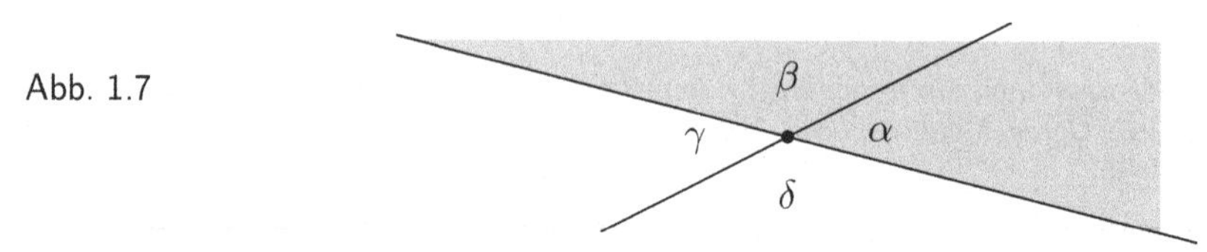

Die gegenüberliegenden Winkel nennt man ***Scheitelwinkel***, und die sind immer gleich. Auf den Beweis wird hier nicht näher eingegangen. Stattdessen wollen wir einen etwas umfangreicheren Beweis anschauen. Bei Euklid findet man das folgende Ergebnis:

Schwacher Außenwinkelsatz: *An jedem Dreieck sind die Außenwinkel größer als jeder der beiden gegenüberliegenden Innenwinkel.*

BEWEIS: Gegeben sei ein Dreieck ABC mit den Innenwinkeln α, β und γ. Neben β liegt der Außenwinkel δ.

Abb. 1.8

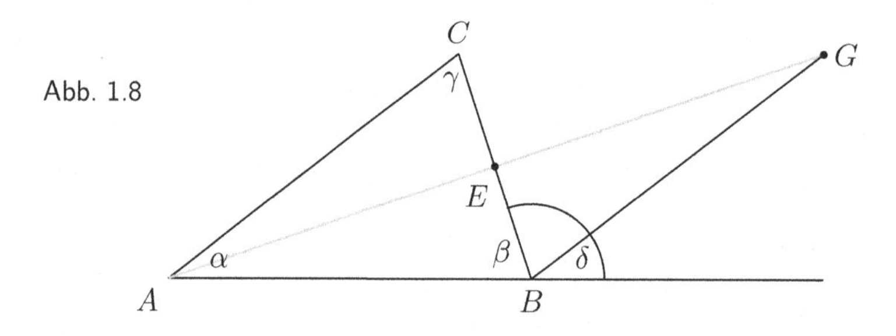

Man konstruiere den Mittelpunkt E der Seite $\overline{BC}$ und verlängere die Strecke $\overline{AE}$ bis zum Punkt G, so dass $\overline{AE} = \overline{EG}$ ist. Nach Konstruktion sind die Dreiecke AEC und BGE kongruent, das liefert die SWS-Regel (denn es ist $\overline{AE} = \overline{EG}$ und $\overline{BE} = \overline{EC}$, und die Scheitelwinkel $\angle AEC$ und $\angle BEG$ sind ebenfalls gleich). Also stimmt γ mit dem Winkel $\angle GBE$ überein, der wiederum kleiner als der Außenwinkel δ ist. Letzteres entnimmt man der Zeichnung, aber eigentlich darf ein geometrischer Beweis nicht anschaulich geführt werden. Euklid war diesbezüglich jedoch etwas großzügig und hielt somit den Nachweis für erbracht, dass γ kleiner als δ ist. Dass auch α kleiner als δ ist, wird analog begründet. ∎

Dieser Beweis von Euklid, der im Wesentlichen auch heute, nach weit über 2000 Jahren, so geführt werden kann, ist ein kleines Kabinettstück. Die Sensation besteht darin, dass das Parallelenaxiom nicht gebraucht wird. Ganz anders verhält es sich beim klassischen Außenwinkelsatz, der besagt, dass der Außenwinkel gleich der Summe der beiden nichtanliegenden Innenwinkeln ist. Er kann nur mit Hilfe des Parallelenaxioms bewiesen werden kann. Der schwache Außenwinkelsatz spielte deshalb eine entscheidende Rolle bei der Suche nach einer nichteuklidischen Geometrie.

Rechte Winkel kann man mit Zirkel und Lineal konstruieren, insbesondere kann man in jedem Punkt einer Geraden g die Senkrechte zu g errichten. Und von einem Punkt P außerhalb der Geraden g kann man das Lot auf g fällen. Daraus folgt:

Satz: *Ist eine Gerade g und ein Punkt P außerhalb von g gegeben, so kann man durch P eine Parallele zu g ziehen.*

Hoppla, könnte man jetzt sagen! Soll hier das Parallelenaxiom bewiesen werden? Natürlich nicht, das ist ja nicht möglich! Aber man sieht nun deutlicher, worin die entscheidende Aussage dieses Axioms liegt. Nicht die Existenz, sondern die Eindeutigkeit der Parallelen wird gefordert.

BEWEIS: Also zur Existenz der Parallele: Man fälle von P aus das Lot ℓ auf g und errichte dann in P die Senkrechte h zu ℓ. Die Situation sieht folgendermaßen aus:

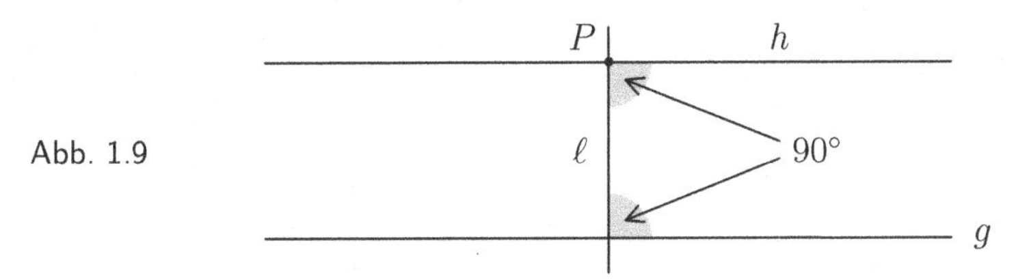

Abb. 1.9

Es ist nur noch zu zeigen, dass h tatsächlich parallel zu g ist. Das wird im Folgenden nachgeholt, es sind einige Vorbereitungen dafür nötig. ∎

Wird eine Gerade h von zwei verschiedenen Geraden g_1, g_2 geschnitten, so entstehen acht Winkel. Man unterscheidet dann ***Stufenwinkel*** (***F-Winkel***), ***Ergänzungswinkel*** (***E-Winkel***) und ***Wechselwinkel*** (***Z-Winkel***):

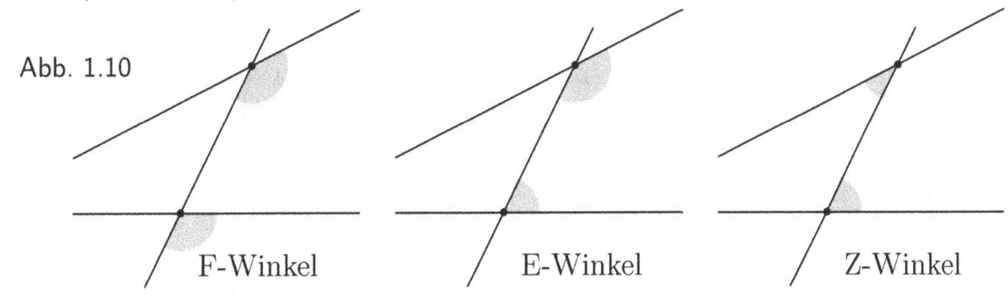

Abb. 1.10

Man sagt, dass in dieser Situation die Bedingung (F), (E) oder (Z) erfüllt ist, wenn zwei Stufenwinkel gleich sind, wenn sich zwei Ergänzungswinkel zu 180° ergänzen oder wenn zwei Wechselwinkel gleich sind. Durch Betrachtung von Neben- und Scheitelwinkeln zeigt man: Ist eine der Bedingungen erfüllt, so auch die beiden anderen.

Satz: *Gilt eine der Bedingungen (F), (E) oder (Z), so sind die Geraden g_1, g_2 parallel.*

BEWEIS: Wären die Geraden nicht parallel, so würde ein Dreieck entstehen, bei dem wegen Bedingung (Z) ein Außenwinkel gleich einem Innenwinkel wäre. Das kann nicht sein, wie der schwache Außenwinkelsatz zeigt. ∎

Wenn das Parallelenaxiom gilt (und hier wird das wirklich gebraucht!), dann sind an parallelen Geraden, die von einer dritten Geraden geschnitten werden, tatsächlich die Winkelbeziehungen (E), F und (Z) erfüllt.

Aufgabe 1.4

Beweisen Sie – unter Benutzung des Parallelenaxioms – den **Satz vom Außenwinkel:** *Bei einem Dreieck ist jeder Außenwinkel gleich der Summe der beiden nicht anliegenden Innenwinkel.*

Hinweis: *Hier ist eine Skizze zur Aufgabe. Um den Beweis zu führen, darf alles verwendet werden, was bisher zur Sprache kam, und man kann auch jederzeit Hilfslinien einführen, wenn dies die Beweisführung vereinfacht. Der Satz, dass die Winkelsumme im Dreieck stets* 180° *beträgt, soll allerdings nicht benutzt werden.*

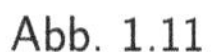

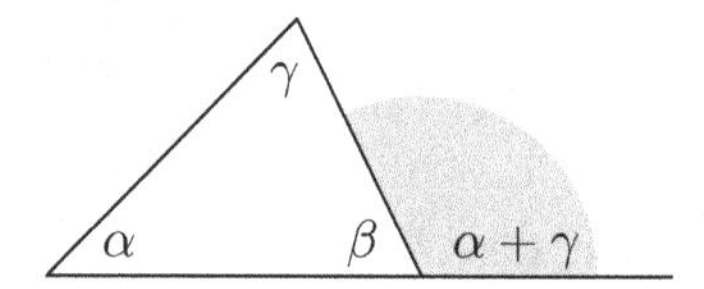

Abb. 1.11

1.3 Logik

Wer Lehrsätze beweisen will, muss logisch schließen können! *Die Regeln dafür liefert die Aussagenlogik, und die wird in diesem Abschnitt vorgestellt.*

Eine ***Aussage*** ist ein grammatikalisch vernünftiger Aussagesatz, dem man – zumindest theoretisch – eine ***Wahrheitswert*** „wahr" oder „falsch" zuordnen kann.

Beispiele 1.3.1 (Aussagen und Wahrheitswerte)

1 „Die Zahl 2 ist eine Primzahl."

Das ist eine wahre Aussage. Manche Leute glauben zwar, dass Primzahlen immer ungerade sind, aber diese Leute irren sich. Man sollte genau wissen, was man unter einer Primzahl versteht, nämlich eine natürliche Zahl (also eine der Zahlen 1, 2,

3, ...), deren Kehrwert keine natürliche Zahl mehr ist und die nur durch 1 und sich selbst teilbar ist. Die 1 kommt nicht in Frage, weil ihr Kehrwert 1 wieder eine natürliche Zahl ist. Aber die 2 erfüllt das Kriterium, die 3 auch und die $4 = 2 \cdot 2$ natürlich nicht.

2 „Caius ist ein Dummkopf“.

Dies ist der Titel eines bekannten Jugendbuches von Henry Winterfeld. Er gibt ein Graffity wieder, das eine wichtige Rolle im Buch spielt. Der Spruch sieht aus wie eine Aussage, gibt aber nur die Meinung eines Mitschülers von Caius wieder. Sein Wahrheitswert kann nicht eindeutig ermittelt werden. Damit handelt es sich nicht um eine Aussage im strengen Sinne der Logik.

3 „$a^2 + b^2 = c^2$“ kann gar keine Aussage sein, denn es wird nicht gesagt, was a, b und c sind. Eine bessere Version wäre „Wenn a, b und c die beiden Katheten und die Hypotenuse eines rechtwinkligen Dreiecks sind, dann ist $a^2 + b^2 = c^2$“. Dieser mathematische Satz ist wahr und insbesondere natürlich eine Aussage.

4 „Für jede nicht negative, ganze Zahl n ist $F_n = 2^{2^n} + 1$ eine Primzahl.“

Tatsächlich sind $F_0 = 3$, $F_1 = 5$, $F_2 = 17$, $F_3 = 257$ und $F_4 = 65\,537$ Primzahlen. Aber die Zahl $F_5 = 4\,294\,967\,297$ besitzt den Teiler 641 und ist demnach nicht prim. Es handelt sich also um eine falsche Aussage. ♠

Mit Hilfe logischer Verknüpfungen kann man aus bekannten Aussagen neue und komplexere Aussagen gewinnen. Um das beschreiben zu können, benutzt man Buchstaben als Stellvertreter für beliebige Aussagen. Ist eine Aussagenverknüpfung aus Aussagen $\mathscr{A}$, $\mathscr{B}$ oder $\mathscr{C}$ zusammengesetzt, so braucht man für die Teilaussagen nur jeweils die Wahrheitswerte w (wahr) und f (falsch) einzusetzen, um die möglichen Wahrheitswerte der zusammengesetzten Aussage zu erhalten. Das geschieht in Form von Wahrheitstafeln. Die Verknüpfungen

$$\neg\mathscr{A} \ (\textbf{nicht } \mathscr{A}), \quad \mathscr{A} \vee \mathscr{B} \ (\mathscr{A} \textbf{ oder } \mathscr{B}) \quad \text{und} \quad \mathscr{A} \wedge \mathscr{B} \ (\mathscr{A} \textbf{ und } \mathscr{B})$$

erklärt man damit folgendermaßen:

$\mathscr{A}$	$\neg\mathscr{A}$
w	f
f	w

$\mathscr{A}$	$\mathscr{B}$	$\mathscr{A} \vee \mathscr{B}$
w	w	w
w	f	w
f	w	w
f	f	f

$\mathscr{A}$	$\mathscr{B}$	$\mathscr{A} \wedge \mathscr{B}$
w	w	w
w	f	f
f	w	f
f	f	f

Nachgefragt: *Unvermittelt tauchen hier sehr seltsame Symbole auf. Muss das sein? Wie geht man damit um?*

Wenn ein Soziologe ganz allgemein über das Verhalten von Parteien untereinander sprechen will, tut er gut daran, nicht spezielle Parteibezeichnungen wie CDU oder SPD zu verwenden, sondern allgemeiner etwa von Partei A und Partei B zu reden. Gerade in der Mathematik ist die Verwendung von Variablen als Stellvertreter für konkrete Objekte üblich. Hier werden nun Variablen für Aussagen gebraucht, weil über den Umgang mit Aussagen gesprochen werden soll. Um Verwechslungen mit mathematischen Objekten zu vermeiden, verwende ich die sonst eher selten gebrauchten Skriptbuchstaben $\mathscr{A}$, $\mathscr{B}$, $\mathscr{C}$ usw.

Sind $\mathscr{A}$ und $\mathscr{B}$ zwei Aussagen, so gibt es auch die Aussage, dass $\mathscr{A}$ und $\mathscr{B}$ gleichzeitig gelten. Man sagt dann: „$\mathscr{A}$ **und** $\mathscr{B}$" oder – durch ein neues Symbol abgekürzt – „$\mathscr{A} \wedge \mathscr{B}$". Da $\mathscr{A}$ und $\mathscr{B}$ nicht näher spezifiziert sind, kann man auch die Aussagenverknüpfung $\mathscr{A} \wedge \mathscr{B}$ nicht im Detail beschreiben, man kann nur angeben, wie der Wahrheitswert der Verknüpfung von den Wahrheitswerten der Teilaussagen abhängt. Das geschieht mit Hilfe der Wahrheitstafel.

Beispiele 1.3.2 (Die logische Verneinung von Aussagen)

[1] Die Verneinung der Aussage „C ist der dritte Buchstabe des Alphabets" lautet:

„C ist nicht der dritte Buchstabe des Alphabets." C kann dann der zweite, vierte oder zwanzigste Buchstabe des Alphabets sein, oder auch gar keiner dieser Buchstaben. Nur die Nummer 3 ist verboten.

[2] Wie lautet die Verneinung der Aussage „Reden ist Silber und Schweigen ist Gold"? Natürlich ist das nicht die Aussage „Reden ist Gold und Schweigen ist Silber". Wenn es nicht zutrifft, dass die Aussagen „Reden ist Silber" und „Schweigen ist Gold" gleichzeitig gelten, dann kann es sein, dass eine der Aussagen nicht gilt, oder auch beide. Es gilt also die Aussage „Reden ist nicht Silber oder Schweigen ist nicht Gold". Das ist ein Spezialfall einer sogenannten Verneinungsregel:

$$\neg(\mathscr{A} \wedge \mathscr{B}) \quad \text{ist gleichbedeutend zu} \quad (\neg\mathscr{A}) \vee (\neg\mathscr{B}).$$

Aus „und" wird beim Verneinen ein „oder".

[3] Sei $\mathscr{A}$ die Aussage „Für alle n ist $2^n > n^2$". Um die zu verstehen, muss man natürlich Potenzrechnung und Ungleichungen beherrschen. Um die Aussage verneinen zu können, braucht man sie allerdings nicht zu verstehen. Man kann einfach sagen: „Es ist nicht richtig, dass $2^n > n^2$ für alle n gilt." Aber welche der Aussagen ist nun wahr? Für $n = 0$ und $n = 1$ erhält man die wahren Aussagen $1 > 0$ und $2 > 1$. Aber dann wird es wacklig: Im Falle $n = 2$ ist $2^n = n^2$. Das könnte noch ein Ausrutscher sein, aber im Falle $n = 3$ ist $2^n = 8 < 9 = n^2$, im Falle $n = 4$ ist $2^n = 16 = n^2$. Ab der Nummer $n = 5$ ist immer $2^n > n^2$. Wie man das beweist, braucht uns hier noch nicht zu interessieren. Auf jeden Fall ist die Aussage $\mathscr{A}$ falsch (denn die Ungleichung gilt nicht für **alle** n), und die Aussage $\neg\mathscr{A}$ ist wahr. Dafür reicht eine einzige Ausnahme. Das bedeutet, $\neg\mathscr{A}$ entspricht
♠ der Aussage „Es gibt ein n, so dass $2^n > n^2$ falsch ist".

Zwei Aussagen oder Aussagenverknüpfungen $\mathscr{A}$ und $\mathscr{B}$ heißen ***äquivalent***, wenn sie den gleichen Wahrheitswert aufweisen. Man schreibt dann $\mathscr{A} \iff \mathscr{B}$. Dabei kommt es nicht auf den Inhalt der Aussagen an. Zum Beispiel ist „$(5 > 3) \iff$ (7 ist eine Primzahl)“ eine wahre Aussage (wenn auch eine relativ wertlose).

Man kann nun neue Aussagenverknüpfungen festlegen, indem man eine äquivalente Aussage angibt. Das macht man so bei einer besonders wichtigen Verknüpfung, der ***Implikation*** oder ***logischen Folgerung*** $\mathscr{A} \implies \mathscr{B}$.

$\mathscr{A} \implies \mathscr{B}$ steht für die Aussage $\mathscr{B} \vee (\neg\mathscr{A})$. Das ergibt folgende Wahrheitstafel:

$\mathscr{A}$	$\mathscr{B}$	$\neg\mathscr{A}$	$\mathscr{B} \vee (\neg\mathscr{A})$	$\mathscr{A} \implies \mathscr{B}$
w	w	f	w	w
w	f	f	f	f
f	w	w	w	w
f	f	w	w	w

Warum nennt man die Implikation eine „logische Folgerung“? Ein typisches Beispiel ist die Aussage „Wenn es regnet, wird die Erde nass“. Sei $\mathscr{A}$ die Aussage „Es regnet“ sowie $\mathscr{B}$ die Aussage „Die Erde wird nass“. Ist $\mathscr{A}$ wahr, so erfordert eine korrekte Folgerung „Wenn $\mathscr{A}$, dann $\mathscr{B}$“, dass auch $\mathscr{B}$ wahr ist. Das begründet schon mal die ersten beiden Zeilen der obigen Wahrheitstafel. Ein wenig unklar ist die Situation, wenn $\mathscr{A}$ falsch ist. Normalerweise würde man erwarten, dass die Erde dann trocken bleibt. Wird sie aber dennoch nass, so braucht das nicht am Regen zu liegen, es kann auch jemand den Rasensprenger angeschaltet haben. Deshalb sind beide Fälle denkbar, und man legt die Implikation so fest, wie es die dritte und vierte Zeile der Tafel angeben.

Aus einer falschen Aussage $\mathscr{A}$ kann man mit einer korrekten Implikation wahre und falsche Aussagen folgern. Das klingt seltsam und entspricht auf den ersten Blick nicht der Lebenserfahrung. Denkt man aber genauer darüber nach, so erscheint es doch sinnvoll:

Sei zum Beispiel $\mathscr{A}$ die (natürlich falsche) Aussage „3 ist eine gerade Zahl“. Dann gibt es eine ganze Zahl k, so dass $3 = 2k$ ist, und daraus folgt die wahre Aussage „3 ist eine ganze Zahl“. Man kann aus $\mathscr{A}$ aber auch folgern, dass $5 = 3 + 2$ gerade ist, und das ist eine falsche Aussage.

Eine der ältesten logischen Regeln ist übrigens unter dem Namen „modus ponens“ seit Aristoteles bekannt:

Gilt $\mathscr{A} \implies \mathscr{B}$ und ist die Wahrheit von $\mathscr{A}$ gesichert, so ist $\mathscr{B}$ bewiesen.

Diese Regel kann man in der Wahrheitstafel der Implikation wiederfinden, aber der Fall, dass $\mathscr{A}$ falsch ist, ist dabei gar nicht vorgesehen.

Beispiele 1.3.3 (Logische Implikationen)

[1] Ist ABC ein Dreieck mit einem rechten Winkel bei C, so gilt für die Seiten a, b, c dieses Dreiecks die Aussage $a^2 + b^2 = c^2$.

Das ist eine Anwendung des Satzes des Pythagoras und ein typischer Fall von modus ponens. Ist die Ausgangsbehauptung „ABC ein Dreieck mit einem rechten

Winkel bei C" wahr und der Beweis des Satzes von Pythagoras fehlerfrei (wovon man nach über 2000 Jahren ausgehen kann), so ist die Formel $a^2 + b^2 = c^2$ (für die Seiten a, b, c des betrachteten Dreiecks) wahr.

Ist die Ausgangsbehauptung falsch, also ABC kein rechtwinkliges Dreieck, so kann man nicht erwarten, dass die Formel $a^2+b^2 = c^2$ wahr ist. Wegen der Umkehrbarkeit des Satzes von Pythagoras wäre das sogar unmöglich.

2 „Wenn eine 100-Gramm-Tafel Schokolade 86 Cent kostet, dann kostet eine 250-Gramm-Tafel der gleichen Sorte 2 Euro und 15 Cent." Das sieht nach einer logischen Folgerung aus, denn man würde natürlich annehmen, dass der Preis direkt proportional zur Menge ist. Um so verblüffter ist man dann, wenn man im Regal die 250-Gramm-Tafel der gleichen Sorte findet und diese mit 1 Euro und 79 Cent ausgezeichnet ist.

Auch ein Mathematiker ist lernfähig und kommt jetzt zu dem Schluss, dass folgende Aussage wahr ist: „Je größer die gekaufte Gesamtmenge ist, desto kleiner ist der Preis pro Gramm." Leider entdeckt der Mathematiker dann am nächsten Tag im Regal eine 500-Gramm-Tüte Chips für 3,80 Euro, und im Fach darunter die 1000-Gramm-Tüte, die 7,90 Euro kostet, obwohl deren Preis doch eigentlich unter 7,60 Euro liegen sollte.

Die Moral von dieser Geschichte ist: Strenge mathematische Logik lässt sich im Alltag nicht anwenden. Produzenten und Händler bemühen sich in zunehmendem Maße, Endverbraucher zu verwirren. Gewinnoptimierung ist das Ziel, und dafür setzt man gerne mal die Logik außer Kraft.

3 Ein guter Krimi-Autor wird sich natürlich um logische Argumente bemühen. Da kann man zum Beispiel lesen, dass der Kommissar zu seinem Assistenten sagt: „Hol' schon mal den Wagen, Fritz, wir müssen etwas nachprüfen: Der Kellner, der Bronstein ein Alibi gegeben hat, hat gelogen, oder Bronstein ist nicht unser Mörder."

Verklausuliert hat der Kommissar eine Implikation ausgesprochen: „Wenn Bronstein der Mörder ist, dann hat der Kellner gelogen." ♠

Manchmal implizieren sich zwei Aussagen gegenseitig: Ein Dreieck mit den Seiten a, b, c ist genau dann rechtwinklig, wenn $a^2 + b^2 = c^2$ ist. Die Implikation „von links nach rechts" ist der Satz des Pythagoras, die Implikation in der umgekehrten Richtung seine Umkehrung. Wir vergleichen die Wahrheitstafel dieser Situation mit der einer Äquivalenz:

$\mathscr{A}$	$\mathscr{B}$	$\mathscr{A} \Longrightarrow \mathscr{B}$	$\mathscr{B} \Longrightarrow \mathscr{A}$	$(\mathscr{A} \Longrightarrow \mathscr{B}) \wedge (\mathscr{B} \Longrightarrow \mathscr{A})$	$\mathscr{A} \Longleftrightarrow \mathscr{B}$
w	w	w	w	w	w
w	f	f	w	f	f
f	w	w	f	f	f
f	f	w	w	w	w

Man sieht, dass die Äquivalenz zweier Aussagen bedeutet, dass jede von ihnen die jeweils andere impliziert. Das passt! Schließlich setzt sich das Symbol $\Longleftrightarrow$ aus den beiden Pfeilen $\Longrightarrow$ und $\Longleftarrow$ zusammen.

Die folgende Aussage ist also immer wahr, unabhängig von den Wahrheitswerten von $\mathscr{A}$ und $\mathscr{B}$:

$$\big((\mathscr{A} \Longrightarrow \mathscr{B}) \wedge (\mathscr{B} \Longrightarrow \mathscr{A})\big) \iff \big(\mathscr{A} \iff \mathscr{B}\big).$$

Solche Aussagenverknüpfungen bezeichnet man als ***Tautologien***.

Weitere wichtige Beispiele von Tautologien sind

- die Verneinungsregeln von de Morgan:

$$\neg(\mathscr{A} \wedge \mathscr{B}) \iff (\neg\mathscr{A}) \vee (\neg\mathscr{B}) \quad \text{und} \quad \neg(\neg\mathscr{A}) \iff \mathscr{A}.$$

- die Distributivgesetze:

$$\begin{aligned} &\mathscr{A} \wedge (\mathscr{B} \vee \mathscr{C}) \iff (\mathscr{A} \wedge \mathscr{B}) \vee (\mathscr{A} \wedge \mathscr{C}) \\ \text{und} \quad &\mathscr{A} \vee (\mathscr{B} \wedge \mathscr{C}) \iff (\mathscr{A} \vee \mathscr{B}) \wedge (\mathscr{A} \vee \mathscr{C}). \end{aligned}$$

Beispiele 1.3.4 (Zum Umgang mit Aussageformen)

1 „Ist x positiv und Teiler von 21, so ist x auch Teiler von 63."

Ist das überhaupt eine Aussage? Hier tritt eine Variable x auf, deren Wert wir nicht kennen. Sei $\mathscr{A}(x)$ die Aussage „x ist positiv". Da der Wahrheitswert von x abhängt, liegt eigentlich keine Aussage vor. Der Satz sieht aber aus wie eine Aussage, und deshalb führt man dafür die Bezeichnung ***Aussageform*** ein. Sobald man für die Variable x ein konkretes Objekt einsetzt, wird eine echte Aussage daraus. Natürlich macht es keinen Sinn, für x den Kanarienvogel Hansi einzusetzen. Zu einer Aussageform gehört die Information, welche Objekte sinnvollerweise eingesetzt werden können. Da der Begriff der „Menge", der dafür nützlich wäre, erst im folgenden Kapitel eingeführt wird, sprechen wir erst mal von einem ***zulässigen Objektbereich***. Als zulässiger Objektbereich für $\mathscr{A}(x)$ würde sich die Gesamtheit aller ganzen Zahlen anbieten. Der passt auch bei den Aussageformen $\mathscr{B}(x)$: „x ist Teiler von 21" und $\mathscr{C}(x)$: „x ist Teiler von 63".

Die Aussageform $\big(\mathscr{A}(x) \wedge \mathscr{B}(x)\big) \Longrightarrow \mathscr{C}(x)$ ist nun für alle x aus dem zulässigen Objektbereich aller ganzen Zahlen wahr. Ist nämlich eine der beiden Aussagen $\mathscr{A}(x)$ oder $\mathscr{B}(x)$ falsch (nach Einsetzen eines speziellen Objektes x), so ist die gesamte Prämisse (d.h. Voraussetzung) $\mathscr{A}(x) \wedge \mathscr{B}(x)$ falsch und damit die Implikation wahr. Sind dagegen $\mathscr{A}(x)$ und $\mathscr{B}(x)$ wahr, so muss x eine der Zahlen 1,3, 7 oder 21 sein. Für alle diese Zahlen ist aber $\mathscr{C}(x)$ (und dann auch die Implikation) wahr. Man schreibt deshalb:

$$\forall x : \big(\mathscr{A}(x) \wedge \mathscr{B}(x)\big) \Longrightarrow \mathscr{C}(x).$$

Das Symbol $\forall$ bedeutet „für alle" und ist ein sogenannter ***Quantor***. Gemeint ist natürlich „für alle x aus einem zulässigen Objektbereich". Durch die Quantisierung (also das Davorsetzen des Quantors) wird aus einer Aussageform eine Aussage. Man sagt auch, dass die *freie* Variable x durch den Quantor *gebunden* wird.

2 Die Aussageform $4x + 13 = 41$ ist sicher nicht für alle Zahlen x wahr, sie ist sogar für die meisten x falsch! Aber die Gleichung ist lösbar, und das heißt, dass es mindestens ein x gibt, für das die Gleichung stimmt (nämlich $x = 7$). Man schreibt dann:

$$\exists\, x \, : \, 4x + 13 = 41.$$

Das Symbol $\exists$ bedeutet „es gibt (mindestens) ein". Dies ist der zweite Quantor, den wir kennenlernen (und mehr brauchen wir zum Glück nicht). Auch durch die Quantisierung $\exists\, x \, : \, \mathscr{A}(x)$ wird aus der Aussageform $\mathscr{A}(x)$ eine Aussage. ♠

Verwendet man Aussageformen, so spricht man eigentlich nicht mehr von Aussagenlogik, sondern von Prädikatenlogik. Diese Unterscheidung ist für uns hier aber nicht so wichtig.

Aufgabe 1.5

Mit $\mathscr{A}$, $\mathscr{B}$ und $\mathscr{C}$ seien Aussagen oder Aussageformen bezeichnet. Zeigen Sie, dass die folgenden Aussagenverknüpfungen Tautologien sind:

1. $(\mathscr{A} \wedge (\mathscr{A} \implies \mathscr{B})) \implies \mathscr{B}$ (Abtrennungsregel).
2. $((\mathscr{A} \implies \mathscr{B}) \wedge (\mathscr{B} \implies \mathscr{C})) \implies (\mathscr{A} \implies \mathscr{C})$ (Syllogismusregel).
3. $\mathscr{A} \vee (\neg \mathscr{A})$ (Gesetz vom ausgeschlossenen Dritten).
4. $(\mathscr{A} \implies \mathscr{B}) \iff (\neg \mathscr{B} \implies \neg \mathscr{A})$ (Kontrapositionsgesetz).

Hinweis: *Die erste Formel gibt die Modus-Ponens-Regel wieder. Die Beweise wird man vielleicht mit Hilfe von Wahrheitstafeln führen. Man sollte aber auch nach Vereinfachungen suchen, wobei die Implikation* $\mathscr{A} \implies \mathscr{B}$ *durch* $\mathscr{B} \vee \neg \mathscr{A}$ *ersetzt werden kann. Die Aussage* $\mathscr{A} \wedge \neg \mathscr{A}$ *ist immer falsch, die Aussage* $\mathscr{A} \vee \neg \mathscr{A}$ *ist dagegen immer wahr; auch diese Feststellungen können weiterhelfen.*

1.4 Beweistechniken

Wie funktionieren Beweise? *Für eine Antwort auf diese Frage sollte man eigentlich das ganze Buch durcharbeiten. Um diesen mühsamen Weg etwas zu erleichtern, werden hier aber schon mal die verschiedenen Beweistechniken übersichtlich vorgestellt.*

1. Möglichkeit: der direkte Beweis

Ein direkter Beweis besteht aus einer Folge von einfachen Implikationen:

$$\mathscr{A}_1 \Longrightarrow \mathscr{A}_2 \Longrightarrow \mathscr{A}_3 \Longrightarrow \ldots \Longrightarrow \mathscr{B}.$$

Dabei ist $\mathscr{A}_1$ eine Aussage, von der schon zu Beginn des Beweises bekannt ist, dass sie wahr ist. Dies kann ein Axiom (zum Beispiel „Durch zwei Punkte geht genau eine Gerade“), eine gesetzte Voraussetzung (zum Beispiel „Sei g eine Gerade“), eine Definition (zum Beispiel „Ein Winkel, der gleich seinem Nebenwinkel ist, wird *rechter Winkel* genannt“), ein schon früher bewiesener Satz (zum Beispiel „In einem Dreieck liegt der größeren Seite der größere Winkel gegenüber“) oder eine Kombination von solchen Aussagen sein.

Allerdings kann auch die Struktur eines direkten Beweises schon mal etwas komplizierter aussehen:

$$\begin{array}{ccccccccccccc}
\mathscr{A}_{1a} & \Rightarrow & \mathscr{A}_{2a} & & & & \mathscr{A}_{4a} & \Rightarrow & \cdots & \Rightarrow & \mathscr{A}_{6a} & & \\
 & & \Downarrow & & & & & & & & \Downarrow & & \\
\mathscr{A}_{1b} & \Rightarrow & \mathscr{A}_{2b} & \Rightarrow & \mathscr{A}_3 & \Rightarrow & \mathscr{A}_{4b} & \Rightarrow & \mathscr{A}_{5a} & \Rightarrow & \mathscr{A}_{6b} & \Rightarrow & \mathscr{A}_7 \\
 & & & & & & & & \Uparrow & & & & \\
 & & & & & & \mathscr{A}_{4c} & \Rightarrow & \mathscr{A}_{5b} & & & &
\end{array}$$

Beispiel 1.4.1 (Ein direkter Beweis)

a, b und c seien ganze Zahlen. Gezeigt werden soll die Aussage „Ist a ein Teiler von b und gleichzeitig ein Teiler von c, so ist a auch ein Teiler von $b + c$“.

Der Beweis kann nur geführt werden, wenn die Spielregeln (also insbesondere die zu verwendenden Axiome) feststehen. Das sind hier die aus der Schule bekannten Regeln über das Rechnen mit Zahlen. Dann schließt man folgendermaßen:

1. Sei a ein Teiler von b (Voraussetzung).
2. Dann gibt es eine ganze Zahl n, so dass $b = a \cdot n$ ist (Definition der Teilbarkeit).
3. a ist auch Teiler von c (Voraussetzung).
4. Es gibt eine ganze Zahl m, so dass $c = a \cdot m$ ist (nochmal die Definition der Teilbarkeit).

5. Es ist $b + c = a \cdot n + a \cdot m = a \cdot (n + m)$ (Anwendung von Rechenregeln).
6. Also ist a ein Teiler von $b + c$ (Definition der Teilbarkeit).
7. Damit ist die Behauptung bewiesen („quod erat demonstrandum“, zu Deutsch „was zu beweisen war“).

♠

2. Möglichkeit: der indirekte Beweis oder Widerspruchsbeweis

Gezeigt werden soll eine Implikation $\mathscr{A} \implies \mathscr{B}$, und es darf vorausgesetzt werden, dass die Voraussetzung $\mathscr{A}$ wahr ist. Beim Widerspruchsbeweis macht man die Annahme, dass $\mathscr{B}$ falsch ist, und erhält so in Form der wahren Aussage $\neg\mathscr{B}$ eine zusätzliche Voraussetzung. Das ist der Grund, warum Widerspruchsbeweise als einfacher gelten und sehr beliebt sind. Nun kommt allerdings das dicke Ende. Man muss irgendwie auf eine Aussage $\mathscr{C}$ stoßen, die offensichtlich falsch ist, eben auf den Widerspruch. Leider gibt es dafür keinen Wegweiser, man braucht Gespür und Glück.

Was nützt einem der Widerspruch? Ganz einfach: Ist die Implikation

$$\mathscr{A} \wedge (\neg\mathscr{B}) \implies \mathscr{C}$$

wahr (also fehlerfrei durchgeführt) und $\mathscr{C}$ falsch, so muss die Prämisse $\mathscr{A} \wedge (\neg\mathscr{B})$ ebenfalls falsch sein. Und weil die ursprüngliche Voraussetzung $\mathscr{A}$ wahr ist, muss $\neg\mathscr{B}$ falsch sein, und das bedeutet, dass $\mathscr{B}$ doch wahr gewesen ist. Genau das sollte gezeigt werden.

Beispiel 1.4.2 (Ein Beweis durch Widerspruch)

Das Widerspruchsprinzip wird gerne überstrapaziert. In vielen Fällen kann man es durch andere Beweismethoden ersetzen. Deshalb ist es zu diesem Zeitpunkt schwierig, Beispiele für echte Widerspruchsbeweise anzugeben.

Typisch sind Eindeutigkeitsbeweise. Will man zeigen, dass ein bestimmtes Problem genau eine Lösung besitzt, so macht man die Annahme, dass es zwei Lösungen gibt, etwa x_1 und x_2 (mit $x_1 \neq x_2$). Konstruiert man daraus einen Widerspruch, so muss tatsächlich $x_1 = x_2$ sein. Hier ist ein Beispiel:

Sind a und b zwei natürliche Zahlen, so gibt es gemeinsame Teiler, also natürliche Zahlen, die a und b gleichzeitig teilen (zum Beispiel die Zahl 1). Unter diesen gibt es eine größte Zahl d, den ***größten gemeinsamen Teiler*** von a und b. Nun möchte man zeigen, dass dieser größte gemeinsame Teiler eindeutig bestimmt ist. Dafür macht man die **Annahme**, dass es zwei größte gemeinsame Teiler $d_1 \neq d_2$ von a und b gibt.

1) Jeder andere gemeinsame Teiler muss sowohl d_1 als auch d_2 teilen.
2) Das bedeutet: Es gibt natürliche Zahlen $g, h > 1$ mit $d_2 = gd_1$ und $d_1 = hd_2$.
3) Insbesondere ist dann $gh > 1$.
4) Es ist $d_2 = ghd_2$, also $d_2(gh - 1) = 0$.
5) Weil $d_2 \neq 0$ ist, muss $gh - 1 = 0$ sein, also $gh = 1$.

6) Die Aussage „$gh = 1$“ ist ein Widerspruch zur Aussage (3).
7) Also ist $d_1 = d_2$.

Gerne wird das Widerspruchsprinzip auch benutzt, wenn man Aussagen im Bereich des unendlich Kleinen oder des unendlich Großen beweisen will. Typisch ist Euklids berühmter Beweis des Satzes, dass es unendlich viele Primzahlen gibt. Eine etwas abgewandelte Version des Beweises wird in Kapitel 3 vorgestellt.

Ein anderes Beispiel ist der Beweis der Irrationalität von $\sqrt{2}$, den viele sogar schon aus der Schule kennen. Man nimmt an, dass $\sqrt{2}$ als (gekürzter) Bruch p/q geschrieben werden kann. Dann ist $p^2 = 2q^2$, also p^2 (und damit auch p) eine gerade Zahl. Weil der Bruch gekürzt ist, muss nun q ungerade sein. Schreibt man $p = 2k$ und $q = 2r + 1$, so erhält man $4k^2 = 8(r^2 + r) + 2$. Dann ist 4 ein Teiler von 2, und das kann nicht sein. Damit ist der gewünschte Widerspruch erreicht. ♠

3. Möglichkeit: Beweis durch Kontraposition

Es gibt Widerspruchsbeweise, die keine sind. Es seien Zahlen $x > y > 0$ gegeben, und es soll gezeigt werden, dass $x/(1 + x) > y/(1 + y)$ ist. Da nicht so klar ist, wie man hier direkt vorgehen soll, versucht man es gerne mit der Annahme, dass $x/(1+x) \leq y/(1+y)$ ist. Da $x > 0$ und $y > 0$ ist, kann man problemlos über Kreuz multiplizieren und erhält $x + xy \leq y + xy$, also $x \leq y$. Das steht im Widerspruch zur Voraussetzung.

Tatsächlich steckt hinter dieser Beweismethode ein anderes logisches Prinzip, nämlich die Tautologie

$$(\mathscr{A} \implies \mathscr{B}) \iff (\neg\mathscr{B} \implies \neg A).$$

Was ist der Unterschied zum Widerspruchsbeweis? Beim Widerspruchsbeweis ergänzt man die Voraussetzung $\mathscr{A}$ durch eine zweite Voraussetzung, nämlich $\neg\mathscr{B}$, und anschließend zeigt man die Gültigkeit einer offensichtlich falschen Aussage $\mathscr{C}$. Bei der ***Kontraposition***, die wir hier untersuchen, ersetzt man Voraussetzung $\mathscr{A}$ durch Voraussetzung $\neg\mathscr{B}$ und zeigt direkt, dass $\neg\mathscr{A}$ gilt. Diese Methode ist zwar bei weitem nicht so stark wie die Widerspruchsmethode, aber machmal lässt sich eben $\neg\mathscr{B} \implies \neg\mathscr{A}$ leichter als die ursprüngliche Behauptug $\mathscr{A} \implies \mathscr{B}$ zeigen.

Der weiter oben geführte Beweis der Irrationalität von $\sqrt{2}$ ist kein Beweis durch Kontraposition!

4. Möglichkeit: Beweis durch Fallunterscheidung

Manchmal hängt eine Aussage $\mathscr{A}(p)$ von einem Parameter p ab, der endlich viele Werte $p_1, p_2, \ldots, p_n$ annehmen kann. Dann beweist man die Aussagen $\mathscr{A}(p_1), \ldots, \mathscr{A}(p_n)$ einzeln, wobei man den Vorteil ausnutzen kann, dass mit der Gleichung $p = p_i$ jeweils eine Zusatzvoraussetzung zur Verfügung steht.

Beispiel 1.4.3 (Ein Beweis durch Fallunterscheidung)

Es soll gezeigt werden, dass $n^3 + 2n$ für jede natürliche Zahl n durch 3 teilbar ist.

In Kapitel 3 wird mit dem Prinzip der vollständigen Induktion eine besonders effektive Methode eingeführt, Aussagen zu beweisen, die von einer natürlichen Zahl abhängen. Aber auch ohne vollständige Induktion können wir das vorliegende Problem behandeln. Der Parameter n nimmt unendlich viele Werte an, das bekommt man mit einer Fallunterscheidung nicht in den Griff. Es gibt aber eine andere Möglichkeit.

Es ist nach der Teilbarkeit durch 3 gefragt. Da wäre es besonders angenehm, wenn n schon durch 3 teilbar wäre. Das kann man natürlich nicht voraussetzen, aber man kann sich fragen, was es für Alternativen gibt. Durch 3 teilbar sind die Zahlen 3, 6, 9, 12, ..., dazwischen liegen Zahlen, die bei Division durch 3 den Rest 1 oder 2 lassen. Und schon ergibt sich eine Möglichkeit der Fallunterscheidung: Sei $n = 3k + r$ mit $r = 0, 1, 2$.

Fall 1: $r = 0$.

Ist $n = 3k$, so ist $n^3 + 2n = 3 \cdot (9k^3 + 2k)$ offensichtlich durch 3 teilbar.

Fall 2: $r = 1$.

Ist $n = 3k+1$, so ist $n^3+2n = (3k+1)^3+2(3k+1) = 27k^3+3\cdot 9k^2+3\cdot 3k+1+3\cdot 2k+2 = 3 \cdot (9k^3 + 9k^2 + 3k + 2k + 1)$ durch 3 teilbar.

Fall 3: $r = 2$.

Ist $n = 3k + 2$, so ist $n^3 + 2n = (3k + 2)^3 + 2(3k + 2) = 27k^3 + 3 \cdot (3k)^2 \cdot 2 + 3 \cdot 12k + 8 + 6k + 4 = 3 \cdot (9k^3 + 18k^2 + 12k + 2k + 4)$, und auch dies ist durch 3 teilbar.

Ohne Fallunterscheidung hätte man erhebliche Schwierigkeiten gehabt, das Problem zu lösen. ♠

1.5 Zusätzliche Aufgaben

Aufgabe 1.6. Zeigen Sie, dass $\sqrt{3}$ eine irrationale Zahl ist (dass es also keinen Bruch p/q mit $(p/q)^2 = 3$ gibt).

Hinweis: *Man benutze die gleichen Ideen wie beim Beweis, dass $\sqrt{2}$ irrational ist.*

Aufgabe 1.7. Ein gleichschenkliges Dreieck besitzt zwei gleich lange Seiten, eben die „Schenkel“. Die dritte Seite bezeichnet man gerne als „Basis“. In den *Elementen* beweist Euklid folgenden Satz: *In einem gleichschenkligen Dreieck sind die Winkel an der Basis gleich.* Der Beweis von Euklid ist zwar auch heute noch gültig, aber unnötig kompliziert. Wegen der Skizze, die er benutzt und die wie eine Brücke aussieht, bezeichnet man diesen Beweis (und manchmal auch den zugehörigen Satz) als „Pons asinorum“ (zu Deutsch „Eselsbrücke“).

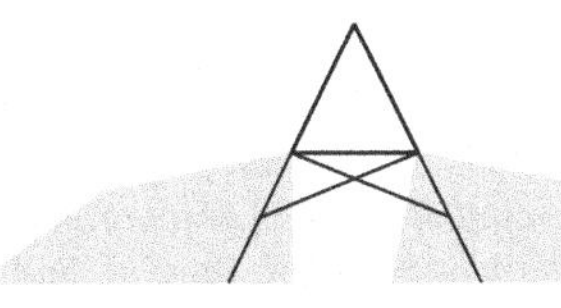

Abb. 1.12 Die „Eselsbrücke“ von Euklid

Die Aufgabe lautet nun:
Ersetzen Sie „Pons asinorum“ durch einen möglichst einfachen Beweis.

Hinweis: *Man kann diese Aufgabe bearbeiten, ohne den Originalbeweis von Euklid zu kennen. Es geht wirklich nur darum, einen möglichst einfachen Beweis zu finden. Manchmal suggeriert allerdings eine Aufgabenstellung das Vorhandensein von Bedingungen, die in Wirklichkeit niemand gestellt hat. Befreit man sich von diesen Bedingungen, so kann der Beweis sehr einfach werden. Denksportaufgaben erfordern oft einen solchen Trick.*

Aufgabe 1.8. Im Dreieck ABC seien die Winkel bei A und B gleich. Es soll bewiesen werden, dass auch die gegenüberliegenden Seiten gleich sind. Machen Sie die Annahme, dass es einen Punkt D zwischen A und C gibt, so dass $AD = BC$ und $AD < AC$ ist, und führen Sie diese Annahme zum Widerspruch.

Hinweis: *Der wichtigste Hinweis wird schon in der Aufgabenstellung gegeben. Zusätzlich ist es wichtig zu wissen, wie man Winkel vergleichen kann: Verbindet man die beiden Schenkel eines Winkels, so liegt jeder Punkt im Innern dieser Verbindungsstrecke auch im Innern des Winkels. Verbindet man den Scheitelpunkt des Winkels mit einem Punkt im Innern des Winkels, so entstehen zwei neue Winkel, die beide kleiner als der Originalwinkel sind.*

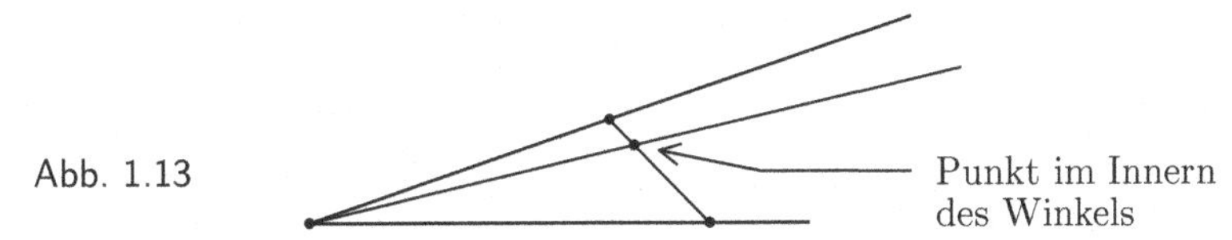

Abb. 1.13

Aufgabe 1.9. Ein Schüler liefert folgende „Lösung“ einer Gleichung ab. Was hat er falsch gemacht?

$$\begin{array}{rrcll} & 7x & = & 10x - 3 & \mid -7 \\ \iff & 7x - 7 & = & 10x - 10 & \\ \iff & 7(x-1) & = & 10(x-1) & \mid : (x-1) \\ \iff & 7 & = & 10. & \end{array}$$

Aufgabe 1.10. Folgern Sie aus Euklids Axiom 5 (in der Originalversion), dass das Parallelenaxiom in der modernen Fassung gilt. Nehmen Sie an, zu einer gegebenen Geraden g und einem Punkt P, der nicht auf g liegt, gäbe es zwei Parallelen zu g durch P, und führen Sie das zum Widerspruch.

Hinweis: *Euklids Parallelenaxiom (sein fünftes Postulat) findet man auf Seite 9.*

Aufgabe 1.11. Es seien drei Geraden g_1, g_2 und h gegeben. Zeigen Sie: Ist g_1 parallel zu h und g_2 parallel zu h, so ist auch g_1 parallel zu g_2. Sie dürfen dabei ohne Beweis annehmen, dass es eine vierte Gerade f gibt, die die drei anderen Geraden schneidet.

Hinweis: *Die Gültigkeit des Parallelenaxioms kann vorausgesetzt werden. Es lässt sich recht gut ein Widerspruch zu der Annahme konstruieren, dass g_1 und g_2 nicht parallel sind.*

Die folgenden Aufgaben sollten auch ohne Hinweise lösbar sein.

Aufgabe 1.12. Welche Aussagenverknüpfung bedeutet „**entweder** A **oder** B“?

Aufgabe 1.13. Verneinen Sie die folgenden Aussagen:

- Wenn 9 Teiler von 27 ist, dann ist auch 3 Teiler von 27.
- Es gibt mehr als zwei Studenten, die vor der Tür rauchen.
- Alle Professoren haben weiße Haare und einen Bart.
- In Wuppertal regnet es oder alle Ampeln sind rot.

Aufgabe 1.14. Für welche Wahrheitswertverteilungen wird die Aussage

$$(\mathscr{A} \vee \mathscr{B}) \wedge (\mathscr{C} \vee \neg \mathscr{D})$$

falsch?

Aufgabe 1.15. Bestimmen Sie den Wahrheitsgehalt der folgenden Aussagen:

1. Wenn $5 = 7$ ist, dann ist $3 = 9$.
2. Wenn $5 = 7$ ist, dann ist $3 = 3$.
3. 5 ist genau dann gleich 7, wenn 3 gleich 3 ist.

Aufgabe 1.16. Vier Personen A, B, C, D werden von der Polizei verhört. A sagt genau dann die Wahrheit, wenn B lügt. C lügt genau dann, wenn D die Wahrheit sagt. D lügt genau dann, wenn A lügt. Wenn D die Wahrheit sagt, dann auch B. Sagt C die Wahrheit?

Aufgabe 1.17. Bilden Sie die Kontraposition zu den folgenden Aussagen:

- Wenn ein Viereck ein Quadrat ist, ist es ein Rechteck.
- Wenn $a < b$ ist, dann ist auch $a^2 < b^2$.
- Wenn Ferdinand schlechter als alle seine Mitschüler ist, hat er eine Sechs.

2 Mengenlehre
oder
„Von Mengen und Unmengen“

2.1 Mengen und ihre Elemente

Eine *Menge* ist eine Zusammenfassung von wohlunterschiedenen Objekten zu einem neuen Objekt. *So ähnlich hat Cantor seinerzeit den von ihm eingeführten Mengenbegriff umschrieben. Heute, fast 150 Jahre später, verzichtet man auf eine Definition der Menge und stellt stattdessen eine Liste der Eigenschaften von Mengen und ihren Elementen zusammen.*

Was heißt „wohlunterschieden“? Ein Eimer voll Wasser ist eine Menge von Wassertropfen, aber das ist keine Menge im mathematischen Sinn. Hingegen sind die Einwohner von Berlin Objekte, die man gut voneinander unterscheiden kann. Also kann man aus ihnen eine Menge im mathematischen Sinn bilden. Das neue Objekt, das dann entsteht, ist die Einwohnerschaft von Berlin. Ein anderes Beispiel wäre die Menge aller Profifußballer mit deutschem Pass. Es ist dann zum Beispiel möglich, die Schnittmenge dieser beiden Mengen zu bilden. Es entsteht die Menge aller Profifußballer mit deutschem Pass, die in Berlin wohnen.

Man sieht, dass die Mengenlehre durchaus ein Teil unseres Alltags sein kann. Allerdings ist das hier nicht das Ziel, es geht fast ausschließlich um die Mengenlehre als Teil der Sprache der Mathematik. Sie erst ermöglicht die exakte Sprechweise der modernen Mathematik.

Man bezeichnet Mengen gerne mit Großbuchstaben und ihre Elemente mit Kleinbuchstaben. Ist x ein Element der Menge M, so schreibt man „$x \in M$“. In Wirklichkeit ist eine Unterscheidung zwischen Mengen und Elementen gar nicht unbedingt erforderlich. Man braucht nur zu wissen, dass es eine „Elementbeziehung“ zwischen gewissen mathematischen Objekten gibt, die bestimmte Regeln erfüllt. Diese Regeln sollen nun vorgestellt werden.

(Regel 1): Mit der Aussage „$x \in M$“ (die wahr oder falsch sein kann) ist auch deren Verneinung eine gültige Aussage, die man in der Form „$x \notin M$“ (x ist **nicht** Element von M) schreibt.

Abb. 2.1

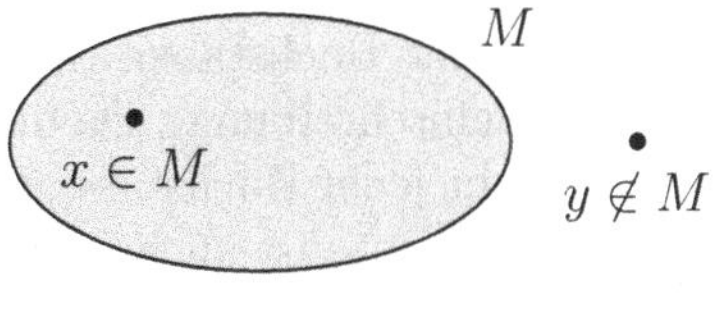

M

$x \in M$

$y \notin M$

(Regel 2): Zwei Mengen A und B heißen ***gleich*** (in Zeichen: $A = B$), falls für alle x gilt: $x \in A \iff x \in B$. Die Verneinung der Aussage $A = B$ schreibt man in der Form $A \neq B$.

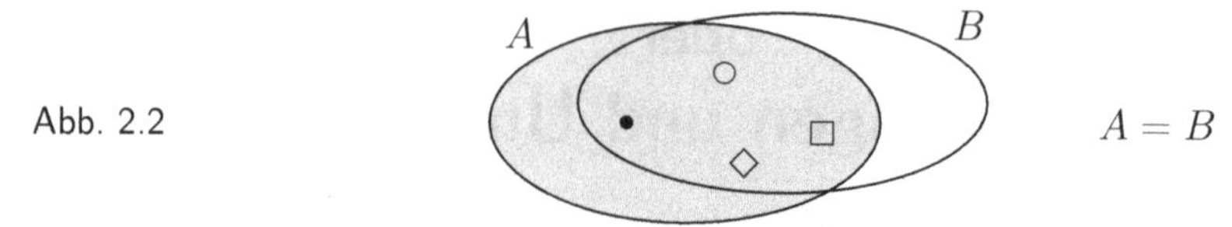

Abb. 2.2

Die Beziehung „Gleichheit" zwischen Mengen erfüllt drei besondere Eigenschaften:

- **Reflexivität:** Für jede Menge A ist $A = A$.
- **Symmetrie:** Ist $A = B$, so ist auch $B = A$.
- **Transitivität:** Ist $A = B$ und $B = C$, so ist auch $A = C$.

Die Menge A heißt ***Teilmenge*** der Menge B (in Zeichen: $A \subset B$), falls für alle x gilt: $x \in A \implies x \in B$. Manche Autoren schreiben dafür auch „$A \subseteq B$" (oder $A \subseteqq B$) und benutzen das Symbol $A \subset B$ nur, wenn A eine „echte Teilmenge" von B ist, wenn also $A \subseteq B$ und $A \neq B$ ist. Ich werde allerdings $A \subset B$ auch im Falle $A = B$ gebrauchen. Wenn ich betonen möchte, dass es um eine echte Teilmenge geht, dann schreibe ich $A \subsetneqq B$.

Es gilt: $A = B \iff A \subset B$ und $B \subset A$.

Aufgabe 2.1

Zeigen Sie, dass die Teilmengenbeziehung reflexiv und transitiv ist, und belegen Sie durch ein Gegenbeispiel, dass sie nicht symmetrisch ist.

(Regel 3): Ist a irgend ein Objekt, so ist $\{a\}$ die Menge, deren einziges Element das Objekt a ist. Und analog ist $\{a_1, \ldots, a_n\}$ die Menge, die genau aus den Elementen a_1, a_2, …,a_n besteht.

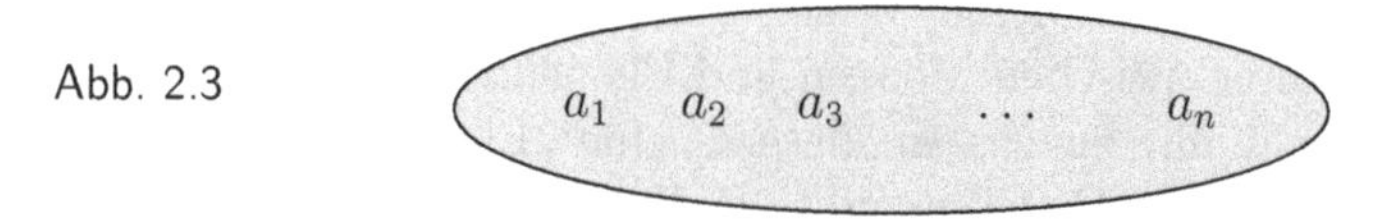

Abb. 2.3

Ist A eine Menge und $\mathscr{E}(x)$ eine Aussageform, so ist $\{x \in A : \mathscr{E}(x)\}$ die Menge aller Elemente $x \in A$, für die $\mathscr{E}(x)$ wahr ist.

Beispiele 2.1.1 (Mengenbeschreibungen)

1 $\{\mathrm{E}, \mathrm{K}, \mathrm{L}, \mathrm{S}\}$ ist die Menge der Buchstaben des Wortes „Kessel" (unter Vernachlässigung der Groß- und Kleinschreibung). Da die Elemente einer Menge wohlunterschieden sein sollen, braucht jeder Buchstabe nur einmal geschrieben zu werden, und die Reihenfolge der Elemente ist auch egal.

2 $\{3, 13, 23, 43, 53, 73, 83\}$ ist die Menge aller Primzahlen < 100, deren letzte Ziffer eine 3 ist.

3 {Hamburg, Berlin, Köln, München} ist die Menge aller deutschen Millionenstädte.

4 $\{x : x^2 + 3x - 10 = 0\} = \{2, -5\}$.

Die Gleichheit der Mengen wird durch „Äquivalenzumformungen" gezeigt:

$$x^2 + 3x - 10 = 0 \iff \left(x + \frac{3}{2}\right)^2 = 10 + \frac{9}{4}$$
$$\iff x + \frac{3}{2} = \pm\frac{7}{2} \iff x = 2 \text{ oder } x = -5.$$

♠

(Regel 4): Es gibt (genau) eine Menge, die kein Element enthält, nämlich die ***leere Menge***, die man mit dem Symbol $\varnothing$ bezeichnet. Weil dieses Symbol leicht mit dem Symbol für Durchschnitt oder Durchmesser zu verwechseln ist, wird – vor allem an der Schule – auch gerne $\{\}$ für die leere Menge geschrieben.

Zum Beispiel ist $\{x : x \text{ ganze Zahl und } x^2 + 1 = 0\} = \varnothing$. Ist x eine ganze Zahl, so ist $x^2 \geq 0$ und $x^2 + 1 \geq 1$. Niemals kann 0 herauskommen.

(Regel 5): Das **Unendlichkeitsaxiom** besagt, dass die Menge

$$\mathbb{N} = \{1, 2, 3, 4, \ldots\}$$

aller natürlichen Zahlen tatsächlich eine zulässige Menge bildet und dass diese Menge unendlich ist. Was das genau bedeutet, wird später erklärt.

Abb. 2.4 $\mathbb{N} =$ | 1 2 3 ... n $n+1$ .... |

Andere unendliche Mengen sind die Menge $\mathbb{Z}$ aller ganzen Zahlen, die Menge $\mathbb{Q}$ aller rationalen Zahlen (d.h. aller Brüche p/q) und die Menge $\mathbb{R}$ aller reellen Zahlen (d.h. aller unendlichen Dezimalbrüche).

(Regel 6): Ist $\mathscr{S}$ ein System (d.h. eine Menge) von Mengen, so kann man die ***Vereinigungsmenge***

$$\bigcup_{A \in \mathscr{S}} A = \{x : \text{es gibt ein } A \in \mathscr{S} \text{ mit } x \in A\}$$

bilden. Besteht $\mathscr{S}$ nur aus den zwei Mengen A und B, so schreibt man deren Vereinigung auch in der Form $A \cup B = \{x : (x \in A) \vee (x \in B)\}$.

Abb. 2.5 $A \cup B =$ [Diagramm mit Mengen A und B]

Nachgefragt: *Jetzt wird es doch sehr abstrakt. Wer soll das verstehen?*

Zunächst muss man sich daran gewöhnen, dass die Mathematiker trotz der schönen Erfindung des Mengenbegriffs in manchen Fällen auch noch andere Wörter für die Zusammenfassungen von Objekten benutzen, wie etwa „System", „Familie" usw., insbesondere, wenn die Elemente selbst wieder Mengen sind.

Ist nun $\mathscr{S}$ eine solche Menge von Mengen A, B, C usw., so kann man die Elemente dieser Mengen (also die Elemente der Elemente von $\mathscr{S}$ in eine große Gesamtmenge packen, die „Vereinigung" aller Elemente von $\mathscr{S}$.

Sehr häufig benutzt man die „Indexschreibweise" zur Beschreibung eines Mengensytems und der zugehörigen Vereinigungsmenge:

$$\mathscr{S} = \{M_j : j \in J\} \quad \text{und} \quad \bigcup_{M \in \mathscr{S}} M = \bigcup_{j \in J} M_j.$$

Auch das ist sicher noch schwer verständlich. Etwas klarer wird es, wenn die Indexmenge J endlich ist: Ist zum Beispiel $J = \{1, 2, 3, 4, 5\}$, so ist

$$\begin{aligned} \bigcup_{j \in J} M_j &= \{x : \exists j \in \{1, 2, 3, 4, 5\} \text{ mit } x \in M_j\} \\ &= \{x : (x \in M_1) \vee (x \in M_2) \vee \ldots \vee (x \in M_5)\} \\ &= M_1 \cup M_2 \cup \ldots \cup M_5. \end{aligned}$$

Ist in diesem Fall zum Beispiel $M_1 := \{1, 2, 3\}$, $M_2 := \{n \in \mathbb{N} : 2 < n < 10\}$, $M_3 := \{7, 8, 9, 10\}$, $M_4 := \{n \in \mathbb{N} : n \text{ ist Teiler von } 6\}$ und $M_5 := \varnothing$, so ist $M_1 \cup M_2 \cup \ldots \cup M_5 = \{1, 2, 3, \ldots, 10\}$.[1]

(Regel 7): Ist M eine Menge, so bildet die Gesamtheit aller Teilmengen von M die ***Potenzmenge*** von M, in Zeichen:

$$\mathbf{P}(M) = \{A : A \subset M\}.$$

Diese Regel ist notwendig, weil nicht von vornherein klar ist, dass $\mathbf{P}(M)$ eine Menge im Cantor'schen Sinne ist. Potenzmengen können sehr, sehr groß werden.

Beispiele 2.1.2 (Mengenbildungen)

[1] Die Einführung der Zahlenmengen erweitert die Möglichkeiten, Mengen zu konstruieren. Zum Beispiel ist

$$\begin{aligned} T_{24} &= \{x \in \mathbb{Z} : \text{es gibt ein } q \in \mathbb{Z} \text{ mit } q \cdot x = 24\} \\ &= \{\pm 1,\ \pm 2,\ \pm 3,\ \pm 4,\ \pm 6,\ \pm 8,\ \pm 12,\ \pm 24\} \end{aligned}$$

die Menge der (ganzzahligen) Teiler der Zahl 24. Dies ist eine endliche Menge.

[1]Das Zeichen „:=" spricht man „ist definiert als".

Dagegen ist

$$M = \{x \in \mathbb{N} : \text{es gibt ein } m \in \mathbb{Z} \text{ mit } x = 3m + 2\} = \{2, 5, 8, 11, 14, 17, 20, 23, \ldots\}$$

eine unendliche Menge.

2 Es sollen alle Elemente der Menge $M = \{x \in \mathbb{R} : x^2 - 4x - 5 > 0\}$ bestimmt werden. Zunächst formt man die Aussageform um, die M beschreibt:

$$\begin{aligned} x^2 - 4x - 5 > 0 \quad &\Longleftrightarrow \quad (x-2)^2 > 9 \quad \Longleftrightarrow \quad (x - 2 > 3) \vee (x - 2 < -3) \\ &\Longleftrightarrow \quad (x < -1) \vee (x > 5) \end{aligned}$$

Damit ergibt sich: $M = \{x \in \mathbb{R} : x < -1\} \cup \{x \in \mathbb{R} : x > 5\}$.

3 Sind A und B zwei Mengen, so nennt man

$$A \cap B = \{x \in A : x \in B\} = \{x : (x \in A) \wedge (x \in B)\}$$

den ***Durchschnitt*** oder die ***Schnittmenge*** der Mengen A und B.

Zum Beispiel ist $\{B, R, O, T\} \cap \{K, O, R, N\} = \{R, O\}$ oder

$$T_{12} \cap T_{18} = \{\pm 1,\ \pm 2,\ \pm 3,\ \pm 6\}$$

(wenn man mit T_n die Menge der ganzzahligen Teiler von n bezeichnet).

4 Die Menge

$$A \setminus B = \{x \in A : x \notin B\} = \{x : (x \in A) \wedge \neg(x \in B)\}$$

heißt die ***Differenz*** der Mengen A und B. Zum Beispiel ist

$$\{1, 2, 3, 4, 5, 6, 7\} \setminus \{n \in \mathbb{N} : n = 2k \text{ für ein } k \in \mathbb{Z}\} = \{1, 3, 5, 7\}.$$

Bei der Differenz $A \setminus B$ darf die Menge B durchaus „größer“ als die Menge A sein, es kann ja $A \setminus B = \varnothing$ sein.

5 Die Potenzmenge $\mathbf{P}(M)$ einer Menge M enthält auf jeden Fall die leere Menge $\varnothing$ und die gesamte Menge M. Ist etwa M die Menge aller Sorten von Blumen in einem Floristikgeschäft, so kann man zum Beispiel die Teilmengen aller gelben oder auch aller roten Blumen betrachten. Eine andere Auswahl wäre die Menge aller Blumen, deren Name mit einem „A“ beginnt (etwa Anemone, Aster, Akelei usw.), oder die Menge aller Rosen.

Es gibt also sehr viele Teilmengen. Trotzdem ist die Potenzmenge einer endlichen Menge immer noch endlich. Um alle Teilmengen zu erwischen, bietet sich eine gewisse Systematik an: Teilmengen mit einem Element, Teilmengen mit zwei Elementen usw.

So ist etwa

$$\begin{aligned}\mathbf{P}(\{K,A,R,L\}) &= \{\varnothing,\{K\},\{A\},\{R\},\{L\},\{K,A\},\{K,R\},\{K,L\},\\ &\quad \{A,R\},\{A,L\},\{R,L\},\{K,A,R\},\{K,A,L\},\\ &\quad \{K,R,L\},\{A,R,L\},\{K,A,R,L\}\}.\end{aligned}$$

Die Menge M hat 4 Elemente, und $\mathbf{P}(M)$ hat $16 = 2^4$ Elemente. Dahinter steckt eine Regel, die in Kapitel 4 genauer behandelt wird. Dann wird auch klar, wie es zur Bezeichnung „Potenz"-Menge gekommen ist.

6 Gelegentlich arbeitet man mit einer festen Grundmenge, etwa G. Ist dann $A \subset G$, so nennt man die Differenz $A' = G \setminus A$ das ***Komplement*** von A. Ist zum Beispiel $G = \mathbb{N}$ und A die Menge aller **geraden** Zahlen in $\mathbb{N}$, so ist A' die Menge aller **ungeraden** Zahlen. ♠

2.2 Mengenalgebra

Durchschnitt und Vereinigung von Mengen erinnern an das Rechnen mit Zahlen. Denkt man etwa bei „$\cup$" an die Addition und bei „$\cap$" an die Multiplikation, so findet man viele bekannte Regeln wieder, zum Beispiel das **Distributivgesetz** (auch **Verteilungsregel** genannt):

$$(a + b) \cdot c = a \cdot c + b \cdot c.$$

Tatsächlich gilt auch das

Distributivgesetz für Mengen:

$$(A \cup B) \cap C = (A \cap C) \cup (B \cap C).$$

BEWEIS: Diese Formel ist kompliziert genug, um die Notwendigkeit eines Beweises einzusehen. Aber wie beweist man eine solche Formel?

Erste Überlegung: Es soll die Gleichheit zweier Mengen gezeigt werden, also für alle x die Beziehung

$$x \in (A \cup B) \cap C \iff x \in (A \cap C) \cup (B \cap C).$$

Zweite Überlegung: Manchmal (aber nicht immer) hilft eine Skizze (hier ein „Venn-Diagramm"):

Abb. 2.6

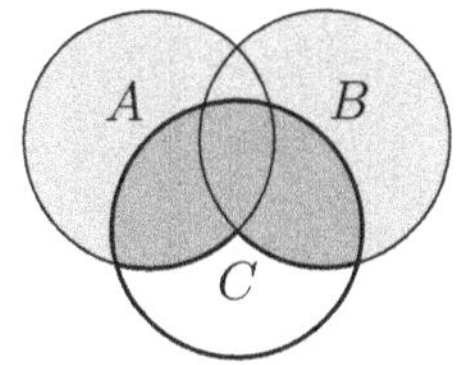

$A \cup B$ und $(A \cup B) \cap C$

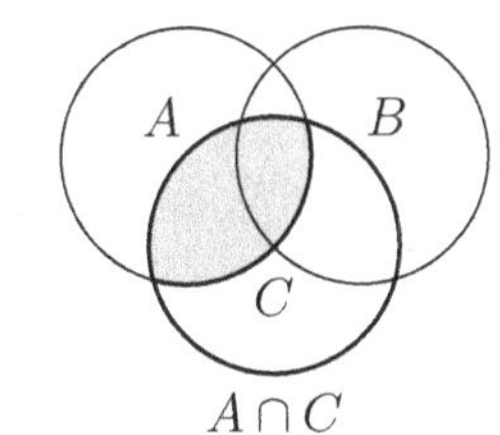

$A \cap C$

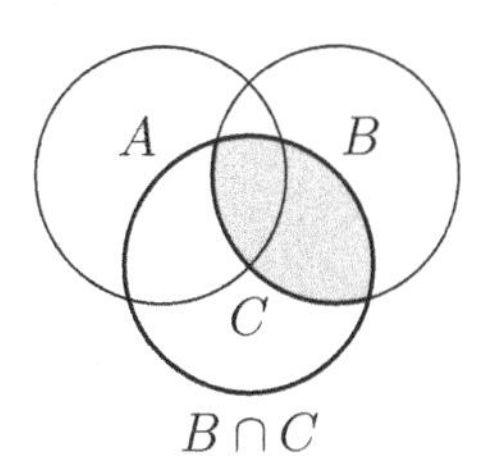

$B \cap C$

3. Überlegung: Eine logische Äquivalenz $\mathscr{A} \iff \mathscr{B}$ besteht eigentlich aus zwei Implikationen $\mathscr{A} \implies \mathscr{B}$ und $\mathscr{B} \implies \mathscr{A}$. Die arbeitet man einzeln ab.

4. „Von links nach rechts": Sei $x \in (A \cup B) \cap C$. Das bedeutet: $(x \in A \cup B) \wedge (x \in C)$, also $\big((x \in A) \vee (x \in B)\big) \wedge (x \in C)$. Damit liegt x auf jeden Fall in C, zugleich aber auch noch in A oder B. Liegt x in A, so liegt x in $A \cap C$. Liegt x dagegen in B, so liegt x in $B \cap C$. Beide Möglichkeiten sind mit „oder" verknüpft, deshalb liegt x in $(A \cap C) \cup (B \cap C)$. Damit ist der eine Teil des Beweises geschafft. Da hier offensichtlich jede Folgerung umkehrbar ist, kann man sich den Schritt „von rechts nach links" ersparen. So einfach geht es allerdings nicht immer! ∎

Beim Distributivgesetz für Zahlen darf man Addition und Multiplikation nicht vertauschen, im Allgemeinen ist

$$(a + b) \cdot (a + c) \neq a + (b \cdot c).$$

Zum Beispiel ist $(2 + 3) \cdot (2 + 7) = 5 \cdot 9 = 45$, aber $2 + (3 \cdot 7) = 2 + 21 = 23$.

Bei den Mengenoperationen verhält es sich dagegen anders, $\cup$ und $\cap$ dürfen vertauscht werden. Es gilt ein zweites Distributivgesetz, nämlich die Gleichung

$$(A \cap B) \cup C = (A \cup C) \cap (B \cup C).$$

Beispiel 2.2.1 (Zum Distributivgesetz für Mengen)

Ist W die Menge der Lehramtsstudenten und -studentinnen von Wuppertal, so könnte man folgende Eigenschaften für $x \in W$ einführen:

$$\begin{aligned} \mathscr{A}(x) &: \ x \text{ studiert das Fach Germanistik,} \\ \mathscr{B}(x) &: \ x \text{ studiert das Fach Mathematik,} \\ \mathscr{C}(x) &: \ x \text{ ist Studentin.} \end{aligned}$$

Setzt man $A := \{x \in W : \mathscr{A}(x)\}$, $B := \{x \in W : \mathscr{B}(x)\}$ und $C := \{x \in W : \mathscr{C}(x)\}$, so ist

$$(A \cup B) \cap C = \{\text{Studentinnen mit dem Fach Germanistik oder Mathematik}\}$$

und $(A \cap B) \cup C$ die Menge aller Studentinnen und zusätzlich der männlichen Studierenden mit den Fächern Germanistik und Mathematik. ♠

Es gelten auch jeweils zwei Kommutativ- und Assoziativgesetze:

Satz: *Sind A, B, C beliebige Mengen, so gilt*

$$A \cup B = B \cup A \quad und \quad A \cap B = B \cap A,$$

sowie

$$A \cup (B \cup C) = (A \cup B) \cup C \quad und \quad A \cap (B \cap C) = (A \cap B) \cap C.$$

Aufgabe 2.2

Beweisen Sie für beliebige Mengen A, B:

1. $A \subset B \iff A \cup B = B$.
2. $A \cup B = (A \cap B) \cup (A \setminus B) \cup (B \setminus A)$.
3. $A \cap B = \varnothing \iff A \setminus B = A$.

Beispiel 2.2.2 (Ein Beispiel zur Mengenalgebra)

Behauptung: $(A \setminus B) \cup (C \setminus A) = (A \cup C) \setminus (A \cap B)$.

BEWEIS: 1) Sei $x \in (A \setminus B) \cup (C \setminus A)$. Statt alles in eine logische Formel umzuwandeln, die dann auch nicht übersichtlicher ist, kann man das Prinzip der Fallunterscheidung benutzen. Es gibt zwei Möglichkeiten:

(a) $x \in A \setminus B$. Dann liegt x in A und damit auch in $A \cup C$, und andererseits liegt x nicht in B und damit erst recht nicht in $A \cap B$. Zusammen bedeutet das, dass x in $(A \cup C) \setminus (A \cap B)$ liegt.

(b) Sei $x \in C \setminus A$. Dann liegt x in C und damit auch in $A \cup C$, und andererseits liegt x nicht in A und damit wieder nicht in $A \cap B$. Also gehört x auch in diesem Fall zu $(A \cup C) \setminus (A \cap B)$.

2) Nun sei umgekehrt $x \in (A \cup C) \setminus (A \cap B)$, also $x \in A \cup C$ und $x \notin A \cap B$. Wieder unterscheidet man zwei Möglichkeiten, aber auf etwas andere Weise:

(a) Liegt x in A, aber – nach Voraussetzung – nicht in $A \cap B$, so liegt x in $A \setminus B$.

(b) Liegt x nicht in A, so muss x nach Voraussetzung in C liegen, also in $C \setminus A$.

Aus (1) und (2) folgt die Behauptung. ∎

Abb. 2.7

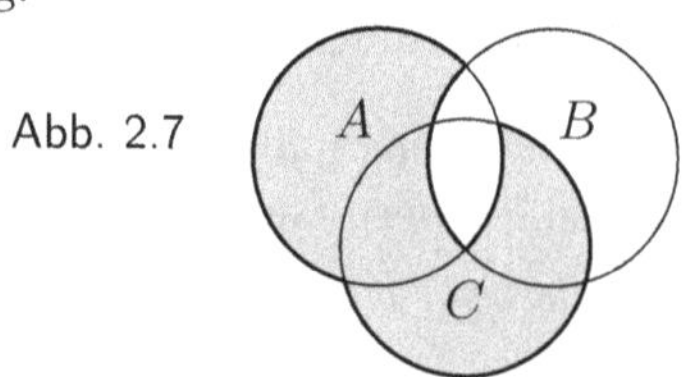

♠

2.3 Mengen und Quantoren

Ist G eine Menge und $\mathscr{E}(x)$ eine Aussageform für Elemente von G, so definiert man:

$$(1) \qquad \exists x \in G : \mathscr{E}(x) \;:\Longleftrightarrow\; \{x \in G : \mathscr{E}(x)\} \neq \varnothing.$$

Das bedeutet: „Es ***existiert (mindestens) ein*** $x \in G$ mit der Eigenschaft $\mathscr{E}(x)$.“

$$(2) \qquad \forall x \in G : \mathscr{E}(x) \;:\Longleftrightarrow\; \{x \in G : \mathscr{E}(x)\} = G.$$

Das bedeutet: „***Für alle*** $x \in G$ gilt $\mathscr{E}(x)$.“

Bemerkung: Man kann die ***Quantoren*** $\exists$ und $\forall$ auch ohne eine vorher festgelegte Grundmenge G verwenden, zum Beispiel in der Form

$$A = B \iff \forall x : x \in A \iff x \in B.$$

In dieser allgemeinen Form sind die Quantoren schwieriger zu definieren: Ein ***Objekt*** ist eine Menge oder ein Element einer Menge. Sei nun $\mathscr{A}(x)$ eine Aussageform. Wenn es ein Objekt a gibt, so dass $\mathscr{A}(a)$ wahr ist, dann ist die Aussage

$$\exists x : \mathscr{A}(x)$$

wahr. Wenn dagegen $\neg\big(\exists x : \neg\mathscr{A}(x)\big)$ wahr ist, dann ist

$$\forall x : \mathscr{A}(x)$$

eine wahre Aussage. Mit dieser Definition ist auch unmittelbar klar, wie quantifizierte Aussagen verneint werden.

In der Literatur, insbesondere auch in Schulbüchern, werden oft andere Symbole für die Quantoren verwendet. Statt $\exists$ benutzt man auch das Symbol „$\bigvee$“, statt $\forall$ das Symbol „$\bigwedge$“. Das Symbol $\exists$ stammt von Giuseppe Peano[2], das Symbol $\forall$ von Gerhard Gentzen.[3] Populär wurde diese Schreibweise der Quantoren durch die Bücher von Bourbaki[4]

Der Gebrauch von Quantoren in der Umgangssprache kann leicht zu Verwirrung führen. Die Tatsache, dass auch an der Universität Wuppertal viele Dozenten den Professorentitel tragen, würde ein Mathematiker in der Form „Es gibt einen Professor an der Universität Wuppertal“ ausdrücken. Der Beweis ist nicht schwer

[2] Der italienische Mathematiker Giuseppe Peano (1858–1932) befasste sich unter anderem mit mathematischer Logik und der Axiomatik der natürlichen Zahlen. Er führte viele Symbole der Mengenlehre ein.

[3] Der deutsche Mathematiker und Logiker Gerhard Karl Erich Gentzen (1909–1945) war Mitbegründer der modernen mathematischen Beweistheorie.

[4] Nicolas Bourbaki ist das Pseudonym einer Gruppe französischer Mathematiker, die zwischen 1934 und 1998 unter dem Titel *Elemente der Mathematik* ein sehr anspruchsvolles und axiomatisch aufgebautes Lehrbuch der modernen Mathematik schufen.

zu erbringen. Schwieriger ist die Beweislage bei der Aussage „Es gibt Leben auf dem Mars“. Die Aussage „Keine Frau kann rückwärts einparken“ ist natürlich ein dümmlicher Macho-Spruch, von der logischen Struktur her ist es eine All-Aussage, so wie viele andere Vorurteile (ein historisches Beispiel ist die Aussage „Alle Kreter lügen“, mit der ein bekanntes Rätsel eingeleitet wird). Für Verblüffung sorgt sicher die folgende logische Konstruktion:

- „Nichts ist besser als ein reines Gewissen.“
- „Trockenes Brot ist besser als nichts.“
- „Also ist trockenes Brot besser als ein reines Gewissen.“

Man sollte daher bei der Quantisierung besser bei mathematichen Aussagen bleiben, zum Beispiel:

$$\forall n \in \mathbb{Z}\ \exists m \in \mathbb{Z} \text{ mit } n + m = 0.$$

$$\forall x \in \mathbb{Q} : (x < 0) \vee (x \geq 0).$$

$$\forall n\ \exists a, b, c \in \mathbb{Z} \text{ mit } a^n + b^n = c^n.$$

(Die ersten beiden Aussagen sind wahr, die dritte ist falsch.)

Mengentheoretische Aussagen lassen sich mit Hilfe von Quantoren leicht in die Prädikatenlogik übersetzen. Die Aussage „$(A \subset B) \wedge (B \subset C) \implies (A \subset C)$“ bedeutet zum Beispiel:

$$\forall x : \Big(\big((x \in A \implies x \in B) \wedge (x \in B \implies x \in C) \big) \implies \big(x \in A \implies x \in C \big) \Big).$$

Für zwei Mengen A und B lässt sich die Aussage „$A \cap B = A \implies A \subset B$“ auch folgendermaßen ausdrücken:

$$\forall x : \big(x \in A \implies (x \in A \wedge x \in B) \big) \implies (x \in A \implies x \in B).$$

Dabei wurde benutzt, dass die Aussage $A \cap B \subset A$ automatisch wahr ist.

Aufgabe 2.3

Übersetzen Sie die folgenden Aussagen in die Prädikatenlogik.

1. $A \cap B \neq \varnothing \implies (A \neq \varnothing) \wedge (B \neq \varnothing)$
2. Für $A, B \subset G$ gilt:
   (a) $A \cap B = G \iff (A = G) \wedge (B = G)$.
   (b) $(A = G) \vee (B = G) \implies A \cup B = G$.

Geben Sie Beispiele dafür an, dass die Implikationen nicht durch Äquivalenzzeichen ersetzt werden können.

Aufgabe 2.4

Verneinen Sie die folgenden Aussagen:

1. $\forall x \in G : (\mathscr{A}(x) \Longrightarrow \mathscr{B}(x))$.
2. $\exists x \in G : (\forall y \in H : \mathscr{A}(x,y)) \vee (\exists y \in H : \neg\mathscr{B}(x,y))$.

Lewis Carroll, der Autor von *Alice im Wunderland*, war Mathematiker und Logiker. Von ihm stammt das folgende berühmte Rätsel. Bei der Lösung sollte man versuchen, sich von der Bedeutung der Begriffe zu lösen. Es geht um rein formale, logische Konstruktionen. Insbesondere ist den Aussagen nicht zu entnehmen, ob „Katze“ und „Känguru“ zwei verschiedene Tiergattungen sind. Man kann mit Mengenlehre oder mit Prädikatenlogik arbeiten. Die Aussage „Die einzigen Tiere in diesem Haus sind Katzen“ kann man dann folgendermaßen interpretieren:

1. Logische Interpretation: Steht die Variable T für Tiere, so geht es um die zwei Aussageformen $\mathscr{A}(t)$ (T im Haus) und $\mathscr{B}(T)$ (T ist Katze), die in der Form $\forall T : \mathscr{A}(T) \Longrightarrow \mathscr{B}(T)$ miteinander verknüpft werden.

2. Mengentheoretische Interpretation: Ist X die Menge aller Tiere, $H \subset X$ die Teilmenge aller Tiere im Haus und $Z \subset X$ die Teilmenge aller Katzen, so geht es um die Aussage $H \subset Z$.

Aufgabe 2.5

1. Die einzigen Tiere in diesem Haus sind Katzen.
2. Jedes Tier, das gern in den Mond starrt, ist als Schoßtier geeignet.
3. Wenn ich ein Tier verabscheue, gehe ich ihm aus dem Weg.
4. Es gibt keine fleischfressenden Tiere außer denen, die bei Nacht jagen.
5. Es gibt keine Katze, die nicht Mäuse tötet.
6. Kein Tier mag mich, außer denen im Haus.
7. Kängurus sind nicht als Schoßtiere geeignet.
8. Nur fleischfressende Tiere töten Mäuse.
9. Ich verabscheue Tiere, die mich nicht mögen.
10. Tiere, die bei Nacht jagen, starren gerne in den Mond.

Wie verhalte ich mich gegenüber Kängurus?

2.4 Zusätzliche Aufgaben

Aufgabe 2.6. Beschreiben Sie die folgenden Objekte mit Hilfe der Mengenschreibweise. Es gibt meistens mehrere Beschreibungsmöglichkeiten.

1. Die Kugelschale um den Punkt P mit innerem Radius r und Dicke d.
2. Die Gesamtheit aller Lösungen der Gleichung $3x^2 - 2x = 1$.
3. Alle ganzen Zahlen, die kleiner als 7 und größer als -1 sind.
4. Alle Punkte im Koordinatensystem, die von der x-Achse und der y-Achse den gleichen Abstand haben.

Hinweis: *Bei Aufgabe (1) und (4) geht es um Punktmengen in der Ebene oder im Raum. Ein Punkt P in der Ebene ist durch seine zwei Koordinaten x und y festgelegt, man schreibt dann $P = (x, y)$ (im Gegensatz zu der an der Schule verbreiteten Schreibweise $P(x|y)$). Der Abstand zweier Punkte $P = (x, y)$ und $Q = (u, v)$ ist eine (reelle) Zahl, die man mit $d(P, Q)$ bezeichnen kann, wobei der Buchstabe „d“ an das Wort* Distanz *erinnern soll. Der Satz des Pythagoras liefert, dass $d(P, Q) = \sqrt{(u-x)^2 + (v-y)^2}$ ist. Näher wird darauf in den späteren Kapiteln eingegangen. Punkte im Raum werden durch drei Koordinaten x, y, z beschrieben, in der Form $P = (x, y, z)$. Der Abstand zweier Punkte $A = (x, y, z)$ und $B = (u, v, w)$ ist die Zahl $d(A, B) = \sqrt{(u-x)^2 + (v-y)^2 + (w-z)^2}$.*

Wenn – wie in Aufgabe (2) – nichts anderes gesagt wird, werden Zahlen in der Menge $\mathbb{R}$ (aller von der Schule her bekannten Zahlen) gesucht. Offiziell und ausführlich wird die Menge $\mathbb{R}$ erst in Kapitel 3 eingeführt.

Aufgabe 2.7. Benutzen Sie Gleichungen und Ungleichungen, um Mengen zu beschreiben, die in Wirklichkeit leer sind (denen man das aber nicht auf den ersten Blick ansieht).

Hinweis: *Man denke daran, dass nicht jede Gleichung eine Lösung besitzt.*

Aufgabe 2.8. Prüfen Sie, ob die folgenden Aussagen wahr sind:

a) $\{x \in \mathbb{N} : x^2 - 4x + 3 = 0\} = \{1, 3\}$, b) $\{a, b, c\} = \{b, a, c\}$.
c) $3 \in \{3\}$, d) $3 \subset \{3\}$, e) $\varnothing \subset \{1\}$, f) $\varnothing \in \{1\}$.

Aufgabe 2.9. Bestimmen Sie jeweils $A \cap B$, $A \cup B$ und $A \setminus B$ für die folgenden Mengen:

1) $A := \{x \in \mathbb{R} : 2(x-1) < 1\}$ und $B := \{x \in \mathbb{R} : x^2 - 2x < 0\}$.

2) $A := \{x : \exists p \in \mathbb{N} \text{ mit } x = 3p\}$ und $B := \{x : \exists q \in \mathbb{Z} \text{ mit } x = 4q\}$.

3) $A := \{x \in \mathbb{N} : \exists p, q \in \mathbb{N}_0 \text{ mit } x = 2p + 3q\}$ und $B := \{x \in \mathbb{N} : x^2 \leq 50\}$.

Hinweis: *Es ist ratsam, die Mengen A und B möglichst einfach und übersichtlich zu beschreiben.*

Aufgabe 2.10. Bestimmen Sie alle Elemente von $\mathbf{P}(\mathbf{P}(\{1\})) \cap \mathbf{P}(\{\varnothing, 1\})$.

Hinweis: *Die leere Menge $\varnothing$ besitzt kein Element, die Menge $\{\varnothing\}$ dagegen wohl.*

Aufgabe 2.11. Es sei M eine Menge mit n Elementen, $a \notin M$. Um wie viele Elemente ist $\mathbf{P}(M \cup \{a\})$ größer als $\mathbf{P}(M)$?

Aufgabe 2.12. Zeigen Sie, dass $\mathbf{P}(X) \cap \mathbf{P}(Y) = \mathbf{P}(X \cap Y)$ und $\mathbf{P}(X) \cup \mathbf{P}(Y) \subset \mathbf{P}(X \cup Y)$ für alle Mengen X und Y gilt. Geben Sie ein einfaches Beispiel dafür an, dass im zweiten Fall i.A. nicht die Gleichheit gilt.

Aufgabe 2.13. Beweisen Sie die folgenden Inklusionen (Teilmengenbeziehungen):

$$\begin{aligned} A \cup (B \setminus C) &\subset (A \cup B) \setminus (C \setminus A) \\ \text{und} \quad (A \cap B) \setminus (A \cap C) &\subset A \cap (B \setminus C). \end{aligned}$$

Aufgabe 2.14. Ein Händler hat schwarze und silberne DVD-Geräte auf Lager. Davon sind 159 schwarz oder fehlerhaft (oder beides), 21 sind gleichzeitig schwarz und fehlerhaft, 17 sind gleichzeitig silbern und fehlerhaft. Interpretieren Sie die Angaben mengentheoretisch und ermitteln Sie, wie viele schwarze Geräte im Lager stehen.

Hinweis: *Für die Formulierung der Lösung ist es hilfreich, ein Symbol für die Anzahl der Elemente einer Menge M einzuführen, zum Beispiel $\#(M)$.*

Aufgabe 2.15. Formulieren Sie die folgenden umgangssprachlichen Aussagen mit Hilfe des Existenz- bzw. Allquantors.

1. Die Polizei meldet, dass Fußgänger auf der A46 gesichtet wurden.
2. Bei der Galavorstellung gab es keine freien Plätze mehr.
3. Jeder Student muss wenigstens eine mündliche Prüfung ablegen.
4. Wenn ich in der Stadt auch nur einen Gerechten finde, werde ich sie nicht zerstören.
5. Nicht alle Kühe stehen im Stall.
6. Keine Kuh steht im Stall.

Aufgabe 2.16. $A_1, \ldots, A_n$ seien Teilmengen einer Grundmenge G. Formulieren und beweisen Sie mit dem Allquantor und dem Existenzquantor die folgende Aussagen:

$$\begin{aligned} G \setminus (A_1 \cup \ldots \cup A_n) &= (G \setminus A_1) \cap \ldots \cap (G \setminus A_n) \\ \text{und} \quad G \setminus (A_1 \cap \ldots \cap A_n) &= (G \setminus A_1) \cup \ldots \cup (G \setminus A_n). \end{aligned}$$

Hinweis: *Was haben Existenz- und Allquantor mit den angegebenen Mengengleichungen zu tun? Es geht um die Indexschreibweise: Liegt zum Beispiel ein Element x in einer der Mengen $A_1, \ldots, A_n$, so gibt es einen Index i, so dass x in A_i liegt.*

Aufgabe 2.17. Benutzen Sie Quantoren, um die folgenden Aussagen zu verneinen:

a) Das Parallelenaxiom (Euklids Postulat V, siehe Kapitel 1, Abschnitt 2, „Alles beginnt mit den Axiomen").

b) „In jedem Dreieck sind zwei Winkel, beliebig zusammengenommen, kleiner als zwei Rechte."

c) „Beim Betriebsfest hat jeder Abteilungsleiter in jeder Stunde mit jeder Angestellten Walzer getanzt."

d) „In jeder Stadt gibt es einen Mann, der nicht in jeder Gaststätte bekannt ist."

e) „Es gibt einen Studenten, der in jedem Semester in jeder Vorlesung zu spät kommt."

3 Die Axiome der Algebra
oder
„Unendlich viele Zahlen"

3.1 Wie die Algebra in die Welt kam

An der Schule lernt jeder unter der Bezeichnung „Algebra" das Jonglieren mit Zahlen und Buchstaben. Was ist das eigentlich? *„Algebra" ist ursprünglich die Kunst, eine Gleichung durch geschickte simultane Manipulation der beiden Seiten dieser Gleichung aufzulösen. Also stellt sich die Frage: Was sind Gleichungen und wozu dienen sie? Die Antwort ist nicht ganz so einfach zu finden.*

Betrachten wir ein ganz simples Beispiel, etwa die Gleichung $ax + b = c$. Hier tauchen drei Buchstaben auf, nämlich a, b und x. Das ist höhere Mathematik und für die meisten Menschen völlig unverständlich. Also versuchen wir es anders und betrachten das Beispiel $2.7\,x + 8.1 = 0$. Das sieht schon etwas besser aus. Das Symbol „x" signalisiert, dass es für eine unbekannte Größe steht, die es zu ermitteln gilt. Und $2.7\,x$ steht für das Produkt $2.7 \cdot x$ oder (in einer weniger mathematischen Schreibweise) $2.7 \times x$. Allerdings hätte man auch diese Gleichung über viele Jahrhunderte hinweg für sinnlos gehalten. Eine Summe zweier Größen konnte niemals null ergeben. Sinnvoller wäre da die Gleichung $2.7\,x + 1 = 9.1$ gewesen, aber auch die hätte im ersten Jahrtausend unserer Zeitrechnung niemand verstanden.

Es waren zwei verschiedene Interpretationen verbreitet:

1. Der islamische Gelehrte al-Hwarizmi (ca. 780–850), der als Erfinder der Algebra gilt, hätte die hier in Form einer Gleichung gestellte Aufgabe in Worten formuliert, zum Beispiel wie folgt: *Ein Bürger will ein Fest ausrichten und holt deshalb beim Bäcker 27 Brote. Er gibt dem Bäcker dafür 9 Taler und einen Groschen. Das ist zu viel, der Bäcker gibt ihm einen Taler, also zehn Groschen, zurück. Wie viele Groschen kostet ein Brot?*

   27 Brote kosten 81 Groschen. Teilt man auf beiden Seiten der Gleichung durch 27, so erhält man die Lösung: Ein Brot kostet 3 Groschen.

2. In den 1000 Jahren zuvor, in denen die Mathematik unter dem Einfluss der Elemente des Euklid stand, hätte man alles geometrisch interpretiert. Größen wurden als Längen aufgefasst, und das Produkt zweier Größen als Fläche. Damit bedeutet die Gleichung: *Erweitert man ein Rechteck, dessen eine Seite* $27/10$ *der Einheitsstrecke lang ist, um das Einheitsquadrat, so erhält man eine*

Fläche, die 91/10 des Einheitsquadrates umfasst. Wie lang ist die andere Seite des Ausgangsrechtecks?

Hier war es erforderlich, zwei Flächen miteinander zu vergleichen. Da Flächen in der Regel in Form von Rechtecken dargestellt wurden, musste man ein beliebiges Rechteck in ein flächengleiches Rechteck verwandeln können, dessen eine Seite vorgegeben war. Und das geht so:

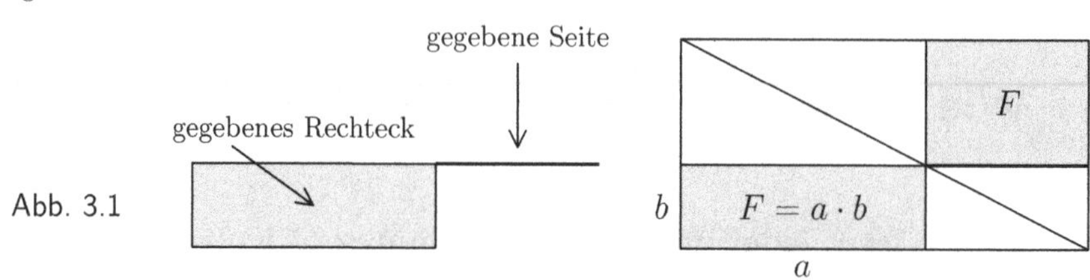

Abb. 3.1

Um 1200 n.Chr. erzielte Leonardo von Pisa (auch Fibonacci genannt) erste Fortschritte. Er kannte die Errungenschaften der Griechen und der Orientalen und baute darauf auf. Aber auch er arbeitete mit sprachlichen Umschreibungen. Neu war immerhin, dass nun auch negative Zahlen und die Null akzeptiert wurden. Außerdem führte man Umschreibungen für Potenzen und Wurzeln ein, und für die Unbekannte bürgerte sich die Bezeichnung „res" oder „cosa" ein (latainisch bzw. italienisch für „Sache"). Die ersten deutschen Algebraiker nannte man dann auch „Cossisten". Eine erste einheitliche Symbolschreibweise entwickelte erst François Viète (genannt „Franciscus Vieta", 1540–1603).

Die Unbekannte wird auch heute noch gerne mit „x" bezeichnet, aber auch andere (konstante) Zahlen werden durch Buchstaben ersetzt. So landet man bei Gleichungen wie der am Anfang: $ax+b=c$ (mit $a \neq 0$). Man löst eine solche Gleichung noch immer nach der alten Methode von al-Hwarizmi, indem man auf beiden Seiten der Gleichung die gleichen Operationen ausführt:

$$\begin{aligned}
ax+b=c \quad &\Longleftrightarrow \quad (ax+b)-b=c-b \text{ (Subtraktion von } b \text{ auf beiden Seiten)}\\
&\Longleftrightarrow \quad ax+(b-b)=c-b \text{ (Umklammern auf der linken Seite)}\\
&\Longleftrightarrow \quad ax=c-b \text{ (Weglassen des Summanden } b-b=0)\\
&\Longleftrightarrow \quad x=(c-b)/a \text{ (Division durch } a \text{ auf beiden Seiten).}
\end{aligned}$$

Ausdrücke wie $ax+b$ oder $(c-b)/a$ nennt man ***(algebraische) Terme***. Auf beiden Seiten einer Gleichung stehen solche Terme, während die Gleichung selbst eine Aussage im Sinne der formalen Logik ist. Schrittweise ersetzt man die Ausgangsgleichung so lange durch andere äquivalente Aussagen, bis man bei einer Gleichung der Form $x = \ldots$ angelangt ist. Auf dem Weg dorthin benutzt man Regeln der Algebra, zum Beispiel $(a+b)+c=a+(b+c)$, $b-b=0$ und $a+0=a$.

Woher kommen die Regeln? Interpretiert man die Größen geometrisch, so findet man auch geometrische Beweise, wie zum Beispiel beim Distributivgesetz:

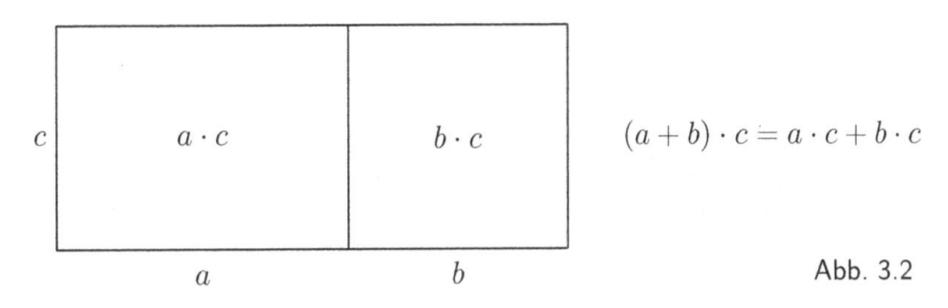

Abb. 3.2

Wir wollen uns hier aber von der geometrischen Interpretation lösen, denn das Auflösen von Gleichungen wird in der Geometrie auf die Dauer viel zu kompliziert. Die Loslösung von der Geometrie schafft jedoch neue Probleme. Zum einen muss man erklären, was die Zahlen eigentlich sind, und zum anderen gibt es ohne algebraische Regeln keine Algebra! Es gibt nur einen Ausweg: Man macht die Existenz der reellen Zahlen und die Gültigkeit der algebraischen Regeln zum Teil eines Axiomensystems.

3.2 Die Algebra der reellen Zahlen

Es folgt ein Axiomensystem für die reellen Zahlen, nicht mehr und nicht weniger. *Alles, was bisher geschah, insbesondere im Rahmen der Geometrie, war mit gewissen Unsicherheiten behaftet, denn die Spielregeln konnten nur vage beschrieben werden. Jetzt aber wird eine solide Basis erstellt. Es wird nicht erklärt, was reelle Zahlen sind, aber alle ihre Eigenschaften werden aufgelistet, und damit werden gleichzeitig auch die Regeln der Algebra eingeführt.*

[R-1] Axiome der Addition. *Die reellen Zahlen bilden eine Menge* $\mathbb{R}$*. Je zwei Elementen* $x, y \in \mathbb{R}$ *ist eindeutig eine reelle Zahl* $x + y$ *(ihre* ***Summe****) zugeordnet.*

1. **Assoziativgesetz:** $\forall\, x, y, z \in \mathbb{R}$ *ist* $(x + y) + z = x + (y + z)$.
2. **Kommutativgesetz:** $\forall\, x, y \in \mathbb{R}$ *ist* $x + y = y + x$.
3. **Existenz der Null:** $\exists\, 0 \in \mathbb{R}$, *s.d. gilt:* $\forall\, x \in \mathbb{R}$ *ist* $x + 0 = x$.
4. **Existenz des Negativen:** $\forall\, x \in \mathbb{R}\, \exists\, y \in \mathbb{R}$ *mit* $x + y = 0$.

Eine erste Folgerung ist die eindeutige Lösbarkeit additiver Gleichungen: Für alle reellen Zahlen a, b besitzt die Gleichung $a + x = b$ eine eindeutig bestimmte Lösung.

Daraus ergibt sich insbesondere, dass die Null eindeutig bestimmt ist.

Das eindeutig bestimmte Element $y \in \mathbb{R}$ mit $x + y = 0$ nennt man ***das Negative von*** x und bezeichnet es mit $-x$. Die eindeutig bestimmte Lösung $x := b + (-a)$ der Gleichung $a + x = b$ bezeichnet man auch mit dem Symbol $b - a$ und nennt sie ***die Differenz*** von a und b. Außerdem gelten die folgenden Vorzeichenregeln: Es ist $-(-a) = a$ und $-(a + b) = (-a) + (-b)$.

[R-2] Axiome der Multiplikation. *Je zwei Elementen $x, y \in \mathbb{R}$ ist eindeutig eine reelle Zahl $x \cdot y$ (ihr* ***Produkt****) zugeordnet.*

1. **Assoziativgesetz:** $\forall\, x, y, z \in \mathbb{R}$ *ist* $(x \cdot y) \cdot z = x \cdot (y \cdot z)$.
2. **Kommutativgesetz:** $\forall\, x, y \in \mathbb{R}$ *ist* $x \cdot y = y \cdot x$.
3. **Existenz der Eins:** $\exists\, 1 \in \mathbb{R} \setminus \{0\}$, *s.d. gilt:* $\forall\, x \in \mathbb{R}$ *ist* $x \cdot 1 = x$.
4. **Existenz des Inversen:** $\forall\, x \in \mathbb{R}$ *mit* $x \neq 0$ $\exists\, y \in \mathbb{R}$ *mit* $x \cdot y = 1$.

[R-3] Axiom vom Distributivgesetz.

$$\forall\, x, y, z \in \mathbb{R} \text{ ist } x \cdot (y + z) = x \cdot y + x \cdot z.$$

Nunn folgt: $\forall\, x \in \mathbb{R}$ ist $x \cdot 0 = 0$.

Deshalb ist die Gleichung $0 \cdot y = 1$ nie lösbar, und beim Axiom R-2 (4) muss die Ausnahme $x \neq 0$ gemacht werden. Für Zahlen $x \neq 0$ hat aber die Gleichung $x \cdot y = 1$ stets eine Lösung, die mit x^{-1} bezeichnet wird, und man nennt diese Zahl das ***Inverse*** zu x.

Auch die eindeutige Lösbarkeit multiplikativer Gleichungen kann man leicht zeigen. $\forall\, a, b \in \mathbb{R}$ mit $a \neq 0$ ist die Gleichung $a \cdot x = b$ stets eindeutig lösbar, die Lösung ist die Zahl $x := a^{-1} \cdot b$.

Außerdem gilt $\forall\, a, b \in \mathbb{R}$ mit $a \neq 0$ und $b \neq 0$: $(a^{-1})^{-1} = a$ $(a \cdot b)^{-1} = a^{-1} \cdot b^{-1}$.

Satz

1) Es ist $(-1) \cdot (-1) = 1$.

2) Es seien a, b reelle Zahlen mit $a \cdot b = 0$. Dann ist $a = 0$ oder $b = 0$.

BEWEIS: 1) Ist das plausibel? Was bedeutet überhaupt die Multiplikation mit (-1)? Ist x eine beliebige reelle Zahl, so ist $(-1) \cdot x = -x$, denn es gilt

$$x + (-1) \cdot x = 1 \cdot x + (-1) \cdot x = \big(1 + (-1)\big) \cdot x = 0 \cdot x = 0.$$

Die Multiplikation einer Zahl mit (-1) bedeutet also, dass diese Zahl (auf der Zahlenachse) am Nullpunkt gespiegelt wird. Führt man das zweimal hintereinander durch, so muss man wieder bei der Ausgangszahl landen.

Für einen Beweis, der keine Anschauung zu Hilfe nimmt, bemüht man am besten das Distributivgesetz, das eben schon seine Stärke bewiesen hat.

Es ist $(-1)+(-1)\cdot(-1) = 1\cdot(-1)+(-1)\cdot(-1) = \big(1+(-1)\big)\cdot(-1) = 0\cdot(-1) = 0$, und das kann nur sein, wenn $(-1) \cdot (-1) = 1$ ist.

2) Sei $a \cdot b = 0$. Auf Anhieb sieht man nicht ein, warum a oder b die Null sein sollte. Man kann es dann zum Beispiel mit dem Widerspruchsprinzip versuchen. Wäre die Aussage $(a = 0) \vee (b = 0)$ falsch, so wäre $a \neq 0$ und $b \neq 0$. Was einem

dazu einfällt, ist die Tatsache, dass a und b jeweils ein Inverses besitzen. Dann wäre $(ab) \cdot (b^{-1}a^{-1}) = a(bb^{-1})a^{-1} = aa^{-1} = 1$, aber andererseits auch $(ab) \cdot (b^{-1}a^{-1}) = 0 \cdot (b^{-1}a^{-1}) = 0$. Das ist ein Widerspruch.

Etwas übersichtlicher wird es, wenn man eine Fallunterscheidung macht, und das sieht so aus: a kann $= 0$ oder $\neq 0$ sein. Im ersten Fall ist nichts mehr zu zeigen, und im zweiten Fall kann man die Idee mit dem Inversen einbringen. Es ist dann nämlich $b = (a^{-1}a)b = a^{-1}(ab) = a^{-1} \cdot 0 = 0$. ∎

Satz: *Sind a, b und x beliebige reelle Zahlen, so ist*

$$(x-a)(x-b) = x^2 - (a+b)x + ab.$$

BEWEIS: Es ist

$$\begin{aligned}(x-a)(x-b) &= (x-a)\cdot x - (x-a)\cdot b \text{ (Distributivgesetz)}\\ &= x\cdot x - a\cdot x - \big(x\cdot b - a\cdot b\big) \text{ (nochmal Distributivgesetz)}\\ &= x^2 - ax - bx + ab \text{ (Abkürzung } x^2 = x\cdot x \text{ und Vorzeichenregel)}\\ &= x^2 - (a+b)x + ab \text{ (Distributivgesetz)}.\end{aligned}$$

∎

Ähnlich beweist man die binomischen Formeln:
$(a \pm b)^2 = a^2 \pm 2ab + b^2$ und $(a+b)(a-b) = a^2 - b^2$ (siehe Aufgabe 3.1).

Die Bruchschreibweise dürfte jedem bekannt sein: Sind a und b reelle Zahlen, $b \neq 0$, so wird die reelle Zahl $a \cdot b^{-1}$ mit dem Symbol

$$\frac{a}{b} \quad \text{oder} \quad a/b$$

bezeichnet. Dabei heißt a ***Zähler*** des Bruches und b ***Nenner*** des Bruches.

Auf jeden Fall sollte man sich an die Bruchrechenregeln erinnern:

1. $\dfrac{a}{b} + \dfrac{c}{d} = \dfrac{a \cdot d + b \cdot c}{b \cdot d}$ für $b \neq 0$ und $d \neq 0$.
2. $\dfrac{a}{b} \cdot \dfrac{c}{d} = \dfrac{a \cdot c}{b \cdot d}$ für $b \neq 0$ und $d \neq 0$.
3. $\left(\dfrac{a}{b}\right)^{-1} = \dfrac{b}{a}$ für $a \neq 0$ und $b \neq 0$.

Die Addition zweier Brüche a/b und c/d ist für Schüler meist die größte Herausforderung. Man muss die beiden Brüche auf einen gemeinsamen Nenner bringen. Das Produkt bd ist die naheliegendste Version eines gemeinsamen Nenners. Dann muss man die gleichnamigen Brüche $(ad)/(bd)$ und $(bc)/(bd)$ addieren. Sind Zähler und Nenner ganzzahlig, so wird man unter Umständen das kleinste gemeinsame Vielfache von b und d als Nenner wählen. Zum Beispiel ist

$$\frac{18}{74}+\frac{25}{111}=\frac{18}{37\cdot 2}+\frac{25}{37\cdot 3}=\frac{18\cdot 3}{37\cdot 6}+\frac{25\cdot 2}{37\cdot 6}=\frac{54}{222}+\frac{50}{222}=\frac{104}{222}=\frac{52}{111}.$$

Das Produkt zweier Brüche ist ganz simpel zu berechnen:

„Zähler × Zähler und Nenner × Nenner".

Zum Beispiel ist $\frac{13}{11}\cdot\frac{7}{25}=\frac{13\cdot 7}{11\cdot 25}=\frac{91}{275}$.

Auch die Division von Brüchen ist einfach: Will man durch einen Bruch a/b dividieren, so muss man einfach mit dem Kehrwert b/a multiplizieren. Zum Beispiel ist

$$\frac{3}{5}\Big/\frac{12}{7}=\frac{3}{5}\cdot\frac{7}{12}=\frac{7}{20}.$$

Ich muss mich vielleicht dafür entschuldigen, dass ich hier solch elementare Rechengesetze wiederhole. Wenn Zähler und Nenner ganze Zahlen sind, kann das wohl jeder. Es handelt sich dann um ***rationale Zahlen***. Aber Brüche kann man mit beliebigen reellen Zahlen bilden. Zum Beispiel ist dann

$$\begin{aligned}\frac{5\sqrt{7}+1}{\sqrt{3}-\sqrt{2}}+\frac{6-5\sqrt{2}}{13} &= \frac{(5\sqrt{7}+1)(\sqrt{3}+\sqrt{2})}{\sqrt{3}^2-\sqrt{2}^2}+\frac{6-5\sqrt{2}}{13}\\ &= \left(5\sqrt{21}+\sqrt{3}+5\sqrt{14}+\sqrt{2}\right)+\frac{1}{13}(6-5\sqrt{2})\\ &= \frac{1}{13}\Big(65\sqrt{21}+65\sqrt{14}+13\sqrt{3}+8\sqrt{2}+6\Big).\end{aligned}$$

In der Mathematik hat man eher mit algebraischen Bruchtermen zu tun. Es soll zum Beispiel der Ausdruck

$$T:=\frac{3x}{2x-4}-\frac{x-2}{6-3x}$$

vereinfacht werden. Zunächst bringt man die Brüche auf einen Hauptnenner, dann addiert und vereinfacht man sie:

$$\begin{aligned}T &= \frac{3x}{2(x-2)}-\frac{x-2}{(-3)(x-2)}=\frac{(-3)\cdot 3x}{(-6)(x-2)}-\frac{2(x-2)}{(-6)(x-2)}\\ &= \frac{-9x-2(x-2)}{(-6)(x-2)}=\frac{-11x+4}{-6x+12}.\end{aligned}$$

Beispiele 3.2.1 (Algebraische Umformungen von Brüchen)

1 Es soll $\dfrac{x+2}{x^2+3x-4} - \dfrac{x+4}{x^2+x-2}$ berechnet werden.

Als Hauptnenner kann man ntürlich das Produkt der beiden Nenner benutzen, aber dann wird alles zu kompliziert. Besser ist es, die Nenner zu „faktorisieren", d.h. in Faktoren zu zerlegen. Die weiter oben bewiesene Formel $(x-a)(x-b) = x^2-(a+b)x+ab$ liefert das Mittel dazu: Die Gleichungen $3 = -a-b$ und $-4 = ab$ führen auf die beiden Gleichungen $a+b = -3$ und $ab = -4$ und damit auf die quadratische Gleichung $a^2+3a-4 = 0$ mit den Lösungen 1 und -4. Also ist

$$x^2+3x-4 = (x-1)(x+4),$$

und analog sieht man:

$$x^2+x-2 = (x-1)(x+2).$$

Jetzt folgt:

$$\begin{aligned}
\frac{x+2}{x^2+3x-4} - \frac{x+4}{x^2+x-2} &= \frac{x+2}{(x-1)(x+4)} - \frac{x+4}{(x-1)(x+2)} \\
&= \frac{(x+2)^2-(x+4)^2}{(x-1)(x+2)(x+4)} \\
&= \frac{(-4)(x+3)}{(x-1)(x+2)(x+4)}.
\end{aligned}$$

Wie weit man die Klammern auflöst, das hängt davon ab, was man mit dem Term weiter anfangen möchte.

2 Bei Bruchgleichungen muss man immer vorsichtig sein und auf die Nenner achten.

a) Man löse die Gleichung $\dfrac{x+1}{x+2} - \dfrac{3}{x^2-3x-10} = \dfrac{-3}{x-5}$.

Weil $x^2-3x-10$ die Nullstellen $x = -2$ und $x = 5$ besitzt, ist $x^2-3x-10 = (x+2)(x-5)$ der Hauptnenner. Die Werte $x = -2$ und $x = 5$ müssen ausgenommen werden. Tut man dies, so kann die Gleichung mit dem Hauptnenner multipliziert werden, und nach dem Kürzen erhält man:

$$(x+1)(x-5)-3 = -3(x+2), \text{ also } x^2-x-2 = 0.$$

Diese quadratische Gleichung hat die Lösungen $x = -1$ und $x = 2$. Beide Werte sind auch Lösungen der Ausgangsgleichung.

Was hat man hier genau gemacht? Es gibt zwei Möglichkeiten, einen logisch einwandfreien Beweis daraus zu machen:

i) Man lässt die Lösungen $x = -1$ und $x = 2$ vom Himmel fallen, merkt an, dass es sich nicht um Nullstellen der Nenner handelt, und zeigt durch Einsetzen (also durch die „Probe"), dass es sich tatsächlich um Lösungen handelt.

ii) Man führt einen „Eindeutigkeitsbeweis": Man nimmt an, dass eine Lösung x (die nicht Nullstelle der Nenner ist) vorliegt. Durch die oben durchgeführten Rechenschritte gelangt man zu der quadratischen Gleichung $x^2 - x - 2 = 0$. Daraus ergibt sich, dass $x = -1$ oder $= 2$ sein muss. Die Probe bestätigt, dass dies wirklich Lösungen sind.

b) Nun soll die Gleichung

$$\frac{x}{x-7} + 128 = -\frac{7}{7-x}$$

gelöst werden. Der Fall $x = 7$ muss ausgenommen werden. Wäre $x \neq 7$ eine Lösung, so wäre $x + 128(x-7) = 7$, also $129x = 129 \cdot 7$ und damit $x = 7$. Das kann nicht sein! Also besitzt die Ausgangsgleichung **keine** Lösung! ♠

Aufgabe 3.1

1. Beweisen Sie die ***binomischen Formeln***:

$$\begin{aligned} (a+b)^2 &= a^2 + 2ab + b^2, \\ (a-b)^2 &= a^2 - 2ab + b^2, \\ (a+b)(a-b) &= a^2 - b^2. \end{aligned}$$

Hinweis: *Die Aufgaben sind sehr einfach. Deshalb sollte man bei jedem Schritt erklären, welche Regeln und Axiome benutzt werden.*

2. Lösen Sie – wenn möglich – die folgenden Gleichungen:

$$\frac{2x-3}{3x+1} = 2 \quad \text{und} \quad \frac{2}{x} + \frac{3}{x} = 1 + \frac{6}{x}.$$

Hinweis: *Wie man hier vorzugehen hat, wird oben in den Beispielen 3.2.1 (besonders in Teil 2 und 3) genau erklärt.*

3.3 Ungleichungen

[R-4] Axiome der Anordnung. *In $\mathbb{R}$ gibt es eine Teilmenge P, so dass gilt:*

1. *Sind a und b Elemente von P, so auch $a + b$ und $a \cdot b$.*
2. *Für jede reelle Zahl x gilt genau eine der drei folgenden Aussagen: $x \in P$, $x = 0$ oder $-x \in P$.*

Was soll hier geregelt werden? Hinter der Menge P versteckt sich die Menge der ***positiven*** reellen Zahlen. Ist $a \in P$, so schreibt man: $a > 0$. Die Axiome der Anordnung besagen daher: Die Summe und das Produkt zweier positiver Zahlen ist wieder positiv, und jede Zahl $x \neq 0$ ist entweder positiv oder negativ (wobei x ***negativ*** heißt, wenn $-x$ positiv ist).

Jetzt kann man zum Beispiel fragen, was bei der Summe oder dem Produkt zweier negativer Zahlen herauskommt. Der Clou ist, dass sich das schon logisch aus den obigen Axiomen ergibt.

Bevor das demonstriert werden kann, sollten noch kurz die Symbole für Ungleichungen eingeführt werden:

$$
\begin{aligned}
a < b &\;:\Longleftrightarrow\; b - a > 0 && (a \text{ kleiner als } b).\\
a > b &\;:\Longleftrightarrow\; b < a && (a \text{ größer als } b).\\
a \leq b &\;:\Longleftrightarrow\; (a < b) \vee (a = b) && (a \text{ kleiner oder gleich } b).\\
a \geq b &\;:\Longleftrightarrow\; (a > b) \vee (a = b) && (a \text{ größer oder gleich } b).
\end{aligned}
$$

Man beachte: Ist x eine reelle Zahl, so ist $-x$ zwar das „Negative“ von x, braucht aber beileibe keine negative Zahl zu sein. Ist etwa $x = -2$, so ist $-x = -(-2) = 2$ positiv.

Direkt aus den Axiomen folgen sehr leicht die folgenden Aussagen:

1. Ist $a < b$ und $b < c$, so ist auch $a < c$.
2. Ist $a < b$ und c beliebig, so ist auch $a + c < b + c$.
3. Ist $a < b$ und $c > 0$, so ist $a \cdot c < b \cdot c$.

Nun kann man zeigen:

Satz: *Sind a und b negative Zahlen, so ist $a + b$ ebenfalls negativ und $a \cdot b$ positiv.*

BEWEIS: Nach Voraussetzung ist $-a > 0$ und $-b > 0$, also auch $-(a + b) = (-a) + (-b) > 0$ und $a + b$ negativ. Weiter ist $a \cdot b = (-a) \cdot (-b) > 0$. ∎

Wer möchte, kann sich nun austoben und alle möglichen Fälle untersuchen, zum Beispiel den Fall $a < 0$ und $b > 0$. Aber das sei jedem selbst überlassen. Erwähnt werden soll nur noch die folgende wichtige Aussage:

Satz: *Ist $x \in \mathbb{R}$ beliebig, $x \neq 0$, so ist $x \cdot x > 0$. Insbesondere ist $1 > 0$.*

Natürlich folgt das sofort aus dem vorigen Satz.

Die Abkürzung $x^2 = x \cdot x$ wurde ja schon an früherer Stelle eingeführt. Was wir hier gelernt haben, ist die Tatsache, dass das Quadrat einer reellen Zahl niemals negativ sein kann. Es gibt also keine reelle Zahl x mit $x^2 = -1$.

Aufgabe 3.2

Es seien $a, b, c \in \mathbb{R}$ beliebig. Zeigen Sie:

$$\begin{aligned} a < b &\implies -a > -b, \\ 0 < a < b &\implies a^{-1} > b^{-1} > 0, \\ a^2 + b^2 = 0 &\iff (a = 0) \wedge (b = 0). \end{aligned}$$

Hinweis: *Auch diese Aufgabe ist ziemlich leicht zu bewältigen. Bei der zweiten Implikation hilft es, zunächst $ba^{-1} > 1$ zu beweisen. Bei der Äquivalenz liegt es nahe, die Richtung „$\Longrightarrow$“ durch Widerspruch zu erledigen.*

3.4 Natürliche Zahlen und Induktion

Was ist „natürlich“ an den natürlichen Zahlen? *Zunächst muss man herausfinden, welche Zahlen eigentlich zu den natürlichen Zahlen gehören. Und dann stellt sich die Frage, ob solche einfachen Objekte es eigentlich wert sind, dass man sich ausführlich mit ihnen beschäftigt. Dass sie das sind, wird sich hier bald herausstellen. Insbesondere liefern die natürlichen Zahlen sogar ein ganz eigenes Beweisverfahren, den Beweis durch vollständige Induktion.*

Die natürlichen Zahlen $1, 2, 3, \ldots$ heißen so, weil sie schon in der Natur vorkommen. Schon die Steinzeitmenschen konnten feststellen: „Das ist **ein** Schaf, da sind **zwei** Schafe, **drei** Schafe usw.“ Diese natürlichen Zahlen müssen in der Menge aller (reellen) Zahlen vorkommen, und nun beschert einem das axiomatische Vorgehen ein Problem. Wie findet man in der Menge $\mathbb{R}$, die allein durch die Eigenschaften ihrer Elemente charakterisiert wurde, die natürlichen Zahlen? Das geht eben auch nur über deren Eigenschaften und beginnt recht abstrakt:

Definition

Eine Teilmenge $M \subset \mathbb{R}$ heißt ***induktiv***, falls gilt:

1. $1 \in M$.
2. $\forall x \in \mathbb{R} : (x \in M) \Longrightarrow \big((x+1) \in M\big)$.

Die Menge der Zahlen 1, $2 := 1 + 1$, $3 := 1 + 1 + 1$, $\ldots$ ist induktiv, und das ist doch schon mal gut. Es ist aber schwer, eine Aussage über **alle** (unendlich vielen) natürlichen Zahlen zu treffen, und außerdem sind leider auch Mengen wie $\mathbb{R}$ oder $\{x \in \mathbb{R} : x \geq 1\}$ induktiv. Da muss noch etwas geschehen.

Definition

Ein Element $n \in \mathbb{R}$ heißt ***natürliche Zahl***, falls n zu **jeder** induktiven Teilmenge von $\mathbb{R}$ (also zum Durchschnitt aller induktiven Teilmengen) gehört.

Die Menge $\mathbb{N}$ aller natürlichen Zahlen ist selbst induktiv, sie ist eben die „kleinste“ induktive Menge. Und die wichtigste Folgerung, das ***Induktionsprinzip***, ergibt sich ganz einfach:

Satz: *Es sei $M \subset \mathbb{N}$ eine Teilmenge, und es gelte:*

1. $1 \in M$.
2. $\forall n \in \mathbb{N} : n \in M \implies (n+1) \in M$.

Dann ist bereits $M = \mathbb{N}$.

Die Voraussetzungen besagen, dass die Menge M induktiv ist. Weil $\mathbb{N}$ als kleinste induktive Menge in jeder anderen induktiven Menge enthalten ist, gilt $\mathbb{N} \subset M$. Nach Voraussetzung ist aber auch $M \subset \mathbb{N}$. Zusammen ergibt das die gewünschte Aussage $M = \mathbb{N}$, was zu beweisen war.

Soweit sieht das nach einer abstrakten Spielerei aus. Das Induktionsprinzip liefert aber nach den schon bekannten Beweismethoden (direkter Beweis, Widerspruchsbeweis, Kontraposition, Fallunterscheidung) ein weiteres, völlig neues Verfahren, den ***Beweis durch vollständige Induktion***. Und zwar geht das folgendermaßen:

Induktion kann man immer dann versuchen, wenn eine Aussage über natürliche Zahlen bewiesen werden soll, zum Beispiel die Aussage $\mathscr{A}(n)$:

$$\forall n \in \mathbb{N} : 2^n \geq 2n.$$

Wie kommt man zu dieser Aussage? Ganz einfach, man setzt mal zum Test verschiedene Werte für n ein und erhält folgende Tabelle:

n	1	2	3	4	5
2^n	2	4	8	16	32
$2n$	2	4	6	8	10

Offensichtlich stimmt die Behauptung in allen diesen Fällen. Aber Achtung! Sei die Stichprobe auch noch so groß, das ist kein Beweis. Der fehlende Beweis kann mit Hilfe des Induktionsprinzips geführt werden. Die Menge M, von der oben bei der Formulierung des Induktionsprinzips die Rede war, ist hier die Menge $M := \{n \in \mathbb{N} : \mathscr{A}(n)\} = \{n \in \mathbb{N} : 2^n \geq 2n\}$. Um zu zeigen, dass $M = \mathbb{N}$ ist, müssen die Voraussetzungen des Induktionsprinzips verifiziert werden. Das sind genau zwei Bedingungen:

1. Die Bedingung „$1 \in M$“ besagt, dass $\mathscr{A}(1)$ wahr ist. Wie zeigt man diese Aussage? Die linke Seite der Ungleichung $2^n \geq 2n$ ergibt im Falle $n = 1$ den Term $2^1 = 2$, und auf der rechten Seite erhält man mit $2 \cdot 1 = 2$ das Gleiche. Damit ist $\mathscr{A}(1)$ tatsächlich wahr. Man nennt diesen Teil des Beweises den ***Induktionsanfang***.

2. Schwieriger wird es mit der Bedingung „$n \in M \implies (n+1) \in M$“, die für **alle** $n \in \mathbb{N}$ nachgewiesen werden muss. Das heißt, dass die Implikation $\mathscr{A}(n) \implies \mathscr{A}(n+1)$ für jede natürliche Zahl n zu zeigen ist.

   (a) Die erste Schwierigkeit bieten die Wörter „für **alle** $n \in \mathbb{N}$“. Zum Glück ist schon klar, wie man das erledigt, nämlich mit dem Satz „Sei $n \in \mathbb{N}$ beliebig gewählt“. Wichtig ist nur, dass man wirklich keinerlei Bedingung an n stellt.

   (b) Die zweite Schwierigkeit ist von rein mentaler Art. Nachdem man sich für ein (beliebiges) n entschieden hat, soll die Implikation $\mathscr{A}(n) \implies \mathscr{A}(n+1)$ bewiesen werden. Da diese Implikation immer wahr ist, wenn die Prämisse $\mathscr{A}(n)$ falsch ist, kann man einfach voraussetzen, dass $\mathscr{A}(n)$ wahr ist. Man bekommt also eine zusätzliche Voraussetzung, die sogenannte ***Induktionsvoraussetzung*** $\mathscr{A}(n)$ geschenkt! An dieser Stelle fragen sich viele, warum man die Aussage $\mathscr{A}(n)$ benutzen darf, während sie doch eigentlich bewiesen werden soll. Tatsächlich geht es nur um die **Implikation**, und die kann nun bewiesen werden, indem man $\mathscr{A}(n)$ als wahr voraussetzt und daraus die Aussage $\mathscr{A}(n+1)$ herleitet. Das ist der sogenannte ***Induktionsschluss***.

Wie sieht das jetzt bei unserem konkreten Beispiel aus? Es sei $n \in \mathbb{N}$ beliebig vorgegeben. Die Induktionsvoraussetzung $2^n \geq 2n$ darf als wahr vorausgesetzt werden (natürlich nur für dieses **eine** n, über das nichts weiter bekannt ist). Gezeigt werden soll die Ungleichung $2^{n+1} \geq 2 \cdot (n+1)$. Oft läuft dieser Induktionsschluss fast von selbst. Schauen wir mal, es gilt:

$$
\begin{aligned}
2^{n+1} &= 2 \cdot 2^n && \text{(vorteilhafter, weil } 2^n \text{ in } \mathscr{A}(n) \text{ vorkommt)}\\
&= 2^n + 2^n && \text{(nutze } 2 = 1+1 \text{ aus)}\\
&\geq 2n + 2n && \text{(nach Induktionsvoraussetzung)}\\
&= 2 \cdot 2n && \text{(nutze wieder } 2 = 1+1 \text{ aus)}\\
&= 2 \cdot (n+n) && \text{(nochmal } 2 = 1+1\text{)}\\
&\geq 2 \cdot (n+1) && \text{(weil immer } n \geq 1 \text{ gilt).}
\end{aligned}
$$

Diese offensichtlich richtige Kette von Gleichungen und Ungleichungen (von denen die Letzteren natürlich immer gleich gerichtet sein müssen) kann man verkürzen zu der Ungleichung $2^{n+1} \geq 2(n+1)$, und die wollte man zeigen.

In Kurzfassung sähe der Beweis dann folgendermaßen aus:

BEWEIS durch Induktion nach n.

$n = 1: 2^1 = 2 \geq 2 = 2 \cdot 1$.

$n \to n+1: 2^{n+1} = 2^n + 2^n \geq 2n + 2n = 2(n+n) \geq 2(n+1)$. ∎

Typisch für die natürlichen Zahlen ist die Tatsache, dass jedes Element $n \in \mathbb{N}$ einen ***Nachfolger*** $n+1$ besitzt. Umgekehrt kann man jeder natürlichen Zahl $n \neq 1$ einen „***Vorgänger***" m zuordnen, so dass $n = m+1$ ist. Offensichtlich ist dann $m = n-1$.

Das Subtrahieren ist in $\mathbb{N}$ nicht uneingeschränkt möglich. Ist $m \geq n$, so ist $n - m$ keine natürliche Zahl, denn andernfalls müsste $n - m \geq 1$, also $m \leq n - 1$ bzw. $m < n$ sein, im Widerspruch zur Voraussetzung.

Der kleinste Zahlenbereich, der neben $\mathbb{N}$ auch noch alle Differenzen $n - m$ mit $n, m \in \mathbb{N}$ enthält, ist die Menge $\mathbb{Z} := \{x \in \mathbb{R} : (x = 0) \vee (x \in \mathbb{N}) \vee (-x \in \mathbb{N})\}$ aller ***ganzen Zahlen***.

Das Induktionsprinzip kann auch etwas abgewandelt werden:

1. Beim ***erweiterten Induktionsprinzip*** werden auch Zahlen $k > 1$ als Induktionsanfang zugelassen.

   Sei $M \subset \mathbb{N}$ eine Teilmenge und $k \in \mathbb{N}$ eine feste Zahl. Außerdem gelte:

   (a) $k \in M$.

   (b) $\forall n \geq k : n \in M \implies (n+1) \in M$.

   Dann ist bereits $M = \{n \in \mathbb{N} : n \geq k\}$.

2. Beim ***zweiten Induktionsprinzip*** sieht der Induktionsschluss etwas anders aus.

   Es sei $M \subset \mathbb{N}$ und es gelte:

   (a) $1 \in M$.

   (b) Ist $n \in \mathbb{N}$ und $k \in M$ für alle $k < n$, so ist auch $n \in M$.

   Dann ist $M = \mathbb{N}$.

Beispiele 3.4.1 (Beweise durch Induktion)

1 In der Ebene seien n Punkte $P_1, P_2, P_3, \ldots, P_n$ gegeben. Verbindet man jeweils P_i durch eine Strecke mit P_{i+1} und schließlich noch P_n mit P_1, so entsteht ein n-Eck mit den Seiten P_1P_2, P_2P_3, $\ldots$, $P_{n-1}P_n$ und P_nP_1. Je zwei aufeinanderfolgende Seiten schließen einen Winkel ein. Sind alle n Winkel kleiner als 180°, so spricht man von einem konvexen n-Eck. Es soll gezeigt werden:

Die Winkelsumme in einem konvexen n-Eck (mit $n \geq 3$) beträgt $(n-2) \cdot 180°$.

Der Satz kann sehr leicht mit dem erweiterten Induktionsprinzip bewiesen werden.

Induktionsanfang:
In einem beliebigen Dreieck $P_1P_2P_3$ beträgt die Winkelsumme $180° = (3-2)\cdot 180°$. Das ist aus der Elementargeometrie bekannt (vgl. Kapitel 1).

Induktionsschluss:
Sei $n > 3$. Dann sind die vier Punkte P_1, P_2, P_3 und P_n paarweise verschieden.

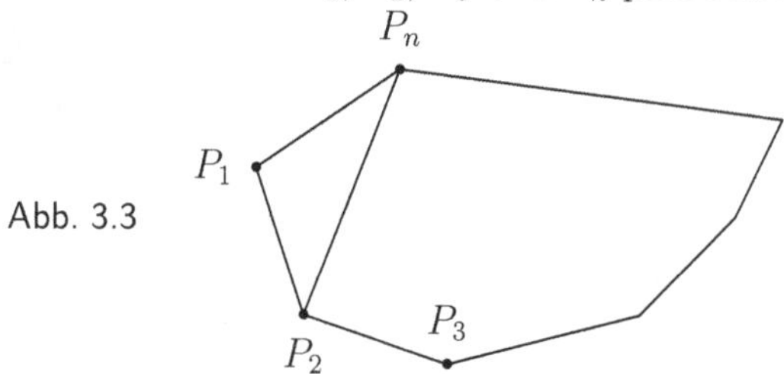

Abb. 3.3

Verbindet man P_2 mit P_n, so entsteht das Dreieck $P_1P_2P_n$ und außerdem ein $(n-1)$-Eck $P_2P_3\dots P_{n-1}P_n$ (mit $n-1 \geq 3$). Ersteres hat die Winkelsumme $180°$, Letzteres nach Induktionsvoraussetzung die Winkelsumme $(n-3)\cdot 180°$. Die Winkelsumme im ursprünglichen n-Eck erhält man durch Addition der Winkelsummen des 3-Ecks und des $(n-1)$-Ecks. So erhält man die Summe $(n-2)\cdot 180°$.

2 Behauptung: Es ist $3^n > 2^n + 2n^2 + 1$ für $n \geq 4$.

Beweis durch Induktion nach n (erweitertes Induktionsprinzip):

Induktionsanfang ($n = 4$): $3^4 = 81$, $2^4 + 2\cdot 4^2 + 1 = 16 + 2\cdot 16 + 1 = 49$.

Induktionsschluss ($n \to n+1$):

$$\begin{aligned} 3^{n+1} = 3\cdot 3^n &> 3(2^n + 2n^2 + 1) \\ &> 2^{n+1} + (2n^2 + 4n^2 + 2) + 1 \\ &> 2^{n+1} + 2(n^2 + 2n + 1) + 1 = 2^{n+1} + 2(n+1)^2 + 1. \end{aligned}$$

3 Es soll gezeigt werden, dass jede nicht leere Teilmenge von $\mathbb{N}$ ein kleinstes Element besitzt (Wohlordnungssatz). Weil eine nicht leere Teilmenge von $\mathbb{N}$ mindestens eine natürliche Zahl n als Element besitzen muss, kann man diese Aussage auch so formulieren:

Sei $M \subset \mathbb{N}$ beliebig. Dann gilt für alle $n \in \mathbb{N}$ die Aussage $\mathscr{K}(n)$:

$$n \in M \implies (M \text{ besitzt ein kleinstes Element}).$$

Beim Induktionsanfang ist zu zeigen, dass $\mathscr{K}(1)$ wahr ist. Das ist aber offensichtlich: Gehört nämlich 1 zu M, so ist die 1 als kleinste natürliche Zahl erst recht auch das kleinste Element von M. Nun soll das zweite Induktionsprinzip benutzt werden. Beim Induktionsschluss soll also die Implikation

$$\mathscr{K}(k) \text{ wahr für alle } k < n \implies \mathscr{K}(n) \text{ wahr}$$

gezeigt werden. Dazu sei $n \in \mathbb{N}$ beliebig, $n > 1$. Gehört n zu M, so gibt es zwei Möglichkeiten.

1. Ist n das kleinste Element von M, so ist nichts mehr zu zeigen.
2. Ist n nicht das kleinste Element von M, so gibt es in M eine natürliche Zahl $k < n$. Weil aber nach Induktionsvoraussetzung die Aussage $\mathscr{K}(k)$ für alle solche k wahr ist, besitzt M auch in diesem Fall ein kleinstes Element. ♠

Aufgabe 3.3

Beweisen Sie durch vollständige Induktion:

1. $\forall n \in \mathbb{N} : (n > 4 \implies 2^n > n^2)$.
2. Die Menge $\{1, 2, \ldots, n\}$ hat genau 2^n Teilmengen.

Hinweis: *Beide Induktionsbeweise sind ohne besondere Tricks durchzuführen.*

Aufgabe 3.4

„Wählt man aus der Menge der Menschen zufällig eine Gruppe von n Personen aus, so haben diese alle die gleiche Blutgruppe!" Der Beweis wird durch Induktion nach n geführt. Im Falle $n = 1$ ist nichts zu zeigen. Nun sei die Aussage für n wahr. Für $n + 1$ folgt sie dann so: Wählt man $n + 1$ Personen $x_1, \ldots, x_{n+1}$ aus, so haben nach Induktionsvoraussetzung $x_1, x_2, \ldots, x_n$ die gleiche Blutgruppe, aber auch $x_2, x_3, \ldots, x_n, x_{n+1}$, und damit hat x_{n+1} die gleiche Blutgruppe wie x_n und somit wie $x_1, \ldots, x_n$. **Wo steckt der Fehler?**

Die Menge $\mathbb{N}$ besitzt kein größtes Element, denn wie groß eine Zahl $n \in \mathbb{N}$ auch sein mag, die Zahl $n + 1$ ist noch größer.

Ist allerdings $M \subset \mathbb{N}$ eine echte Teilmenge, so kann M eine ***obere Schranke*** besitzen, also eine (reelle) Zahl a, so dass $n \leq a$ für alle $n \in M$ gilt. Die Menge M heißt dann ***nach oben beschränkt***, und man kann zeigen, dass jede nach oben beschränkte Menge sogar ein größtes Element besitzt. Diese Aussage gilt sogar noch allgemeiner für Teilmengen der Menge $\mathbb{Z}$ aller ganzen Zahlen.

Ein typisches Beispiel einer nach oben beschränkten Teilmenge von M ist der ***Zahlenabschnitt*** (oder das ***Zahleninterval***l)

$$[1, n] := \{k \in \mathbb{N} : 1 \leq k \leq n\} = \{1, 2, 3, \ldots, n\}.$$

Offensichtlich ist 1 das kleinste und n das größte Element von $[1, n]$.

Die Mengen $N := \{1, 2, 3, 4, 5\}$ und $M := \{273, 275, 277, 279, 281\}$ stehen in einem besonderen Verhältnis zueinander. Man kann nämlich jedem Element $n \in N$ genau ein Element $m \in M$ zuordnen, und zwar so, dass sich diese Zuordnung auch umkehren lässt:

$$1 \mapsto 273, \quad 2 \mapsto 275, \quad 3 \mapsto 277, \quad 4 \mapsto 279, \quad 5 \mapsto 281\,.$$

Man spricht dann von einer ***eineindeutigen Zuordnung*** von N nach M (aus der man durch Umkehrung auch eine eineindeutige Zuordnung von M nach N gewinnt).

Definition

Eine beliebige Menge M heißt ***endlich***, falls sich ihre Elemente eineindeutig den Elementen eines Zahlenintervalls $[1, n]$ zuordnen lassen. Die dann eindeutig bestimmte Zahl n nennt man die ***Anzahl der Elemente*** von M.

Eine Menge, die nicht endlich ist, heißt eine ***unendliche Menge***.

Offensichtlich ist $\mathbb{N}$ eine unendliche Menge, aber auch die Menge aller geraden natürlichen Zahlen. Hingegen ist jede nach oben beschränkte Teilmenge von $\mathbb{N}$ endlich.

3.5 Teilbarkeitslehre

In $\mathbb{R}$ kann man durch jede Zahl $t \neq 0$ dividieren. *Innerhalb von $\mathbb{N}$ kann man dagegen nur durch 1 dividieren, oder? Nein, man kann zum Beispiel auch 6 durch 2 dividieren und erhält als Ergebnis die natürliche Zahl 3. Dieser Effekt ist ein Phänomen, das zur sogenannten „Teilbarkeitslehre“ gehört. Auch die Existenz von Primzahlen ist ein Aspekt der Teilbarkeitslehre, sowie der Begriff des größten gemeinsamen Teilers und all das, was man in der Schule bei Einführung der Bruchrechnung lernen muss.*

Produkte ganzer Zahlen sind wieder ganze Zahlen. Aber die Division lässt sich in $\mathbb{Z}$ nicht generell ausführen. Dabei sprechen wir nicht von der generellen Ausnahme, dass man nicht durch 0 dividieren kann. Das ist ja selbstverständlich. Aber zum Beispiel ist der Quotient $12/7$ keine ganze Zahl, wohl aber der Quotient $35/7 = 5$. Diese eigentümliche Tatsache, dass manche Divisionen in $\mathbb{Z}$ „aufgehen“, andere aber nicht, führt uns zu einer besonderen mathematischen Disziplin, eben der oben angesprochenen „Teilbarkeitslehre“.

Definition
Seien $a, b \in \mathbb{Z}$. Die Zahl b heißt ***Teiler*** von a, falls es eine **ganze** Zahl q gibt, so dass $a = q \cdot b$ ist. Man schreibt dann: $b \mid a$ (in Worten: „b teilt a“ oder „b ist Teiler von a“). Ist b kein Teiler von a, so schreibt man $b \nmid a$.

Beispiele 3.5.1 (Teiler von ganzen Zahlen)

1 $273 \mid 3003$, denn es ist $3003 = 273 \cdot 11$.

2 $215 \nmid 2581$, denn 2581 ist nicht durch 5 teilbar, also erst recht nicht durch 215.

3 Besitzt 2379 einen Teiler? In der Schule lernt man, dass eine Zahl durch 3 teilbar ist, wenn das für ihre Quersumme gilt. Das trifft hier zu, und tatsächlich ist $2379 = 3 \cdot 791$. ♠

Nützlich sind folgende **Teilbarkeitsregeln** (für $a, b, c, d \in \mathbb{Z}$):

1. $a \mid b \Longrightarrow a \mid bc$,
2. $(a \mid b) \wedge (b \mid c) \Longrightarrow a \mid c$,
3. $(a \mid b) \wedge (a \mid c) \Longrightarrow a \mid (b + c)$.

Definition
Ist $a \in \mathbb{Z}$, so heißen die Zahlen 1, -1, a und $-a$ die ***trivialen Teiler*** von a. Alle anderen Teiler von a nennt man ***echte Teiler***. Eine natürliche Zahl $p > 1$ heißt ***Primzahl***, falls sie keine echten Teiler besitzt.

2, 3, 5, 7, 11, 13, 17 und 19 sind alle Primzahlen unter 20. Wie bestimmt man nun generell Primzahlen? Sei a eine natürliche Zahl. Wenn a einen echten Teiler t besitzt, so gibt es eine Zahl s mit $t \cdot s = a$. Eine der beiden Zahlen s und t muss kleiner als $\sqrt{a}$ sein. Wäre nämlich $s > \sqrt{a}$, so wäre $t = a/s < a/\sqrt{a} = \sqrt{a}$. Ist m die größte natürliche Zahl $\leq \sqrt{a}$, so braucht man nur bei den Zahlen $2, \ldots, m$ zu testen, ob sie Teiler von a sind.

Ist a ungerade, so kann 2 kein Teiler von a sein. Die Zahl 5 teilt a nur dann, wenn die letzte Ziffer von a null oder fünf lautet. Und wie ist das mit der 3? Offensichtlich ist $10 = 3 \cdot 3 + 1$, $100 = 3 \cdot 33 + 1$, $1000 = 3 \cdot 111 + 1$ und allgemein $10^k = 3 \cdot q + 1$ (mit einer natürlichen Zahl q). Schreibt man a in der Gestalt

$$a = a_0 + a_1 \cdot 10 + a_2 \cdot 100 + \cdots + a_n \cdot 10^n,$$

so ist

$$\begin{aligned} a &= a_0 + a_1(3 \cdot q_1 + 1) + a_2(3 \cdot q_2 + 1) + \cdots + a_n(3 \cdot q_n + 1) \\ &= (a_0 + a_1 + a_2 + \cdots + a_n) + 3 \cdot (a_1 q_1 + a_2 q_2 + \cdots + a_n q_n). \end{aligned}$$

Hieraus sieht man, dass a genau dann durch 3 teilbar ist, wenn die Quersumme $a_0 + a_1 + \cdots + a_n$ durch 3 teilbar ist.

Die Teilbarkeit durch 7 testet man am besten direkt durch Division. Damit sind dann aber schon alle möglichen Teiler von 2 bis 10 erledigt, und weil $10 = \sqrt{100}$ ist, kann man jetzt alle Zahlen n bis $n = 100$ daraufhin überprüfen, ob sie prim sind. Noch leichter wird es, wenn man gleich alle Primzahlen unterhalb einer gegebenen Schranke ermitteln will. Dann kommt das sogenannte ***Sieb des Eratosthenes*** zum Einsatz:

Man schreibe zunächst alle Zahlen bis zu der angepeilten Schranke n auf. Im Computerzeitalter wird man natürlich stattdessen einfach genügend viele Speicherplätze reservieren. Die 1 ist keine Primzahl und sollte daher gestrichen bzw. markiert werden. Die 2 bleibt unberührt, aber von der 4 ab wird dann jede zweite Zahl markiert – das sind die geraden Zahlen. Die nächste unberührte Zahl und damit die nächste Primzahl ist die 3, und von dort aus markiert man in Dreierschritten alle Vielfachen von 3. Jetzt sieht man schon die 5 und kennzeichnet alle darauf folgenden Zahlen, deren letzte Ziffer eine 5 ist. Schließlich führt man diese Prozedur für die 7 und alle ihre Vielfachen durch, die man in Siebenerschritten findet. Alles, was jetzt noch nicht markiert ist, muss entweder eine Primzahl sein oder eine Zahl ≥ 11 als kleinsten Primteiler haben. Wenn man will, kann man so bis zur größten Primzahl $\leq \sqrt{n}$ fortfahren. Dann sind nur noch die Primzahlen unterhalb von n stehen geblieben.

Oftmals ist es nützlich, eine Zahl in ihre Primfaktoren zu zerlegen (zum Beispiel bei der Suche nach einem Hauptnenner bei der Addition von Brüchen). Ist n die gegebene Zahl, so sucht man nach dem kleinsten Teiler p_1 von n. Der ist dann automatisch eine Primzahl, und es gibt eine Zerlegung $n = p_1 \cdot q_1$ mit $2 \leq p_1 \leq n$, also $1 \leq q_1 < n$. Im nächsten Schritt sucht man den kleinsten Teiler p_2 von q_1 und erhält eine Zerlegung $q_1 = p_2 \cdot q_2$. Weil $n > q_1 > q_2 > \ldots \geq 1$ ist, bricht das Verfahren nach endlich vielen Schritten ab. Das liefert den ***Hauptsatz der Arithmetik***:

Satz: *Jede natürliche Zahl $n > 1$ besitzt eine Darstellung*

$$\boxed{n = p_1 \cdots p_k}$$

als Produkt von endlich vielen Primzahlen.

Die Primzahlen $p_1, \ldots, p_k$ brauchen nicht alle verschieden zu sein. Bis auf die Reihenfolge sind sie jedoch eindeutig bestimmt.

Fasst man gleiche Primzahlen zu einer Potenz zusammen, so erhält man:

Zu jeder natürlichen Zahl $n > 1$ gibt es eine eindeutig bestimmte Zahl $k \in \mathbb{N}$, Primzahlen $p_1 < p_2 < \ldots < p_k$ und Exponenten $e_1, e_2, \ldots, e_k$, so dass gilt:

$$\boxed{n = p_1^{e_1} \cdot p_2^{e_2} \cdots p_k^{e_k}.}$$

Beispiel 3.5.2 (Zerlegung in Primfaktoren)

Zum Beispiel ist $44 = 2^2 \cdot 11$ oder $120 = 2^3 \cdot 3 \cdot 5$.

Im Falle $n = 551\,760$ muss man schon etwas mehr arbeiten, aber schwer ist es immer nocht nicht. Die Null am Ende besagt, dass n durch 10, also durch 2 und 5 teilbar ist. Aber 55 176 ist immer noch gerade, also ein weiteres Mal durch 2 teilbar. Und zwar ist

$$n = 10 \cdot 2 \cdot 27\,588 = 10 \cdot 2 \cdot 2 \cdot 13\,794 = 2^4 \cdot 5 \cdot 6\,897.$$

Der Quersumme von 6 897 ist durch 3 teilbar, also auch die Zahl selbst: $6\,897 = 3 \cdot 2\,299$. Dem zweiten Faktor sieht man sofort an, dass er durch 11 teilbar ist, $2\,299 = 11 \cdot 209 = 11 \cdot 11 \cdot 19$. Damit ist die Zerlegung geschafft, es ist

$$551\,760 = 2^4 \cdot 3^1 \cdot 5^1 \cdot 11^2 \cdot 19^1.$$

♠

Mit Hilfe der eindeutigen Primfaktorzerlegung erhält man auch folgendes Ergebnis:

Satz: *Eine natürliche Zahl $p > 1$ ist genau dann eine Primzahl, wenn gilt: Teilt p ein Produkt $a \cdot b$ (zweier natürlicher Zahlen), so teilt p auch wenigstens einen der beiden Faktoren a oder b.*

BEWEIS: Eine Primzahl p teilt genau dann eine in Primfaktoren zerlegte Zahl $n = p_1^{e_1} p_2^{e_2} \cdots p_k^{e_k}$, wenn $p \in \{p_1, \ldots, p_k\}$ ist. Das liegt an der Eindeutigkeit der Zerlegung.

Sei nun $p > 1$ irgend eine natürliche Zahl.

a) Ist p eine Primzahl, die das Produkt $a \cdot b$ mit $a = p_1^{e_1} \cdots p_k^{e_k}$ und $b = p_1^{f_1} \cdots p_k^{f_k}$ teilt, so ist p ein Teiler von $p_1^{e_1+f_1} \cdots p_k^{e_k+f_k}$ und muss in $\{p_1, \ldots, p_k\}$ liegen. Es ist klar, dass p dann auch wenigstens eine der Zahlen a oder b teilt.

b) Ist p keine Primzahl, so gibt es eine echte Zerlegung $p = q_1 q_2$ mit Zahlen $q_1, q_2 < p$. Daraus folgt, dass p zwar das Produkt $q_1 q_2$ teilt, aber keinen der beiden Faktoren q_1 oder q_2. ■

In der höheren Algebra definiert man Primzahlen als Zahlen, die genau das Kriterium aus dem Satz erfüllen.

Satz von Euklid: *Es gibt unendlich viele Primzahlen.*

BEWEIS: Wahrscheinlich kennt jeder den klassischen Beweis von Euklid. Deshalb soll hier eine abgewandelte Version vorgeführt werden, die aber wie der Originalbeweis auf dem Widerspruchsprinzip beruht.

Nimmt man an, dass es nur endlich viele Primzahlen $p_1, p_2, \ldots, p_N$ gibt, so kann man deren Produkt $n = p_1 p_2 \cdots p_N$ bilden. Man kann n in zwei Faktoren $a, b > 1$ zerlegen (zum Beispiel $a = 2 \cdot 3 \cdot 5$ und $b = p_4 p_5 \cdots p_N$, wenn $p_1 = 2$, $p_2 = 3$ und $p_3 = 5$ ist). Offensichtlich gibt es keine Primzahl p, die sowohl a als auch b teilt. Andererseits teilt jede Primzahl entweder a oder b. Daraus folgt, dass keine Primzahl die Summe $a + b$ teilen kann. Aber das ist unmöglich. ∎

Aufgabe 3.5

1. Zeigen Sie durch vollständige Induktion nach n:
   Ist $a \in \mathbb{N}$, $a \geq 2$, so ist $a - 1$ Teiler von $a^n - 1$.
2. Ist $2^n - 1$ eine Primzahl, so ist auch n eine Primzahl.
3. Sei $M := \{n \in \mathbb{N} : \exists\, k \in \mathbb{N}_0 \text{ mit } n = 4k + 1\}$. Zeigen Sie, dass mit $a \in M$ und $b \in M$ auch $a \cdot b$ in M liegt. Zeigen Sie außerdem, dass es in M Zahlen gibt, die keine Primzahlen sind, die aber in M auch keine echten Teiler besitzen. Wir wollen solche Zahlen *pseudoprim* nennen. Gibt es in M eine eindeutige Zerlegung in Pseudoprimfaktoren?

Hinweise: *Bei Aufgabe (1) könnte der Induktionsschritt eventuell gelingen, indem man an geeigneter Stelle eine Null (in der Fom $0 = x + (-x)$) einfügt. (2) ist natürlich auf (1) zurückzuführen. Und bei (3) sollte man mit konkreten Zahlenbeispielen arbeiten.*

Ist $a \in \mathbb{N}$, so ist $T_a := \{n \in \mathbb{N} : n \mid a\}$ die Menge aller (positiven) Teiler von a und $V_a := \{n \in \mathbb{N} : a \mid n\} = \{a, 2a, 3a, \ldots\}$ die Menge aller Vielfachen von a.

Definition

Für je zwei natürliche Zahlen a, b ist $\text{ggT}(a, b)$ (der ***größte gemeinsame Teiler*** von a und b) das größte Element von $T_a \cap T_b$ sowie $\text{kgV}(a, b)$ (das ***kleinste gemeinsame Vielfache*** von a und b) das kleinste Element von $V_a \cap V_b$.

Ist $a = p_1^{e_1} p_2^{e_2} \cdots p_n^{e_n}$ und $b = p_1^{f_1} p_2^{f_2} \cdots p_n^{f_n}$, so ist

$$\begin{aligned} \text{ggT}(a, b) &= p_1^{\min(e_1, f_1)} p_1^{\min(e_1, f_1)} \cdots p_1^{\min(e_1, f_1)} \\ \text{und} \quad \text{kgV}(a, b) &= p_1^{\max(e_1, f_1)} p_1^{\max(e_1, f_1)} \cdots p_1^{\max(e_1, f_1)}. \end{aligned}$$

Da $\min(x, y) + \max(x, y) = x + y$ ist, folgt die Gleichung $\text{ggT}(a, b) \cdot \text{kgV}(a, b) = a \cdot b$.

Beispiel 3.5.3 (Bestimmung von ggT und kgV)

Sei $a = 60.132.621$ und $b = 108.063.900$. Die Primfaktorzerlegung ergibt:

$$\begin{aligned} a &= 3 \cdot 17 \cdot 313 \cdot 3767 = 2^0 \cdot 3^1 \cdot 5^0 \cdot 7^0 \cdot 17^1 \cdot 313^1 \cdot 1009^0 \cdot 3767^1 \\ \text{und } b &= 4 \cdot 7 \cdot 9 \cdot 25 \cdot 17 \cdot 1009 = 2^2 \cdot 3^2 \cdot 5^2 \cdot 7^1 \cdot 17^1 \cdot 313^0 \cdot 1009^1 \cdot 3767^0. \end{aligned}$$

Also ist

$$\text{ggT}(a,b) = 2^0 \cdot 3^1 \cdot 5^0 \cdot 7^0 \cdot 17^1 \cdot 313^0 \cdot 1009^0 \cdot 3767^0 = 3 \cdot 17 = 51$$

und

$$\begin{aligned} \text{kgV}(a,b) &= 2^2 \cdot 3^2 \cdot 5^2 \cdot 7^1 \cdot 17^1 \cdot 313^1 \cdot 1009^1 \cdot 3767^1 \\ &= 100 \cdot 7 \cdot 9 \cdot 17 \cdot 313 \cdot 1009 \cdot 3767 \;=\; 127\,415\,010\,636\,900. \end{aligned}$$

Es ist $\text{ggT}(a,b) \cdot \text{kgV}(a,b) = 6\,498\,165\,542\,481\,900$, und diese Zahl erhält man tatsächlich auch, wenn man a und b miteinander multipliziert.

Im nächsten Abschnitt wird eine handlichere Methode vorgestellt, den größten gemeinsamen Teiler zu berechnen. Hat man den erst mal zur Verfügung, so kann man das kleinste gemeinsame Vielfache nach der Formel

$$\text{kgV}(a,b) = (a \cdot b)/\,\text{ggT}(a,b)$$

berechnen. Im vorliegenden Beispiel ist deshalb

$$\begin{aligned} \text{kgV}(a,b) &= 60\,132\,621 \cdot (108\,063\,900/51) \;=\; 60\,132\,621 \cdot 2\,118\,900 \\ &= 127\,415\,010\,636\,900. \end{aligned}$$

Stimmt! ♠

3.6 Rechnen mit Resten

Was ist, wenn eine Division in $\mathbb{N}$ nicht aufgeht? *Dann bleibt ein Rest. Aber wer braucht schon Reste? Kann man den Rest nicht einfach wegwerfen und vergessen? Es wird sich herausstellen, dass die Reste eine sehr wichtige Rolle spielen.*

Das folgende Ergebnis kennt jeder aus der Schule, nur nicht so formal:

Satz von der Division mit Rest: *Seien $a, b \in \mathbb{N}$, $1 \le b \le a$. Dann gibt es eindeutig bestimmte Zahlen $q, r \in \mathbb{N}_0$, so dass gilt:*

$$a = q \cdot b + r \quad \textit{und} \quad 0 \le r < b.$$

Das bedeutet: Man subtrahiert die kleinere Zahl b so lange von a, bis ein Rest übrigbleibt, der zwischen 0 und $b-1$ liegt. Der Rest r ist eindeutig bestimmt, und auch die Anzahl q, wie oft man b abziehen kann, ohne dass das Ergebnis negativ wird.

Eine erste Anwendung ist die Bestimmung des größten gemeinsamen Teilers zweier Zahlen mit Hilfe des euklidischen Algorithmus. Sind zwei natürliche Zahlen a, b mit $a \ge b$ gegeben, so führt man sukzessive Divisionen mit Rest aus. Es beginnt mit der Division

$$a = q \cdot b + r, \qquad \text{mit } 0 \leq r < b.$$

Offensichtlich ist $T_a \cap T_b = T_b \cap T_r$, denn jeder gemeinsame Teiler von a und b ist auch Teiler von $r = a - qb$, und umgekehrt ist jeder gemeinsame Teiler von b und r auch Teiler von $a = qb + r$.

Im nächsten Schritt dividiert man b durch r und erhält die Gleichung

$$b = q_1 \cdot r + r_2, \qquad \text{mit } 0 \leq r_2 < r.$$

Hier ist nun $T_b \cap T_r = T_r \cap T_{r_2}$, und das wird wieder wie oben begründet.

Im dritten Schritt dividiert man r durch r_2, und so fährt man fort:

$$\begin{aligned} r &= q_2 \cdot r_2 + r_3, \qquad \text{mit } 0 \leq r_3 < r_2, \\ r_2 &= q_3 \cdot r_3 + r_4, \qquad \text{mit } 0 \leq r_4 < r_3, \\ &\vdots \\ r_{n-2} &= q_{n-1} \cdot r_{n-1} + r_n, \qquad \text{mit } 0 \leq r_n < r_{n-1}. \\ r_{n-1} &= q_n \cdot r_n. \end{aligned}$$

Weil $b > r > r_2 > r_3 > \ldots \geq 0$ ist, muss das Verfahren auf jeden Fall in der oben beschriebenen Weise abbrechen. Außerdem ist $T_r \cap T_{r_2} = T_{r_2} \cap T_{r_3} = \ldots = T_{r_{n-1}} \cap T_{r_n} = T_{r_n}$. Die letzte Gleichung gilt, weil die Gleichung „$r_{n-1} = q_n \cdot r_n$“ zur Folge hat, dass $T_{r_n} \subset T_{r_{n-1}}$ ist.

Fasst man alle Mengengleichungen zusammen, so erhält man die Gleichung

$$T_a \cap T_b = T_{r_n},$$

und das bedeutet:

$$\text{ggT}(a, b) = r_n.$$

Beispiel 3.6.1 (Der ggT mit dem euklidischen Algorithmus)

Das Verfahren soll hier verwendet werden, um ggT(60 132 621, 108 063 900) zu berechnen:

Im ersten Schritt stellt man fest, dass $2 \cdot 60\,132\,621 > 108\,063\,900$ und $108\,063\,900 - 60\,132\,621 = 47\,931\,279$ ist. Mit ähnlich einfachen Rechnungen (die man ohne Computer oder Taschenrechner ausführen kann) geht es weiter.

$$\begin{aligned}
108\,063\,900 &= 1 \cdot 60\,132\,621 + 47\,931\,279.\\
60\,132\,621 &= 1 \cdot 47\,931\,279 + 12\,201\,342.\\
47\,931\,279 &= 3 \cdot 12\,201\,342 + 11\,327\,253.\\
12\,201\,342 &= 1 \cdot 11\,327\,253 + 874\,089.\\
11\,327\,253 &= 12 \cdot 874\,089 + 838\,185.\\
874\,089 &= 1 \cdot 838\,185 + 35\,904.\\
838\,185 &= 23 \cdot 35\,904 + 12\,393.\\
35\,904 &= 2 \cdot 12\,393 + 11\,118.\\
12\,393 &= 1 \cdot 11\,118 + 1\,275.\\
11\,118 &= 8 \cdot 1\,275 + 918.\\
1\,275 &= 1 \cdot 918 + 357.\\
918 &= 2 \cdot 357 + 204.\\
357 &= 1 \cdot 204 + 153.\\
204 &= 1 \cdot 153 + 51.\\
153 &= 3 \cdot 51 + 0.
\end{aligned}$$

Also ist $\text{ggT}(60\,132\,621,\ 108\,063\,900) = 51$. Das ist das schon früher erzielte Ergebnis. Wie man sieht, kann sich die Anwendung des euklidischen Algorithmus in die Länge ziehen, aber die einzelnen Rechenschritte sind simpel, insbesondere wenn man sie einem Computer überlässt. Primzahlzerlegungen braucht man keine zu bestimmen. ♠

Aufgabe 3.6

Bestimmen Sie den ggT der folgenden Zahlen mit Hilfe des euklidischen Algorithmus und mit Hilfe der Primfaktorzerlegung:

1. $a := 16\,384$, $b := 486$,
2. $a := 1\,871$, $b := 391$,
3. $a := 434\,146$, $b := 119\,102$.

Ist a eine **ganze** (also möglicherweise auch negative) Zahl und b eine natürliche Zahl, so kann man auch in diesem Fall die Division mit Rest ausführen: $a = qb + r$. Dabei sind $q, r \in \mathbb{Z}$ mit $0 \le r < b$ eindeutig bestimmt. Zum Beispiel ist

$$-273 = (-11) \cdot 25 + 2 = (-10) \cdot 25 - 23.$$

Im Falle $a = -273$ und $b = 25$ ist also $q = -11$ und $r = 2$. Würde man auch einen negativen Rest zulassen, so könnte man auch $q = -10$ und $r = -23$ zulassen, aber dann wären q und r nicht eindeutig bestimmt. Beim euklidischen Algorithmus zur Bestimmung des größten gemeinsamen Teilers kann es nützlich sein, auch mit negativen Resten zu arbeiten (um das Verfahren deutlich zu verkürzen), aber darauf soll hier nicht weiter eingegangen werden.

Definition

Sei $m > 1$ eine natürliche Zahl. Zwei ganze Zahlen a, b heißen ***kongruent modulo*** m, falls sie bei Division durch m den gleichen Rest lassen. Es gibt dann also zwei ganze Zahlen q_1, q_2 und eine natürliche Zahl $r \in \{0, 1, 2, \ldots, m-1\}$, so dass gilt:

$$a = q_1 m + r \quad \text{und} \quad b = q_2 m + r.$$

Man schreibt in diesem Fall: $a \equiv b \mod m$.

Satz: *Die folgenden Aussagen über zwei Zahlen $a, b \in \mathbb{Z}$ sind äquivalent:*

1. $a \equiv b \mod m$.
2. $m \mid (a - b)$.

BEWEIS: 1) Ist $a = q_1 m + r$ und $b = q_2 m + r$, so ist $a - b = (q_1 - q_2)m$, also m Teiler von $a - b$.

2) Ist umgekehrt $a - b = qm$ und $a = q_1 m + r$, so ist $b = a - qm = (q_1 - q)m + r$. Das heißt, dass a und b kongruent modulo m sind. ∎

Zum Beispiel sind zwei gerade Zahlen immer kongruent modulo 2, aber das gilt auch jeweils für zwei ungerade Zahlen. Weiter ist zum Beispiel $53 \equiv 4 \mod 7$ und $38 \equiv 3 \mod 7$.

Mit Kongruenzen kann man wunderbar rechnen, aber dafür muss man zunächst zwei Rechenregeln beweisen:

Satz: *Ist $a \equiv a' \mod m$ und $b \equiv b' \mod m$, so ist auch*

$$a + b \equiv a' + b' \mod m \quad \text{und} \quad a \cdot b \equiv a' \cdot b' \mod m.$$

BEWEIS: Nach Voraussetzung ist $a - a' = qm$ und $b - b' = pm$, mit irgendwelchen ganzen Zahlen q und p. Dann ist

$$(a + b) - (a' + b') = (a - a') + (b - b') = qm + pm = (q + p)m$$

und

$$\begin{aligned} a \cdot b - a' \cdot b' &= a \cdot b - a' \cdot b + a' \cdot b - a' \cdot b' = (a - a')b + a'(b - b') \\ &= (qm)b + a'(pm) = (qb + a'p)m. \end{aligned}$$

∎

Was hat man davon? Wenn man in einer Gleichung einen Term durch einen Term mit gleichem Wert ersetzt, dann ändert sich nichts. Eine Kongruenz bleibt erhalten, wenn man einen Term durch einen dazu kongruenten Term ersetzt. Aber natürlich ist das Ergebnis eben keine Gleichung, sondern eine Kongruenz, also eine Teilbarkeitsaussage.

Beispiel 3.6.2 (Auflösung einer Kongruenz)

Die Kongruenz $51139 \equiv 1247x + 2602 \mod 7$ soll nach x aufgelöst werden.

Nun ist $51139 = 7 \cdot 7305 + 4$, $1247 = 7 \cdot 178 + 1$ und $2602 = 7 \cdot 371 + 5$. Damit ist die obige Kongruenz äquivalent zur Kongruenz $4 \equiv x + 5 \mod 7$, und es gilt:

$$x \equiv 4 - 5 \equiv -1 \equiv 6 \mod 7.$$

♠

Beispiele 3.6.3 (Teilbarkeitsregeln)

1 Da stets $10^n \equiv 1 \mod 3$ ist, folgt:

$$a_0 + a_1 \cdot 10 + a_1 \cdot 100 + \cdots + a_n \cdot 10^n \equiv a_0 + a_1 + a_2 + \cdots + a_n \mod 3.$$

Das ergibt die Quersummenregel für die Teilbarkeit durch 3.

2 Auch für die Teilbarkeit durch 11 erhält man eine relativ handliche Regel. Es ist

$$\begin{aligned} 10 &\equiv -1 \mod 11, \\ 100 &\equiv 1 \mod 11, \\ 1000 &\equiv -1 \mod 11 \\ \text{und allgemein} \quad 10^n &\equiv (-1)^n \mod 11. \end{aligned}$$

Daraus folgt:

$$a_0 + a_1 \cdot 10 + a_1 \cdot 100 + \cdots + a_n \cdot 10^n \equiv a_0 - a_1 + a_2 - a_3 \pm \cdots + (-1)^n a_n \mod 11.$$

Eine Zahl ist also genau dann durch 11 teilbar, wenn ihre „alternierende Quersumme“ durch 11 teilbar ist.

Sei $a = 4097676$. Es ist $6 - 7 + 6 - 7 + 9 - 0 + 4 = 11$ und a deshalb durch 11 teilbar. Tatsächlich ist $a = 372516 \cdot 11$.

3 Die Teilbarkeit durch 7 ist etwas schwerer zu überprüfen. Es ist

$$\begin{aligned} 10 &\equiv 3 \mod 7, \\ 100 &\equiv 2 \mod 7, \\ 1000 &\equiv -1 \mod 7 \\ \text{und allgemein} \quad 10^{3k} &\equiv (-1)^k \mod 7. \end{aligned}$$

Daraus folgt:

Schreibt man a in der Form

$$\begin{aligned} a &= (a_{00} + 10a_{01} + 100a_{02}) + 10^3 \cdot (a_{10} + 10a_{11} + 100a_{12}) \\ &\quad + \cdots + 10^{3k}(a_{k0} + 10a_{k1} + 100a_{k2}), \end{aligned}$$

so ist

$$\begin{aligned} a &\equiv (a_{00} + 3a_{01} + 2a_{02}) - (a_{10} + 3a_{11} + 2a_{12}) \\ &\quad \pm \cdots + (-1)^k(a_{k0} + 3a_{k1} + 2a_{k2}) \mod 7. \end{aligned}$$

Beispiel: Sei $a = 224\,832\,692$ und $b = 4\,706\,740$. Es ist

$$(2 + 3 \cdot 9 + 2 \cdot 6) - (2 + 3 \cdot 3 + 2 \cdot 8) + (4 + 3 \cdot 2 + 2 \cdot 2) = 41 - 27 + 14 = 28,$$

also a durch 7 teilbar. Tatsächlich ist $a = 7 \cdot 32\,118\,956$.

Auf der anderen Seite ist

$$(0 + 3 \cdot 4 + 2 \cdot 7) - (6 + 3 \cdot 0 + 2 \cdot 7) + (4 + 3 \cdot 0 + 2 \cdot 0) = 26 - 20 + 4 = 10.$$

Weil diese Zahl nicht durch 7 teilbar ist, ist auch b nicht durch 7 teilbar. Tatsächlich ist $b = 7 \cdot 672\,391 + 3$. ♠

Beispiel 3.6.4 (Wochentagsberechnung)

Eine beliebte Anwendung der Kongruenzrechnung sind allerlei Datumsberechnungen, zum Beispiel die Bestimmung des Wochentages zu einem gegebenen Datum. Probleme bereiten dabei die komplizierten Regeln des gregorianischen Kalenders.

1) Zunächst bezeichne W die Nummer des Wochentages nach folgender Tabelle:

Wochentag	So	Mo	Di	Mi	Do	Fr	Sa
Nummer W	0	1	2	3	4	5	6

2) Mit M sei der Monat bezeichnet. Hier tritt eine besondere Schwierigkeit auf. Weil der Februar als einziger Monat nur 28 oder 29 Tage hat, beginnt man bei der Zählung am besten mit dem März:

Monat	Mrz	Apr	Mai	Jun	Jul	Aug	Sep	Okt	Nov	Dez	Jan	Feb
Nr. M	1	2	3	4	5	6	7	8	9	10	11	12

Ist t der Tag und j das Jahr, so erhält man im Falle des 10. Februar 1986 die Daten $j = 1985$, $M = 12$ und $t = 10$. Im Falle des 7. März 1986 die Daten $j = 1986$, $M = 1$ und $t = 7$.

3) Die Jahreszahl j schreibt man in der Form $j = 100C + Y$ mit $0 \le Y \le 99$. Man kann die Zahlen C und Y berechnen, und zwar ist $C = [j/100]$ und $Y = j - 100C$. Das Symbol $[x]$ steht für die größte ganze Zahl $\le x$. Im Falle $j = 1985$ ist $j/100 = 19.85$ und daher $C = [j/100] = 19$, und dann ist $Y = j - 100C = 1985 - 1900 = 85$.

4) Leider wechselt die Zahl der Tage pro Monat, und das hat Auswirkungen auf den Wochentag. Es ist $30 \equiv 2 \mod 7$ und $31 \equiv 3 \mod 7$. Hat der n-te Tag in einem Monat mit m Tagen die Wochentagsnummer W, so hat der n-te Tag im nächsten Monat die Wochentagsnummer $W + m \mod 7$. Fängt man mit dem n-ten Tag im März an und hat dieser Tag die Wochentagsnummer W, so kann man die Differenz Δ_M, die man beim n-ten Tag im Monat M addieren muss, berechnen und in eine Tabelle eintragen:

M	1	2	3	4	5	6	7	8	9	10	11	12
Δ_M	0	3	5	8	10	13	16	18	21	23	26	29

Wunderbarerweise gibt es dafür eine Formel:

$$\Delta_M = [2.6M - 2.2].$$

5) So weit, so gut! Nun muss über die Differenzen, die beim Jahreswechsel auftreten, und über Schaltjahre gesprochen werden. Es sei W_0 die Wochentagsnummer des 1. März im Jahre 1600. Weil $365 \equiv 1 \mod 7$ ist, erhöht sich die Wochentagsnummer W des 1. März in jedem Jahr um 1. Sei W_j die Nummer des 1. März im Jahre $j = 100C + Y$. Dann erhält man:

$$W_j = W_0 + (100C + Y - 1600) \mod 7.$$

Alle 4 Jahre gibt es ein Schaltjahr mit 366 Tagen. Um das zu korrigieren, addiert man den Term

$$[\frac{1}{4}(100C + Y - 1600)] = 25C - 400 + [\frac{1}{4}Y].$$

Alle vollen Jahrhunderte entfällt das Schaltjahr. Deshalb subtrahiert man den Term $C - 16$. Das ist aber noch nicht alles! Wenn die Jahrhundertzahl C durch 4 teilbar ist, gibt es eine Ausnahme von der Ausnahme, es liegt doch ein Schaltjahr vor. Wie oft kommt das vor? Das sagt die Zahl

$$[\frac{1}{4}(C - 16)] = [\frac{1}{4}C] - 4,$$

die man addieren muss. Insgesamt ergibt sich:

$$\begin{aligned} W_j &\equiv W_0 + (100C + Y - 1600) + 25C - 400 + [\frac{1}{4}Y] - (C - 16) + [\frac{1}{4}C] - 4 \\ &\equiv W_0 + 124C + Y - 1988 + [\frac{1}{4}Y] + [\frac{1}{4}C] \mod 7 \\ &\equiv W_0 - 2C + Y + [\frac{1}{4}Y] + [\frac{1}{4}C] \mod 7. \end{aligned}$$

Ein Blick auf den Kalender zeigt: Der 1. März 2015 war ein Sonntag, also ist $W_{2015} = 0$. Daraus folgt:

$$W_0 \equiv 2 \cdot 20 - 15 - [15/4] - [20/4] \equiv 25 - 3 - 5 \equiv 17 \equiv 3 \mod 7.$$

Der 1. März 1600 war demnach ein Mittwoch, und deshalb ist

$$W_j \equiv 3 - 2C + Y + [\frac{1}{4}Y] + [\frac{1}{4}C] \mod 7.$$

Geht es nun um den t-ten Tag im Monat M, so muss man zusätzlich $(t-1) + \Delta_M$ addieren. Die Wochentagsnummer W dieses Tages ist dann gegeben durch

$$W \equiv (t-1) + 3 - 2C + Y + \Delta_M + [\frac{1}{4}Y] + [\frac{1}{4}C] \mod 7.$$

Man kann diese Formel gut testen:

a) Der Ostersonntag im Jahre 2015 liegt auf dem 5. April. Hier ist also $t = 5$, $M = 2$, $C = 20$ und $Y = 15$. Dann ist $\Delta_M = 3$ und daher

$$W = 4 + 3 - 2 \cdot 20 + 15 + 3 + [15/4] + [20/4] = -40 + 25 + 3 + 5 = -7 \equiv 0 \mod 7.$$

So soll es sein, denn der Sonntag hat tatsächlich die Nummer 0.

b) Es soll noch der 24.12.2014 betrachtet werden. Dann ist $t = 24$, $M = 10$, $C = 20$ und $Y = 14$. Weil $\Delta_{10} = 23$ ist, folgt:

$$W = 23 + 3 - 2 \cdot 20 + 14 + 23 + [14/4] + [20/4] = 23 + 3 + 5 = 31 \equiv 3 \mod 7,$$

der Weihnachtsabend fand 2014 an einem Mittwoch statt.

Ärgerlich ist, dass man mit Jahren rechnen muss, die am 1. März beginnen. Es stellt sich die Frage, ob man diese Umrechnung nicht in eine Formel stecken kann. Im Falle der Monate März bis Dezember muss man von der normalen Nummer (3 bis 12) die 2 abziehen, im Falle der Monate Januar und Februar (1 und 2) muss man 10 addieren. Um das in eine geschlossene Formel zu bringen, gibt es einen Trick: Sei m die normale Monatsnummer (also zum Beispiel 4 beim April) und z eine Variable, die für $m = 1$ und $m = 2$ den Wert 0 und für $m = 3, \ldots, 12$ den Wert 1 annimmt. Dann ist offensichtlich

$$M = m + (1 - z) \cdot 10 - z \cdot 2.$$

Als Formel für z bietet sich $z = z(m) := [(m + 7)/10]$ an, denn aus den Zahlen $1, 2, \ldots, 12$ wird durch die Abbildung $m \mapsto m+7$ die Zahlenreihe $8, 9, 10, \ldots, 18, 19$. Teilt man nun durch 10, so erhält man die Zahlen

$$0.8,\ 0.9,\ 1.0,\ \ldots,\ 1.7,\ 1.8,\ 1.9.$$

Die größte ganze Zahl darunter ist in den ersten beiden Fällen die 0 und dann immer die 1.

Das Jahr j muss natürlich in den Fällen „Januar“ und „Februar“ auch umgerechnet werden, aber das sollte jetzt jeder selbst schaffen. ♠

In Aufgabe 3.19 soll das Folgende bewiesen werden:

Satz: *Sind $a, b \in \mathbb{N}$, so gibt es* ***ganze*** *Zahlen s und t mit*

$$\mathrm{ggT}(a, b) = s \cdot a + t \cdot b.$$

Zum Beispiel ist $\mathrm{ggT}(770, 364) = 14$, was man leicht durch Primfaktorzerlegung herausbekommt, aber auch mit Hilfe des euklidischen Algorithmus:

$$\begin{aligned} 770 &= 2 \cdot 364 + 42, \\ 364 &= 8 \cdot 42 + 28, \\ 42 &= 1 \cdot 28 + 14, \\ 28 &= 2 \cdot 14. \end{aligned}$$

Hieraus entnimmt man:

$$\begin{aligned} 14 &= 42 + (-1)28, \\ &= 42 + (-1)(364 - 8 \cdot 42) = (-1)364 + 9 \cdot 42, \\ &= (-1)364 + 9(770 - 2 \cdot 364) = (-19) \cdot 364 + 9 \cdot 770. \end{aligned}$$

Die Bestimmung der Koeffizienten s und t ist eine wichtige Anwendung des euklidischen Algorithmus.

Folgerung: *Ist p eine Primzahl und $a \in \mathbb{N}$ nicht durch p teilbar, so gibt es ein $a' \in \mathbb{Z}$ mit $a \cdot a' \equiv 1 \mod p$.*

Beweis: Es gibt ganze Zahlen s und t mit $1 = \mathrm{ggT}(a, p) = s \cdot a + t \cdot p$. Setzt man $a' := s$, so ist p Teiler von $1 - aa'$, also $aa' \equiv 1 \mod p$. ■

Die Zahl a' in der obigen Folgerung ist also – im Sinne der Kongruenzrechnung – das Inverse zu a.

Satz: *Ist $a \cdot b \equiv 0 \mod p$, so ist $a \equiv 0 \mod p$ oder $b \equiv 0 \mod p$.*

Beweis: Ist $a \cdot b \equiv 0 \mod p$, so ist p ein Teiler von ab. Dann muss p als Primzahl aber a oder b teilen. Also ist $a \equiv 0 \mod p$ oder $b \equiv 0 \mod p$. ■

Damit kann man relativ leicht einen prominenten Satz beweisen:

Kleiner Fermat'scher Satz: *Ist p prim und kein Teiler von a, so ist*

$$a^{p-1} \equiv 1 \mod p \quad (\textit{und daher auch} \quad a^p \equiv a \mod p).$$

Beweis: Die Idee ist nicht ganz so leicht zu erklären, deshalb beschränken wir uns auf eine Andeutung: Es gibt $p - 1$ Reste modulo p, die teilerfremd zu p sind, nämlich $1, 2, 3, \ldots, p - 1$. Multipliziert man diese Reste mit der Zahl a, die ja nach

Voraussetzung ebenfalls teilerfremd zu p ist, so erhält man wieder $p-1$ Zahlen, die teilerfremd zu p sind. Die Produkte dieser beiden Zahlensysteme unterscheiden sich um den Faktor a^{p-1}. Daraus folgt sehr schnell die Aussage des Satzes.

Nun zur Ausführung des Beweises im Detail:

Sei $n := p-1$ und $M := \{x_1, \ldots, x_n\}$, mit $x_k := k \cdot a$ für $k = 1, 2, \ldots, n$.

Schritt 1: Die Reste der Zahlen x_k modulo p sind alle paarweise verschieden. Wäre nämlich $ka \equiv sa \mod p$ für ein Paar (k, s) mit $1 \leq k < s \leq n = p-1$, so wäre $(s-k)a \equiv 0 \mod p$, also $s-k \equiv 0 \mod p$ oder $a \equiv 0 \mod p$. Der erste Fall kann nicht eintreten, weil $1 \leq s-k \leq p-2$ ist und deshalb p kein Teiler von $s-k$ sein kann. Der zweite Fall kann wegen der Voraussetzung $p \not| a$ nicht vorkommen.

Schritt 2: Nach (1) sind die Reste der Zahlen x_k modulo p genau die Elemente der Menge $\{1, 2, 3, \ldots, p-1\}$, denn wenn ein $x_k = ka$ kongruent 0 modulo p wäre, dann müsste p ein Teiler von k sein, und das ist unmöglich, weil $k < p$ ist.

Schritt 3: Sei $N := 1 \cdot 2 \cdot 3 \cdots (p-1)$. Auch diese Zahl ist nicht durch p teilbar. Es gilt aber:

$$N \cdot a^{p-1} = x_1 \cdot x_2 \cdots x_n \equiv 1 \cdot 2 \cdots (p-1) = N \mod p,$$

also $N \cdot (a^{p-1} - 1) \equiv 0 \mod p$. Das ist nur möglich, wenn $a^{p-1} - 1 \equiv 0 \mod p$ ist, also $a^{p-1} \equiv 1 \mod p$. ∎

Mit diesem Satz und seinem Beweis haben wir uns schon weit in die höhere Mathematik gewagt. Wer ihn nicht versteht, braucht sich darüber aber nicht zu grämen. Der Satz wird über diesen Abschnitt hinaus im Buch nicht mehr benutzt.

Beispiel 3.6.5 (Bestätigung des kleinen Fermat'schen Satzes)

Sei $p = 7$ und $a = 2$. Es ist

$$2^0 = 1,\ 2^1 = 2,\ 2^2 = 4,\ 2^3 = 8 \equiv 1,\ 2^4 \equiv 2,\ 2^5 \equiv 4 \text{ und } 2^6 \equiv 1 \mod 7.$$

Der kleine Fermat'sche Satz wird bestätigt, auch wenn 2^{p-1} hier nicht die kleinste Potenz von 2 ist, die $\equiv 1 \mod p$ ist. Immerhin enthält die Menge

$$M = \{1 \cdot a, 2 \cdot a, \ldots, (p-1) \cdot a\} = \{2, 4, 6, 8, 10, 12\}$$

$7 - 1 = 6$ Zahlen, deren Reste modulo p alle Reste $1, 2, 3, 4, 5, 6$ modulo p durchlaufen. ♠

Beispiel 3.6.6 (Ein Primzahltest)

Man kann den Fermat'schen Satz benutzen, um zu testen, ob eine Zahl prim ist: Ist nämlich p prim und $\text{ggT}(a, p) = 1$, so muss $a^{p-1} \equiv 1 \mod p$ sein. Wenn also $a^{p-1} \not\equiv 1$ für ein a ist, so kann p definitiv keine Primzahl sein.

Häufig benutzt man $a = 2$. Will man zum Beispiel testen, ob $p := 87$ eine Primzahl ist, so muss man herausfinden, ob $2^{86} \equiv 1 \mod 87$ ist. Das sieht schlimmer aus, als es ist. Dank der Kongruenzrechnung braucht man nicht die Potenz 2^{86} auszurechnen. Man kann zum Beispiel folgendermaßen vorgehen: Es ist

$2^{10} = 1024 = 12 \cdot 87 - 20 \equiv -20 \mod 87$, also $2^{20} \equiv 400 \equiv -35$ und $2^{40} \equiv 1225 \equiv 7 \mod 87$. Damit ergibt sich:

$$2^{86} = 2^{40} \cdot 2^{40} \cdot 2^{6} \equiv 7 \cdot 7 \cdot 64 \equiv 56 \cdot 56 \equiv (-31) \cdot (-31) \equiv 961 \equiv 4 \mod 87.$$

Also ist 87 keine Primzahl. Die Zerlegung $87 = 3 \cdot 29$ hätte man natürlich schneller herausgefunden. Das Testverfahren lohnt sich also nur für große Zahlen und Berechnungen auf dem Computer.

Leider ist die Fermat-Bedingung nur notwendig, nicht hinreichend. Aus der Tatsache, dass die Kongruenz $a^{p-1} \equiv 1$ erfüllt ist, kann man noch nicht schließen, dass p tatsächlich prim ist. Sei etwa $p = 341$. Hier ist die Rechnung sogar etwas einfacher. Es ist

$$2^{340} = (2^{10})^{34} = 1024^{34} = (3 \cdot 341 + 1)^{34} \equiv 1^{34} \equiv 1 \mod 341.$$

Trotzdem ist $p = 341$ keine Primzahl, denn es ist $11 \cdot 31 = 341$. ♠

3.7 Zusätzliche Aufgaben

Aufgabe 3.7. Nehmen wir an, Studenten liefern die folgenden Zeilen ab. Was haben sie jeweils falsch gemacht?

- $x^2 = 48 \iff 4\sqrt{3}$
- $n = m + 2 \implies (m+2)^3 \implies m^3 + 6m^2 + 12m + 8$
- $A \vee (B \wedge C) \;=\; (A \vee B) \wedge (A \vee C)$

Aufgabe 3.8. Lösen Sie die Gleichung $2(x + 1) = x + 4$, indem Sie zuerst die Eindeutigkeit der Lösung und dann deren Existenz beweisen.

Aufgabe 3.9. Stellen Sie sich vor, in der Menge $\mathscr{R}$ könnte man addieren, und es gelten folgende Axiome:

(I) Assoziativgesetz: $\forall x, y, z \in \mathscr{R}$ ist $(x + y) + z = x + (y + z)$.

(II) Existenz einer Null: Es gibt ein Element $0 \in \mathscr{R}$, so dass $x + 0 = x$ für alle $x \in \mathscr{R}$ gilt.

(III) Existenz eines Negativen: $\forall x \in \mathscr{R}\ \exists y \in \mathscr{R}$ mit $x + y = 0$.

Weitere Axiome stehen nicht zur Verfügung, auch das Kommutativgesetz nicht. Zeigen Sie:

1. Für alle $x, y \in \mathscr{R}$ gilt: Ist $x + y = 0$, so ist auch $y + x = 0$.
2. Für alle $x \in \mathscr{R}$ ist $0 + x = x$, und das Element 0 in Axiom (II) ist eindeutig bestimmt.
3. Für alle $x \in \mathscr{R}$ ist das Negative eindeutig bestimmt.

Hinweis: *Die größte Schwierigkeit bei dieser Aufgabe besteht darin, dass man nicht weiß, was die Elemente von $\mathscr{R}$ sind. Es dürfen nur die Axiome benutzt werden, nicht etwa die Eigenschaften der Addition von Zahlen. Solange nicht das Gegenteil bewiesen wurde, muss man also zum Beispiel die Möglichkeit in Betracht ziehen, dass ein Element von $\mathscr{R}$ zwei verschiedene Negative besitzt, und dann ist es ratsam, für diese auch zwei verschiedene Symbole zu benutzen.*

Aufgabe 3.10. Bestimmen Sie alle Lösungen der Gleichung $35x^2 - 21x = 0$.

Aufgabe 3.11. Bestimmen Sie die Menge

$$\{x \in \mathbb{R} : \frac{1}{2x+1} = \frac{2-11x}{6x^2+3x}\}.$$

Aufgabe 3.12. Bestimmen Sie alle $x \in \mathbb{R}$ mit $\frac{1}{2}(x-1) > -3\left(x + \frac{1}{3}\right)$.

Aufgabe 3.13. Zeigen Sie für reelle Zahlen a, b:

1. Ist $a, b \geq 0$, so ist $ab \leq \frac{1}{2}(a^2 + b^2)$.
2. Ist $a < b$ und $ab < 0$, so ist $\frac{1}{a} < \frac{1}{b}$.
3. Ist $0 < a < 1 < b$, so ist $a + b > 1 + ab$.

Hinweis: *Bei der ersten Aufgabe könnte es hilfreich sein, an die binomische Formel zu denken.*

Aufgabe 3.14. Die ***Fibonacci-Zahlen*** F_n werden induktiv definiert:

$$F_1 := 1,\ F_2 := 1 \text{ und } F_{n+1} := F_{n-1} + F_n.$$

Beweisen Sie durch vollständige Induktion: $F_{n-1}F_{n+1} - F_n^2 = (-1)^n$.

Aufgabe 3.15. Beweisen Sie durch vollständige Induktion:

n Geraden zerlegen die Ebene in höchstens $\dfrac{n(n+1)}{2} + 1$ Teile.

Hinweis: *Um die richtige Idee zu bekommen, sollte man eine Skizze mit ein paar Geraden erstellen.*

Aufgabe 3.16. Zeigen Sie, dass $(n+1)^n < n^{n+1}$ für alle natürlichen Zahlen $n \geq 3$ gilt.

Hinweis: *Beim Induktionsschluss muss man zeigen, dass $(n+2)^{n+1} < (n+1)^{n+2}$ ist, und das erfordert etwas trickreiche Überlegungen. Eventuell wird es einfacher, wenn man die Behauptung umformuliert:*

$$(1 + \frac{1}{n})^n < n \textit{ für alle } n \geq 3.$$

Aufgabe 3.17. Zeigen Sie: Das Quadrat einer ganzen Zahl ist immer von der Form $3a$ oder $3a + 1$.

Hinweis: *Es liegt nahe, mit Fallunterscheidung zu arbeiten. Wenn man die Teilbarkeit durch* 3 *(mit Rest) als Unterscheidungskriterium benutzt, so gibt es genau drei Fälle.*

Aufgabe 3.18. Zeigen Sie für Zahlen $a_1, \ldots, a_n \in \mathbb{N}$:

$$\mathrm{ggT}(a_i, a_j) = 1 \text{ für } i \neq j \iff \mathrm{kgV}(a_1, \ldots, a_n) = a_1 \cdots a_n.$$

Hinweis: *Mit Hilfe der eindeutigen Primfaktorzerlegung ist der Beweis nicht sehr schwer.*

Aufgabe 3.19. Benutzen Sie den euklidischen Algorithmus und vollständige Induktion, um für $a, b \in \mathbb{N}$ zu zeigen: $\exists\ s, t \in \mathbb{Z}$ mit $\mathrm{ggT}(a, b) = s \cdot a + t \cdot b$.

Hinweis: *Diese Aussage ist ziemlich wichtig und wird auch im vorangegangenen Text verwendet. Zum Beweis betrachte man die einzelnen Schritte des euklidischen Algorithmus:*

$$r_{i-2} = q_{i-1} \cdot r_{i-1} + r_i \quad \textit{mit} \quad 0 \leq r_i < r_{i-1}.$$

Bekanntlich ist $\mathrm{ggT}(r_{i-1}, r_i) = \mathrm{ggT}(r_{i_2}, r_{i-1})$. *Ist* r_n *der letzte auftretende Rest, so dass die Division von* r_{n-1} *durch* r_n *aufgeht, so erhält man schließlich die Gleichung* $\mathrm{ggT}(a, b) = r_n$. *Zunächst stellt man* $r = r_1$ *in der Form* $r_1 = 1 \cdot a - q \cdot b$ *dar, dann findet man sukzessive Darstellungen für* $r_2, r_3, \ldots, r_n$. *Will man den Beweis formvollendet per Induktion durchführen, so muss man sich allerdings bei der Formulierung etwas anstrengen.*

Aufgabe 3.20. Um wirklich große Zahlen darstellen zu können, hat der Mathematiker Hugo Steinhaus ein spezielles Schema entwickelt:

Ist a eine (natürliche) Zahl, so bezeichnet er mit △ a die Zahl a^a. Weiter steht

□ a für „a in a Dreiecken" und ◯ a für „a in a Quadraten".

Schreiben Sie die Steinhaus-Zahl □ 3 konventionell in der Form 3^N.

4 Kombinatorik und Grenzwerte oder „Auf dem Weg ins Irrationale“

4.1 Das Summenzeichen

$a + b$ ist die Summe der zwei Zahlen a und b. *Will man drei Zahlen a, b, c addieren, so schreibt man $a + b + c$. Das geht, weil die Reihenfolge der Additionen (nach den Axiomen der reellen Zahlen) keine Rolle spielt.*

Bei der Summe von n Zahlen $a_1, a_2, a_3, \ldots, a_n$ wird es aber schwierig, denn meistens kann man nicht alle Summanden aufschreiben. Man verlässt sich darauf, dass der Leser ein Bildungsgesetz erkennt, und schreibt $a_1 + a_2 + a_3 + \cdots + a_n$. Will man die durch die Pünktchen hervorgerufene Ungewissheit beseitigen, so braucht man das Summenzeichen. Dies wird hier erklärt.

Unter einer ***rationalen Zahl*** versteht man einen Bruch $p/q = pq^{-1}$ mit $p \in \mathbb{Z}$ und $q \in \mathbb{N}$. Die Menge aller rationalen Zahlen wird mit $\mathbb{Q}$ bezeichnet. Warum „rational“? Das Wort „rational“ steht für „vernünftig, berechenbar“, und die rationalen Zahlen sind eben komplett berechenbar. Offensichtlich ist $\mathbb{Q}$ eine Teilmenge von $\mathbb{R}$, und weil man eine ganze Zahl m auch in der Form $m = m/1$ schreiben kann, ist $\mathbb{Z} \subset \mathbb{Q}$.

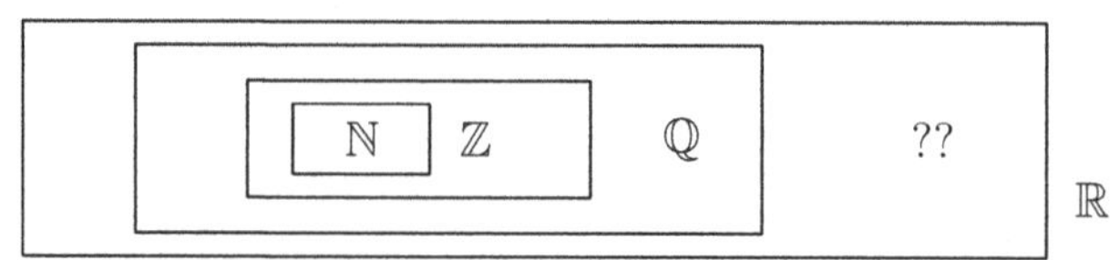

Ob es Elemente in $\mathbb{R} \setminus \mathbb{Q}$ gibt, wird später untersucht werden.

Definition

Sei $n \in \mathbb{N}$. Für jede natürliche Zahl i mit $1 \leq i \leq n$ sei eine reelle Zahl a_i gegeben. Dann bezeichnet man die Summe aller dieser Zahlen mit dem Symbol

$$\sum_{i=1}^{n} a_i = a_1 + a_2 + \cdots + a_n.$$

in Worten: ***Summe über*** $\mathrm{a_i}$, ***für*** i ***von*** **1** ***bis*** n.

Man kann das ***Summenzeichen*** auch induktiv erklären durch:

$$\sum_{i=1}^{1} a_i := a_1 \quad \text{und} \quad \sum_{i=1}^{n+1} a_i := \sum_{i=1}^{n} a_i + a_{n+1}.$$

Zum Beispiel ist

$$4 + 7 + 10 + 13 + 16 = \sum_{j=1}^{5}(3j + 1) = \sum_{j=0}^{4}(4 + 3j) = 50.$$

Es gibt also verschiedene Darstellungen einer Summe. Und die Summation muss nicht unbedingt bei 1 beginnen. Verändert man den Summationsindex (hier das j), so muss man in der Regel auch die Summationsgrenzen und den Summationsterm verändern. Da die Addition dem Assoziativgesetz genügt, spielt auch hier die Reihenfolge der Summation keine Rolle. Aber die Klammer um den Summationsterm ist bei dem obigen Beispiel nötig, denn es wäre

$$\sum_{j=1}^{5} 3j + 1 = \Big(\sum_{j=1}^{5} 3j\Big) + 1 = (3 + 6 + 9 + 12 + 15) + 1 = 36.$$

Spezialfälle, die manchmal für Verwirrung sorgen, sind zum Beispiel

$$\sum_{i=n}^{m} c = \underbrace{c + c + \cdots + c}_{(m-n+1)\text{-mal}} = c \cdot (m - n + 1)$$

und

$$\begin{aligned}
\sum_{i=n}^{m} i &= n + (n+1) + (n+2) + \cdots + m \\
&= (n+0) + (n+1) + (n+2) + \cdots + \big(n + (m-n)\big) \\
&= n \cdot (m - n + 1) + \big(1 + 2 + \cdots + (m-n)\big) \\
&= n \cdot (m - n + 1) + \frac{(m-n)(m-n+1)}{2} \\
&= \frac{(n+m)(m-n+1)}{2}.
\end{aligned}$$

Dabei wurde die Gauß'sche Formel zur Summation der ersten n Zahlen benutzt:

$$\sum_{i=1}^{n} i = \frac{n(n+1)}{2}.$$

Der Beweis dieser Formel kann zum Beispiel per Induktion geführt werden. Gauß hat sich die Formel direkt überlegt.

Als Anwendung erhält man allerlei andere Formeln, etwa die Summe der ersten n ungeraden Zahlen:

$$\sum_{i=1}^{n}(2i-1) = 2\sum_{i=1}^{n} i - \sum_{i=1}^{n} 1 = n(n+1) - n = n^2.$$

Schwierigkeiten bereitet oft die **Umnummerierung der Indizes**. Ein typisches Beispiel für die Notwendigkeit einer solchen Umnummerierung ist die Berechnung der Summe

$$\sum_{i=N}^{M} \frac{1}{i(i+1)}.$$

Der erste Trick, der hier weiterhilft, ist eine „Partialbruchzerlegung“:

Man sucht nach einer Darstellung $\frac{1}{i(i+1)} = \frac{a}{i} + \frac{b}{i+1}$. Das ist leicht, und man erhält:

$$\sum_{i=N}^{M} \frac{1}{i(i+1)} = \sum_{i=N}^{M}\Big(\frac{1}{i} - \frac{1}{i+1}\Big) = \sum_{i=N}^{M}\frac{1}{i} - \sum_{i=N}^{M}\frac{1}{i+1}.$$

Um dies nun zu vereinfachen, bietet es sich an, in der zweiten Summe den Nenner $i+1$ durch einen neuen Laufindex j zu ersetzen. Wenn i von N bis M läuft, dann läuft $j = i+1$ von $N+1$ bis $M+1$. Nach der Umnummerierung ersetzt man das Symbol j für den Index gerne wieder durch das alte Symbol i, was natürlich leicht irritieren kann. So ergibt sich:

$$\begin{aligned}
\sum_{i=N}^{M} \frac{1}{i(i+1)} &= \sum_{i=N}^{M}\frac{1}{i} - \sum_{i=N}^{M}\frac{1}{i+1} = \sum_{i=N}^{M}\frac{1}{i} - \sum_{j=N+1}^{M+1}\frac{1}{j} \\
&= \sum_{i=N}^{M}\frac{1}{i} - \sum_{i=N+1}^{M+1}\frac{1}{i} = \Big(\frac{1}{N} + \sum_{i=N+1}^{M}\frac{1}{i}\Big) - \Big(\sum_{i=N+1}^{M}\frac{1}{i} + \frac{1}{M+1}\Big) \\
&= \frac{1}{N} - \frac{1}{M+1}.
\end{aligned}$$

4.2 Zählen und Kombinieren

Einige elementare kombinatorische Probleme *werden durch den Einsatz des Summenzeichens, der Fakultäten und der Binomialkoeffizienten gelöst.*

Das Zählen von Möglichkeiten erscheint sehr leicht, ist es aber oftmals doch nicht. Dabei beruht es meist auf einem ganz einfachen Prinzip:

Multiplikationsregel: *Wenn eine Menge M in m disjunkte Teilmengen zerlegt werden kann und jede dieser Teilmengen wiederum aus k verschiedenen Elementen besteht, dann gibt es insgesamt $m \cdot k$ Elemente in M.*

Hier ist ein Beispiel:

D	d	4	?	/
C	c	3	\$	$\times$
B	b	2	%	$-$
A	a	1	&	$+$

M

Es gibt 5 Teilmengen („Großbuchstaben", „Kleinbuchstaben", „Ziffern", „Sonderzeichen" und „Rechensymbole"), und jede Teilmenge besteht aus 4 Elementen.

Die Multiplikationsregel lässt sich auch auf folgendes Problem anwenden:

Auf wie viele verschiedene Weisen lassen sich n verschiedene Objekte anordnen?

Als Objekte kann man der Einfachheit halber die ersten n Zahlen nehmen:[1]

$$1, \quad 2, \quad 3, \ldots, \quad n.$$

Die Anordnung bedeutet keine Sortierung nach irgendwelchen Merkmalen, sondern nur ein wertfreies „Hintereinander-Schreiben".

Sei $p(n)$ die Anzahl der „Permutationen" (also der möglichen Anordnungen) von n Objekten, vertreten durch die ersten n Zahlen. Bei **einer** Zahl ist nicht viel anzuordnen, offensichtlich ist

$$p(1) = 1.$$

Per Induktion lässt sich nun die Zahl $p(n)$ für beliebiges n ermitteln. Dazu nimmt man an, es sei $p(n)$ schon für ein n bekannt. Dann sei M die Menge aller Permutationen von $n+1$ Objekten. Diese Menge M lässt sich in $n+1$ disjunkte Teilmengen T_i zerlegen. Es sei nämlich T_i die Menge derjenigen Permutationen, die die Zahl $i \in \{1, 2, 3, \ldots, n, n+1\}$ an die erste Stelle setzen.

Da bei allen Permutationen aus T_i die erste Zahl schon feststeht, sind jeweils nur noch n Zahlen zu verteilen und anzuordnen. Das heißt, dass alle Mengen T_i genau $p(n)$ Elemente besitzen. Nach der Multiplikationsregel ist dann

$$p(n+1) = (n+1) \cdot p(n).$$

[1] Man könnte beliebige Objekte nehmen, zum Beispiel $Auto_1$, $Auto_2$, ..., $Auto_n$. Alles würde genauso gehen wie bei den Zahlen $1, 2, \ldots, n$, es wäre bloß schwieriger aufzuschreiben. In solchen Fällen schreibt der Mathematiker gerne „o.B.d.A. (ohne Beschränkung der Allgemeinheit)". Das soll heißen, dass die Argumentation durch den Übergang zu dem Spezialfall nicht weniger allgemein wird.

Im Falle $n = 2$ und demnach $n + 1 = 3$ sieht das folgendermaßen aus:

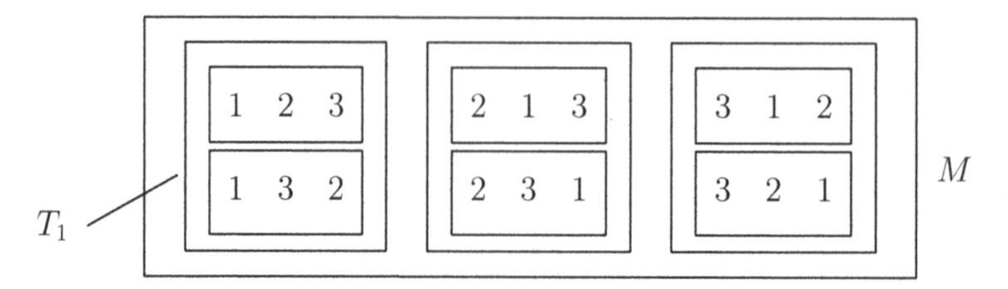

Tatsächlich sind 123, 132, 213, 231, 312 und 321 alle möglichen Permutationen von 3 Elementen. Es ist $p(1) = 1$, $p(2) = 2 \cdot p(1) = 2$, $p(3) = 3 \cdot p(2) = 3 \cdot 2 = 6$ und allgemein $p(n) = n \cdot (n-1) \cdots 3 \cdot 2 \cdot 1$. Die Zahl $p(n)$ bezeichnet man auch mit $n!$ (in Worten: „n ***Fakultät***").

Die Situation soll nun etwas verallgemeinert werden. Gegeben seien wieder n verschiedene Objekte, die angeordnet werden sollen, aber es möge nur noch k Plätze geben, auf denen die angeordneten Objekte untergebracht werden können. Die Anzahl solcher „k-Permutationen" sei mit $p(n,k)$ bezeichnet. Was soll man sich darunter vorstellen? Will man etwa die Zahlen $1, 2, 3, 4$ anordnen, hat aber nur zwei Plätze zur Verfügung, so gibt es die folgenden Möglichkeiten:

$$12 \quad 13 \quad 14 \quad 21 \quad 23 \quad 24 \quad 31 \quad 32 \quad 34 \quad 41 \quad 42 \quad 43\,.$$

Offensichtlich muss $k \le n$ sein. Ist $k = n$, so handelt es sich um gewöhnliche Permutationen, d.h., es ist $p(n,n) = p(n) = n!$. Ist $k = 1$, so geht es darum, wie oft man aus n Objekten genau ein Objekt aussuchen kann. Deshalb ist $p(n,1) = n$.

Beispiel 4.2.1 (Alle Wörter aus drei Buchstaben)

Will man aus den 26 Buchstaben A, B, ..., Z ein Wort aus drei Buchstaben bilden, wobei aber alle Buchstaben verschieden sein sollen, so geht es um 3-Permutationen von 26 Objekten. Für den ersten Buchstaben des Wortes gibt es 26 Möglichkeiten. Für den zweiten Buchstaben bleiben dann noch 25 Möglichkeiten und für den dritten Buchstaben 24 Möglichkeiten. Also ist

$$p(26,3) = 26 \cdot 25 \cdot 24.$$

♠

Satz: *Ist* $1 \le k \le n-1$, *so ist* $p(n) = p(n,k) \cdot p(n-k)$.

Insbesondere ist $p(n,k) = \dfrac{n!}{(n-k)!} = n(n-1)(n-2)\cdots(n-k+1)$.

BEWEIS: In der Menge M aller Permutationen von n Objekten legt jede k-Permutation (die hier mal mit π bezeichnet werden soll) eine Teilmenge $T_\pi \subset M$ fest. Und zwar soll T_π aus denjenigen Permutationen bestehen, bei denen die ersten

k Positionen durch π gegeben sind. Sind die ersten k Positionen einer Permutation schon festgelegt, so bleiben noch $n - k$ Objekte übrig, die man nach Belieben anordnen kann. Deshalb besitzt jede Menge T_π genau $p(n - k)$ Elemente. Da es von den k-Permutationen genau $p(n, k)$ gibt, liefert die Multiplikationsregel die gewünschte Formel. ∎

Mit Hilfe der Größe $p(n, k)$ lässt sich das nächste kombinatorische Problem lösen:

Wie viele verschiedene Teilmengen mit k Elementen gibt es in einer Menge mit n Elementen?

Satz: *Sei $c(n, k)$ die Anzahl der k-elementigen Teilmengen einer Menge mit n Elementen. Dann ist*

$$p(n, k) = p(k) \cdot c(n, k),$$

also

$$c(n, k) = \frac{p(n, k)}{p(k)} = \frac{n!}{k!(n-k)!}.$$

Beweis: Wieder einmal kann man die Multiplikationsregel in Anspruch nehmen. Tatsächlich zählt $p(n, k)$ die Anzahl der angeordneten k-elementigen Auswahlen aus der Ausgangsmenge. Je $p(k)$ solcher Auswahlen ergeben die gleiche k-elementige Teilmenge. Also verteilen sich die Auswahlen auf $c(n, k)$ Mengen zu je $p(k)$ Elementen. Das ergibt die gewünschte Formel. ∎

Die Zahl

$$\binom{n}{k} := c(n, k) = \frac{n(n-1)(n-2) \cdot \ldots \cdot (n-k+1)}{1 \cdot 2 \cdot \ldots \cdot k} = \frac{n!}{k!\,(n-k)!}$$

wird „n ***über*** k" genannt und als ***Binomialkoeffizient*** bezeichnet. Offensichtlich ist $c(n, 0) = 1$, denn in Form der leeren Menge gibt es immer genau eine Teilmenge mit 0 Elementen. $p(0) = 0!$ sollte auch den Wert 1 haben, denn ein Produkt ohne Faktoren sollte beim Multiplizieren nichts verändern, und die einzige Zahl mit dieser Eigenschaft ist eben die Eins. Schließlich ist auch $p(n, 0) = 1$.

Pascals Additionsformel für Binomialkoeffizienten:

$$\binom{n}{k} = \binom{n-1}{k-1} + \binom{n-1}{k}.$$

Beweis: $c(n, k)$ ist die Anzahl aller k-elementigen Teilmengen M einer n-elementigen Menge N. Hält man ein beliebiges Element $x_0 \in N$ fest, so gibt es zwei Sorten von Teilmengen M:

1. x_0 kann in M liegen. Dann stehen noch $k - 1$ Elemente aus $N \setminus \{x_0\}$ zur Verfügung, die in M liegen könnten.

Von dieser Sorte gibt es offensichtlich $c(n-1, k-1)$ Mengen.

2. Liegt x_0 nicht in M, so bleiben noch k Elemente aus $N \setminus \{x_0\}$ übrig, die man auf M verteilen kann.

   Von der Sorte gibt es $c(n-1, k)$ Mengen.

■

Diese Formel liefert sofort das sogenannte ***Pascal'sche Dreieck***. Die Summe der Einträge an den Stellen $k-1$ und k in der $(n-1)$-ten Zeile ergibt den Eintrag an der Stelle k in der n-ten Zeile. Schreibt man das Ergebnis in der Mitte der beiden Eingangszahlen in die Folgezeile, so erhält man folgende Dreiecksform:

$$
\begin{array}{lccccccccccc}
n=0 & & & & & & 1 & & & & & \\
1 & & & & & 1 & & 1 & & & & \\
2 & & & & 1 & & 2 & & 1 & & & \\
3 & & & 1 & & 3 & & 3 & & 1 & & \\
4 & & 1 & & 4 & & 6 & & 4 & & 1 & \\
5 & 1 & & 5 & & 10 & & 10 & & 5 & & 1 \\
 & & & & & & \dots & & & & &
\end{array}
$$

Beispiele 4.2.2 (Formeln für Binomialkoeffizienten)

1 Wie berechnet man Binomialkoeffizienten? Da die Fakultäten $n!$ sehr schnell sehr groß werden, ist es nicht ratsam, die Formel mit den Fakultäten zu benutzen. Die Additionsformel von Pascal erfordert sehr viele Rechenschritte und ist deshalb ebenfalls nicht empfehlenswert. Am besten benutzt man die folgende Rekursionsformel:

$$\binom{n}{2} = \frac{n(n-1)}{2} \quad \text{und} \quad \binom{n}{k+1} = \binom{n}{k} \cdot \frac{n-k}{k+1}.$$

Die zweite Formel ergibt sich folgendermaßen:

$$\binom{n}{k} \cdot \frac{n-k}{k+1} = \frac{n!(n-k)}{k!(n-k)!(k+1)} = \frac{n!}{(k+1)!(n-k-1)!} = \binom{n}{k+1}.$$

2 Es soll folgende Formel bewiesen werden:

$$\binom{2n}{n} = 2 \cdot \binom{n}{2} + n^2.$$

1. Beweis: Es ist

$$
\begin{aligned}
2 \cdot \binom{n}{2} + n^2 &= \frac{2 \cdot n!}{2 \cdot (n-2)!} + \frac{n^2 \cdot (n-2)!}{(n-2)!} \\
&= \frac{n! + n^2(n-2)!}{(n-2)!} = \frac{(n-2)! \cdot ((n-1)n + n^2)}{(n-2)!} \\
&= n(2n-1) = \frac{2n(2n-1)}{2} = \binom{2n}{n}.
\end{aligned}
$$

2. BEWEIS: Man kann auch kombinatorisch argumentieren:
Will man eine 2-elementige Teilmenge $\{x_1, x_2\}$ aus einer $2n$-elementigen Menge $\{a_1, \ldots, a_n, a_{n+1}m \ldots, a_{2n}\}$ auswählen, so gibt es folgende Möglichkeiten:

a) $x_1 \in \{a_1, \ldots, a_n\}$ und $x_2 \in \{a_{n+1}, \ldots, a_{2n}\}$. Davon gibt es $n \cdot n = n^2$ Fälle.

b) $\{x_1, x_2\} \subset \{a_1, \ldots, a_n\}$ oder $\{x_1, x_2\} \subset \{a_{n+1}, \ldots, a_{2n}\}$. Davon gibt es jeweils $c(n, 2)$ Fälle.

3 Man beweise die Formel

$$\binom{m+n}{n} = \sum_{k=0}^{n} \binom{m}{k}\binom{n}{k}.$$

Hier bietet es sich an, kombinatorisch zu argumentieren:

Gesucht werden alle Teilmengen $T = \{x_1, \ldots, x_n\}$ der Menge

$$M = \{a_1, \ldots, a_m, a_{m+1}, \ldots, a_{m+n}\}.$$

Es gibt $c(m, k)$ Möglichkeiten, k Elemente aus $\{a_1, \ldots, a_m\}$ auszuwählen, und zu jeder dieser Auswahlen gibt es $c(n, n-k) = c(n, k)$ Möglichkeiten, die restlichen $n - k$ Elemente aus $\{a_{m+1}, \ldots, a_{m+n}\}$ auszuwählen. So erhält man $c(m, k) \cdot c(n, k)$ Teilmengen, und das funktioniert für jedes $k = 0, \ldots, n$. Also ist $c(m + n, n) = c(m, 0) \cdot c(n, 0) + c(m, 1) \cdot c(n, 1) + \cdots + c(m, n) \cdot c(n, n)$. ♠

Beispiel 4.2.3 (Die Bestimmung von Summenformeln)

Bei der Berechnung der Summe $1 + 2 + 3 + \cdots + (n-1) + n$ kann man den Trick von Gauß benutzen, oder – wenn man das Ergebnis $n(n+1)/2$ bereits kennt – einen Induktionsbeweis führen. Aber mit Hilfe der Binomialkoeffizienten hat man noch eine weitere Chance. Es ist ja $n = c(n, 1) = c(n+1, 2) - c(n, 2)$ (nach der Pascal'schen Additionsformel), und deshalb

$$\begin{aligned}
\sum_{k=2}^{n} k &= \sum_{k=2}^{n} c(k, 1) = \sum_{k=2}^{n} \Big[c(k+1, 2) - c(k, 2)\Big] \\
&= c(n+1, 2) + \sum_{k=3}^{n} c(k, 2) - \sum_{k=3}^{n} c(k, 2) - c(2, 2) \\
&= c(n+1, 2) - 1,
\end{aligned}$$

also $\displaystyle\sum_{k=1}^{n} k = c(n+1, 2) = \frac{n(n+1)}{2}$.

Mit ähnlichen Tricks erhält man auch andere Summen. Zum Beispiel ist

$$\begin{aligned}\sum_{k=1}^{n} k + \sum_{k=1}^{n} k^2 &= \sum_{k=1}^{n} k(k+1) = 2\sum_{k=1}^{n} c(k+1,2) \\ &= 2\Big(1 + \sum_{k=2}^{n}\big[c(k+2,3) - c(k+1,3)\big]\Big) \\ &= 2\Big(1 + c(n+2,3) - c(3,3)\Big) = 2c(n+2,3),\end{aligned}$$

also

$$\begin{aligned}\sum_{k=1}^{n} k^2 &= \frac{n(n+1)(n+2)}{3} - \frac{n(n+1)}{2} \\ &= \frac{2n(n+1)(n+2) - 3n(n+1)}{6} = \frac{n(n+1)(2n+1)}{6}.\end{aligned}$$

♠

Eine besonders wichtige Anwendung der Binomialkoeffizienten ergibt sich aus ihrem Auftreten in der

Binomischen Formel: *Seien $a, b \in \mathbb{R}$ und $n \in \mathbb{N}$. Dann gilt:*

$$(a+b)^n = \sum_{k=0}^{n} \binom{n}{k} a^{n-k} b^k.$$

BEWEIS: Berechnet man das Produkt

$$(a+b)^n = \underbrace{(a+b)\cdot(a+b)\cdots(a+b)}_{n\text{-mal}}$$

mit Hilfe des Distributivgesetzes, so ergibt sich eine Summe von Produkten, die alle aus n Faktoren zusammengesetzt sind. Und zwar geschieht das so, dass aus jedem der n Faktoren $a + b$ genau einer der beiden Summanden genommen wird, und alle Möglichkeiten kommen vor. Wie kann man die Wahl treffen?

Ist $\mathscr{K} = \{K_1, \dots, K_n\}$ die Menge der Klammern $(a+b)$, nummeriert gemäß ihrem Auftreten im Produkt, so legt jede Teilmenge $\mathscr{M} \subset \mathscr{K}$ die Klammern fest, aus denen das a genommen wird. Das b muss dann naturgemäß aus den durch $\mathscr{K} \setminus \mathscr{M}$ festgelegten Klammern genommen werden. Besteht $\mathscr{M}$ aus k Elementen, so erhält man einen Summanden $a^k b^{n-k}$. Da es $c(n,k)$ Teilmengen von $\mathscr{K}$ mit k Elementen gibt, ist

$$(a+b)^n = c(n,n)a^n b^0 + c(n,n-1)a^{n-1}b^1 + \cdots + c(n,1)a^1 b^{n-1} + c(n,0)a^0 b^n.$$

Weil $c(n,k) = c(n,n-k)$ ist, erhält man die gewünschte Formel. ∎

Aus der binomischen Formel folgt die **Bernoulli'sche Ungleichung**: Ist $x > 0$ und $n > 1$, so ist $(x+1)^n > 1 + nx$.

Diese Formel erhält man ganz leicht aus der Tatsache, dass in der Gleichung

$$(1+x)^n = 1 + nx + \binom{n}{2}x^2 + \cdots + \binom{n}{n-1}x^{n-1} + x^n$$

alle Summanden positiv sind. Die Bernoulli'sche Ungleichung gilt aber sogar für alle $x > -1$ (mit **einer** Ausnahme: im Falle $x = 0$ erhält man eine Gleichung, nicht die strikte Ungleichung). Diese allgemeinere Situation beweist man am besten mit Hilfe eines Induktionsbeweises.

Na schön, werden hier viele sagen, was hat man davon? Solche Zeitgenossen haben die Bernoulli'sche Ungleichung sofort wieder vergessen – und berauben sich damit eines Hilfsmittels, das in manchen Beweisen trick- und erfolgreich angewandt werden kann.

Beispiel 4.2.4 (Anwendung der Bernoulli'schen Ungleichung)

Sei $g > 1$ eine beliebige natürliche Zahl. Es soll gezeigt werden, dass stets $g^n > n$ ist. Um die Bernoulli'sche Ugleichung verwenden zu können, schreibt man g in der Form $g = g_0 + 1$, mit einer Zahl $g_0 \in \mathbb{N}$. Dann ist offensichtlich $g^n = (g_0+1)^n > 1 + ng_0 > n$. ♠

Aus der Schule kennt jeder die Spezialfälle der binomischen Formel:

$$(a \pm b)^2 = a^2 \pm 2ab + b^2$$

oder auch

$$(a \pm b)^3 = a^3 \pm 3a^2b + 3ab^2 \pm b^3.$$

Aber da war doch noch etwas? Die folgende Formel wird häufig als „dritte binomische Formel“ bezeichnet:

$$(a+b)(a-b) = a^2 - b^2.$$

Der Beweis ist wirklich trivial, aber es stellt sich die Frage: Wie könnte eine Verallgemeinerung aussehen?

Vielleicht kann man eine Formel für $a^n - b^n$ finden. Probieren kann man es ja mal im Falle $n = 3$. Da ist $(a-b)^3 = a^3 - 3a^2b + 3ab^2 - b^3 = a^3 - b^3 - 3ab(a-b)$, also

$$a^3 - b^3 = (a-b)\big((a-b)^2 + 3ab\big) = (a-b)(a^2 + ab + b^2).$$

Demnach liegt es nahe, dass das Folgende gilt:

Die „dritte binomische Formel“: *Sind $a, b \in \mathbb{R}$, $n \in \mathbb{N}$, so ist*

$$a^{n+1} - b^{n+1} = (a-b)\big(a^n + a^{n-1}b + \cdots + a^2b^{n-2} + ab^{n-1} + b^n\big).$$

Der Beweis ist ganz simpel. Multipliziert man $a - b$ mit

$$\sum_{i=0}^{n} a^i b^{n-i} = a^n + a^{n-1}b + \cdots + a^2 b^{n-2} + ab^{n-1} + b^n,$$

so ergibt sich eine Wechselsumme, bei der alles wegfällt, bis auf $a^{n+1} - b^{n+1}$.

Folgerung (geometrische Summationsformel): *Ist $a \in \mathbb{R}$, $a \neq 1$ und $n \in \mathbb{N}$, so gilt:*

$$\sum_{i=0}^{n} a^i = \frac{a^{n+1} - 1}{a - 1}.$$

BEWEIS: Nach der dritten binomischen Formel ist

$$a^{n+1} - 1 = a^{n+1} - 1^{n+1} = (a-1)\sum_{i=0}^{n} a^i \cdot 1^{n-i} = (a-1)\sum_{i=0}^{n} a^i.$$

■

Aufgabe 4.1

1. Vereinfachen Sie die folgende Summen:

$$\sum_{i=2}^{n-1}(a_{i+1} - a_{i-1}) \qquad \text{und} \qquad \sum_{n=1}^{20} \frac{1}{n(n+1)}.$$

2. Beweisen Sie mit vollständiger Induktion:

$$\sum_{i=1}^{n} \frac{i}{2^i} = 2 - \frac{n+2}{2^n}.$$

3. Zeigen Sie, dass $\displaystyle\sum_{i=k}^{n} \binom{i}{k} = \binom{n+1}{k+1}$ ist.

4. Sei p eine Primzahl, $a \in \mathbb{N}$. Zeigen Sie mit Hilfe der binomischen Formel: Wenn p ein Teiler von $a^p - a$ ist, dann teilt p auch $(a+1)^p - (a+1)$. Folgern Sie daraus, dass p für beliebiges $x \in \mathbb{N}$ die Zahl $x^p - x$ teilt.

   Hinweis: *Sei $N(a) := a^p - a$. Es soll gezeigt werden: Ist p Teiler von $N(a)$, so auch von $N(a+1)$. Das ist der Fall, wenn p ein Teiler von $N(a+1) - N(a)$ ist. Dazu muss man diesen Term ausrechnen. Da sich zeigt, dass er sich aus Binomialkoeffizienten zusammensetzt, wird man zu zeigen versuchen, dass p jeden Binomialkoeffizienten $\binom{p}{i}$ teilt. Dafür muss man sich etwas einfallen lassen.*

Sind a und b zwei positive, reelle Zahlen, so nennt man $g := \sqrt{ab}$ das ***geometrische Mittel*** von a und b, denn g ist die Seitenlänge desjenigen Quadrates, das zu dem Rechteck mit den Seiten a, b flächengleich ist. Man kann g sehr leicht konstruieren:

Abb. 4.1

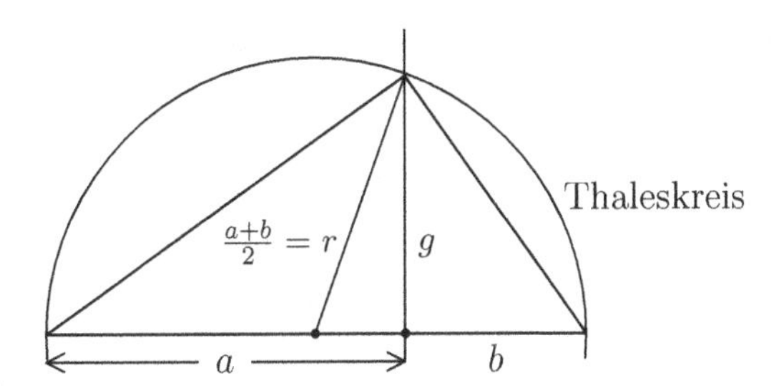

Eine Folge positiver, reeller Zahlen $a_0, a_1, a_2, \ldots$ heißt ***geometrische Folge***, falls jeweils a_i das geometrische Mittel von a_{i-1} und a_{i+1} ist. Das ist genau dann der Fall, wenn die Quotienten a_{i+1}/a_i den konstanten Wert $q := a_1/a_0$ annehmen (wie ein einfacher Induktionsbeweis zeigt), und dann gilt offensichtlich:

$$a_i = a_0 \cdot q^i.$$

Die geometrische Summenformel liefert nun

$$\sum_{i=0}^{n} a_i = a_0 \sum_{i=0}^{n} q^i = a_0 \cdot \frac{q^{n+1} - 1}{q - 1}.$$

Ein Beispiel findet man in der Zinsrechnung:

Wenn ein Kapital K_0 zu p Prozent im Jahr verzinst wird und die (am Jahresende fälligen) Zinsen wieder dem Kapital zugeschlagen werden, dann erhöht sich das Kapital am Ende des n-ten Jahres von einem Wert K_{n-1} auf den Wert $K_n := K_{n-1} + i \cdot K_{n-1} = q \cdot K_{n-1}$, mit $i := p/100$ und $q := 1 + i$. Also gilt:

$$K_n = K_0 \cdot q^n. \qquad (\textbf{\textit{Zinseszinsformel}})$$

Die Zahl q heißt ***Aufzinsungsfaktor***.

In der Praxis geht es häufig um die Abzahlung von Hypotheken: Eine Hypothek (K_0) soll mit p Prozent im Jahr verzinst und gleichzeitig getilgt werden. Eine Möglichkeit dafür ist die ***Annuitätentilgung***, bei der die Summe aus Zinsen und Tilgung (die „Annuität" A) konstant bleiben und die Schuld nach n Jahren abgezahlt sein soll. Der Tilgungsplan sieht dann folgendermaßen aus:

Sei $i := p/100$, $q := 1 + i$, K_ν die Resthypothek nach ν Jahren, Z_ν die Zinszahlung und T_ν die Tilgungsrate am Ende des ν-ten Jahres. Dann gilt:

$$Z_\nu + T_\nu = A \quad (\text{für alle } \nu) \qquad \text{und} \qquad T_1 + T_2 + \ldots + T_n = K_0.$$

Es ist also $T_1 = A - Z_1 = A - (q-1)K_0$ und $K_1 = K_0 - T_1 = qK_0 - A$. Daraus folgt:

$$\begin{aligned} Z_2 &= iK_1 = (q-1)K_1 \\ \text{und} \quad T_2 &= A - Z_2 = (qK_0 - K_1) - (q-1)K_1 = q(K_0 - K_1) = qT_1. \end{aligned}$$

Es liegt also der Verdacht nahe, dass die Tilgungsraten $T_1, T_2, \ldots$ eine geometrische Folge bilden:

$$T_\nu = q^{\nu-1} T_1.$$

Der Beweis kann per Induktion geführt werden. Der Induktionsanfang $\nu = 2$ wurde schon erledigt. Ist die Formel für ein beliebiges $\nu \geq 2$ bewiesen, so sieht der Induktionsschritt von ν auf $\nu + 1$ folgendermaßen aus:

$$\begin{aligned} T_{\nu+1} &= A - Z_{\nu+1} = (Z_\nu + T_\nu) - Z_{\nu+1} \\ &= (q-1)\big(K_{\nu-1} - K_\nu\big) + T_\nu \quad \text{(weil } Z_{\nu+1} = (q-1)\,K_\nu \text{ ist)} \\ &= (q-1)T_\nu + T_\nu = qT_\nu. \end{aligned}$$

Insbesondere ist

$$K_0 = \sum_{\nu=1}^{n} T_\nu = T_1 \sum_{\nu=0}^{n-1} q^\nu = T_1 \frac{q^n - 1}{q - 1} \quad \text{und daher} \quad T_1 = \frac{q-1}{q^n - 1} K_0.$$

Nun kann die Anuität berechnet werden. Es ist

$$A = T_1 + Z_1 = T_1 + (q-1)K_0 = (q-1)K_0\Big(\frac{1}{q^n - 1} + 1\Big) = \frac{(q-1)q^n}{q^n - 1} K_0.$$

Beispiel 4.2.5 (Annuitätentilgung eines Kredits)

Jemand nimmt einen kurzfristigen Kredit in Höhe von 2000, – Euro auf und will ihn in 3 Jahresraten zurückzahlen. Dafür muss er 10 % Zinsen zahlen. Wie hoch ist die Annuität, wie hoch sind die Tilgungsraten?

Hier ist $q = 1 + i = 11/10$, $n = 3$ und $K_0 = 2000$. Dann folgt:

$$T_1 = \frac{q-1}{q^3 - 1} \cdot 2000 = \frac{1/10}{1331/1000 - 1} \cdot 2000 = \frac{100}{331} \cdot 2000 \approx 604.23$$

und damit $K_1 = K_0 - T_1 = 2000 - 604.23 = 1395.77$. Außerdem ist $Z_1 = i\,K_0 = 200$. Für die Annuität ergibt sich damit der Wert $A = T_1 + Z_1 = 804.23$. Im nächsten Schritt erhält man

$$T_2 = q\,T_1 = \frac{11}{10} \cdot 604.23 \approx 664.65 \quad \text{und} \quad K_2 = K_1 - T_2 = 1395.77 - 664.65 = 731.12.$$

Schließlich ist

$$T_3 = q\,T_2 = \frac{11}{10} \cdot 664.65 \approx 731.12 \quad \text{und} \quad K_3 = K_2 - T_3 = 731.12 - 731.12 = 0.$$

Mit der dritten Rate ist der Kredit abbezahlt.

♠ Natürlich muss man vorweg klären, wie jeweils gerundet werden soll.

Aufgabe 4.2

Eine Hypothek von 50 000 Euro soll in 20 Jahren zurückgezahlt werden, bei einem Zinssatz von 5 Prozent im Jahr. Berechnen Sie die Annuität und die einzelnen Tilgungsraten. Welchen Betrag muss der Schuldner insgesamt bezahlen? [2]

Hinweis: *Wenn keine festen Tilgungsraten vereinbart werden, hat man leider ziemlich mit Rundungsfehlern zu kämpfen. Deshalb hängt das Ergebnis etwas vom Rechenweg ab.*

Eine weitere Anwendung ist die „g-adische Entwicklung" von Zahlen. Ist $g \geq 2$ und

$$a = a_0 + a_1 g + \cdots + a_{m-1} g^{m-1} \qquad (\text{mit „Ziffern" } 0 \leq a_i \leq g-1),$$

so ist

$$0 \leq a \leq (g-1)\cdot(g^0 + g^1 + \cdots + g^{m-1}) = (g-1)\cdot\frac{g^m - 1}{g-1} = g^m - 1 < g^m.$$

Man schreibt dann $a = (a_n a_{n-1} \ldots a_1 a_0)_g$.

Tatsächlich besitzt jede Zahl a so eine Entwicklung, wie man per Induktion sehen kann:

Induktionsanfang: Im Falle $1 \leq a < g$ ist die Aussage trivial.

Induktionsschluss: Für jede Zahl x mit $1 \leq x < g^n$ sei die Existenz einer g-adischen Entwicklung bereits bewiesen. Nun sei $g^n \leq a < g^{n+1}$. Die Division mit Rest liefert eine Darstellung $a = q \cdot g^n + r$ mit $0 \leq r < g^n$. Offensichtlich muss $1 \leq q < g$ gelten, und nach Induktionsvoraussetzung gibt es Zahlen $a_0, \ldots, a_{n-1}$ mit $0 \leq a_i \leq g-1$, so dass $r = a_0 + a_1 g + \cdots + a_{n-1} g^{n-1}$ ist. Setzt man $a_n := q$, so erhält man die Darstellung $a = a_0 + a_1 g + \cdots + a_{n-1} g^{n-1} + a_n g^n$.

Beispiele 4.2.6 (Rechnen in Stellenwertsystemen)

1 Im Falle $g = 10$ erhält man die gewohnte Dezimalentwicklung, zum Beispiel

$$527 = (527)_{10}.$$

2 Im Falle $g = 2$ erhält man Darstellungen im Zweiersystem. Zum Beispiel ist

$$311 = 1\cdot 2^8 + 1\cdot 2^5 + 1\cdot 2^4 + 1\cdot 2^2 + 1\cdot 2^1 + 1\cdot 2^0 = (100110111)_2.$$

3 Ist $g > 10$, so fehlen einem normalerweise Ziffern. Zumindest im Hexadezimalsystem ($g = 16$) hat sich ein Standard herausgebildet: Neben den bekannten Ziffern $0, 1, \ldots, 9$ verwendet man die Buchstaben A,B,C,D,E,F. So ist zum Beispiel $4159 = 1\cdot 4096 + 0\cdot 256 + 3\cdot 16 + 15\cdot 1 = (103F)_{16}$. ♠

[2] Ein finanzmathematisch versierter Freund hat mir erklärt, dass es unsinnig sei, Beträge zu addieren, die zu verschiedenen Zeitpunkten fällig werden. Aber vielleicht wollen Sie's trotzdem mal ausrechnen.

4.3 Das Problem der irrationalen Zahlen

Die Pythagoräer versuchten, die Welt mit Hilfe rationaler Zahlen zu erklären. Rationale Zahlen sind als Verhältnisse $q = m/n$ zweier ganzer Zahlen darstellbar. Solche Zahlen kann man sich gut veranschaulichen als Steigungen von Strahlen, die durch den Nullpunkt und einen Punkt mit ganzzahligen Koordinaten (m, n) gehen. Die Steigung ist dann die rationale Zahl $q = m/n$ (Punkte, Geraden und Koordinaten werden im Detail erst später behandelt).

Abb. 4.2

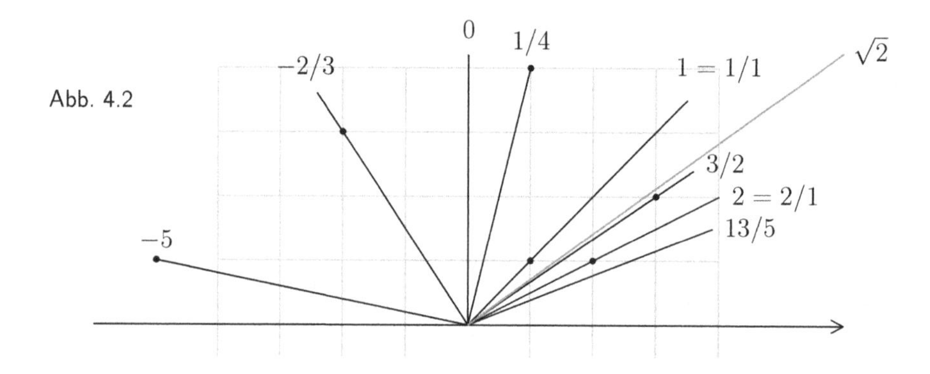

Trifft ein Strahl den Punkt (m, n), so auch alle Punkte (km, kn) mit $k \in \mathbb{N}$. Aber was passiert, wenn ein Strahl **keinen** Punkt mit ganzzahligen Koordinaten trifft? Gibt es diesen Fall überhaupt?

Tatsächlich kann der Strahl mit Steigung $\sqrt{2}$ keinen Punkt mit ganzzahligen Koordinaten treffen, denn $\sqrt{2}$ ist keine rationale Zahl. Dieser Strahl trennt alle rationalen Zahlen $q < \sqrt{2}$ (also mit $q^2 < 2$) von den rationalen Zahlen $q > \sqrt{2}$ (mit $q^2 > 2$), indem er die Strahlen mit den entsprechenden Steigungen voneinander trennt.

Die Existenz der „irrationalen“ Zahl $\sqrt{2}$ ergibt sich in der Geometrie ganz einfach aus dem Satz des Pythagoras (etwa als Diagonale eines Quadrates der Seitenlänge 1). Im Rahmen der Algebra ist die Existenz einer reellen Zahl x mit $x^2 = 2$ nicht so selbstverständlich. Man braucht ein weiteres Axiom!

[R-5] Vollständigkeitsaxiom. *Es seien A, B zwei nicht leere Teilmengen von $\mathbb{R}$, so dass gilt:*

1. $A \cup B = \mathbb{R}$ *und* $A \cap B = \varnothing$.

2. *Für* $a \in A$ *und* $b \in B$ *ist stets* $a < b$.

Dann gibt es ein $c \in \mathbb{R}$, *so dass* $a \leq c \leq b$ *für alle* $a \in A$ *und* $b \in B$ *ist.*

Eine Aufteilung von $\mathbb{R}$ in zwei Mengen A und B, so dass die Bedingungen (1) und (2) erfüllt sind, nennt man einen ***Dedekind'schen Schnitt***. Die Zahl c, deren Existenz im Vollständigkeitsaxiom gefordert wird, heißt ***Schnittzahl***. Sie ist eindeutig bestimmt, und es gilt:

Entweder ist c das größte Element von A oder das kleinste Element von B (beides zugleich kann natürlich nicht gelten).

Ist $A = \{x \in \mathbb{R} : x^2 < 2\}$ und $B = \{x \in \mathbb{R} : x^2 \geq 2\}$, so bilden diese beiden Mengen einen Dedekind'schen Schnitt. Ist c die eindeutig bestimmte Schnittzahl, so kann c nicht in A liegen (denn zu jeder Zahl x mit $x^2 < 2$ kann man noch eine Zahl $x^* > x$ finden, für die ebenfalls $(x^*)^2 < 2$ gilt). Also muss c zu B gehören. Da es aber (aus analogen Gründen) auch nicht sein kann, dass $c^2 > 2$ ist, muss $c^2 = 2$ sein. Das bedeutet, dass $c = \sqrt{2}$ ist. So folgt die Existenz der Quadratwurzel aus 2 mit Hilfe des Vollständigkeitsaxioms.

Definition

Sei $M \subset \mathbb{R}$ eine nach oben beschränkte Menge. Falls die Menge aller oberen Schranken von M ein kleinstes Element a besitzt, so nennt man a das ***Supremum*** von M (in Zeichen: $a = \sup(M)$).

Die größte untere Schranke einer nach unten beschränkten Menge M nennt man – wenn sie existiert – das ***Infimum*** von M (in Zeichen: $\inf(M)$).

Nachgefragt: *Jetzt wird es sehr abstrakt. Was sind untere und obere Schranken? Und was soll man sich unter dem Supremum vorstellen?*

Ist M Teilmenge des abgeschlossenen Intervalls $[0, 1]$, so ist 0 eine untere und 1 eine obere Schranke. Die Schranken können zur Menge M gehören oder auch nicht. Aber es gibt noch sehr viele andere Schranken. Jede Zahl $c < 0$ ist ebenfalls eine untere Schranke, und jede Zahl $C > 1$ ist eine obere Schranke.

Am besten stellt man sich alles geometrisch auf der Zahlengeraden vor:

Abb. 4.3

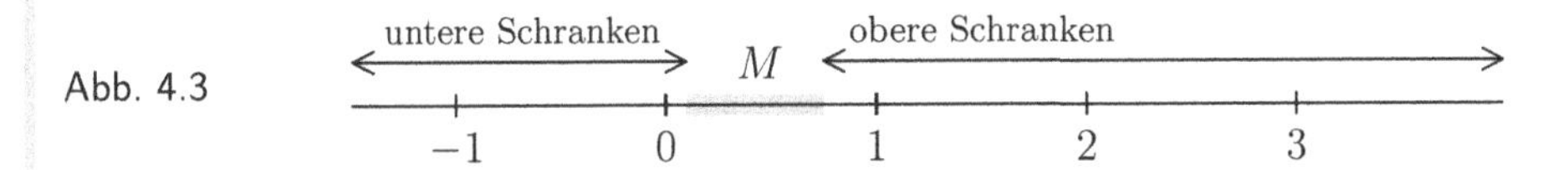

Warum sollte nun die Menge der oberen Schranken von M ein kleinstes Element besitzen? Wenn zum Beispiel 1 ein Element von M ist, dann ist die 1 natürlich immer noch eine obere Schranke von M und insbesondere bleibt der 1 dann auch nichts anderes übrig, als sogar die kleinste obere Schranke von M zu sein. Ähnlich kann man schließen, wenn M ein größtes Element m besitzt. Dann ist m obere Schranke, und es kann keine kleinere obere Schranke für M geben. Schwieriger wird es, wenn M kein größtes Element besitzt. Dann bietet es sich an, einen Dedekind'schen Schnitt zu konstruieren, indem man $A := \{x \in \mathbb{R} : x \text{ ist } \textbf{keine} \text{ obere Schranke von } M\}$ und $B := \{x \in \mathbb{R} : x \text{ ist obere Schranke von } M\}$ setzt. Dazu existiert eine eindeutig bestimmte Schnittzahl s.

Weil M kein größtes Element besitzt, kann kein $x \in M$ eine obere Schranke von M sein. Also ist M komplett in A enthalten und s damit eine obere Schranke von M. Weil B aber alle oberen Schranken von M enthält, muss s in B liegen. Weil $s \leq x$ für alle $x \in B$ gilt, ist s die gesuchte kleinste obere Schranke.

Sehr häufig wird an dieser Stelle gefragt, wozu man Begriffe wie „Supremum" oder „Infimum" braucht. Mit etwas Geduld wird man das bald sehen.

Beispiele 4.3.1 (Supremum und Infimum einer Menge)

1 Sei $M := \{x \in \mathbb{R} : x > 0\}$. Diese Menge hat keine obere Schranke. Wäre nämlich c eine solche, so wäre $c + 1$ ein Element von M, das noch größer als die angebliche obere Schranke wäre. Das ist ein Widerspruch.

Nach unten ist M offensichtlich durch 0 beschränkt. Auch jede negative Zahl ist eine untere Schranke von M. Eine Zahl $c > 0$ kann dagegen keine untere Schranke von M mehr sein, denn $c/2$ ist immer noch positiv (also ein Element von M), aber kleiner als c. Demnach ist 0 die größte untere Schranke von M, oder in anderen Worten: $0 = \inf(M)$.

2 Sei $M := \{x = 1/n : n \in \mathbb{N}\}$. Ist $x = 1/n \in M$, so ist $n \geq 1$, also $x \leq 1$. Damit ist 1 eine obere Schranke von M. Weil $1 = 1/1$ aber auch schon in M liegt, ist $\sup(M) = 1$.

Die Zahl 0 ist sicher eine untere Schranke von M. Ob es sich dabei aber um die größte untere Schranke handelt, ist nicht so offensichtlich. Dieser Frage wird etwas weiter unten nachgegangen. ♠

Es gilt:

Satz von der Existenz des Supremums: *Sei $M \subset \mathbb{R}$ eine nicht leere, nach oben beschränkte Menge. Dann besitzt M ein Supremum. Und analog besitzt jede nach unten beschränkte, nicht leere Menge ein Infimum.*

Den Beweis findet man in der Literatur. Eine der wichtigsten Folgerungen ist

Der Satz des Archimedes:

$$\forall x \in \mathbb{R} \; \exists n \in \mathbb{N} \quad \textit{mit} \quad n > x.$$

BEWEIS: Wenn es eine reelle Zahl x_0 gäbe, die größer als jede natürliche Zahl wäre, so wäre $\mathbb{N}$ nach oben beschränkt und müsste ein Supremum s besitzen. Es gäbe dann beliebig nahe unterhalb von s eine natürliche Zahl n, und die natürliche Zahl $n + 1$ wäre größer als s. Das kann nicht sein. ∎

Jetzt kann das Beispiel der Menge $M = \{x = 1/n : n \in \mathbb{N}\}$ zu Ende behandelt werden. 0 ist eine untere Schranke von M. Kann es noch eine größere untere

Schranke geben, also eine Zahl $c > 0$, so dass $c \leq 1/n$ für alle $n \in \mathbb{N}$ gilt? Wenn ja, dann wäre $1/c$ eine positive reelle Zahl und $1/c \geq n$ für alle $n \in \mathbb{N}$. Genau das ist aber nach dem Satz des Archimedes ausgeschlossen. Also ist $\sup(M) = 0$.

Aufgabe 4.3

Bestimmen Sie – falls möglich – Supremum und Infimum der folgenden Mengen! Wann handelt es sich zugleich um das größte (bzw. kleinste) Element?

$$A := \{1 + (-1)^n \mid n \in \mathbb{N}\}, \quad B := \{x \in \mathbb{R} : \frac{2x-1}{x-5} \geq 5\}$$

$$\text{und} \quad C := \{x \in \mathbb{R} \mid \exists\, y \in \mathbb{R} \text{ mit } |y-3| < 2 \text{ und } |x-y| < 1\}.$$

Die Existenz der Quadratwurzel wurde oben schon direkt aus dem Vollständigkeitsaxiom hergeleitet.

Ist $a > 0$ eine reelle Zahl, so heißt die eindeutig bestimmte reelle Zahl $c > 0$ mit $c^2 = a$ die ***(Quadrat-) Wurzel*** von a, und man schreibt: $c = \sqrt{a}$. Zusätzlich definiert man noch $\sqrt{0} := 0$.

Ist x eine beliebige reelle Zahl, so ist $x^2 \geq 0$, und man setzt

$$|x| := \sqrt{x^2} = \begin{cases} x & \text{falls } x \geq 0 \\ -x & \text{falls } x < 0 \end{cases}.$$

Dies ist der ***Betrag*** von x.

Das Rechnen mit Beträgen ist etwas gewöhnungsbedürftig. Hilfreich ist die anschauliche Vorstellung, dass $|x|$ der Abstand der Zahl x vom Nullpunkt ist. Dann sind die folgenden Regeln nicht so überraschend. Sind x, y und c reelle Zahlen, $c > 0$, so gilt:

1. $|x| < c \iff -c < x < c$.

Abb. 4.4

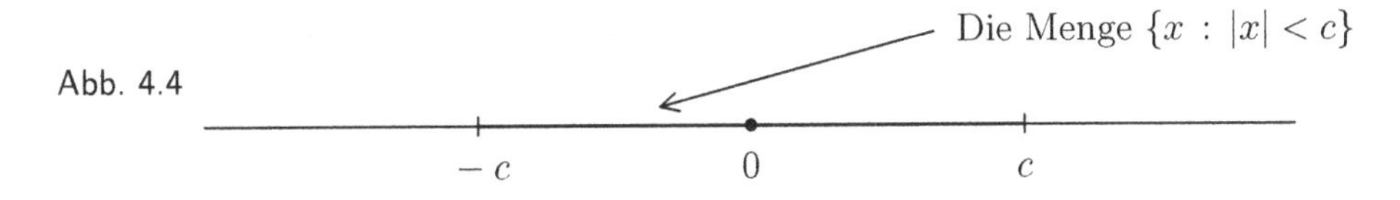

2. $|x| > c \iff (x < -c) \vee (x > c)$.

Abb. 4.5

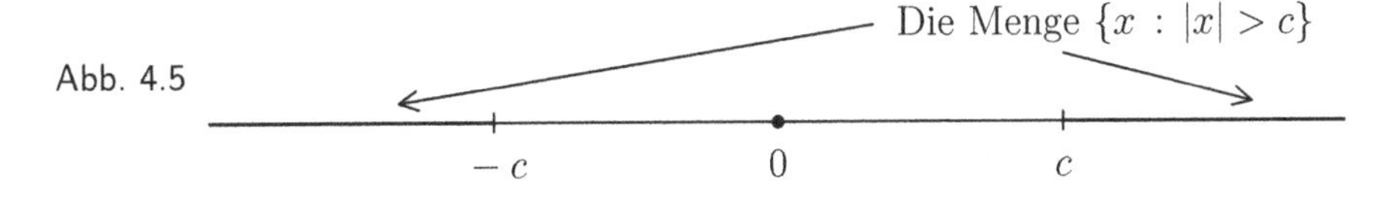

3. Es gelten die „***Dreiecksungleichungen***"

$$|x+y| \le |x|+|y| \quad \text{und} \quad |x-y| \ge |x|-|y|,$$

sowie die ***Multiplikationsregeln***

$$|x \cdot y| = |x| \cdot |y| \quad \text{und} \quad |x^n| = |x|^n.$$

Man kann diese Formeln zum Beispiel durch Fallunterscheidungen beweisen, aber mit etwas Nachdenken findet man manchmal auch trickreichere Wege. Setzt man etwa $c := |x| + |y|$, so ergibt sich gemäß (1) die Dreiecksungleichung, wenn man zeigen kann, dass $-c < x + y < c$ ist. Die zweite Dreiecks-Ungleichung folgt aus der ersten.

Sehr häufig trifft man auf folgende Situation: $a \in \mathbb{R}$ ist eine feste Zahl, ε eine (meist kleine) positive reelle Zahl und $x \in \mathbb{R}$ beliebig. Wann ist $|x - a| < \varepsilon$? Es bedeutet, dass $-\varepsilon < x - a < \varepsilon$ ist, nach Addition von a also $a - \varepsilon < x < a + \varepsilon$.

Abb. 4.6

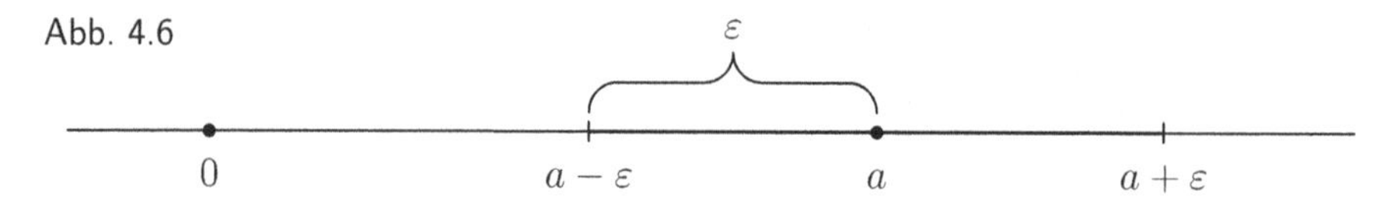

Anschaulich bedeutet das, dass x von a einen Abstand kleiner als ε hat.

Beispiel 4.3.2 (Lineare Gleichungen mit Beträgen)

Eine typische solche Gleichung hat etwa die Form $|ax + b| = c$. Das bedeutet, dass ax von $-b$ den Abstand c hat. Natürlich muss dabei $c \ge 0$ sein, sonst ergibt das Ganze keinen Sinn. Dann ist $ax + b = \pm c$, es gibt also zwei Möglichkeiten:

1. $ax = (-b) + c$, also $x = (c - b)/a$.
2. $ax = (-b) - c$, also $x = -(b + c)/a$.

Dies sind tatsächlich die beiden möglichen Lösungen. Ist zum Beispiel $a = 3$, $b = 6$ und $c = 3$, so gibt es die Lösungen $x_1 = -1$ und $x_2 = -3$. ♠

Beispiel 4.3.3 (Lineare Ungleichungen mit Beträgen)

Hier gibt es viele verschiedene Versionen, eine davon hat etwa die Gestalt

$$|ax + b| \le x + c.$$

Das bedeutet:

$$-(x+c) \le ax + b \le x + c, \ \text{also} \quad -x - c - b \le ax \le x + c - b.$$

Dies kann man folgendermaßen durch zwei Ungleichungen ausdrücken:

$$-c - b \leq (a+1)x \quad \text{und} \quad (a-1)x \leq c - b.$$

Zunächst sollte man zwei Sonderfälle behandeln:

Ist $a = 1$, so ist $a - 1 = 0$ und $a + 1 = 2$ und es bleibt nur die Ungleichung $x \geq (-b - c)/2$.

Ist dagegen $a = -1$, so ist $a + 1 = 0$ und $a - 1 = -2$, und es ergibt sich die Ungleichung $-2x \leq c - b$, also $x \geq (b - c)/2$.

Ist $a > 1$, so ist $0 < a - 1 < a + 1$, und man erhält die Ungleichungen

$$\frac{-c-b}{a+1} \leq x \quad \text{und} \quad x \leq \frac{c-b}{a-1}.$$

Nun ist noch eine weitere Unterscheidung notwendig: Sei $C_1 := (-c - b)/(a + 1)$ und $C_2 := (c - b)/(a - 1)$. Ist $C_1 \leq C_2$, so ergibt sich als Lösungsmenge die Menge

$$\mathbb{L} := \{x : |ax + b| \leq x + c\} = \{x : \frac{-c-b}{a+1} \leq x \leq \frac{c-b}{a-1}\}.$$

Ist dagegen $C_1 > C_2$, so ist $\mathbb{L} = \varnothing$.

Analog geht man vor, wenn $a < -1$ ist. Dann ist $a - 1 < a + 1 < 0$, und man erhält die Ungleichungen

$$\frac{c-b}{a-1} \leq x \quad \text{und} \quad x \leq \frac{-c-b}{a+1}.$$

Ist $C_1 < C_2$, so ist $\mathbb{L} = \varnothing$. Ist dagegen $C_1 \geq C_2$, so ist

$$\mathbb{L} = \{x : \frac{c-b}{a-1} \leq x \leq \frac{-c-b}{a+1}\}.$$

Schließlich bleibt noch der Fall $-1 < a < 1$ zu untersuchen. Dann ist $a - 1 < 0 < a + 1$, und es ergeben sich die beiden Ungleichungen $x \geq C_1$ und $x \geq C_2$. Ist nun $C_1 \leq C_2$, so ist $\mathbb{L} = \{x : C_1 \leq x \leq C_2\}$. Ist dagegen $C_1 > C_2$, so ist $\mathbb{L} = \{x : x \geq C_1\}$.

Ist zum Beispiel $a = 3$, $b = -6$ und $c = 2$, so ist $C_1 = (-c - b)/(a + 1) = 1$ und $C_2 = (c - b)/(a - 1) = 4$, also $a > 1$ und $C_1 < C_2$. Als Lösungsmenge ergibt sich deshalb $\mathbb{L} = \{x \in \mathbb{R} : 1 \leq x \leq 4\}$.

Wäre $a = 1$, so würde man die Lösungsmenge $\{x \in \mathbb{R} : x \geq 2\}$ erhalten, im Falle $a = -1$ die Menge $\{x \in \mathbb{R} : x \geq -4\}$.

Ist $a = 3$, $b = -6$ und $c = -3$, so ist $C_1 = (-c - b)/(a + 1) = 9/4 = 2.25$ und $C_2 = (c - b)/(a - 1) = 3/2 = 1.5$, also $C_1 > C_2$. Die Lösungsmenge ist in diesem Fall die leere Menge.

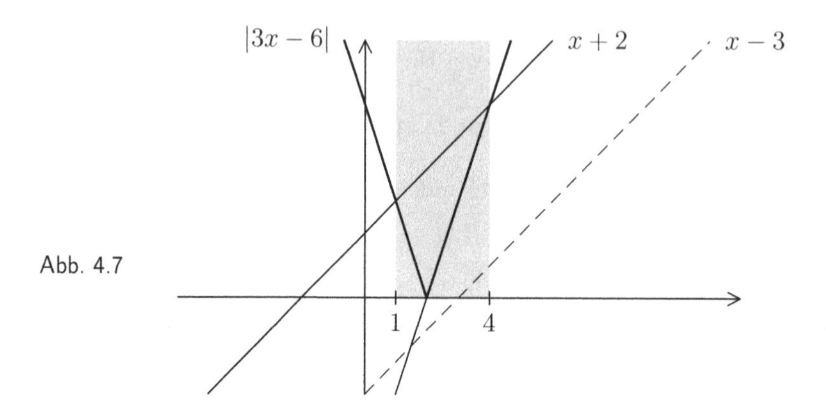

Abb. 4.7

♠

Aufgabe 4.4

Bestimmen Sie die Lösungsmengen der folgenden Ungleichungen:

$$|4 - 3x| > 2x + 10 \quad \text{bzw.} \quad |2x - 10| \le x.$$

Die Wurzel aus einer reellen Zahl p ist häufig eine irrationale Zahl. Insbesondere trifft das zu, wenn p eine Primzahl ist:

Wäre $\sqrt{p} = u/v$ ein gekürzter Bruch mit $u, v \in \mathbb{N}$, so wäre $u^2 = pv^2$, also p ein Teiler von u. Dann gibt es eine ganze Zahl k mit $u = kp$. Daraus folgt, dass $k^2p^2 = pv^2$ ist, also p auch ein Teiler von v. Das ergibt einen Widerspruch zu der Tatsache, dass u/v ein gekürzter Bruch ist. Also kann $\sqrt{p}$ nicht rational sein.

Wo tauchen nun Wurzeln in der „Natur" auf? Außer in der Geometrie begegnen sie uns sehr früh beim Auflösen von quadratischen Gleichungen. Jeder kennt aus der Schule die Methode der quadratischen Ergänzung (oder sollte sie zumindest kennen):

Gesucht werden alle reelle Zahlen x mit $a\,x^2 + b\,x + c = 0$ (wobei $a \neq 0$ vorausgesetzt werden kann). Ist x eine Lösung der Gleichung, so erhält man folgende Kette von äquivalenten Aussagen über x:

$$\begin{aligned}
ax^2 + bx + c = 0 \quad &\iff \quad a \cdot \left(x^2 + 2 \cdot \frac{b}{2a} \cdot x + \frac{c}{a}\right) = 0 \\
&\iff \quad x^2 + 2 \cdot \frac{b}{2a} \cdot x + \left(\frac{b}{2a}\right)^2 = \left(\frac{b}{2a}\right)^2 - \frac{c}{a} \quad (\text{denn } a \neq 0) \\
&\iff \quad \left(x + \frac{b}{2a}\right)^2 = \frac{1}{4a^2} \cdot \Delta \quad (\text{mit } \Delta := b^2 - 4ac) \\
&\iff \quad \left|x + \frac{b}{2a}\right| = \frac{1}{2a}\sqrt{\Delta} \quad (\text{sofern } \Delta \ge 0 \text{ ist}) \\
&\iff \quad x + \frac{b}{2a} = \pm\frac{1}{2a}\sqrt{\Delta} \\
&\iff \quad x = \frac{-b \pm \sqrt{\Delta}}{2a}.
\end{aligned}$$

Die ***Diskriminante*** Δ entscheidet über die Zahl der Lösungen:

1. Ist $\Delta < 0$, so kann die Gleichung mit keinem $x \in \mathbb{R}$ erfüllt werden.
2. Ist $\Delta = 0$, so erhält man die Bedingung $x + b/(2a) = 0$, und es gibt genau eine Lösung, nämlich $x = -b/(2a)$.
3. Ist $\Delta > 0$, so gibt es genau zwei Lösungen, nämlich

$$x = \frac{-b + \sqrt{\Delta}}{2a} \quad \text{und} \quad x = \frac{-b - \sqrt{\Delta}}{2a}.$$

Beispiel 4.3.4 (Lösung einer quadratischen Gleichung)

Zu lösen sei die Gleichung $84x^2 - 13x - 21 = 0$. Hier ist

$$\Delta = (-13)^2 + 4 \cdot 84 \cdot 21 = 169 + 7056 = 7225 = 85^2 > 0,$$

und es gibt die zwei Lösungen

$$x = \frac{13 \pm 85}{2 \cdot 84} = \begin{cases} 49/84 & = & 7/12 \\ -36/84 & = & -3/7\,. \end{cases}$$

♠

Wie kann man quadratische Ungleichungen auflösen?

Sei $c \geq 0$. Dann ist ja bekanntlich

$$x^2 = c \iff |x| = \sqrt{c} \iff \left(x = \sqrt{c} \text{ oder } x = -\sqrt{c}\right).$$

Ist $|x| \geq \sqrt{c}$, so ist $x^2 = |x|^2 \geq \sqrt{c}^2 = c$. Daraus folgt (per Kontraposition):

$$\{x \in \mathbb{R} : x^2 < c\} = \{x \in \mathbb{R} : |x| < \sqrt{c}\}.$$

Anders sieht es bei der umgekehrten Ungleichung $x^2 > c$ aus. Zwar ist

$$x^2 > c \iff |x| > \sqrt{c}\,,$$

aber die Ungleichung $|x| > \sqrt{c}$ ist gleichbedeutend zu der Alternative

$$x > \sqrt{c} \quad \text{oder} \quad x < -\sqrt{c}\,.$$

Deshalb ist

$$\{x \in \mathbb{R} : x^2 > c\} = \{x \in \mathbb{R} : x > \sqrt{c}\} \cup \{x \in \mathbb{R} : x < -\sqrt{c}\}$$

eine Vereinigung zweier disjunkter Mengen.

Eine allgemeine quadratische Gleichung lässt sich mit Hilfe einer quadratischen Ergänzung auf eine rein quadratische Gleichung zurückführen. Genauso kann man bei quadratischen Ungleichungen vorgehen.

Beispiel 4.3.5 (Lösung einer quadratischen Ungleichung)

Gesucht sind alle reellen Zahlen x mit $3x^2 + 19x - 14 < 0$. Man formt um:

$$\begin{aligned} 3x^2 + 19x - 14 < 0 \quad &\iff \quad 3\big(x^2 + 2 \cdot (19/6) \cdot x - 14/3\big) < 0 \\ &\iff \quad x^2 + 2 \cdot (19/6) \cdot x < 14/3 \\ &\iff \quad x^2 + 2 \cdot (19/6) \cdot x + (19/6)^2 < 14/3 + (19/6)^2 \\ &\iff \quad \big(x + 19/6\big)^2 < (23/6)^2 \\ &\iff \quad |x + 19/6| < 23/6 \\ &\iff \quad |6x + 19| < 23 \\ &\iff \quad -42 < 6x < 4 \\ &\iff \quad -7 < x < 2/3. \end{aligned}$$

♠ Also ist $\{x \in \mathbb{R} : 3x^2 + 19x - 14 < 0\} = \{x \in \mathbb{R} : -7 < x < 2/3\}$.

Aufgabe 4.5

Bestimmen Sie die Menge $\{x \in \mathbb{R} : 2x^2 - 5x + 6 \leq 4\}$.

Ist $a > 0$ eine reelle Zahl und $n \in \mathbb{N}$, so existiert genau eine reelle Zahl $r > 0$ mit $r^n = a$. Diese eindeutig bestimmte, nicht negative reelle Zahl r heißt die ***n*-te Wurzel von *a***. Man schreibt dann $r = \sqrt[n]{a}$. Ist n **ungerade**, so setzt man $\sqrt[n]{-a} := -\sqrt[n]{a}$.

Normalerweise kann man nur aus positiven reellen Zahlen die n-te Wurzel ziehen. Ist jedoch n ungerade, so darf a auch negativ sein, denn es ist $(-1)^{2k+1} = \big((-1)^2\big)^k \cdot (-1) = -1$. Es ist also $\sqrt[3]{27} = 3$ und $\sqrt[3]{-27} = -3$, aber $\sqrt[4]{-5}$ ist nicht definiert!

Für Wurzeln gelten die folgenden Rechenregeln:

1. *Für $a, b > 0$ ist $\sqrt[n]{a \cdot b} = \sqrt[n]{a} \cdot \sqrt[n]{b}$.*
2. *Für $a, b > 0$ ist $\sqrt[n]{\dfrac{a}{b}} = \dfrac{\sqrt[n]{a}}{\sqrt[n]{b}}$.*
3. *Für $a > 0$ und $m, n \in \mathbb{N}$ ist $\sqrt[n]{a^m} = \big(\sqrt[n]{a}\big)^m$.*
4. *Für $a > 0$ und $m, n \in \mathbb{N}$ ist $\sqrt[n]{\sqrt[m]{a}} = \sqrt[nm]{a}$.*

Die Beweise für diese Formeln funktionieren alle nach dem gleichen Schema. Man benutzt die Definition der Wurzel ($x = \sqrt[n]{a}$, falls $x^n = a$ ist) und die Rechenregeln für Potenzen ($(ab)^n = a^n b^n$ und $(a^m)^n = a^{mn}$). Im Falle der Formel (3) sieht das folgendermaßen aus: Sei $y := \sqrt[n]{a}$. Dann ist $y^n = a$, und es folgt: $(y^m)^n = y^{m \cdot n} = y^{n \cdot m} = (y^n)^m = a^m$, also $\sqrt[n]{a^m} = y^m = \big(\sqrt[n]{a}\big)^m$.

Wichtig ist dabei immer die Voraussetzung, dass die „Radikanden" $a, b, \ldots$ positive reelle Zahlen und die „Wurzelexponenten" $n, m, \ldots$ natürliche Zahlen sind. Man setzt außerdem $\sqrt[n]{0} := 0$. Die „nullte" Wurzel aus einer Zahl gibt es dagegen nicht. Eine erste Verallgemeinerung ist die n-te Wurzel aus einer negativen Zahl im Falle eines ungeraden Wurzelexponenten $n = 2k + 1$. Man überzeugt sich leicht davon, dass auch für diesen Fall die Regeln (1) bis (3) gültig bleiben.

Das Rechnen mit Potenzen und Wurzeln wird eventuell etwas einfacher, wenn man die folgende Abkürzung verwendet:

$$a^{m/n} := \sqrt[n]{a^m} \quad (= \left(\sqrt[n]{a}\right)^m) \quad \text{(für } a > 0 \text{ und } n, m \in \mathbb{N}\text{)}.$$

Ist das erlaubt? Will man rationale Exponenten zulassen, so muss man zunächst überprüfen, ob dafür auch die Rechenregeln für Potenzen gelten. Das ist aber in der Tat der Fall, wie man relativ leicht nachrechnen kann. Und dann läuft alles wunderbar. Hier ist ein Beispiel:

Aus der Gleichung $a^{1/n} \cdot a^{1/m} = a^{(1/n)+(1/m)} = a^{(n+m)/nm}$ folgt nun sofort die Regel

$$\sqrt[n]{a} \cdot \sqrt[m]{a} = \sqrt[nm]{a^{n+m}}.$$

Es folgen noch einige Zahlenbeispiele:

Beispiele 4.3.6 (Das Rechnen mit Wurzeln)

1 Es ist $\sqrt[3]{\sqrt{343}} = \sqrt[3]{\sqrt[2]{343}} = \sqrt[3\cdot 2]{343} = \sqrt[2]{\sqrt[3]{7^3}} = \sqrt{7}$.

2 Es ist $\sqrt{3 \cdot \sqrt{3 \cdot \sqrt{3}}} = \sqrt{3 \cdot \sqrt{3^{3/2}}} = \sqrt{3^{4/4} \cdot 3^{3/4}} = \sqrt{3^{7/4}} = 3^{7/8} = \sqrt[8]{3^7}$.

3 Oft geht es darum, einen Nenner rational zu machen. So ist zum Beispiel

$$\begin{aligned} \frac{1}{\sqrt{6} + \sqrt{7} + \sqrt{8}} &= \frac{\sqrt{6} + \sqrt{7} - \sqrt{8}}{\left(\sqrt{6} + \sqrt{7}\right)^2 - 8} = \frac{\sqrt{6} + \sqrt{7} - \sqrt{8}}{5 + 2\sqrt{42}} \\ &= \frac{\left(\sqrt{6} + \sqrt{7} - \sqrt{8}\right) \cdot \left(5 - 2\sqrt{42}\right)}{25 - 4 \cdot 42} \\ &= \frac{\left(\sqrt{6} + \sqrt{7} - \sqrt{8}\right) \cdot \left(\sqrt{168} - 5\right)}{143}. \end{aligned}$$

4 Wurzeln in Gleichungen wirken auf manchen etwas verstörend. Aber der Umgang damit ist auch keine Zauberei.

1. Bei der Gleichung $\sqrt{2x + 3} - \sqrt{3x - 8} = 0$ bringt man einfach eine der Wurzeln auf die andere Seite und quadriert dann. So erhält man:

   $$2x + 3 = 3x - 8, \text{ also } x = 11.$$

   Bei dieser Rechnung sind alle Schritte umkehrbar.

2. Bei der Gleichung $\sqrt{5x+1} - \sqrt{4x-3} = 1$ geht es nicht ganz so einfach, aber auch hier ist es besser, wenn die Wurzeln auf verschiedenen Seiten des Gleichheitszeichens stehen: $\sqrt{5x+1} = \sqrt{4x-3} + 1$. Daraus ergibt sich durch Quadrieren:

$$\begin{aligned} 5x+1 = (4x-3)+1+2\sqrt{4x-3} \quad &\Longrightarrow \quad x+3 = 2\sqrt{4x-3} \\ &\Longrightarrow \quad x^2+6x+9 = 4(4x-3) \\ &\Longrightarrow \quad x^2-10x+21 = 0 \end{aligned}$$

Diese quadratische Gleichung hat die Lösungen $x_1 = 3$ und $x_2 = 7$. Die Probe zeigt, dass dies wirklich Lösungen der Ausgangsgleichung sind. Die Probe muss gemacht werden, denn die obigen Implikationen zeigen zwar, dass nur x_1 und x_2 als Lösungen infrage kommen, beweisen aber nicht, dass beide Zahlen Lösungen sind.

Als abschreckendes Beispiel diene die Gleichung $x = \sqrt{6-x}$. Da man unter der Wurzel aus einer reellen Zahl immer die **positive** Wurzel versteht, kommen hier nur positive Lösungen infrage. Ignoriert man diese Bedingung, so liefert einfaches Quadrieren die Gleichung $x^2 = 6-x$, also $x^2+x-6=0$. Die Auflösung dieser quadratischen Gleichung führt zu den beiden Zahlen $x_1 = 2$ und $x_2 = -3$. Aber die negative Zahl x_2 ist keine Lösung der ursprünglichen Wurzelgleichung.

♠

Aufgabe 4.6

1. Vereinfachen Sie die folgenden Ausdrücke:

$$\sqrt[3]{(8a^3b^6)^2}, \qquad \sqrt[5]{\sqrt[3]{x^5y^{10}z^{15}}}, \qquad \text{und} \qquad \sqrt{\frac{x}{y}\cdot\sqrt{\frac{x}{y}\cdot\sqrt[3]{\frac{y^3}{x}}}}.$$

2. Wandeln Sie die folgenden Ausdrücke derart um, dass der Nenner rational wird:

$$\frac{8-12\sqrt[3]{5}}{\sqrt[3]{4}}, \qquad \frac{1}{\sqrt{7}-\sqrt{6}} \qquad \text{und} \qquad \frac{2+\sqrt{6}}{2\sqrt{2}+2\sqrt{3}-\sqrt{6}-2}.$$

3. Lösen Sie die Gleichungen:

$$120x^2 - 949x + 1173 = 0, \qquad \sqrt{3x+1} - \sqrt{2x-7} = 2$$

$$\text{und} \qquad \frac{x-2a}{2x-8a} = \frac{x}{x-6a}.$$

Ist a eine beliebige reelle Zahl, so ist $a^2 \geq 0$. Es kann also in $\mathbb{R}$ keine Wurzel aus -1 geben. In Kapitel 11 wird man allerdings sehen, dass es einen Bereich $\mathbb{C}$ von sogenannten „komplexen Zahlen" gibt, der echt größer als $\mathbb{R}$ ist und eine Zahl i mit $\mathrm{i}^2 = -1$ enthält. Man bezeichnet i als ***imaginäre Einheit***, und diese Zahl kann definitiv nicht in $\mathbb{R}$ liegen! Man schreibt i gerne in der Form $\mathrm{i} = \sqrt{-1}$, und dann ist natürlich $\sqrt{-1}\cdot\sqrt{-1} = -1$. In der Potenzschreibweise ist also $\mathrm{i} = (-1)^{1/2}$. Fortgeschrittene Studenten foppen nun Anfänger gerne mit folgender Rechnung:

$$-1 = \mathrm{i}\cdot\mathrm{i} = (-1)^{1/2}\cdot(-1)^{1/2} = \big((-1)\cdot(-1)\big)^{1/2} = 1^{1/2} = 1.$$

Damit ist $-1 = 1$ und die Mathematik leider nicht widerspruchsfrei! Oder? Natürlich wird man hier an der Nase herumgeführt. Am besten geht man die Gleichungskette systematisch von links nach rechts durch:

1. Die Gleichung $-1 = \mathrm{i}\cdot\mathrm{i}$ ist noch vollkommen in Ordnung.
2. Bei der nächsten Gleichung wird $\mathrm{i} = (-1)^{1/2}$ eingesetzt. $a^{1/2}$ ist nur für reelles, positives a definiert und bezeichnet dann die (eindeutig bestimmte) reelle Zahl $x > 0$ mit $x^2 = a$. Allerdings kann man auch für beliebige komplexe Zahlen z und w mit $z \neq 0$ die Potenz z^w definieren. Also scheint auch das zweite Gleichheitszeichen korrekt zu sein.
3. Die Gültigkeit der Potenzrechenregeln ist bis jetzt nur für Potenzen der Gestalt a^q mit positivem, reellem a und rationalem q gesichert. Stimmt die Regel $a^q\cdot b^q = (ab)^q$ auch im Komplexen? Tatsächlich ist das so, und damit scheint es keine Einwände gegen das dritte Gleichheitszeichen zu geben.
4. Selbstverständlich ist $(-1)\cdot(-1) = 1$. Also bleibt nur noch die letzte Gleichung: $1^{1/2} = 1$. Was soll daran falsch sein? Tatsächlich gilt in $\mathbb{R}$ die Gleichung $\sqrt{1} = 1$. Aber Achtung! Hier wird in $\mathbb{C}$ gerechnet!! Und was verschwiegen wird, ist die Tatsache, dass in $\mathbb{C}$ jede Zahl $z \neq 0$ **zwei verschiedene Wurzeln** w_1 und w_2 mit $w_2 = -w_1$ besitzt. Insbesondere hat $z = 1$ die beiden Wurzeln $w_1 = 1$ und $w_2 = -1$. Verschwiegen wurde auch, dass es in $\mathbb{C}$ keinen Positivitätsbegriff gibt. Deshalb kann man keine der beiden Wurzeln als **die Wurzel** auszeichnen.

Nachträglich sieht man jetzt, dass oben alle die Teilgleichungen anzuzweifeln sind, bei denen einer Wurzel ein fester Wert zugeordnet wird. In $\mathbb{C}$ führt es zu Fehlern, wenn man die Mehrdeutigkeit beim Wurzelziehen ignoriert. Damit ist schon die Gleichung $\mathrm{i} = \sqrt{-1} = (-1)^{1/2}$ nur halb richtig, denn links steht eine feste komplexe Zahl und rechts ein Objekt, das die beiden Werte i und $-\mathrm{i}$ annehmen kann.

4.4 Der Konvergenzbegriff

In diesem Abschnitt wird der Begriff des Grenzwertes von Folgen behandelt. *Die Schwierigkeit besteht darin, dass es um Vorgänge im Unendlichen geht.*

Zum Verständnis des Konvergenzbegriffs betrachtet man am besten erst mal ein Beispiel.

Jeder natürlichen Zahl n sei ein reeller Zahlenwert $a_n := \dfrac{14n+1}{6-15n}$ zugeordnet.

Dabei könnte a_n zum Beispiel ein medizinischer Messwert sein, der sich als Mittelwert nach n Messungen ergibt. Um einen ersten Überblick zu bekommen, bietet es sich an, a_n für verschiedene n direkt zu berechnen:

n	a_n (näherungsweise)	n	a_n (näherungsweise)
1	−1.6667	50	−0.9422
2	−1.2083	60	−0.9407
4	−1.0556	70	−0.9397
6	−1.0119	80	−0.9387
8	−0.9912	90	−0.9382
10	−0.9792	100	−0.9378
20	−0.9558	110	−0.9373
30	−0.9482	120	−0.9370
40	−0.9444		

Versucht man, sich das graphisch zu veranschaulichen, so stellt man fest, dass nicht allzu viel zu sehen ist. Allerdings scheinen sich die Werte von a_n etwa ab $n = 10$ in einem Korridor der Breite 0.3 (oder kleiner) zu bewegen.

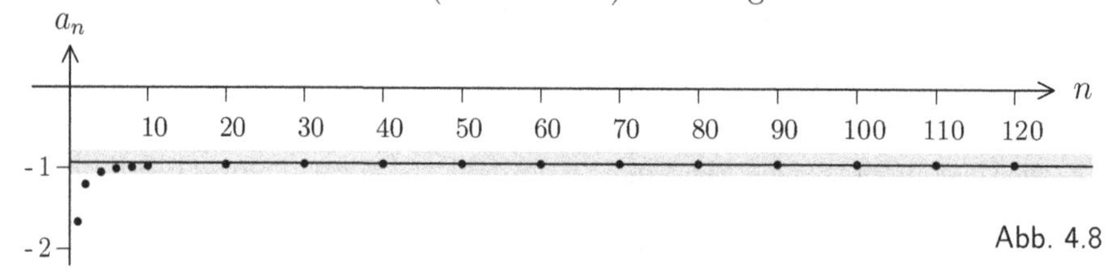

Abb. 4.8

Nimmt man eine Lupe zur Hand, so wird es nicht viel besser. Schaut man dann ganz genau hin, so ahnt man, dass die Werte von a_n ganz langsam ansteigen.

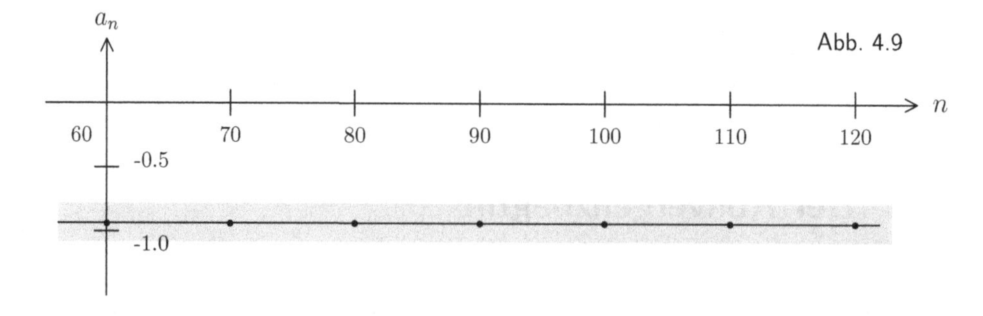

Abb. 4.9

Setzt man noch größere Werte für n ein, so verdichtet sich der Verdacht, dass a_n einem bestimmten Wert entgegenstrebt, der ungefähr bei -0.93 liegt.

Um den „Grenzwert“ genau zu ermitteln, muss man sich etwas einfallen lassen. Man kann zum Beispiel durch n kürzen:

$$a_n = \frac{14n+1}{6-15n} = \frac{14+1/n}{6/n-15}.$$

Wird n größer und größer, so werden die Ausdrücke $b_n := 1/n$ und $c_n := 6/n$ immer kleiner und kleiner. Es sieht so aus, als streben (oder „konvergieren“) diese Ausdrücke gegen null. Schön wäre es, wenn man das beweisen könnte. Dazu müsste man aber im Besitz einer klaren mathematischen Definition für „Konvergenz“ sein. Und genau da liegt die Schwierigkeit.

Vom Beweisen her kennt man ein sehr starkes Werkzeug aus der Logik, den Beweis durch Widerspruch. Warum soll man dieses Werkzeug nicht auch mal beim Definieren benutzen? Was bedeutet es, dass b_n **nicht** gegen null strebt? Dann müsste sich b_n auf die Dauer immer wieder von 0 entfernen. Es gäbe einen gewissen Mindestabstand $\varepsilon > 0$, so dass man bei wachsendem n immer wieder Folgeglieder b_n findet, die diesen Abstand ε nicht unterschreiten:

$$\exists\, \varepsilon > 0, \text{ so dass } \forall\, n \in \mathbb{N}\ \exists\, m \geq n \text{ mit } |b_m - 0| \geq \varepsilon.$$

Die Verneinung dieser Aussage ergibt die klassische Definition für die Konvergenz (von b_n gegen 0). ***Die Folge b_n strebt gegen 0, falls gilt:***

$$\forall\, \varepsilon > 0\ \exists\, n_0 \in \mathbb{N}, \text{ so dass } \forall\, n \geq n_0 \text{ gilt: } |b_n| < \varepsilon.$$

Den Schlüssel zum Beweis einer solchen Konvergenzaussage liefert der Satz des Archimedes (also letztendlich das Vollständigkeitsaxiom):

Sei $\varepsilon > 0$ beliebig vorgegeben (denn die Aussage soll ja für **alle** $\varepsilon > 0$ gezeigt werden). Dann muss man ein $n_0 \in \mathbb{N}$ finden, so dass $|1/n| < \varepsilon$ für alle $n \geq n_0$ gilt. Nun ist aber

$$|1/n| < \varepsilon \iff n > 1/\varepsilon.$$

Es geht um beliebig kleine Schranken $\varepsilon > 0$. Deshalb kann $1/\varepsilon$ durchaus recht groß werden, aber nach Archimedes gibt es trotzdem ein $n_0 \in \mathbb{N}$, das noch größer als $1/\varepsilon$ ist. Ein solches n_0 ist genau das, was wir suchen. Denn wenn nun $n \geq n_0$ ist, dann ist erst recht $|1/n| = 1/n \leq 1/n_0 < \varepsilon$.

Das war der Beweis dafür, dass $b_n = 1/n$ gegen 0 konvergiert. Dass auch $c_n = 6/n$ gegen 0 konvergiert, beweist man genauso. Damit ist halbwegs klar, dass

$$a_n = \frac{14+1/n}{6/n-15} \quad \text{gegen} \quad \frac{14+0}{0-15} = -\frac{14}{15} = -0.933333\ldots$$

konvergiert. Experimentell hätte man das nicht herausfinden können.

Fasst man alles zusammen, so führt das auf Folgendes:

Definition

Eine Folge (a_n) ***konvergiert*** gegen die reelle Zahl a, falls gilt:

$$\forall\, \varepsilon > 0\ \exists\, n_0 \in \mathbb{N}, \text{ so dass } \forall\, n \geq n_0 \text{ gilt: } |a - a_n| < \varepsilon.$$

Man schreibt dann: $a_n \to a$ oder $\lim\limits_{n\to\infty} a_n = a$. Jede Folge, die nicht konvergiert, nennt man ***divergent***.

In dem obigen Beispiel war die Argumentation nicht ganz vollständig. Um die Lücken zu schließen, braucht man einige Regeln für den Umgang mit Grenzwerten, die hier später unter der Bezeichnung ***Grenzwertsätze*** zitiert werden. Es geht dabei um beliebige Zahlenfolgen (a_n) und (b_n), sowie reelle Zahlen a, b und c. Wenn man schon weiß, dass $\lim\limits_{n\to\infty} a_n = a$ und $\lim\limits_{n\to\infty} b_n = b$ ist, so kann man schließen:

1. Es ist $\lim\limits_{n\to\infty}(a_n + b_n) = a + b$.
2. Es ist $\lim\limits_{n\to\infty}(c \cdot a_n) = c \cdot \lim\limits_{n\to\infty} a_n$.
3. Es ist $\lim\limits_{n\to\infty}(a_n \cdot b_n) = a \cdot b$.
4. Ist $b_n \neq 0$ für alle n, und $b \neq 0$, so ist $\lim\limits_{n\to\infty} a_n/b_n = a/b$.

Im obigen Beispiel bedeutet das: Wegen $1/n \to 0$ und $6/n \to 0$ strebt $14 + 1/n$ gegen 14 und $6/n - 15$ gegen -15, und dann schließlich $\big(14 + 1/n\big)/\big(6/n - 15\big)$ gegen $-14/15$.

Häufig führt man Konvergenzbeweise durch Vergleich mit schon bekannten Folgen. Dafür braucht man natürlich erst mal geeignete Vergleichsobjekte.

Beispiel 4.4.1 (Einige Standardfolgen)

1. Die Folge $1/n$, die gegen null konvergiert, wurde oben schon vorgestellt.
2. Ist $q \in \mathbb{R}$ und $|q| < 1$, so ist $\lim\limits_{n\to\infty} q^n = 0$. Um das zu zeigen, benutzt man in der Regel den Kehrwert q^{-n} und die Bernoulli'sche Ungleichung.

   Die Folge 1^n strebt gegen 1, während $(-1)^n$ divergiert.

   Ist schließlich $|q| > 1$, so ist q^n divergent.
3. Es ist $\lim\limits_{n\to\infty} \dfrac{n}{n+1} = \lim\limits_{n\to\infty} \dfrac{1}{1 + 1/n} = 1$.
4. Ist $a \geq 1$, so strebt die Folge $\sqrt[n]{a}$ gegen 1. Der Beweis ist nicht ganz trivial, er beruht auf der Idee, $\sqrt[n]{a} = 1 + a_n$ zu setzen und zu zeigen, dass die Folge a_n gegen null konvergiert.

♠

Beispiele 4.4.2 (Konvergente und divergente Folgen)

1 Wie steht es mit der Folge $a_n := 1/n!$? Offensichtlich ist $0 < 1/n! < 1/n$. Zu jedem $\varepsilon > 0$ findet man ein n_0, so dass $1/n < \varepsilon$ für alle $n \geq n_0$ gilt. Für diese n ist dann erst recht $1/n! < \varepsilon$. Also konvergiert a_n gegen null.

Auf ähnliche Weise folgt: Ist $b_n \leq a_n \leq c_n$ und $\lim\limits_{n\to\infty} b_n = \lim\limits_{n\to\infty} c_n = a$, so konvergiert auch a_n gegen a.

2 Sei $a_n := \dfrac{5+3n-7n^2+n^3}{n(n^2-14)}$. Zähler und Nenner enthalten jeweils n^3 als höchste Potenz von n. Kürzt man durch n^3, so erhält man:

$$a_n = \frac{(5/n^3)+(3/n^2)-(7/n)+1}{1-(14/n^2)}.$$

Die Anwendung der Grenzwertsätze ergibt, dass a_n gegen 1 konvergiert.

Die Methode funktionierte hier, weil die höchste Potenz von n gleichzeitig in Zähler und Nenner auftrat. Was passiert, wenn das nicht der Fall ist?

Erstes Beispiel: Die höchste Potenz von n stehe im Zähler. Es sei etwa

$$b_n := \frac{6+5n^2}{n+1} = \frac{n^2(6/n^2+5)}{n(1+1/n)} = n \cdot \left(\frac{6/n^2+5}{1+1/n}\right).$$

Der Ausdruck in der Klammer konvergiert gegen 5. Deshalb wächst der gesamte Ausdruck b_n über alle Grenzen, ist also divergent.

Zweites Beispiel: Die höchste Potenz von n stehe im Nenner, wie etwa bei

$$c_n := \frac{3-n+8n^2}{n^3-1} = \frac{(3/n^3)-(1/n^2)+(8/n)}{1-(1/n^3)}.$$

Offensichtlich strebt c_n gegen null.

3 Etwas schwieriger wird es bei der Folge $a_n := n^2/2^n$. Aus Aufgabe 3 in Kapitel 3 weiß man, dass $n^2 < 2^n$ für $n > 4$ ist. Daraus folgt, dass $a_n < 1$ für $n > 4$ ist, aber das reicht nicht, um die Konvergenz (oder Divergenz) von a_n zu erkennen. Was wäre aber, wenn man wüsste, dass sogar $n^3 < 2^n$ für große Werte $n \in \mathbb{N}$ gilt? Dann wäre $n^2/2^n = (1/n) \cdot (n^3/2^n) \leq 1/n$ für großes n, und das bedeutet, dass a_n konvergiert.

Als muss man zeigen, dass es ein n_0 gibt, so dass $n^3 < 2^n$ für $n \geq n_0$ gilt. Hier ist etwas Kopfrechnen gefragt. Man stellt schnell fest, dass die Ungleichung für $n = 1, \ldots, 5$ falsch ist. Also kann man es ja mal mit $n = 10$ versuchen. Tatsächlich ist $10^3 = 1000$ und $2^{10} = 1024$, also sollte man $n_0 = 10$ wählen und einen Induktionsbeweis für $n \geq 10$ führen. Der Induktionsanfang ist schon gemacht, der Induktionsschluss ist nicht ganz so offensichtlich.

Sei $n \geq 10$ und $n^3 < 2^n$. Dann ist

$$\begin{aligned} 2^{n+1} &= 2^n + 2^n > n^3 + n^3 = n^3 + n \cdot n^2 \\ &\geq n^3 + 10 \cdot n^2 = n^3 + (3n^2 + 3n^2 + 4n^2) \\ &\geq n^3 + (3n^2 + 3n + 1) = (n+1)^3. \end{aligned}$$

Damit sind alle Bausteine beisammen, a_n konvergiert gegen null.

4 Merkwürdig ist auch die Folge $a_n := \sqrt{n+3} - \sqrt{n+2}$. Wenn n sehr, sehr groß wird, dann wird der Unterschied zwischen $\sqrt{n+2}$ und $\sqrt{n+3}$ vernachlässigbar klein. Also vermutet man, dass a_n gegen null konvergiert. Aber wie kann man das zeigen? Wurzeln stören natürlich immer sehr, aber vielleicht hilft dabei die binomische Formel

$$\big(\sqrt{x} - \sqrt{y}\big) \cdot \big(\sqrt{x} + \sqrt{y}\big) = x - y.$$

Es ist nicht unmittelbar ersichtlich, ob die Formel hilft, aber man kann es versuchen. Es ist

$$\begin{aligned} a_n = \sqrt{n+3} - \sqrt{n+2} &= \frac{(n+3) - (n+2)}{\sqrt{n+3} + \sqrt{n+2}} \\ &= \frac{1}{\sqrt{n+3} + \sqrt{n+2}}. \end{aligned}$$

Auch mit unbewaffnetem Auge sieht man: Mit wachsendem n wird der Nenner größer und größer und damit der ganze Bruch beliebig klein. Besser ist's aber, wenn man das genau überprüft. Ärgerlich ist, dass der Nenner $\sqrt{n+3} + \sqrt{n+2}$ so kompliziert ist. Man kann ihn aber durch einen kleineren Ausdruck ersetzen, offensichtlich ist $\sqrt{n+3} + \sqrt{n+2} \geq 2\sqrt{n}$. Ist nun $\varepsilon > 0$ vorgegeben, so gibt es ein $n_0 \in \mathbb{N}$, so dass $4n_0 > 1/\varepsilon^2$ gilt. Für alle $n \geq n_0$ ist dann $1/(4n) \leq 1/(4n_0) < \varepsilon^2$, also $|a_n| = a_n \leq 1/(2\sqrt{n}) < \varepsilon$. Somit konvergiert a_n gegen null. ♠

Aufgabe 4.7

Untersuchen Sie die angegebenen Folgen auf Konvergenz:

1. $a_n := (-1)^n$, $b_n := (-1)^n \cdot 2^n$, $c_n := (-1)^n \cdot 2^{-n}$.
2. $a_n := \dfrac{37n^2 - 2n + 101}{(8n-3)(n+1)}$, $b_n := \dfrac{n^3 - 7n^2}{5n(n+1)}$.

In der folgenden Aufgabe geht es um eine Folge, die mit den bisher betrachteten Mitteln nicht bearbeitet werden kann.

Aufgabe 4.8

Die Folge (x_n) sei definiert durch $x_0 := 1$ und $x_{n+1} := \dfrac{1}{2}\Big(x_n + \dfrac{2}{x_n}\Big)$. Zeigen Sie:

1. Alle x_n sind positiv.
2. Für $n \geq 0$ ist $x_{n+1}^2 - 2 \geq 0$.
3. Für $n \geq 1$ ist $x_n - x_{n+1} \geq 0$.
4. (x_n) konvergiert gegen eine reelle Zahl $x \geq 0$. Man benutze dafür die nachfolgenden Bemerkungen.

Das Besondere an der vorangegangenen Aufgabe ist die Anforderung, nur die Existenz des Grenzwertes zu zeigen. Die Aussagen (1) bis (3) lieferten nur ein paar Formeln. Was haben die mit der Konvergenzfrage zu tun? Die Aussage (3) bedeutet:

$$x_{n+1} \leq x_n \text{ für alle } n \geq 1.$$

Das ist eine ganz besondere Eigenschaft. Eine Folge (a_n) von reellen Zahlen heißt ***monoton wachsend*** (bzw. ***monoton fallend***), falls gilt:

$$\exists\, n_0 \in \mathbb{N}, \text{ so dass } \forall n \geq n_0 \text{ gilt: } a_n \leq a_{n+1} \qquad (\text{bzw. } a_n \geq a_{n+1}).$$

Die oben betrachtete Folge x_n ist also monoton fallend. Sie startet bei $x_1 = 1.5$, und die Folgeglieder bleiben immer oberhalb von 0.

Eine Folge (a_n) von reellen Zahlen heißt ***nach oben (bzw. nach unten) beschränkt***, falls die Menge der Folgeglieder eine obere (bzw. untere) Schranke besitzt.

Wäre eine monoton fallende und nach unten beschränkte Folge a_n nicht konvergent, so müssten sich die Abstände benachbarter Folgeglieder zu beliebig großen Werten addieren. Aber so viel Platz ist zwischen a_1 und der unteren Schranke nicht. Tatsächlich kann man beweisen:

Satz über monotone Konvergenz: *Sei (a_n) eine nach oben (bzw. nach unten) beschränkte monoton wachsende (bzw. fallende) Folge reeller Zahlen. Dann ist (a_n) konvergent.*

Die Konvergenz der Folge x_n aus Aufgabe 4.8 (also Aussage (4)) ist damit bewiesen. Allerdings liefert der Satz von der monotonen Konvergenz nicht den Grenzwert. Mit einem kleinen Trick kann man diesen dennoch ermitteln. Man benutzt die Beziehung $\lim_{n\to\infty} x_{n+1} = \lim_{n\to\infty} x_n$ und die Definitionsgleichung von x_n:

Offensichtlich muss der Grenzwert $x \geq 0$ sein, und mit x_n konvergiert auch x_{n+1} gegen x. Wegen der Gleichung $x_{n+1} = \big(x_n + 2/x_n\big)/2$ ist auch $x = \big(x + 2/x\big)/2$, und das führt zu der quadratischen Gleichung $x^2 = 2$. Diese hat nur eine positive Lösung, nämlich den gesuchten Grenzwert $x = \sqrt{2}$.

Übrigens bietet die Folge x_n einen besonders effektiven Algorithmus zur Berechnung von $\sqrt{2}$, den man sogar abwandeln kann, um auch noch andere Wurzeln zu berechnen: Die Folge $c_n := \big(x + (c/x)\big)/2$ konvergiert gegen $x = \sqrt{c}$.

4.5 Reihen

Reihen stellen eine besondere Sorte von Folgen dar. *Eigentlich gehören Reihen ins erste Studiensemester, deshalb kann dieser Abschnitt auch übersprungen werden. Allerdings ist er nicht sehr schwer und bietet einen interessanten Einblick in die höhere Mathematik und eine exakte Erklärung der unendlichen Dezimalbrüche.*

Aus einer Folge c_n von positiven reellen Zahlen kann man sich sehr leicht eine neue Folge a_n basteln, indem man die c_n sukzessive aufaddiert:

$$a_n := \sum_{\nu=1}^{n} c_\nu = c_1 + c_2 + c_3 + \cdots + c_n.$$

Man nennt eine solche Folge a_n auch eine ***(unendliche) Reihe*** und bezeichnet sie mit dem Symbol $\sum\limits_{\nu=1}^{\infty} c_\nu$, denn für $n \to \infty$ strebt die Folge a_n gegen die unendliche Summe aller Zahlen c_ν.

Jetzt steht man aber vor einem echten Problem: **Es gibt keine unendlichen Summen!** Und in der Regel ist es auch überhaupt nicht sinnvoll. unendlich viele Zahlen addieren zu wollen. Es sei denn, die Folge der „Partialsummen" $a_n = c_1 + c_2 + \cdots + c_n$ konvergiert. Dann spricht man von einer konvergenten Reihe.

Beispiele 4.5.1 (Konvergente und divergente Reihen)

[1] Ist etwa $c_\nu = 1$ für alle ν, so kann es nicht klappen. Es ist $a_n = \sum_{\nu=1}^{n} 1 = n$, und diese Folge ist unbeschränkt.

[2] Es besteht die Hoffnung, dass die Folge der Partialsummen konvergiert, wenn die c_ν genügend klein werden, wenn sie also zum Beispiel eine Nullfolge bilden. Das einfachste Beispiel dafür wäre die sogenannte „harmonische Reihe"

$$a_n := 1 + \frac{1}{2} + \frac{1}{3} + \ldots + \frac{1}{n} = \sum_{\nu=1}^{n} \frac{1}{\nu}.$$

Kann diese Reihe konvergieren? Es ist
$a_1 = 1$, $a_2 = 1.5$, $a_3 = 1.833333\ldots$, $a_{10} = 2.928968\ldots$, $a_{100} = 5.187377\ldots$ und $a_{1000} = 7.485470\ldots$. Daraus ist nicht ersichtlich, wie sich a_n für sehr großes n entwickelt. Man kann aber die Summanden in Gruppen zusammenfassen:

$$a_n = 1 + \frac{1}{2} + \left(\frac{1}{3} + \frac{1}{4}\right) + \left(\frac{1}{5} + \cdots + \frac{1}{8}\right) + \cdots$$

Dabei ist

$$\begin{aligned}
\frac{1}{3}+\frac{1}{4} &> \frac{2}{4} = \frac{1}{2}, \\
\frac{1}{5}+\cdots+\frac{1}{8} &> \frac{4}{8} = \frac{1}{2}, \\
\frac{1}{9}+\cdots+\frac{1}{16} &> \frac{8}{16} = \frac{1}{2} \quad \text{usw.}
\end{aligned}$$

Also ist

$$a_{2^k} = 1+\frac{1}{2}+\Big(\frac{1}{3}+\frac{1}{4}\Big)+\Big(\frac{1}{5}+\cdots+\frac{1}{8}\Big)+\cdots+\Big(\frac{1}{2^{k-1}+1}+\cdots+\frac{1}{2^k}\Big) > 1+k\cdot\frac{1}{2},$$

und dieser Ausdruck wächst über alle Grenzen. Die harmonische Reihe konvergiert also nicht!

3 Gibt es überhaupt konvergente Reihen? Doch, die gibt es, und es gibt sehr viele davon. Hier soll ein ganz spezieller Typ behandelt werden:

Es sei $q \in \mathbb{R}$ mit $0 < q < 1$. Dann setze man

$$a_n := \sum_{\nu=0}^{n} q^\nu = 1+q+q^2+\ldots+q^n.$$

Man beachte, dass die Summation nicht bei 1, sondern bei 0 beginnt! Man spricht bei dieser Reihe von der ***geometrischen Reihe***.

Wieso soll die geometrische Reihe konvergieren? Dazu muss man sich an die geometrische Summenformel erinnern. Es ist

$$\sum_{\nu=0}^{n} q^\nu = \frac{q^{n+1}-1}{q-1}.$$

Weil q^{n+1} für $n \to \infty$ gegen null konvergiert, ist

$$\sum_{\nu=0}^{\infty} q^\nu := \lim_{n\to\infty} a_n = \frac{1}{1-q}.$$

Zum Beispiel ist

$$\sum_{\nu=0}^{\infty} \frac{1}{2^\nu} = \frac{1}{1-1/2} = 2.$$

4 Die Partialsummen $a_n = \sum_{\nu=1}^{\infty} c_\nu$ einer Reihe von positiven Zahlen c_ν bilden eine monoton wachsende Folge. Diese Folge konvergiert, wenn sie nach oben beschränkt ist (nach dem Satz von der monotonen Konvergenz). Hier ist ein Beispiel, das eigentlich jeder kennt:

Ein unendlicher Dezimalbruch $x = 0.x_1x_2x_3x_4\ldots$ ist nichts anderes als eine unendliche Reihe $x = \sum_{\nu=1}^{\infty} x_\nu 10^{-\nu}$ mit Ziffern $x_i \in \{0,1,2,\ldots,9\}$. Es ist

$$\begin{aligned}\sum_{\nu=1}^{n} x_\nu 10^{-\nu} &\leq \sum_{\nu=1}^{n}(9\cdot 10^{-\nu}) = 9\cdot\Big(\frac{(1/10)^{n+1}-1}{1/10-1}-1\Big)\\ &\leq 9\cdot\Big(\frac{1}{1-1/10}-1\Big) = 9\cdot\Big(\frac{10}{9}-1\Big) = 9\cdot\frac{1}{9} = 1.\end{aligned}$$

Die Reihe zu einem unendlichen Dezimalbruch konvergiert also (gegen den Wert dieses Dezimlbruches, der zwischen 0 und 1 liegt).

5 Die Folge

$$a_n := \sum_{\nu=0}^{n}\frac{1}{\nu!} = 1+1+\frac{1}{2}+\frac{1}{6}+\frac{1}{24}+\ldots+\frac{1}{n!}$$

stellt ebenfalls eine konvergente Reihe dar, denn die Fakultäten $\nu!$ wachsen noch schneller als die Potenzen von 2. Es ist

$$\nu! = 1\cdot 2\cdot 3\cdot 4\cdots\nu \geq 1\cdot 2\cdot 2\cdot 2\cdots 2 = 2^{\nu-1},$$

und deshalb kann man die a_n durch die Summe einer geometrischen Reihe beschränken. Den Grenzwert erhält man aber nicht so leicht wie im Falle der geometrischen Reihe, es handelt sich dabei um eine hier bislang noch nicht erschienene irrationale Zahl, die sogenannte ***Euler'sche Zahl***

$$e = 2.718\,281\,828\,459\,045\,235\,360\,287\ldots$$

♠

Sind a, b zwei reelle Zahlen mit $a < b$, so ist $[a,b] := \{x \in \mathbb{R} : a \leq x \leq b\}$ das ***abgeschlossene Intervall*** und $(a,b) := \{x \in \mathbb{R} : a < x < b\}$ das ***offene Intervall*** mit den Grenzen a und b.

Eine Folge $I_n := [p_n, q_n]$ von abgeschlossenen Intervallen heißt eine ***Intervallschachtelung***, wenn gilt:

1. $I_1 \supset I_2 \supset I_3 \supset \ldots \supset I_n \supset I_{n+1} \supset \ldots$
2. Die Längen $l_n := q_n - p_n$ der Intervalle konvergieren gegen 0.

Man kann zeigen: Zu jeder Intervallschachtelung (I_n) gibt es genau eine reelle Zahl x, die in allen Intervallen I_n enthalten ist.

Gelegentlich benutzt man Intervallschachtelungen, um neue reelle Zahlen einzuführen, deren Existenz auf anderem Wege kaum zu beweisen ist (aber in der Schulmathematik meist als selbstverständlich angesehen wird). Hier ist ein typisches Beispiel. Für $a > 0$ und eine beliebige reelle Zahl x soll die Potenz a^x definiert werden.

a) Ist $a > 0$ eine reelle Zahl und q rational, so ist a^q schon definiert worden. Außerdem kann man zeigen: Ist (q_n) eine Folge rationaler Zahlen, die gegen q konvergiert, so konvergiert auch a^{q_n} gegen a^q.

Der Beweis dieser Aussage wird schrittweise geführt. Zunächst betrachtet man den Fall $q_n = 1/n$ und $q = 0$ und dann den Fall einer beliebigen Nullfolge q_n, und schließlich führt man den allgemeinen Fall darauf zurück, indem man die Nullfolge $q_n - q$ betrachtet und danach alles mit a^q multipliziert.

b) Ist nun x eine beliebige irrationale Zahl, so kann man eine Intervallschachtelung $I_n = [p_n, q_n]$ mit rationalen Grenzen konstruieren, die gegen x „konvergiert". Die Intervallschachtelung $[a^{p_n}, a^{q_n}]$ legt eine reelle Zahl fest, die man mit a^x bezeichnet. Freilich muss man dann noch beweisen, dass sich die bekannten Potenzrechenregeln auf solche allgemeinen Potenzen ausdehnen lassen. Das ist nicht schwer, aber etwas langwierig. Bekanntlich gilt für $a > 0$, $n \in \mathbb{N}$ und $x, y \in \mathbb{R}$:

$$a^{x+y} = a^x \cdot a^y, \quad a^x > 0 \text{ (für alle } x \in \mathbb{R}), \quad a^{x-y} = \frac{a^x}{a^y} \quad \text{und} \quad a^{nx} = (a^x)^n.$$

Wie sieht es aus, wenn $a \leq 0$ ist?

Ist $x > 0$, so ist $0^x = 0$. Dagegen setzt man aber $0^0 := 1$, weil ein Produkt ohne Faktoren beim Multiplizieren nichts verändern soll (und das geht nur, wenn dieses Produkt den Wert 1 hat). Ist $x < 0$, so ist 0^x nicht definiert.

Ist $a < 0$, so kann man a^x nur bilden, wenn $x \in \mathbb{Z}$ ist.

4.6 Zusätzliche Aufgaben

Aufgabe 4.9. Ergänzen Sie in der folgenden Formel die Leerstellen auf der rechten Seite:

$$\sum_{i=1}^{n} a^{n+1-i} b^{i+1} (-1)^{i(i+2)} = \sum_{k=\square}^{\square} (-1)^{\square} a^k b^{\square}.$$

Aufgabe 4.10. Zeigen Sie: $\sum_{i=1}^{n} (4i - 3) = n(2n - 1)$.

Aufgabe 4.11. Beweisen Sie per Induktion: $\sum_{i=1}^{n} i^2 = \frac{1}{6} n(n+1)(2n+1)$.

Aufgabe 4.12. Gegeben seien n gleich große Kugeln, darunter k weiße und $n - k$ rote. Wie viele verschiedene Muster kann man erzeugen, wenn man alle n Kugeln hintereinanderlegt? Wie lautet die Antwort, wenn es k weiße, l rote und m schwarze Kugeln gibt?

Aufgabe 4.13. Wie viele verschiedene – auch sinnlose – Wörter kann man aus den Buchstaben des Wortes MISSISSIPPI (also aus $1 \times$ ‚M', $2 \times$ ‚P', $4 \times$ ‚S' und $4 \times$ ‚I') bilden?

Aufgabe 4.14. Beim Skat sind 32 Karten im Spiel. Die drei Spieler erhalten je zehn Karten, zwei Karten kommen in den „Skat". Wie viele verschiedene Kartenkombinationen kann ein Spieler dabei erhalten? Wie viele verschiedene Spielsituationen muss ein Spieler noch bedenken, nachdem er sein Blatt gesehen hat?

Aufgabe 4.15. a) Lösen Sie die Gleichung $\dfrac{(n+1)!}{(n-1)!} = 30$ in $\mathbb{N}$.

b) Bestimmen Sie alle $n \in \mathbb{N}$ mit $\dfrac{(n-3)!}{(n-4)(n-3)} < 5000$.

Aufgabe 4.16. a) Beweisen Sie die Gleichung $\displaystyle\sum_{k=0}^{m} \binom{n+k}{k} = \binom{n+m+1}{m}$.

b) Berechnen Sie den Quotienten $\binom{n}{k} \Big/ \binom{n-1}{k-1}$.

Aufgabe 4.17. Sei $x = \sum_{i=0}^{n-1} x_i 2^i$, mit $x_0 = 1$ und $x_i \in \{0,1\}$ für $i = 1,\ldots,n-1$. Bestimmen Sie die Darstellung von $\overline{x} := 2^n - x$ im Dualsystem.

Aufgabe 4.18. Schreiben Sie die Zahl 2003 im Hexadezimalsystem. Wie viele Ziffern hätte die Zahl im Zweiersystem?

Aufgabe 4.19. Wird Anlagevermögen degressiv abgeschrieben, so geht man von einem Anschaffungswert A und einem Abschreibungsprozentsatz p aus. Ist B_n der Buchwert nach n Jahren, so ist $B_{n+1} = (1-i)B_n$, mit $i = p/100$. Bestimmen Sie den Neuwert einer Maschinenanlage, die nach sechs Jahren mit 30 % degressiv auf einen Restwert von 3000 Euro abgeschrieben ist!

Aufgabe 4.20. Bestimmen Sie Infimum und Supremum der folgenden Mengen und untersuchen Sie jeweils, ob sie zur Menge gehören oder nicht.

1. $M_1 := (0,1) \setminus \{x \in \mathbb{R} : \exists n \in \mathbb{N} \text{ mit } x = 1/n\}$,
2. $M_2 := \{x \in \mathbb{R} : \exists n \in \mathbb{N} \text{ mit } 1/n < x < 1 - 1/n\}$,
3. $M_3 := \{x \in \mathbb{R} : |x^2 - 1| < 2\}$.

Aufgabe 4.21. Für welche x ist $x^2(x-1) \geq 0$, für welche x ist $|x-5| < |x+1|$?

Aufgabe 4.22. Es seien reelle Zahlen $r > 0$ und $x < y$ gegeben sowie eine beliebige Zahl a. Zeigen Sie (und deuten Sie geometrisch):

Ist $|x-a| < r$ und $|y-a| < r$, so gilt $|z-a| < r$ für alle z mit $x \leq z \leq y$.

Aufgabe 4.23. Sei $a_n := (-1)^n$. Zeigen Sie:

$$\forall\, x \in \mathbb{R}\ \exists \text{ unendlich viele } n \in \mathbb{N} \text{ mit } |a_n - x| \geq \frac{1}{2}\,.$$

Aufgabe 4.24. Sei $\alpha := \frac{1}{2}(1+\sqrt{5})$ und $\beta := \frac{1}{2}(1-\sqrt{5})$. Zeigen Sie, dass die Fibonacci-Zahlen (siehe Aufgabe 3.14) folgende Gleichung erfüllen:

$$F_n = \frac{1}{\sqrt{5}}(\alpha^n - \beta^n).$$

Hinweis: *Sei w_n die rechte Seite der Gleichung. Zeigen Sie, dass α und β Lösungen der quadratischen Gleichung $x^2 = x+1$ sind und beweisen Sie die Formel $w_{n+2} = w_{n+1} + w_n$.*

Aufgabe 4.25. Untersuchen Sie, ob die Folgen konvergieren, und bestimmen Sie nach Möglichkeit ihren Grenzwert:

$$\begin{aligned} a_n &= \frac{3^n + 2^n}{5^n}, \quad b_n = \frac{(n+1)^3 - (n-1)^3}{n^2}, \\ c_n &= \sqrt{n+1} - \sqrt{n} \quad \text{und} \quad d_n = \frac{1+3+5+\cdots+(2n-1)}{(n+1)^2}. \end{aligned}$$

Aufgabe 4.26. Verwandeln Sie den periodischen Dezimalbruch $0.123737\underline{37}\ldots$ in einen gewöhnlichen Bruch.

Aufgabe 4.27. Sei $A \subset \mathbb{R}$ nach oben beschränkt und $x_0 := \sup(A)$. Zeigen Sie, dass es eine Folge (a_n) mit $a_n \in A$ und $\lim\limits_{n\to\infty} a_n = x_0$ gibt.

Aufgabe 4.28. Sei (a_n) eine konvergente Folge positiver Zahlen mit Grenzwert a. Zeigen Sie, dass man aus den a_n eine „Teilfolge" auswählen kann, die monoton gegen a konvergiert.

Hinweis: *Diese Aufgabe ist etwas anspruchsvoller. Eigentlich ist klar, was man machen muss. Aber die Ausführung erfordert einen sorgfältig formulierten Induktionsbeweis.*

Aufgabe 4.29. Sei $a_n := \dfrac{1-n+n^2}{n(n+1)}$. Zeigen Sie, dass die Folge (a_n) nach oben beschränkt und monoton wachsend ist. Bestimmen Sie den Grenzwert der Folge.

Hinweis: *Die erforderlichen Abschätzungen sind leichter zu gewinnen, wenn man a_n in der Form $a_n = 1 - \ldots/(n(n+1))$ schreibt. Den Grenzwert a der Folge kann man (nach dem Beweis seiner Existenz) ganz einfach mit Hilfe der Grenzwertsätze bestimmen. Wenn man es aber sportlich nimmt, kann man aber auch noch versuchen, a durch Abschätzung von a_n nach unten und oben einzugrenzen.*

Aufgabe 4.30. Sei $0 \le q < 1$ und (a_n) eine Folge.

Zeigen Sie: Ist $|a_{n+1}/a_n| \le q$ für alle $n \in \mathbb{N}$, so konvergiert (a_n) gegen null. Wenden Sie das auf die Folge $a_n := 2^n/n!$ an.

Hinweis: *Die Abschätzung der Quotienten liefert eine Abschätzung von (a_n) durch eine Folge, von der man schon weiß, dass sie konvergiert.*

5 Relationen, Funktionen, Abbildungen
oder
„Eins hängt vom anderen ab“

5.1 Produkte und Relationen

Zur Motivation: *Punkte in der Ebene haben zwei Koordinaten, werden also durch Zahlenpaare beschrieben. Ehepaare bestehen aus zwei Personen. Preis und Menge bilden einen Posten auf der Rechnung. Offenbar ist es immer mal wieder notwendig, zwei Objekte x und y (zum Beispiel zwei Elemente der Menge $\mathbb{R}$) zu einem neuen Objekt, einem „Paar“ (x, y), zusammenzufassen, also zu einem Element einer neuen Menge .*

Eine Beziehung zwischen Elementen einer Menge A und Elementen einer Menge B wird durch die Angabe aller der Paare (x, y) mit $x \in A$ und $y \in B$ charakterisiert, die zueinander in Beziehung stehen.

Intuitiv ist sicher jedem klar, was ein ***Paar*** (x, y) ist. Puristen, die gerne die gesamte Mathematik aus den Axiomen der Mengenlehre ableiten möchten, suchen dagegen nach einer mengentheoretischen Definition des Begriffes „Paar“. Diesen Menschen kann geholfen werden. Das Paar (x, y) kann als die Menge $\{\{x\}, \{x, y\}\}$ aufgefasst werden. Sie existiert, weil die Axiome sicherstellen, dass es Mengen mit einem oder zwei Elementen gibt. Sie bestimmt die beiden Elemente x und y, die das Paar bilden, und sie legt zudem fest, welches dieser beiden Elemente das erste sein soll. Insbesondere folgt:

$$(x, y) = (x', y') \ :\Longleftrightarrow \ x = x' \text{ und } y = y'.$$

Das ***kartesische Produkt*** (oder die ***Produktmenge***) von zwei Mengen A und B ist die Menge $A \times B := \{(x, y) \ : \ x \in A \ \text{ und } \ y \in B\}$. Da $(x, y) = \{\{x\}, \{x, y\}\}$ ein Element von $P(P(A \cup B))$ ist, ist

$$A \times B = \{z \in P(P(A \cup B)) \ : \ \exists x \in A \text{ und } \exists y \in B, \text{ s.d. } z = (x, y)\}$$

eine zulässige Menge im Sinne der axiomatischen Mengenlehre.

Beispiele 5.1.1 (Kartesische Produkte)

1 $\mathbb{R}^2 := \mathbb{R} \times \mathbb{R} = \{(x, y) \ : \ x, y \in \mathbb{R}\}$ ist die Menge aller Paare von reellen Zahlen. Diese Menge kann als Menge der Punkte der Ebene aufgefasst werden, aber natürlich auch zum Beispiel als Menge aller Paare, die man aus einem Stückpreis und einer Stückzahl bilden kann.

2 Auch die Menge $\mathbb{N} \times \mathbb{N}$ aller Paare von natürlichen Zahlen kann man sich gut anschaulich vorstellen. Es handelt sich um diejenigen Punkte der Ebene, die ganzzahlige Koordinaten haben. Man spricht auch vom „Zahlengitter“.

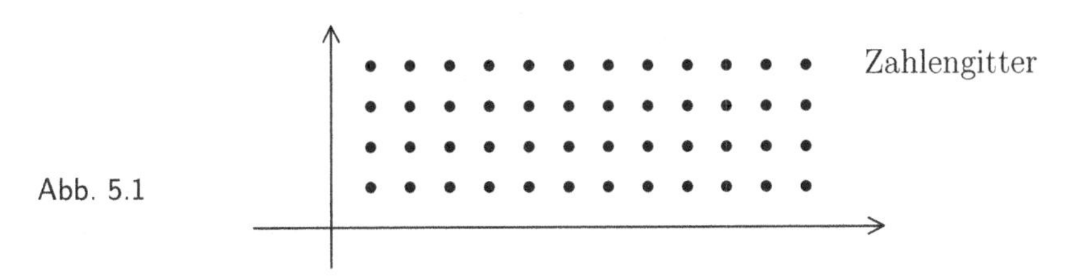

Abb. 5.1

3 Ist A eine Menge mit m Elementen und B eine Menge mit n Elementen, so besitzt $A \times B$ genau $m \cdot n$ Elemente. Damit wurde in den Zeiten der NEW MATH, als Grundschulkinder das Rechnen mit Hilfe von Mengenlehre lernen sollten, diesen Kindern das Multiplizieren erklärt.

Ist $A = \{1, 2\}$ und $B = \{1, 2, 3\}$, also $m = 2$ und $n = 3$, so ist

$$\begin{aligned} A \times B &= \{(1,1),(1,2),(1,3),(2,1),(2,2),(2,3)\} \\ \text{und} \quad B \times A &= \{(1,1),(1,2),(2,1),(2,2),(3,1),(3,2)\}. \end{aligned}$$

Auch wenn $A \times B \neq B \times A$ ist, so haben doch beide Mengen gleich viel Elemente, nämlich $2 \cdot 3 = 3 \cdot 2 = 6$.

4 Wenn man die Multiplikation mit Hilfe von Produktmengen erklären kann, dann kann man die Addition vielleicht mit Hilfe der Mengenvereinigung beschreiben. Ganz so einfach geht es leider nicht. Ist $A = \{1, 2, 3, 4\}$ und $B = \{3, 4, 5, 6, 7, 8, 9\}$, so hat $A \cup B = \{1, 2, 3, 4, 5, 6, 7, 8, 9\}$ nur 9 Elemente, nicht etwa $4 + 7 = 11$. Das liegt natürlich daran, dass A und B nicht disjunkt sind. Für solche Fälle haben die Mathematiker den Begriff der „disjunkten Vereinigung“ erfunden. Wie kann das gehen? Im vorliegenden Beispiel müsste man bei den Elementen 3 und 4 unterscheiden können, ob sie zu A oder B gehören. Also ersetzt man A durch $A^* := A \times \{1\} = \{(1,1),(2,1),(3,1),(4,1)\}$ und B durch $B^* = B \times \{2\} = \{(3,2),(4,2),(5,2),(6,2),(7,2),(8,2),(9,2)\}$. Dann hat A^* gleich viel Elemente wie A und B^* gleich viel Elemente wie B, aber $A^* \cup B^*$ besitzt jetzt die gewünschten 11 Elemente. Allgemein definiert man die ***disjunkte Vereinigung*** durch

$$A \,\dot{\cup}\, B := (A \times \{1\}) \cup (B \times \{2\}).$$

Nun findet man auch die bekannten Rechenregeln wieder. Zum Beispiel ergibt

$$(A \cup B) \times C = (A \times C) \cup (B \times C) \quad \text{die Regel} \quad (a + b) \cdot c = a \cdot c + b \cdot c.$$

Der BEWEIS ist einfach, wenn man annimmt, dass $A \cap B = \varnothing$ ist. Dann gilt nämlich:

$$\begin{aligned}
(x,y) \in (A \cup B) \times C &\iff \big(x \in A \cup B\big) \text{ und } y \in C \\
&\iff \big(x \in A \text{ oder } x \in B\big) \text{ und } y \in C \\
&\iff \big(x \in A \text{ und } y \in C\big) \text{ oder } \big(x \in B \text{ und } y \in C\big) \\
&\iff \big((x,y) \in A \times C\big) \text{ oder } \big((x,y) \in B \times C\big) \\
&\iff (x,y) \in (A \times C) \cup (B \times C). \quad \blacksquare
\end{aligned}$$

Ähnlich zeigt man:

$$(A \cap B) \times C = (A \times C) \cap (B \times C) \quad \text{und} \quad (A \cap B) \times (C \cap D) = (A \times C) \cap (B \times D).$$

Man kann sich das auch veranschaulichen:

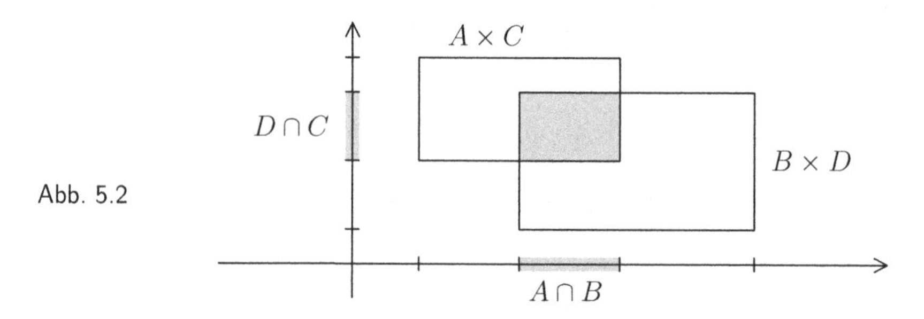

Abb. 5.2

♠

Nun soll es um Beziehungen zwischen den Dingen gehen, um sogenannte ***Relationen***. Hier sind ein paar Beispiele:

Beispiele 5.1.2 (Relationen)

1 Ist E die Menge der Punkte der euklidischen Ebene und $\mathscr{G}$ die Menge der Geraden in E, so ist „$P \in g$“ eine natürliche Beziehung zwischen den Punkten $P \in E$ und den Geraden $g \in \mathscr{G}$.

Beschrieben wird diese Relation auch durch die Menge $\{(P,g) \in E \times \mathscr{G} \,:\, P \in g\}$.

2 Meistens interessiert man sich für Relationen zwischen den Elementen **einer** Menge. Ein Beispiel dafür ist die Relation $|a - b| \leq 1$ zwischen Elementen $a, b \in \mathbb{N}$. Man könnte dafür sagen: „a und b sind benachbarte Zahlen“. Gerne wird auch ein eigenes Symbol für die Relation eingeführt, wie wäre es etwa mit $a \asymp b$?

Dann kann man spezielle Eigenschaften von Relationen auf einer Menge studieren.

a) Es gilt $a \asymp a$ für alle $a \in \mathbb{N}$, denn es ist $|a - a| = 0$. Wenn eine Relation diese Eigenschaft erfüllt, spricht man von einer ***reflexiven*** Relation.

b) Ist $a \asymp b$, so ist auch $b \asymp a$, denn es ist ja $|a - b| = |b - a|$. Deshalb nennt man $\asymp$ eine ***symmetrische*** Relation.

Zu jeder Relation $\sim$ auf einer Menge X kann man die Menge

$$R = R_{\sim} := \{(x,y) \in X \times X \,:\, x \sim y\}$$

bilden. Im Falle der Relation $\supset\!\subset$ sieht diese Menge folgendermaßen aus:

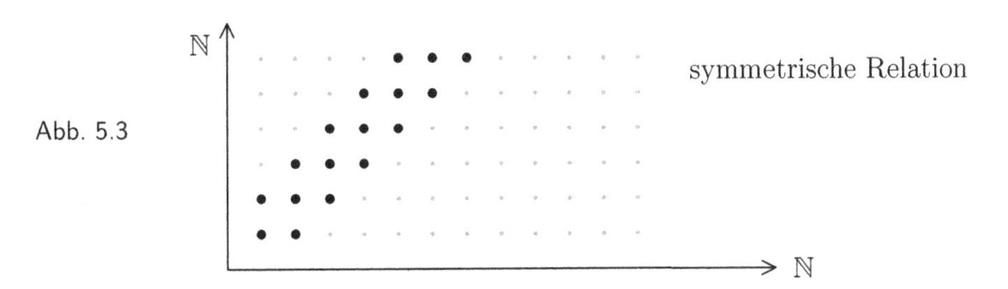

Abb. 5.3 symmetrische Relation

Eine Relation ist genau dann reflexiv, wenn die ***Diagonale***

$$\Delta_X := \{(x,x) \,:\, x \in X\}$$

zu R gehört. Und sie ist genau dann symmetrisch, wenn mit (x,y) auch (y,x) zu R gehört. Beim obigen Beispiel wird das gut deutlich.

3 Auf der Menge $\mathbb{R}$ kann man die Relation $x > y$ betrachten. Sie ist nicht reflexiv und nicht symmetrisch. Die Menge $R = \{(x,y) \in \mathbb{R} \times \mathbb{R} \,:\, x > y\}$ sieht so aus:

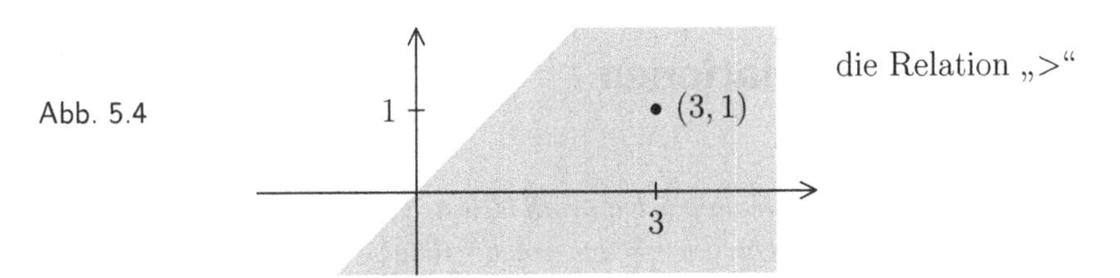

Abb. 5.4 die Relation „>“

Sie besteht aus allen Punkten (x,y) der Ebene, die unterhalb der Diagonalen $\{(x,y) \in \mathbb{R} \times \mathbb{R} \,:\, x = y\}$ liegen. Die Relation „>“ ist eine typische „Ordnungsrelation“. Alle Ordnungsrelationen haben gemeinsam, dass sie ***transitiv*** sind:

$$x > y \text{ und } y > z \quad \Longrightarrow \quad x > z.$$

Auch die Transitivität kann man an der Menge R erkennen, aber es ist ein bisschen komplizierter. Liegen die Punkte (x,y) und (y,z) in R, so braucht der Punkt (y,y) (der auf der Diagonale liegt) nicht unbedingt zu R zu gehören, aber die vierte Ecke (x,z) des Rechtecks mit den Ecken (x,y), (y,y) und (y,z) muss ein Punkt von R sein.

Im Falle der „Größer“-Relation befinden sich solche Rechtecke natürlich immer unterhalb der Diagonale.

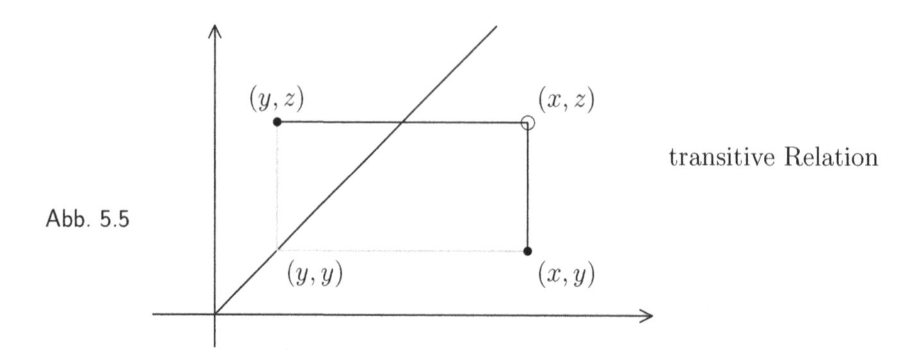

Abb. 5.5

♠

Aufgabe 5.1

Untersuchen Sie die folgenden Relationen auf Reflexivität, Symmetrie und Transitivität:

1. X sei die Menge der Einwohner einer Stadt, und die Relationen auf X seien „ist Bruder von" und „ist Mutter von".
2. Es sei $X = \mathbb{N}$ und die Relation gegeben durch $x \mid y$ („ist Teiler von").
3. Die Relationen „x liebt y" und „x ist Nachbar von y" seien auch auf der Menge X von Aufgabe (a) betrachtet.

5.2 Äquivalenzrelationen

Zur Motivation: *Die Gleichheit ist eine Relation, die reflexiv, symmetrisch und transitiv ist. Sie ist aber nicht die einzige solche Relation. In der Gesamtheit aller Autos, die im Jahr 2014 in Wuppertal zugelassen wurden, spielt die Beziehung „x hat die gleiche Farbe wie y" eine Rolle. Auch diese Relation ist reflexiv, symmetrisch und transitiv, und man kann nach diesem Muster viele ähnliche Relationen finden. Man nennt sie „Äquivalenzrelationen". Ihre immense Bedeutung wird erst nach und nach deutlich werden.*

Definition

Eine Relation $x \sim y$ auf einer Menge X heißt eine ***Äquivalenzrelation***, falls sie reflexiv, symmetrisch und transitiv ist.

Beispiel 5.2.1 (Eine Äquivalenzrelation)

Auf der Menge $\mathbb{Z}$ sei folgende Relation eingeführt:

$$x \sim y \ :\Longleftrightarrow \ x - y \text{ ist eine gerade Zahl.}$$

Dies ist tatsächlich eine Äquivalenzrelation:

a) Weil $x - x = 0$ gerade ist, folgt $x \sim x$ für alle $x \in \mathbb{Z}$. Also ist die Relation reflexiv.

b) Aus der Beziehung $x \sim y$ folgt, dass es eine ganze Zahl k mit $x - y = 2k$ gibt. Dann ist $y - x = 2(-k)$ ebenfalls gerade, also $y \sim x$. Die Relation ist symmetrisch.

c) Sei $x \sim y$ und $y \sim z$. Dann gibt es ganze Zahlen k und l, so dass $x - y = 2k$ und $y - z = 2l$ ist. Daraus folgt die Gleichung $x - z = (x - y) + (y - z) = 2(k + l)$. Also gilt auch $x \sim z$. Die Relation ist transitiv und damit eine Äquivalenzrelation. ♠

Was ist das Besondere an einer Äquivalenzrelation? An dem obigen Beispiel kann man das ganz gut sehen. Ist x eine gerade Zahl, so sind alle dazu äquivalenten Zahlen ebenfalls gerade. Ist dagegen x ungerade, so sind auch alle dazu äquivalenten Zahlen ungerade. Die Relation ermöglicht es deshalb, die ganzen Zahlen aufgrund eines speziellen Merkmals zu klassifizieren. Das Merkmal ist die „Parität" einer ganzen Zahl, nämlich die Eigenschaft, gerade oder ungerade zu sein.

Ist G die Menge der geraden ganzen Zahlen und U die Menge der ungeraden ganzen Zahlen, so ist $G \cup U = \mathbb{Z}$ und $G \cap U = \varnothing$. So etwas nennt man eine ***Zerlegung*** von $\mathbb{Z}$ in (zwei) Klassen. Alle Zahlen in einer Klasse sind untereinander äquivalent, während Elemente aus verschiedenen Klassen niemals äquivalent sind. Klassen, die auf diese Art entstehen, nennt man ***Äquivalenzklassen***.

Im Falle der Äquivalenzrelation „x hat die gleiche Farbe wie y" entspricht jede Äquivalenzklasse einer speziellen Farbe. Kleine Kinder lernen so die Wörter für Farben. Zeigt man ihnen lange genug rote Dinge, so verstehen sie irgendwann, was das Wort „rot" bedeutet.

Beispiel 5.2.2 (Rationale Zahlen als Äquivalenzklassen)

Sei $X = \mathbb{Z} \times \mathbb{N}$. Es sei $(x, n) \sim (y, m)$, falls es einen Strahl durch $(0, 0)$ in der oberen Halbebene gibt, auf dem (x, n) und (y, m) beide liegen. Die folgende Skizze dazu konnte man so ähnlich schon in Abschnitt 4.3 sehen.

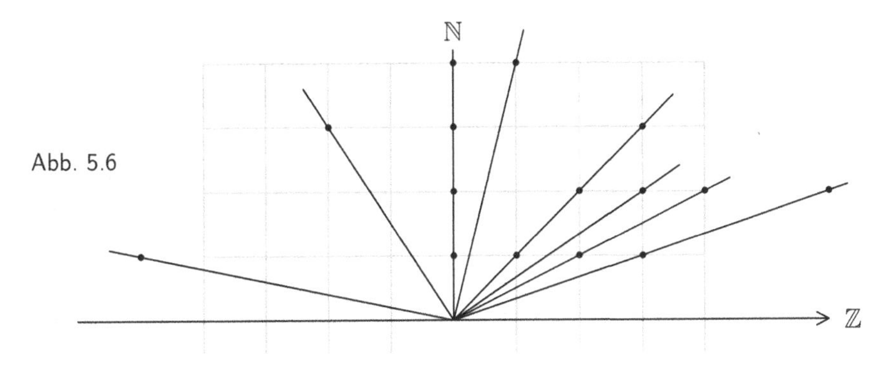

Abb. 5.6

Es ist offensichtlich, dass so auf X eine Äquivalenzrelation definiert wird. Aber die Strahlen, die dabei benutzt werden, leben in der reellen Ebene $\mathbb{R} \times \mathbb{R}$. Man möchte die Aussage $(x, n) \sim (y, m)$ gerne direkt mit Hilfe der Zahlen x, n, y, m beschreiben. Dazu muss man sich zunächst überlegen, was es bedeutet, dass Punkte $(x, n) \in \mathbb{Z} \times \mathbb{N}$ auf einem festen Strahl durch $(0, 0)$ liegen.

Es kann passieren, dass ein solcher Strahl S gar keinen Punkt von $\mathbb{Z} \times \mathbb{N}$ trifft. Wenn aber doch, dann kann man einen Punkt $(x_0, n_0) \in S \cap (\mathbb{Z} \times \mathbb{N})$ finden, der dem Nullpunkt am nächsten liegt. Alle anderen Punkte von $S \cap (\mathbb{Z} \times \mathbb{N})$ haben die Gestalt $(x, n) = (sx_0, sn_0)$ mit $s \in \mathbb{N}$.

Die Aussage $(x, n) \sim (y, m)$ bedeutet also, dass es einen Punkt $(x_0, n_0) \in \mathbb{Z} \times \mathbb{N}$ und natürliche Zahlen s und t gibt, so dass gilt:

$$(x, n) = (sx_0, sn_0) \quad \text{und} \quad (y, m) = (tx_0, tn_0).$$

Daraus folgt: $yn = (tx_0)(sn_0) = (sx_0)(tn_0) = xm$.

Es stellt sich die Frage, ob man auch umgekehrt schließen kann. Sei also $yn = xm$. Ist $s = \text{ggT}(x, n)$, so ist $x = x_0 s$, $n = n_0 s$ und $\text{ggT}(x_0, n_0) = 1$. Nun folgt:

$$y = \frac{m}{n} \cdot x = \frac{ms}{n_0 s} \cdot x_0 = \frac{m}{n_0} \cdot x_0.$$

Weil y eine ganze Zahl und $\text{ggT}(n_0, x_0) = 1$ ist, muss n_0 ein Teiler von m sein, also $m = tn_0$ mit einer ganzen Zahl t. Das bedeutet, dass $(y, m) = (tx_0, tn_0)$ und damit $(x, n) \sim (y, m)$ ist.

Somit wurde gezeigt:

$$(x, n) \sim (y, m) \iff yn = xm \Big(\iff xm - yn = 0 \Big).$$

Man kann nun auch direkt nachrechnen, dass $\sim$ eine Äquivalenzrelation ist:

a) $xn - xn = 0$, also $(x, n) \sim (x, n)$. Die Relation ist reflexiv.

b) Ist $(x, n) \sim (y, m)$, so ist $xm - yn = 0$, also auch $yn - xm = 0$ und damit $(y, m) \sim (x, n)$. Die Relation ist symmetrisch.

c) Sei $(x, n) \sim (y, m)$ und $(y, m) \sim (z, k)$. Dann ist $xm - yn = 0$ und $yk - zm = 0$. Daraus folgt, dass $m(xk - zn) = (mx)k - (mz)n = (yn)k - (yk)n = 0$ ist. Weil $m \neq 0$ ist, ist dann auch $xk - zn = 0$, also $(x, n) \sim (z, k)$. Die Relation ist transitiv.

Wie sehen nun die Äquivalenzklassen aus? Das Ergebnis ist nicht sehr überraschend, weil die Situation im Abschnitt 4.3 schon kurz betrachtet wurde. Ist $(x, n) \sim (y, m)$, so ist $xm = yn$ und daher $x/n = y/m$. Die Äquivalenzklasse, in der das Paar (x, n) liegt, entspricht der rationalen Zahl x/n. Wie man sieht, ist es egal, welchen „Repräsentanten“ man aus der Klasse auswählt. Es kommt immer die gleiche rationale Zahl heraus.

Bei einem konstruktiven Aufbau der Zahlensysteme (ausgehend von den natürlichen Zahlen) kann man deshalb die rationalen Zahlen als Äquivalenzklassen der obigen Relation auffassen. Und das zeigt die Bedeutung der Äquivalenzrelationen.

Neue Objekte werden in der Mathematik sehr häufig als Äquivalenzklassen zu einer geeigneten Relation eingeführt.

Beispiel 5.2.3 (Restklassen als Äquivalenzklassen)

Eine weitere Äquivalenzrelation wurde eigentlich schon in Abschnitt 3.6 betrachtet und dort nur nicht so genannt. Zwei ganze Zahlen x und y heißen ***kongruent (modulo** m**)*** (in Zeichen: $x \equiv y \mod m$), falls gilt:

x und y lassen bei Division durch m den gleichen Rest.

(Das bedeutet: $m \mid (y - x)$.)

Tatsächlich ist stets $x \equiv x \mod m$, weil jede Zahl m die $0 = x - x$ teilt.

Ist $x \equiv y \mod m$, so ist m Teiler von $y - x$ und damit auch von $x - y = -(y - x)$, also $y \equiv x \mod m$.

Ist $x \equiv y \mod m$ und $y \equiv z \mod m$, so ist m Teiler von $y - x$ und von $z - y$. Aber dann ist m auch Teiler von $(y - x) + (z - y) = z - x$, und das bedeutet, dass $x \equiv z \mod m$ ist.

Als reflexive, symmetrische und transitive Relation ist die Kongruenz eine Äquivalenzrelation.

Die Äquivalenzklasse $\overline{x}$ einer Zahl $x \in \mathbb{Z}$ besteht aus allen ganzen Zahlen, die bei Division durch m den gleichen Rest lassen. Ist etwa $m = 3$, so gibt es genau drei mögliche Reste (nämlich 0, 1 und 2), also auch genau drei Äquivalenzklassen (die man in diesem Fall als ***Restklassen*** bezeichnet):

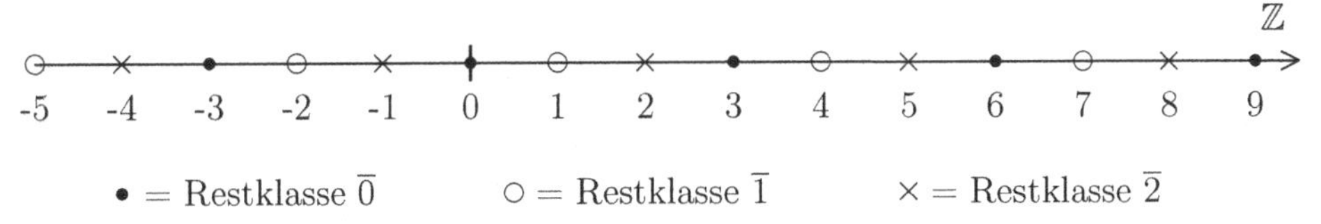

$\bullet$ = Restklasse $\overline{0}$ $\circ$ = Restklasse $\overline{1}$ $\times$ = Restklasse $\overline{2}$

Das Rechnen mit Resten wurde schon in Abschnitt 3.6 geübt. Mit Hilfe des Tools „Restklasse" könnte man manches noch anders formulieren. Aber das sollte wohl besser erst im Studium vertieft werden.

5.3 Funktionen

Zur Motivation: *„Funktionale" Relationen sind besonders populär, jeder kennt sie als Funktion oder Zuordnung. Jedem Schulanfänger wird ein Platz im Klassenzimmer zugeordnet, jedem Ort in Deutschland eine Postleitzahl und jedem Buch eine ISBN. Darüber hinaus aber kennt man Funktionen als wichtiges Thema in der gymnasialen Oberstufe, insbesondere in der Differential- und Integralrechnung.*

Eine ***Funktion*** oder ***Abbildung*** ist eine Zuordnung zwischen zwei nicht leeren Mengen A und B. Dabei wird **jedem** Element $x \in A$ **genau ein** Element $y \in B$ zugeordnet. Man führt einen Buchstaben für diese Zuordnung ein, etwa f, und schreibt dann:

$$A \xrightarrow{f} B \quad \text{oder} \quad f : A \longrightarrow B.$$

Ist dabei dem Element $x \in A$ das Element $y \in B$ zugeordnet, so schreibt man

$$y = f(x) \quad \text{oder} \quad f : x \mapsto y.$$

Die Menge A nennt man den ***Definitionsbereich***, die Menge B den ***Wertebereich*** von f. Die Menge $G_f := \{(x, y) \in A \times B \,:\, y = f(x)\}$ bezeichnet man als den ***Graphen*** von f, und dieser Graph legt die Funktion auch als Relation fest.

Beispiele 5.3.1 (Funktionen)

[1] Im Falle zweier endlicher Mengen $A = \{a_1, a_2, \ldots, a_n\}$ und $B = \{b_1, b_2, \ldots, b_m\}$ kann man eine Funktion $f : A \to B$ definieren, indem man zu jedem einzelnen Element $x \in A$ das Bildelemen $y = f(x) \in B$ angibt. Sind n und m klein genug, so kann man dies mit Hilfe eines Pfeildiagramms tun:

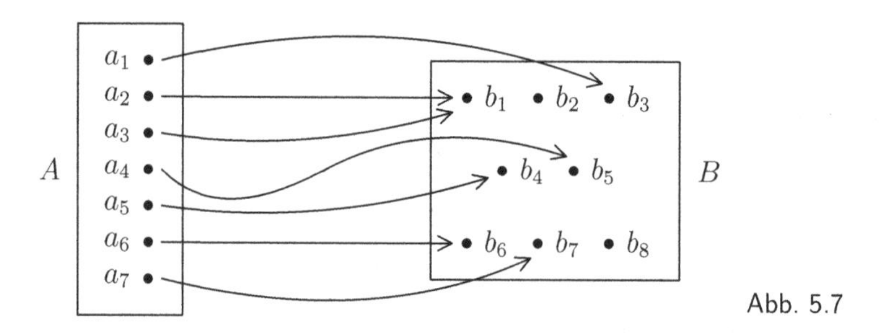

Abb. 5.7

Bei jedem $x \in A$ startet genau ein Pfeil. Aber wenn B mehr Elemente als A besitzt, dann kann nicht bei jedem $y \in A$ ein Pfeil ankommen. Und wenn A mehr Elemente als B besitzt, dann muss bei mindestens einem $y \in B$ mehr als ein Pfeil ankommen.

[2] Sei $A = [a, b] \subset \mathbb{R}$ ein Intervall. Eine Funktion $f : A \to B = \mathbb{R}$ wird in der Regel mit Hilfe eines Funktionsausdrucks definiert.

Zum Beispiel sei $f : [-2, 5] \to \mathbb{R}$ definiert durch

$$f(x) := \frac{1}{4}|x| \cdot \big(|x - 4| + 1\big).$$

Solche Funktionen veranschaulicht man sich am besten mit Hilfe des Graphen.

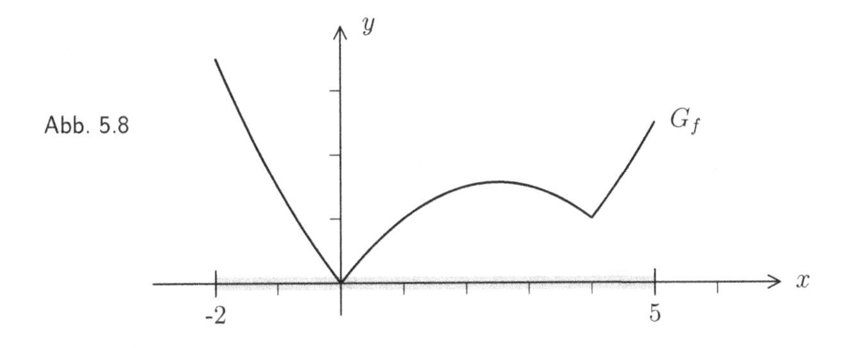

Abb. 5.8

Folgende Eigenschaften machen eine Relation $\sim$ zwischen den Elementen eines Intervalls I und den Elementen von $\mathbb{R}$ zur Funktion:

1. $\forall x \in I \ \exists y \in \mathbb{R}$ mit $x \sim y$ (also $(x, y) \in G_f$).
2. Ist $x \sim y_1$ und $x \sim y_2$ (also $(x, y_1) \in G_f$ und $(x, y_2) \in G_f$), so ist $y_1 = y_2$.

Man kann das an dem obigen Beispiel gut nachvollziehen.

a) Über jedem $x \in I$ liegt ein Punkt $(x, f(x))$ des Graphen. Das bedeutet, dass jede vertikale Gerade, die die x-Achse innerhalb von I trifft, auch den Graphen trifft.

b) Über jedem $x \in I$ liegt auch nur **ein** Punkt des Graphen. Das bedeutet, dass jede vertikale Gerade, die die x-Achse innerhalb von I trifft, den Graphen nur einmal treffen darf. Der Graph einer Funktion kann niemals ein Stück einer vertikalen Gerade enthalten.

Ganz anders sieht das übrigens bei horizontalen Geraden aus. Während die horizontale Gerade in der Höhe $y = 1$ den Graphen sogar dreimal trifft, schneidet die horizontale Gerade in der Höhe $y = -1$ den Graphen überhaupt nicht. Was dieses Schnittverhalten bedeutet, wird in Abschnitt 5.5 näher untersucht.

3 Häufig werden Funktionen abschnittsweise definiert. So sei etwa $g : [-1, 9] \to \mathbb{R}$ definiert durch

$$g(x) := \begin{cases} x & \text{für } -1 \leq x \leq 1.5, \\ -2x + 6 & \text{für } 1.5 < x \leq 3, \\ x/2 - 3/2 & \text{für } 3 < x \leq 6, \\ (-x^2 + 15x - 45)/6 & \text{für } 6 < x \leq 9. \end{cases}$$

Damit wird lückenlos jedem $x \in [-1, 9]$ ein Bild $g(x)$ zugeordnet. An den Anschluss-Stellen kann es passieren, dass der Graph eine Lücke oder einen Knick aufweist, aber das muss nicht sein. Im vorliegenden Fall sieht der Graph folgendermaßen aus:

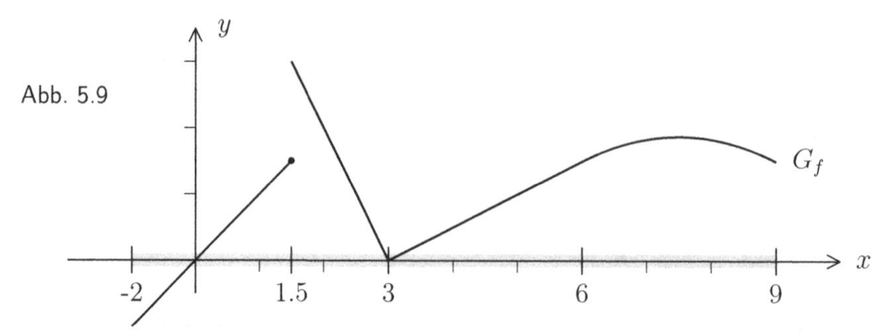

Abb. 5.9

Die Funktion g setzt sich aus Stücken sogenannter linearer Funktionen $x \mapsto ax+b$ und einer Parabel $x \mapsto ax^2 + bx + c$ zusammen.

Man kann die Beschreibung von g auch aus der Skizze gewinnen. Die Bedingungen $g_1(x) = a_1x + b_1$, $g_1(-2) = -2$ und $g_1(0) = 0$ liefern $b_1 = 0$ und $-2a_1 = -2$, also $a_1 = 1$. Damit ist $g_1(x) = x$.

Die Bedingungen $g_2(x) = a_2x + b_2$, $g_2(3/2) = 3$ und $g_2(3) = 0$ liefern $3a_2 + 2b_2 = 6$ und $3a_2 + b_2 = 0$, also $b_2 = 6$ und $a_2 = -2$ und damit $g_2(x) = -2x + 6$.

Schließlich braucht man eine Funktion $g_3(x) = a_3x + b_3$ mit $g_3(3) = 0$ und $g_3(6) = 3/2$, also $3a_3 + b_3 = 0$ und $12a_3 + 2b_3 = 3$. Daraus ergibt sich, dass $g_3(x) = x/2 - 3/2$ ist.

Es bleibt noch das Parabelstück zwischen $x = 6$ und $x = 9$. Eine Parabel ist der Graph einer quadratischen Funktion $q(x) = ax^2 + bx + c$. Hier ist es etwas schwieriger, aus der Skizze die formelmäßige Beschreibung zu gewinnen. Eventuell ist es hilfreich, die quadratische Funktion in folgender „Normalform" darzustellen:

$$q(x) = a(x - x_0)^2 + h, \text{ mit } a \neq 0.$$

Dann ist $q(x_0) = h$ und $q(x_0 + \delta) = q(x_0 - \delta) = a\delta^2 + h$, also $x = x_0$ die Symmetrieachse der Parabel. Der Scheitelpunkt hat die Koordinaten (x_0, h). Ist $a > 0$, so ist die Parabel nach oben geöffnet, andernfalls nach unten. Hier geht es natürlich um eine nach unten geöffnete Parabel.

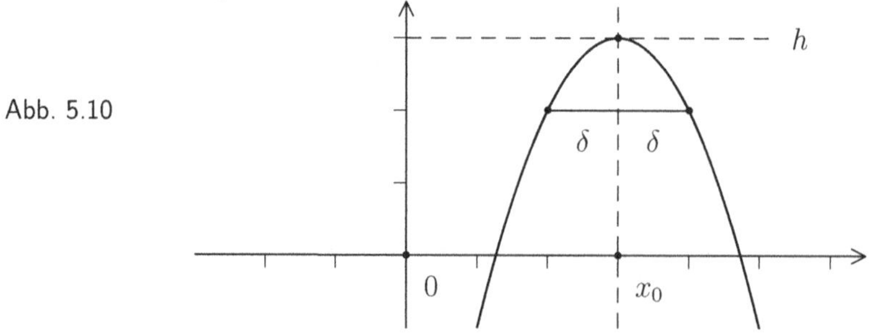

Abb. 5.10

Von dem Parabelzweig q sei aufgrund der Skizze bekannt, dass $x_0 = 15/2$ der Mittelpunkt des Intervalls $[6, 9]$ und $q(6) = 3/2$ ist. Die Parameter a und h lassen sich zunächst nicht eindeutig ablesen. Es ist also $q(x) = a(x - 15/2)^2 + h$, und aus der Bedingung $q(6) = 3/2$ erhält man die Gleichung $9a + 4h = 6$. Man braucht zur Bestimmung von a und h noch eine weitere Bedingung. Da die Parabel bei $x = 6$ die Gerade $g_3(x) = x/2 - 3/2$ ohne Knick fortsetzen soll, muss g_3 bei $x = 6$ die Tangente an die Parabel beschreiben. Mit der Geometrie von Tangenten beschäftigen wir uns erst in Kapitel 9. Aber bei der Parabel ist das zum Glück besonders einfach. Die Tangente an eine Parabel in einem Punkt ist einfach diejenige Gerade, die mit der Parabel genau diesen einen Punkt gemeinsam hat.

Schreibt man g_3 in der Form $g_3(x) = q(6) + m(x - 6)$ mit $m = 1/2$ (wobei $q(6)$ absichtlich nicht durch $3/2$ ersetzt wird), so wird a dadurch bestimmt, dass die Gleichung $q(x) = g_3(x)$ nur die Lösung $x = 6$ besitzt. Diese Gleichung ist aber äquivalent zu

$$\begin{aligned}
& q(x) - q(6) = \frac{1}{2}(x-6) \\
\iff \quad & a \cdot \left(x - \frac{15}{2}\right)^2 + h - \left(a \cdot \left(6 - \frac{15}{2}\right)^2 + h\right) = \frac{1}{2}(x-6) \\
\iff \quad & a(x^2 - 6^2) - 15a(x-6) = \frac{1}{2}(x-6) \\
\iff \quad & x = 6 \text{ oder } a(x+6) - 15a = \frac{1}{2} \\
\iff \quad & x = 6 \text{ oder } x = 9 + \frac{1}{2a}.
\end{aligned}$$

Wenn $x = 6$ die einzige Lösung ist, muss $a = -1/6$ sein. Mit der Gleichung $9a+4h = 6$ erhält man außerdem $h = 15/8$, also

$$q(x) = -\frac{1}{6}\left(x - \frac{15}{2}\right)^2 + \frac{15}{8} = -\frac{1}{6}\left(x^2 - 15x + 45\right).$$

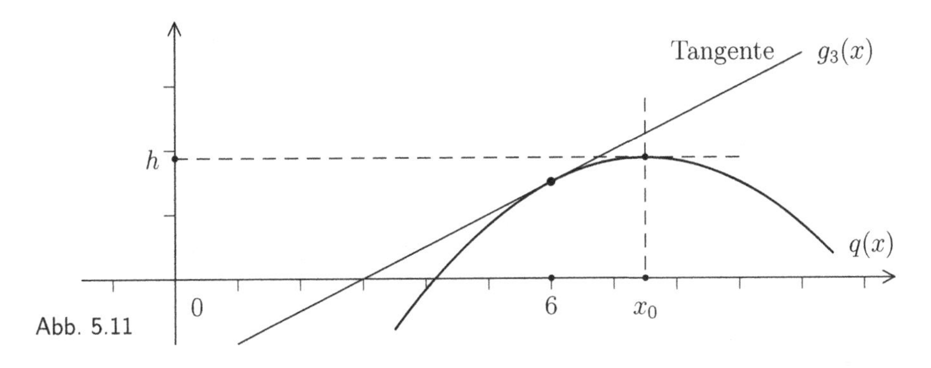

Abb. 5.11

Tatsächlich beschreibt $q(x)$ dann eine nach unten geöffnete Parabel mit Scheitelpunkt $(15/2, 15/8)$ und $q(6) = 3/2$. ♠

5.4 Polynome und rationale Funktionen

Definition

Eine Funktion $f : \mathbb{R} \to \mathbb{R}$ heißt ***Polynom(-funktion)***, falls es reelle Zahlen $a_0, a_1, a_2, \ldots, a_n$ gibt, so dass gilt:

1. Nicht alle a_i sind $= 0$.
2. $\forall x \in \mathbb{R}$ ist $f(x) = a_n x^n + a_{n-1}x^{n-1} + \ldots + a_2 x^2 + a_1 x + a_0$.

Die Zahlen a_i heißen die ***Koeffizienten des Polynoms***. Die größte Zahl $n \in \mathbb{N}_0$ mit $a_n \neq 0$ heißt der ***Grad*** des Polynoms und wird mit $\deg(f)$ bezeichnet.

Auch die Nullfunktion gilt als Polynomfunktion, ihr kann man aber keinen Grad zuordnen.

Einfache Beispiele von Polynomen sind die affin-linearen Funktionen $x \mapsto ax + b$ und die quadratischen Funktionen $x \mapsto ax^2 + bx + c$. Bei Polynomen höheren Grades wird das Rechnen unübersichtlicher. Will man etwa den Wert des Poynoms $f(x) = 3x^4 - x^3 + 7x^2 - 5x + 1$ an der Stelle $x_0 = 2$ berechnen, so macht man das am besten mit dem „Horner-Schema“:

$$\begin{aligned} f(x_0) &= 1 + x_0 \cdot \Big(-5 + x_0 \cdot \big(7 + x_0 \cdot (-1 + 3x_0)\big)\Big) \\ &= 1 + 2 \cdot \big(-5 + 2 \cdot (7 + 2 \cdot 5)\big) \\ &= 1 + 2 \cdot (-5 + 2 \cdot 17) = 1 + 2 \cdot 29 = 59. \end{aligned}$$

Bei diesem Beispiel ist noch kein Vorteil gegenüber der direkten Berechnung

$$f(x_0) = 3 \cdot 2^4 - 2^3 + 7 \cdot 2^2 - 5 \cdot 2 + 1 = 48 - 8 + 28 - 10 + 1 = 59$$

zu sehen. Bei Polynomen hohen Grades und größeren Zahlen x_0 geht das Horner-Verfahren (insbesondere auf einem Computer) schneller. Der Algorithmus lässt sich einfach programmieren:

1. Die Ausgangsdaten bestehen aus dem Grad n und dem $(n+1)$-Tupel $(a_0, a_1, a_2, \ldots, a_{n-1}, a_n)$, sowie dem Argument x_0.
2. Man führt eine Hilfsvariable c ein und initialisiert sie durch $c := a_n$.
3. Nun beginnt eine Zählschleife mit Laufindex i (Anfangswert $i := 1$). Bei jedem Schritt berechnet man $c := a_{n-i} + x_0 \cdot c$.
4. Die Schleife wird nach der Berechnung $c := a_0 + x_0 \cdot c$ abgebrochen. Dann ist $c = f(x_0)$.

Im obigen Beispiel $f(x) = 3x^4 - x^3 + 7x^2 - 5x + 1$ sind das die Rechnungen

$$\begin{aligned}
c &= a_4 = 3, \\
i = 1, \quad c &= a_3 + 2 \cdot c = (-1) + 2 \cdot 3 = 5, \\
i = 2, \quad c &= a_2 + 2 \cdot c = 7 + 2 \cdot 5 = 17, \\
i = 3, \quad c &= a_1 + 2 \cdot c = (-5) + 2 \cdot 17 = 29, \\
i = 4, \quad c &= a_0 + 2 \cdot c = 1 + 2 \cdot 29 = 59.
\end{aligned}$$

Polynome kann man addieren und multiplizieren. Das klingt komplizierter, als es ist, man muss es nur hinschreiben. Zum Beispiel ist

$$(x^2 - 7) \cdot (x^3 + 5x^2 - x + 3) = x^5 + 5x^4 - 8x^3 - 32x^2 + 7x - 21.$$

Das Ergebnis erhält man, indem man zunächst distributiv ausmultipliziert und dann Terme mit der gleichen Potenz von x zusammenfasst.

Ist ein Polynom $f(x)$ gegeben, so interessiert man sich häufig für dessen Nullstellen, also für diejenigen Punkte x_0, bei denen $f(x_0) = 0$ ist. Sie können zum Beispiel dazu dienen, einen besseren Überblick über den Verlauf des Funktionsgraphen zu gewinnen. Hier ist ein Beispiel:

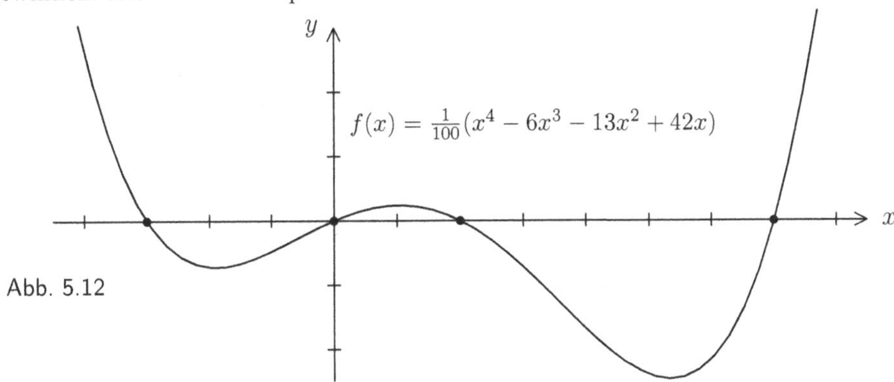

Abb. 5.12

Es ist

$$\begin{aligned}
x^4 - 6x^3 - 13x^2 + 42x &= x \cdot (x^3 - 4x^2 - 21x - 2x^2 + 8x + 42) \\
&= x \cdot \Big(x(x^2 - 4x - 21) - 2(x^2 - 4x - 21)\Big) \\
&= x \cdot (x - 2)(x^2 - 4x - 21) = x \cdot (x - 2)(x + 3)(x - 7).
\end{aligned}$$

Also sind die Punkte $x = 0$, $x = 2$, $x = 7$ und $x = -3$ Nullstellen von $f(x)$.

Was ist der Zusammenhang zwischen Nullstellen x_0 und Faktoren $x - x_0$, die man aus $f(x)$ herausziehem kann? Ist $f(x) = (x - x_0) \cdot g(x)$, so ist x_0 eine Nullstelle. Aber kann man das auch umkehren?

1) Sei $f(x) = ax + b$ eine affin-lineare Funktion. Ist $a = 0$ und $b \neq 0$, so hat $f(x) \equiv b$ keine Nullstelle. Ist $a = b = 0$, so hat $f(x) \equiv 0$ unendlich viele Nullstellen.

Ist $a \neq 0$, so hat $f(x)$ genau eine Nullstelle, nämlich $x_0 = -b/a$. Dann ist

$$a(x - x_0) = ax - a(-b/a) = ax + b = f(x).$$

2) Sei $f(x) = ax^2 + bx + c$ eine quadratische Funktion. Die Nullstellen von $f(x)$ sind die Lösungen der quadratischen Gleichung $ax^2 + bx + c = 0$, also

$$x_{1/2} = \frac{1}{2a}(-b \pm \sqrt{\Delta}), \text{ mit } \Delta = b^2 - 4ac.$$

Ist $\Delta < 0$, so gibt es keine Nullstelle. Ist $\Delta \geq 0$, so gibt es zwei Nullstellen x_1 und x_2, die im Falle $\Delta = 0$ übereinstimmen. Offensichtlich gilt:

$$\begin{aligned} x_1 + x_2 &= -b/a \\ \text{und} \quad x_1 \cdot x_2 &= c/a. \end{aligned}$$

Dann ist

$$\begin{aligned} a(x - x_1)(x - x_2) &= a\left(x^2 - (x_1 + x_2)x + x_1x_2\right) \\ &= a\left(x^2 + \left(\frac{b}{a}\right)x + \left(\frac{c}{a}\right)\right) = ax^2 + bx + c = f(x). \end{aligned}$$

Diese Ergebnisse legen folgende Vermutung nahe: x_0 ist genau dann eine Nullstelle des Polynoms $f(x)$, wenn es ein Polynom $g(x)$ mit $f(x) = (x - x_0) \cdot g(x)$ gibt, wenn man also einen „Linearfaktor“ $(x - x_0)$ „abspalten“ kann. Ein Beweis dieser Aussage soll in Aufgabe 5.13 geliefert werden.

5.5 Die Division mit Rest für Polynome

Bei der Division von Polynomen gibt es Probleme.

Beispiele 5.5.1 (Quotienten aus Polynomen)

[1] Das Polynom $g(x) = x^2 - 1$ hat zwei Nullstellen, nämlich $x_1 = 1$ und $x_2 = -1$. Möchte man ein Polynom $f(x)$ (zum Beispiel $f(x) = 2x^4 + 7x^3 - 2x^2 - 7x$) durch $g(x)$ dividieren, so kann man das natürlich einfach hinschreiben:

$$q(x) := \frac{f(x)}{g(x)} = \frac{2x^4 + 7x^3 - 2x^2 - 7x}{x^2 - 1}.$$

Aber was soll das bedeuten? An der Stelle $x = x_1$ und an der Stelle $x = x_2$ wird der Nenner null, und durch null darf man bekanntlich nicht definieren. Nun ist aber „zufällig“ auch $f(x_1) = f(x_2) = 0$, und so ergibt sich in diesen Punkten $0/0$ als Wert. Auch das ist unbefriedigend, denn $0/0$ ist keine vernünftige reelle Zahl.

Man stellt allerdings fest, dass $f(x) = (x^2 - 1) \cdot (2x^2 + 7x)$ ist. Demnach könnte man $q(x) = 2x^2 + 7x$ setzen, und das ist eine ordentliche Funktion.

2 Ist wieder $g(x) = x^2 - 1$, aber $f(x) = x^2 + x - 6$, so erhält $q(x) = f(x)/g(x)$ an der Stelle $x_1 = 1$ den Wert $-4/0$ und an der Stelle $x_2 = -1$ den Wert $-6/0$. Also ist $q(x)$ in diesem Falle keine vernünftige Funktion. Es bleibt nur ein Ausweg, man muss den Definitionsbereich von $q(x)$ verkleinern. Der Definitionsbereich von q ist dann die Menge $\mathbb{R} \setminus \{+1, -1\}$. ♠

Die Beispiele zeigen: Ist $N(g) := \{x \in \mathbb{R} : g(x) = 0\}$ die Nullstellenmenge des Polynoms g, so wird durch

$$\left(\frac{f}{g}\right)(x) := \frac{f(x)}{g(x)}$$

eine Funktion mit dem Definitionsbereich $\mathbb{R} \setminus N(g)$ bestimmt. An den Punkten von $N(g)$ ist f/g nicht definiert.

Den (formalen) Quotienten $R = f/g$ nennt man eine ***rationale Funktion***, auch wenn er nur außerhalb der Nullstellen von g als Funktion definiert ist. Eine Nullstelle x_0 des Nenners g heißt eine ***Unbestimmtheitsstelle*** von R. Ist x_0 auch Nullstelle des Zählers f, so ist

$$f(x) = (x - x_0) \cdot p(x) \quad \text{und} \quad g(x) = (x - x_0) \cdot q(x)\,.$$

In diesem Fall könnte man f/g durch p/q ersetzen, indem man den Faktor $x - x_0$ herauskürzt. Besitzt dann der neue Nenner q in x_0 keine Nullstelle mehr, so nennt man x_0 eine ***hebbare Unbestimmtheitsstelle*** von R. Ist dagegen $g(x_0) = 0$ und $f(x_0) \neq 0$, so nennt man x_0 eine ***Polstelle*** von R.

Polstellen können nicht beseitigt werden. In hebbaren Unbestimmtheitsstellen kann man hingegen einen passenden Wert einsetzen. Was das genau bedeutet, wird in Kapitel 9 klarer werden, wenn der Begriff „stetig" erklärt wird.

Will man kürzen, so muss man Divisionen ausführen können. Dafür gibt es den folgenden Satz:

Division mit Rest für Polynome *Sind f und g Polynome mit $0 \leq \deg(g) \leq \deg(f)$, so gibt es eindeutig bestimmte Polynome q und r, so dass gilt:*

1. $f = q \cdot g + r$.
2. $r = 0$ *oder* $0 \leq \deg(r) < \deg(g)$.

Die Division mit Rest für ganze Zahlen ist einfach zu verstehen. Will man etwa 169 durch 23 mit Rest dividieren, so subtrahiert man 23 so oft von 169, bis ein Rest < 23 übrig bleibt. Tatsächlich ist $169 - 6 \cdot 23 = 169 - 138 = 31 > 23$ und $169 - 7 \cdot 23 = 8 < 23$. Deshalb ergibt die Division von 169 durch 23 die Zahl 7 und den Rest 8.

Bei Polynomen geht das nicht ganz so leicht, insbesondere kann man Polynome nicht der Größe nach vergleichen. Wohl aber kann man den Grad vergleichen, und wenn $k < m$ ist, dann ist $x^m : x^k = x^{m-k}$.

Beispiel 5.5.2 (Eine Polynomdivision)

Es soll $f(x) = x^5 - 2x^3 + 7x^2 + 6x - 2$ durch $g(x) = x + 1$ dividiert werden. Derartige Divisionen kommen besonders häufig vor, wenn man eine Nullstelle (hier $x_0 = -1$) gefunden hat und den entsprechenden Linearfaktor (hier $x - x_0 = x + 1$) herauskürzen will.

1. Es ist $f(x) = x^4 \cdot (x+1) + f_1(x)$, mit $f_1(x) := -x^4 - 2x^3 + 7x^2 + 6x - 2$.
2. Weiter ist $f_1(x) = (-x^3) \cdot (x+1) + f_2(x)$, mit $f_2(x) := -x^3 + 7x^2 + 6x - 2$.
3. Schritt: $f_2(x) = (-x^2) \cdot (x+1) + f_3(x)$, mit $f_3(x) := 8x^2 + 6x - 2$.
4. Schritt: $f_3(x) = 8x \cdot (x+1) + f_4(x)$, mit $f_4(x) := -2x - 2$.
5. Schließlich ist $f_4(x) = (-2) \cdot (x+1)$. Weil die Division aufgeht, bleibt kein Rest.

Also ist $f(x) : g(x) = x^4 - x^3 - x^2 + 8x - 2$ mit Rest 0.

Gerne schreibt man die Division in folgender Form:

$$
\begin{array}{rcrcrcrcrl}
(\,x^5 & - & 2x^3 & + & 7x^2 & + & 6x & - & 2\,) & : \ (x+1) \ = \ x^4 - x^3 - x^2 + 8x - 2 \\
x^5 & + & x^4 & & & & & & & \\
\hline
-x^4 & - & 2x^3 & + & 7x^2 & + & 6x & - & 2 & \\
-x^4 & - & 6x^3 & & & & & & & \\
\hline
 & & -x^3 & + & 7x^2 & + & 6x & - & 2 & \\
 & & -x^3 & - & x^2 & & & & & \\
\hline
 & & & & 8x^2 & + & 6x & - & 2 & \\
 & & & & 8x^2 & + & 8x & & & \\
\hline
 & & & & & & -2x & - & 2 & \\
 & & & & & & -2x & - & 2 & \\
\hline
 & & & & & & & & 0 &
\end{array}
$$

Wenn wie oben speziell durch ein lineares Polynom $x - x_0$ geteilt werden soll, kann man auch das Horner-Schema geschickt einsetzen. Darauf soll hier aber nicht eingegangen werden. ♠

Aufgabe 5.2

Führen Sie die folgende Polynomdivision durch:

$$(3x^4 + 7x^3 + x^2 + 5x + 1) : (x^2 + 1) = \ ?$$

5.6 Injektivität und Surjektivität

Die Begriffe „injektiv“ und „surjektiv“ wirken auf Anhieb erst mal recht abstrakt. *Tatsächlich sind sie aber gar nicht so schwer zu verstehen, und weil sie hier den Einstieg in die höhere Theorie jenseits der Schulmathematik repräsentieren, verdienen sie besondere Aufmerksamkeit.*

Eine Abbildung $f : A \to B$ heißt ***surjektiv***, falls gilt:

$$\forall y \in B \; \exists x \in A \text{ mit } f(x) = y.$$

Das bedeutet, dass jedes Element y im Wertebereich B auch tatsächlich als Wert auftritt.

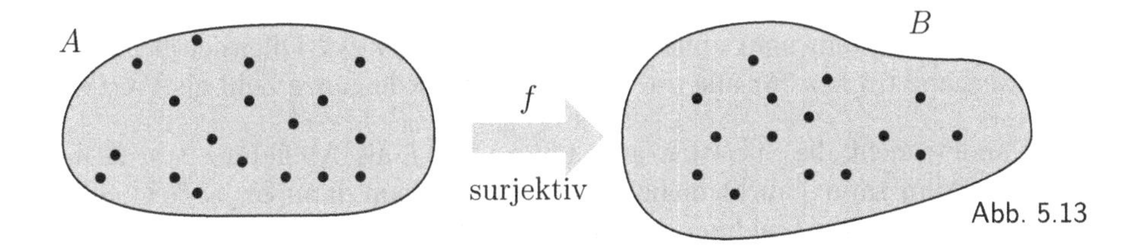

Abb. 5.13

Bezeichnet man mit $f(A)$ die ***Bildmenge*** von f, also die Menge aller Bildpunkte $f(x)$ mit $x \in A$, so bedeutet die Surjektivität von f, dass $f(A) = B$ ist.

Eine Abbildung $f : A \to B$ heißt ***injektiv***, falls gilt:

$$\forall x_1, x_2 \in A \text{ gilt: Ist } x_1 \neq x_2, \text{ so ist auch } f(x_1) \neq f(x_2).$$

Das bedeutet, dass verschiedenen Elementen des Definitionsbereichs auch verschiedene Werte zugeordnet werden. Dabei kann f surjektiv sein, muss es aber nicht.

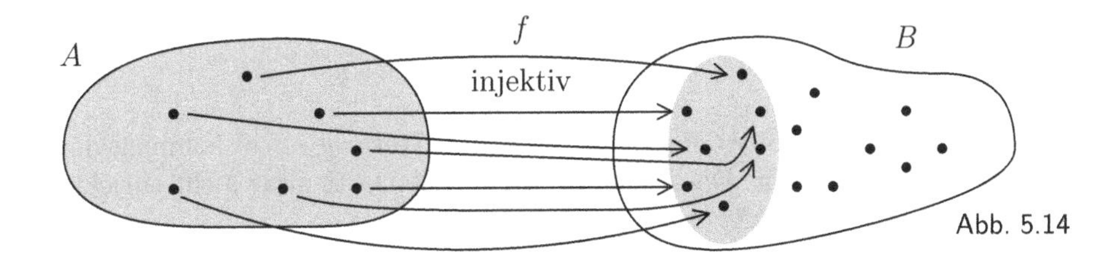

Abb. 5.14

Die Surjektivität ist etwas einfacher zu verstehen. Um sie zu beweisen, muss man die Abbildung f gar nicht so genau kennen. Man muss nur irgendwie zeigen, dass jeder Punkt $y \in B$ als Bildpunkt vorkommt.

Beispiele 5.6.1 (Surjektivität von Abbildungen)

1 Ordnet man jeder Zahl $n \in \mathbb{N}$ ihre erste Ziffer zu, so erhält man eine Abbildung $f : \mathbb{N} \to \{1, 2, 3, 4, 5, 6, 7, 8, 9\}$. Offensichtlich ist f surjektiv.

2 Die Abbildung $f : \mathbb{N} \to \mathbb{N}$ mit $f(n) := n + 1$ ist **nicht** surjektiv, denn 1 liegt nicht in $f(\mathbb{N})$.

3 Sei $f : \mathbb{R} \to \mathbb{Z}$ definiert durch $f(x) := [x]$. Die ***Gaußklammer*** $[x]$ ist definiert durch

$$[x] := \max\{n \in \mathbb{Z} \,:\, n \le x\} = \text{ größte ganze Zahl } \le \text{x}.$$

Es ist $[37] = 37$, $[1.2] = 1$, $[\sqrt{5}] = 2$ und $[-3.99] = -4$.

Ist f überhaupt eine Abbildung? Nicht jede Menge von ganzen Zahlen besitzt ein Maximum. Das ist richtig, aber hier geht es um Teilmengen von $\mathbb{Z}$, die nach oben beschränkt sind. Und die besitzen tatsächlich immer ein Maximum. f ist also eine Abbildung, das kann man abhaken. Ist f nun surjektiv? Offensichtlich, denn da $\mathbb{Z} \subset \mathbb{R}$ ist und $[n] = n$ für alle $n \in \mathbb{Z}$ gilt, kommt jede ganze Zahl als Wert vor.

Ganz anders sieht die Situation aus, wenn man f als Abbildung von $\mathbb{R}$ nach $\mathbb{R}$ auffasst. Dann kann f nicht mehr surjektiv sein, denn dann ist ja $f(\mathbb{R}) = \mathbb{Z} \ne \mathbb{R}$. Die Moral: Ob eine Abbildung surjektiv ist, hängt entscheidend von der Wahl des Wertebereichs ab. Würde man bei jeder Abbildung als Wertebereich die Bildmenge benutzen, so wäre jede Abbildung surjektiv.

4 Ist I ein Intervall und eine Abbildung $f : I \to \mathbb{R}$ gegeben durch eine Gleichung $f(x) = y$, so beweist man die Surjektivität von f, indem man die Gleichung für jedes y aus dem Wertebereich nach x auflöst.

Ist etwa $f(x) = x^2 - 6x$, so ist die Gleichung $x^2 - 6x = y$ aufzulösen. Es gilt:

$$\begin{aligned} x^2 - 6x = y &\iff x^2 - 6x - y = 0 \\ &\iff x = \frac{1}{2}\left(6 \pm \sqrt{36 + 4y}\right) \\ &\iff x = 3 \pm \sqrt{9 + y}\,. \end{aligned}$$

Ist also $y \ge -9$, so gibt es ein x mit $f(x) = y$. Werte $y < -9$ kommen dagegen nicht als Bildpunkte vor. Das bedeutet, dass $f : \mathbb{R} \to \mathbb{R}$ zwar nicht surjektiv ist, wohl aber $f : \mathbb{R} \to \{y \in \mathbb{R} \,:\, y \ge -9\}$.

Man kann sich vorstellen, dass diese Methode nicht so einfach funktioniert, wenn die Gleichung komplizierter wird. Dann braucht man weitere Hilfsmittel, die hier noch nicht zur Verfügung stehen. ♠

Der Nachweis der Injektivität einer Abbildung ist ein bisschen schwieriger. Meistens benutzt man das Prinzip der Kontraposition, d.h., man zeigt:

$$\text{Ist } f(x_1) = f(x_2), \text{ so ist } \quad x_1 = x_2.$$

Das ist einfacher, weil man mit Gleichungen und nicht mit Ungleichungen zu tun hat.

Beispiele 5.6.2 (Injektivität von Abbildungen)

1 Sei $f : \mathbb{R} \to \mathbb{R}$ definiert durch $f(x) := x(x-1)$. Fangen wir mal mit dem Kochrezept an, es sei $f(x_1) = f(x_2)$. Es gilt:

$$\begin{aligned} x_1(x_1-1) = x_2(x_2-1) &\iff x_1^2 - x_2^2 = x_1 - x_2 \\ &\iff (x_1-x_2)(x_1+x_2) = x_1 - x_2 \\ &\iff (x_1-x_2)(x_1+x_2-1) = 0. \end{aligned}$$

Jetzt kommt ein altbekannter Trick zum Einsatz: Ein Produkt ist genau dann null, wenn mindestens einer der beiden Faktoren null ist. Also ist hier entweder $x_1 = x_2$ (was man gerne haben möchte) oder $x_1 + x_2 = 1$. Diese zweite Möglichkeit bringt einen etwas in Verlegenheit. Was bedeutet die Gleichung $x_1 + x_2 = 1$? Ist $x_1 = 1/2 + \delta$, so ist $x_2 = 1/2 - \delta$. Die beiden Punkte x_1 und x_2 liegen symmetrisch zum Punkt $1/2$ und sind normalerweise verschieden. Da aber $f(x_1) = f(x_2)$ ist, ist f nicht injektiv. Verkleinert man allerdings den Definitionsbereich zur Menge $M := \{x \in \mathbb{R} : x > 1/2\}$, so ist $x_1 + x_2 > 1$, und es bleibt nur die Möglichkeit $x_1 = x_2$. Demnach ist $f : M \to \mathbb{R}$ injektiv.

2 Manchmal geht es auch viel einfacher. Sind etwa M und N endliche Mengen mit m bzw. n Elementen und $m > n$, so kann eine Abbildung $f : M \to N$ niemals injektiv sein, denn es müssen mindestens zwei Elemente auf das gleiche Bildelement abgebildet werden.

3 Ist M eine beliebige Menge, so ist die Abbildung $j; M \to \mathbf{P}(M)$ mit $j(x) := \{x\}$ injektiv.

Ist $f : M \to N$ eine beliebige Abbildung, so ist die Abbildung $F : M \to M \times N$ mit $F(x) := (x, f(x))$ injektiv. Ist nämlich $F(x_1) = F(x_2)$, so ist $(x_1, f(x_1)) = (x_2, f(x_2))$ und daher $x_1 = x_2$.

4 Sei p eine Primzahl. Die Abbildung $f : \mathbb{N} \to \{0, 1, 2, \ldots, p-1\}$, die jeder natürlichen Zahl n den Rest zuordnet, den n bei der Division durch p lässt, ist surjektiv, denn jede der Zahlen zwischen 0 und $p-1$ kommt als Rest vor. Sie ist aber nicht injektiv, denn es ist stets $f(n+p) = f(n)$.

5 Eine Funktion $f : \mathbb{R} \to \mathbb{R}$ heißt *streng monoton wachsend*, falls gilt:

$$x_1 < x_2 \implies f(x_1) < f(x_2).$$

Eine solche Funktion ist automatisch injektiv: Ist nämlich $x_1 \neq x_2$, so ist natürlich einer dieser beiden Punkte kleiner als der andere, o. B. d. A. sei $x_1 < x_2$. Wegen der Monotonie ist dann $f(x_1) < f(x_2)$, also $f(x_1) \neq f(x_2)$.

Monotone Funktionen sind etwas übersichtlicher als andere, deshalb benutzt man – wenn möglich – gerne das Monotoniekriterium, wenn die Injektivität gezeigt werden soll.

Als Beispiel soll die folgende Funktion $f : [0, \infty) \to \mathbb{R}$ untersucht werden:

$$f(x) := \begin{cases} x - k/2 & \text{für } 2k \le x \le 2k+1, \\ (x+k+1)/2 & \text{für } 2k+1 < x < 2k+2 \end{cases} .$$

Eine affin-lineare Funktion $x \mapsto g(x) := mx + b$ mit $m > 0$ ist streng monoton wachsend, denn wenn $x_1 < x_2$ ist, dann ist $x_2 - x_1 > 0$, also

$$g(x_2) - g(x_1) = m(x_2 - x_1) > 0 \text{ und damit } g(x_1) < g(x_2).$$

Damit ist f auf jedem der Teilintervalle $I_k := [2k, 2k+1]$ und $J_k := (2k+1, 2k+2)$ streng monoton. Außerdem ist $f(x) \le 1 + (3k)/2$ auf I_k und $f(x) > 1 + (3k)/2$ auf J_k, und am Grenzpunkt $x = 2k$ erhält man eine ähnliche Situation. Also ist f sogar auf ganz $[0, \infty)$ streng monoton und damit dort erst recht injektiv. ♠

Aufgabe 5.3

1. Bestimmen Sie den größtmöglichen Definitionsbereich für folgende Funktionen:

$$f(x) := \sqrt[3]{x^2} - \sqrt{4 - x^2}, \quad g(x) := \sqrt{1 - |x|} \text{ und } h(x) := \frac{1}{[x]}.$$

2. Geben Sie eine möglichst große Teilmenge von $\mathbb{R}$ an, auf der $f(x) := x + [x]$ injektiv ist.
3. Zeigen Sie, dass $f(x) := 3x^2 + 6x + 13$ auf $\{x \in \mathbb{R} \mid x > -1\}$ injektiv ist!
4. Sei $f(x) := \dfrac{ax+b}{cx+d}$, mit $a \ne 0$, $c \ne 0$ und $ad - bc \ne 0$. Bestimmen Sie den Definitionsbereich von f. Ist f dort injektiv oder surjektiv?

Sei $f : A \to B$ eine Abbildung. Ist $N \subset B$, so heißt die Menge

$$f^{-1}(N) := \{x \in A \, : \, f(x) \in N\}$$

das ***(volle) Urbild von*** N ***unter*** f.

Beispiele 5.6.3 (Urbildmengen)

1 Sei $f : A \to B$ eine beliebige Abbildung. Dann ist auf jeden Fall $f^{-1}(B) = A$.

Ist $f(x) \equiv c$ konstant und $N \subset B$, so ist

$$f^{-1}(N) = \begin{cases} A & \text{falls } c \in N, \\ \varnothing & \text{falls } c \notin N \end{cases} .$$

2 Sei $f : \mathbb{R} \to \mathbb{R}$ definiert durch $f(x) := mx + b$ (mit $m > 0$) und $J := [c, d]$. Dann ist

$$f^{-1}(J) = \{x \in \mathbb{R} : c \leq mx + b \leq d\} = \{x \in \mathbb{R} : \frac{1}{m}(c - b) \leq x \leq \frac{1}{m}(d - b)\}.$$

3 Sei $0 < c < d$, $J := [c, d]$ und $f : \mathbb{R} \to \mathbb{R}$ definiert durch $f(x) := x^2$. Dann ist

$$\begin{aligned} f^{-1}([c, d]) &= \{x \in \mathbb{R} : c \leq x^2 \leq d\} \\ &= \{x \in \mathbb{R} : \sqrt{c} \leq |x| \leq \sqrt{d}\} \\ &= [-\sqrt{d}, -\sqrt{c}] \cup [\sqrt{c}, \sqrt{d}]. \end{aligned}$$

♠

Ist $f : A \to B$ eine beliebige Abbildung und $y \in B$, so nennt man $f^{-1}(\{y\})$ die ***Faser*** von f über y. Die Mathematiker haben dabei folgendes abstraktes Bild im Sinn, bei dem f durch die orthogonale Projektion symbolisiert wird (auch wenn die betrachtete Abbildung f in Wirklichkeit so nicht adäquat dargestellt wird):

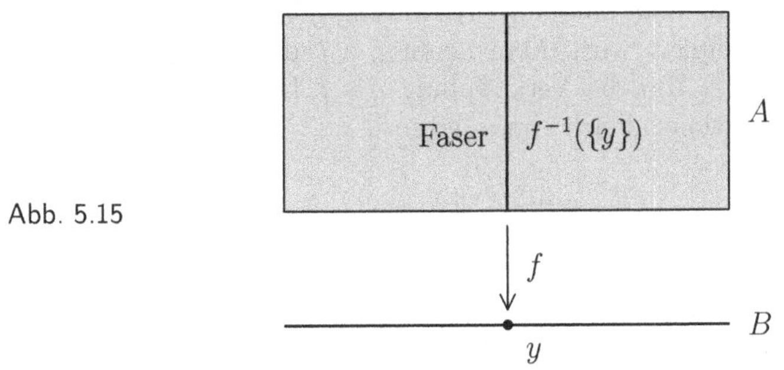

Abb. 5.15

Der Begriff der Faser hilft, die Injektivität und Surjektivität nochmals auf etwas andere Art zu beschreiben:

Eine Abbildung $f : A \to B$ ist genau dann **surjektiv**, wenn alle Fasern von f nicht leer sind, also **mindestens ein** Element besitzen.

Eine Abbildung $f : A \to B$ ist genau dann **injektiv**, wenn alle Fasern von f **höchstens ein** Element besitzen.

Im Falle einer klassischen Funktion $f : I \to \mathbb{R}$, die man am besten durch ihren Graphen anschaulich darstellt, kann man auch ganz gut die Fasern sehen:

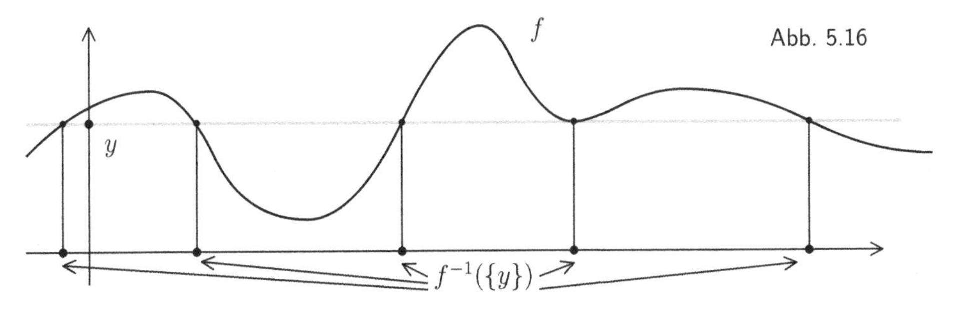

Abb. 5.16

Die Funktion f ist genau dann surjektiv, wenn jede horizontale Gerade den Graphen trifft. Die Funktion ist genau dann injektiv, wenn jede horizontale Gerade den Graphen höchstens einmal trifft.

5.7 Verknüpfungen und Umkehrabbildungen

Wie kann man Funktionen ineinander einsetzen? *Das Anwenden einer Funktion entspricht einer „Operation" im Sinne einer Abfolge von Tätigkeiten mit klar definierter Ausgangssituation und ebenso klar umrissenen Zielen. Deshalb bezeichnet man eine Funktion in gewissen Situationen auch als „Operator". Zwei solche Operationen kann man hintereinander ausführen, wenn die erste Operation einen Zustand hinterlässt, auf den man die zweite Operation anwenden kann.*

Gegeben seien zwei Abbildungen $f : A \to B$ und $g : B \to C$. Führt man sie intereinander aus, so erhält man eine neue Abbildung $g \circ f : A \to C$, die durch $(g \circ f)(x) := g(f(x))$ definiert wird. Man nennt $g \circ f$ die ***Verknüpfung*** oder ***Verkettung*** von g mit f. Um die Verknüpfung $g \circ f$ bilden zu können, muss zumindest $f(A)$ im Definitionsbereich von g liegen.

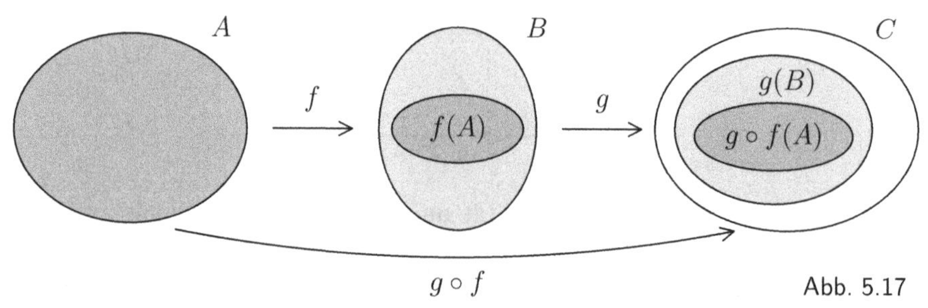

Abb. 5.17

Beispiele 5.7.1 (Verknüpfungen von Abbildungen)

1 Sei $f : \mathbb{R} \to \mathbb{R}$ definiert durch $f(x) := x^2 - 1$ und $g : \mathbb{R} \to \mathbb{R}$ definiert durch $g(x) := 2x + 3$. Es soll die Verknüpfung $g \circ f$ gebildet werden. Hier ist $A = B = C = \mathbb{R}$. Weil $f(A) = \{y \in \mathbb{R} : \exists x \in \mathbb{R} \text{ mit } y = x^2 - 1\} = \{y \in \mathbb{R} : y \geq -1\} \subset B$ ist, ist die Verknüpfung möglich, und man erhält:

$$g \circ f(x) = g(x^2 - 1) = 2(x^2 - 1) + 3 = 2x^2 + 1.$$

2 Sei $f : \mathbb{R} \to \mathbb{R}$ definiert durch $f(x) := 5 - x$ und $g : B := \{x \in \mathbb{R} : x \geq -3\} \to \mathbb{R}_+ := \{y \in \mathbb{R} : y \geq 0\}$ definiert durch $g(x) := \sqrt{x+3}$. Hier ist $A = \mathbb{R}$ und $f(A) = \mathbb{R} \not\subset B$. Man kann also die Verknüpfung $g \circ f$ nicht so ohne weiteres bilden. Es geht aber, wenn man den Definitionsbereich von f verkleinert. Ist nämlich $A := \{x \in \mathbb{R} : x \leq 8\}$, so ist $f(A) = \{y \in \mathbb{R} : y \geq -3\} = B$. Jetzt ist die Verknüpfung möglich und $g \circ f(x) = g(5 - x) = \sqrt{(5 - x) + 3} = \sqrt{8 - x}$.

3 Man kann natürlich nicht nur reelle Funktionen miteinander verknüpfen. Hier ist ein ganz anderer Fall:

Eine Permutation der Zahlen $1, 2, 3, \ldots, n$ ist eine Abbildung $\sigma : \{1, 2, \ldots, n\} \to \{1, 2, \ldots, n\}$, die zugleich injektiv und surjektiv ist. Man kann sie in der Form

$$\sigma = \begin{pmatrix} 1 & 2 & 3 & \cdots & n \\ \sigma(1) & \sigma(2) & \sigma(3) & \cdots & \sigma(n) \end{pmatrix}$$

besonders deutlich beschreiben.

Die Menge aller Permutationen der Zahlen $1, 2, 3, \ldots, n$ wird mit S_n bezeichnet. Es seien nun zum Beispiel zwei Permutationen

$$\sigma = \begin{pmatrix} 1 & 2 & 3 & 4 \\ 3 & 2 & 4 & 1 \end{pmatrix}, \tau = \begin{pmatrix} 1 & 2 & 3 & 4 \\ 2 & 4 & 1 & 3 \end{pmatrix} \in S_4$$

gegeben. Dann ist

$$\tau \circ \sigma = \begin{pmatrix} 1 & 2 & 3 & 4 \\ 1 & 4 & 3 & 2 \end{pmatrix} \quad \text{und} \quad \sigma \circ \tau = \begin{pmatrix} 1 & 2 & 3 & 4 \\ 2 & 1 & 3 & 4 \end{pmatrix}.$$

Es kommt also bei der Verknüpfung von Abbildungen sehr genau auf die Reihenfolge an. Selbst wenn die Verknüpfung in beiden Richtungen möglich ist, führt sie in der Regel zu verschiedenen Ergebnissen.

4 Eine Folge (a_n) von reellen Zahlen kann man als Abbildung $a : \mathbb{N} \to \mathbb{R}$ (mit $a(n) := a_n$) auffassen. Ist nun $n : \mathbb{N} \to \mathbb{N}$ eine weitere Funktion ($i \mapsto n(i)$), so kann man $n(i) = n_i$ schreiben und die Verknüpfung $a \circ n : i \mapsto a(n(i)) = a_{n(i)} = a_{n_i}$ bilden. Was bedeutet das?

Ist zum Beispiel $n(i) := 2i + 1$, so ist $a_{n_1} = a_3$, $a_{n_2} = a_5$, $a_{n_3} = a_7$ usw. Damit ist $a \circ n$ eine **Teilfolge** von a. ♠

Aufgabe 5.4

Geben Sie möglichst große Definitionsbereiche für f und g an, so dass $f \circ g$ (bzw. $g \circ f$) gebildet werden kann:

$$f(x) := 5x - 1 \quad \text{und} \quad g(x) := \sqrt{1 - x^2}.$$

Ist A eine beliebige Menge, so wird die ***identische Abbildung*** $\mathrm{id}_A : A \to A$ durch $\mathrm{id}_A(x) := x$ definiert. So langweilig, wie diese Abbildung aussieht, so nützlich ist sie andererseits:

Ein Kriterium für Injektivität und Surjektivität *Sei $f : A \to B$ eine beliebige Abbildung.*

a) Gibt es eine Abbildung $g : B \to A$ mit $g \circ f = \mathrm{id}_A$, so ist f injektiv.

b) Gibt es eine Abbildung $g : B \to A$ mit $f \circ g = \mathrm{id}_B$, so ist f surjektiv.

BEWEIS: Man braucht hier keine großen Ideen, der Beweis läuft praktisch von selbst.

a) Um die Injektivität von f zu zeigen, benutzt man am besten das Prinzip der Kontraposition. Sei also $f(x_1) = f(x_2)$ für zwei Elemente $x_1, x_2 \in A$. Um weiterzukommen, schaut man, was für Informationen noch zur Verfügung stehen. Es gibt eine Abbildung $g : B \to A$, und die kann man auf Elemente von B anwenden. Die einzigen Elemente von B, die bisher aufgetaucht sind, sind $f(x_1)$ und $f(x_2)$. Wendet man g darauf an, so erhält man, dass $x_1 = g(f(x_1)) = g(f(x_2)) = x_2$ ist. Schon ist man fertig.

b) Für die Surjektivität von f sucht man zu gegebenem $y \in B$ ein Urbild in A. Diesmal ist wieder eine Abbildung $g : B \to A$ gegeben. Reflexhaft wendet man also g auf y an und erhält ein Element $x := g(y) \in A$. Nun ist $f(x) = f \circ g(y) = \mathrm{id}_B(y) = y$. Mehr braucht man nicht. ∎

Definition

Eine Abbildung $f : A \to B$ heißt ***bijektiv*** oder ***umkehrbar***, falls sie injektiv **und** surjektiv ist.

Kriterium für Bijektivität *Eine Abbildung $f : A \to B$ ist genau dann bijektiv, wenn es eine Abbildung $g : B \to A$ gibt, so dass gilt:*

$$g \circ f = \mathrm{id}_A \quad \textit{und} \quad f \circ g = \mathrm{id}_B.$$

Die eine Richtung ergibt sich sofort aus dem obigen Satz. Aber wie erhält man umgekehrt aus der Bijektivität die Abbildung g?

Es muss eine Abbildung $g : B \to A$ konstruiert werden. Sei $y \in B$ gegeben. Weil f surjektiv ist, gibt es ein $x \in A$ mit $f(x) = y$. Das x ist aber eindeutig bestimmt, denn wenn $f(x_1) = f(x_2) = y$ ist, dann folgt aus der Injektivität von f, dass $x_1 = x_2$ ist. Also kann man $g(y) := x$ setzen. Dann ist $f \circ g(y) = f(x) = y$, also $f \circ g = \mathrm{id}_B$, sowie $g \circ f(x) = g(y) = x$, also $g \circ f = \mathrm{id}_A$.

Die eindeutig bestimmte Abbildung g nennt man die ***Umkehrabbildung*** von f, und man bezeichnet sie mit f^{-1}. Damit ist

$$f^{-1} \circ f = \mathrm{id}_A \quad \text{und} \quad f \circ f^{-1} = \mathrm{id}_B.$$

Sind zwei Abbildungen $f : A \to B$ und $g : B \to C$ gegeben, die beide bijektiv sind, so ist auch $g \circ f : A \to C$ bijektiv, und

$$(g \circ f)^{-1} = f^{-1} \circ g^{-1}.$$

Beispiele 5.7.2 (Bijektive Abbildungen)

1 Die Permutationen $\sigma \in S_n$ sind immer bijektive Abbildungen.

2 Eine affin-lineare Abbildung $f : \mathbb{R} \to \mathbb{R}$ mit $f(x) = mx + b$ und $m \neq 0$ ist bijektiv, die Umkehrabbildung ist gegeben durch $f^{-1}(y) = \dfrac{1}{m}(y - b)$.

Beschränkt man die spezielle affin-lineare Abbildung $f(x) = 3x - 7$ auf das Intervall $I := [1, 8]$, so muss man erst mal die Bildmenge berechnen: Ist $1 \leq x \leq 8$, so ist $-4 \leq 3x - 7 \leq 17$, und jeder Punkt des Intervalls $J := [-4, 17]$ kommt tatsächlich als Bildpunkt vor. Also ist $f : [1, 8] \to [-4, 17]$ bijektiv.

3 Etwas komplizierter wird es bei der Funktion

$$f(x) := \frac{\sqrt{x}}{\sqrt{x} - 2}.$$

Die Wurzelfunktion ist nur für $x \geq 0$ definiert, und der Nenner wird null, wenn $x = 4$ ist. Also ist f nur für $0 \leq x < 4$ oder $x > 4$ definiert. Deshalb kann man f zum Beispiel auf das Intervall $[0, 1]$ beschränken. Ist $0 \leq x \leq 1$, so ist $0 \leq \sqrt{x} \leq 1$ und $-2 \leq \sqrt{x} - 2 \leq -1$. Deshalb nimmt f auf $[0, 1]$ nur negative Werte an. Da außerdem $f(0) = -1/2$ und $f(1) = -1$ ist, kann man vermuten, dass $f : I \to J := [-1, -1/2]$ bijektiv ist.

Der einfachste Weg, das zu zeigen, ist die Angabe einer Umkehrfunktion. Um dafür einen Kandidaten zu finden, löst man die Gleichung $f(x) = y$ nach x auf. Für $0 \leq x \leq 1$ gilt:

$$\begin{aligned} y = \frac{\sqrt{x}}{\sqrt{x} - 2} \quad &\iff \quad \sqrt{x} = y(\sqrt{x} - 2) \quad \iff \quad \sqrt{x}(y - 1) = 2y \\ &\iff \quad \sqrt{x} = \frac{2y}{y - 1} \quad \iff \quad x = \Big(\frac{2y}{y - 1}\Big)^2. \end{aligned}$$

Der zuletzt erhaltene Ausdruck ist für alle $y \neq 1$ definiert. Das letzte Äquivalenzzeichen gilt, weil $2y/(y - 1)$ für $y \in J$ positiv ist.

Definiert man jetzt $g : J \to \mathbb{R}$ durch $g(y) := \big((2y)/(y - 1)\big)^2$, so ist die Bijektivität von f bewiesen, wenn man gezeigt hat, dass $g \circ f = \mathrm{id}_I$ und $f \circ g = \mathrm{id}_J$ ist. Tatsächlich ist

$$g \circ f(x) = \Big(\frac{2\sqrt{x}/(\sqrt{x} - 2)}{2/(\sqrt{x} - 2)}\Big)^2 = \sqrt{x}^2 = x = \mathrm{id}_I(x)$$

und

$$f \circ g(y) = f\Big(\big(\frac{2y}{y-1}\big)^2\Big) = \frac{2y/(y-1)}{2/(y-1)} = y = \mathrm{id}_J(y).$$

♠

Es wurde ja schon festgestellt: Ist $I \subset \mathbb{R}$ ein Intervall und $f : I \to \mathbb{R}$ eine streng monoton wachsende Funktion, so ist f injektiv.

Ist dann $J := f(I)$ die Bildmenge, so ist $f : I \to J$ natürlich sogar bijektiv. Die Umkehrabbildung $f^{-1} : J \to I$ ist wieder streng monoton wachsend, wie man ganz leicht nachrechnen kann.

Schön ist, dass man den Graphen der Umkehrfunktion f^{-1} sehr einfach aus dem Graphen der ursprünglichen Funktion gewinnen kann. Es ist ja

$$\begin{aligned} G_{f^{-1}} &= \{(y,x) \in J \times I \,:\, x = f^{-1}(y)\} \\ &= \{(y,x) \in J \times I \,:\, y = f(x)\} \\ &= \{(y,x) \in J \times I \,:\, (x,y) \in G_f\} \end{aligned}$$

Das bedeutet: Ist $(x,y) = (x, f(x))$ ein Punkt auf dem Graphen von f, so liegt der durch Spiegelung an der „Winkelhalbierenden" $\{(x,y) : x = y\}$ gewonnene Punkt (y,x) auf dem Graphen von f^{-1}.

Beispiel 5.7.3 (Eine Umkehrfunktion)

Sei $f(x) := x^2 - 2x + 1$ für $x \geq 1$. Der Graph von f ist eine verschobene „Normalparabel", mit Scheitelpunkt bei $x = 1$. Für $x \geq 1$ ist f injektiv.

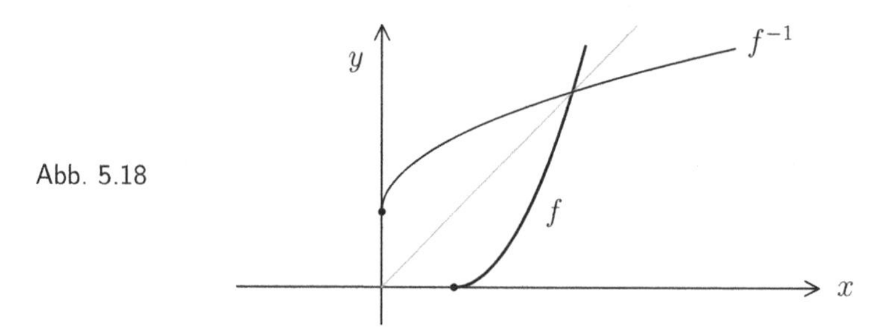

Abb. 5.18

Löst man die quadratische Gleichung $y = x^2 - 2y + 1 = (x-1)^2$ nach x auf, so erhält man die Umkehrfunktion $x = f^{-1}(y) = 1 + \sqrt{y}$. Weil $x \geq 1$ sein muss, kommt die zweite Lösung der quadratischen Gleichung ($x = 1 - \sqrt{y}$) nicht in Frage. ♠

5.8 Exponentialfunktion und Logarithmus

Bei einer Folge der Gestalt $a_n := a + n \cdot \delta$ spricht man von ***linearem Wachstum***. Man kann diese Folge durch eine affin-lineare Funktion interpolieren:

Abb. 5.19

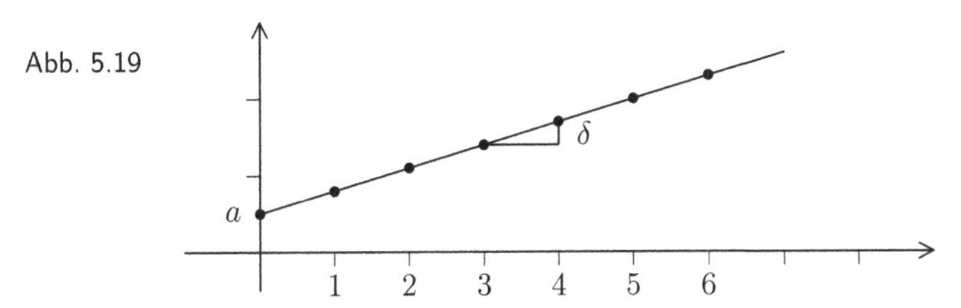

Von ***exponentiellem Wachstum*** spricht man dagegen bei einer Folge der Gestalt

$$a_n := a \cdot q^n, \text{ mit einer festen Zahl } q > 1.$$

Abb. 5.20

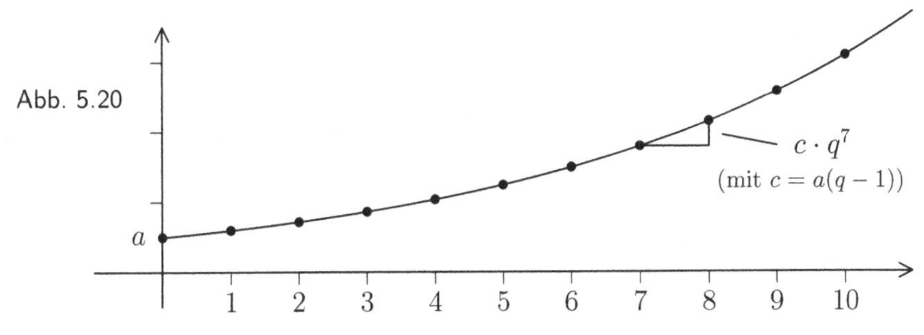

Für rationale Zahlen r sind auch die Ausdrücke $a(r) = a \cdot q^r$ definiert, und am Ende von Abschnitt 4.5 wurde gezeigt, dass man diese Funktion auch auf beliebige reelle Zahlen ausdehnen kann: $x \mapsto a \cdot q^x$.

Ist $q > 1$, so ist die auf ganz $\mathbb{R}$ definierte ***Exponentialfunktion*** $x \mapsto q^x$ streng monoton wachsend. Insbesondere ist $x \mapsto q^x$ injektiv. Außerdem ist diese Funktion von $\mathbb{R}$ nach $\mathbb{R}_+$ surjektiv und damit bijektiv.

Sei $a > 1$ eine reelle Zahl, $b \in \mathbb{R}_+$. Die Lösung x der Gleichung $a^x = b$ nennt man den ***Logarithmus von*** b ***zur Basis*** a. Man schreibt: $x = \log_a(b)$. Offensichtlich ist die Funktion $y \mapsto \log_a(y)$ die Umkehrfunktion zu $x \mapsto a^x$. Daher gilt:

$$\log_a(a^x) = x \quad \text{und} \quad a^{\log_a(b)} = b.$$

Die besondere Bedeutung der Logarithmen liegt darin, dass sie zur Vereinfachung numerischer Rechnungen benutzt werden können. Früher gab es dafür keine andere Möglichkeit.

Rechenregeln für Logarithmen

1. *Es ist* $\log_a(1) = 0$ *und* $\log_a(a) = 1$.
2. *Für* $x, y \in \mathbb{R}_+$ *ist* $\log_a(x \cdot y) = \log_a(x) + \log_a(y)$.
3. *Für* $x, y \in \mathbb{R}_+$ *ist* $\log_a(xy^{-1}) = \log_a(x) - \log_a(y)$.
4. *Für* $x \in \mathbb{R}_+$ *und* $t \in \mathbb{R}$ *ist* $\log_a(x^t) = t \cdot \log_a(x)$.

Die „dekadischen Logarithmen" $\lg(x) := \log_{10}(x)$ sind ausführlich tabelliert und besonders gut an das Dezimalsystem angepasst.

Beispiel 5.8.1 (Eine Anwendung des Logarithmus)

Es soll der Wert von $\sqrt[65]{3022 \cdot 18^7}$ berechnet werden.

Man schlägt nach:

$$\lg(3.022) \approx 0.48029446 \quad \text{und} \quad \lg(1.8) \approx 0.2552725\,.$$

Dann ist

$$\begin{aligned}
\lg\Big(\sqrt[65]{3022 \cdot 18^7}\Big) &= \frac{1}{65}\Big(\lg(3.022 \cdot 10^3) + 7 \cdot \lg(1.8 \cdot 10)\Big) \\
&= \frac{1}{65}\Big(3 + \lg(3.022) + 7 \cdot \big(1 + \lg(1.8)\big)\Big) \\
&= \frac{1}{65}\Big(3.48029446 + 8.7869075\Big) \approx 0.188726184,
\end{aligned}$$

also $\sqrt[65]{3022 \cdot 18^7} \approx 10^{0.188726184} \approx 1.54428$.

Mit Ausnahme des Logarithmierens und seiner Umkehrung können alle Rechnungen problemlos „zu Fuß" erledigt werden (ohne Unterstützung durch einen Taschenrechner oder Ähnliches). ♠

Gelegentlich braucht man noch die Formel für die Umrechnung von Logarithmen: Sind $a, c > 1$, so gilt für alle $x \in \mathbb{R}_+$:

$$\log_a(x) = \log_a(c) \cdot \log_c(x).$$

Aufgabe 5.5

1. Spalten Sie die folgenden Ausdrücke auf:

$$\lg\sqrt{\frac{4a^3 \cdot \sqrt{10}}{p^5 q^7}}, \qquad \log_y \frac{1}{\sqrt[4]{x^5 y^3}}.$$

2. Lösen Sie die Gleichung $\lg x - \lg\sqrt{x} = 2 \cdot \lg 2$.

5.9 Die Mächtigkeit von Mengen

Wie viele Elemente besitzt eine unendliche Menge? *Die Frage klingt unsinnig. Es war Cantors große Entdeckung, dass diese Frage eben nicht so unsinnig ist, wie es auf den ersten Blick erscheint. Hier geht es um die große Kunst des Zählens von unendlich vielen Objekten.*

Eine Menge M heißt ***endlich***, wenn es ein $n \in \mathbb{N}$ und eine bijektive Abbildung $f : \{1, \dots, n\} \to M$ gibt.

Sind n, m zwei verschiedene natürliche Zahlen, so gibt es keine bijektive Abbildung von $\{1, \dots, n\}$ nach $\{1, \dots, m\}$. Damit ist die Anzahl der Elemente einer Menge eindeutig bestimmt.

Die Anzahl der Elemente ist also eine Eigenschaft, die jeder endlichen Menge zukommt. Bei unendlichen Mengen ist die Situation etwas komplizierter. Naheliegend wäre es ja, allen unendlichen Mengen die gleiche Eigenschaft zuzuschreiben, nämlich die, „unendlich" zu sein. Es war Cantors Idee, hier eine feinere Unterscheidung vorzunehmen.

Zwei Mengen A und B heißen ***gleichmächtig***, falls es eine bijektive Abbildung $f : A \to B$ gibt.

Satz *Die Eigenschaft, gleichmächtig zu sein, ist eine Äquivalenzrelation auf der Gesamtheit aller Mengen.*

BEWEIS: Die Gesamtheit aller Mengen ist selbst keine Menge! Das spielt hier allerdings keine Rolle. Die Beziehung „M ist gleichmächtig zu N" soll hier mit dem Symbol „$M \sim N$" abgekürzt werden.

Ist M eine beliebige Menge, so ist die identische Abbildung $\mathrm{id}_M : M \to M$ bijektiv. Also ist $M \sim M$, die Relation ist reflexiv.

Nun seien M und N zwei Mengen mit $M \sim N$. Dann gibt es eine bijektive Abbildung $f : M \to N$, und deren Umkehrabbildung $f^{-1} : N \to M$ ist ebenfalls bijektiv. Also ist auch $N \sim M$ und damit $\sim$ symmetrisch.

Ist $M \sim N$ und $N \sim P$, so gibt es bijektive Abbildungen $f : M \to N$ und $g : N \to P$. Dann ist auch $g \circ f : M \to P$ bijektiv und deshalb $M \sim P$. Das bedeutet, dass $\sim$ transitiv ist. Nimmt man alles zusammen, so ist nachgewiesen, dass $\sim$ eine Äquivalenzrelation ist. ∎

Wie jede Äquivalenzrelation führt auch die Gleichmächtigkeit zu einer Klasseneinteilung, wobei hier natürlich die einzelnen Klassen keine Mengen sein dürften. Von Mengen, die sich in der gleichen Klasse befinden, sagt man, dass sie die gleiche ***Mächtigkeit*** oder die gleiche ***Kardinalzahl*** oder ***Kardinalität*** besitzen. Da zwei endliche Mengen genau dann gleichmächtig sind, wenn sie die gleiche Anzahl von Elementen besitzen, ist der Begriff der „Kardinalzahl" passend und eine Verallgemeinerung der natürlichen Zahlen. Er wird in eine unbekannte und überraschende neue Welt führen.

Definition

Eine Menge M heißt ***abzählbar***, falls $\mathbb{N}$ gleichmächtig zu M ist. Ist M weder endlich noch abzählbar, so heißt M ***überabzählbar***.

Cantor, dem wir die neuen Begrifflichkeiten zu verdanken haben, bewies die beiden folgenden Aussagen:

1. Die Menge $\mathbb{Q}$ der rationalen Zahlen ist abzählbar.

2. Die Menge $\{x \in \mathbb{R} : 0 \leq x \leq 1\}$ (und damit erst recht ganz $\mathbb{R}$) ist **nicht abzählbar**.

Die überraschende Erkenntnis, die man hieraus gewinnt, ist die Tatsache, dass es (mindestens) zweierlei Arten von Unendlichkeit gibt.

Um mehr herauszufinden, muss man Mächtigkeiten vergleichen können. Die Kardinalität $|M|$ einer Menge M ist die abstrakte Eigenschaft der Menge M, die durch die Zugehörigkeit zu ihrer Äquivalenzklasse festgelegt wird. Wenn es eine injektive Abbildung $f : M \to N$ gibt, so ist M gleichmächtig zu der Menge $f(M) \subset N$. In diesem Falle schreibt man: $|M| \leq |N|$. Wenn es zwischen zwei Mengen M und N keine bijektive Abbildung gibt (wie etwa im Falle $\mathbb{N}$ und $\mathbb{R}$), dann schreibt man: $|M| \neq |N|$.

Schließlich definiert man: $|M| < |N| \;:\Longleftrightarrow\; \big(|M| \leq |N| \text{ und } |M| \neq |N|\big)$.

Ein berühmter Satz von Cantor ist die folgende Aussage:

Satz: *Ist M eine beliebige Menge, so ist $|M| < |\mathbf{P}(M)|$. Die Potenzmenge von M hat immer eine größere Mächtigkeit als die Menge M selbst.*

Von einer endlichen Menge M mit $|M| = n$ wissen wir schon, dass $|\mathbf{P}(M)| = 2^n$ ist, und diese Zahl ist tatsächlich größer als n. Und offensichtlich gilt $|M| < |\mathbb{N}|$ für jede endliche Menge. Weiter ist $|\mathbb{N}| < |\mathbf{P}(\mathbb{N})| = |\mathbb{R}|$, wobei die letzte Gleichung ganz grob folgendermaßen begründet werden kann:

1. Eine Teilmenge $M \subset \mathbb{N}$ kann eindeutig durch eine Funktion $\chi_M : \mathbb{N} \to \{0, 1\}$ beschrieben werden, mit

$$\chi_M(n) := \begin{cases} 1 & \text{falls } n \in M, \\ 0 & \text{falls } n \notin M. \end{cases}$$

   Es ist dann $M = \{n \in \mathbb{N} : \chi_M(n) = 1\}$.

2. Jede Funktion $\chi : \mathbb{N} \to \{0, 1\}$ ergibt eine eindeutig bestimmte Folge b_n von Binärziffern, durch $b_n := \chi(n)$.

3. Jede reelle Zahl $x \in [0, 1]$ kann durch eine Folge b_n von Binärziffern beschrieben werden, indem man x in der Form

$$x = \sum_{n=1}^{\infty} b_n \cdot 2^{-n} \text{ mit } b_n \in \{0, 1\}$$

   bechreibt. Sind alle Ziffern $b_n = 1$, so erhält man die Zahl 1.

4. Aus (1) bis (3) folgt die Gleichung $|\mathbf{P}(\mathbb{N})| = |[0,1]|$. Außerdem kann man eine bijektive Abbildung $f : (0,1) \to \mathbb{R}$ definieren durch

$$f(x) := \frac{2x-1}{1-(2x-1)^2}, \quad \text{mit} \quad f^{-1}(y) = \frac{2y-1+\sqrt{1+4y^2}}{4y}.$$

Jetzt ist man fast fertig, aber man braucht noch die Aussage $|[0,1]| = |(0,1)|$. Die erhält man aus dem (nicht ganz einfach zu beweisenden) **Satz von Bernstein**: *Ist* $|M| \le |N|$ *und* $|N| \le |M|$, *so ist* $|M| = |N|$.

Die Ungleichung $|\mathbb{N}| < |\mathbb{R}|$ legt die Frage nahe, ob es eine Menge M mit $|\mathbb{N}| < |M| < |\mathbb{R}|$ gibt. Cantor war der Meinung, dass es eine solche Menge nicht geben könne. Diese Aussage wurde unter der Bezeichnung „Kontinuumshypothese“ bekannt. Cantor verbrachte die letzten Jahre seines Lebens mit vergeblichen Beweismethoden, nur unterbrochen durch Aufenthalte in einem Nervensanatorium. Heute weiß man, dass diese Frage nicht entscheidbar ist und dass die moderne, axiomatische Mengenlehre unabhängig davon ist, ob die Kontinuumshypothese gilt oder nicht gilt. Natürlich kann man sie – wenn man will – als zusätzliches Axiom fordern.

5.10 Gruppen

In der modernen Mathematik spielen algebraische Strukturen eine große Rolle, das zeigte sich schon bei der Einführung der reellen Zahlen. Die Struktur von $\mathbb{R}$ ist recht kompliziert, sehr viel einfacher ist die Struktur einer Gruppe.

Definition

Es sei eine Menge G und ein Element $e \in G$ gegeben. Eine ***Verknüpfung*** auf G ordnet je zwei Elementen $g_1, g_2 \in G$ eindeutig ein Element $g_1 \circ g_2 \in G$ zu. G heißt eine ***Gruppe***, falls gilt:

1. $\forall\, g_1, g_2, g_3 \in G$ ist $g_1 \circ (g_2 \circ g_3) = (g_1 \circ g_2) \circ g_3$.
2. $\forall\, g \in G$ ist $e \circ g = g$.
3. $\forall\, g \in G\, \exists\, g^{-1} \in G$ mit $g^{-1} \circ g = e$.

Das Element e nennt man ***neutrales Element*** von G, und das (von g abhängige) Element g^{-1} nennt man das ***Inverse*** zu g.

Falls zusätzlich das Kommutativgesetz $g \circ h = h \circ g$ für alle $g, h \in G$ gilt, so heißt G ***kommutativ*** oder eine ***abelsche Gruppe***.

Beispiele 5.10.1 (Gruppen)

1 Die Menge $\mathbb{R}$ mit der Verknüpfung $(x,y) \mapsto x+y$ bildet eine abelsche Gruppe mit neutralem Element 0 und Inversem $-x$.

2 Die Menge $\mathbb{R}^* = \mathbb{R} \setminus \{0\}$ mit der Verknüpfung $(x,y) \mapsto x \cdot y$ bildet ebenfalls eine abelsche Gruppe, mit neutralem Element 1 und Inversem $x^{-1} = 1/x$.

3 Ist A eine beliebige Menge, so versteht man unter einem ***Automorphismus*** von A eine bijektive Abbildung von A auf sich. Die Menge $\text{Aut}(A)$ aller Automorphismen von A bildet mit der üblichen Verknüpfung von Abbildungen eine Gruppe. Neutrales Element ist die identische Abbildung id_A, inverses Element zu einem Element $f \in \text{Aut}(A)$ ist die inverse Abbildung f^{-1}. Die Gruppe $\text{Aut}(A)$ ist nicht kommutativ, wie man rasch an einem Beispiel sehen kann. Ist nämlich $A = \{1,2,3,\ldots,n\}$, so ist $\text{Aut}(A)$ die Menge aller Permutationen der Zahlen $1,\ldots,n$. In Abschnitt 5.7 wurde aber schon gezeigt, dass man die Verknüpfung zweier Permutationen in der Regel nicht vertauschen kann. ♠

Weitere Beispiele wird man in den nächsten Kapiteln kennenlernen.

5.11 Zusätzliche Aufgaben

Aufgabe 5.6. Untersuchen Sie die folgenden Relationen auf $\mathbb{Z}$. Sind sie reflexiv, symmetrisch oder transitiv?

1. $m \sim n \;:\Longleftrightarrow\; m \geq n$.
2. $m \sim n \;:\Longleftrightarrow\; m = 2n$.
3. $m \sim n \;:\Longleftrightarrow\; m \cdot n \geq -1$.

Aufgabe 5.7. Bestimmen Sie eine lineare Funktion $f(x) = ax + b$ mit $f(1) = 2$ und $f(3) = 5$ (bzw. mit $f(3) = -1$ und $f(4) = -7$).

Aufgabe 5.8. Eine Funktion $f : \mathbb{R} \to \mathbb{R}$ heißt symmetrisch zur Achse $x = c$, falls $f(c-x) = f(c+x)$ für alle x gilt. Bestimmen Sie die Symmetrieachse der Funktion $f(x) = x^2 - 10x + 1$.

Aufgabe 5.9. Beschreiben Sie in Worten, wie die Parameter a, b, c die Gestalt des Graphen der Funktion $f(x) = ax^2 + bx + c$ beeinflussen.

Wählen Sie a, b, c so, dass der Scheitelpunkt der Parabel bei $x = 2$ liegt, die Parabel nach unten geöffnet ist und zwei Schnittpunkte mit der x-Achse aufweist.

Aufgabe 5.10. Skizzieren Sie die Graphen der Funktionen $f(x) := [2x - 1]$ (Gauß-Klammer) und $g(x) := |\frac{1}{10}x^2 - x + 1|$.

Benutzen Sie die Betragsfunktion, um die folgende Funktion in geschlossener Form zu schreiben:

$$h(x) := \begin{cases} -2x-3 & \text{für } x < -3/2, \\ 2x+3 & \text{für } -3/2 \le x < 0, \\ -2x+3 & \text{für } 0 \le x < 3/2, \\ 2x-3 & \text{für } x \ge 3/2. \end{cases}$$

Aufgabe 5.11. Für eine Funktion $f : \mathbb{R} \to \mathbb{R}$ sei $f^+(x) := \max(f(x), 0)$ und $f^-(x) := \max(-f(x), 0)$. Beschreiben Sie f und $|f|$ mit Hilfe von f^+ und f^-.

Aufgabe 5.12. Es sei $f_1(x) := \frac{1}{2}x$ und $f_2(x) := \frac{1}{2}|x|$.

Skizzieren Sie den Graphen der Funktion $f_1 + f_2$.

Lösen Sie die gleiche Aufgabe mit $f_1(x) := x^4$ und $f_2(x) := -2x^2$.

Aufgabe 5.13. 1) Gegeben sei ein Polynom $f(x) = a_nx^n + a_{n-1}x^{n-1} + \cdots + a_1x + a_0$. Zeigen Sie:

$$f(x_0) = 0 \iff \exists \text{ Polynom } g(x) \text{ vom Grad } n-1 \text{ mit } f(x) = (x - x_0)g(x).$$

Hinweis: Ist $f(x_0) = 0$, so ist $f(x) = f(x) - f(x_0)$. Dann wende man die „dritte binomische Formel" auf $x^k - x_0^k$ an.

2) Zeigen Sie: $g(x) = b_{n-1}x^{n-1} + \cdots + b_1x + b_0$, mit

$$\begin{aligned} b_{n-1} &= a_n, \\ b_{i-1} &= a_i + b_ix_0 \text{ für } i = 1, \ldots, n-1, \\ b_0x_0 &= -a_0. \end{aligned}$$

3) Bestimmen Sie alle Nullstellen von $f(x) = x^3 - \frac{5}{2}x^2 - x + \frac{5}{2}$ bzw. von $f(x) = x^3 - 67x - 126$. Hinweis: Finden Sie zunächst eine Nullstelle durch Probieren.

Aufgabe 5.14. Sei $f : X \to Y$ eine Abbildung.

a) Zeigen Sie für Teilmengen $A, B \subset X$ und $C, D \subset Y$:

$$\begin{aligned} f(A \cup B) &= f(A) \cup f(B), \\ f(A \cap B) &\subset f(A) \cap f(B), \\ f^{-1}(C \cup D) &= f^{-1}(C) \cup f^{-1}(D) \\ \text{und } f^{-1}(C \cap D) &= f^{-1}(C) \cap f^{-1}(D). \end{aligned}$$

b) Beweisen Sie:

$$f \text{ bijektiv} \iff f(X \setminus A) = Y \setminus f(A) \text{ für alle } A \subset X.$$

Aufgabe 5.15. Suchen Sie Abbildungen $f, g : \mathbb{N} \to \mathbb{N}$ mit:

- f ist **nicht** surjektiv.
- g ist **nicht** injektiv.
- Es ist $g \circ f = \mathrm{id}$.

Aufgabe 5.16. Gegeben seien zwei Abbildungen $f : A \to B$ und $g : B \to C$. Zeigen Sie: Ist $g \circ f$ bijektiv, so ist f injektiv und g surjektiv.

Aufgabe 5.17. Untersuchen Sie, ob die folgenden Funktionen injektiv bzw. surjektiv sind:

a) $f : \mathbb{R} \to \mathbb{R}$ mit $f(x) := x^3 - 27$.

b) $g : \mathbb{R} \to \mathbb{R}$ mit $g(x) := \begin{cases} (2x+3)/(1-x) & \text{für } x \neq 1 \\ -2 & \text{für } x = 1 \end{cases}$.

c) $h : \mathbb{R}^2 \to \mathbb{R}^2$ mit $h(x, y) := (x^2 - y, x - 1)$.

Hinweis: *Bei der Funktion f ist folgende Beziehung nützlich: $(a+b)^2 - ab = a^2 + ab + b^2$.*

Aufgabe 5.18. Die Funktionen $f, g : \mathbb{R} \to \mathbb{R}$ seien definiert durch

$$f(x) := \begin{cases} 2x - 3 & \text{für } x \leq 0, \\ 7x & \text{für } x > 0 \end{cases} \quad \text{und} \quad g(x) := \begin{cases} x^2 & \text{für } x \leq -2, \\ 2x - 1 & \text{für } x > -2. \end{cases}$$

Bestimmen Sie $g \circ f$ und $f \circ g$.

Aufgabe 5.19. Sei $f : \mathbb{R} \to \mathbb{R}$ definiert durch $f(x) := \begin{cases} 2x - 1 & \text{für } x \leq 2, \\ x + 1 & \text{für } x > 2. \end{cases}$

Zeigen Sie, dass f bijektiv ist, und bestimmen Sie f^{-1}.

Aufgabe 5.20. Sei $f : \mathbb{R} \to \mathbb{R}$ definiert durch $f(x) := \begin{cases} x + 1 & \text{für } x \leq 2, \\ mx - 3 & \text{für } x > 2. \end{cases}$

Bestimmen Sie m so, dass der Graph durch $(3, 3)$ verläuft. Ist f dann injektiv?

Aufgabe 5.21. Sei $f : [1, 3] \to \mathbb{R}$ definiert durch $f(x) := \frac{1}{2}x + 1$. Zeigen Sie, dass die Bildmenge $f([1, 3])$ in $[1, 3]$ enthalten ist. Man kann also die Verknüpfung

$$f^n = f \circ f \circ \ldots \circ f \quad (n\text{-mal})$$

bilden. Zeigen Sie, dass die Folge $f^n(x)$ für jede Zahl $x \in [1, 3]$ gegen den gleichen Grenzwert c konvergiert. Bestimmen Sie c.

Aufgabe 5.22. Sei $F : \mathbb{R} \to \mathbb{R}^2$ definiert durch $F(t) := \left(\frac{2t}{t^2 + 1}, \frac{t^2 - 1}{t^2 + 1}\right)$, sowie

$$B := \{(x, y) \in \mathbb{R}^2 : x^2 + y^2 = 1 \text{ und } (x, y) \neq (0, 1)\}.$$

Zeigen Sie: Es ist $F(\mathbb{R}) = B$, und $H : B \to \mathbb{R}$ mit $H(x, y) := x/(1 - y)$ ist die Umkehrabbildung zu F.

Aufgabe 5.23. 1) Zeigen Sie, dass $3/2 < \log_2(3) < 27/16$ ist.

2) Vereinfachen Sie den Ausdruck $\log_5\left(100^{\log_{10}(5)}\right)$.

3) Benutzen Sie Logarithmen, um im Falle einer degressiven Abschreibung den Prozentsatz zu berechnen, bei gegebenem Anfangswert A und einem Restwert B_n (nach n Jahren). Überprüfen Sie Ihre Formel (mit dem Taschenrechner) anhand des Zahlenbeispiels von Aufgabe 4.19.

Hinweis: *Bei der ersten Aufgabe erinnere man sich daran, dass* $z = \log_2(3)$ *diejenige Zahl ist, die die Gleichung* $2^z = 3$ *löst. Man muss also zeigen, dass* $2^{3/2} < 3 < 2^{27/16}$ *ist. Dafür muss man sich ein paar trickreiche Abschätzungen einfallen lassen und Vereinfachungen wie zum Beispiel* $2^{27/16} = 2 \cdot 2^{11/16}$ *vornehmen.*

6 Grundlagen der Geometrie
oder
„Die Parallelität der Ereignisse“

6.1 Schulgeometrie

In Kapitel 1 wurde angedeutet, wie axiomatische Geometrie funktioniert. *Diese Art von Geometrie wurde vor mehr als 2000 Jahren von den Griechen entwickelt und behielt fast bis heute ihre Gültigkeit. Ein paar Dinge haben sich geändert. Die Verbindungsstrecke zweier Punkte stellt nach heutiger Vorstellung nur ein kleines Stück einer Geraden dar, die Gerade selbst stellen wir uns inzwischen als eine unendlich lang ausgedehnte gerade Linie vor. Grundlegende Begriffe wie Punkt, Gerade oder Ebene werden nicht mehr definiert, sondern als „primitive Terme“ allein über ihre axiomatisch geforderten Eigenschaften eingeführt. Und die zahlreichen Lücken im Axiomensystem wurden gestopft.*

Trotzdem entspricht das alles nicht jener Geometrie, von der jeder aus der Schulzeit eine gewisse Vorstellung mitbringt. Deshalb fangen wir hier mit der Geometrie noch einmal ***ganz von vorne*** *an.*

Eine ***Gerade*** als (kürzeste) Verbindung zweier Punkte ist etwas, was man mit einem Lineal zeichnen kann, und der Abstand zweier Punkte wird mit Hilfe der Zentimetereinteilung auf dem Lineal gemessen. In anderen Ländern benutzt man andere Einheiten wie zum Beispiel „Zoll“.

Die Erfahrung zeigt, dass sich Geraden, die nicht parallel sind, in genau einem Punkt schneiden. An diesem Schnittpunkt entstehen vier ***Winkel***: Zur Messung von Winkeln benutzt man einen Winkelmesser oder ein Geodreick. Dabei wird der gestreckte Winkel, der eigentlich gar kein Winkel mehr ist, in 180 gleich große Sektoren eingeteilt. Jeder dieser Sektoren umfasst ***ein Grad*** (in Zeichen 1°).

Abb. 6.1

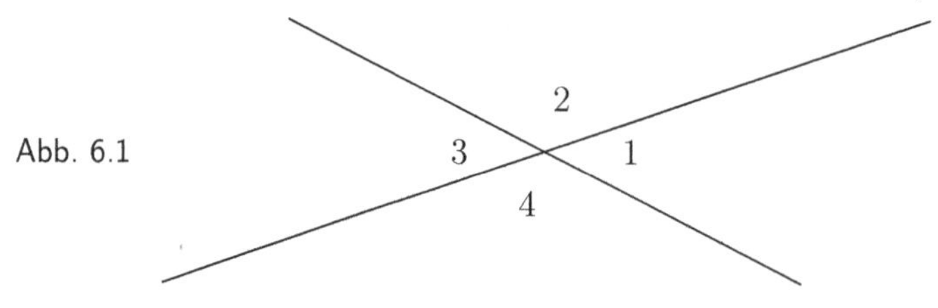

Die Hälfte davon, also ein Winkel von 90°, wird als ***rechter Winkel*** bezeichnet Solange es nicht auf zu große Genauigkeit ankommt, kann man einen rechten Winkel mit Hilfe eines Geodreiecks erzeugen.

Abb. 6.2

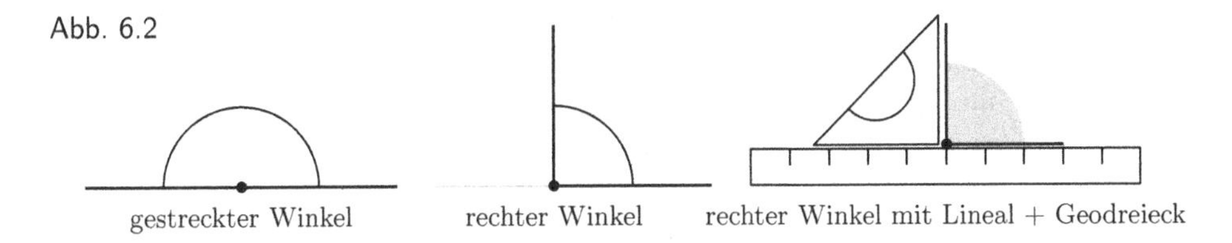

Von den vier Winkeln, die beim Schnitt zweier Geraden entstehen, ergänzen sich je zwei nebeneinanderliegende Winkel zu 180°, man nennt sie ***Nebenwinkel***. Dagegen bezeichnet man Winkel, die sich gegenüber (also **nicht** nebeneinander) liegen, als ***Scheitelwinkel***. Da Scheitelwinkel als Nebenwinkel des gleichen Winkels auftreten, sind sie untereinander gleich.

Die Schulgeometrie ist euklidisch, die Aussage des Parallelenaxioms wird nicht in Frage gestellt. Die Ebene stellt man sich wie ein Blatt Papier oder wie eine Wandtafel vor. Drei Punkte der Ebene, die nicht auf einer Geraden liegen, bilden ein Dreieck. Zentraler Bestandteil der Geometrie sind die schon bekannten Sätze:

- Die Winkel eines Dreiecks ergeben zusammen 180°.
- Werden zwei parallele Geraden von einer dritten Geraden geschnitten, so erfüllen die entstehenden Winkel die E-, F- und Z-Winkel-Beziehungen.
- An einem Dreieck ist jeder Außenwinkel gleich der Summe der beiden nichtanliegenden Innenwinkel.

Abb. 6.3

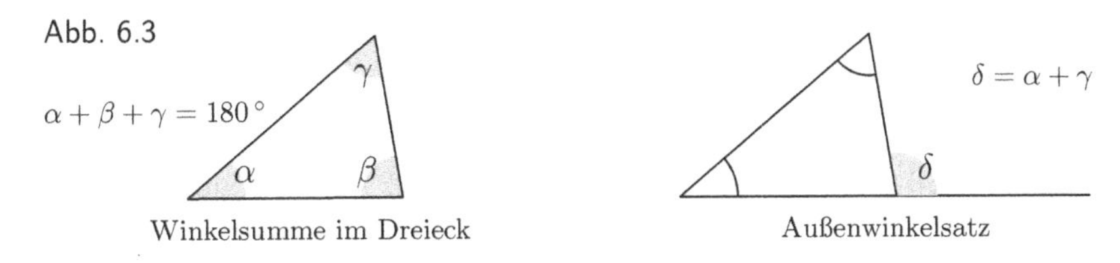

Mit diesen Vorstellungen im Kopf starten wir nun eine axiomatische Einführung in die ebene Geometrie im Sinne der Schulgeometrie, denn ganz ohne Axiomatik geht es leider nicht.

6.2 Geraden und Lineale

Zur Motivation: *Das Axiomensytem von Euklid ist über 2000 Jahre alt und genügt nicht mehr den heutigen Anforderungen. Wenn man es „repariert", dann wird es lang und kompliziert. Deshalb soll hier mit einem einfacheren System gearbeitet werden, das die praktische Verwendung von Lineal und Geodreieck zulässt, ganz wie man es von der Schule her gewohnt ist. Dafür muss man natürlich einen*

Preis bezahlen: Man braucht nicht nur moderne mathematische Methoden wie Mengenlehre und Abbildungstheorie, sondern vor allem die reellen Zahlen. Das bereitet hier aber keine Schwierigkeiten, weil die ja schon in Kapitel 3 axiomatisch eingeführt wurden.

Die ***Ebene*** ist eine Menge E, deren Elemente als ***Punkte*** bezeichnet werden. Man stelle sie sich wie ein unendlich großes Blatt Papier vor. Die ***Geraden*** sind gewisse Teilmengen von E, und es gibt sehr viele solcher Geraden.

Das erste Axiom der Geometrie ist das **Inzidenzaxiom**, es besagt: *Je zwei verschiedene Punkte von E liegen auf genau einer Geraden.*

Zwei Geraden heißen ***parallel***, wenn sie übereinstimmen oder keinen gemeinsamen Punkt enthalten.

Das **zweite Axiom der Geometrie** ist das **Parallelenaxiom**. Es besagt: *Ist $L \subset E$ eine Gerade und P ein Punkt von E, so gibt es genau eine Gerade $L' \subset E$, die den Punkt P enthält und parallel zu L ist.*

Ist $P \in L$ und L' parallel zu L, so ist $L' = L$.

Konstruktionen mit Zirkel und Lineal spielen im modernen Mathematikunterricht nicht mehr so eine große Rolle, lieber wird mit echten Linealen mit Maßeinteilung gearbeitet. Wie kann man nun den Vorgang des Messens mathematisch formulieren? Ein Lineal sollte zumindest Markierungen bei 0 und 1 besitzen. Daraus lassen sich auch alle anderen nötigen Markierungen rekonstruieren. Der Abstand zwischen 0 und 1 muss geeicht werden, er kann 1 cm betragen oder 1 Zoll oder irgend eine andere Größe. Um die Länge eines Geradenstückes zu messen, legt man das Lineal an die Gerade an, so dass die Null-Markierung mit dem Anfangspunkt A des Geradenstücks zusammenfällt. Dem Endpunkt B des Geradenstücks wird dann ein bestimmter Punkt auf dem Lineal zugeordnet, und dem entspricht eine bestimmte reelle Zahl x. Ist etwa $x = 3.4217$, so sieht das Bild folgendermaßen aus:

Abb. 6.4

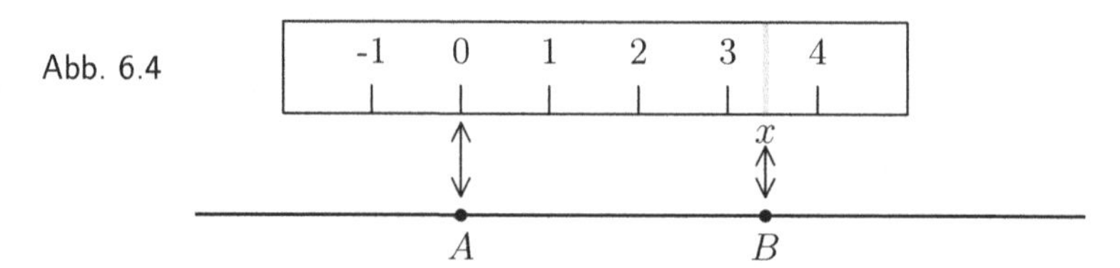

Deshalb ist die folgende Definition naheliegend:

Definition

Ein ***Lineal*** für eine Gerade L ist eine bijektive Abbildung $\lambda : L \to \mathbb{R}$.

Mit Hilfe eines Lineals λ für die Gerade L erhält man den ***Abstand*** der Punkte A, B auf L, nämlich die Zahl

$$d_\lambda(A,B) := |\lambda(B) - \lambda(A)|.$$

Allerdings hängt der Abstand vom benutzten Lineal λ ab.

Da $\lambda : L \to \mathbb{R}$ bijektiv ist, gibt es auch eine Umkehrabbildung

$$\varphi := \lambda^{-1} : \mathbb{R} \to L.$$

Eine solche Abbildung bezeichnet man als ***Parametrisierung*** von L.

Es erscheint plausibel, dass man jederzeit ein passendes Lineal findet. Allerdings gibt es doch Einschränkungen. Zwei verschiedene Skalen sollen im Wesentlichen proportional zueinander sein, und der Nullpunkt kann verschoben werden.

Das **dritte Axiom der Geometrie**, das Axiom von den Linealen, lautet deshalb: *Jeder Geraden L ist eine nicht leere Menge $\mathscr{S}_L$ von Linealen für L zugeordnet, so dass gilt:*

1. *Sind A, B zwei verschiedene Punkte auf L, so gibt es genau ein Lineal $\lambda \in \mathscr{S}_L$ mit $\lambda(A) = 0$ und $\lambda(B) = 1$.*

2. *Sind λ, μ zwei beliebige Lineale aus $\mathscr{S}_L$, so gibt es reelle Zahlen a, b mit $a \neq 0$, so dass gilt:*
$$\lambda \circ \mu^{-1}(t) = at + b.$$

Ist X ein Punkt auf L und λ ein Lineal für L, so heißt $x = \lambda(X)$ die ***Koordinate*** von X (bezüglich λ). Das dritte Axiom besagt, dass sich die Koordinaten bezüglich λ und die bezüglich μ nur um eine affin-lineare Transformation unterscheiden.

Beispiel 6.2.1 (Vergleich von Linealen)

Sei L eine Gerade, auf der die Punkte A, B und C liegen. Der reale Abstand zwischen A und B betrage m Zentimeter. Außerdem seien zwei Lineale λ und μ für L gegeben, so dass Folgendes gilt:

1. Es ist $\lambda(A) = 0$, $\lambda(B) = 1$, und die Einheit bei diesem Lineal beträgt ein Zoll. Dann ist $m \approx 2.54$.

2. Es ist $\mu(C) = 0$, $\mu(A) = a$, $\mu(B) = b$ und $0 < a < b$. Die Einheit bei diesem Lineal beträgt einen Zentimeter.

Nun werden beide Lineale an die Gerade angelegt, und zwar so, dass der Nullpunkt von λ bei A und der Nullpunkt von μ bei C liegt. X sei ein beliebiger Punkt auf L, $x = \lambda(X)$ und $y = \mu(X)$. Dann ist $x = \lambda \circ \mu^{-1}(y)$.

Abb. 6.5

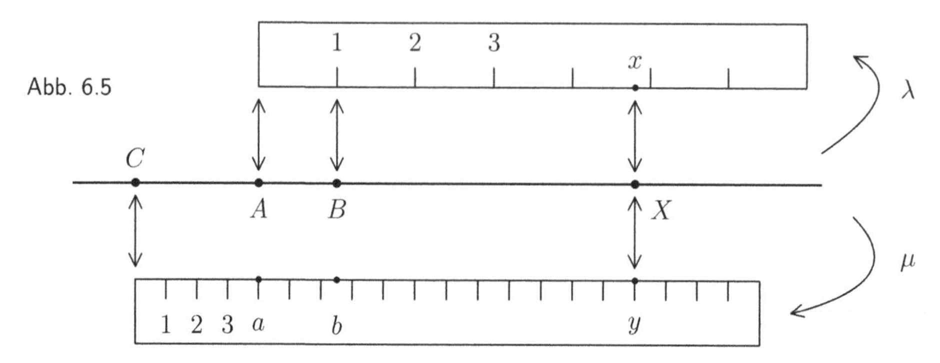

Es ist $b - a = d_\mu(A, B) = m$, denn das Lineal μ misst mit der Einheit Zentimeter. Wenn man voraussetzt, dass bei dem Übergang von einem Lineal zum anderen Proportionen erhalten bleiben (und das ist genau die Aussage des dritten Axioms), dann folgt:

$$\frac{y-a}{b-a} = \frac{x}{1}, \text{ also } \quad y = a + (b-a)x = a + mx.$$

♠ Der Übergang erfolgt durch eine affin-lineare Transformation.

Man kann übrigens die Transformation von Linealen auch umgekehrt betrachten: Ist $\lambda : L \to \mathbb{R}$ ein Lineal aus $\mathscr{S}_L$ und $f(x) = ax + b$ mit $a \neq 0$, so ist auch $\mu := f \circ \lambda : L \to \mathbb{R}$ ein Lineal aus $\mathscr{S}_L$, und es ist $\mu \circ \lambda^{-1} = f$.

6.3 Über die Lage von Punkten

Zur Motivation: *Denkt man sich eine Ebene durch den Mittelpunkt der Erde gelegt, so schneidet diese Ebene die Erdoberfläche (näherungsweise) in einem sogenannten „Großkreis". Ein Beobachter auf der Erdoberfläche wird diesen Kreis als eine gerade Linie von Horizont zu Horizont wahrnehmen. Zwei Punkte auf dem Großkreis werden durch eben diesen Kreis auf die kürzeste Weise miteinander verbunden. Deshalb fliegen Langstreckenflugzeuge gerne entlang solcher Großkreise, und die Route von Frankfurt nach New York führt über Neufundland.*

Ohne moderne, technische Hilfsmittel wäre es schwer, zwischen Geraden und Großkreisen zu unterscheiden. Dennoch verhalten sich diese Linien sehr unterschiedlich. Zwei Großkreise schneiden sich immer in zwei Punkten, sind also niemals parallel. Könnte man ein Eisenbahngleis um den kompletten Äquator verlegen, so würden sich die beiden Schienen nicht schneiden, aber sie würden auch keine Großkreise bilden, so winzig die Abweichung davon auch sein mag. Und eine weitere Eigenschaft unterscheidet Geraden und Großkreise: Verteilt man drei Punkte willkürlich auf einem Großkreis, so liegt jeder dieser drei Punkte zwischen den beiden anderen. Bei einer Geraden gäbe es immer genau einen Punkt, der zwischen den beiden anderen liegt. Hier soll nun die Lagebeziehung dreier Punkte auf einer Geraden genauer untersucht werden.

Es seien P, Q, R drei verschiedene Punkte auf einer Geraden L und $p, q, r \in \mathbb{R}$ ihre Koordinaten bezüglich eines Lineals. Man sagt, Q liegt ***zwischen*** P und R, wenn q zwischen p und r liegt. Diese Definition ist unabhängig vom gewählten Lineal, wie man dem folgenden Satz entnimmt:

Kriterium zur Bestimmung der Lage dreier Punkte auf einer Geraden:

1. *Von den reellen Zahlen p, q, r liegt q genau dann* ***zwischen*** *p und r, wenn der Quotient $\dfrac{p-q}{q-r}$ positiv ist.*

2. *Ist $f(x) = ax + b$ mit $a \neq 0$, so ist* $\dfrac{f(p) - f(q)}{f(q) - f(r)} = \dfrac{p-q}{q-r}$.

Die erste Aussage ergibt sich daraus, dass der Quotient $(p-q)/(q-r)$ genau dann positiv wird, wenn $p < q < r$ oder $p > q > r$ ist. In allen anderen Fällen liegt q nicht zwischen p und r. Die Größe $Q(p, q, r) := (p-q)/(q-r)$ legt also fest, ob q zwischen p und r liegt. Ist f affin-linear, so ist $Q(f(p), f(q), f(r)) = Q(p, q, r)$. Damit hängt $Q(p, q, r)$ nicht vom Lineal ab.

Ist übrigens $p < q < r$, so ist

$$d_\lambda(P, Q) + d_\lambda(Q, R) = (q-p) + (r-q) = r - p = d_\lambda(P, R).$$

Die gewonnene Gleichung $d_\lambda(P, Q) + d_\lambda(Q, R) = d_\lambda(P, R)$ kann tatsächlich als weiteres Kriterium dafür herangezogen werden, dass q zwischen p und r liegt.

Sind P und Q zwei (verschiedene) Punkte in der Ebene E und L die durch P und Q bestimmte Gerade, so versteht man unter der ***Verbindungsstrecke*** von P und Q die Menge $\overline{PQ}$ aller Punkte $X \in L$, die zwischen P und Q liegen, inklusive der Endpunkte P und Q.

Unter dem ***Strahl*** von P in Richtung Q versteht man die Menge $\overrightarrow{PQ}$ aller Punkte $X \in L$ mit der Eigenschaft, dass P **nicht** zwischen X und Q liegt, inklusive des Endpunktes P.

Punkte, die auf einer Geraden liegen, nennt man ***kollinear***. Zu kollinearen Punkten wurde schon fast alles gesagt, was dazu zu sagen ist. In der Geometrie geht es aber auch um Dreiecke, Vierecke und andere Figuren. Dazu braucht man Punkte, die nicht kollinear sind, und deren Existenz ist bis jetzt noch nicht gesichert. Das liefert erst das Ebenenaxiom.

Das vierte Axiom der Geometrie, das **Ebenenaxiom**: *Die Ebene enthält mindestens drei nicht kollineare Punkte.*

6.4 Eichsysteme und Streckenverhältnisse

Zur Motivation: *Leider sind die Abstandswerte $d_\lambda(P,Q)$ nicht sehr aussagekräftig, weil sie vom gewählten Lineal abhängen. Man könnte aber ein spezielles Lineal als Eichmaß wählen (so eine Art „Urmeter") und dann nur noch solche Lineale zulassen, die die gleichen Abstände liefern wie das gewählte Eichmaß. Ob das funktioniert, wird sich in diesem Abschnitt zeigen. Außerdem sollen Teilungsverhältnisse unabhängig vom Lineal bestimmt werden, so dass man zum Beispiel sagen kann: „Der Punkt P teilt die Strecke $\overline{AB}$ im Verhältnis $1:2$."*

Zur Erinnerung: Mit $\mathscr{S}_L$ wird das System (also die Menge) aller Lineale zur Geraden L bezeichnet. Das dritte Axiom sichert, dass man zu jeder Geraden genügend viele Lineale finden kann.

Zwei Lineale λ und μ zur Geraden L sollen äquivalent heißen, wenn sie auf L den gleichen Abstandsbegriff erzeugen. Dass dies eine Äquivalenzrelation ist, ist trivial. Aber was bedeutet die Äquivalenz? Für je zwei Lineale λ und μ zu einer Geraden L gilt:

$$\exists\, a,b \in \mathbb{R} \text{ mit } \lambda \circ \mu^{-1}(t) = at + b \text{ für alle } t \in \mathbb{R}.$$

Wenn λ und μ den gleichen Abstandsbegriff erzeugen, muss gelten:

$$|\lambda(Y) - \lambda(X)| = d_\lambda(X,Y) = d_\mu(X,Y) = |\mu(Y) - \mu(X)| \text{ für alle } X, Y \in L.$$

Ist $\mu(X) = x$ und $\mu(Y) = y$, so bedeutet das:

$$|(ay+b) - (ax+b)| = |y-x|, \text{ also } |a| = 1.$$

Unter einem ***Eichsystem*** für L versteht man eine Teilmenge $\mathscr{D} \subset \mathscr{S}_L$ mit folgenden Eigenschaften:

1. $\mathscr{D}$ enthält mindestens ein Lineal λ_0 für L.
2. Jedes Lineal $\lambda \in \mathscr{D}$ liefert auf L den gleichen Abstandsbegriff wie λ_0.
3. Jedes Lineal für L, das den gleichen Abstandsbegriff wie λ_0 liefert, gehört zu dem Eichsystem $\mathscr{D}$.

Eichsysteme sind nicht anderes als die Äquivalenzklassen zur oben angegebenen Äquivalenzrelation. Jedes Eichsystem $\mathscr{D}$ legt einen Abstandsbegriff $d_\mathscr{D}$ fest. Zum Beispiel bilden alle Lineale mit Zentimetereinteilung ein Eichsytem.

Wie kann man nun das ***Verhältnis*** zweier Strecken bestimmen?

Sind P, Q, R, S vier Punkte auf einer Geraden L (mit $P \neq Q$ und $R \neq S$) und p, q, r, s die Koordinaten dieser Punkte bezüglich eines beliebigen Lineals λ für L, so kann man natürlich die Größe

$$\boxed{PQ : RS := \frac{p-q}{r-s}}$$

als Verhältnis der Strecken $\overline{PQ}$ und $\overline{RS}$ zueinander bezeichnen. Auf den ersten Blick hängt sie aber vom Lineal ab. Zum Glück nur auf den ersten Blick, denn der zweite Blick zeigt, dass diese Größe in Wirklichkeit unabhängig von λ ist. Ist nämlich $f(x) = ax + b$ eine affin-lineare Transformation mit $a \neq 0$, so ist

$$\frac{f(p) - f(q)}{f(r) - f(s)} = \frac{a(p-q)}{a(r-s)} = \frac{p-q}{r-s}.$$

Lediglich das Vorzeichen von $PQ : RS$ kann sich ändern, wenn man die „Orientierung" einer Strecke ändert, also Anfangs- und Endpunkt vertauscht.

Liegt Q zwischen P und R, so liefert das Verhältnis $PQ : QR$ eine Unterteilung der Strecke $\overline{PR}$. Ist $PQ : QR = 1$, so nennt man Q den ***Mittelpunkt*** von $\overline{PR}$. Sind P und Q zwei verschiedene Punkte auf der Geraden L und a, b zwei positive reelle Zahlen, so gibt es genau einen Punkt T zwischen P und Q mit $PT : TQ = a/b$.

Beispiel 6.4.1 (Teilung einer Strecke im Verhältnis 2 : 3)

Gegeben sei eine Gerade L und darauf zwei Punkte P und Q. Die Strecke $\overline{PQ}$ soll im Verhältnis 2 : 3 geteilt werden.

Zunächst wähle man ein Lineal $\lambda : L \to \mathbb{R}$. Dann sei $p := \lambda(P)$ und $q := \lambda(Q)$. Man kann annehmen, dass $p < q$ ist (sonst muss man die Rollen von P und Q vertauschen). Schließlich sei

$$r := p + \frac{2}{5}(q-p) \quad \text{und} \quad R := \lambda^{-1}(r).$$

Dann ist

$$PR : RQ = \frac{p-r}{r-q} = \frac{(2/5)\cdot(p-q)}{(p-q)+(2/5)\cdot(q-p)} = \frac{2/5}{1-2/5} = \frac{2}{3}.$$

♠

6.5 Die Parallelprojektion

In diesem Abschnitt geht es darum, eine Skala von einer Geraden zu einer anderen zu übertragen. *Dazu soll als Hilfsmittel die Parallelverschiebung benutzt werden. Praktisch führt man die durch, indem man die Basis des Geodreiecks an der ersten Geraden anlegt und dann eine Kathete des Dreiecks entlang eines Lineals verschiebt. Die Basis des verschobenen Dreiecks gibt die Richtung der gesuchten Parallele an.*

Eine Abbildung π von einer Geraden L zu einer Geraden M heißt ***Parallelprojektion****, wenn die jeweiligen Verbindungsgeraden von $X \in L$ und $\pi(X) \in M$ alle* *zueinander parallel sind. Legt man ein Lineal an L an und überträgt die Maße per Parallelprojektion auf M, so sollte dort wieder ein Lineal herauskommen. Leider muss man das per Axiom fordern, aber das ist dann auch das letzte Axiom der Geometrie.*

Die Parallelität ist eine Äquivalenzrelation in der Menge der Geraden einer Ebene.

Nun seien L und M zwei verschiedene Geraden, P ein Punkt auf L und Q ein Punkt auf M, der nicht auf L liegt. Dann ist auf jeden Fall $P \neq Q$. Die gesuchte Parallelprojektion soll nun durch Parallelverschiebung der Gerade G durch P und Q vermittelt werden:

Ist $X \neq P$ ein beliebiger Punkt auf L und G' die Parallele zu G durch X, so muss G' die Gerade M in einem Punkt $\pi(X)$ schneiden (man überlege sich, warum das so ist! Hinweis: Widerspruchsprinzip). Offensichtlich ist $\pi(X) \neq Q$ eindeutig bestimmt. Also wird durch $X \mapsto \pi(X)$ eine Abbildung $\pi : L \to M$ definiert.

Abb. 6.6

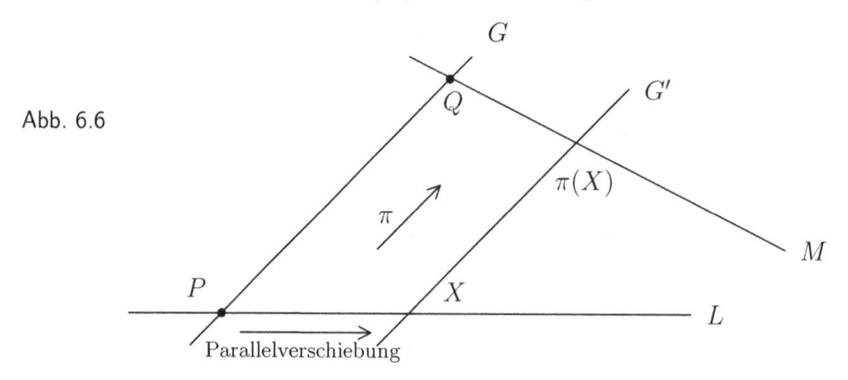

Die Abbildung $\pi : X \mapsto \pi(X)$, die L bijektiv auf M abbildet, nennt man die ***Parallelprojektion*** längs G.

Das fünfte Axiom, das Axiom von der **Parallelprojektion**, besagt: *Ist λ ein Lineal aus $\mathscr{S}_L$ und $\pi : L \to M$ eine Parallelprojektion, so ist $\lambda \circ \pi^{-1}$ ein Lineal aus $\mathscr{S}_M$.*

Das bedeutet insbesondere: Ist μ ein beliebiges Lineal aus $\mathscr{S}_M$, so gibt es reelle Zahlen $a, b \in \mathbb{R}$ mit $a \neq 0$, so dass **für alle** $t \in \mathbb{R}$ gilt:

$$\mu \circ \pi \circ \lambda^{-1}(t) = \mu \circ (\lambda \circ \pi^{-1})^{-1}(t) = at + b.$$

Die Zahl a nennt man den ***Skalenfaktor*** der Projektion. Er hängt natürlich von den gewählten Linealen λ und μ ab.

Beispiel 6.5.1 (Identifikation einer Parallelprojektion)

Gegeben seien zwei Geraden L und M, die sich in einem Punkt S treffen. Weiter sei $\pi : L \to M$ eine bijektive Abbildung mit folgenden Eigenschaften:

1. π bildet S auf S ab.

2. Es gibt Lineale λ_0 für L und μ_0 für M, so dass $\mu_0 \circ \pi \circ \lambda_0^{-1}$ eine affin-lineare Transformation ist.

Behauptet wird, dass π dann schon eine Parallelprojektion ist. Wie kann man das beweisen?

Zunächst muss eine Gerade G gefunden werden, so dass π entsteht, indem man G parallel verschiebt. Dazu sei $P \neq S$ ein Punkt auf L und $Q := \pi(P) \in M$ sowie G die Gerade durch P und Q. Die Gerade existiert, weil offensichtlich $P \neq Q$ ist (denn P liegt auf L, Q liegt auf M, beide Punkte sind $\neq S$, und S ist der einzige Punkt in $L \cap M$).

Die Gerade G wäre ein geeigneter Kandidat für die Parallelverschiebung, vorausgesetzt, dass π überhaupt eine Parallelprojektion ist.

Klar ist, dass es eine Parallelprojektion $\widetilde{\pi} : L \to M$ mit $\widetilde{\pi}(S) = S$ und $\widetilde{\pi}(P) = Q$ gibt. Man muss also nur zeigen, dass $\pi = \widetilde{\pi}$ ist. Als Hilfsmittel sucht man sich geeignete Lineale.

Sei λ ein Lineal für L mit $\lambda(S) = 0$ und $\lambda(P) = 1$. Genauso findet man ein Lineal μ für M, so dass $\mu(S) = 0$ und $\mu(Q) = 1$ ist. Weil $f := \mu_0 \circ \pi \circ \lambda_0^{-1}$ und auch die Abbildungen $f_1 := \lambda \circ \lambda_0^{-1}$ und $f_2 := \mu \circ \mu_0^{-1}$ affin-linear sind, ist auch

$$\mu \circ \pi \circ \lambda^{-1} = (\mu \circ \mu_0^{-1}) \circ (\mu_0 \circ \pi \circ \lambda_0^{-1}) \circ (\lambda_0 \circ \lambda^{-1}) = f_2 \circ f \circ f_1^{-1}$$

affin-linear. Es gibt also reelle Zahlen a und b, so dass $\mu \circ \pi \circ \lambda^{-1}(t) = at + b$ ist. Speziell ist

$$\begin{aligned} b &= \mu \circ \pi \circ \lambda^{-1}(0) = \mu \circ \pi(S) = \mu(S) = 0 \\ \text{und deshalb} \quad a &= \mu \circ \pi \circ \lambda^{-1}(1) = \mu \circ \pi(P) = \mu(Q) = 1. \end{aligned}$$

Damit ist $\mu \circ \pi \circ \lambda^{-1}(t) = t$, und auf dem gleichen Wege beweist man, dass auch $\mu \circ \widetilde{\pi} \circ \lambda^{-1}(t) = t$ ist. Daraus folgt die Gleichung $\pi = \widetilde{\pi}$. ♠

Wozu man den Skalenfaktor einer Parallelprojektion braucht, muss sich noch herausstellen. Auf jeden Fall scheint er schwer zugänglich zu sein, und da kommt der folgende Satz gerade recht:

Satz über die Berechnung des Skalenfaktors: *Es seien Lineale λ und μ für die Geraden L bzw. M fest gewählt. Sind P, P' zwei beliebige Punkte auf L mit Koordinaten p, p' und Q, Q' ihre Bilder unter einer Parallelprojektion π von L auf M mit Koordinaten q, q', so gilt für den Skalenfaktor von π:*

$$a = \frac{q - q'}{p - p'}.$$

Der Beweis ist nicht schwer, und man erhält auch noch folgende Formel:

$$\frac{d_\mu(Q, Q')}{d_\lambda(P, P')} = |a|.$$

Eine weitere Folgerung ist der bekannte

Strahlensatz: *Es seien L und M zwei verschiedene Geraden. Wenn Parallelen G, G' und G'' die Geraden L und M in Punkten P, P' und P'' bzw. Q, Q' und Q'' treffen, so ist $PP' : PP'' = QQ' : QQ''$.*

Man beachte, dass jeweils Verhältnisse von Strecken auf **einer** Geraden betrachtet werden. Strecken auf verschiedenen Geraden kann man mit den bisherigen Mitteln nicht sinnvoll ins Verhältnis setzen.

Abb. 6.7

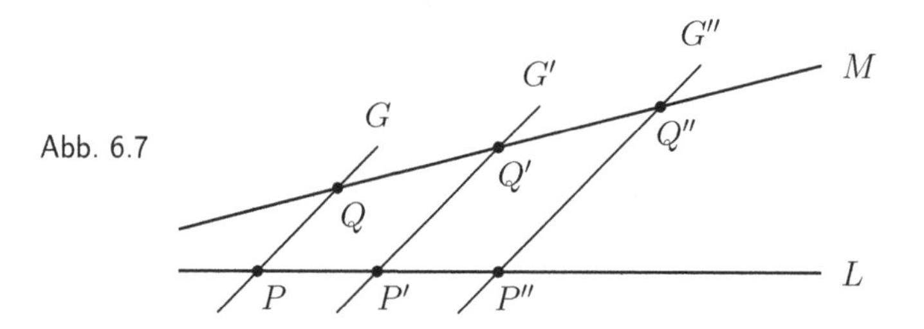

Der Beweis sei dem Leser zur Übung empfohlen. Er benutzt die Koordinaten der Punkte bezüglich geeigneter Lineale sowie den Skalenfaktor a.

6.6 Analytische Geometrie der Ebene

Zur Motivation: *Mit Hilfe des starken Werkzeuges „Parallelprojektion“ lassen sich nun Koordinaten für die Ebene einführen, und zwar genau so, wie das René Descartes im 17. Jahrhundert gemacht hat. Die Koordinatenachsen brauchen nicht aufeinander senkrecht zu stehen. Aber das ist nur eine Frage der Anschauung, rein rechnerisch spielt es keine Rolle. Deshalb kann der $\mathbb{R}^2$ als Modell für die ebene Geometrie dienen.*

Baut man die Geometrie aus den Axiomen auf, so spricht man von „synthetischer Geometrie“. Dieses Vorgehen hat den Nachteil, dass es keine anschauliche Vorstellung liefert und dass die Widerspruchsfreiheit des Axiomensystems ungeklärt bleibt. Ein ***Modell*** *für die Geometrie ist ein mathematisches Konstrukt, dessen Existenz sich aus anderen, bereits überprüften Axiomensystemen ergibt. Dass es sich tatsächlich um ein Modell für die axiomatisch begründete Theorie handelt, muss man nachrechnen, indem man innerhalb des Modells die Gültigkeit der Axiome beweist.*

Wenn die Übereinstimmung des Modells mit der axiomatischen Theorie verifiziert ist, kann man die gesamte Geometrie aus den Eigenschaften des Modells algebraisch herleiten. Dann spricht man von „analytischer Geometrie".

Koordinaten in der Ebene kann man folgendermaßen einführen:

1. Zunächst wähle man gemäß Axiom 4 drei nicht kollineare Punkte O, A, B.
2. Die Gerade L_x durch O und A sei mit dem Koordinatensystem λ_x versehen, das O auf 0 und A auf 1 abbildet. Desgleichen sei die Gerade L_y durch O und B mit dem Koordinatensystem λ_y versehen, das O auf 0 und B auf 1 abbildet. Dafür braucht man die Axiome 1 und 3.
3. Ist P ein Punkt der Ebene, so trifft die Parallele zu L_y durch P die Gerade L_x in einem Punkt X, und die Parallele zu L_x durch P trifft L_y in einem Punkt Y. Dadurch werden dem Punkt P die Koordinaten $x := \lambda_x(X)$ und $y := \lambda_y(Y)$ zugeordnet, und man schreibt: $P = (x, y)$. Hier wird Axiom 5 benutzt.

Der Punkt O wird ***Ursprung*** genannt, die Gerade L_x die x-Achse und L_y die y-Achse. Jedes Punktetripel (O, A, B) definiert ein Koordinatensystem. Da sich die Koordinaten aller Punkte der Ebene als Elemente von $\mathbb{R}^2$ wiederfinden, bietet sich der $\mathbb{R}^2$ als ***Modell*** für die Ebene E an.

Als Geraden benutzt man die Mengen

$$\{(x, y) \in \mathbb{R}^2 \,:\, ax + by = r\} \quad \text{mit} \quad a, b, r \in \mathbb{R} \text{ und } (a, b) \neq (0, 0).$$

Dabei erweist es sich oft als praktisch, zwei Typen von Geraden zu unterscheiden:

Typ I (vertikale Geraden): Ist $b = 0$ (und deshalb $a \neq 0$), so erhält man eine Geradengleichung der Form $x = c$. Die Gerade verläuft dann parallel zur y-Achse.

Typ II (schräge und horizontale Geraden): Ist $b \neq 0$, so kann man nach y auflösen und erhält eine Gleichung der Gestalt $y = mx + b$, mit $m \neq 0$. Den Faktor m bezeichnet man als ***Steigung*** der Geraden. Ist $m = 0$, so ist die Gerade parallel zur x-Achse und man erhält eine Gleichung der Gestalt $y = c$.

Die Gültigkeit der Axiome lässt sich leicht nachprüfen. Für Anwendungen ist es nützlich, wenn man die Gleichung für die Gerade durch zwei Punkte $P = (x_1, y_1)$ und $Q = (x_2, y_2)$ aufstellen kann. Dabei interessiert nur der Fall $x_1 \neq x_2$:

$$L = \{(x, y) \mid y = y_1 + \frac{y_2 - y_1}{x_2 - x_1} \cdot (x - x_1)\}.$$

Ist sogar $y_1 \neq y_2$, so kann man die symmetrische „Zweipunkteform" verwenden:

$$\frac{y - y_1}{y_2 - y_1} = \frac{x - x_1}{x_2 - x_1}.$$

Aufgabe 6.1

Bestimmen Sie zu einer durch $ax + by = r$ gegebenen Gerade L und einem Punkt $P_0 = (x_0, y_0)$, der nicht auf L liegt, die Gleichung der zu L parallelen Gerade durch P_0.

Eine weitere wichtige Aufgabe ist die Bestimmung des Schnittpunktes zweier Geraden

$$\begin{aligned} L_1 &= \{(x,y) \in \mathbb{R}^2 \mid ax + by = r\} \\ \text{und} \quad L_2 &= \{(x,y) \in \mathbb{R}^2 \mid cx + dy = s\}, \end{aligned}$$

mit $a, b, c, d, r, s \in \mathbb{R}$, $(a,b) \neq (0,0)$ und $(c,d) \neq (0,0)$.

Natürlich kann man keinen Schnittpunkt finden, wenn die Geraden parallel sind. Ob das der Fall ist, kann man leicht feststellen, denn die folgenden Aussagen sind äquivalent:

1. L_1 ist parallel zu L_2.
2. $ad - bc = 0$.
3. $\exists t \in \mathbb{R}$ mit $c = t \cdot a$ und $d = t \cdot b$.

BEWEIS: Will man die Äquivalenz von drei Aussagen beweisen, so lässt sich das mit einem „Ringschluss" bewerkstelligen. Man zeigt zum Beispiel: Aus (1) folgt (2), aus (2) folgt (3) und aus (3) folgt wieder (1).

(1) $\Longrightarrow$ (2): Vorausgesetzt wird, dass die Geraden parallel sind. Sind sie vertikal, so ist $b = d = 0$ und daher auch $ad - bc = 0$. Sind sie nicht vertikal, so kann man auflösen:

$$y = -\frac{a}{b}x + \frac{r}{b} \text{ (im Falle } L_1) \quad \text{und} \quad y = -\frac{c}{d}x + \frac{s}{d} \text{ (im Falle } L_2).$$

Setzt man $x = 0$ ein, so sieht man, dass L_1 die y-Achse im Punkt $(0, r/b)$ und L_2 die y-Achse im Punkt $(0, s/d)$ trifft.

Abb. 6.8

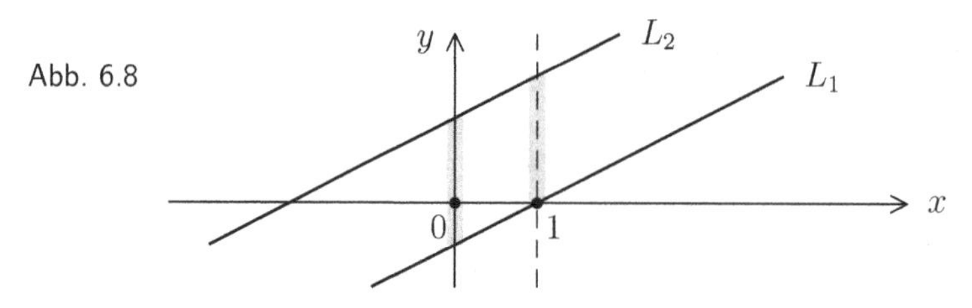

Dann muss die zur y-Achse parallele Gerade $x = 1$ die beiden Geraden L_1 und L_2 in Punkten $(1, y_1)$ und $(1, y_2) = (1, y_1 + s/d - r/b)$ treffen. Daraus folgt:

$$-\frac{c}{d} + \frac{s}{d} = y_2 = y_1 + \frac{s}{d} - \frac{r}{b} = \left(-\frac{a}{b} + \frac{r}{b}\right) + \frac{s}{d} - \frac{r}{b} = -\frac{a}{b} + \frac{s}{d},$$

also $-c/d = -a/b$ und damit $ad - bc = 0$.

(2) $\Longrightarrow$ (3): Nun sei also vorausgesetzt, dass $ad - bc = 0$, das heißt $ad = bc$ ist. Ist $b = 0$, so muss $a \neq 0$ und $d = 0$ sein. Also ist $c = (c/a) \cdot a$ und $d = (c/a) \cdot b$. Ist dagegen $b \neq 0$, so ist $c = (d/b) \cdot a$ und $d = (d/b) \cdot b$.

(3) $\Longrightarrow$ (1): Ist $c = t \cdot a$ und $d = t \cdot b$, so wird L_1 durch die Gleichung $ax + by = r$ und L_2 durch die Gleichung $tax + tby = s$ beschrieben.

Besitzen L_1 und L_2 einen gemeinsamen Punkt (x_0, y_0), so muss $tr = s$ sein. Das bedeutet, dass $L_1 = L_2$ ist. Auf jeden Fall sind L_1 und L_2 parallel. ∎

Sind die Geraden L_1 und L_2 nicht parallel, so kann man das Gleichungssystem

$$ax + by = r \quad \text{und} \quad cx + dy = s$$

auflösen. Als Lösung erhält man die Koordinaten des eindeutig bestimmten Schnittpunktes:

$$x = \frac{dr - bs}{ad - bc} \quad \text{und} \quad y = \frac{as - cr}{ad - bc}.$$

Aufgabe 6.2

Es seien drei Geraden gegeben, durch $(-1, 0)$ und $(1, 1)$, durch $(0, -1)$ und $(2, 0)$ und durch $(0, 5)$ und $(5, 0)$. Bestimmen Sie die drei Geradengleichungen und sämtliche Schnittpunkte.

Wem der Begriff des Lineals noch etwas rätselhaft geblieben ist, der wird fragen, wie diese Lineale in der analytischen Geometrie aussehen.

Gegeben sei eine Gerade $L = \{(x, y) \in \mathbb{R}^2 \,:\, ax+by = r\}$, mit $(a, b) \neq (0, 0)$. Ein Lineal für L ist eine bijektive Abbildung $\lambda : L \to \mathbb{R}$. Wie findet man einen geeigneten Kandidaten dafür, so dass auch die weiteren Bedingungen des Linealaxioms erfüllt sind? Ein gutes Rezept besteht darin, zunächst eine möglichst einfache und naheliegende Abbildung zu wählen. Im Falle einer vertikalen Geraden $L = \{(x, y) \,:\, x = c\}$ haben alle Punkte auf der Geraden die Gestalt (c, y). Die einzige naheliegende Möglichkeit für ein Lineal ist also die Abbildung $(c, y) \mapsto y$. Warum sollte man sich das Leben schwer machen und (c, y) auf $37y + 102$ oder etwas ähnliches abbilden?

Im Falle einer „schrägen“ Geraden $L = \{(x, y) \,:\, y = mx + p\}$ ist die Sache nicht ganz so offensichtlich. Es bieten sich zwei Möglichkeiten an, nämlich $(x, y) \mapsto x$ und $(x, y) \mapsto y$. Allerdings hat die zweite Möglichkeit einen Schönheitsfehler, sie funktioniert nicht bei horizontalen Geraden. Ist nämlich $m = 0$, so ist die Abbildung $(x, y) = (x, p) \mapsto y = p$ konstant und keineswegs bijektiv. Also empfiehlt sich die erste Möglichkeit.

Fasst man alles zusammen, so kann man jeder Geraden $L = \{(x, y) : ax + by = r\}$ durch

$$\lambda_L(x,y) := \begin{cases} x & \text{falls } b \neq 0 \text{ (schräge Gerade)}, \\ y & \text{falls } b = 0 \text{ (vertikale Gerade)}. \end{cases}$$

ein „Standardlineal" zuordnen. Durch Verknüpfung mit affin-linearen Transformationen kann man daraus auch alle möglichen anderen Lineale gewinnen, vorausgesetzt, ... ja, ... die Standardlineale erfüllen die Bedingungen von Axiom 3. Man hofft zwar das Beste, aber es bleibt einem nicht erspart, das zu überprüfen.

Offensichtlich ist $\lambda_L : L \to \mathbb{R}$ in jedem Falle bijektiv, die Umkehrabbildung $\lambda_L^{-1} : \mathbb{R} \to L$ ist gegeben durch

$$\lambda_L^{-1}(t) = \begin{cases} (t, (-at+r)/b) & \text{falls } b \neq 0, \\ (r/a, t) & \text{falls } b = 0. \end{cases}$$

Damit ist λ_L schon mal ein Lineal. Die zweite Bedingung von Axiom 3, die „Verträglichkeitsbedingung" kann und muss nicht überprüft werden, weil hier ja zunächst pro Gerade nur ein Lineal eingeführt wurde. Alle anderen daraus durch affin-lineare Transformation gewonnenen Lineale sind per se mit dem Standardlineal verträglich.

Die erste Bedingung von Axiom 3 besagt, dass man zu beliebig vorgegebenen Punkten A, B auf L ein Lineal finden können muss, das A auf 0 und B auf 1 abbildet. Dass das geht, soll hier an einem Beispiel demonstriert werden:

Beispiel 6.6.1 (Bestimmung eines Lineals)

Sei $L := \{(x,y) \in \mathbb{R}^2 : y = x/2 - 1\}$. Die Punkte $A := (4,1)$ und $B := (6,2)$ liegen auf L. Gesucht ist ein Lineal λ mit $\lambda(A) = 0$ und $\lambda(B) = 1$.

Das Standardlineal für L ist gegeben durch $\lambda_L(x,y) = x$. Also ist $\lambda_L(A) = 4$ und $\lambda_L(B) = 6$. Mit Hilfe einer affin-linearen Transformation $f(t) := \alpha t + \beta$ kannt man jedes andere Lineal $\lambda = f \circ \lambda_L$ für L gewinnen.

Der Ansatz ist also: $f \circ \lambda_L(A) = 0$ und $f \circ \lambda_L(B) = 1$. Rechnet man das aus, so erhält man die Gleichungen

$$4\alpha + \beta = 0 \quad \text{und} \quad 6\alpha + \beta = 1.$$

Daraus ergibt sich $\alpha = 1/2$ und $\beta = -2$, also

$$\lambda(x,y) = x/2 - 2.$$

♠ Tatsächlich ist dies ein Lineal für L mit $\lambda(4,1) = 0$ und $\lambda(6,2) = 1$.

Jetzt wäre es schön, wenn man auch Parallelprojektionen durch Koordinaten beschreiben könnte. Wie das funktioniert, soll ebenfalls an einem Beispiel demonstriert werden.

Will man die Geraden in den Formen $y = mx + b$ oder $x = c$ beschreiben, so muss man leider zwischen mehreren Fällen unterscheiden. Hier soll nur einer dieser Fälle untersucht werden.

Beispiel 6.6.2 (Berechnung einer Parallelprojektion)

Es sei

$$\begin{aligned} L &:= \{(x,y) \in \mathbb{R}^2 \,:\, y = \frac{1}{4}x + 3\} \\ \text{und} \quad M &:= \{(x,y) \in \mathbb{R}^2 \,:\, y = 1\}. \end{aligned}$$

Gesucht ist die Parallelprojektion $\pi : L \to M$, die $P := (0,3) \in L$ auf $Q := (2,1) \in M$ abbildet.

Die Gerade G durch $P = (x_1, y_1) = (0,3)$ und $Q = (x_2, y_2) = (2,1)$ hat die Gleichung

$$y = y_1 + \frac{y_2 - y_1}{x_2 - x_1}(x - x_1) = 3 + \frac{1-3}{2-0}(x - 0) = 3 - x \quad \text{bzw.} \quad x + y = 3.$$

Jede dazu parallele Gerade G' wird durch eine Gleichung $x + y = s$ mit geeignetem s beschrieben.

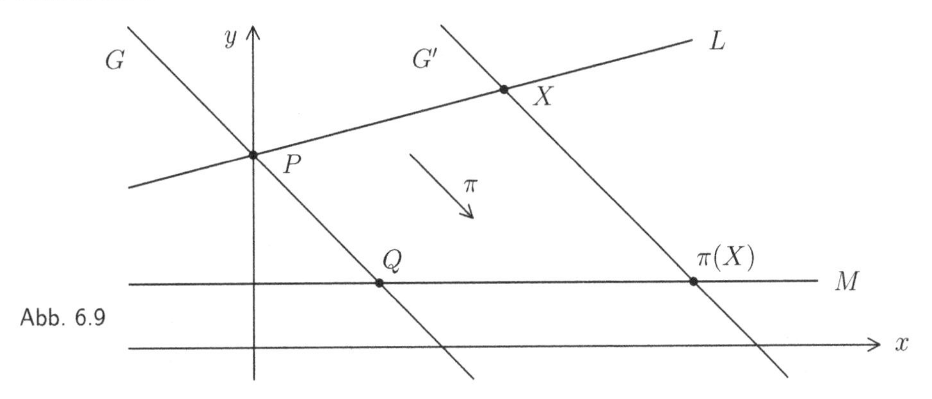

Abb. 6.9

Manchmal ist es übersichtlicher, mit Variablen statt Zahlen zu rechnen. Deshalb sei $m = 1/4$ und $b = 3$ gesetzt und dann ein beliebiger Punkt $X = (x_0, mx_0 + b) \in L$ vorgegeben. Dass X auf G' liegt, führt zu der Gleichung

$$s = x_0 + (mx_0 + b) = (m+1)x_0 + b = \frac{5}{4}x_0 + 3.$$

Im Falle $x_0 = 4$ (also $X = (4,4)$) ist dann $s = 8$ und $G' = \{(x,y) \,:\, x + y = 8\}$. Indem man $G' = \{(x,y) \,:\, x + y = s\}$ mit $M = \{(x,y) \,:\, y = 1\}$ schneidet, erhält man den Punkt

$$\pi(X) = (s - 1, 1), \quad \text{im Falle } s = 8 \text{ also } \pi(4,4) = (7,1).$$

Allgemein ist $\pi(x, mx + b) = \big((m+1)x + b - 1, 1\big)$. Mit $m = 1/4$ und $b = 3$ ergibt das

$$\pi(x, \frac{1}{4}x + 3) = (\frac{5}{4}x + 2, 1).$$

Die Umkehrabbildung erhält man, indem man die Gleichung $(m+1)x + b - 1 = t$ nach x auflöst und $y = mx + b$ setzt. Damit erhält man

$$\begin{aligned} \pi^{-1}(t,1) &= \Big(\frac{1}{m+1}(t-b+1), \frac{m}{m+1}(t-b+1)+b\Big) \\ \text{bzw.} \quad \pi^{-1}(t,1) &= \Big(\frac{4}{5}(t-2), \frac{1}{5}(t+13)\Big) \text{ im Falle } m = 1/4 \text{ und } b = 3. \end{aligned}$$

Tatsächlich ist dann $\pi^{-1}(7,1) = (4,4)$ und $\pi^{-1}(2,1) = (0,3)$.

Ist λ_L das Standardlineal von L (mit $\lambda_L(x,y) = x$), so ist

$$\lambda_L \circ \pi^{-1}(t,1) = \frac{1}{m+1}(t-b+1) = \alpha t + \beta \text{ (mit } \alpha := \frac{1}{m+1} \text{ und } \beta := -\frac{b-1}{m+1}).$$

♠ Das ist ein Lineal für M, wie es gemäß Axiom 5 auch sein sollte.

Bisher war hier noch nicht ernsthaft von Winkeln, Dreiecken und anderen gewohnten Figuren der ebenen Geometrie die Rede. Das soll nun nachgeholt werden.

Eine Teilmenge M der Ebene E heißt ***konvex***, wenn mit je zwei beliebigen Punkten $P, Q \in M$ stets auch die Verbindungsstrecke $\overline{PQ}$ in M enthalten ist. Jede Gerade, jede Strecke und jeder Strahl ist konvex, aber natürlich auch die ganze Ebene.

Satz von Pasch: *Gegeben sei eine Gerade L und Punkte $A, B, C \notin L$. Enthält L einen Punkt P zwischen B und C, so enthält L auch entweder einen Punkt zwischen A und B oder einen Punkt zwischen A und C.*

BEWEIS: Hier arbeitet man am besten mit dem Koordinatensystem, das durch (A, B, C) definiert wird. Dann haben A, B und C die Koordinaten $(0,0)$, $(1,0)$ und $(0,1)$. Dass ein Punkt $P = (u,v) \in L$ zwischen B und C liegt, bedeutet: $0 < u < 1$, $0 < v < 1$ und $u + v = 1$.

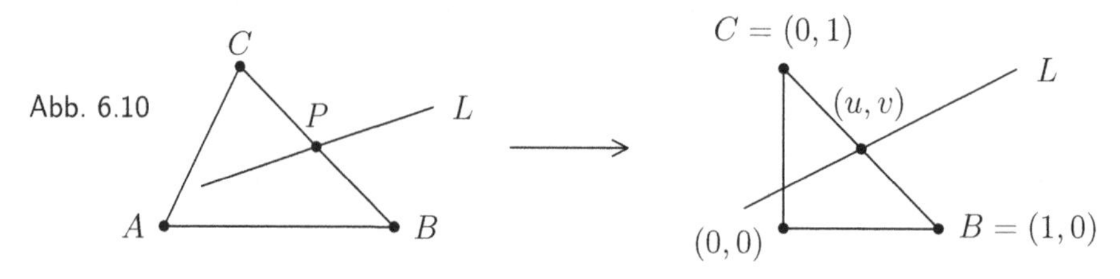

Abb. 6.10

Wäre L parallel zur x-Achse, so würde L die y-Achse in $(0,v)$ treffen. Und wenn L parallel zur y-Achse wäre, so würde L die x-Achse in $(u,0)$ treffen. Von jetzt an sei deshalb vorausgesetzt, dass L weder zur x-Achse noch zur y-Achse parallel ist. Dann trifft L die Gerade G_x durch A und B in einem Punkt $R = (r,0)$ mit $r \neq 0, 1$, sowie die Gerade L_y durch A und C in einem Punkt $S = (0,s)$ mit $s \neq 0, 1$. Setzt man R und S in die Zweipunkteform ein, so gewinnt man für L die Geradengleichung

$$\frac{x}{r} + \frac{y}{s} = 1.$$

Weil $P = (u, v)$ auf L liegt, ist $(u/r) + (v/s) = 1$. Subtrahiert man davon die Gleichung $u + v = 1$, so ergibt sich:

$$\Big(\frac{1}{r} - 1\Big)\, u + \Big(\frac{1}{s} - 1\Big)\, v = 0.$$

Weil $r, s \neq 1$ und $u, v \neq 0$ ist, kann keiner der Summanden $= 0$ sein. Also muss einer der Summanden > 0 und einer < 0 sein. Weil $u, v > 0$ sind, folgt:

Entweder ist $1/r > 1$ (und damit $r < 1$), oder es ist $1/s > 1$ (und damit $s < 1$). Das bedeutet aber, dass entweder R zwischen A und B oder S zwischen A und C liegt. ∎

Dieser Satz wird in vielen modernen Axiomensystemen für die ebene Geometrie als Axiom gefordert. Er hat weitreichende Konsequenzen.

Sei L eine Gerade in der Ebene. Zwei Punkte A und B aus $E \setminus L$ liegen auf der gleichen Seite von L, wenn ihre Verbindungsstrecke $\overline{AB}$ keinen Punkt von L enthält. Die Beziehung „auf der gleichen Seite von L liegen" ist eine Äquivalenzrelation auf der Menge $E \setminus L$. Die Reflexivität und die Symmetrie sind offensichtlich, und die Transitivität folgt aus dem Satz von Pasch. Mit Letzterem kann man auch zeigen, dass es genau zwei Äquivalenzklassen gibt, die man als die beiden durch L bestimmten ***Halbebenen*** bezeichnet. Offensichtlich sind diese Halbebenen konvexe Mengen. Wird L im Koordinatensystem durch die Gleichung $ax + by = r$ beschrieben, so sind die Mengen $H_+ := \{(x, y) : ax + by > r\}$ und $H_- := \{(x, y) : ax + by < r\}$ die beiden durch L bestimmten Halbebenen. Man beachte aber, dass die Bezeichnungen H_+ und H_- ziemlich willkürlich sind, weil man die Geradengleichung mit -1 multiplizieren kann, ohne dass sich an der Geraden selbst etwas ändert. Will man das Ganze eindeutig machen, so sollte man fordern, dass entweder $b = 0$ und $a > 0$ ist, oder $b > 0$.

Zwei von einem Punkt P ausgehende Strahlen $\overrightarrow{PQ}$ und $\overrightarrow{PR}$ bilden zusammen einen ***Winkel*** $\angle QPR$ (wenn P, Q und R nicht kollinear sind). Ist H die durch PR bestimmte Halbebene, die Q enthält, und H' die durch PQ bestimmte Halbebene, die R enthält, so nennt man $H \cap H'$ das ***Innere*** des Winkels.

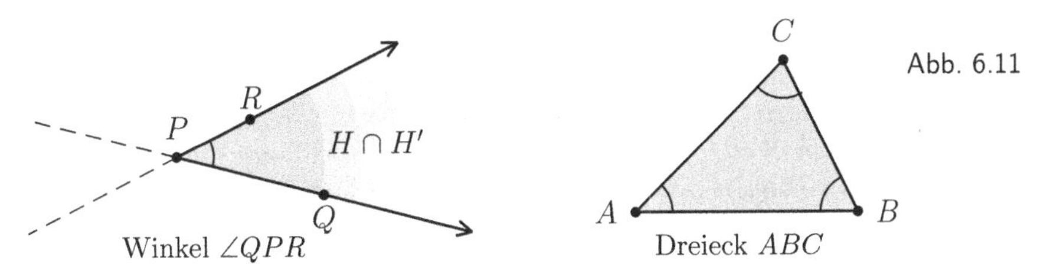

Abb. 6.11

Sind A, B, C nicht kollinear, so versteht man unter dem ***Dreieck*** ABC die Vereinigung der drei Strecken $\overline{AB}$, $\overline{AC}$ und $\overline{BC}$. Die Strecken nennt man die ***Seiten*** des Dreiecks, die Punkte A, B, C die ***Ecken***. Das ***Innere*** des Dreiecks besteht aus den Punkten, die im Inneren aller drei Winkel $\angle BAC$, $\angle ACB$ und $\angle ABC$ liegen.

Bei vielen Problemen im Zusammenhang mit einem Dreieck ABC kann es nützlich sein, das durch A, B, C bestimmte Koordinatensystem benutzen. Dann wird das Innere des Dreiecks durch die Menge der Punkte (x, y) mit $x > 0$, $y > 0$ und $x + y < 1$ beschrieben.

Aufgabe 6.3

a) Die Strecke von der Ecke eines Dreiecks zur Mitte der gegenüberliegenden Seite heißt ***Seitenhalbierende***. Zeigen Sie, dass sich die drei Seitenhalbierenden eines Dreiecks in einem Punkt treffen und dass sie dort im Verhältnis 2 : 1 geteilt werden.

b) Seien $P_0 = (x_0, y_0)$, $P_1 = (x_1, y_1)$ und $P_2 = (x_2, y_2)$ drei nicht kollineare Punkte. Ist $P := (x_2 + x_1 - x_0, y_2 + y_1 - y_0)$, so ist $P_0P_1PP_2$ ein Parallelogramm, also ein Viereck mit parallelen gegenüberliegenden Seiten.

c) Seien $(0, 0)$, (x_1, y_1), (u, v) und (x_2, y_2) die Ecken eines Parallelogramms. Zeigen Sie mit Hilfe von (b), dass $u = x_1 + x_2$ und $v = y_1 + y_2$ ist.

6.7 Der Begriff der Orthogonalität

Mathematiker sind ja manchmal schon etwas komische Leute. *Möchte man etwa von ihnen wissen, was Orthogonalität bedeutet, so antworten sie nicht „Orthogonalität ist ... “, sondern sie reden um den heißen Brei herum und erzählen erst mal etwas von den Eigenschaften der Orthogonalität. Warum machen die das so?*

Manchmal geht es nicht anders. Es wurde ja schon in Kapitel 5 gezeigt, dass in der Mathematik neue Begriffe gerne mit Hilfe von Äquivalenzrelationen eingeführt werden, und es wurde auch gezeigt, dass man dieses Vorgehen sogar in Alltagssituationen antrifft, nur sieht es da nicht so abstrakt aus. Hin und wieder reichen die Äquivalenzrelationen jedoch nicht aus. Es gibt Beziehungen, die nicht die drei Eigenschaften „reflexiv“, „symmetrisch“ und „transitiv“ besitzen. Hier ist ein Beispiel aus der realen Welt: Farben wie „rot“ oder „blau“ kann man zwar als Äquivalenzklassen von Dingen mit einer gemeinsamen Eigenschaft auffassen, aber wie würde man den Begriff der „Komplementärfarbe“ erklären? Viele werden wissen, dass es zu jeder Farbe genau eine Komplementärfarbe gibt. Zum Beispiel ist „violett“ die Komplementärfarbe zu „gelb“, oder „orange“ die Komplementärfarbe zu „blau“. Weiter kann man sagen: Ist F Komplementärfarbe zu G, so ist auch G

Komplementärfarbe zu F, und keine Farbe ist zu sich selbst komplementär. Es handelt sich also nicht um eine Äquivalenzrelation.

In diesem Abschnitt soll der Begriff der Orthogonalität erklärt werden, also das „Senkrecht-aufeinander-Stehen“. Natürlich kennt das jeder rein anschaulich, und es fällt auf, dass man auf die gleichen Eigenschaften wie bei der Relation „ist Komplementärfarbe von“ stößt. Ob diese Eigenschaften reichen, muss sich nun zeigen.

Begonnen wird mit einer schon bekannten Äquivalenzrelation. Zwei Geraden sollen äquivalent heißen, wenn sie parallel sind. Dass das eine Äquivalenzrelation ist, ist natürlich nichts Neues. Aber welche abstrakte Eigenschaft haben alle Geraden einer Äquivalenzklasse gemeinsam? Wir nennen diese Eigenschaft die ***Richtung***. Eine Richtung ist also nichts anderes als die Gesamtheit $R = R(L_0)$ aller Geraden L, die zu einer festen Gerade L_0 parallel sind.

Mit $\mathscr{R}$ sei die Menge aller Richtungen in der Ebene bezeichnet. Orthogonalität ist eine Relation zwischen Geraden, aber auch zwischen Richtungen. Sie verhält sich ein bisschen wie eine Funktion: **Jeder** Richtung R wird **genau eine** zu ihr orthogonale Richtung $R^\perp$ zugeordnet, man kann etwa schreiben: $R \mapsto R^\perp$. Da Definitions- und Wertebereich dieser Zuordnung übereinstimmen, kann man die Zuordnung wiederholen und erhält dann $R^{\perp\perp} = R$.

Definition

Eine ***Orthogonalitätsbeziehung*** ist eine Abbildung $\sigma : \mathscr{R} \to \mathscr{R}$ mit folgenden Eigenschaften:

1. Es ist $\sigma \circ \sigma = \mathrm{id}_{\mathscr{R}}$.
2. Es gilt $\sigma(R) \neq R$ für alle $R \in \mathscr{R}$.

Ist $R \in \mathscr{R}$, so nennt man $R^\perp := \sigma(R)$ die zu R orthogonale Richtung.

Die Abbildung σ ist offensichtlich bijektiv mit $\sigma^{-1} = \sigma$, und sie hat keinen Fixpunkt (also keinen Punkt R mit $\sigma(R) = R$). Für die Relation $R \sim R' = \sigma(R)$ schreibt man auch $R \perp R'$.

Offen bleibt die Frage: Gibt es überhaupt eine Orthogonalitätsbeziehung, und wenn ja, wie kann man dann Orthogonalität erkennen?

Wenn es eine Orthogonalitätsbeziehung gäbe, dann hätte das mancherlei Konsequenzen:

1. Zwei Geraden heißen zueinander ***orthogonal***, wenn ihre Richtungen zueinander orthogonal sind. Der von ihnen eingeschlossene Winkel heißt ***rechter Winkel***, und er ist gleich seinem Nebenwinkel, umfasst also 90°.

2. Ist L eine Gerade und $P \in L$, so gibt es genau eine Gerade L' durch P, die orthogonal zu L ist. Die eindeutig bestimmte Gerade L' heißt die ***Senkrechte*** zu L in P.

3. Ist L eine Gerade und P ein Punkt, der nicht auf L liegt, so gibt es genau eine Gerade L' durch P, die senkrecht auf L steht. Man nennt L' das ***Lot*** von P auf L. Der Schnittpunkt von L und L' heißt der ***Fußpunkt*** des Lotes.

   Sind L_1 und L_2 zwei Geraden, die nicht senkrecht aufeinander stehen, so nennt man die Abbildung $\pi : L_1 \to L_2$, die jedem Punkt $P \in L_1$ den Fußpunkt des Lotes von P auf L_2 zuordnet, die ***orthogonale Projektion*** von L_1 auf L_2. Offensichtlich ist π eine Parallelprojektion.

So, nun wird es aber wirklich Zeit, eine Orthogonalitätsbeziehung zu finden. Dafür ist es ratsam, mit Koordinaten zu arbeiten.

1. Schritt: Was ist eine Richtung?

Zwei Geraden $L_1 = \{(x, y) : ax + by = r\}$ und $L_2 = \{(x, y) : cx + dy = s\}$ sind genau dann parallel, wenn es ein t mit $(c, d) = (ta, tb)$ gibt. Die durch L_1 vorgegebene Richtung wird also durch alle Paare (ta, tb), $t \neq 0$, repräsentiert.

2. Schritt: Wann repräsentieren zwei Paare (a, b) und (c, d) zwei senkrecht aufeinander stehende Richtungen?

Experimenteller Versuch: Auf kariertem Papier zeichne man ein Koordinatensystem und die Strecke von $(0, 0)$ nach $(3, 2)$ ein. Die dazu (im anschaulichen Sinne) senkrechte Strecke gleicher Länge ist dann offensichtlich die Strecke von $(0, 0)$ nach $(-2, 3)$.

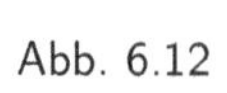

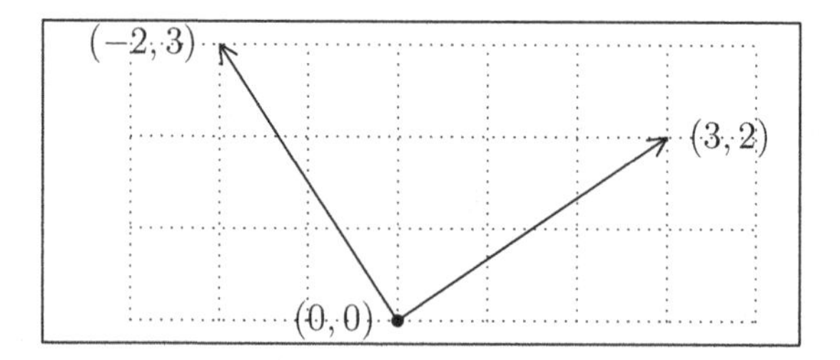

Abb. 6.12

Also definiert man: Wenn durch (a, b) eine Richtung repräsentiert wird, dann wird die dazu orthogonale Richtung durch $(-b, a)$ repräsentiert.

Man kann das etwas symmetrischer haben, denn es gilt:

$$
\begin{aligned}
ac + bd = 0 \quad &\iff \quad a \cdot c - b \cdot (-d) = 0 \\
&\iff \quad \exists\, s \text{ mit } -d = s \cdot a \text{ und } c = s \cdot b \\
&\iff \quad \exists\, t \text{ mit } c = t \cdot (-b) \text{ und } d = t \cdot a \text{ (man setze } t = -s).
\end{aligned}
$$

Also könnte man auch definieren: $L_1 \perp L_2 \iff ac + bd = 0$.

3. Schritt: Nachweis der Eigenschaften!

Wie man einer (durch (a, b) repräsentieren) Richtung die dazu orthogonale Richtung (die durch $(-b, a)$ repräsentiert wird) zuordnet, wurde schon gezeigt. Wegen der Symmetrie der Gleichung $ac + bd = 0$ gilt dann auch: $L_1 \perp L_2 \iff L_2 \perp L_1$. Und weil jeder Richtungsrepräsentant $(a, b) \neq (0, 0)$ ist, ist dann $a^2 + b^2 > 0$. Das bedeutet, dass keine Gerade zu sich selbst orthogonal ist. Damit ist eine Orthogonalitätsbeziehung für die Ebene eingeführt.

Beispiel 6.7.1 (Konstruktion des Lotes auf eine Gerade)

Es seien zwei Geraden gegeben durch

$$L_1 := \{(x, y) \,:\, -\frac{1}{2}x + y = 1\} \quad \text{und} \quad L_2 := \{(x, y) \,:\, -x + y = 2\}.$$

Von den Punkten $P = (2, 4)$ und $P' = (0, 2)$ auf L_2 soll das Lot auf L_1 gefällt werden.

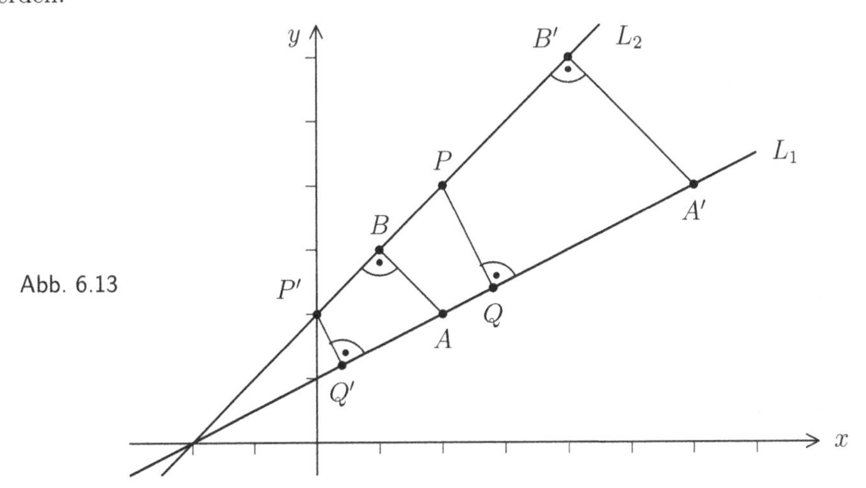

Abb. 6.13

Eine zu L_1 orthogonale Gerade hat im Allgemeinen die Gleichung $-x - y/2 = s$. Soll sie durch den Punkt P gehen, so erhält man $s = -4$. Also ist

$$G = \{(x, y) \,:\, x + \frac{1}{2}y = 4\}$$

das Lot von P auf L_1. Der Fußpunkt Q ist der Schnittpunkt von G mit L_1. Aus den Gleichungen $x + y/2 = 4$ und $-x/2 + y = 1$ erhält man $Q = (14/5, 12/5)$.

Soll die zu L_1 orthogonale Gerade durch P' gehen, so erhält man $s = -1$. Das Lot von P' auf L_1 ist also die Gerade

$$G' = \{(x, y) \,:\, x + \frac{1}{2}y = 1\}.$$

Der Fußpunkt Q' ist der Schnittpunkt von G' mit L_1. Er wird durch die Gleichungen $x + y/2 = 1$ und $-x/2 + y = 1$ bestimmt, man erhält $Q' = (2/5, 6/5)$.

Um den Skalenfaktor a_{21} der orthogonalen Projektion von L_2 auf L_1 zu bestimmen, braucht man Lineale für die beiden beteiligten Geraden. Hier kann man die Lineale $\lambda_{1/2} : (x, y) \mapsto x$ benutzen. Sei

$$p = \lambda_2(P) = 2,\ p' = \lambda_2(P') = 0,\ q = \lambda_1(Q) = 14/5 \text{ und } q' = \lambda_1(Q') = 2/5.$$

Dann ist $a_{21} = (q - q')/(p - p') = \big(14/5 - 2/5\big)/(2 - 0) = 12/10 = 6/5$.

Spaßeshalber kann man nun noch die orthogonale Projektion von L_1 auf L_2 betrachten. Die Punkte $A = (2, 2)$ und $A' = (6, 4)$ liegen offensichtlich auf L_1. Die allgemeine Senkrechte zu L_2 hat die Gleichung $-x - y = r$. Damit ergibt sich für das Lot von A auf L_2 die Gerade

$$H = \{(x, y) : x + y = 4\}.$$

Für das Lot von A' auf L_2 erhält man dagegen

$$H' = \{(x, y) : x + y = 10\}.$$

Die Fußpunkte B und B' erhält man als Schnittpunkte von H bzw. H' mit L_2. Dann ist $B = (1, 3)$ und $B' = (4, 6)$.

Auch im zweiten Fall sollte man mal den Skalenfaktor berechnen. Sei

$$a := \lambda_1(A) = 2,\ a' := \lambda_1(A') = 6,\ b := \lambda_2(B) = 1 \text{ und } b' := \lambda_2(B') = 4.$$

Dann ist der Skalenfaktor der Projektion von L_1 auf L_2 die Zahl

$$a_{12} = (b - b')/(a - a') = (1 - 4)/(2 - 6) = (-3)/(-4) = 3/4.$$

Die beiden Skalenfaktoren a_{12} und a_{21} sind verschieden. Das sollte nicht weiter überraschen, es gibt ja zunächst keinen Grund, das Gegenteil anzunehmen. Überraschen wird vielmehr die Tatsache, dass es einen Satz gibt, der Folgendes besagt:

Wenn man die ***richtige*** *Orthogonalitätsbeziehung und die* ***richtigen*** *Lineale benutzt, dann stimmen die Skalenfaktoren der othogonalen Projektion von L_1 auf L_2 und von L_2 auf L_1 überein.*

Auf den Beweis, der nicht ganz einfach ist, soll hier nicht eingegangen werden. Aber man könnte die Gültigkeit des Satzes am vorliegenden Beispiel überprüfen.

Die „richtige“ Orthogonalitätsbeziehung wird hier schon benutzt. Aber was sind die richtigen Lineale? Zunächst braucht man eine irgendwie normierte und eindeutige Beschreibung der Geraden. Dazu verwendet man bei vertikalen Geraden die Gleichung $x = r$ (also $a = 1$ und $b = 0$) und bei nichtvertikalen Geraden eine Gleichung $ax + by = r$ mit $a^2 + b^2 = 1$ und $a = b > 0$ oder $a > b$. Hat man die ermittelt, sollte man im vertikalen Fall das Lineal $(x, y) \mapsto y$ und sonst das Lineal $(x, y) \mapsto (-x + ar)/b$ verwenden. Das bedeutet, dass der Punkt $O = (ar, br) \in L$ auf 0 und der Punkt $E = (ar - b, br + a) \in L$ auf 1 abgebildet wird.

Im vorliegenden Fall führt das bei L_1 und L_2 zu den Linealen

$$\lambda_1(x,y) = \frac{\sqrt{5}}{2}\Big(x + \frac{2}{5}\Big) \quad \text{und} \quad \lambda_2(x,y) = \sqrt{2}(x+1).$$

Damit wird tatsächlich $a_{12} = a_{21} = \dfrac{3}{\sqrt{10}}$. ♠

Sind P und Q zwei Punkte in der Ebene und ist L die Verbindungsgerade dieser Punkte, dann ist der Abstand $d_\lambda(P,Q) = |\lambda(P) - \lambda(Q)|$ leider vom Lineal λ (für L) abhängig. Am Schluss des vorangegangenen Beispiels wurde aber darauf hingewiesen, dass es zu jeder Geraden eine Normalform und ein sich darauf beziehendes Standardlineal λ_L gibt (das nicht mit dem einfachen „Standardlineal“ zu verwechseln ist, das zuvor benutzt wurde). Mit Hilfe des neuen Standardlineals λ_L sollte man den Abstandsbegriff eindeutig machen können. Das geht, und das Ergebnis überrascht vielleicht.

Für einen besseren Überblick wird hier noch einmal alles zusammengefasst:

Voraussetzung: Im $\mathbb{R}^2$ werde jede Gerade L durch eine Standardgleichung der Form $ax + by = r$ mit $a^2 + b^2 = 1$ und $a = b > 0$ oder $a > b$ beschrieben. Als Standardlineal für diese Gerade kann die Abbildung

$$\lambda_L(x,y) := \begin{cases} y & \text{falls } a = 1 \text{ und } b = 0 \text{ ist}, \\ (-x + ar)/b & \text{sonst.} \end{cases}$$

verwendet werden. Zwei Geraden $L_1 = \{(x,y) : ax + by = r\}$ und $L_2 = \{(x,y) : cx + dy = s\}$ sind genau dann orthogonal zueinander, wenn $ac + bd = 0$ ist.

Folgerungen:

1. Der Abstand zweier Punkte (x_1, y_1) und (x_2, y_2) bezüglich des Standardlineals der Verbindungsgerade der beiden Punkte ist gegeben durch

$$d\big((x_1,y_1),(x_2,y_2)\big) := \sqrt{(x_2 - x_1)^2 + (y_2 - y_1)^2}.$$

2. Gegeben seien zwei Geraden L_1 und L_2 mit $L_1 \cap L_2 = \{O\}$, sowie Punkte $P \in L_1$ und $A \in L_2$. Ist dann Q die orthogonale Projektion von P auf L_2 und B die orthogonale Projektion von A auf L_1 (siehe Abbildung 6.14 auf Seite 170), so ergeben sich für die Skalenfaktoren die Werte

$$\frac{d(O,Q)}{d(O,P)} = \frac{d(O,B)}{d(O,A)}.$$

Was kann man zu den Beweisen sagen?

1) Ist $P = (x_1, y_1)$ und $Q = (x_2, y_2)$ mit $y_i = (r - ax_i)/b$ für $i = 1, 2$, so ist

$$y_2 - y_1 = \frac{a}{b}(x_2 - x_1)$$

und damit tatsächlich

$$\begin{aligned} d_{\lambda_L}(P,Q) &= |\lambda_L(Q) - \lambda_L(P)| = \big|(-x_2 + ar)/b - (-x_1 + ar)/b\big| \\ &= \frac{1}{|b|} \cdot |x_2 - x_1| = \sqrt{\frac{1}{b^2}(x_2 - x_1)^2} \\ &= \sqrt{\frac{a^2 + b^2}{b^2}(x_2 - x_1)^2} = \sqrt{(x_2 - x_1)^2 + (y_2 - y_1)^2}. \end{aligned}$$

2) Der Beweis der Aussage über die Skalenfaktoren kann hier nicht dargestellt werden. Wenn man aber in seinem Schulwissen kramt, bietet sich doch eine einfache Erklärung an.

Abb. 6.14

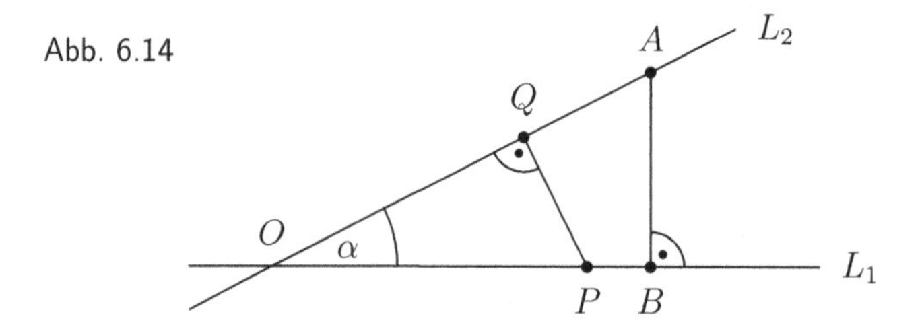

In dem rechtwinkligen Dreieck OPQ ist $d(O,Q)/d(O,P) = \cos\alpha$, und in dem rechtwinkligen Dreieck OBA ist $d(O,B)/d(O,A) = \cos\alpha$. Also sind die beiden Verhältnisse gleich.

Winkelfunktionen wie zum Beispiel der Cosinus werden zwar erst im folgenden Kapitel behandelt, aber die meisten kennen sie doch von der Schule. Deshalb sollte die obige Begründung (und die Berechnung am Ende des letzten Beispiels) erst mal als Rechtfertigung reichen.

6.8 Die euklidische Metrik

Motivation: *Im vorigen Abschnitt wurde der Abstand zweier Punkte $P = (x_1, y_1)$ und $Q = (x_2, y_2)$ im $\mathbb{R}^2$ eingeführt:*

$$d(P,Q) := \sqrt{(x_2 - x_1)^2 + (y_2 - y_1)^2}.$$

*Nun sollen die Eigenschaften dieses Abstandsbegriffes zusammengestellt werden, man spricht auch von der **euklidischen Metrik**. Dieser Themenkreis steht in engem Zusammenhang mit der Geometrie des Kreises.*

Wir beginnen mit einem alten Bekannten, dem

Satz des Pythagoras *Sei ABC ein bei C rechtwinkliges Dreieck. Dann ist*

$$d(A,B)^2 = d(A,C)^2 + d(B,C)^2.$$

Beweis: Bereits in Kapitel 1 wurden schon Beweise für den Satz des Pythagoras vorgestellt. Hier geht es aber um einen Beweis innerhalb des in diesem Kapitel behandelten Axiomensystems.

Die „Höhe" (also das Lot) von C auf AB teilt die Hypotenuse $\overline{AB}$ in zwei Abschnitte $\overline{AF}$ und $\overline{FB}$. Es sei $c := d(A,B)$, $p := d(A,F)$, $q := d(F,B)$, $a := d(B,C)$ und $b := d(A,C)$.

Abb. 6.15

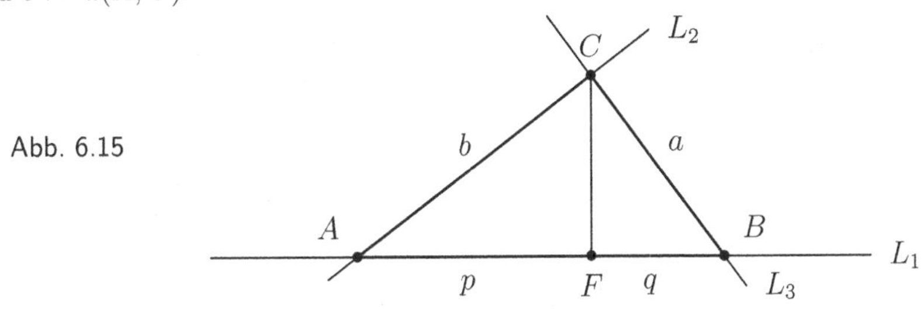

Sei L_1 die Gerade durch A und B, L_2 die Gerade durch A und c und schließlich L_3 die Gerade durch B und C.

Der Skalenfaktor a_{12} der orthogonalen Projektion von L_1 auf L_2 ist gegeben durch $a_{12} = b/c$, der Skalenfaktor a_{21} der umgekehrten orthogonalen Projektion von L_2 auf L_1 durch $a_{21} = p/b$. Weiter ist der Skalenfaktor a_{13} der orthogonalen Projektion von L_1 auf L_3 gegeben durch $a_{13} = a/c$, der Skalenfaktor a_{31} der umgekehrten orthogonalen Projektion von L_3 auf L_1 durch $a_{31} = q/a$.

Die Gleichung $a_{12} = a_{21}$ liefert $b/c = p/b$, also $cp = b^2$. Die Gleichung $a_{13} = a_{31}$ liefert $a/c = q/a$, also $cq = a^2$.
Zusammen erhält man $a^2 + b^2 = cq + cp = c(p+q) = c^2$. ∎

Der Satz des Pythagoras ist keine akademische Spielerei, sondern ein sehr nützliches Werkzeug für die Geometrie. Hier sind ein paar nette, kleine Anwendungen:

1. *In einem rechtwinkligen Dreieck ist die Hypotenuse die größte Seite.*

   Das ist ganz einfach. Ist nämlich $\overline{AB}$ die Hypotenuse in dem rechtwinkligen Dreieck ABC, so ist

   $$d(A,B) = \sqrt{d(A,C)^2 + d(B,C)^2} \geq \max\big(d(A,C), d(B,C)\big).$$

2. *Sei L eine Gerade und P ein Punkt, der nicht auf L liegt, sowie F der Fußpunkt des Lotes von P auf L. Dann ist F derjenige Punkt von L, der den kleinsten Abstand von P besitzt.*

Auch das sieht man sehr schnell. Ist nämlich $X \neq F$ ein Punkt auf L, so bilden X, F und P ein rechtwinkliges Dreieck mit Hypotenuse $\overline{XP}$. Also ist $d(X,P) > d(F,P)$.

3. *Sei ABC ein beliebiges Dreieck und $\overline{AB}$ seine größte Seite, sowie F der Fußpunkt des Lotes von C auf AB. Dann liegt F zwischen A und B.*

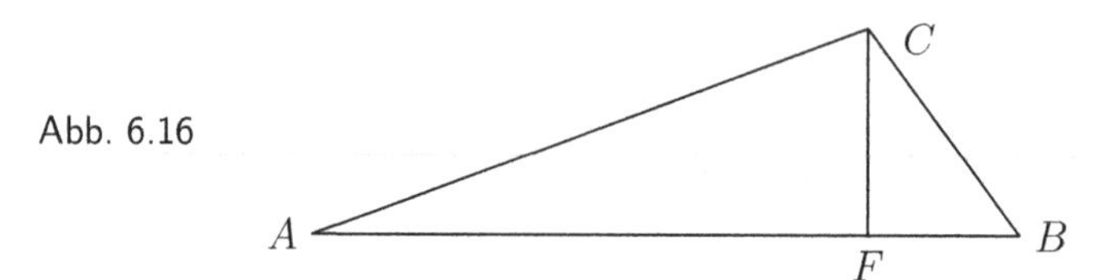

Abb. 6.16

Nach (1) ist nämlich $\overline{AF} < \overline{AC} < \overline{AB}$ und $\overline{FB} < \overline{BC} < \overline{AB}$. Läge nun etwa A zwischen F und B, so wäre $\overline{FB} > \overline{AB}$, und das ergäbe einen Widerspruch. Also kann A nicht zwischen F und C liegen. Und genauso sieht man, dass B nicht zwischen A und F liegen kann, denn dann wäre $\overline{AF} > \overline{AB}$.

Da aber von drei Punkten auf einer Geraden immer einer zwischen den beiden anderen liegen muss, bleibt nur die Möglichkeit, dass F zwischen A und B liegt.

4. *Sind A, B und C drei Punkte, die nicht auf einer Geraden liegen, so ist*

$$d(A,B) < d(A,C) + d(C,B).$$

*Diese Beziehung nennt man auch die **Dreiecksungleichung**.*

Diese Aussage ist sehr wichtig, aber vielleicht nicht ganz so selbstverständlich. Eine Fallunterscheidung hilft weiter. Ist nämlich $\overline{AC}$ oder $\overline{BC}$ die größte Seite des Dreiecks, so ist die obige Aussage schon deshalb wahr. Es bleibt nur noch der Fall übrig, dass $\overline{AB}$ die größte Seite des Dreiecks ist. Dann liegt der Fußpunkt F des Lotes von C auf $\overline{AB}$ zwischen A und B, gemäß Aussage (3).

Dann ist $d(A,B) = d(A,F) + d(F,B) < d(A,C) + d(B,C)$, weil man ja die Aussage (1) auf die rechtwinkligen Dreiecke CAF und BCF angewandt werden kann.

Weil jedem Paar (X,Y) von Punkten eindeutig ihr Abstand (oder ihre Distanz) $d(X,Y)$ zugeordnet werden kann, darf man diesen Vorgang auch als Funktion ansehen. Diese Funktion bezeichnet man als ***Metrik***, und – weil sie die klassische Geometrie Euklids messtechnisch beschreibt – auch als ***euklidische Metrik***.

Die Eigenschaften der Metrik *Die euklidische Metrik $d : \mathbb{R}^2 \times \mathbb{R}^2 \to \mathbb{R}$ besitzt folgende Eigenschaften:*

1. *Für alle $P, Q \in \mathbb{R}^2$ ist $d(P,Q) \geq 0$. Die Gleichung $d(P,Q) = 0$ gilt genau dann, wenn $P = Q$ ist.*

2. *Symmetrie: Für alle $P, Q \in \mathbb{R}^2$ ist $d(P, Q) = d(Q, P)$.*
3. *Dreiecksungleichung: Für alle $P, Q, R \in \mathbb{R}^2$ ist $d(P, Q) \leq d(P, R) + d(R, Q)$. Die Gleichheit gilt genau dann, wenn R zwischen P und Q liegt.*

Der BEWEIS ist einfach nachzuvollziehbar und deshalb eine nette Übung:

1) Ist $P = (x_1, y_1)$ und $Q = (x_2, y_2)$, so ist $d(P, Q) = \sqrt{(x_1 - x_2)^2 + (y_1 - y_2)^2}$. Es ist offensichtlich, dass $d(P, Q) \geq 0$ ist. Die Gleichung $d(P, Q) = 0$ gilt genau dann, wenn $(x_1 - x_2)^2 + (y_1 - y_2)^2 = 0$ ist, und das gilt genau dann, wenn $x_1 = x_2$ und $y_1 = y_2$ ist. Letzteres bedeutet, dass $P = Q$ ist.

2) Der Ausdruck für $d(P, Q)$ ist offensichtlich symmetrisch, das heißt, er ändert sich nicht, wenn man P und Q vertauscht.

3) Liegt R zwischen P und Q, so ist $d(P, R) = d(R, Q)$. Liegt P zwischen R und Q, so ist schon $d(P, Q) < d(R, Q)$ und damit die Dreiecksungleichung erfüllt. Analoges gilt, wenn Q zwischen R und P liegt. Für den Fall, dass die drei Punkte P, Q und R ein Dreieck bilden, wurde die Aussage schon als Folgerung aus dem Satz des Pythagoras bewiesen. ∎

Definition

Ist M eine Menge und $d : M \times M \to \mathbb{R}$ eine Funktion, die die oben genannten Eigenschaften (1), (2) und (3) der euklidischen Metrik erfüllt, so nennt man d ebenfalls eine ***Metrik*** und das Paar (M, d) einen ***metrischen Raum***.

Es gibt ein ungeschriebenes Gesetz in der Mathematik: Wenn man einen neuen Begriff einführt, dann sollte man zumindest zwei nicht triviale Beispiele dafür angeben können.

Der ursprünglich eingeführte Abstandsbegriff hing vom gewählten Lineal ab. Die euklidische Metrik liefert allerdings einen einheitlichen Abstandsbegriff für alle Geraden. Dafür wurden Standardlineale eingeführt, und so haben wir tatsächlich einen eindeutig bestimmten Abstandsbegriff erhalten. Es gibt nur diese eine euklidische Metrik. Um nun eine davon verschiedene Metrik zu finden, muss man sich etwas einfallen lassen. Wie wäre es mit der „Taxigeometrie"?

Beispiel 6.8.1 (Die Taximetrik)

Um in einer Stadt wie New York mit einem Taxi vom Ort A zum Ort B zu kommen, muss man in einem rechtwinkligen Muster die richtigen Straßen benutzen.

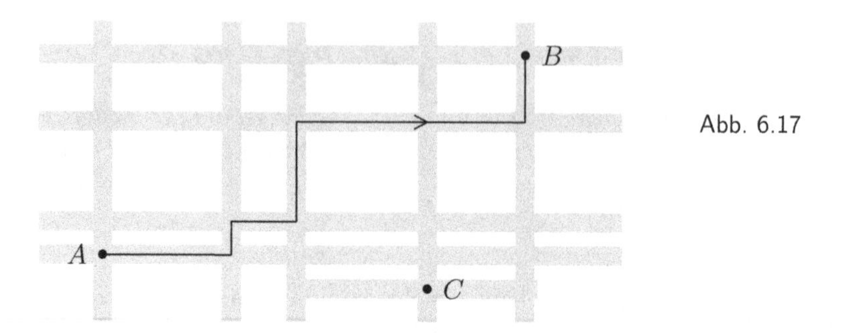

Abb. 6.17

Die Strecke, die der Taxifahrer von $A = (x_1, y_1)$ nach $B = (x_2, y_2)$ zurücklegt (und damit der Abstand dieser Punkte in der „Taximetrik“ d_T) beträgt

$$d_T(A, B) := |x_2 - x_1| + |y_2 - y_1|.$$

Offensichtlich ist dieser Abstand ≥ 0 und nur dann $= 0$, wenn $A = B$ ist. Auch verändert er sich nicht, wenn man A und B vertauscht (was nicht ganz der Realität entspricht, denn da könnten einen Einbahnstraßen zu einem Umweg zwingen).

Es bleibt die Dreiecksungleichung zu zeigen. Sei $C = (u, v)$ ein beliebiger dritter Punkt. Dann gilt:

$$\begin{aligned} d_T(A, B) &= |x_2 - x_1| + |y_2 - y_1| \\ &= |x_2 - u + u - x_1| + |y_2 - v + v - y_1| \\ &\leq |u - x_1| + |x_2 - u| + |v - y_1| + |y_2 - v| \\ &= d_T(A, C) + d_T(C, B). \end{aligned}$$

In der realen Welt lässt sich bestimmt eine Situation konstruieren, wo das mit der Taxigeometrie schiefgeht. Aber so, wie hier d_T definiert wurde, handelt es sich mit Gewissheit um eine Metrik mit allen gewünschten Eigenschaften. ♠

Aus der euklidischen Metrik lassen sich viele bekannte Begriffe ableiten. So ist etwa der ***Mittelpunkt*** einer Strecke $\overline{AB}$ der (eindeutig bestimmte) Punkt M zwischen A und B, für den $d(A, M) = d(M, B)$ ist. Ist L die Gerade durch A und B und λ ein Lineal für L, sowie $a := \lambda(A)$, $b := \lambda(B)$ und $m := \lambda(M)$, so muss gelten:

$$a < m < b \text{ (oder } b < m < a\text{) und } |m - a| = |b - m|.$$

Daraus ergibt sich im Falle $a < m < b$ die Beziehung $0 < m - a = b - m$, also $m = (a + b)/2$. Der andere Fall $(b < m < a)$ führt analog zum Ziel. Tatsächlich ist dann

$$AM : MB = \frac{a - m}{m - b} = \frac{2a - (a + b)}{(a + b) - 2b} = \frac{a - b}{a - b} = 1.$$

Der Mittelpunkt teilt die Strecke also im Verhältnis $1 : 1$, genau so, wie man es erwartet.

Unter der ***Mittelsenkrechten*** zur Strecke $\overline{AB}$ versteht man diejenige Senkrechte zur Verbindungsgeraden L, die durch den Mittelpunkt M geht. Man kann dann zeigen, dass die Mittelsenkrechte zu $\overline{AB}$ aus allen Punkten X mit $d(A, X) = d(B, X)$ besteht (siehe Aufgabe 6.16).

Definition

Ist P ein Punkt der Ebene E und $r > 0$ eine reelle Zahl, so versteht man unter dem ***Kreis*** um P mit ***Radius*** r die Menge

$$K := \{Q \in E \, : \, d(P,Q) = r\}.$$

Ein Punkt Q mit $d(P,Q) < r$ heißt ***innerer Punkt*** des Kreises, einer mit $d(P,Q) > r$ heißt ***äußerer Punkt*** des Kreises.

Im $\mathbb{R}^2$ gilt: Ist $P = (x_0, y_0)$, so ist $K = \{(x,y) \, : \, (x - x_0)^2 + (y - y_0)^2 = r^2\}$.

Nachgefragt: *Der Abschnitt über Orthogonalität hat vielleicht den einen oder anderen etwas ratlos zurückgelassen. Das ist nicht ganz so schlimm, notfalls kann man die Details auch übergehen, wenn man nur die Orthogonalitätsbeziehung $ac + bd = 0$ im Kopf behält. Nun sind wir beim Kreis angelangt, und da werden sich die meisten wieder auf bekanntem Terrain wiederfinden. Es stellt sich die Frage, ob man hier auch die bekannten Aussagen über den Kreis herleiten kann:*

1. *Sind A und B Punkte auf einem Kreis, so nennt man die Strecke $\overline{AB}$ eine **Sehne** dieses Kreises. Stimmt es, dass die Mittelsenkrechte zu einer Sehne immer den Mittelpunkt des Kreises trifft?*

2. *Kann eine Kreissehne einen äußeren Punkt des Kreises enthalten?*

3. *Wie viele Schnittpunkte haben ein Kreis und eine Gerade?*

(1) Die Definition der Mittelsenkrechten hilft nicht so recht weiter, wohl aber die oben schon erwähnte Eigenschaft, dass ein Punkt genau dann auf der Mittelsenkrechten zur Strecke $\overline{AB}$ liegt, wenn er von A und B den gleichen Abstand hat. Sind nun A und B Endpunkte einer Sehne eines Kreises um den Punkt P mit Radius r, so liegen A und B auf dem Kreis, und dann ist definitionsgemäß $d(A, P) = d(B, P) = r$. Die Antwort lautet also „Ja“.

(2) Sei $\overline{AB}$ eine beliebige Sehne eines Kreises um P mit Radius r, sowie G ein Punkt zwischen A und B, also ein Punkt auf der Sehne, der nicht mit einem der Endpunkte übereinstimmt. Die Anschauung lässt vermuten, dass G ein innerer Punkt des Kreises ist. Demnach muss gezeigt werden, dass $d(P, G) < r$ ist.

Der Fußpunkt F des Lotes von P auf AB ist zugleich der Mittelpunkt der Strecke $\overline{AB}$, liegt also zwischen A und B. Im rechtwinkligen Dreieck PBF ist $\overline{PB}$ die Hypotenuse, also $d(P, F) < d(P, B)$. Damit ist F ein innerer Punkt des Kreises.

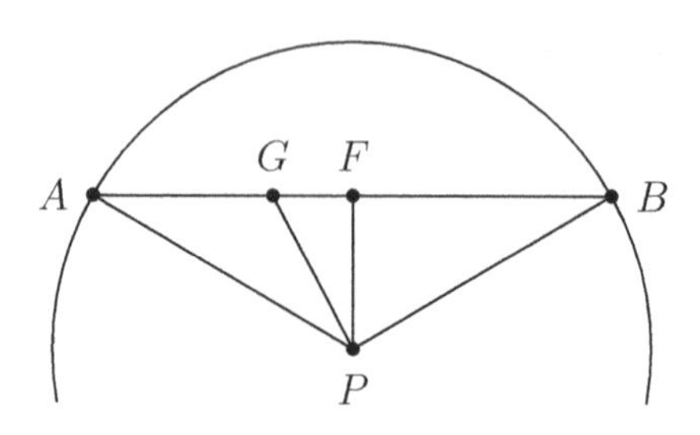

Abb. 6.18

Ist $G \neq F$, so muss G zwischen A und F oder zwischen F und B liegen. Es reicht, den ersten Fall zu betrachten, der andere geht analog. Nun kann man es mal wieder mit Pythagoras versuchen, und zwar in den rechtwinkligen Dreiecken GPF und APF. Es ist

$$\begin{aligned} d(P,G) &= \sqrt{d(G,F)^2 + d(P,F)^2} \\ &< \sqrt{d(A,F)^2 + d(P,F)^2} = d(P,A) = r. \end{aligned}$$

Auch G ist ein innerer Punkt des Kreises. Damit kann die Frage mit „Nein" beantwortet werden.

(3) Sei K der Kreis um P mit Radius r und L eine beliebige Gerade. Weiter sei F der Fußpunkt des Lotes von P auf L. Ist $d(P,F) > r$, so ist erst recht $d(P,X) > r$ für alle Punkte X auf L. In diesem Falle besteht L nur aus äußeren Punkten des Kreises, und es gibt keinen Schnittpunkt.

Ist $d(P,F) = r$, so liegt F auf dem Kreis. Nach wie vor ist aber $d(P,X) > r$ für alle Punkte $X \neq F$ auf L. Also ist $K \cap L = \{F\}$. Man nennt in diesem Fall L die ***Tangente*** an K in F.

Sei nun $d := d(P,F) < r$, also F ein innerer Punkt des Kreises. Es gibt auf L Punkte A und B, so dass F zwischen A und B liegt und außerdem $d(A,F) = d(F,B) = \sqrt{r^2 - d^2}$ gilt. Dann ist

$$d(P,A) = d(P,B) = \sqrt{d^2 + (r^2 - d^2)} = r.$$

Also liegen A und B auf dem Kreis K, d.h., K und L haben mindestens zwei Schnittpunkte.

Kann es denn noch einen dritten Schnittpunkt C geben? Wenn es einen solchen gäbe, müsste einer der drei Punkte zwischen den beiden anderen liegen. Da $\overline{AB}$ eine Sehne ist, liegen alle Punkte zwischen A und B im Inneren des Kreises. Also muss entweder A zwischen C und B oder B zwischen A und C liegen. Dann wäre aber $\overline{CB}$ eine Sehne und A ein innerer Punkt oder $\overline{AC}$ eine Sehne und B ein innerer Punkt. Beides kann nicht sein, es bleibt also bei maximal zwei Schnittpunkten.

6.9 Ähnlichkeit, Kongruenz und Flächeninhalt

Zur Motivation: *Der Begriff der „Kongruenz“ spielt in der euklidischen Geometrie eine große Rolle, wird aber bei Euklid gar nicht ordentlich erklärt. Was anschaulich damit gemeint ist, ist wahrscheinlich jedem klar, denn schon in der Schule wird einem gesagt, dass deckungsgleiche Figuren kongruent genannt werden. Allerdings ist das exzessive Konstruieren von Dreiecken aus drei mehr oder weniger ausgefallenen Stücken unter Zuhilfenahme der Kongruenzsätze nicht mehr so in Mode, wie es in den sechziger Jahren des vorigen Jahrhunderts war. Heute benutzt man lieber Abbildungen, und dieser Weg soll auch hier gegangen werden.*

Eine Abbildung $f : E \to E$ heißt ***Ähnlichkeitsabbildung***, falls gilt:

1. f ist bijektiv.
2. Es gibt eine Konstante $c > 0$, so dass für alle P, Q gilt:

$$d(f(P), f(Q)) = c \cdot d(P, Q).$$

Ist $c = 1$, so heißt f eine ***Bewegung*** oder ***Kongruenzabbildung***.

Zwei Mengen F und F' heißen ***ähnlich*** (bzw. ***kongruent***), falls es eine Ähnlichkeitsabbildung (bzw. Kongruenzabbildung) f mit $f(F) = F'$ gibt.

Ein wichtiges Beispiel für eine Ähnlichkeitsabbildung ist die ***zentrische Streckung*** $H_c : (x, y) \mapsto (cx, cy)$.

Beispiele für Bewegungen sind die ***Translationen*** (oder ***Verschiebungen***)

$$T(x, y) := (x + a, y + b),$$

die ***Spiegelung*** $S(x, y) := (x, -y)$ und die ***Drehungen***

$$R(x, y) := (ax - by, ay + bx), \quad \text{mit } a^2 + b^2 = 1.$$

Je zwei Geraden (Strecken gleicher Länge, rechte Winkel) sind zueinander kongruent. Die Kongruenzsätze für Dreiecke (SSS, SWS und WSW) wurden schon in Kapitel 1 angesprochen und sind auch noch in Kapitel 7 ein Thema. Deshalb sollen sie hier nicht noch einmal erläutert werden. Nicht ganz so bekannt sind vielleicht Sätze über die Ähnlichkeit von Dreiecken.

Satz: *Gegeben seien zwei Dreiecke ABC und $A'B'C'$ mit $\angle BAC = \angle B'A'C'$ und $\angle ABC = \angle A'B'C'$. Dann sind die Dreiecke ähnlich.*

BEWEIS: Die Winkel bei A, B und C bzw. A', B' und C' seien mit α, β und γ bzw. α', β' und γ' bezeichnet. Nach Voraussetzung ist $\alpha = \alpha'$ und $\beta = \beta'$.

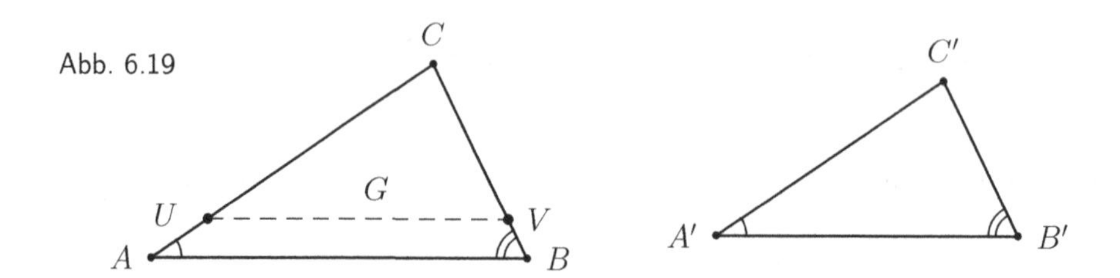

Man kann (o.B.d.A.) annehmen, dass $d(A,C) > d(A',C')$ ist. Dann findet man einen Punkt U zwischen A und C, so dass $d(U,C) = d(A',C')$ ist. Sei L die Gerade durch A und B. Die Parallele G zu L durch U trifft $\overline{BC}$ in einem Punkt V zwischen B und C. Warum?

1. Weil G zu L parallel ist, die Gerade H durch B und C aber nicht, kann auch G nicht parallel zu H sein, und es gibt einen Schnittpunkt V von G und H.

2. Offensichtlich ist $V \neq B$ (wegen der Parallelität von G und L) und $V \neq C$ (denn sonst läge A auf G, was nicht sein kann).

3. Nach dem Satz von Pasch muss G eine der Seiten $\overline{BC}$ oder $\overline{AB}$ des Dreiecks ABC treffen. Weil $\overline{AB}$ nicht in Frage kommt, muss der Schnittpunkt V zwischen B und C liegen.

Die Dreiecke UVC und $A'B'C'$ sind nach WSW kongruent, denn es ist $\overline{UC}$ kongruent zu $\overline{AC}$ (nach Konstruktion), $\angle VUC = \alpha = \alpha'$ (weil F-Winkel an Parallelen gleich sind) und $\gamma = 180° - \alpha - \beta = 180° - \alpha' - \beta' = \gamma'$. Also ist $d(V,C) = d(B',C')$ und $d(U,V) = d(A',B')$.

Nach dem Strahlensatz ist $AC : UC = BC : VC$, also auch $d(A,C)/d(A',C') = d(B,C)/d(B',C')$. Bezeichnet man die Seitenlängen der Dreiecke ABC bzw. $A'B'C'$ wie üblich mit a, b und c bzw. mit a', b' und c', so ist $b/b' = a/a'$, und man erhält

$$b' = \frac{a'}{a} \cdot b \quad \text{und} \quad a' = \frac{a'}{a} \cdot a.$$

Sei $t := a'/a$. Dann ist $a' = ta$ und $b' = tb$. Um auch noch die Gleichung $c' = tc$ zu beweisen, bräuchte man einen zweiten Strahlensatz, der hier nicht behandelt wurde. Da man aber das Dreieck ABC mit Hilfe des Lotes von C auf c in zwei rechtwinklige Dreiecke zerlegen kann, reicht es, den Fall zu betrachten, dass α ein rechter Winkel ist. Dann folgt:

$$c' = \sqrt{(a')^2 - (b')^2} = \sqrt{t^2a^2 - t^2b^2} = t\sqrt{a^2 - b^2} = tc.$$

Sei nun T die Translation, die A' auf A abbildet, R die Drehung mit Zentrum A, die die Gerade durch $A = T(A')$ und $T(B')$ auf die Gerade L durch A und B abbildet und schließlich S eine Abbildung (identische Abbildung oder Spiegelung an S), die dafür sorgt, dass $S \circ R \circ T(C')$ in derselben Halbebene wie C liegt.

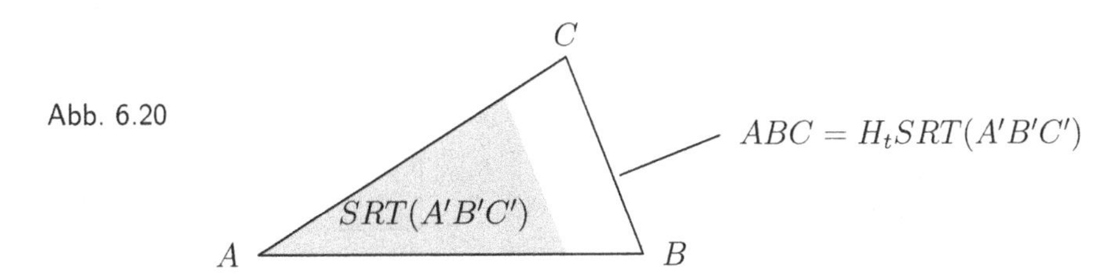

Abb. 6.20

Dann sorgt die zentrische Streckung $H_t(x, y) := (tx, ty)$ dafür, dass $f := H_t \circ S \circ R \circ T$ das Dreieck $A'B'C'$ auf das Dreieck ABC abbildet. Offensichtlich handelt es sich bei f um eine Ähnlichkeitsabbildung, die sich aus einer (abstandserhaltenden) Bewegung und einer zentrischen Streckung zusammensetzt. Die Abstände werden durch f um den Faktor t gestreckt. ∎

Die Bestimmung des Flächeninhaltes einer beliebigen Teilmenge der Ebene ist ein höchst kompliziertes Problem. Sehr viel einfacher wird es, wenn man sich auf ***Polygongebiete*** beschränkt. Das sind Vereinigungen von endlich vielen Dreiecksgebieten. Wie kann man nun jedem Polygongebiet auf eindeutige Weise einen Flächeninhalt zuordnen?

1) Wie soll man anfangen? Ein ***Dreiecksgebiet*** besteht aus einem Dreieck (dem „Rand" des Gebietes) und allen seinen inneren Punkten. Wie man den Flächeninhalt eines solchen Gebietes berechnet, mag vielen bekannt sein, ist aber eigentlich auch keine selbstverständliche Angelegenheit.

Abb. 6.21

Besser fängt man ganz einfach an. Ein Gebiet soll hier eine Teilmenge der Ebene sein, die von Streckenzügen berandet wird und nicht zu kompliziert ist. Am einfachsten ist ein Quadrat, also ein Viereck mit vier rechten Winkeln und vier gleich langen Seiten. Ist G ein Quadrat der Seitenlänge a, so ist die Zahl $\mu(G) = a^2$ der Flächeninhalt des Quadrates. Das kennt jeder von seinen Küchenfliesen. Und wer möchte, kann auch mit einer Rechtecksfläche G mit den Seitenlängen a und b anfangen, dann ist natürlich die Zahl $\mu(G) = a \cdot b$ der Flächeninhalt von G. Das kennt man vom Tapezieren.

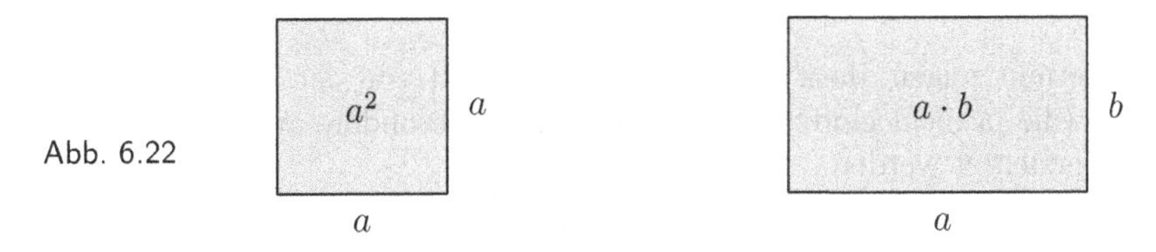

Abb. 6.22

2) Nun zum Dreieck! Ein rechtwinkliges Dreieck G mit den Katheten a und b ist ein halbes Rechteck, das ergibt die Fläche $\mu(G) = (a \cdot b)/2$. Ein beliebiges spitzwinkliges Dreieck G kann in zwei rechtwinklige Dreiecke zerlegt werden.

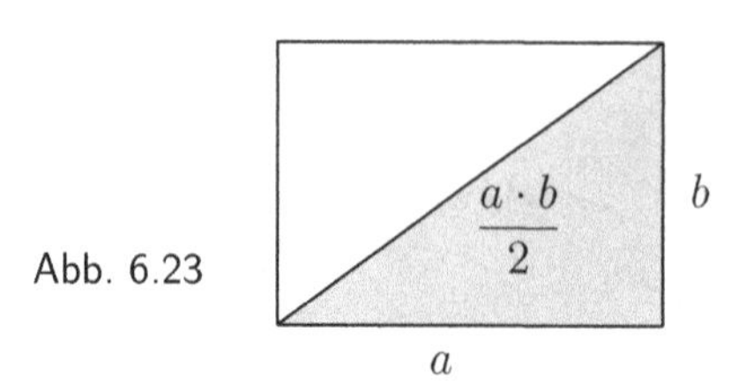

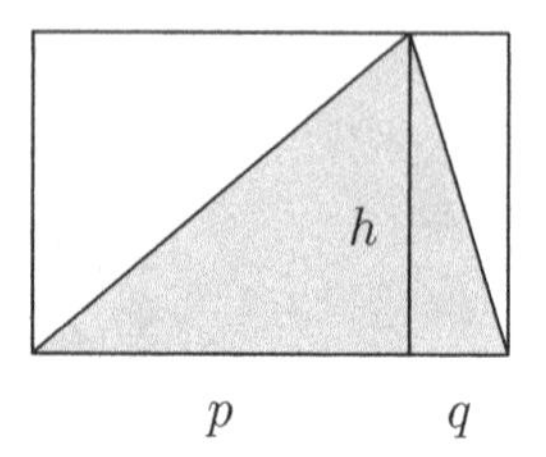

Abb. 6.23

Im Falle des spitzwinkligen Dreiecks (mit Grundlinie c und Höhe h) erhält man den Flächeninhalt

$$\mu(G) = \frac{p \cdot h}{2} + \frac{q \cdot h}{2} = \frac{(p+q) \cdot h}{2} = \frac{1}{2} c \cdot h.$$

Die Formel stimmt auch bei einem stumpfwinkligen Dreieck:

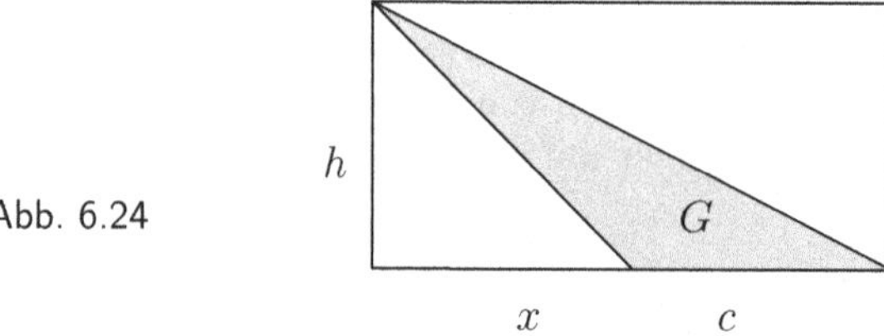

Abb. 6.24

Hier ist nämlich

$$\mu(G) = \frac{(x+c) \cdot h}{2} - \frac{x \cdot h}{2} = \frac{1}{2} c \cdot h.$$

3) Sind zwei Dreiecke ABC und $A'B'C'$ mit Höhen h bzw. h' und Grundlinien c bzw. c' kongruent, so ist natürlich $c = c'$, und die zuständige Kongruenzabbildung bildet die Senkrechte zu AB durch C auf die Senkrechte zu $A'B'$ durch C' ab. Da außerdem Abstände erhalten bleiben, ist $h = h'$. Damit gilt $\mu(G) = \mu(G')$ für die Dreiecksgebiete.

4) Setzt sich ein Polygongebiet G aus Dreiecksgebieten $G_1, \ldots, G_n$ zusammen, so sollen die Mengen der inneren Punkte der G_i paarweise disjunkt sein (das ist eine von mehreren technischen Bedingungen, die man fordert und auf die wir hier gar nicht so genau eingehen wollen). Dann ist aber

$$\mu(G) = \mu(G_1) + \cdots + \mu(G_n).$$

Man müsste nun zeigen, dass der Flächeninhalt nicht von der Zerlegung in Dreiecksgebiete (die ja nicht eindeutig ist) abhängt. Insbesondere auf diesen Nachweis muss hier verzichtet werden.

Jetzt kann man den Flächeninhalt eines beliebigen Polygongebietes berechnen.

Beispiel 6.9.1 (Die Fläche eines 12-Ecks)

Es soll die Fläche eines regelmäßigen 12-Ecks berechnet werden, das einem Kreis mit Radius r einbeschrieben ist.

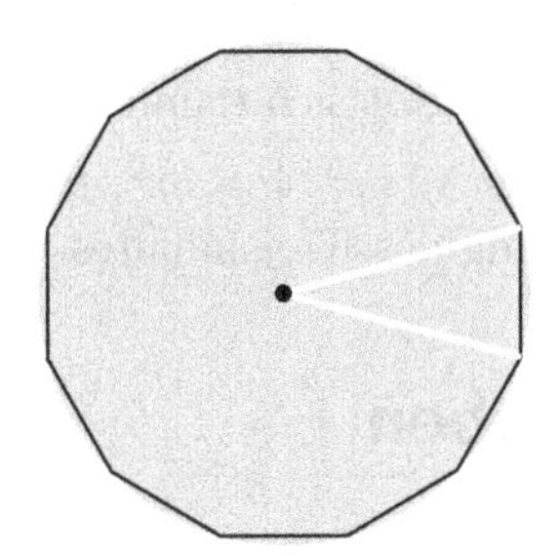

Abb. 6.25

Das Innere des 12-Ecks setzt sich aus 12 kongruenten Dreiecksgebieten zusammen. Es reicht also, die Fläche eines Dreiecks auszurechnen.

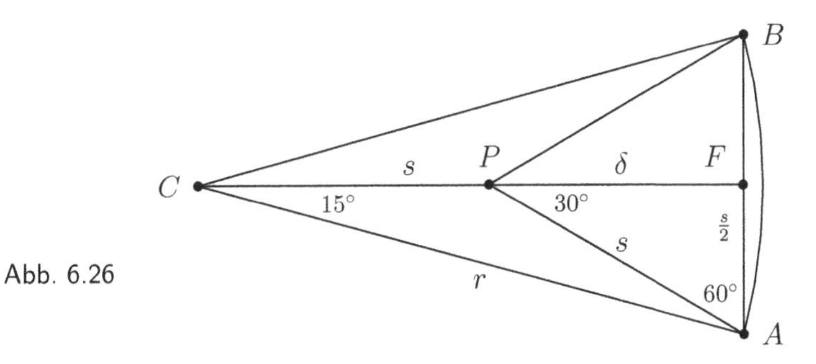

Abb. 6.26

Das Teildreieck ABC, um das es geht, ist gleichschenklig mit Basis s (= Seitenlänge des 12-Ecks), Basiswinkel 75° und Schenkeln der Länge r. Es enthält ein gleichseitiges Dreieck ABP mit Seitenlänge s. Dann ist überraschenderweise das Dreieck CAP gleichschenklig mit Basis r, Basiswinkel 15° und Schenkeln der Länge s.

Ist h die Höhe im Dreieck ABC (also das Lot von C auf die Basis $\overline{AB}$), so kann man $h = s + \delta$ setzen, wobei δ die Höhe im Dreieck ABP ist. Nun ergibt sich (mit Pythagoras):

$$\delta = \sqrt{s^2 - \left(\frac{s}{2}\right)^2} = \frac{s}{2}\sqrt{3},$$

also $h = s + \delta = \frac{s}{2}\bigl(2 + \sqrt{3}\bigr)$. Leider sind sowohl s als auch h bislang unbekannt. Da hilft nun folgende Gleichung, die man mit dem Satz des Pythagoras im Dreieck CAF gewinnt (wobei F der Fußpunkt der Höhe h ist): Es ist

$$h^2 + \left(\frac{s}{2}\right)^2 = r^2, \text{ also } \frac{s^2}{4}\bigl(2 + \sqrt{3}\bigr)^2 + \frac{s^2}{4} = r^2.$$

Das bedeutet:

$$s^2\bigl(8 + 4\sqrt{3}\bigr) = 4r^2,$$

also

$$s = \frac{r}{\sqrt{2 + \sqrt{3}}} \qquad \text{und} \qquad h = \frac{r}{2}\sqrt{2 + \sqrt{3}}.$$

Als Flächeninhalt des Dreiecks ABC ergibt sich damit der Wert $\frac{1}{2}s \cdot h = \frac{r^2}{4}$, und der Flächeninhalt des 12-Ecks beträgt $12 \cdot r^2/4 = 3r^2$. Im Falle $r = 1$ ergibt sich der Wert 3, eine etwas grobe Näherung des Kreisinhaltes $\pi = 3.14159\ldots$ ♠

6.10 Zusätzliche Aufgaben

Aufgabe 6.4. Gegeben sei eine Abbildung $f : \mathbb{R} \to \mathbb{R}$ mit folgender Eigenschaft: Für alle $p, q, r, s \in \mathbb{R}$ mit $r \neq s$ ist

$$f(r) \neq f(s) \quad \text{und} \quad \frac{p-q}{r-s} = \frac{f(p)-f(q)}{f(r)-f(s)}.$$

Zeigen Sie, dass es dann reelle Zahlen a, b mit $a \neq 0$ gibt, so dass $f(t) = at + b$ ist.

Hinweis: *Man setze für p, q, r, s geeignete reelle Zahlen ein.*

Aufgabe 6.5. L und M seien Geraden, $\lambda_1 : L \to \mathbb{R}$ und $\mu_1 : M \to \mathbb{R}$ Lineale. Weiter sei $f : L \to M$ eine bijektive Abbildung mit $\mu_1 \circ f = \lambda_1$. Zeigen Sie, dass es zu jedem Paar von Linealen $\lambda_2 : L \to \mathbb{R}$ und $\mu_2 : M \to \mathbb{R}$ reelle Zahlen a, b mit $a \neq 0$ gibt, so dass gilt:

$$\mu_2 \circ f \circ (\lambda_2)^{-1}(t) = at + b.$$

Hinweis: *Der Wechsel zwischen zwei Linealen einer Geraden wird durch eine affin-lineare Funktion beschrieben. Das kann man auf L und M anwenden.*

Aufgabe 6.6. Es seien Punkte $P \neq Q$ gegeben, sowie $R \in \overrightarrow{PQ}$ mit $R \neq P$. Durch $\lambda(P) = 0$ und $\lambda(Q) = 1$ (bzw. $\mu(P) = 0$ und $\mu(R) = 1$) werden Lineale λ und μ für die durch P und Q bestimmte Gerade L festgelegt. Zeigen Sie:

1. $\overrightarrow{PQ} = \{X \in L : \lambda(X) \geq 0\}$.
2. $\lambda \circ \mu^{-1}(t) = at$, mit $a > 0$.

Hinweis: *Man erinnere sich, was es für die Koordinaten bedeutet, dass ein Punkt zwischen zwei anderen liegt, und wie man einen Strahl mit dieser „Zwischen"-Beziehung definiert.*

Aufgabe 6.7. Durch $4x + 5y + 6 = 0$ ist eine Gerade L gegeben. Berechnen Sie die Steigung und die Schnittpunkte mit der x-Achse und der y-Achse.

Aufgabe 6.8. Lösen Sie die beiden folgenden Gleichungssysteme:

$$\text{(I)} \quad \begin{aligned} \frac{3x}{2} + \frac{2y}{3} &= 27 \\ \frac{3x}{2} - \frac{2y}{3} &= 15 \end{aligned} \qquad\qquad \text{(II)} \quad \begin{aligned} \frac{7}{x-1} + \frac{4}{y+6} &= 8 \\ \frac{4}{x-1} + \frac{7}{y+6} &= \frac{23}{4} \end{aligned}$$

Aufgabe 6.9. Zeigen Sie, dass der Durchschnitt zweier konvexer Mengen wieder konvex ist. Beweisen Sie: Das Innere eines Dreiecks ist immer konvex, das Innere eines Vierecks braucht aber nicht konvex zu sein.

Aufgabe 6.10. Zeigen Sie (mit Hilfe geeigneter Koordinaten): In einem Parallelogramm teilen sich die Diagonalen gegenseitig im Verhältnis $1 : 1$.

Aufgabe 6.11. Zeigen Sie: Liegt X im Innern eines Winkels und geht die Gerade L durch den Punkt X, so trifft L mindestens einen der Schenkel des Winkels.

Hinweis: *Hier und bei der nächsten Aufgabe ist es hilfreich, wenn man Koordinaten so einführt, dass drei nicht kollineare Punkte auf* $(0,0)$, $(1,0)$ *und* $(0,1)$ *fallen.*

Aufgabe 6.12. Beweisen Sie: Trifft eine Gerade L die Ecke A des Dreiecks ABC und einen inneren Punkt des Dreiecks, so trifft L auch die Seite $\overline{BC}$.

Aufgabe 6.13. Beweisen Sie mit Hilfe des Satzes von Pythagoras:

1) Sei L eine Gerade, P ein Punkt, der nicht auf L liegt und F der Fußpunkt des Lotes (also die orthogonale Projektion) von P auf L. Dann gilt für beliebige Punkte $X, Y \in L$:

$$d(P,X) > d(P,Y) \iff d(F,X) > d(F,Y).$$

2) Die Geraden L und M mögen sich in einem Punkt treffen und nicht zueinander orthogonal sein. Dann gilt für den Skalenfaktor m der orthogonalen Projektion von L auf M (und von M auf L): $-1 \leq m \leq +1$.

Aufgabe 6.14. Gegeben sei ein rechtwinkliges Dreieck ABC mit Hypotenuse $\overline{AB}$. Es sei F das Bild von C unter der orthogonalen Projektion auf $\overline{AB}$, h die Länge der „Höhe“ $\overline{CF}$, p und q die Längen der Hypotenusenabschnitte $\overline{AF}$ und $\overline{FB}$. Zeigen Sie: $p \cdot q = h^2$.

Aufgabe 6.15. Sei $O = (0,0)$, $x_0 > 0$, y_0 beliebig, $r > 0$, $M = (x_0, y_0)$ und $P = (x_0, 0)$. Zeigen Sie: Ist $d(M,O) < r$, so gibt es einen Punkt $Q \in K_r(M) \cap \overrightarrow{OP}$. Dabei bezeichnet $K_r(M)$ den Kreis um M mit Radius r.

Aufgabe 6.16. Sei $P \neq Q$. Unter der ***Mittelsenkrechten*** der Strecke $\overline{PQ}$ versteht man die Gerade, die durch den Mittelpunkt der Strecke geht und auf der Geraden durch P und Q senkrecht steht.

Beweisen Sie für einen beliebigen Punkt X:

$$d(X,P) = d(X,Q) \iff X \text{ liegt auf der Mittelsenkrechten von } \overline{PQ}.$$

Aufgabe 6.17. Sei f eine Ähnlichkeitsabbildung mit Ähnlichkeitskonstante k. Zeigen Sie, dass für jedes Polygongebiet G gilt: $\mu(f(G)) = k^2 \cdot \mu(G)$.

Aufgabe 6.18. Bestimmen Sie den Flächeninhalt eines Parallelogramms bzw. eines Trapezes (d.h., eines Vierecks, bei dem zwei gegenüberliegende Seiten parallel sind).

Aufgabe 6.19. Verwandeln Sie ein Dreieck in ein flächengleiches Rechteck. Verwandeln Sie anschließend ein Rechteck mit den Seiten a und b in ein flächengleiches Quadrat der Seitenlänge x (durch Konstruktion eines rechtwinkligen Dreiecks mit der Hypotenuse $a + b$ und Höhe x).

7 Trigonometrie
oder
„Allerlei Winkelzüge"

7.1 Kreise, Winkel und Konstruktionen

In Kapitel 6 wurde die Geometrie axiomatisch eingeführt und viele Aussagen wurden direkt aus den Axiomen hergeleitet. *Hier setzen wir nun die Grundlagen der Geometrie als bekannt voraus, auch wenn vielleicht nicht jedes Detail nachgerechnet wurde. Auf dieser Grundlage soll nun noch ein wenig über Konstruktionen mit Zirkel und Lineal gesprochen werden.*

Der ***Kreis*** ist bekannt als die Menge aller Punkte X, die von einem festen Punkt M einen festen Abstand besitzen. Bei Konstruktionen „mit Zirkel und Lineal" braucht man den Kreis als Instrument, und es kommt auf die Existenz von Schnittpunkten zweier Kreise oder eines Kreises mit einer Geraden an. Solche Existenzsätze müssen natürlich bewiesen werden, aber wie in der Schule nehmen wir hier die Existenz von Schnittpunkten meist als gegeben hin.

Was wissen wir bislang über Winkel? In Kapitel 6 wurde definiert: ein ***Winkel*** besteht aus zwei Strahlen, die von einem Punkt (dem Scheitelpunkt des Winkels) ausgehen. Das ***Innere des Winkels*** ist der Durchschnitt der beiden Halbebenen, die durch die Strahlen bestimmt werden.

Über den Begriff der Orthogonalität wurde der ***rechte Winkel*** eingeführt. Man kann ihn daran erkennen, dass er gleich seinem Nebenwinkel ist, und er dient als „Eichmaß" für Winkel. Im Gradmaß umfasst er 90 Grad. In einem Dreieck beträgt die Winkelsumme immer 180°, entspricht also zwei rechten Winkeln.

Es folgen nun einige wichtige geometrische Konstruktionen:

[1] Über einer Strecke soll ein gleichschenkliges Dreieck errichtet werden!

Abb. 7.1

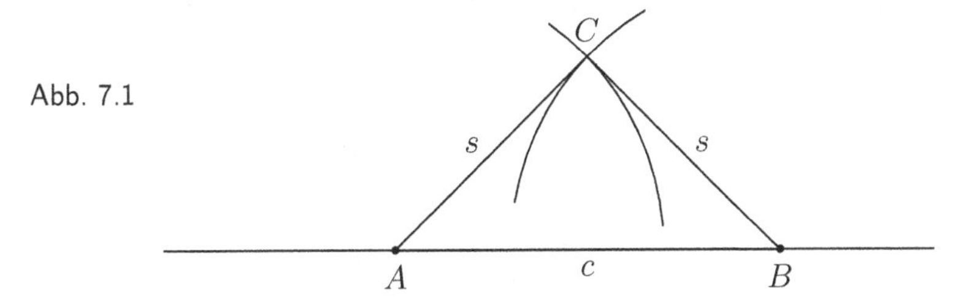

Sei $\overline{AB}$ die gegebene Strecke (der Länge c), die zur Basis des Dreiecks werden soll, s die Länge der Schenkel des zu konstruierenden Dreiecks. Es muss $s > c/2$ sein. Die Kreise um A bzw. B mit Radius s treffen sich in der gewünschten Halbebene in genau einem Punkt C. Dann ist ABC das gesuchte gleichschenklige Dreieck.

2 Ein gegebener Winkel soll halbiert werden!

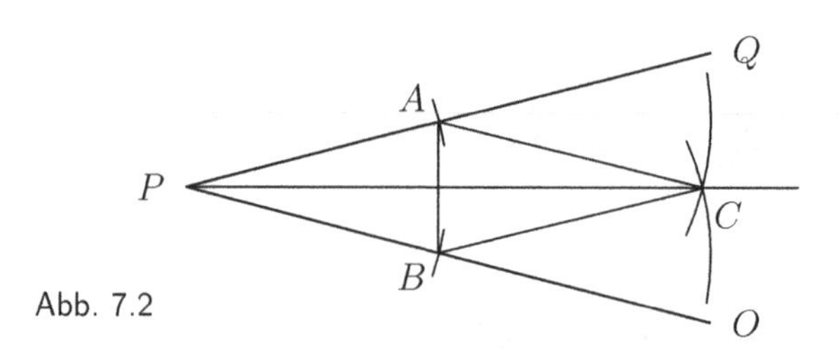

Abb. 7.2

Der Winkel $\angle OPQ$ sei gegeben. Der Kreis um P mit einem beliebigen Radius r trifft die Schenkel des Winkels in zwei Punkten A und B. Dann errichte man über $\overline{AB}$ ein gleichschenkliges Dreieck ABC. Die Gerade PC ist die gesuchte Winkelhalbierende, denn die Dreiecke PBC und PCA sind kongruent (SSS: es ist $\overline{PA} = \overline{PB}$ und $\overline{BC} = \overline{AC}$, und $\overline{PC}$ gehört beiden Dreiecken gemeinsam). Also ist $\angle OPC = \angle QPC$.

3 Eine gegebene Strecke soll halbiert werden!

Über der Strecke $\overline{AB}$ errichte man ein gleichschenkliges Dreieck ABC. Die Winkelhalbierende des Winkels $\angle ACB$ trifft $\overline{AB}$ in einem Punkt F. So entstehen zwei kongruente Dreiecke AFC und FBC (SWS: es ist $\overline{AC} = \overline{BC}$ und $\angle ACF = \angle FCB$; außerdem gehört $\overline{FC}$ zu beiden Dreiecken). Es folgt sofort, dass $\overline{AF} = \overline{FB}$ ist. Also halbiert F die Strecke $\overline{AB}$. Als Zugabe erhält man noch, dass $\angle AFC = \angle BFC$ ein rechter Winkel ist.

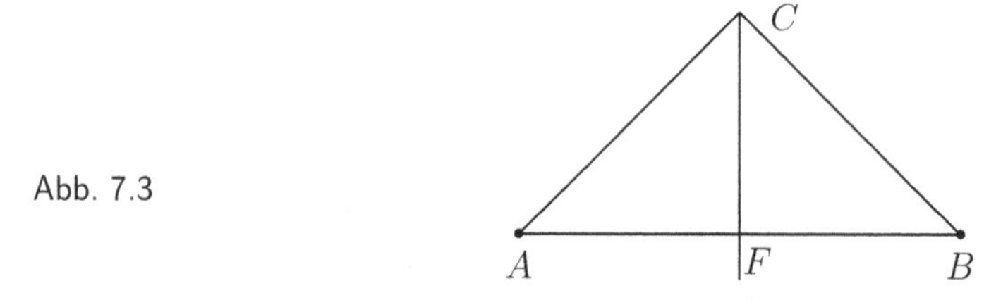

Abb. 7.3

4 Auf einer Geraden soll in einem gegebenen Punkt die Senkrechte errichtet werden!

Sei g die gegebene Gerade und $P \in g$ der gegebene Punkt. Ein Kreis um P schneidet g in zwei Punkten A und B, die von P den gleichen Abstand haben. Also ist P dann der Mittelpunkt der Strecke $\overline{AB}$. Nun kann man die Konstruktion von (3) verwenden. Der Punkt P stimmt mit F überein, und die Gerade CF ist die gesuchte Senkrechte.

5 **Von einem gegebenen Punkt aus soll das Lot auf eine gegebene Gerade gefällt werden!**

Sei g die gegebene Gerade und $P \notin g$ der gegebene Punkt. Man wähle einen beliebigen Punkt $Q \in g$. Zwischen g und QP entstehen (auf derjenigen Seite von g, auf der P liegt) zwei Winkel α und β.

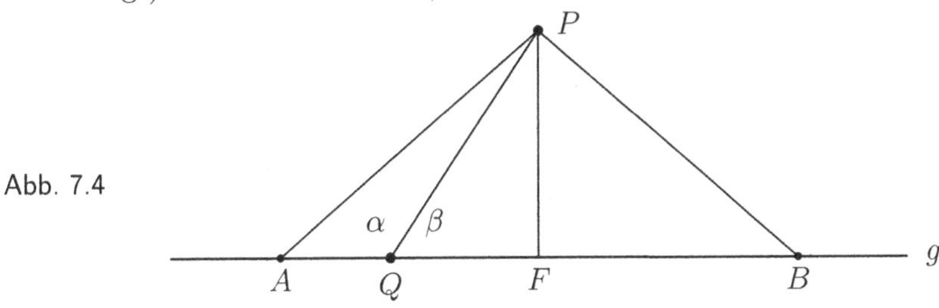

Abb. 7.4

Wenn $\alpha = \beta$ ist, dann ist Q schon der gesuchte Fußpunkt des Lotes. In der Regel wird das nicht der Fall sein, dann sei mit α der größere der beiden Winkel bezeichnet, der in diesem Fall ein stumpfer Winkel, also größer als 90° ist. Auf der Seite von α sei ein weiterer Punkt A auf g gewählt. Dann ist α der größte Winkel im Dreieck AQP und daher $\overline{AP} > \overline{QP}$. Der Kreis um P durch A trifft g auf der anderen Seite von Q in einem Punkt B, und ABP ist ein gleichschenkliges Dreieck mit Basis $\overline{AB}$. Die Winkelhalbierende des Winkels $\angle APB$ trifft g in einem Punkt F, der offensichtlich Fußpunkt des Lotes von P auf g ist.

Die Konstruktion (1) kann derart spezialisiert werden, dass das konstruierte gleichschenklige Dreieck sogar gleichseitig ist, man braucht nur als Radius der beiden Hilfskreise die Basis $\overline{AB}$ zu benutzen. In dem gleichseitigen Dreieck ABC sind dann alle drei Winkel gleich, betragen also 60°. Die Winkelhalbierende des Winkels $\angle ACB$ teilt ABC in zwei kongruente Teildreiecke AFC und FBC, mit den Winkeln 60°, 90° und 30°.

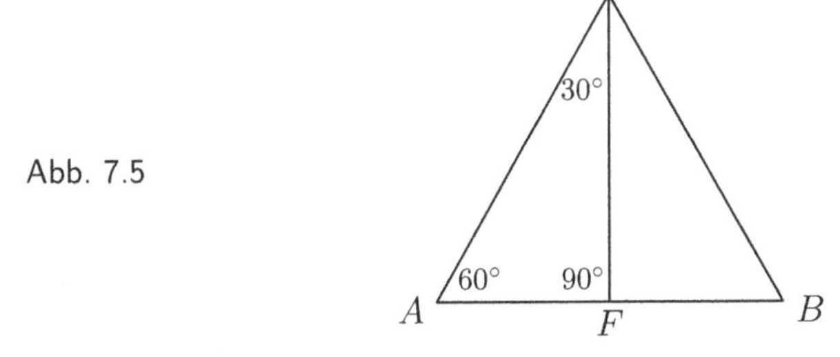

Abb. 7.5

Nun wollen wir noch auf den Zusammenhang zwischen Kongruenzsätzen und Konstruierbarkeit eingehen.

Die Kongruenzsätze für Dreiecke wurden schon mehrfach angesprochen. Man sollte sich aber einmal überlegen, ob und wie ein Dreieck jeweils aus den drei gegebenen Stücken konstruiert werden kann.

1 **SWS:** Gegeben sind zwei Strecken $\overline{AB}$ und $\overline{AC}$, sowie der von ihnen eingeschlossene Winkel $\angle BAC$.

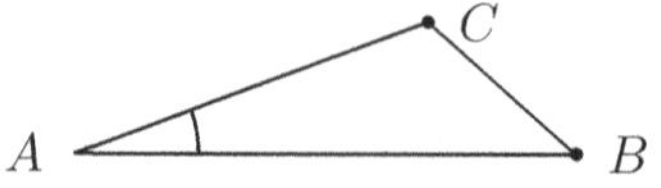

Um das Dreieck ABC zu erhalten, braucht man nur die Endpunkte B und C miteinander zu verbinden.

2 **SSS:** Gegeben sind die drei Seiten a, b, c eines Dreiecks. Dabei muss die Summe zweier Seiten jeweils größer als die dritte Seite sein (denn diese „Dreiecksungleichung" ist bei jedem Dreieck erfüllt).

Abb. 7.6

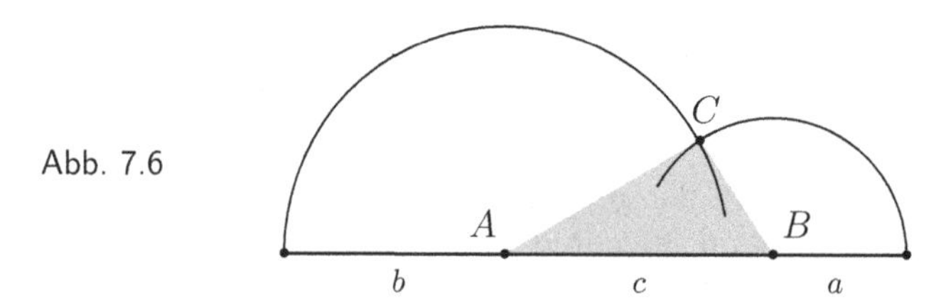

Man ordne die drei gegebenen Strecken in der Reihenfolge $b - c - a$ auf einer Geraden an, die Trennungspunkte seien mit A und B bezeichnet. Die Kreise um A mit Radius b und um B mit Radius a schneiden sich in einem Punkt C. Damit ist das Dreieck konstruiert.

3 **WSW:** Gegeben sei eine Strecke mit zwei anliegenden Winkeln, deren Summe natürlich weniger als 180° betragen muss.

Abb. 7.7

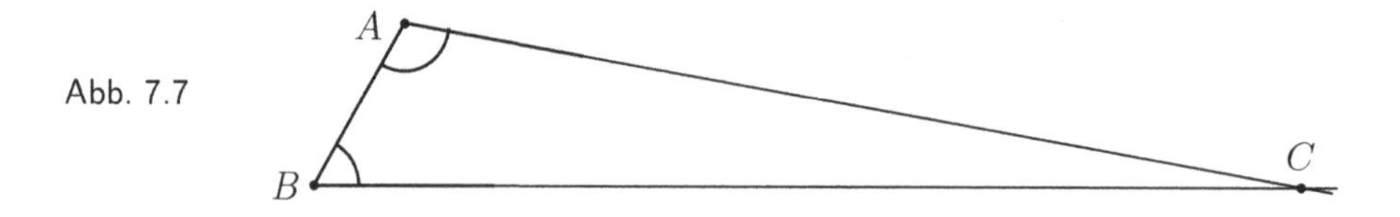

Das gesuchte Dreieck gewinnt man ganz einfach, indem man die freien Schenkel der Winkel verlängert und zum Schnitt bringt. Dass das klappt, ist genau die Aussage des fünften Postulats von Euklid, also der antiken Version des Parallelenaxioms. Sicher ist das kein Zufall.

4 **WWS:** Hier ist eine Strecke $\overline{AB}$ gegeben, der anliegende Winkel α und der gegenüberliegende Winkel γ. Die Summe von α und γ soll weniger als 180° betragen. Der Satz über die Winkelsumme im Dreieck zeigt, dass dann auch der zweite anliegende Winkel β feststeht: $\beta = 180° - \alpha - \gamma$. Allerdings braucht man diese Rechnung nicht. Das Parallelenaxiom, das ja schon bei der WSW-Konstruktion gebraucht wird, liefert hier eine direkte Konstruktion:

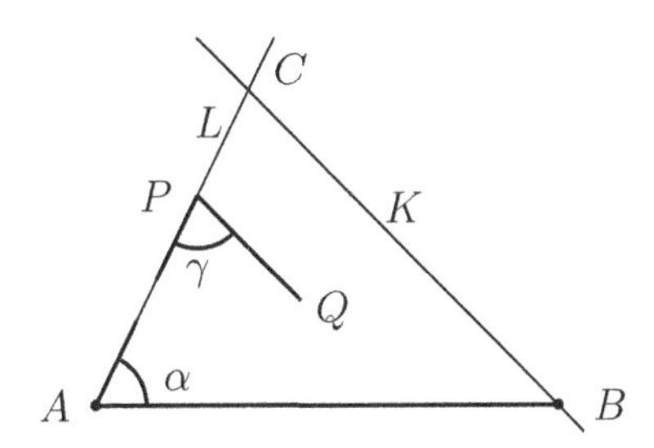

Abb. 7.8

Der Winkel α wird bei A an $\overline{AB}$ angetragen. Der freie Schenkel von α ist eine Gerade L durch A, auf der ein beliebiger Punkt P gewählt werden kann. Dann trägt man an L bei P den Winkel γ an, dessen freier Schenkel eine Gerade g durch P ist. Nach dem Parallelenaxiom kann man durch B die Parallele h zu g ziehen. Die Geraden L und K treffen sich im Punkt C.[1] Offensichtlich ist ABC das gesuchte Dreieck.

Zur Berechnung der Länge eines Kreisbogens und der Fläche des darunter liegenden Kreissektors approximiert man den Kreis durch Polygonzüge, speziell durch einbeschriebene regelmäßige n-Ecke. Dass dieses Verfahren konvergiert, wird hier ohne Beweis als bekannt vorausgesetzt. Da Translationen Kongruenzabbildungen sind, spielt der Mittelpunkt keine Rolle. Ist P ein Polygongebiet und f eine Ähnlichkeitsabbildung (zum Beispiel eine zentrische Streckung) mit Ähnlichkeitskonstante λ, so gilt für den Flächeninhalt:

$$\mu(f(P)) = \lambda^2 \cdot \mu(P).$$

Ist D_r eine Kreisscheibe mit Radius r, so ist $\mu(D_{\lambda r}) = \lambda^2 \cdot \mu(D_r)$, also

$$\frac{\mu(D_{\lambda r})}{(\lambda r)^2} = \frac{\lambda^2 \cdot \mu(D_r)}{\lambda^2 r^2} = \frac{\mu(D_r)}{r^2}\,.$$

Das zeigt, dass der Quotient $\mu(D_r)/r^2$ eine von r unabhängige Konstante ist, die man bekanntlich mit π („Pi") bezeichnet. Insbesondere gilt damit für die ***Kreisfläche***:

$$\mu(D_r) = r^2\,\pi.$$

Zur Berechnung des Kreisumfangs vergleicht man den Umfang U_n des einbeschriebenen n-Ecks mit dem Flächeninhalt A_{2n} des einbeschriebenen $2n$-Ecks.

Ist s_n die Seite des einbeschriebenen n-Ecks, so ist $h_n = s_n/2$ die Höhe des Dreiecks MPQ. Weiter ist

$$A_{2n} = 2n \cdot \frac{r}{2} \cdot h_n \quad \text{und} \quad U_n = n \cdot s_n,$$

und damit

$$A_{2n} = n \cdot r \cdot h_n = n \cdot \frac{r}{2} \cdot s_n = \frac{r}{2} \cdot U_n.$$

[1]Man kann zwar für das Ziehen der Parallelen eine Konstruktion mit Zirkel und Lineal angeben, aber das Axiomensystem in Kapitel 6 erlaubt auch die Parallelverschiebung mit Hilfe von Lineal und Geodreieck.

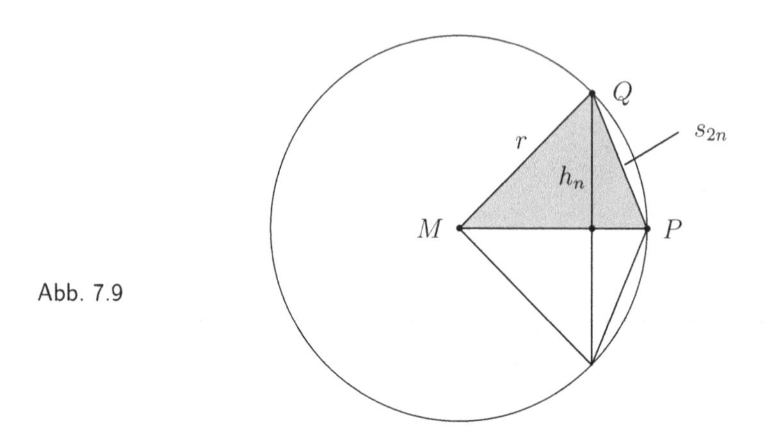

Abb. 7.9

Im Grenzübergang strebt U_n gegen den ***Umfang*** U des Kreises und A_{2n} gegen den Flächeninhalt A der vom Kreis umschlossenen Fläche. Es folgt:

$$r^2\pi = \frac{r}{2}U, \quad \text{also} \quad U = 2r\pi.$$

Durch die Berechnung von ein- und umbeschriebenen regelmäßigen n-Ecken mit bis zu 96 Ecken fand schon Archimedes die Abschätzung

$$3.1408\ldots = \frac{223}{71} < \pi < \frac{22}{7} = 3.1428\ldots$$

Tatsächlich ist $\pi = 3.141592653589\ldots$.

Im Falle eines Kreises vom Radius 1 liegt über einem Winkel α vom ***Gradmaß*** d° ein Kreisbogen der Länge $d \cdot \pi/180$. Diese Zahl nennt man das ***Bogenmaß*** von α. Speziell hat ein rechter Winkel (von 90°) das Bogenmaß $\pi/2$.

7.2 Winkelfunktionen

Es sollen Seitenverhältnisse bei folgendem rechtwinkligen Dreieck betrachtet werden:

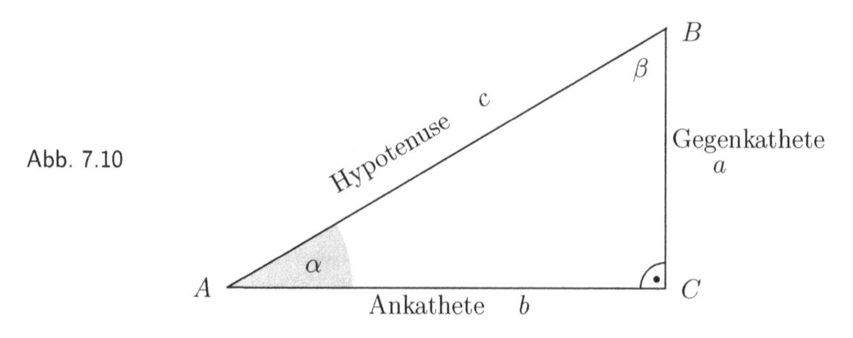

Abb. 7.10

Im Mittelpunkt steht der Basiswinkel α, die Seite $b = \overline{AC}$ nennt man die ***Ankathete*** von α, die Seite $a = \overline{BC}$ die ***Gegenkathete*** von α. Dann ist $c = \overline{AB}$ die Hypotenuse.

$$\sin\alpha := \frac{\text{Gegenkathete}}{\text{Hypotenuse}} = \frac{a}{c} \quad \text{heißt } \textit{\textbf{Sinus}} \text{ von } \alpha.$$

$$\cos\alpha := \frac{\text{Ankathete}}{\text{Hypotenuse}} = \frac{b}{c} \quad \text{heißt } \textit{\textbf{Cosinus}} \text{ von } \alpha.$$

$$\tan\alpha := \frac{\text{Gegenkathete}}{\text{Ankathete}} = \frac{a}{b} \quad \text{heißt } \textit{\textbf{Tangens}} \text{ von } \alpha.$$

$$\cot\alpha := \frac{\text{Ankathete}}{\text{Gegenkathete}} = \frac{b}{a} \quad \text{heißt } \textit{\textbf{Cotangens}} \text{ von } \alpha.$$

Ein Dreieck $A'C'B'$ mit den gleichen Winkeln ist zu ACB ähnlich. Dann gibt es einen Faktor λ, so dass für die Seiten a', b' und c' des neuen Dreiecks gilt:

$$a' = \lambda a, \quad b' = \lambda b \quad \text{und} \quad c' = \lambda c.$$

Daraus ergibt sich, dass die Winkelfunktionen $\sin\alpha$, $\cos\alpha$, ... tatsächlich nur vom Winkel α abhängen. Diesen Winkel kann man wahlweise im Grad- oder im Bogenmaß angeben. Möchte man aber die Winkelfunktionen wirklich als Funktionen etwa vom Intervall $(0, \pi/2)$ nach $\mathbb{R}$ auffassen, so muss man natürlich das Bogenmaß verwenden.

Beispiele 7.2.1 (Spezielle Werte der Winkelfunktionen)

1 Lässt man α gegen 0 gehen, so strebt die Gegenkathete a bei festem c gegen den Wert 0, während die Ankathete b gegen c strebt. Daher setzt man

$$\sin(0) := 0 \quad \text{und} \quad \cos(0) := 1.$$

Da $\beta = 90° - \alpha$ (oder im Bogenmaß $= \pi/2 - \alpha$) ist, gilt:

$$\sin\alpha = \cos\Big(\frac{\pi}{2} - \alpha\Big) \quad \text{und} \quad \cos\alpha = \sin\Big(\frac{\pi}{2} - \alpha\Big).$$

Konsequenterweise definiert man:

$$\sin(\pi/2) = \sin(90°) = 1 \quad \text{und} \quad \cos(\pi/2) = \cos(90°) = 0.$$

2 Ist $a = b$, so ist das Dreieck gleichschenklig, also $\alpha = 45°$ und $c = a\sqrt{2}$ (nach Pythagoras), und daher

$$\sin(\pi/4) = 1/\sqrt{2}, \ \cos(\pi/4) = 1/\sqrt{2} \ \text{ und } \ \tan(\pi/4) = \cot(\pi/4) = 1.$$

3 Ist $b = c/2$, so entsteht durch Spiegelung des Dreiecks an der Seite a ein gleichseitiges Dreieck der Seitenlänge c. Dann muss $\alpha = 60°$ und $\beta = 30°$ sein. Außerdem liefert der Satz des Pythagoras die Gleichung $a^2 + (c/2)^2 = c^2$, also $a = (c/2)\sqrt{3}$.

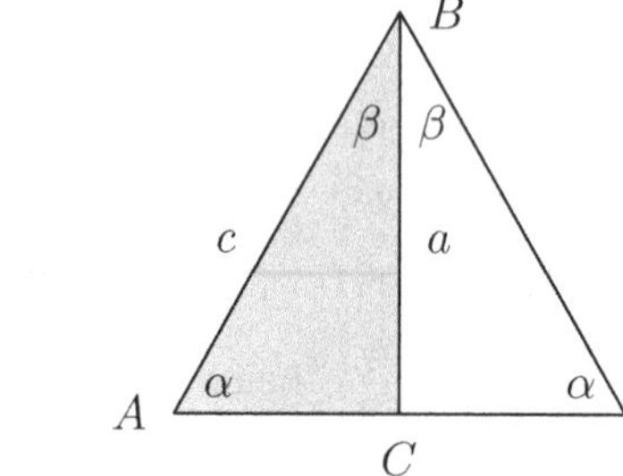

Abb. 7.11

Dann folgt:

$$\sin(\pi/3) = a/c = \sqrt{3}/2, \ \cos(\pi/3) = b/c = 1/2, \ \tan(\pi/3) = a/b = \sqrt{3}$$
$$\text{und} \quad \cot(\pi/3) = b/a = \sqrt{3}/3.$$

Ist $\alpha = 30°$ und $\beta = 60°$, so ist $a = c/2$ und $b = (c/2)\sqrt{3}$. Dann vertauschen sich Sinus- und Cosinuswerte und dementsprechend auch Tangens- und Cotangenswerte.

♠

Um die Winkelfunktionen für beliebige Argumente zuzulassen, erweitert man ihre Definition etwas:

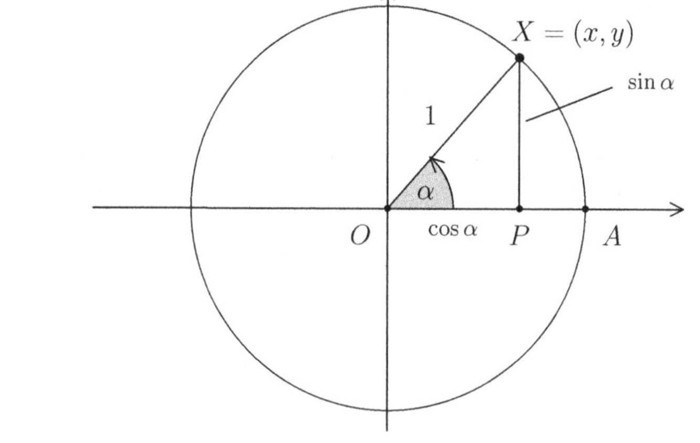

Abb. 7.12

Man denkt sich einen Punkt $X = (x, y)$, der mit gleichmäßiger Geschwindigkeit auf dem Einheitskreis rotiert. Die Projektion von X auf die x-Achse ergibt den Punkt $P = (x, 0)$. Zusammen mit dem Ursprung $O = (0, 0)$ entsteht dann (fast immer) ein rechtwinkliges Dreieck OPX mit dem rechten Winkel bei P. Weil die Hypotenuse die Länge 1 hat, ist $x = \cos\alpha$ die Länge der Kathete $\overline{OP}$ und $y = \sin\alpha$ die Länge der Kathete $\overline{OX}$. Es treten einige Sonderfälle auf. Ist $X = (1, 0)$, so entartet das Dreieck zur Strecke von O nach $X = P$, und daher ist es sinnvoll, bei $\cos(0) = 1$ und $\sin(0) = 0$ zu bleiben.

Da der Punkt X beliebig kreisen kann, lassen sich nun Situationen mit beliebigem Winkel $\alpha \in \mathbb{R}$ (im Bogenmaß) herstellen. Ist $\pi/2 < \alpha < 3\pi/2$, so liegt $X = (x, y)$ links von der y-Achse und x ist negativ. Dementsprechend ist dann auch $\cos\alpha$ negativ.

Weil $X = (x, y)$ auf dem Einheitskreis (mit der Gleichung $x^2 + y^2 = 1$) liegt, folgt die ***Sinus-Cosinus-Gleichung***. Für beliebiges $\alpha \in \mathbb{R}$ ist

$$\boxed{\sin^2\alpha + \cos^2\alpha = 1.}$$

Es reicht übrigens meistens, sich auf Sinus und Cosinus zu beschränken, denn es gilt

$$\tan\alpha = \frac{\sin\alpha}{\cos\alpha} \quad \text{und} \quad \cot\alpha = \frac{\cos\alpha}{\sin\alpha} = \frac{1}{\tan\alpha}$$

für alle $\alpha \in \mathbb{R}$, für die der jeweilige Nenner nicht null wird.

Offensichtlich wiederholen sich nach jeder ganzen Umdrehung die Sinus- und Cosinus-Werte. Daher gilt:

$$\sin(\alpha + n \cdot 2\pi) = \sin\alpha \quad \text{und} \quad \cos(\alpha + n \cdot 2\pi) = \cos\alpha \ \text{ für } n \in \mathbb{Z}.$$

Beim Tangens und Cotangens gilt das genauso, aber diese Funktionen sind natürlich nicht überall definiert. Die Winkelfunktionen sind also ***periodisch*** mit Periode 2π. Gibt man den Winkeln eine Richtung, so kann man durch Umkehrung dieser Richtung auch zu negativen Winkeln übergehen. Durch Symmetriebetrachtungen am Kreis gewinnt man dann eine Reihe von weiteren Formeln:

$$\begin{array}{rcl}
\sin(\frac{\pi}{2} - \alpha) = \sin(\frac{\pi}{2} + \alpha) = \cos\alpha & \text{und} & \cos(\frac{\pi}{2} - \alpha) = -\cos(\frac{\pi}{2} + \alpha) = \sin\alpha, \\
\sin(\pi - \alpha) = \sin\alpha & \text{und} & \cos(\pi - \alpha) = -\cos\alpha, \\
\sin(\alpha + \pi) = -\sin\alpha & \text{und} & \cos(\alpha + \pi) = -\cos\alpha, \\
\sin(-\alpha) = -\sin\alpha & \text{und} & \cos(-\alpha) = \cos\alpha.
\end{array}$$

Ein besonders wichtiges Hilfsmittel ist das **Additionstheorem**. Für beliebige Winkel α, β gilt:

$$\boxed{\begin{array}{rrcl}
 & \sin(\alpha + \beta) & = & \sin\alpha\cos\beta + \cos\alpha\sin\beta \\
\text{und} & \cos(\alpha + \beta) & = & \cos\alpha\cos\beta - \sin\alpha\sin(\beta).
\end{array}}$$

Als **Folgerung** erhält man:

$$\sin(2\alpha) = 2 \cdot \sin\alpha\cos\alpha \quad \text{und} \quad \cos(2\alpha) = \cos^2\alpha - \sin^2\alpha.$$

Wie bestimmt man nun die Werte der Winkelfunktionen von beliebigen Winkeln? Früher gab es dafür trigonometrische Tafeln (innerhalb der Logarithmentafeln), heute benutzt man den Taschenrechner oder eine entsprechende App auf dem Tablet oder dem Smartphone. Letztere verarbeiten Gradangaben als Dezimalzahlen. Früher wurde ein Grad in 60 Minuten (60′) und eine Minute in 60 Sekunden (60″) eingeteilt. Zum Beispiel entspricht die Angabe 32° 15′ 33″ in Dezimalschreibweise dem Wert 32.25916666... Grad. Am besten arbeitet man gleich mit dem Bogenmaß, das können die Taschenrechner natürlich auch.

Beispiele 7.2.2 (Anwendungen der Winkelfunktionen)

1 Ist bei einem rechtwinkligen Dreieck die Hypotenuse c und der Winkel α gegeben, so kann man die Katheten des Dreiecks berechnen.

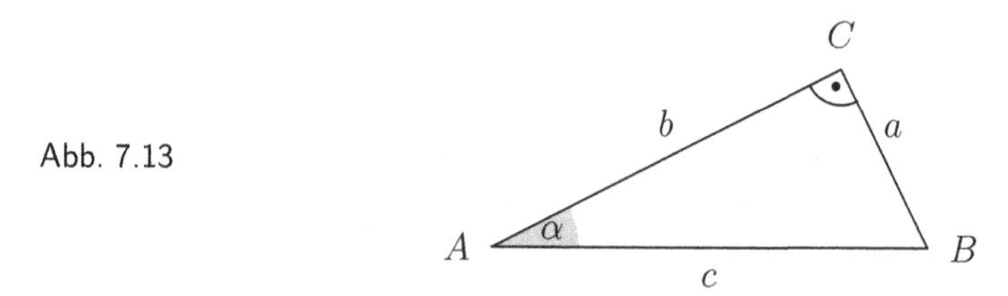

Abb. 7.13

Dann ist $a = c \cdot \sin\alpha$ und $b = c \cdot \cos\alpha$.

Schwieriger wird es bei einem beliebigen Dreieck, aber dafür erhält man Formeln zur Bestimmung von Entfernungen unzugänglicher Punkte (etwa auf der anderen Seite eines Gewässers):

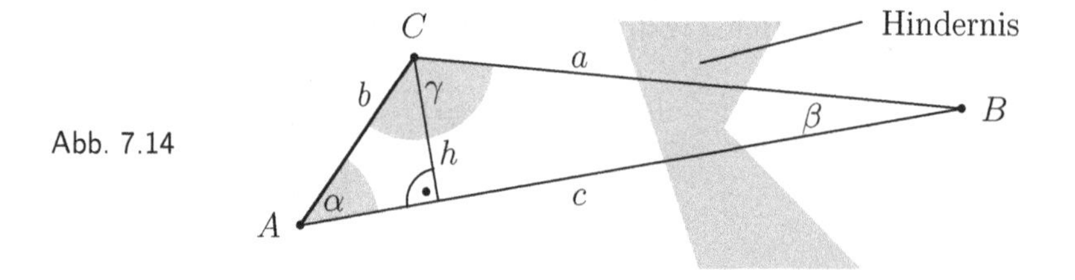

Abb. 7.14

In dem Dreieck ABC seien die Seite $b = \overline{AC}$ und die Winkel α und γ bekannt. Dann ist $\beta = \pi - \alpha - \gamma$. Ist h die Höhe von C auf die Basis c, so gilt:

$$\sin\alpha = \frac{h}{b} \quad \text{und} \quad \sin\beta = \frac{h}{a}.$$

Aus der ersten Gleichung folgt die Beziehung $h = b \cdot \sin\alpha$. Setzt man das in die zweite Gleichung ein, so erhält man

$$a = \frac{h}{\sin\beta} = \frac{b \cdot \sin\alpha}{\sin\beta}.$$

Ist etwa $\alpha = \pi/4$ (also 45°) und $\gamma = (2\pi)/3$ (also 120°), so ist $\beta = \pi - \pi/4 - (2\pi)/3 = \pi/12$ (also 15°).

Ist $x = \sin(\pi/12)$ und $y = \cos(\pi/12)$, so ist $2xy = \sin(\pi/6) = 1/2$ und $y^2 - x^2 = \cos(\pi/6) = \sqrt{3}/2$. Das führt zu der biquadratischen Gleichung

$$x^4 + \frac{\sqrt{3}}{2}x^2 - \frac{1}{16} = 0.$$

Also ist $x^2 = \frac{1}{4}(2 - \sqrt{3})$ und $\sin(\pi/12) = x = \frac{1}{2}\sqrt{2 - \sqrt{3}}$.

Ist zum Beispiel $b = 100$, so ist

$$a = \frac{100 \cdot \sin(\pi/4)}{\sin(\pi/12)} = \frac{100 \cdot \sqrt{2}/2}{(1/2)\sqrt{2 - \sqrt{3}}} = 100 \cdot \sqrt{2/(2 - \sqrt{3})} \approx 273.2.$$

Natürlich sind die Werte in der Realität normalerweise nicht so glatt, ohne numerische Berechnungen von Sinuswerten kommt man dann nicht aus.

2 Man stelle sich vor, ein Radfahrer erreicht auf seiner Tour die ersten Hügel und stößt auf folgendes Verkehrsschild:

Abb. 7.15

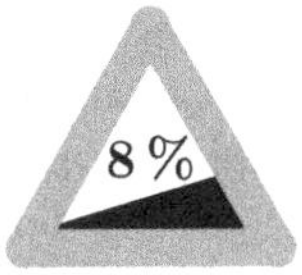

Was bedeutet das? Das Straßenprofil ist an dieser Stelle sehr einfach:

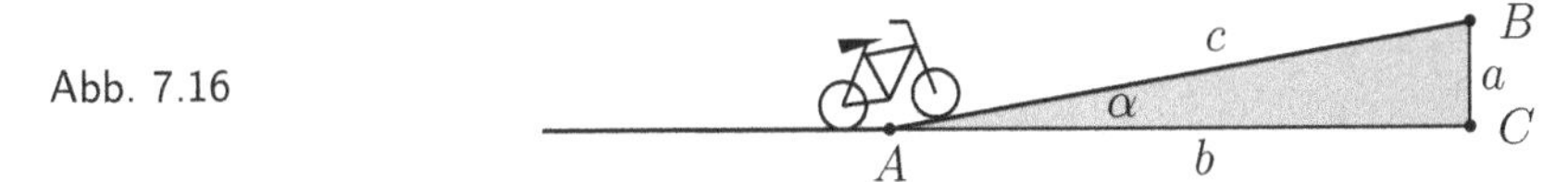

Abb. 7.16

Auf 100 Meter horizontaler Entfernung (also im Falle $b = 100$) steigt die Straße auf eine Höhe von 8 % von 100 Meter an, d.h., es ist $a = 8$. Wäre $b = 300$, so wäre die Höhe 8 % von 300 Meter, also $a = 300 \cdot (8/100) = 3 \cdot 8 = 24$.

Im Dreieck ACB ist $\tan\alpha = a/b = 8/100 = 0.08$. Führt man Koordinaten ein, so kann man $A = (0,0)$, $C = (100,0)$ und $B = (100,8)$ setzen. Versteht man nun die Gerade durch A und B als Graphen einer linearen Funktion $f(x) = mx$, so ist $8 = f(100) = m \cdot 100$, also $m = 0.08 = \tan\alpha$. **Die Steigung einer Geraden ist der Tangens des Steigungswinkels.**

Die Funktion $\tan : (-\pi/2, \pi/2) \to \mathbb{R}$ ist umkehrbar, ihre Umkehrfunktion $\arctan : \mathbb{R} \to (-\pi/2, \pi/2)$ nennt man ***Arcustangens***. Näheres dazu findet sich in Kapitel 9. Der Taschenrechner liefert nicht nur die Werte des Tangens, sondern auch die der Umkehrfunktion. Im vorliegenden Fall zeigt er:

$$\alpha = \arctan 0.08 \approx 0.0798. \qquad \text{Das entspricht ungefähr } 4°30'.$$

Beträgt der Steigungswinkel 45°, so erhält man die Steigung $\tan\alpha = 1 = 100/100$. Auf dem Schild würde dann „100 %“ stehen. ♠

Beispiel 7.2.3 (Kreise und Ellipsen)

Der Kreis um $P_0 = (x_0, y_0)$ mit Radius r besteht aus allen Punkten $P = (x, y)$, die von P_0 den Abstand r haben. Für solche Punkte ist

$$\sqrt{(x - x_0)^2 + (y - y_0)^2} = r, \quad \text{also} \quad (x - x_0)^2 + (y - y_0)^2 = r^2.$$

Weil nun $\big((x - x_0)/r\big)^2 + \big((y - y_0)/r\big)^2 = 1$ ist, liegt der Punkt

$$(u, v) := \big((x - x_0)/r, (y - y_0)/r\big)$$

auf dem Einheitskreis. Daher gibt es einen Winkel α, so dass gilt:

$$u = \frac{x - x_0}{r} = \cos\alpha \quad \text{und} \quad v = \frac{y - y_0}{r} = \sin\alpha,$$

bzw.

$$(x, y) = (x_0 + ru, y_0 + rv) = (x_0 + r\cos\alpha, y_0 + r\sin\alpha).$$

Man kann die Zuordnung $\varphi : \alpha \mapsto (x_0 + r\cos\alpha, y_0 + r\sin\alpha)$ als ***Parametrisierung*** des Kreises benutzen. Die Parametrisierung einer Kurve ist die Beschreibung des Weges, den ein Punkt entlang der Kurve zurücklegt.

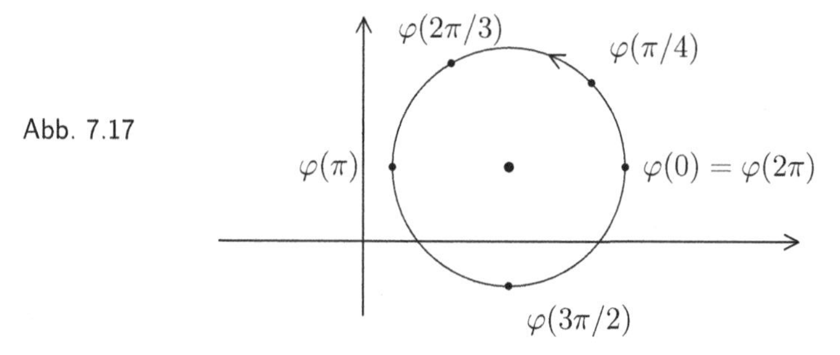

Abb. 7.17

Ersetzt man in der Kreisgleichung r durch zwei Zahlen $0 < b < a$, so erhält man eine geringfügig andere Gleichung, die „Mittelpunktsgleichung" einer (achsenparallelen) ***Ellipse***:

$$\left(\frac{x - x_0}{a}\right)^2 + \left(\frac{y - y_0}{b}\right)^2 = 1.$$

Auch in diesem Fall findet man zu jedem Punkt (x, y), der die Gleichung erfüllt, einen Winkel α, so dass $(x - x_0)/a = \cos\alpha$ und $(y - y_0)/b = \sin\alpha$ ist. Das zeigt, dass die Ellipse durch

$$\psi(\alpha) := (x_0 + a\cos\alpha, y_0 + b\sin\alpha)$$

parametrisiert wird. Es ist $\psi(0) = (x_0 + a, y_0) = \psi(2\pi)$, $\psi(\pi/2) = (x_0, y_0 + b)$, $\psi(\pi) = (x_0 - a, y_0)$ und $\psi(3\pi/2) = (x_0, y_0 - b)$. Andeutungsweise kann man so schon erkennen, dass die Ellipse folgende Gestalt besitzt:

Abb. 7.18

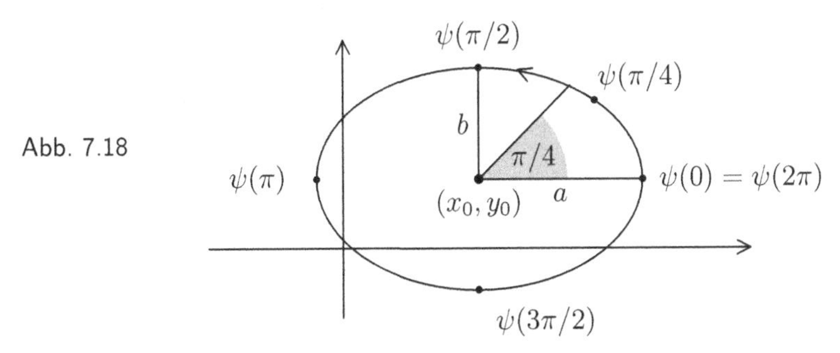

Man beachte, dass der Punkt $\psi(\pi/4)$ vom Mittelpunkt (x_0, y_0) der Ellipse aus **nicht** unter einem Winkel von 45° erscheint.

Die Strecke a nennt man die ***große Halbachse*** und b die ***kleine Halbachse*** der Ellipse. Die Zahl $e := \sqrt{a^2 - b^2}$ heißt ***lineare Exzentrizität***. Zeichnet man um $(x_0, y_0 + b)$ einen Kreis mit Radius a, so schneidet dieser die rechte große Halbachse im Punkt $(x_0 + e, y_0)$:

Abb. 7.19

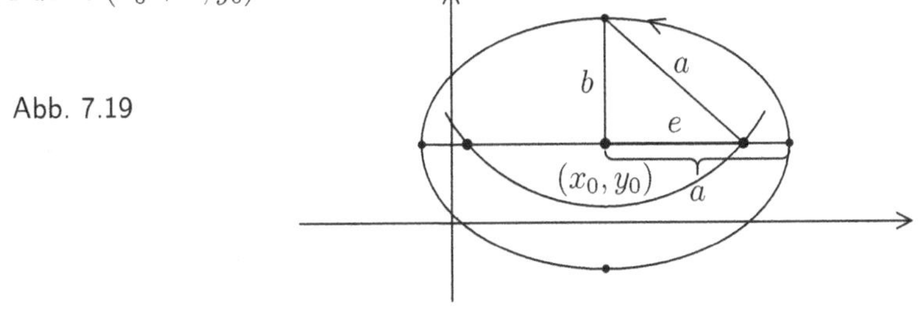

Die Punkte $F_1 = (x_0 - e, y_0)$ und $F_2 = (x_0 + e, y_0)$ heißen ***Brennpunkte*** der Ellipse. Ist $X = (x, y)$ ein Punkt auf der Ellipse, so ist $d(X, F_1) + d(X, F_2) = 2a$. Um das zu zeigen, betrachte man der Einfachheit halber den Fall $x_0 = y_0 = 0$, also die Ellipse $(x/a)^2 + (y/b)^2 = 1$. Multipliziert man diese Gleichung mit $b^2 = a^2 - e^2$, so erhält man:

$$a^2 - e^2 = x^2 \frac{a^2 - e^2}{a^2} + y^2 = x^2\big(1 - \frac{e^2}{a^2}\big) + y^2,$$

also

$$a^2 + \frac{e^2}{a^2} x^2 = y^2 + e^2 + x^2.$$

Addiert man auf beiden Seiten den Term $2ex$, so erhält man

$$\big(a + \frac{e}{a} x\big)^2 = y^2 + (e + x)^2.$$

Analog erhält man, wenn man oben $2ex$ subtrahiert, die Gleichung

$$\big(a - \frac{e}{a} x\big)^2 = y^2 + (e - x)^2.$$

$$\text{Sei} \quad r_1 := a + \frac{e}{a} x \quad \text{und} \quad r_2 := a - \frac{e}{a} x.$$

Dann ist $r_1 + r_2 = 2a$ sowie

$$d(X, F_1) = \sqrt{(x+e)^2 + y^2} = r_1 \quad \text{und} \quad d(X, F_2) = \sqrt{(x-e)^2 + y^2} = r_2.$$

♠

Aufgabe 7.1

1. Berechnen Sie $\sin(3x)$ in Abhängigkeit von $\sin(x)$.
2. Von einem Dreieck ABC seien die Seite $c = \overline{AB}$ und die Winkel $\alpha = \angle BAC$ und $\beta = \angle ABC$ gegeben. Berechnen Sie die Längen der anderen Dreiecksseiten in Abhängigkeit von c, α und β.
3. Berechnen Sie den Flächeninhalt eines (dem Einheitskreis einbeschriebenen) Fünfecks.
4. Bestimmen Sie die Gerade im $\mathbb{R}^2$ durch die Punkte $(0,2)$ und $(2\sqrt{3}, 4)$. Berechnen Sie ihren Steigungswinkel!
5. Bestimmen Sie die Mittelpunktsgleichung einer Ellipse aus den Größen $a = 25$ und $e = 24$. Berechnen Sie für eine beliebige achsenparallele Ellipse den Punkt, der über dem Brennpunkt F_2 liegt.

Hinweise: *1) ist einfach, am besten schreibt man $3x$ in der Form $2x + x$.*

2) Teilt man das Dreieck in zwei rechtwinklige Dreiecke, so erhält man Formeln, die α und β mit a und b in Verbindung bringen. Bedenkt man, dass dies auch für andere Paarungen von Winkeln und Seiten gilt, so erhält man – unter Verwendung der gängigen Formeln für die Sinusfunktion – das gewünschte Ergebnis.

3) Das Fünfeck setzt sich aus fünf (oder zehn) Dreiecken zusammen, deren Bestandteile sich auf offensichtliche Weise berechnen lassen.

4) Die Steigung einer Geraden ist der Tangens des Steigungswinkels.

5) Die Ellipsengleichung muss man einfach ausrechnen. Der Punkt über F_2 hat die x-Komponente e, seine y-Komponente kann man mit Hilfe bekannter Formeln berechnen.

7.3 Bewegungen

In Abschnitt 6.9 wurde dargelegt, wie man Kongruenz mit Hilfe von Bewegungen erklären kann. *Hier sollen nun Bewegungen etwas genauer untersucht werden.*

Bewegungen wurden als bijektive Abbildungen der gesamten Ebene auf sich eingeführt, die alle Abstände invariant lassen. Sind zwei Teilmengen S, T (mit jeweils mindestens drei verschiedenen Elementen) der Ebene E gegeben, so dass es eine bijektive Abbildung $f : S \to T$ gibt, die alle Abstände invariant lässt, dann kann man zeigen: Es gibt eine Bewegung $\widehat{f} : E \to E$ mit $f = \widehat{f}|_S$.

Prominenteste Vertreter der Bewegungen sind die Translationen, die Spiegelung S an der x-Achse und die Drehungen um den Nullpunkt. Letztere haben die Gestalt

$$R(x,y) := (ax - by, ay + bx), \quad \text{mit } a^2 + b^2 = 1.$$

Es gibt dann genau einen Drehwinkel $\alpha \in [0, 2\pi)$ mit $a = \cos\alpha$ und $b = \sin\alpha$.

Die Verknüpfung von Bewegungen ergibt natürlich wieder eine Bewegung.

Aufgabe 7.2

Ein Punkt P heißt ***Fixpunkt*** der Bewegung $f : \mathbb{R}^2 \to \mathbb{R}^2$, falls $f(P) = P$ ist.

a) Sei $(a,b) \neq (1,0)$ ein Punkt auf dem Einheitskreis. Zeigen Sie, dass die durch $R(x,y) := (ax - by, ay + bx)$ definierte Drehung nur den Nullpunkt als Fixpunkt hat.

b) Eine Bewegung, die zwei verschiedene Punkte P und Q als Fixpunkte hat, lässt die Gerade L durch P und Q punktweise fest.

Hinweise: *a) muss man einfach nachrechnen!*

b) Ist $X \neq P, Q$ ein Punkt auf der Geraden durch P und Q, so liegt von den drei Punkten X, P, Q genau einer zwischen den beiden anderen. Das kann man auch mit Hilfe von Abständen ausdrücken.

Satz: *Wenn eine Bewegung f drei nicht kollineare Punkte fest lässt, dann ist $f = \mathrm{id}$.*

BEWEIS: Lässt f die drei Punkte A, B und C fest, so auch das gesamte Dreieck ABC. Ist nun X ein beliebiger Punkt der Ebene, so kann man eine Gerade L finden, die das Dreieck in zwei verschiedenen Punkten P und Q trifft. Dann ist $f(P) = P$ und $f(Q) = Q$, und damit bleibt ganz L punktweise fest. Insbesondere ist $f(X) = X$. Weil das für jeden Punkt der Ebene gilt, ist $f = \mathrm{id}$. ∎

Sehr nützlich ist der

Hauptsatz über Bewegungen: *Gegeben seien drei nicht kollineare Punkte A, B und C im $\mathbb{R}^2$. Weiter sei $O := (0,0)$ und $B' := (r,0)$ mit $r := d(A,B)$.*

Dann gibt es genau eine Bewegung f mit $f(A) = O$ und $f(B) = B'$, so dass $f(C)$ in der oberen Halbebene $\mathbb{H} := \{(x,y) : y > 0\}$ liegt. Dabei setzt sich f aus einer Translation, einer Drehung und eventuell der Spiegelung S zusammen.

Der Beweis ist klar. Mit einer Translation verschiebt man A nach O, dann bewegt man das Bild von B durch eine Drehung um O nach B', und wenn dann das Bild von C nicht in $\mathbb{H}$ liegt, wendet man noch die Spiegelung S an. Wegen des vorherigen Satzes ist die dann erhaltene Bewegung eindeutig bestimmt.

Aufgabe 7.3

Folgern Sie, dass sich jede Bewegung aus Translationen, Drehungen um den Nullpunkt und Spiegelungen zusammensetzen lässt.

Hinweis: *Man überlege, was die Bewegung mit drei nicht kollinearen Punkten anstellt, und man benutze außerdem die Eindeutigkeitsaussage im Hauptsatz über Bewegungen.*

Man kann Bewegungen mit Hilfe ihrer Fixpunkte klassifizieren:

1. Lässt eine Bewegung drei nicht kollineare Punkte invariant, so handelt es sich um die Identität.

2. Eine Bewegung $f \neq \text{id}$ mit zwei Fixpunkten P und Q lässt die durch P und Q bestimmte Gerade L punktweise fest. Sei nun $X \in E \setminus L$. Würde X durch f auf einen Punkt $Y \neq X$ in der gleichen, durch L bestimmten Halbebene abgebildet, so müsste gleichzeitig $d(Y, P) = d(X, P)$ und $d(Y, Q) = d(X, Q)$ sein, und das ist nicht möglich. Also vertauscht f die durch L bestimmten Halbebenen. Man nennt f dann eine ***Spiegelung an der Geraden*** L.

3. Es bleibt nur noch die Möglichkeit, dass f nur einen einzigen oder gar keinen Fixpunkt besitzt. In diese Kategorie fallen ***Drehungen um einen Punkt*** P und ***Translationen***, und man kann zeigen, dass es nichts anderes gibt. Drehungen $\neq$ id lassen den Drehpunkt fix, Translationen $\neq$ id besitzen überhaupt keinen Fixpunkt und bilden Geraden auf parallele Geraden ab. Zu je zwei Punkten $A \neq B$ gibt es genau eine Translation, die A auf B abbildet.

Satz *Zu jeder Geraden L gibt es genau eine Spiegelung an L.*

BEWEIS: Seien $A \neq B$ Punkte von L, T die Translation mit $T(A) = O$ und $B' = T(B)$. Außerdem sei R die Drehung um O, die B' auf den Punkt $(r, 0)$ mit $r := d(A, B)$ abbildet. Die Bewegung $f := T^{-1} \circ R^{-1} \circ S \circ R \circ T$ hat A und B als Fixpunkte und lässt daher die Gerade L punktweise fest. Außerdem vertauscht sie die beiden durch L bestimmten Halbebenen, ist also eine Spiegelung an L.

Sind f_1, f_2 zwei Spiegelungen an L, so lässt $g := f_2^{-1} \circ f_1$ die Gerade L fest und bildet die von L bestimmten Halbebenen jeweils auf sich ab. Daraus folgt, dass $g = \text{id}$ und $f_1 = f_2$ ist. ■

Beispiel 7.3.1 (Ähnlichkeit in der Praxis)

Kongruenz und Ähnlichkeit sind nicht nur abstrakte Begriffe, sondern können auch zur Lösung praktischer Probleme benutzt werden, etwa zur Bestimmung einer nicht direkt zugänglichen Strecke:

Abb. 7.20

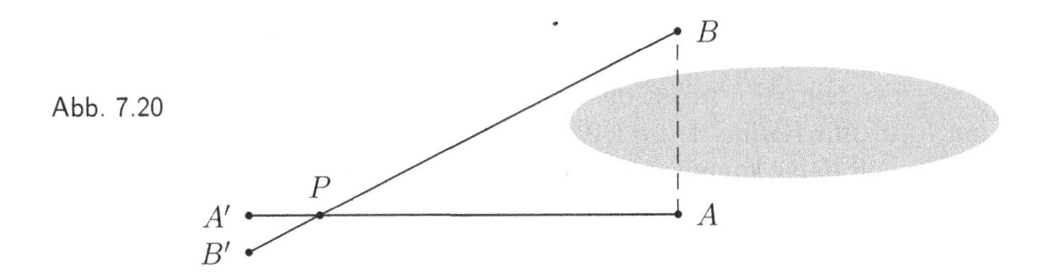

Die Strecken $\overline{PA}$ und $\overline{PB}$ seien messbar, die Länge von $\overline{PA}$ betrage 200 m, die von $\overline{PB}$ betrage 250 m. Verlängert man die Strecken jeweils so, dass $\overline{A'P}$ 4 m lang ist, und $\overline{B'P}$ 5 m, so entsteht ein Dreieck $B'PA'$, das zu dem Dreieck BPA ähnlich ist, der Ähnlichkeitsfaktor beträgt 50. Durch Messung (oder Rechnung) erhält man für $\overline{A'B'}$ die Länge 3 m. Dann muss aber $\overline{AB}$ genau 150 m lang sein. Dass die Dreiecke zufällig rechtwinklig sind, spielt dabei keine Rolle. ♠

Beispiel 7.3.2 (Die Spiegelung an einer Geraden)

Die Spiegelung an einer beliebigen Geraden L erhält man folgendermaßen: Jeder Punkt von L wird festgelassen. Liegt X nicht auf L, so fälle man das Lot von X auf L. Der Fußpunkt des Lotes sei P genannt. Verlängert man $\overline{XP}$ über P hinaus bis zu dem Punkt X' mit $\overline{XP} = \overline{PX'}$, so ist X' der gesuchte Spiegelpunkt von X.

Abb. 7.21

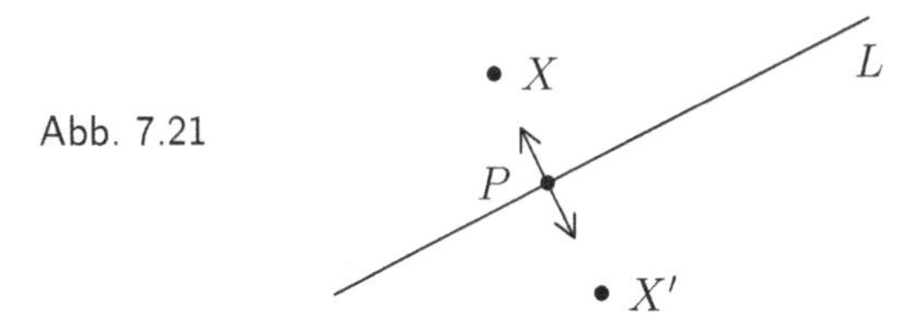

♠

Beispiel 7.3.3 (Bewegungen entstehen aus Spiegelungen)

Jede Drehung und auch jede Translation kann als Verknüpfung von Spiegelungen geschrieben werden.

a) Sei R die Drehung mit Zentrum P um den Winkel α sowie g eine Gerade durch P und $g' := R(g)$. Dann bilden g und g' einen Winkel der Größe α. Weiter sei h die Winkelhalbierende dieses Winkels. Dann ist $R = S_h \circ S_g$ die Verknüpfung der Spiegelungen an g und h.

Abb. 7.22

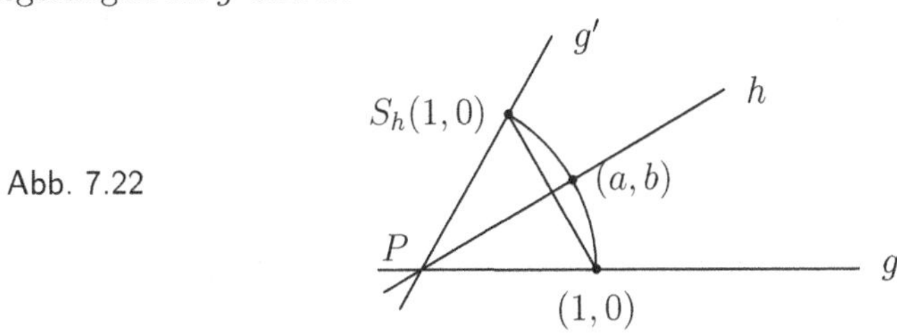

Führt man nämlich Koordinaten in der Ebene ein, so dass $P = (0,0)$ und g die x-Achse ist, so ist $R(x,y) = (ax - by, ay + bx)$ mit $(a,b) = (\cos\alpha, \sin\alpha)$, also $R(0,0) = (0,0)$ und $R(1,0) = (a,b)$.

Für $f := S_h \circ S_g$ gilt andererseits: $f(0,0) = S_h(0,0) = (0,0)$ und $f(1,0) = S_h(1,0) = (\cos\alpha, \sin\alpha) = (a,b)$, denn die Senkrechte zu h durch $(1,0)$ trifft den Kreis um $(0,0)$ mit Radius 1 in $(1,0)$ und aus Symmetriegründen in $S_h(1,0)$ ein zweites Mal, und dafür kommt nur der Punkt (a,b) in Frage.

Kann man zeigen, dass f nur den Nullpunkt als Fixpunkt hat und deshalb eine Drehung ist, so muss $f = R$ sein. Ist $X = (x,y) \neq (0,0)$ ein beliebiger Punkt der Ebene, so ist $S_g(x,y) = (x,-y)$. Damit $f(X) = X$ ist, muss $S_h(x,-y) = (x,y)$ sein. Dann verläuft die Verbindungsgerade von $(x,-y)$ und (x,y) senkrecht (also parallel zur y-Achse), und das kann bei der Spiegelung S_h nicht passieren. Daraus folgt, dass f tatsächlich nur den Nullpunkt als Fixpunkt hat.

b) Sei T die Translation $(x,y) \mapsto (x+a, y+b)$. Man wähle einen beliebigen Punkt P und setze $Q := T(P)$. Ist dann R der Mittelpunkt der Strecke $\overline{PQ}$, h die Senkrechte zu $\overline{PQ}$ durch P und g die Parallele zu h durch R, so ist $S_g \circ S_h = T$. Führt man nämlich Koordinaten ein, so kann man annehmen, dass $P = (0,0)$, $b = 0$ und $a > 0$ ist. In diesem Fall ist $Q = (a,0)$ und $R = (a/2, 0)$ Die Spiegelung S_h ist gegeben durch $S_h(x,y) = (-x,y)$, die Spiegelung S_g durch $S_g(u,v) = (a-u, v)$. Also ist $S_g \circ S_h(x,y) = S_g(-x,y) = (a+x,y) = (x+a, y+b) = T(x,y)$.

Abb. 7.23

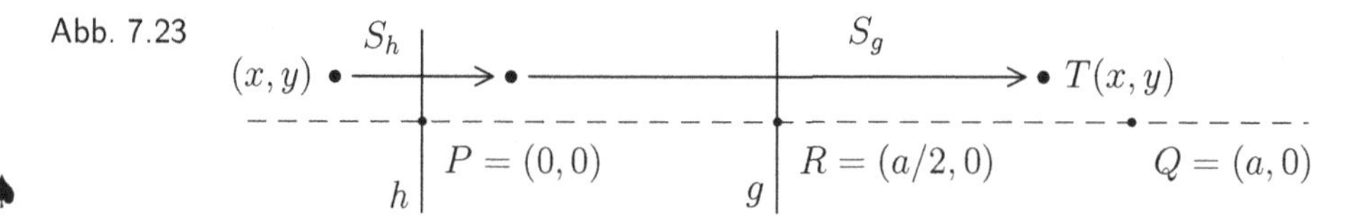

♠

7.4 Zusätzliche Aufgaben

Aufgabe 7.4. Es sei s_n die Seitenlänge des dem Einheitskreis einbeschriebenen regelmäßigen n-Ecks. Beweisen Sie die Formel $(s_{2n})^2 = 2 - \sqrt{4-(s_n)^2}$.

Hinweis: *Bei der Lösung dieser geometrischen Aufgabe ist sicher eine kleine Skizze hilfreich.*

Aufgabe 7.5. Zeigen Sie mit Hilfe des schwachen Außenwinkelsatzes von Euklid (vgl. Kapitel 1, Abschnitt 1.2):

a) In einem Dreieck ergeben zwei beliebige Winkel zusammen immer weniger als zwei rechte Winkel.

b) In einem Dreieck ABC mit den Winkeln α, β und γ (jeweils bei A, B und C) sei $\overline{AB} > \overline{BC}$. Dann gilt für die gegenüberliegenden Winkel: $\gamma > \alpha$.

Hinweise: *a) Nebenwinkel ergänzen sich zu* $180°$.

b) Zeichnet man eine geeignete Hilfslinie ein, so erhält man ein gleichschenkliges Teildreieck.

Aufgabe 7.6. Es sei O der Ursprung, W, V zwei benachbarte Ecken des dem Einheitskreis einbeschriebenen regelmäßigen Zehnecks. Dann haben die Strecken $\overline{OW}$ und $\overline{OV}$ jeweils die Länge 1. Weiter sei s die Länge der Strecke $\overline{WV}$ (also die Seitenlänge des Zehnecks) und h die Höhe im Dreieck OVW von O auf $\overline{WV}$. Zeigen Sie:

$$s = \frac{1}{2}(\sqrt{5} - 1) \quad \text{und} \quad h = \frac{1}{4}\sqrt{10 + 2\sqrt{5}}.$$

Benutzen Sie das Ergebnis, um $\sin(18°)$ und $\cos(18°)$ zu berechnen.

Hinweis: *Benutzen Sie die Winkelhalbierende des Winkels $\angle OWV$, die $\overline{OV}$ in einem Punkt U trifft, und suchen Sie nach ähnlichen Dreiecken.*

Aufgabe 7.7. Leiten Sie Formeln für $\tan(2\alpha)$ und $\cot(2\alpha)$ her.

Hinweis: *Vielleicht sollte man zunächst Tangens und Cotangens durch Sinus und Cosinus ausdrücken.*

Aufgabe 7.8. Gegeben sei ein beliebiges spitzwinkliges Dreieck mit den Ecken A, B, C, den anliegenden Winkeln α, β, γ und den gegenüberliegenden Seiten a, b, c. Beweisen Sie

- den Cosinussatz $a^2 = b^2 + c^2 - 2bc\cos(\alpha)$
- und den Sinussatz $\dfrac{a}{\sin\alpha} = \dfrac{b}{\sin\beta} = \dfrac{c}{\sin\gamma}$.

Aufgabe 7.9. Gegeben seien zwei Geraden L_1, L_2 durch die Gleichungen

$$y = m_1 x + b_1 \quad \text{und} \quad y = m_2 x + b_2.$$

Zeigen Sie, dass der Winkel φ, unter dem sich L_1 und L_2 schneiden, durch

$$\tan\varphi = \frac{m_2 - m_1}{1 + m_1 m_2}$$

gegeben ist. Berechnen Sie den Schnittwinkel der Geraden $3x - 2y + 5 = 0$ und $2x + 7y + 8 = 0$ (um den Winkel aus dem Tangens zu berechnen, brauchen Sie den Taschenrechner).

Aufgabe 7.10. Lösen Sie die folgenden Gleichungen:

1. $\sin(3x) - 2\sin(x) = 0$.
2. $3\cos^2(x) = \sin^2(2x)$.

Aufgabe 7.11. a) Beweisen Sie die Formel

$$\sin\alpha + \sin\beta = 2\sin\Big(\frac{\alpha+\beta}{2}\Big)\cos\Big(\frac{\alpha-\beta}{2}\Big).$$

b) Bestimmen Sie alle Lösungen der Gleichung $\sin(2x + 1) + \sin(3x - 2) = 0$.

Hinweise: *Bei (a) ist es hilfreich, α und β durch $u = (\alpha+\beta)/2$ und $v = (\alpha-\beta)/2$ auszudrücken. Die Formel von (a) kann man nutzbringend bei (b) anwenden.*

Aufgabe 7.12. Bestimmen Sie alle Lösungen der Gleichung $2\sin(x) - \tan(x) = 0$ im Intervall $[0, 2\pi]$.

Aufgabe 7.13. Bestimmen Sie den Steigungswinkel der Geraden durch $(2, -\sqrt{3})$ und $(5, 0)$.

Aufgabe 7.14. Zeigen Sie: Ist in einem Dreieck $\cos(\alpha + \beta - \gamma) = 1$, so ist dieses Dreieck rechtwinklig.

Hinweis: *Jongliert man etwas mit den bekannten Formeln für Winkelfunktionen, so erhält man, dass $\gamma = \pi/2$ ist.*

Aufgabe 7.15. Gegeben sei ein Viereck wie in der folgenden Skizze:

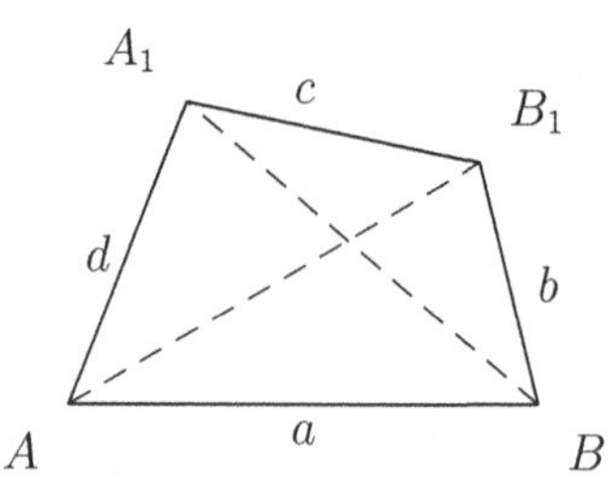

Abb. 7.24

Die Strecke a, die Winkel $\alpha = \angle BAA_1$, $\alpha_1 = \angle BAB_1$, $\beta = \angle ABB_1$ und $\beta_1 = \angle ABA_1$ können gemessen werden. Berechnen Sie daraus die Länge c der unzugänglichen Strecke $\overline{A_1B_1}$. Das ist eine der Hauptaufgaben der Vermessungstechnik.

Hinweis: *Man benutze (zum Beispiel) den Sinussatz im Dreieck ABB_1, um die Diagonale $e = \overline{AB_1}$ zu berechnen, und im Dreieck ABA_1, um d zu berechnen. Mit Hilfe des Cosinussatzes kann man dann im Dreieck AB_1A_1 die Seite c berechnen.*

Aufgabe 7.16. Gegeben sei ein Kreis $K = \{(x, y) : x^2 + y^2 = r^2\}$. Gesucht ist zu vorgegebenem $(x_0, y_0) \in K$ mit $x_0 > 0$ und $y_0 > 0$ eine Gerade L, so dass $K \cap L = \{(x_0, y_0)\}$ ist.

Hinweis: *Die Tangente an K in (x_0, y_0) trifft den Kreis nur in einem Punkt und steht dort auf dem Radius senkrecht. Im Wesentlichen gilt es, das zu verifizieren.*

Aufgabe 7.17. Bestimmen Sie alle Schnittpunkte der Ellipse $9x^2 + 25y^2 = 225$ mit der Geraden $3x + 5y - 3 = 0$.

Hinweis: *Einsetzen und Ausrechnen!*

Aufgabe 7.18. Der Mathematiker und Naturwissenschaftler Eratosthenes (gestorben um 194 v.Chr.) berechnete in Alexandria relativ genau den Erdumfang. Er hatte folgende Daten zur Verfügung:

1. Eine Kamelkarawane legt am Tag etwa 100 Stadien zurück, und sie braucht etwa 50 Tage, um die Entfernung zwischen Alexandria und der ägyptischen Stadt Syene (dem heutigen Assuan) zurückzulegen.
2. Zur Sommersonnenwende scheint die Sonne in Syene senkrecht in einen Brunnen, wie man an der Spiegelung der Sonne im Brunnenwasser erkennen kann. Zur gleichen Zeit wirft in Alexandria ein Obelisk einen Schatten.
3. Der Fußpunkt des Obelisken sei mit C bezeichnet, seine Spitze mit A, das Ende des Schattens mit B. Der Winkel $\angle ABC$ beträgt dann $82.8°$.

Die Größe der Längeneinheit „Stadion“ ist nicht mehr genau bekannt. Man nimmt aber an, dass 1 km ungefähr 6.25 Stadien entspricht. Welchen Wert hat Eratosthenes unter diesen Voraussetzungen für den Erdumfang ermittelt?

8 Vektorrechnung oder „Das Parallelogramm der Kräfte“

8.1 Der Vektorbegriff

Worum es hier geht: *Da dieses Kapitel von „Vektoren“ handelt, muss erst mal erklärt werden, was ein Vektor eigentlich für ein Ding ist. Dabei wird sich zeigen, dass bei dieser Frage die Meinungen durchaus auseinander gehen.*

Wir müssen ein wenig ausholen. Jedes Paar (P, Q) von Punkten der Ebene oder des Raumes legt eine ***gerichtete Strecke*** mit Anfangspunkt P und Endpunkt Q fest, und der Abstand $d(P, Q)$ der beiden Punkte ergibt die ***Länge*** der Strecke.

Ist $P \neq Q$ (also $d(P, Q) \neq 0$), so bestimmt die Gerade PQ eine dazu senkrechte Gerade (im Falle der Ebene) oder eine zu PQ senkrechte Ebene (im Falle des Raumes) durch den Punkt P. Der Einfachheit halber beschränken wir uns hier auf die Geometrie der Ebene, im Raum funktioniert es analog.

Die zu PQ senkrechte Gerade ℓ bestimmt ihrerseits zwei Halbebenen, die beiden „Seiten“ von ℓ. Mit $H^+(P, Q)$ sei diejenige Halbebene bezeichnet, in der Q liegt.

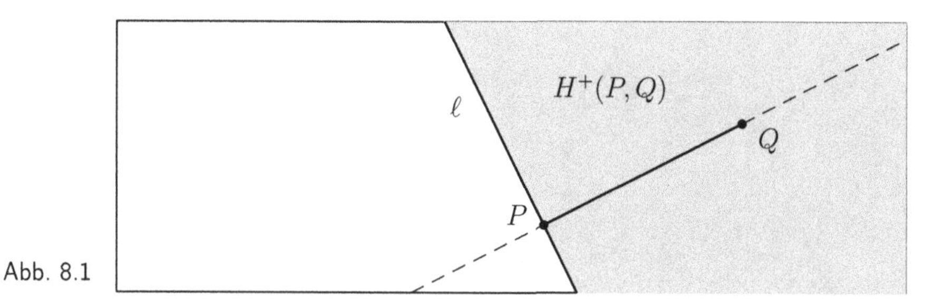

Abb. 8.1

Die durch (P, Q) bestimmte gerichtete Strecke soll hier mit $S_{P,Q}$ bezeichnet werden. Der Unterschied zum bisherigen Streckenbegriff $\overline{PQ}$ besteht darin, dass $S_{P,Q}$ zusätzlich mit einer Richtung versehen ist. Zwei gerichtete Strecken $S_{A,B}$ und $S_{C,D}$ haben die gleiche ***Richtung***, falls $H^+(A, B) \subset H^+(C, D)$ oder $H^+(C, D) \subset H^+(A, B)$ gilt.

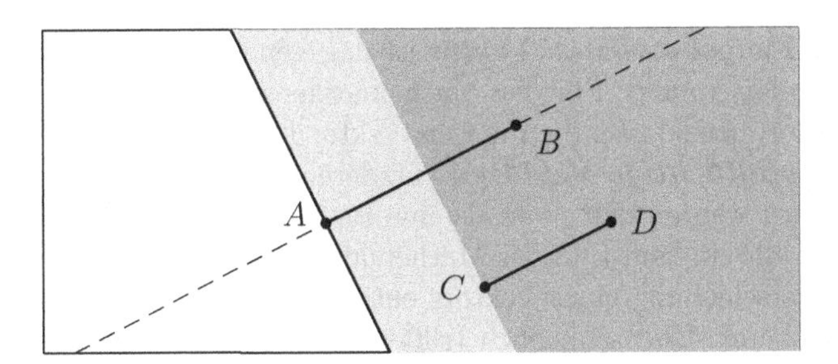

Abb. 8.2

Zwei gerichtete Strecken $S_{A,B}$ und $S_{C,D}$ sollen äquivalent heißen, falls sie die gleiche Länge und die gleiche Richtung haben. Dass tatsächlich eine Äquivalenzrelation vorliegt, prüft man leicht nach. Am besten lässt man sich dabei von der Anschauung leiten.

Wie immer steht auch hier hinter der Äquivalenzrelation eine besondere Eigenschaft, die gewissen Objekten zukommt. Es ist offensichtlich, um welche Eigenschaft es hier geht: Länge und Richtung. Jede Äquivalenzklasse stellt dann ein neues geometrisches Objekt mit bestimmter Länge und bestimmter Richtung dar. Dieses Objekt nennt man einen ***(ebenen) Vektor***. Räumliche Vektoren werden analog eingeführt.

Nachgefragt: *Die hier gegebene Definition des Vektors ist sehr mathematisch formuliert und wirkt arg gekünstelt. Muss das sein?*

Zum Glück kann man das Ganze auch rein anschaulich sehen: Ein Vektor wird repräsentiert durch die Gesamtheit aller Strecken, welche die gleiche Länge und Richtung wie eine vorgegebene Strecke haben. Das kann sich jeder vorstellen.

Es gibt diverse **andere Beschreibungen für einen Vektor**: Statt der Strecke $S_{P,Q}$ und der zugehörigen Äquivalenzklasse könnte man zum Beispiel auch die Parallelverschiebung T der Ebene betrachten, die P auf Q abbildet. Wir bleiben hier aber bei den Äquivalenzklassen von Strecken. Gerne beschreibt man einen Vektor auch als einen frei beweglichen Pfeil. Dieser Pfeil darf an einen beliebigen Punkt angeheftet werden, sofern er nur seine Richtung beibehält. Ist P der fragliche Punkt und die Strecke $S_{P,Q}$ ein Repräsentant des Vektors, so zeigt der angeheftete Pfeil von P nach Q. Legt man einen globalen Ausgangspunkt O fest, so kann man jeden Vektor durch eine Strecke $S_{O,X}$ repräsentieren. Aber wenn der Ausgangspunkt immer gleich bleibt, dann enthält der Endpunkt X der Strecke $S_{O,X}$ schon die gesamte Information. Auf diesem Wege kann man Vektoren sogar mit Punkten identifizieren. Da sich Vektoren hervorragend zur Beschreiung von Kräften und Feldern in der Physik eignen, haben Physiker und Ingenieure diesen neuen Begriff besonders schnell übernommen, und dabei hat sich eine gewisse Subkultur entwickelt, die sich noch heute in einigen Begriffen und Bezeichnungsweisen widerspiegelt.

Unter einem ***freien Vektor*** versteht man in der Regel einen frei beweglichen Pfeil fester Richtung und Länge. Das stimmt mit dem mathematischen Vektorbegriff überein. Ein ***gebundener Vektor*** ist dagegen ein Pfeil oder Vektor mit festgehaltenem Anfangspunkt. Für den Mathematiker wäre das ein spezieller Repräsentant jener Äquivalenzklasse, die man als Vektor bezeichnet. Gelegentlich tauchen auch noch ***linienflüchtige Vektoren*** auf, deren Anfangspunkt nur entlang einer Geraden bewegt werden darf (was als eine typisch physikalische Einschränkung durchaus sinnvoll sein kann). In der Mathematik interessiert man sich manchmal für die Parallelverschiebung eines Vektors entlang einer Kurve, das wäre vielleicht etwas Vergleichbares. Und schließlich trifft man noch häufig auf den Begriff des ***Ortsvektors***. Das ist ein Pfeil, der im Ursprung (also im Nullpunkt) O angeheftet ist. Dazu braucht man natürlich erst mal ein Koordinatensystem, dessen Bestandteil der Ursprung ist. Mathematisch ist dann ein Ortsvektor einfach ein Repräsentant der Gestalt $S_{O,P}$ eines gewöhnlichen Vektors.

Wie werden Vektoren nun bezeichnet? Für den Vektor, der durch die Strecke $S_{P,Q}$ repräsentiert wird, bietet sich das Symbol $\overrightarrow{PQ}$ an. Leider besteht hier die Gefahr der Verwechslung von Repräsentant und Äquivalenzklasse. Deshalb möchte man Vektoren auch gerne einen eigenen Namen ohne Bezug auf irgendwelche Repräsentanten geben. Zumindest in der deutschsprachigen mathematischen Literatur hatte sich lange Zeit die Beschreibung durch Frakturbuchstaben durchgesetzt:

$$\mathfrak{x}, \quad \mathfrak{y}, \quad \mathfrak{z}, \ldots$$

Handschriftlich – zum Beispiel an der Wandtafel – wurden die Frakturbuchstaben durch Sütterlinbuchstaben ersetzt:

$$\mathscr{x}, \mathscr{y}, \mathscr{z}, \ldots$$

Inzwischen sind Fraktur- und erst recht Sütterlinbuchstaben aus der Mode gekommen und vielen nicht mehr geläufig. In gedruckten Texten benutzt man deshalb heute lieber fett gedruckte Buchstaben $\mathbf{x}$, $\mathbf{y}$, $\mathbf{z}$, ..., so wie es im angelsächsischen Raum schon lange üblich ist. Der Nachteil ist, dass man solche fett gedruckten Buchstaben weder mit Kreide an der Tafel noch mit Bleistift oder Kugelschreiber auf einem Blatt Papier ordentlich schreiben kann. Was tun? Die an abstrakte Formulierungen gewöhnten Mathematiker verwenden gerne ganz normale Buchstaben x, y, z, ..., auch auf die Gefahr von Verwechslungen hin. Die praktischer orientierten Naturwissenschaftler bevorzugen dagegen die Pfeilschreibweise, die wahrscheinlich viele schon aus ihren Schulbüchern kennen,

$$\vec{x}, \quad \vec{y}, \quad \vec{z}, \ldots,$$

und manchmal auch unterstrichene Buchstaben $\underline{x}$, $\underline{y}$, $\underline{z}$, ...

Hier im Buch werden allerdings fett gedruckte Buchstaben verwendet.

8.2 Vektorräume

Wie kann man mit Äquivalenzklassen gerichteter Strecken rechnen? *Vektoren stellen ein sehr nützliches Werkzeug für Mathematiker und Naturwissenschaftler dar. Muss man nun aber für jede Interpretation des Vektorbegriffs gesondert erklären und begründen, wie das Rechnen mit solchen Objekten funktioniert? Zum Glück nicht! Langjährige Erfahrungen im Umgang mit Vektoren führten schließlich zu einem allgemeingültigen Axiomensystem für sogenannte „Vektorräume". Es reicht, dieses Axiomensystem kennenzulernen. Dann bekommt man sogar gratis eine besonders elegante Definition des Vektorbegriffs dazu:*

*Ein **Vektor** ist ein Element eines Vektorraumes.*

Nur: Was – um Himmels Willen – ist ein Vektorraum?

Ein ***(reeller) Vektorraum*** ist eine Menge V mit zwei Strukturen:

1. Man kann die Elemente von V addieren und subtrahieren, mit allem Drum und Dran einer kommutativen Gruppe, wie Nullelement, Assoziativgesetz usw.
2. Man kann die Vektoren $\mathbf{v} \in V$ mit „Skalaren" $\alpha \in \mathbb{R}$ multiplizieren ($(\alpha, \mathbf{v}) \mapsto \alpha \cdot \mathbf{v}$), so dass folgende Regeln erfüllt sind:
   (a) $\alpha \cdot (\beta \cdot \mathbf{v}) = (\alpha\beta) \cdot \mathbf{v}$.
   (b) $(\alpha + \beta) \cdot \mathbf{v} = \alpha \cdot \mathbf{v} + \beta \cdot \mathbf{v}$.
   (c) $\alpha \cdot (\mathbf{v} + \mathbf{w}) = \alpha \cdot \mathbf{v} + \alpha \cdot \mathbf{w}$.
   (d) $1 \cdot \mathbf{v} = \mathbf{v}$.

Zu einer solchen Definition gehören natürlich Beispiele. Hier beschränken wir uns erst mal auf die anschauliche Ebene aus Abschnitt 8.1.

Addition von Vektoren: Sind zwei Vektoren $\overrightarrow{AB}$ und $\overrightarrow{PQ}$ gegeben, so findet man einen Punkt C, so dass $\overrightarrow{BC} = \overrightarrow{PQ}$ ist, und dann setzt man

$$\overrightarrow{AB} + \overrightarrow{PQ} := \overrightarrow{AC}.$$

Abb. 8.3

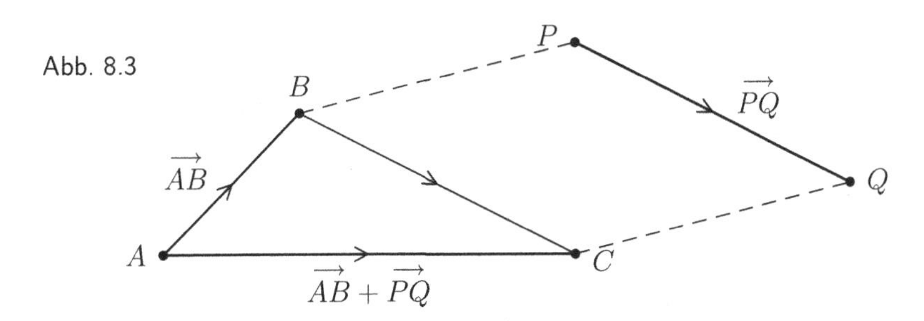

Diese Addition erfüllt die Eigenschaften einer abelschen Gruppe. Der ***Nullvektor*** $\mathbf{0}$ wird durch die „Nullstrecke" $S_{P,P}$ repräsentiert. Und wenn $\mathbf{v} = \overrightarrow{PQ}$ ist, dann ist $\overrightarrow{QP} = -\mathbf{v}$.

Multiplikation mit Skalaren: Ist $\overrightarrow{AB}$ ein Vektor der Länge r und $\alpha \in \mathbb{R}$ ein „Skalar", so gibt es auf der Geraden AB einen Punkt C, so dass die Strecke $S_{A,C}$ die gleiche Richtung wie die Strecke $S_{A,B}$ und die Länge αr besitzt. Dann ist $\overrightarrow{AC} = \alpha \cdot \overrightarrow{AB}$.

Abb. 8.4

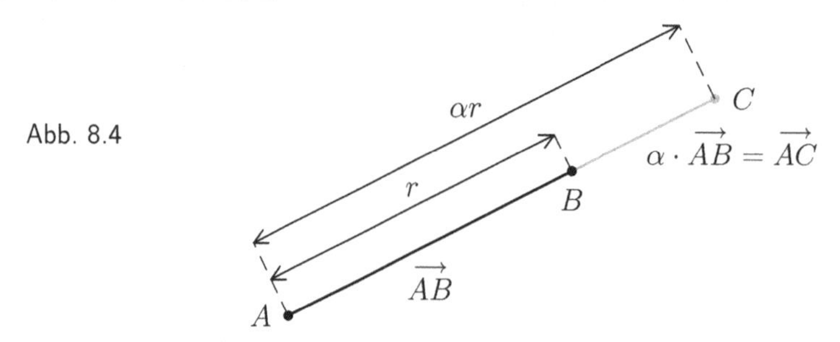

Nun kann man (zum Beispiel mit Hilfe der Strahlensätze) zeigen, dass die Multiplikation mit Skalaren die Bedingungen erfüllt, die in der Definition des Vektorraumes gefordert werden. Ist $\mathbf{v}$ ein Vektor und α ein Skalar, so gilt insbesondere:

$$\alpha \cdot \mathbf{v} = \mathbf{0} \iff \alpha = 0 \text{ oder } \mathbf{v} = \mathbf{0}.$$

Sind $\mathbf{v}_1, \ldots, \mathbf{v}_n$ Vektoren und $r_1, \ldots, r_n \in \mathbb{R}$ Skalare, so nennt man den Ausdruck

$$\sum_{i=1}^{n} r_i \cdot \mathbf{v}_i = r_1 \cdot \mathbf{v}_1 + \cdots + r_n \cdot \mathbf{v}_n$$

eine ***Linearkombination*** der Vektoren $\mathbf{v}_1, \ldots, \mathbf{v}_n$.

Beispiel 8.2.1 (Mittelpunkt einer Strecke)

Gegeben seien drei Punkte O, A, B, die nicht auf einer Geraden liegen. Außerdem sei M der Mittelpunkt der Strecke $S_{A,B}$. Definitionsgemäß ist das der Punkt auf der Strecke $\overline{AB}$, für den $AM : MB = 1$ gilt. Es soll folgende Aussage gezeigt werden:

$$\overrightarrow{OM} = \frac{1}{2}(\overrightarrow{OA} + \overrightarrow{OB}).$$

Abb. 8.5

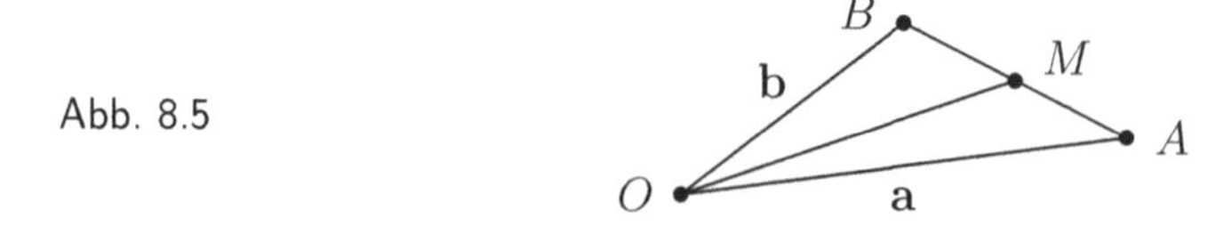

Zunächst sei $\mathbf{a} := \overrightarrow{OA}$ und $\mathbf{b} := \overrightarrow{OB}$, sowie $\mathbf{c} := \overrightarrow{AM} = \overrightarrow{MB}$.

Es ist $2\mathbf{c} = \overrightarrow{AM} + \overrightarrow{MB} = \overrightarrow{AB} = \overrightarrow{AO} + \overrightarrow{OB} = \overrightarrow{OB} - \overrightarrow{OA} = \mathbf{b} - \mathbf{a}$, also $\mathbf{c} = \frac{1}{2}(\mathbf{b} - \mathbf{a})$.

♠ Daraus folgt: $\overrightarrow{OM} = \overrightarrow{OB} + \overrightarrow{BM} = \mathbf{b} - \mathbf{c} = \mathbf{b} - \frac{1}{2}(\mathbf{b} - \mathbf{a}) = \frac{1}{2}(\mathbf{a} + \mathbf{b})$.

Beispiel 8.2.2 (Diagonalenschnittpunkt im Parallelogramm)

Es seien die vier Eckpunkte A, B, C und D eines Parallelogramms gegeben, also eines Vierecks, bei dem die gegenüberliegenden Seiten zueinander parallel sind. Es soll gezeigt werden, dass der Schnittpunkt S der beiden Diagonalen des Parallelogramms diese Diagonalen halbiert.

Zum Beweis sei $\mathbf{a} := \overrightarrow{AB}$, $\mathbf{b} := \overrightarrow{BC}$, $\mathbf{c} := \overrightarrow{DC}$ und $\mathbf{d} := \overrightarrow{AD}$ gesetzt. Dass $ABCD$ ein Parallelogramm ist, bedeutet, dass $\mathbf{a} = \mathbf{c}$ und $\mathbf{b} = \mathbf{d}$ ist. Außerdem können die Punkte A, B und C nicht auf einer Geraden liegen, also $\mathbf{b}$ kein Vielfaches von $\mathbf{a}$ sein. Gezeigt werden soll, dass $\overrightarrow{AS} = \overrightarrow{SC}$ und $\overrightarrow{BS} = \overrightarrow{SD}$ ist.

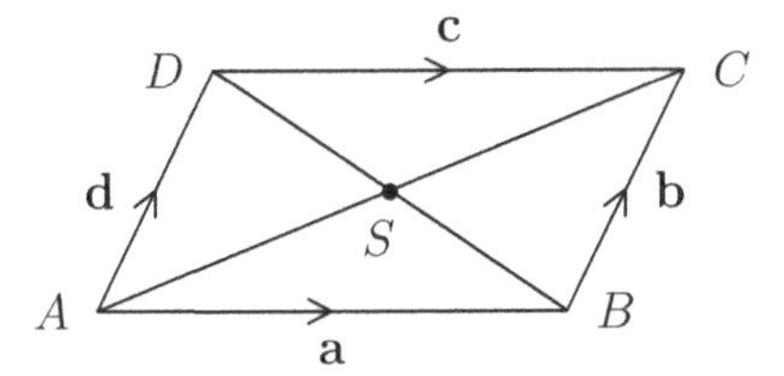

Abb. 8.6

Für die Diagonalen des Parallelogramms gilt:

$$\overrightarrow{AC} = \overrightarrow{AB} + \overrightarrow{BC} = \mathbf{a} + \mathbf{b} \quad \text{und} \quad \overrightarrow{BD} = \overrightarrow{BC} + \overrightarrow{CD} = \mathbf{b} - \mathbf{c} = \mathbf{b} - \mathbf{a}.$$

Sei $\mathbf{u} := \overrightarrow{AS}$ und $\mathbf{v} := \overrightarrow{BS}$. Dann gibt es reelle Zahlen α und β, so dass $\mathbf{u} = \alpha \cdot \overrightarrow{AC}$ und $\mathbf{v} = \beta \cdot \overrightarrow{BD}$ ist.

Weil $\mathbf{a} = \overrightarrow{AS} + \overrightarrow{SB} = \mathbf{u} - \mathbf{v} = \alpha \cdot (\mathbf{a} + \mathbf{b}) - \beta \cdot (\mathbf{b} - \mathbf{a})$ ist, folgt

$$(1 - \alpha - \beta) \cdot \mathbf{a} = (\alpha - \beta)\mathbf{b}.$$

Es gibt nun zwei Möglichkeiten:

1. Ist $\alpha = \beta$, so ist $(1 - \alpha - \beta) \cdot \mathbf{a} = \mathbf{0}$. Weil $\mathbf{a}$ nicht der Nullvektor ist, muss $\alpha + \beta = 1$ sein, also $\alpha = \beta = \frac{1}{2}$. In diesem Falle ist

$$\overrightarrow{AS} = \frac{1}{2}(\mathbf{a} + \mathbf{b}) \quad \text{und} \quad \overrightarrow{SC} = \overrightarrow{AC} - \overrightarrow{AS} = (\mathbf{a} + \mathbf{b}) - \frac{1}{2}(\mathbf{a} + \mathbf{b} = \frac{1}{2}(\mathbf{a} + \mathbf{b})$$

und analog

$$\overrightarrow{BS} = \frac{1}{2}(\mathbf{b} - \mathbf{a}) \quad \text{und} \quad \overrightarrow{SD} = \overrightarrow{BD} - \overrightarrow{BS} = \frac{1}{2}(\mathbf{b} - \mathbf{a}).$$

2. Ist $\alpha \neq \beta$, so ist

$$\mathbf{b} = \frac{1-\alpha-\beta}{\alpha-\beta}\mathbf{a}$$

ein Vielfaches von $\mathbf{a}$, und das war ja ausgeschlossen.

♠ Also muss Fall (1) gelten, und S ist der Mittelpunkt von $\overline{BD}$ und von $\overline{AC}$.

8.3 Vektoren in Koordinatenschreibweise

Hier geht es um einen bequemeren Umgang mit Vektoren: *Bisher wurden Vektoren rein geometrisch eingeführt und mit ihnen weitgehend koordinatenfrei gerechnet. Aber im Zahlenraum $\mathbb{R}^2$ oder $\mathbb{R}^3$ oder allgemein im $\mathbb{R}^n$ gibt es ja einen ausgezeichneten Punkt, den Ursprung $O = (0, \dots, 0)$, und jeder andere Vektor $\mathbf{x}$ kann in der Form*

$$\mathbf{x} = \overrightarrow{OX} \text{ mit einem Punkt } X = (x_1, \dots, x_n) \in \mathbb{R}^n$$

geschrieben werden. Dann kann man den Vektor mit seinem Endpunkt X identifizieren. Mit Punkten und ihren Koordinaten kann man aber sehr viel einfacher rechnen.

Schreibt man einen Vektor wie einen Punkt in der Form $\mathbf{x} = (x_1, \dots, x_n)$, so spricht man von einem ***Zeilenvektor***. Diese Schreibweise wird hier im Buch bevorzugt. Will man allerdings den Vektor-Charakter besonders betonen und unbedingt Vektoren und Punkte voneinander unterscheiden, so benutzt man die Schreibweise als ***Spaltenvektor***:

$$\mathbf{v}^\top = \begin{pmatrix} x_1 \\ \vdots \\ x_n \end{pmatrix}.$$

Der Übergang $\mathbf{v} \mapsto \mathbf{v}^\top$ vom Zeilenvektor zum Spaltenvektor bedeutet nichts anderes als ein „Umklappen" von der Horizontalen in die Vertikale. Etwas wissenschaftlicher nennt man diesen Vorgang auch ***Transponieren***. Das Symbol $\mathbf{v}^\top$ wird „v-transponiert" ausgesprochen. Man kann natürlich einen Spaltenvektor auch wieder in eine Zeile zurückklappen, das wird durch die Gleichung $\mathbf{v}^{\top\top} = \mathbf{v}$ ausgedrückt.

In den Schulbüchern bezeichnet man einen Spaltenvektor meistens mit dem physikalischen Vektorsymbol $\vec{x}$. Wie schon früher angedeutet, besteht der Vorteil dieser Schreibweise vor allem darin, dass sie auch handschriftlich problemlos verwendet werden kann.

Der „n-dimensionale Raum" $\mathbb{R}^n$ mit Punkten der Gestalt $\mathbf{x} = (x_1, x_2, \dots, x_n)$, die man auch als Vektoren deuten kann, ist ein recht abstraktes Gebilde. Hier werden wir uns hauptsächlich auf den $\mathbb{R}^2$ und den $\mathbb{R}^3$ beschränken.

Zum Beispiel im $\mathbb{R}^3$ sieht das Rechnen mit Vektoren nun sehr einfach aus. Es ist

$$\begin{aligned} (x_1, x_2, x_3) + (y_1, y_2, y_3) &= (x_1 + y_1, x_2 + y_2, x_3 + y_3) \\ \text{und} \quad \alpha \cdot (x_1, x_2, x_3) = &= (\alpha x_1, \alpha x_2, \alpha x_3). \end{aligned}$$

Man vergisst sehr leicht, dass man hier nicht mit Punkten, sondern mit Vektoren arbeitet. Die Addition zweier Punkte wäre aber nicht sinnvoll. Schon das Auftauchen der Rechenoperationen zeigt, dass es hier um Vektoren geht. Das Symbol (x_1, x_2) steht dann zum Beispiel für einen ebenen Vektor, der durch einen Pfeil vom Nullpunkt $(0, 0)$ zum Punkt (x_1, x_2) repräsentiert wird. Will man zu ihm den Vektor (y_1, y_2) addieren (der durch einen Pfeil von $(0, 0)$ nach (y_1, y_2) repräsentiert wird), so muss man den Repräsentanten des zweiten Vektors so verschieben, dass sein neuer Anfangspunkt nicht mehr der Nullpunkt, sondern der Punkt (x_1, x_2) ist. Die Pfeilspitze des verschobenen Pfeils zeigt dann auf den Punkt $(x_1 + y_1, x_2 + y_2)$. Das Ergebnis der Vektoraddition wird repräsentiert durch den Pfeil von $(0, 0)$ nach $(x_1 + y_1, x_2 + y_2)$.

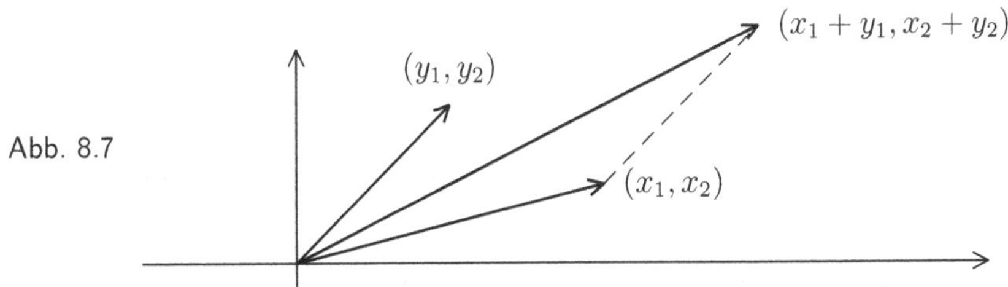

Abb. 8.7

Beispiel 8.3.1 (Linearkombination von Vektoren)

Hier werden Vektoren im $\mathbb{R}^3$ mal ausnahmsweise als Spalten geschrieben. Dann ist

$$3 \cdot \begin{pmatrix} 1 \\ -2 \\ 0 \end{pmatrix} + 12 \cdot \begin{pmatrix} 5 \\ 3/2 \\ -7 \end{pmatrix} - 8 \cdot \begin{pmatrix} 5/2 \\ -1/2 \\ -3/2 \end{pmatrix} =$$
$$= \begin{pmatrix} 3 \\ -6 \\ 0 \end{pmatrix} + \begin{pmatrix} 60 \\ 18 \\ -84 \end{pmatrix} + \begin{pmatrix} -20 \\ 4 \\ 12 \end{pmatrix} = \begin{pmatrix} 43 \\ 16 \\ -72 \end{pmatrix}.$$

♠

Wichtig im $\mathbb{R}^3$ sind die ***Einheitsvektoren*** (diesmal als Zeilenvektoren geschrieben):

$$\mathbf{e}_1 = (1, 0, 0), \quad \mathbf{e}_2 = (0, 1, 0) \quad \text{und} \quad \mathbf{e}_3 = (0, 0, 1).$$

Ein beliebiger Vektor $\mathbf{x} = (x_1, x_2, x_3)$ lässt sich dann stets in der Form

$$\mathbf{x} = x_1\mathbf{e}_1 + x_2\mathbf{e}_2 + x_3\mathbf{e}_3$$

schreiben.

8.4 Lineare Unabhängigkeit

Gibt es endlich viele Vektoren, aus denen sich jeder andere Vektor linear kombinieren lässt? *Im $\mathbb{R}^n$ hat das System der n Einheitsvektoren diese Eigenschaft. Das ist offensichtlich, aber in anderen Situationen ist die Frage oft nicht so einfach zu beantworten. Ein bisschen nähern wir uns der Antwort aber in diesem Abschnitt.*

Am Beginn steht eine wichtige Definition. Dabei sei ein beliebiger Vektorraum V zugrunde gelegt.

Definition

Ein System von Vektoren $\mathbf{x}_1, \ldots, \mathbf{x}_n$ in V heißt ***linear abhängig***, falls es reelle Zahlen $\alpha_1, \ldots, \alpha_n$ gibt, die **nicht** alle $= 0$ sind, so dass gilt:

$$\alpha_1 \cdot \mathbf{x}_1 + \alpha_2 \cdot \mathbf{x}_2 + \cdots + \alpha_n \cdot \mathbf{x}_n = \mathbf{o}.$$

Andernfalls nennt man die Vektoren ***linear unabhängig***.

Beispiele 8.4.1 (Lineare Abhängigkeit von Vektoren)

[1] Im $\mathbb{R}^2$ sind zwei Vektoren $\mathbf{x}$ und $\mathbf{y}$ genau dann linear abhängig, wenn einer der beiden ein Vielfaches des anderen ist. Das sieht man folgendermaßen:

1. Sind die Vektoren linear abhängig, so gibt es Skalare α und β mit $(\alpha, \beta) \neq (0,0)$, so dass $\alpha\mathbf{x} + \beta\mathbf{y} = \mathbf{0}$ ist. Ist $\alpha \neq 0$, so ist $\mathbf{x} = -(\beta/\alpha)\mathbf{y}$, und wenn $\beta \neq 0$ ist, schließt man analog, dass $\mathbf{y}$ ein Vielfaches von $\mathbf{x}$ ist.
2. Ist umgekehrt $\mathbf{x} = \lambda\mathbf{y}$ (mit einem Skalar λ), so ist $1 \cdot \mathbf{x} + (-\lambda)\mathbf{y} = \mathbf{0}$ und $(1, -\lambda) \neq (0,0)$. Das bedeutet, dass $\mathbf{x}$ und $\mathbf{y}$ linear abhängig sind. Im Falle $\mathbf{y} = \mu\mathbf{x}$ schließt man natürlich analog.

Ist $\mathbf{x} = \overrightarrow{AB}$ und $\mathbf{y} = \overrightarrow{CD}$, so bedeutet die lineare Abhängigkeit von $\mathbf{x}$ und $\mathbf{y}$, dass die Geraden AB und CD parallel sind.

Abb. 8.8

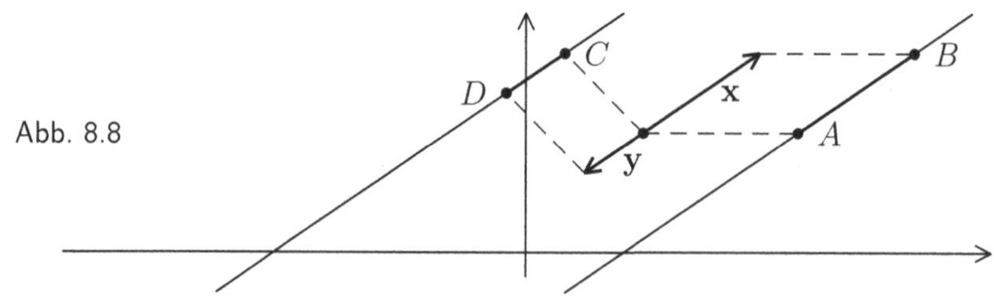

Im $\mathbb{R}^3$ ist die Situation nicht ganz so übersichtlich. Deshalb soll hier zunächst ein Spezialfall untersucht werden.

Sind A, B und C drei (paarweise verschiedene) Punkte, die nicht auf einer Geraden liegen, so sind die Vektoren $\mathbf{a} := \overrightarrow{AB}$, $\mathbf{b} := \overrightarrow{BC}$ und $\mathbf{c} := \overrightarrow{AC}$ linear abhängig, denn es ist $\overrightarrow{AB} + \overrightarrow{BC} = \overrightarrow{AC}$, also $1 \cdot \mathbf{a} + 1 \cdot \mathbf{b} + (-1) \cdot \mathbf{c} = \mathbf{0}$ und $(1, 1, -1) \neq (0, 0, 0)$.

Anschaulich ist klar, dass drei Punkte eine Ebene im Raum festlegen (mehr zum Begriff der Ebene wird in Abschnit 8.5 gesagt), und in dieser Ebene müssen sich die drei Vektoren (oder zumindest ihre Repräsentanten) bewegen. Normalerweise gibt es im Raum drei Freiheitsgrade, aber den Vektoren stehen hier offensichtlich nur zwei zur Verfügung. Deshalb nennt man sie „linear abhängig".

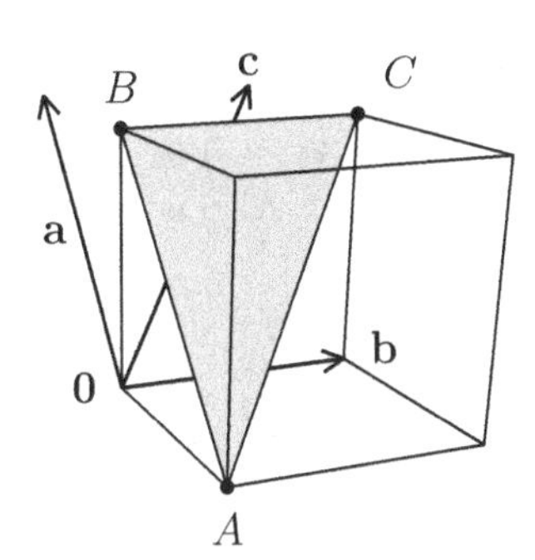

Abb. 8.9

2 Es seien drei Vektoren des $\mathbb{R}^3$ in Koordinatenschreibweise gegeben:

$$\mathbf{x}_1 = (1, -2, 0), \quad \mathbf{x}_2 = (3, 5, 7) \quad \text{und} \quad \mathbf{x}_3 = (4, 0, 2)\,.$$

Auf den ersten Blick kann man nicht erkennen, ob die Vektoren linear abhängig oder unabhängig sind. Zu zeigen, dass man den Nullvektor aus $\mathbf{x}_1$, $\mathbf{x}_2$ und $\mathbf{x}_3$ linear kombinieren kann, dürfte schwerfallen, zumal ja nicht gewiss ist, ob das geht. Deshalb beschreitet man besser folgenden Weg: Man nimmt an, dass eine Linearkombination der Vektoren den Nullvektor ergibt:

$$\alpha_1 \mathbf{x}_1 + \alpha_2 \mathbf{x}_2 + \alpha_3 \mathbf{x}_3 = \mathbf{0}. \quad (*)$$

Wenn daraus folgt, dass $\alpha_1 = \alpha_2 = \alpha_3 = 0$ ist, dann sind die Vektoren linear unabhängig. Andernfalls wird sich eine Lösung $(\alpha_1, \alpha_2, \alpha_3) \neq (0, 0, 0)$ ergeben, und das zeigt dann, dass die Vektoren linear abhängig sind.

Im vorliegenden Fall erhält man aus der Gleichung $(*)$ folgendes Gleichungssystem:

$$\begin{aligned} \alpha_1 + 3\alpha_2 + 4\alpha_3 &= 0, \\ -2\alpha_1 + 5\alpha_2 &= 0, \\ 7\alpha_2 + 2\alpha_3 &= 0. \end{aligned}$$

Aus der zweiten Gleichung erhält man $\alpha_1 = \frac{5}{2}\alpha_2$, und aus der dritten Gleichung erhält man die Beziehung $\alpha_3 = -\frac{7}{2}\alpha_2$. Setzt man beides in die erste Gleichung ein, so folgt:

$$0 = \left(\frac{5}{2} + \frac{6}{2} - \frac{28}{2}\right) \cdot \alpha_2 = \left(-\frac{17}{2}\right) \cdot \alpha_2, \text{ also } \alpha_2 = 0.$$

Dann folgt aber auch: $\alpha_1 = \alpha_3 = 0$. Das bedeutet, dass $\mathbf{x}_1$, $\mathbf{x}_2$ und $\mathbf{x}_3$ linear unabhängig sind.

Würde man $\mathbf{x}_3$ zum Beispiel durch den Vektor $\mathbf{z} = (14, 5, 21)$ ersetzen, so ergäbe sich das Gleichungssystem

$$\begin{aligned} \alpha_1 + 3\alpha_2 + 14\alpha_3 &= 0, \\ -2\alpha_1 + 5\alpha_2 + 5\alpha_3 &= 0, \\ 7\alpha_2 + 21\alpha_3 &= 0. \end{aligned}$$

Die erste Gleichung ergibt $\alpha_1 = -3\alpha_2 - 14\alpha_3$. Setzt man das ein, so erhält man nur noch die Gleichung $\alpha_2 + 3\alpha_3 = 0$. Also ist zum Beispiel

$$(\alpha_1, \alpha_2, \alpha_3) = \left(\frac{5}{3}, 1, -\frac{1}{3}\right)$$

♠ eine Lösung $\neq (0, 0, 0)$. Demnach sind $\mathbf{x}_1$, $\mathbf{x}_2$ und $\mathbf{z}$ linear abhängig.

Die Einheitsvektoren $\mathbf{e}_1, \mathbf{e}_3, \mathbf{e}_3 \in \mathbb{R}^3$ sind linear unabhängig, denn wenn

$$\mathbf{0} = x_1 \cdot \mathbf{e}_1 + x_2 \cdot \mathbf{e}_2 + x_3 \cdot \mathbf{e}_3 = (x_1, x_2, x_3)$$

ist, müssen natürlich alle Koeffizienten x_i verschwinden. Außerdem wurde ja schon festgestellt, dass sich jeder beliebige Vektor aus den Einheitsvektoren linear kombinieren lässt. Ein System von Vektoren mit dieser Eigenschaft nennt man eine ***Basis***. Tatsächlich ist im $\mathbb{R}^3$ schon jedes System von **3** linear unabhängigen Vektoren eine Basis. Der Beweis dieser Tatsache erfordert allerdings ein wenig Arbeit (siehe [FrME], Kapitel 8).

Aufgabe 8.1

1. $\mathbf{a}_1$, $\mathbf{a}_2$ seien linear unabhängig im $\mathbb{R}^2$, α, β, γ, δ reelle Zahlen. Suchen Sie ein Kriterium dafür, dass auch die Vektoren

$$\mathbf{x} := \alpha \cdot \mathbf{a}_1 + \beta \cdot \mathbf{a}_2 \text{ und } \mathbf{y} := \gamma \cdot \mathbf{a}_1 + \delta \cdot \mathbf{a}_2$$

linear unabhängig sind.

Hinweis: *Man überlege sich, wann* $\mathbf{x}$ *und* $\mathbf{y}$ *linear* ***abhängig*** *sind. Durch Fallunterscheidung kann man daraus eine Aussage über die Größe* $\Delta := \gamma\beta - \delta\alpha$ *gewinnen.*

2. Untersuchen Sie, ob die Vektoren $(1, 1, 1)$, $(-2, 1, -1)$ und $(1, -2, -1)$ im $\mathbb{R}^3$ linear unabhängig sind.

8.5 Geraden und Ebenen

Wann ist eine Teilmenge eines Vektorraumes wieder ein Vektorraum? *In der ebenen Geometrie spielt der Begriff der Geraden eine wichtige Rolle, im Raum kommen die Ebenen hinzu. Hier werden Geraden, Ebenen und ihr Schnittverhalten vektoriell beschrieben, und es wird untersucht, wann diese Mengen selbst wieder eine Vektorraumstruktur besitzen.*

In der Ebene wurden Geraden bisher analytisch so beschrieben:

$$L = \{(x, y) \in \mathbb{R}^2 \, : \, ax + by = r\}, \quad \text{mit } a, b, r \in \mathbb{R}, \, (a, b) \neq (0, 0).$$

Wählt man einen festen Punkt $(x_0, y_0) \in L$, so kann jeder andere Punkt $(x, y) \in L$ in der Form

$$(x, y) = (x_0, y_0) + (x - x_0, y - y_0)$$

geschrieben werden. Weil $ax + by = r = ax_0 + by_0$ ist, gilt: $a(x - x_0) + b(y - y_0) = 0$. Im Zusammenhang mit der Einführung der Orthogonalität in Kapitel 6 wurde gezeigt, dass es dann ein $t \in \mathbb{R}$ gibt, so dass $x - x_0 = t(-b)$ und $y - y_0 = ta$ ist. Also ist

$$(x, y) = (x_0, y_0) + t(-b, a) = \mathbf{x}_0 + t\mathbf{v}, \text{ mit } \mathbf{x}_0 := (x_0, y_0) \text{ und } \mathbf{v} := (-b, a).$$

Den „Ortsvektor" $\mathbf{x}_0$ nennt man einen ***Stützvektor*** für die Gerade L (er konnte beliebig mit dem Endpunkt auf L gewählt werden), den Vektor $\mathbf{v} := (-b, a)$ bezeichnet man als ***Richtungsvektor*** von L. Offensichtlich ist $\mathbf{v} \neq \mathbf{0}$. Eindeutig wird der Richtungsvektor nur, wenn man Länge und Orientierung festlegt, etwa durch die Bedingung $a^2 + b^2 = 1$ und $a = b > 0$ oder $a > b$.

Für einen beliebigen Vektorraum V erklärt man deshalb den Begriff „Gerade" wie folgt:

Definition

Eine ***Gerade*** in V ist eine Menge der Gestalt

$$L := \{\mathbf{x} \in V \, : \, \exists t \in \mathbb{R} \text{ mit } \mathbf{x} = \mathbf{x}_0 + t \cdot \mathbf{v}\},$$

wobei $\mathbf{x}_0 \in V$ beliebig und $\mathbf{v} \in V$ nicht der Nullvektor ist.

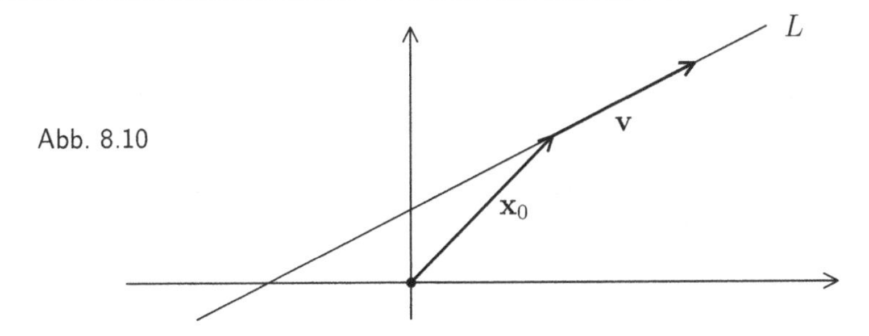

Abb. 8.10

Man beachte, dass jeder Pfeil in der Skizze nur **ein Repräsentant** eines Vektors ist.

Zwei Geraden in V heißen ***parallel***, falls ihre Richtungsvektoren linear abhängig sind, falls also der eine ein Vielfaches des anderen ist. Im $\mathbb{R}^2$ schneiden sich die Geraden, wenn ihre Richtungsvektoren linear unabhängig sind. Aber was passiert in höheren Dimensionen?

Die axiomatische Geometrie beschränkte sich auf die Geometrie der Ebene. Ebenen im Raum wurden bisher nicht behandelt, da müssen wir etwas improvisieren. Eine beliebige Ebene E im $\mathbb{R}^3$ besteht aus allen Punkten $(x, y, z) \in \mathbb{R}^3$, die eine lineare Gleichung der Gestalt

$$ax + by + cz = r$$

erfüllen. Dabei sind a, b, c, r reelle Zahlen, und es ist $(a, b, c) \neq (0, 0, 0)$. Die Ebene enthält genau dann den Nullpunkt, wenn $r = 0$ ist. In diesem Falle kann man sehr leicht die Gesamtheit aller Lösungen und damit die Menge E bestimmen. Da $(a, b, c) \neq (0, 0, 0)$ ist, kann man o. B. d. A. annehmen, dass $c \neq 0$ ist. Dann sind $\mathbf{v} := (1, 0, -a/c)$ und $\mathbf{w} := (0, 1, -b/c)$ zwei Lösungen. Als Vektoren sind sie linear unabhängig, denn aus der Gleichung $\mathbf{0} = \alpha \cdot \mathbf{v} + \beta \cdot \mathbf{w} = (\alpha, \beta, \ldots)$ folgt, dass $\alpha = \beta = 0$ ist.

Ist also (x, y, z) ein beliebiger Punkt der betrachteten Ebene (durch den Nullpunkt), so ist $(x, y, z) = (x, y, -(a/c)x - (b/c)y) = x \cdot (1, 0, -a/c) + y \cdot (0, 1, -b/c) = x \cdot \mathbf{v} + y \cdot \mathbf{w}$.

Im Falle einer beliebigen Ebene E, die nicht notwendig durch den Nullpunkt gehen muss, gilt: Ist (x_0, y_0, z_0) ein spezieller Punkt und (x, y, z) ein beliebiger anderer Punkt von E, so ist $a(x - x_0) + b(y - y_0) + c(z - z_0) = 0$, und es gilt:

$$(x, y, z) = (x_0, y_0, z_0) + (x - x_0) \cdot \mathbf{v} + (y - y_0) \cdot \mathbf{w}.$$

Die von $\mathbf{v}$ und $\mathbf{w}$ aufgespannte Ebene E_0 durch den Nullpunkt kann man die ***Richtungsebene*** von E nennen. Sie ist parallel zu E.

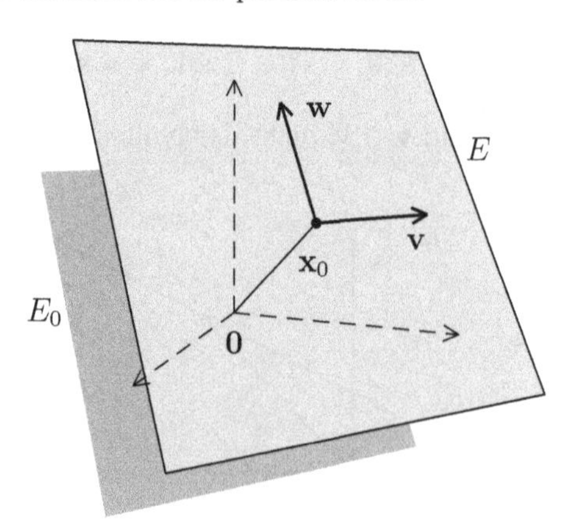

Abb. 8.11

Genauer definiert man:

Definition

Sei V ein reeller Vektorraum, $\mathbf{x}_0 \in V$. Eine ***Ebene*** in V durch den Punkt $\mathbf{x}_0$ ist eine Menge der Gestalt

$$E := \{\mathbf{x} \in V \;:\; \exists\, s, t \in \mathbb{R} \text{ mit } \mathbf{x} = \mathbf{x}_0 + s \cdot \mathbf{v} + t \cdot \mathbf{w}\},$$

wobei $\mathbf{v}$ und $\mathbf{w}$ zwei linear unabhängige Vektoren in V sind. Man nennt $\mathbf{x}_0$ einen ***Stützvektor*** und $\mathbf{v}$ und $\mathbf{w}$ ***Spann-*** oder ***Richtungsvektoren*** für diese Ebene.

Nachgefragt: *Im 3-dimensionalen Raum schneiden sich zwei verschiedene Ebenen durch den Nullpunkt immer entlang einer Geraden. Warum ist das so?*

Gegeben seien

$$E_1 = \{\mathbf{x} = \alpha\mathbf{v}_1 + \beta\mathbf{w}_1 \;:\; \alpha, \beta \in \mathbb{R}\} \quad \text{und} \quad E_2 = \{\mathbf{x} = \gamma\mathbf{v}_2 + \delta\mathbf{w}_2 \;:\; \gamma, \delta \in \mathbb{R}\}.$$

Vier Vektoren im $\mathbb{R}^3$ können nicht linear unabhängig sein (weil drei linear unabhängige Vektoren schon eine Basis bilden und dann der vierte aus den anderen drei linear kombiniert werden kann). Sind aber $\mathbf{v}_1$, $\mathbf{w}_1$ und $\mathbf{v}_2$ linear abhängig und zugleich auch $\mathbf{v}_1$, $\mathbf{w}_1$ und $\mathbf{w}_2$ linear abhängig, so ist $E_1 = E_2$. Die Ebenen können also nur dann verschieden sein, wenn zum Beispiel $\mathbf{v}_1$, $\mathbf{w}_1$ und $\mathbf{v}_2$ linear unabhängig sind, aber $\mathbf{w}_2$ eine Linearkombination dieser drei Vektoren ist:

$$\mathbf{w}_2 = a \cdot \mathbf{v}_1 + b \cdot \mathbf{w}_1 + c \cdot \mathbf{v}_2, \text{ mit } (a, b) \neq (0, 0).$$

Der Vektor $\mathbf{z} := a \cdot \mathbf{v}_1 + b \cdot \mathbf{w}_1 = \mathbf{w}_2 - c \cdot \mathbf{v}_2$ ist dann nicht der Nullvektor und liegt in $E_1 \cap E_2$. Also ist in diesem Fall $E_1 \cap E_2$ die Gerade durch $\mathbf{0}$ und $\mathbf{z}$.

Eine beliebige Ebene hat die Gestalt $E = \{\mathbf{x} = \mathbf{x}_0 + \mathbf{y} \;:\; \mathbf{y} \in E_0\}$, wobei $\mathbf{x}_0$ ein fester Stützvektor und E_0 die Richtungsebene von E ist. Man kann dann definieren: Zwei Ebenen im Raum heißen ***parallel***, falls ihre Richtungsebenen gleich sind.

Seien nun E_1 und E_2 zwei Ebenen (mit Stützvektoren $\mathbf{x}_1$ und $\mathbf{x}_2$), die nicht parallel sind. Die Richtungsebenen $E_{1,0}$ und $E_{2,0}$ seien aufgespannt von $\mathbf{v}_1$ und $\mathbf{w}_1$ bzw. $\mathbf{v}_2$ und $\mathbf{w}_2$. Wie im Falle der Ebenen durch $\mathbf{0}$ kann man annehmen, dass $\mathbf{v}_1$, $\mathbf{w}_1$ und $\mathbf{v}_2$ linear unabhängig sind. Der Vektor $\mathbf{x}_1 - \mathbf{x}_2$ kann dann als Linearkombination

$$\mathbf{x}_1 - \mathbf{x}_2 = \alpha \cdot \mathbf{v}_1 + \beta \cdot \mathbf{w}_1 + \gamma \cdot \mathbf{v}_2$$

dargestellt werden. Und der Vektor $\mathbf{p} := \mathbf{x}_1 - \alpha \cdot \mathbf{v}_1 - \beta \cdot \mathbf{w}_1 = \mathbf{x}_2 + \gamma \cdot \mathbf{v}_2$ liegt offensichtlich in $E_1 \cap E_2$. Die Gerade $L := E_{1,0} \cap E_{2,0}$ (durch den Nullpunkt) ist parallel zu einer Geraden L_1 durch $\mathbf{x}_1$ in E_1 und auch parallel zu einer Geraden L_2 durch $\mathbf{x}_2$ in E_2. Nun ist aber L_1 in E_1 parallel zu einer Geraden L_1^* durch $\mathbf{p}$, und genauso ist L_2 in E_2 parallel zu einer Geraden L_2^* durch $\mathbf{p}$. Da L_1^* und L_2^* beide parallel zu L sind und außerdem durch den gleichen Punkt $\mathbf{p}$ gehen, müssen sie übereinstimmen. Damit ist gezeigt: *Zwei nicht parallele Ebenen im Raum schneiden sich entlang einer Geraden.*

Abb. 8.12

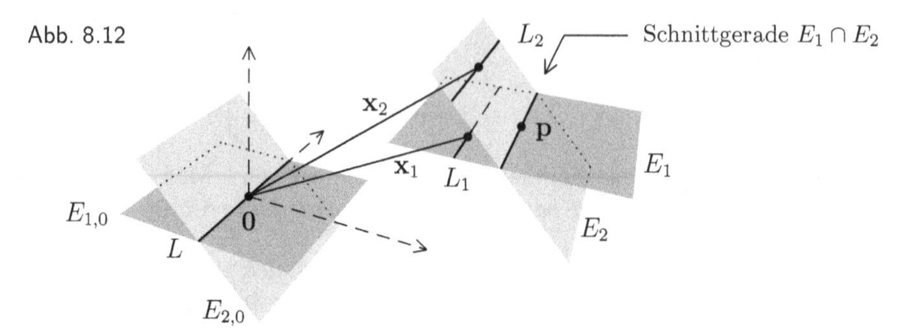

Die rechnerische Bestimmung der Schnittgeraden erfordert die Lösung eines linearen Gleichungssystems. Darauf wird später im Kapitel eingegangen.

Zwei Geraden in der Ebene sind entweder parallel oder sie schneiden sich. Im Raum gibt es aber mehr Möglichkeiten. Seien

$$L_1 = \{\mathbf{x} = \mathbf{x}_1 + t\mathbf{v}_1 \; : \; t \in \mathbb{R}\} \quad \text{und} \quad L_2 = \{\mathbf{x} = \mathbf{x}_2 + t\mathbf{v}_2 \; : \; t \in \mathbb{R}\}$$

zwei Geraden im $\mathbb{R}^3$ (oder einem höherdimensionalem Raum).

1. Sind $\mathbf{v}_1$ und $\mathbf{v}_2$ linear abhängig, so sind L_1 und L_2 parallel. Sie können auch identisch sein.

2. Sind $\mathbf{v}_1$ und $\mathbf{v}_2$ linear unabhängig, so spannen sie – zusammen mit $\mathbf{x}_1$ als Stützvektor – eine Ebene E_1 auf. Es gibt dann noch zwei Möglichkeiten:

   (a) Liegt $\mathbf{x}_2$ ebenfalls in E_1, so liegen L_1 und L_2 in E_1 und schneiden sich in einem Punkt.

   (b) Liegt $\mathbf{x}_2$ nicht in E_1, so sei E_2 die parallele Ebene zu E_1 durch $\mathbf{x}_2$. Dann liegt L_1 in E_1 und L_2 in E_2. Die beiden Geraden schneiden sich nicht, sind aber auch nicht parallel. Solche Geraden nennt man ***windschief***.

Abb. 8.13

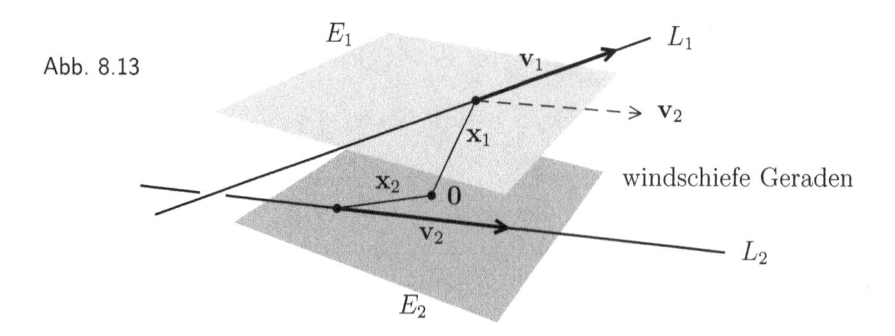

Sei V ein reeller Vektorraum und $U \subset V$ eine **nicht leere** Teilmenge. Man nennt U einen ***Unterverktorraum*** von V, falls gilt:

1. $\mathbf{x}, \mathbf{y} \in U \implies \mathbf{x} + \mathbf{y} \in U$,
2. $\mathbf{x} \in U$ und $\lambda \in \mathbb{R} \implies \lambda \cdot \mathbf{x} \in U$.

Insbesondere enthält jeder Untervektorraum U den Nullvektor: Da $U \neq \varnothing$ ist, gibt es nämlich ein Element $\mathbf{x}_0 \in U$, und dann gehört auch $\mathbf{0} = 0 \cdot \mathbf{x}_0$ zu U.

Jeder Untervektorraum ist vor allem auch ein Vektorraum, die Gültigkeit der Axiome lässt sich leicht nachrechnen. Das erweitert den Vorrat an Beispielen von Vektorräumen. Man kann auch zeigen, dass jeder Untervektorraum eine Basis besitzt. Die Anzahl der Elemente einer solchen Basis ändert sich dabei nicht, wenn man zu einer anderen Basis übergeht. Man nennt diese Zahl die ***Dimension*** des Untervektorraumes.

Beispiel 8.5.1 (Geraden und Ebenen als Vektorräume)

Eine Gerade $L \subset \mathbb{R}^n$, die den Nullpunkt enthält, ist ein Untervektorraum, denn jedes Element $\mathbf{x} \in L$ hat die Gestalt $t \cdot \mathbf{v}$, mit $t \in \mathbb{R}$ und einem festen Vektor $\mathbf{v}$. Dann gilt:

1. Ist $t \cdot \mathbf{v} \in L$ und $\lambda \in \mathbb{R}$, so ist auch $\lambda \cdot (t \cdot \mathbf{v}) = (\lambda t) \cdot \mathbf{v} \in L$.
2. Mit $\mathbf{x}_1 = t_1 \cdot \mathbf{v}$ und $\mathbf{x}_2 = t_2 \cdot \mathbf{v}$ liegt auch $\mathbf{x}_1 + \mathbf{x}_2 = (t_1 + t_2) \cdot \mathbf{v}$ in L.

Ist $L = \{\mathbf{x} = \mathbf{x}_0 + t\mathbf{v} \,:\, t \in \mathbb{R}\}$ eine Gerade, die **nicht** den Nullvektor enthält, so kann L kein Untervektorraum sein. Man beachte dabei: Auch wenn der Stützvektor $\mathbf{x}_0 \neq \mathbf{0}$ ist, so kann L trotzdem den Nullpunkt enthalten, nämlich dann, wenn der Richtungsvektor $\mathbf{v}$ ein Vielfaches von $\mathbf{x}_0$ ist.

Eine Ebene $E \subset \mathbb{R}^n$, die den Nullpunkt enthält, wird von zwei linear unabhängigen Vektoren $\mathbf{v}_1$ und $\mathbf{v}_2$ aufgespannt. Sie ist ein Untervektorraum, denn es gilt:

$$\begin{aligned} \lambda \cdot (s\mathbf{v} + t\mathbf{w}) &= (\lambda s)\mathbf{v} + (\lambda t)\mathbf{w} \\ \text{und} \quad (s_1\mathbf{v} + t_1\mathbf{w}) + (s_2\mathbf{v} + t_2\mathbf{w}) &= (s_1 + s_2)\mathbf{v} + (t_1 + t_2)\mathbf{w}. \end{aligned}$$

♠

8.6 Länge und Winkel

Was versteht man unter der Länge eines Vektors? *Eigentlich sollte ein Vektor eine Größe mit wohlbestimmter Länge und Richtung sein. Bisher wurde hauptsächlich über die Richtung gesprochen, die Länge aber vernachlässigt. Allerdings wurde zu Anfang des Kapitels gesagt, dass man unter der Länge eines Vektors mit Anfangspunkt P und Endpunkt Q den Abstand der Punkte P und Q versteht. Das soll nun vertieft werden.*

Die in Kapitel 6 für die Ebene eingeführte euklidische Metrik

$$d\big((x_1,x_2),(y_1,y_2)\big) = \sqrt{(y_1-x_1)^2+(y_2-x_2)^2}$$

kann man auf den Fall des $\mathbb{R}^n$ verallgemeinern:

$$d((x_1,\ldots,x_n),(y_1,\ldots,y_n)) := \sqrt{\sum_{i=1}^{n}(y_i-x_i)^2}.$$

Als ***Länge*** oder ***Norm*** eines Ortsvektors $\mathbf{x} = \overrightarrow{OX}$ definiert man die Zahl $\|\mathbf{x}\| := d(O,X)$. Unter dem ***Abstand*** zweier Vektoren $\mathbf{x} = \overrightarrow{OX}$ und $\mathbf{y} = \overrightarrow{OY}$ versteht man die Länge des Differenzvektors $\mathbf{y} - \mathbf{x} = \overrightarrow{XY}$:

$$d(\mathbf{x},\mathbf{y}) = \|\mathbf{y}-\mathbf{x}\|.$$

Es ist

$$\|\alpha\cdot\mathbf{x}\| = |\alpha|\cdot\|\mathbf{x}\| \quad \text{und} \quad \|\mathbf{x}+\mathbf{y}\| \le \|\mathbf{x}\|+\|\mathbf{y}\| \quad \text{(Dreiecksungleichung).}$$

Definition

Sind $\mathbf{x} = (x_1,\ldots,x_n)$ und $\mathbf{y} = (y_1,\ldots,y_n)$ Vektoren im $\mathbb{R}^n$, so heißt die Zahl

$$\mathbf{x}\bullet\mathbf{y} := \sum_{i=1}^{n} x_i\cdot y_i$$

das ***Skalarprodukt*** von $\mathbf{x}$ und $\mathbf{y}$.

Das Skalarprodukt ist eine Verallgemeinerung des gewöhnlichen Produktes zweier Zahlen. Allerdings ist es kein Produkt im üblichen Sinne, denn das Produkt zweier Vektoren ergibt hier keinen Vektor, sondern einen Skalar. Im Falle $n = 2$ erhält man:

$$(a,b)\bullet(c,d) = ac+bd.$$

Diese Größe tauchte als Skalenverhältnis der orthogonalen Projektion von der Geraden $\{ax+by=r\}$ auf die Gerade $\{cx+dy=s\}$ auf. Sie wird genau dann null, wenn die Vektoren (a,b) und (c,d) aufeinander senkrecht stehen.

Das Skalarprodukt ist Bestandteil der folgenden wichtigen Formel:

Die Schwarz'sche Ungleichung:

$$(\mathbf{x}\bullet\mathbf{y})^2 \le \|\mathbf{x}\|^2\cdot\|\mathbf{y}\|^2.$$

Gleichheit tritt genau dann auf, wenn $\mathbf{x}$ *und* $\mathbf{y}$ *linear abhängig sind.*

Eine Folgerung ist die Ungleichung $\left| \dfrac{\mathbf{x} \bullet \mathbf{y}}{\|\mathbf{x}\| \cdot \|\mathbf{y}\|} \right| \leq 1$. Sie zeigt, dass es genau ein $\alpha \in [0, \pi]$ mit $\mathbf{x} \bullet \mathbf{y} = \|x\| \cdot \|y\| \cdot \cos(\alpha)$ gibt. Man kann das auch rein geometrisch sehen:

Abb. 8.14

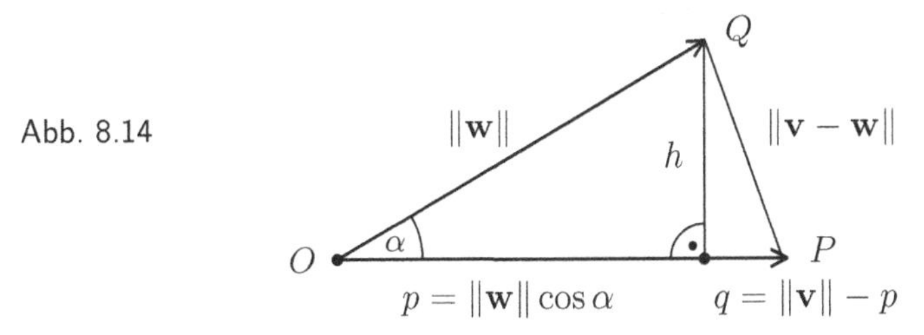

Sind zwei Vektoren $\mathbf{v} = \overrightarrow{OP}$ und $\mathbf{w} = \overrightarrow{OQ}$ gegeben, so bestimmen die drei Punkte O, P und Q ein Dreieck mit den Seitenlängen $\|\mathbf{v}\|$, $\|\mathbf{v} - \mathbf{w}\|$ und $\|\mathbf{w}\|$. Die Höhe von Q auf die gegenüberliegende Seite teilt diese in zwei Abschnitte der Länge $p = \|\mathbf{w}\| \cos\alpha$ und $q = \|\mathbf{v}\| - p$. Offensichtlich gilt:

$$\|\mathbf{w}\| \cdot \sin\alpha = h = \sqrt{\|\mathbf{v} - \mathbf{w}\|^2 - q^2}.$$

Quadrieren und eine Anwendung der Gleichung $\sin^2\alpha + \cos^2\alpha = 1$ ergibt dann die Gleichung

$$\|\mathbf{w}\|^2(1 - \cos^2\alpha) = \|\mathbf{v} - \mathbf{w}\|^2 - \big(\|\mathbf{v}\| - \|\mathbf{w}\| \cos\alpha\big)^2.$$

Weil $\|\mathbf{v} - \mathbf{w}\|^2 = (\mathbf{v} - \mathbf{w}) \bullet (\mathbf{v} - \mathbf{w}) = \|\mathbf{v}\|^2 + \|\mathbf{w}\|^2 - 2\mathbf{v} \bullet \mathbf{w}$ ist, folgt auch auf diesem Wege die Gleichung $\mathbf{v} \bullet \mathbf{w} = \|\mathbf{v}\| \cdot \|\mathbf{w}\| \cdot \cos\alpha$. Das legt folgende Definition nahe:

Der ***Winkel*** $\angle(\mathbf{x}, \mathbf{y})$ zwischen zwei Vektoren $\mathbf{x}, \mathbf{y} \neq \mathbf{0}$ im $\mathbb{R}^n$ ist die eindeutig bestimmte Zahl α zwischen 0 und π mit

$$\cos(\alpha) = \frac{\mathbf{x} \bullet \mathbf{y}}{\|\mathbf{x}\| \cdot \|\mathbf{y}\|}.$$

Umgekehrt ergibt diese Gleichung eine andere Interpretation des Skalarproduktes:

$$\mathbf{v} \bullet \mathbf{w} = \|\mathbf{v}\| \cdot \|\mathbf{w}\| \cdot \cos\alpha.$$

Man beachte dabei, dass es zwischen zwei Vektoren zwei mögliche Winkel gibt, dass hier aber immer derjenige gewählt werden muss, der zwischen 0 und π liegt.

Beispiel 8.6.1 (Der Winkel zwischen zwei Vektoren)

Es soll der Winkel zwischen $\mathbf{x} = (5, 0, 0)$ und $\mathbf{y} = (\sqrt{6}, 3, 3)$ bestimmt werden. Tatsächlich ist

$$\cos\angle(\mathbf{x}, \mathbf{y}) = \frac{\mathbf{x} \bullet \mathbf{y}}{\|\mathbf{x}\| \cdot \|\mathbf{y}\|} = \frac{5\sqrt{6}}{5 \cdot \sqrt{24}} = \frac{1}{2},$$

also $\angle(\mathbf{x}, \mathbf{y}) = 60°$. ♠

Zwei Vektoren $\mathbf{v}$ und $\mathbf{w}$ heißen ***orthogonal*** zueinander (in Zeichen: $\mathbf{x} \perp \mathbf{y}$), falls $\mathbf{x} \bullet \mathbf{y} = 0$ ist. Orthogonale Vektoren sind automatisch linear unabhängig. Ein Vektor $\mathbf{x}$ heißt ***normiert***, falls $\|\mathbf{x}\| = 1$ ist.

Beispiel 8.6.2 (Die Senkrechte zu einer Ebene)

Gegeben seien zwei Vektoren $\mathbf{a} = (1, 1, 1)$ und $\mathbf{b} = (5, 2, 3)$, die offensichtlich linear unabhängig sind. Gesucht ist ein Vektor $\mathbf{c} = (c_1, c_2, c_3)$, der auf $\mathbf{a}$ und $\mathbf{b}$ senkrecht steht.

Die Bedingungen sind

$$\begin{aligned} 0 &= \mathbf{c} \bullet \mathbf{a} = c_1 + c_2 + c_2 \\ \text{und} \quad 0 &= \mathbf{c} \bullet \mathbf{b} = 5c_1 + 2c_3 + 3c_3. \end{aligned}$$

Subtrahiert man das Zweifache der ersten Gleichung von der zweiten Gleichung, so erhält man die Beziehung $3c_1 + c_3 = 0$, also $c_3 = -3c_1$. Setzt man das in die beiden Ausgangsgleichungen ein, so erhält man:

$$\begin{aligned} -2c_1 + c_2 &= 0 \\ \text{und} \quad -4c_1 + 2c_2 &= 0. \end{aligned}$$

Die beiden Gleichungen sind gleichwertig und ergeben die Beziehung $c_2 = 2c_1$. Ein Parameter kann frei gewählt werden, etwa $c_1 = 1$. Dann erhält man $\mathbf{c} = (1, 2, -3)$. Dieser Vektor steht auf $\mathbf{a}$ und $\mathbf{b}$ senkrecht. ♠

8.7 Die Hesse'sche Normalform

Noch eine Geradengleichung: *Geraden in der Ebene können durch eine Gleichung $ax + by = r$ oder durch die Parameterform $\mathbf{x} = \mathbf{x}_0 + t\mathbf{v}$ beschrieben werden. Nun soll eine dritte Version eingeführt werden. Eine Gerade besteht aus allen Vektoren, die auf einem bestimmten Vektor senkrecht stehen. Damit kann man Abstandsberechnungen besonders gut ausführen, und für Ebenen im Raum stehen diese drei Darstellungsmöglichkeiten ebenfalls zur Verfügung.*

Sei $L = \{\mathbf{x} = \mathbf{x}_0 + t\mathbf{v} \;:\; t \in \mathbb{R}\}$ eine Gerade im $\mathbb{R}^2$. Ein Vektor $\mathbf{n} \in \mathbb{R}^2$ heißt ***Normalenvektor*** zu L, falls er auf $\mathbf{v}$ senkrecht steht. Ist außerdem $\|\mathbf{n}\| = 1$, so spricht man von einem ***Normaleneinheitsvektor***.

Liegt $\mathbf{x}$ auf L, so ist $\mathbf{x} - \mathbf{x}_0$ ein Vielfaches von $\mathbf{v}$, steht also auf $\mathbf{n}$ senkrecht. Damit gilt die Gleichung

$$(\mathbf{x} - \mathbf{x}_0) \bullet \mathbf{n} = 0.$$

Dies nennt man die ***Hesse'sche Normalform*** der Geraden L.

Wie kann man nun die verschiedenen Geradendarstellungen ineinander umrechnen?

1. Um die Hesse'sche Normalform aufstellen zu können, braucht man den Normalenvektor. Ist die Gerade L in der sogenannten „impliziten" Form $ax + by = r$ gegeben, so ist

$$\mathbf{n} := \frac{1}{\sqrt{a^2 + b^2}} \cdot (a, b)$$

ein Vektor der Länge 1, der auf $\mathbf{v} := (-b, a)$ senkrecht steht.

Wählt man einen speziellen Vektor $\mathbf{x}_0 = (x_0, y_0) \in L$, so ist $ax_0 + by_0 = r$, und für jeden Vektor der Gestalt $\mathbf{x} = \mathbf{x}_0 + t\mathbf{v}$ gilt: $\mathbf{x} = (x, y) = (x_0 - tb, y_0 + ta)$ und damit

$$ax + by = a(x_0 - tb) + b(y_0 + ta) = ax_0 - tab + by_0 + tab = r, \text{ also } \mathbf{x} \in L.$$

Folglich ist $L = \{\mathbf{x} = \mathbf{x}_0 + t\mathbf{v} \,:\, t \in \mathbb{R}\}$, und weil $\mathbf{n}$ auf dem Richtungsvektor $\mathbf{v}$ senkrecht steht, ist $\mathbf{n}$ der gesuchte Einheitsnormalenvektor für L.

2. Ist die Gerade L in der Normalform $(\mathbf{x} - \mathbf{x}_0) \bullet \mathbf{n} = 0$ gegeben, $\mathbf{n} = (n_1, n_2)$ und $r := \mathbf{x}_0 \bullet \mathbf{n}$, so ist $xn_1 + yn_2 = r$ eine implizite Form der Geradengleichung.

3. Ist L in der Parameterform $\mathbf{x} = \mathbf{x}_0 + t\mathbf{v}$ gegeben, $\mathbf{v} = (v_1, v_2)$ und $\mathbf{a} := (-v_2, v_1)$, so ist $\mathbf{n} := \mathbf{a}/\|\mathbf{a}\|$ der Normaleneinheitsvektor.

Beispiel 8.7.1 (Umrechnungen von Geradendarstellungen)

Eine Gerade L im $\mathbb{R}^2$ sei gegeben durch die Gleichung $5x - 12y = 7$. Es soll die Parameterdarstellung und die Hesse'sche Normalform von L bestimmt werden.

Als Richtungsvektor kann $\mathbf{v} = (12, 5)$ gewählt werden, der Normaleneinheitsvektor ist der Vektor

$$\mathbf{n} = \frac{1}{\sqrt{5^2 + (-12)^2}}(5, -12) = \frac{1}{\sqrt{169}}(5, -12) = (\frac{5}{13}, -\frac{12}{13}).$$

Für die Parameterdarstellung braucht man noch einen Stützvektor $\mathbf{x}_0 = (x_0, y_0)$. Der muss die Gleichung $5x_0 - 12y_0 = 7$ erfüllen. Um eine möglichst „schöne" Lösung zu bekommen, kann man zum Beispiel ein y_0 suchen, so dass $12y_0 + 7$ durch 5 teilbar ist. Das geht mit $y_0 = 4$ (denn es ist $12 \cdot 4 + 7 = 55$), und so erhält man den Stützvektor $\mathbf{x}_0 = (11, 4)$ (eine alternative Lösung wäre der Vektor $(23, 9)$).

Also hat man die Darstellungen

$$L = \{\mathbf{x} = (11, 4) + t(12, 5) \,:\, t \in \mathbb{R}\} = \{\mathbf{x} \,:\, \big(\mathbf{x} - (11, 4)\big) \bullet (\frac{5}{13}, -\frac{12}{13}) = 0\}.$$

♠

Mit Hilfe der Hesse'schen Normalform kann man besonders einfach den Abstand eines Punktes $\mathbf{z}_0$ von einer Geraden $L = \{\mathbf{x} \,:\, (\mathbf{x} - \mathbf{x}_0) \bullet \mathbf{n} = 0\}$ bestimmen.

Satz: *Der **Abstand** eines Punktes $\mathbf{z}_0$ von einer (in der Hesse'schen Normalform gegebenen) Geraden $L = \{\mathbf{x} : (\mathbf{x} - \mathbf{x}_0) \bullet \mathbf{n} = 0\}$ ist die Zahl $d = |(\mathbf{x}_0 - \mathbf{z}_0) \bullet \mathbf{n}|$. Man braucht dazu nicht unbedingt den Stützvektor $\mathbf{x}_0$, nur die Zahl $p := \mathbf{x}_0 \bullet \mathbf{n}$.*

Abb. 8.15

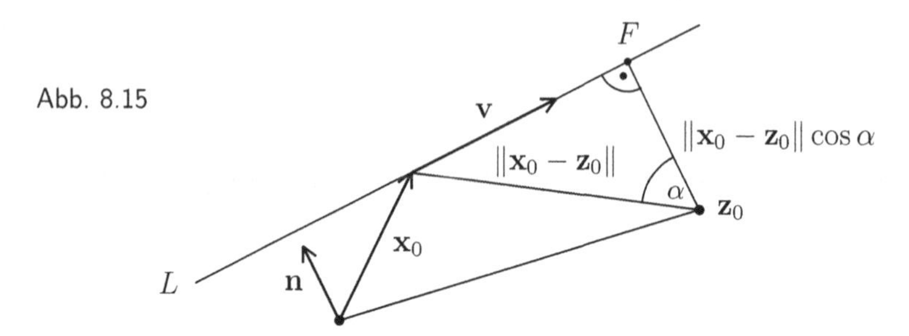

Beweis: Die Endpunkte der Vektoren $\mathbf{x}_0$ (auf L) und $\mathbf{z}_0$ bilden zusammen mit dem Fußpunkt F des Lotes von $\mathbf{z}_0$ auf L ein rechtwinkliges Dreieck mit Hypotenuse $\|\mathbf{x}_0 - \mathbf{z}_0\|$. Der Winkel bei $\mathbf{z}_0$ sei mit α bezeichnet. Die Ankathete bei $\mathbf{z}_0$ hat dann die Länge

$$\|\mathbf{x}_0 - \mathbf{z}_0\| \cos\alpha = \|\mathbf{x}_0 - \mathbf{z}_0\| \cdot \|\mathbf{n}\| \cos\alpha = |(\mathbf{x}_0 - \mathbf{z}_0) \bullet \mathbf{n}|.$$

Man beachte, dass hier die Beziehung $\|\mathbf{n}\| = 1$ benutzt wurde. Man musste also mit dem Normaleneinheitsvektor arbeiten. ∎

Beispiel 8.7.2 (Der Abstand von einer Geraden)

Es soll der Abstand des Punktes $\mathbf{z}_0 = (3,5)$ von der Geraden $L = \{(x,y) : 5x - 12y = 7\}$ (aus dem vorigen Beispiel) berechnet werden.

Ist die Gerade in der Form $\mathbf{x} \bullet \mathbf{n} = p$ gegeben, so ist $d = |p - \mathbf{z}_0 \bullet \mathbf{n}|$ der gesuchte Abstand. Im vorliegenden Fall ist $\mathbf{n} = (5/13, -12/13)$ der Normaleneinheitsvektor und $p = \mathbf{x}_0 \bullet \mathbf{n} = (11,4) \bullet (5/13, -12/13) = 55/13 - 48/13 = 7/13$. Dann folgt:

$$d = \left|\frac{7}{13} - (3,5) \bullet \left(\frac{5}{13}, -\frac{12}{13}\right)\right| = \left|\frac{7}{13} - \frac{15}{13} + \frac{60}{13}\right| = \left|\frac{52}{13}\right| = 4.$$

Abb. 8.16

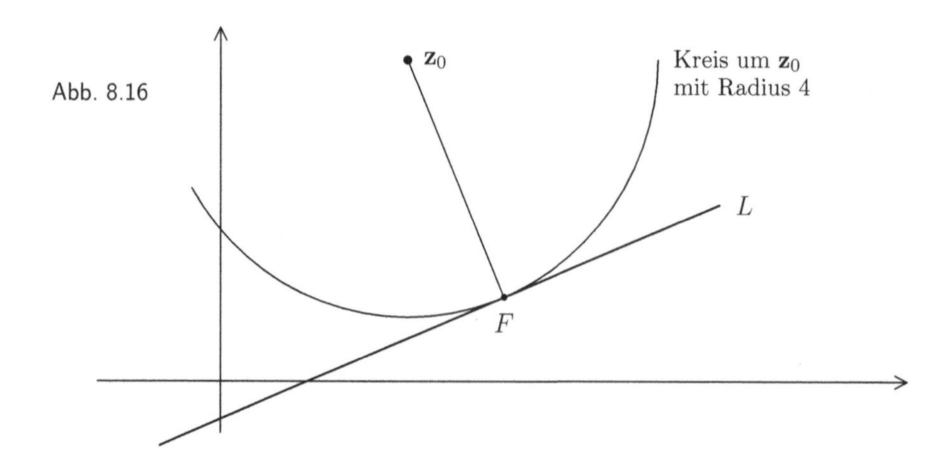

Der Fußpunkt F des Lotes von $\mathbf{z}_0$ auf L kann auch leicht berechnet werden:

$$F = \mathbf{z}_0 + d \cdot \mathbf{n} = (3,5) + 4 \cdot \left(\frac{5}{13}, -\frac{12}{13}\right) = \left(\frac{59}{13}, \frac{17}{13}\right) \approx (4.53846, 1.3076923).$$

Beim Normaleneinheitsvektor $\mathbf{n}$ muss man allerdings darauf achten, dass er in die richtige Richtung zeigt, sonst müsste man ihn durch $-\mathbf{n}$ ersetzen. ♠

Eine Hesse'sche Normalform existiert **nicht** für Geraden im $\mathbb{R}^3$ oder in höherdimensionalen Räumen. Dafür gibt es eine solche aber für $(n-1)$-dimensionale „Hyperebenen" im $\mathbb{R}^n$ und damit insbesondere für Ebenen im $\mathbb{R}^3$.

Wird eine Ebene $E \subset \mathbb{R}^3$ (mit Stützvektor $\mathbf{x}_0$) von den Vektoren $\mathbf{v}$ und $\mathbf{w}$ aufgespannt und ist $\mathbf{n}$ ein normierter Vektor, der auf $\mathbf{v}$ und $\mathbf{w}$ senkrecht steht, dann kann man E durch folgende Gleichung beschreiben:

$$(\mathbf{x} - \mathbf{x}_0) \bullet \mathbf{n} = 0.$$

Die Details werden in Aufgabe 8.10 (Seite 246) am Ende des Kapitels behandelt.

Aufgabe 8.2

Sei $L_1 \subset \mathbb{R}^2$ die Gerade, die senkrecht auf dem Vektor $(3,1)$ steht und durch den Punkt $(11/2, -3/2)$ geht. L_2 sei die Gerade durch die Punkte $(7,5)$ und $(-7,3)$, L_3 sei diejenige Gerade durch den Nullpunkt, die mit der positiven x-Achse einen Winkel von $135°$ einschließt.

Bestimmen Sie jeweils den Schnittpunkt C von L_1 und L_2, den Schnittpunkt B von L_1 und L_3 sowie den Schnittpunkt A von L_3 und L_2.

Im Dreieck ABC werde das Lot von der Ecke C auf die Seite AB gefällt, der Fußpunkt sei mit P bezeichnet. Stellen Sie die Gerade L_2 in der Hesse'schen Normalform dar und berechnen Sie den Abstand des Punktes P von L_2.

Hinweis: *Die nötigen Rezepte wurden alle im vorangegangenen Text vorgestellt.*

8.8 Lineare Gleichungssysteme

Schnittmengenbestimmung: *Schon mehrfach wurden Gleichungssysteme benutzt, um Schnittmengen von Geraden oder Ebenen zu bestimmen. Hier werden nun Gleichungssysteme und ihre Auflösung etwas systematischer behandelt. Danach sollte jeder zum Beispiel die Schnittmenge zweier Ebenen im Raum ausrechnen können.*

Es geht um lineare Gleichungssysteme mit drei Unbekannten. **Eine** lineare Gleichung im $\mathbb{R}^3$ hat die Gestalt

$$ax + by + cz = r\,, \text{ (oder kurz } \mathbf{a} \bullet \mathbf{x} = r)$$

mit reellen Koeffizienten a, b, c und r. Ist $\mathbf{a} := (a, b, c) \neq (0, 0, 0)$, so ist die Lösungsmenge eine Ebene.

Nachgefragt: *Woran erkennt man, dass zwei Ebenen $E_1 = \{\mathbf{x} \in \mathbb{R}^3 : \mathbf{a}_1 \bullet \mathbf{x} = r_1\}$ und $E_2 = \{\mathbf{x} \in \mathbb{R}^3 : \mathbf{a}_2 \bullet \mathbf{x} = r_2\}$ gleich sind?*

1) Sei $E := E_1 = E_2$ und $\mathbf{x}_0$ ein Punkt in dieser Ebene. Dann gilt $(\mathbf{x} - \mathbf{x}_0) \bullet \mathbf{a}_1 = (\mathbf{x} - \mathbf{x}_0) \bullet \mathbf{a}_2 = 0$ für alle $\mathbf{x} \in E$. Die Menge $E_0 := \{\mathbf{x} - \mathbf{x}_0 : \mathbf{x} \in E\}$ ist eine Ebene durch den Nullpunkt. Da $\mathbf{a}_1$ und $\mathbf{a}_2$ beide auf der Ebene E_0 senkrecht stehen, müssen sie jeweils Vielfache des Einheitsnormalenvektors $\mathbf{n}$ zu E_0 sein: $\mathbf{a}_1 = \varrho_1 \mathbf{n}$ und $\mathbf{a}_2 = \varrho_2 \mathbf{n}$. Es muss $\varrho_1 \neq 0$ und $\varrho_2 \neq 0$ sein, und daraus folgt: $\mathbf{a}_2 = \lambda \mathbf{a}_1$ (mit $\lambda := \varrho_2 / \varrho_1$). Außerdem ist $r_2 = \mathbf{a}_2 \bullet \mathbf{x} = \lambda \cdot (\mathbf{a}_1 \bullet \mathbf{x}) = \lambda r_1$. Die Gleichung von E_2 ist also ein Vielfaches der Gleichung von E_1.

2) Tatsächlich ist dieses gefundene notwendige Kriterium auch hinreichend. Ist $\mathbf{a}_2 = \lambda \cdot \mathbf{a}_1$ und $r_2 = \lambda r_1$, so ist offensichtlich

$$\mathbf{a}_2 \bullet \mathbf{x} = (\lambda \cdot \mathbf{a}_1) \bullet \mathbf{x} = \lambda \cdot (\mathbf{a}_1 \bullet \mathbf{x})$$

und daher $E_2 = \{\mathbf{x} : \mathbf{a}_2 \bullet \mathbf{x} = r_2\} = \{\mathbf{x} : \lambda \cdot (\mathbf{a}_1 \bullet \mathbf{x}) = \lambda r_1\} = \{\mathbf{x} : \mathbf{a}_1 \bullet \mathbf{x} = r_1\} = E_1$.

Die Lösungsmenge **zweier** linearer Gleichungen ist offensichtlich der Durchschnitt $E_1 \cap E_2$ zweier Ebenen.

Satz: *Zwei* ***verschiedene*** *Ebenen $E_1 = \{\mathbf{x} : \mathbf{a}_1 \bullet \mathbf{x} = r_1\}$ und $E_2 = \{\mathbf{x} : \mathbf{a}_2 \bullet \mathbf{x} = r_2\}$ sind genau dann parallel, wenn $\mathbf{a}_1$ und $\mathbf{a}_2$ linear abhängig sind. Sind sie nicht parallel, so ist $E_1 \cap E_2$ eine Gerade.*

BEWEIS: 1) Die Ebenen sind genau dann parallel, wenn die zu ihnen senkrechten Geraden parallel sind. Das bedeutet aber, dass es ein λ gibt, so dass $\mathbf{a}_2 = \lambda \mathbf{a}_1$ ist. Damit die Ebenen verschieden sind, muss $r_1 \neq r_2$ sein.

2) Nun seien die Ebenen **nicht** parallel. Dass sie sich entlang einer Geraden schneiden, wurde schon in Abschnitt 8.5 gezeigt. Hier soll noch demonstriert werden, wie man die Schnittgerade als Lösungsmenge eines linearen Gleichungssystems bestimmt. Schreibt man $\mathbf{a}_1 = (a_{11}, a_{12}, a_{13})$ und $\mathbf{a}_2 = (a_{21}, a_{22}, a_{23})$, so geht es um das Gleichungssystem

$$\begin{array}{rcrcrcl} a_{11}x_1 & + & a_{12}x_2 & + & a_{13}x_3 & = & r_1, \\ a_{21}x_1 & + & a_{22}x_2 & + & a_{23}x_3 & = & r_2. \end{array}$$

Weil $\mathbf{a}_1 \neq \mathbf{0}$ ist, kann man o. B. d. A. annehmen, dass $a_{11} \neq 0$ ist (denn anderfalls müsste man nur die Variablen umbenennen). Multipliziert man nun die erste Gleichung mit a_{21}/a_{11}, so ändert sich die Lösungsmenge (also die beschriebene Ebene) nicht.

Die abgeänderte erste Gleichung hat nun die Gestalt $\mathbf{a}_1^* \bullet \mathbf{x} = r_1^*$, mit

$$\mathbf{a}_1^* = (a_{11}^*, a_{12}^*, a_{13}^*) := \big(a_{21}, \frac{a_{21}a_{12}}{a_{11}}, \frac{a_{21}a_{13}}{a_{11}}\big) \quad \text{und} \quad r_1^* := \frac{a_{21}r_2}{a_{11}}.$$

Eine Lösung des Gleichungssystems $\mathbf{a}_1^* \bullet \mathbf{x} = r_1^*$ und $\mathbf{a}_2 \bullet \mathbf{x} = r_2$ (und damit des ursprünglichen Gleichungssystems) ist auch eine Lösung der Gleichung $(\mathbf{a}_2 - \mathbf{a}_1^*) \bullet \mathbf{x} = r_2 - r_1^*$. Umgekehrt ist eine simultane Lösung dieser Gleichung und der Gleichung $\mathbf{a}_1^* \bullet \mathbf{x} = r_1^*$ auch eine Lösung der Gleichung $\mathbf{a}_2 \bullet \mathbf{x} = r_2$.

Das bedeutet, dass man in einem System von zwei Gleichungen (für die Ebenen E_1 und E_2) die erste Gleichung von der zweiten subtrahieren kann und so (zusammen mit der ersten Gleichung) ein neues System erhält, das immer noch $E_1 \cap E_2$ als Lösungsmenge besitzt. Das neue Gleichungssystem hat hier die Gestalt

$$\begin{array}{ccccccc} a_{11}^* x_1 & + & a_{12}^* x_2 & + & a_{13}^* x_3 & = & r_1^*, \\ & & a_{22}^* x_2 & + & a_{23}^* x_3 & = & r_2^*, \end{array}$$

wobei $a_{22}^* = a_{22} - a_{12}^*$, $a_{23}^* = a_{23} - a_{13}^*$ und $r_2^* = r_2 - r_1^*$ ist.

Jetzt lässt sich das Gleichungssystem ganz einfach auflösen. Für x_3 kann man einen freien Parameter $t \in \mathbb{R}$ einsetzen, erst dann lassen sich x_2 und x_1 eindeutig bestimmen, und zwar ist

$$x_2 = \frac{1}{a_{22}^*}(r_2^* - a_{23}^* t) \quad \text{und} \quad x_1 = \frac{1}{a_{11}^*}\Big(r_1^* - a_{13}^* t - \frac{a_{12}^*}{a_{22}^*} \cdot (r_2^* - a_{23}^* t)\Big).$$

Aus offensichtlichen Gründen nennt man dieses Vorgehen „Rückwärtseinsetzen“.

Man erhält somit eine Lösung der Gestalt $\mathbf{x} = \mathbf{u} + t\mathbf{v}$ mit konstanten Vektoren $\mathbf{u}$ und $\mathbf{v}$, und das beschreibt eine Gerade. ∎

Beispiel 8.8.1 (Die Schnittgerade zweier Ebenen)

Gesucht ist die Lösungsmenge des folgenden Gleichungssystems:

$$\begin{array}{ccccccc l} x_1 & - & 3x_2 & + & 5x_3 & = & 0, & (I) \\ -2x_1 & + & 2x_2 & + & 6x_3 & = & 12. & (II) \end{array}$$

Multipliziert man die erste Gleichung mit -2, so erhält man

$$-2x_1 + 6x_2 - 10x_3 = 0. \qquad (Ia)$$

Subtrahiert man nun (Ia) von (II), so erhält man

$$-4x_2 + 16x_3 = 12. \qquad (IIa)$$

Äquivalent zum alten Gleichungssystem ist jetzt das neue System

$$\begin{array}{ccccccc l} x_1 & - & 3x_2 & + & 5x_3 & = & 0, & (I) \\ & & -4x_2 & + & 16x_3 & = & 12. & (IIa) \end{array}$$

Setzt man $x_3 = t$, so folgt aus der Gleichung (IIa): $x_2 = 4t - 3$. Setzt man dies nun in (I) ein, so gewinnt man $x_1: x_1 = 3(4t-3) - 5t = 7t - 9$. Damit ist die Lösungsmenge eine Gerade, nämlich

$$\begin{aligned} L &= \{\mathbf{x} = (x_1, x_2, x_3) : x_1 = 7t - 9,\ x_2 = 4t - 3 \text{ und } x_3 = t\} \\ &= \{\mathbf{x} \in \mathbb{R}^3 : \mathbf{x} = \mathbf{x}_0 + t\mathbf{v}\}, \quad \text{mit } \mathbf{x}_0 = (-9, -3, 0) \text{ und } \mathbf{v} = (7, 4, 1). \end{aligned}$$

♠

Die Schnittmenge $D := E_1 \cap E_2 \cap E_3$ von **drei** Geraden kann verschiedene Gestalt annehmen:

1. Ist $E_1 \neq E_2$ und E_1 parallel zu E_2, also schon $E_1 \cap E_2 = \varnothing$, so ist erst recht $D = \varnothing$.

2. Schneiden sich E_1 und E_2 entlang einer Geraden L, so gibt es drei Möglichkeiten:

   (a) Enthält E_3 ebenfalls die Gerade L, so ist $D = L$.

Abb. 8.17

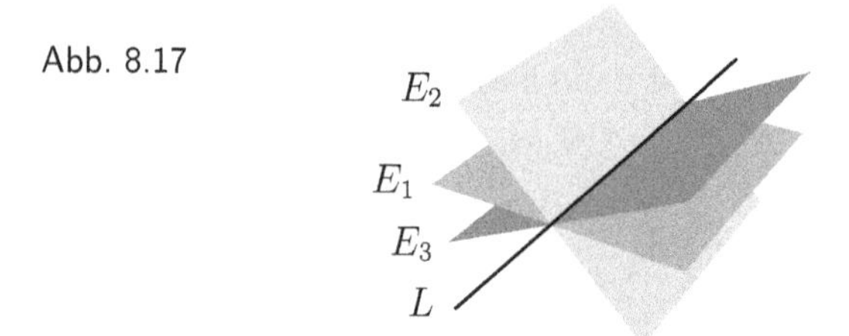

   (b) Trifft E_3 die Gerade L in einem Punkt P, so ist $D = \{P\}$.

Abb. 8.18

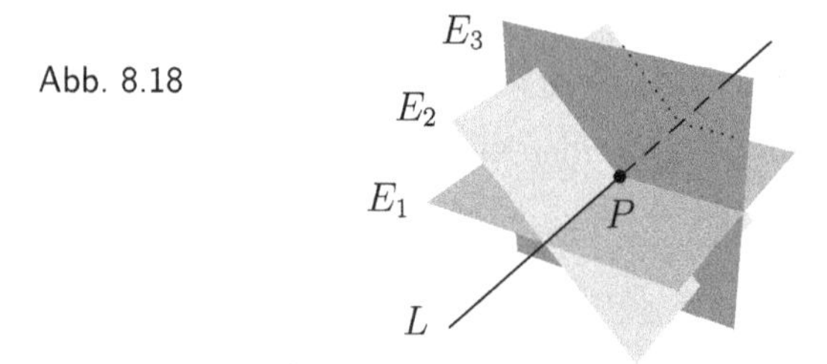

   (c) Ist $L \cap E_3 = \varnothing$, so ist erst recht $D = \varnothing$. Das passiert zum Beispiel, wenn E_3 parallel zu E_1 oder E_2 oder auch zu L ist.

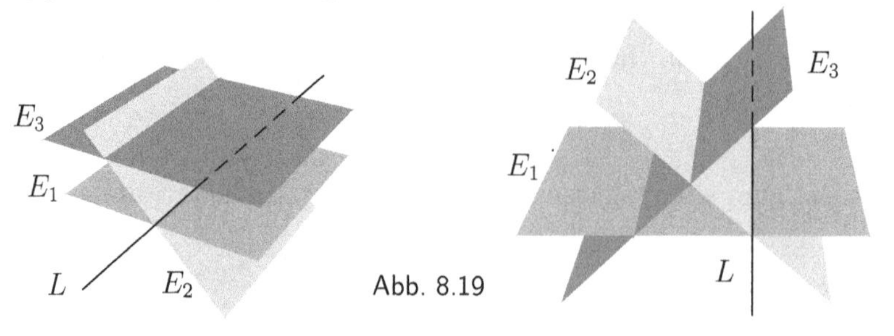

Abb. 8.19

3. Ist $E_1 = E_2 = E_3$, so ist $D = E_1$

Die Lösungsmenge eines Systems von drei linearen Gleichungen kann also eine Ebene, eine Gerade, ein Punkt oder die leere Menge sein.

Jetzt fehlt noch ein praktisches Verfahren, um die Lösungsmenge zu bestimmen. Dafür eignet sich das ***Eliminationsverfahren von Gauß***, das hier vorgestellt wird.

Ein System von drei Gleichungen $\mathbf{a}_1 \bullet \mathbf{x} = r_1$, $\mathbf{a}_2 \bullet \mathbf{x} = r_2$ und $\mathbf{a}_3 \bullet \mathbf{x} = r_2$ sieht ausgeschrieben folgendermaßen aus:

$$\begin{array}{ccccccc} a_{11}x_1 & + & a_{12}x_2 & + & a_{13}x_3 & = & b_1, \\ a_{21}x_1 & + & a_{22}x_2 & + & a_{23}x_3 & = & b_2, \\ a_{31}x_1 & + & a_{32}x_2 & + & a_{33}x_3 & = & b_3. \end{array}$$

Man fasst die Koeffizienten a_{ij} zu einem Zahlenschema zusammen, das man als ***Matrix*** bezeichnet:

$$A := \begin{pmatrix} \mathbf{a}_1 \\ \mathbf{a}_2 \\ \mathbf{a}_3 \end{pmatrix} = \begin{pmatrix} a_{11} & a_{12} & a_{13} \\ a_{21} & a_{22} & a_{23} \\ a_{31} & a_{32} & a_{33} \end{pmatrix}.$$

Nimmt man die rechten Seiten der Gleichungen hinzu, so erhält man die ***erweiterte Matrix***

$$(A, \mathbf{b}^\top) = \left(\begin{array}{ccc|c} a_{11} & a_{12} & a_{13} & b_1 \\ a_{21} & a_{22} & a_{23} & b_2 \\ a_{31} & a_{32} & a_{33} & b_3 \end{array}\right).$$

Ist $\mathbf{x} \in \mathbb{R}^3$, so setzt man $A \cdot \mathbf{x}^\top := \begin{pmatrix} \mathbf{a}_1 \bullet \mathbf{x} \\ \mathbf{a}_2 \bullet \mathbf{x} \\ \mathbf{a}_3 \bullet \mathbf{x} \end{pmatrix}$.

Damit lässt sich das Gleichungssystem ganz einfach in der Form $A \cdot \mathbf{x}^\top = \mathbf{b}^\top$ schreiben. Sind $\mathbf{x}_1$ und $\mathbf{x}_2$ zwei Lösungen dieses Gleichungssystems, so gilt:

$$A \cdot (\mathbf{x}_1 - \mathbf{x}_2)^\top = A \cdot \mathbf{x}_1^\top - A \cdot \mathbf{x}_2^\top = \mathbf{b}^\top - \mathbf{b}^\top = \mathbf{0}^\top.$$

Also ist $\mathbf{x}_1 - \mathbf{x}_2$ eine Lösung des sogenannten „zugehörigen homogenen Systems" $A \cdot \mathbf{x}^\top = \mathbf{0}^\top$. Andersherum betrachtet heißt das: Ist $\mathbf{x}_0$ **eine** Lösung des Ausgangssystems, so hat jede andere Lösung die Gestalt $\mathbf{x}_0 + \mathbf{u}$, wobei $\mathbf{u}$ eine Lösung des zugehörigen homogenen Systems ist.

Die Lösungsmenge des homogenen Systems ist entweder der Nullpunkt oder eine Gerade oder Ebene durch den Nullpunkt oder im Extremfall der ganze Raum. Das heißt, dass diese Lösungsmenge immer ein Untervektorraum des $\mathbb{R}^3$ ist. Diese Erkenntnis verschafft einem folgenden Vorteil bei der Bestimmung der Lösunsmenge: Man muss nur **eine** Lösung des inhomogenen Systems und eine **Basis** des Lösungsraumes des homogenen Systems kennen, denn diese endlich vielen Lösungen bestimmen die gesamte (unendliche) Lösungsmenge des inhomogenen Systems.

Es geht also in der Praxis darum, **eine** Lösung zu bestimmen. Dabei hilft das Gauß-Verfahren. Ausgangspunkt ist die folgende Beobachtung: Das Gleichungssystem lässt sich besonders einfach durch Rückwärtseinsetzen lösen, wenn die Matrix „obere Dreiecksgestalt" hat:

$$\mathbf{A} = \begin{pmatrix} a_{11} & a_{12} & a_{13} \\ 0 & a_{22} & a_{23} \\ 0 & 0 & a_{33} \end{pmatrix}.$$

Ist auch noch $a_{ii} \neq 0$ für $i = 1, 2, 3$, so ist

$$\begin{aligned} x_3 &= b_3/a_{33}, \\ x_2 &= (b_2 - a_{23}x_3)/a_{22} \\ \text{und} \quad x_1 &= (b_1 - a_{13}x_3 - a_{12}x_2)/a_{11}. \end{aligned}$$

Die Fälle, bei denen noch mehr Nullen auftreten, werden später ausführlicher behandelt. Da kann man gegebenenfalls Variablen frei wählen und erhält von Anfang an eine unendliche Schar von Lösungen.

Da die Matrix natürlich in der Regel nicht die gewünschte Dreiecksgestalt aufweist, versucht man, sie durch sogenannte „elementare Transformationen" auf Dreiecksgestalt zu bringen. Zu beachten ist dabei, dass sich die Lösungsmenge bei den Umformungen nicht ändern darf.

Unter „elementaren Transformationen" versteht man folgende Aktionen:

1. Multiplikation einer Zeile der Matrix mit einer Zahl $\lambda \neq 0$.

   Das ändert nichts, denn wenn $\mathbf{a}_i \bullet \mathbf{x} = b_i$ ist, dann ist auch $(\lambda \mathbf{a}_i) \bullet \mathbf{x} = \lambda b_i$.

2. Addition einer Zeile der Matrix zu einer anderen Zeile.

   Auch diese Transformation ändert nichts. Ist nämlich $\mathbf{a}_1 \bullet \mathbf{x} = b_1$ und $\mathbf{a}_2 \bullet \mathbf{x} = b_2$, dann ist auch $(\mathbf{a}_1 + \mathbf{a}_2) \bullet \mathbf{x} = b_1 + b_2$. Aus dieser Gleichung und einer der beiden Ausgangsgleichungen gewinnt man die andere Gleichung (durch Subtraktion) wieder zurück.

3. Vertauschung zweier Spalten der Matrix.

   Damit dies funktioniert, muss man natürlich auch die zugehörigen Variablen vertauschen.

Beispiel 8.8.2 (Ein eindeutig lösbares Gleichungssystem)

Gegeben sei das System

$$\begin{array}{rcrcrcl} x_1 & + & 2x_2 & & & = & 2, \\ 3x_1 & + & 9x_2 & + & 2x_3 & = & 5, \\ 2x_1 & + & 4x_2 & + & 4x_3 & = & 6. \end{array}$$

Die zugehörige erweiterte Matrix hat die Gestalt

$$\left(\begin{array}{ccc|c} 1 & 2 & 0 & 2 \\ 3 & 9 & 2 & 5 \\ 2 & 4 & 4 & 6 \end{array}\right).$$

Subtraktion des 2-Fachen der 1. Zeile von der 3. Zeile ergibt

$$\left(\begin{array}{ccc|c} 1 & 2 & 0 & 2 \\ 3 & 9 & 2 & 5 \\ 0 & 0 & 4 & 2 \end{array}\right).$$

Subtraktion des 3-Fachen der 1. Zeile von der 2. Zeile ergibt

$$\left(\begin{array}{ccc|c} 1 & 2 & 0 & 2 \\ 0 & 3 & 2 & -1 \\ 0 & 0 & 4 & 2 \end{array}\right).$$

Damit hat man folgendes Gleichungssystem erhalten:

$$\begin{array}{rcrcrcr} x_1 & + & 2x_2 & & & = & 2, \\ & & 3x_2 & + & 2x_3 & = & -1, \\ & & & & 4x_3 & = & 2. \end{array}$$

Rückwärtseinsetzen liefert jetzt

$$\begin{array}{rcrcrcrll} & & & & x_3 & = & 1/2, & & \\ & & 3x_2 & + & 1 & = & -1, & \text{also} & x_2 = -2/3, \\ x_1 & - & 4/3 & & & = & 2, & \text{also} & x_1 = 10/3. \end{array}$$

Das System ist offensichtlich eindeutig lösbar, die Lösungsmenge $\{(10/3, -2/3, 1/2)\}$ besteht nur aus einem Element. Die drei durch das Gleichungssystem gegebenen Ebenen schneiden sich in genau diesem Punkt. ♠

Beispiel 8.8.3 (Eine Gerade als Lösungsmenge)

Gegeben sei das System

$$\begin{array}{rcrcrcr} 2x_1 & + & 2x_2 & + & x_3 & = & 6, \\ 2x_1 & + & 4x_2 & + & 15x_3 & = & 8, \\ 6x_1 & + & 10x_2 & + & 31x_3 & = & 22. \end{array}$$

Die zugehörige erweiterte Matrix ist

$$\left(\begin{array}{ccc|c} 2 & 2 & 1 & 6 \\ 2 & 4 & 15 & 8 \\ 6 & 10 & 31 & 22 \end{array}\right).$$

Subtrahiert man die 1. Zeile von der 2. Zeile und das 3-fache der 1. Zeile von der 3. Zeile, so erhält man

$$\left(\begin{array}{ccc|c} 2 & 2 & 1 & 6 \\ 0 & 2 & 14 & 2 \\ 0 & 4 & 28 & 4 \end{array}\right).$$

Subtrahiert man nun das 2-Fache der 2. Zeile von der 3. Zeile, so ergibt sich (nach Multiplikation der 2. Zeile mit 1/2) die Matrix

$$\left(\begin{array}{ccc|c} 2 & 2 & 1 & 6 \\ 0 & 1 & 7 & 1 \\ 0 & 0 & 0 & 0 \end{array}\right)$$

und damit das Gleichungssystem

$$\begin{array}{rcrcrcr} 2x_1 & + & 2x_2 & = & 6 & - & x_3, \\ & & x_2 & = & 1 & - & 7x_3. \end{array}$$

Das System von zwei Gleichungen mit drei Unbekannten ist leicht zu lösen. Man kann für x_3 einen beliebigen Wert einsetzen, etwa $x_3 = 0$. Dann ist $x_2 = 1$ und $x_1 = 2$, also $\mathbf{x}_0 = (2, 1, 0)$ eine Lösung.

Der homogene Fall reduziert sich auf das Gleichungssystem

$$\begin{array}{rcrcr} 2x_1 & + & 2x_2 & = & -x_3, \\ & & x_2 & = & -7x_3. \end{array}$$

Die Wahl von x_3 ist auch hier frei. Weil man aber eine Basis des Lösungsraumes des homogenen Systems sucht, sollte man $x_3 = 1$ setzen (denn der Basisvektor muss $\neq \mathbf{0}$ sein). Dann ist $x_2 = -7$ und $2x_1 = 14 - 1 = 13$. So ergibt sich als Lösungsmenge die Gerade

$$L = \{\mathbf{x} = \mathbf{x}_0 + t \cdot \mathbf{v} \,:\, t \in \mathbb{R}\}, \text{ mit } \mathbf{v} = (13/2, -7, 1).$$

Diese Gerade ist der Durchschnitt der drei Ebenen, die durch das Gleichungssystem beschrieben werden. ♠

Beispiel 8.8.4 (Eine Ebene als Lösungsmenge)

Diesmal betrachten wir folgendes System:

$$\begin{array}{rcrcrcr} x_1 & - & \frac{7}{2}x_2 & + & \frac{1}{2}x_3 & = & 3, \\ \frac{2}{3}x_1 & - & \frac{7}{3}x_2 & + & \frac{1}{3}x_3 & = & 2, \\ \frac{1}{4}x_1 & - & \frac{7}{8}x_2 & + & \frac{1}{8}x_3 & = & \frac{3}{4}. \end{array}$$

Die zugehörige erweiterte Matrix ist

$$\left(\begin{array}{ccc|c} 1 & -7/2 & 1/2 & 3 \\ 2/3 & -7/3 & 1/3 & 2 \\ 1/4 & -7/8 & 1/8 & 3/4 \end{array}\right).$$

Hier sieht man sehr schnell, dass die 2. Zeile und die 3. Zeile jeweils Vielfache der ersten Zeile sind. Deshalb bleibt nur eine Gleichung übrig:

$$2x_1 - 7x_2 + x_3 = 6.$$

Die Lösungsmenge ist in diesem Fall also eine Ebene E. Setzt man $x_2 = x_3 = 0$, so erhält man $x_1 = 3$ und damit eine Lösung $\mathbf{x}_0 := (3, 0, 0)$. Als Basis des Lösungsraumes der homogenen Gleichung erhält man zum Beispiel die Vektoren $\mathbf{v} := (7/2, 1, 0)$ und $\mathbf{w} := (-1/2, 0, 1)$. Damit ist

$$E = \{\mathbf{x} = \mathbf{x}_0 + s\mathbf{v} + t\mathbf{w} \, : \, s, t \in \mathbb{R}\}.$$

♠

Beispiel 8.8.5 (Ein unlösbares Gleichungssstem)

Eine ganz neue Situation trittt bei folgendem Gleichungssystem auf:

$$\begin{array}{rcrcrcr} x_1 & - & \frac{5}{2}x_2 & - & 2x_3 & = & 2, \\ 3x_1 & + & \frac{1}{2}x_2 & - & 2x_3 & = & 1, \\ 2x_1 & - & 5x_2 & - & 4x_3 & = & 6. \end{array}$$

Die zugehörige erweiterte Matrix ist

$$\left(\begin{array}{rrr|r} 1 & -5/2 & -2 & 2 \\ 3 & 1/2 & -2 & 1 \\ 2 & -5 & -4 & 6 \end{array}\right).$$

Subtrahiert man das 2-Fache der 1. Zeile von der 3. Zeile, so erhält man die neue 3. Zeile

$$\left(0 \quad 0 \quad 0 \mid 2\right).$$

Es ist aber völlig unmöglich, dass die Gleichung $0 \cdot x_1 + 0 \cdot x_2 + 0 \cdot x_3 = 2$ gilt. Das zeigt, dass das Gleichungssystem überhaupt keine Lösung besitzt. Die drei Ebenen, die durch das Gleichungssystem definiert werden, haben keinen Punkt gemeinsam. ♠

Aufgabe 8.3

Lösen Sie das lineare Gleichungssystem

$$\begin{array}{rcrcrcr} x_1 & + & x_2 & + & x_3 & = & 3 \\ x_1 & - & x_2 & - & x_3 & = & 4 \\ x_1 & + & 3x_2 & + & 3x_3 & = & 2 \end{array}.$$

8.9 Das Vektorprodukt

Noch ein neues Produkt? *Sucht man für eine Ebene die Hesse'sche Normalform, so muss man zu zwei Vektoren* $\mathbf{v}$ *und* $\mathbf{w}$ *einen dritten Vektor finden, der senkrecht auf ihnen steht. Das führt zu einem linearen Gleichungssystem, aber mit Hilfe des Vektorproduktes geht es einfacher. Außerdem hilft dieses Produkt dabei, sich im Raum zu orientieren und gewisse Volumina zu berechnen.*

Ist $A = \begin{pmatrix} a & b \\ c & d \end{pmatrix}$ eine zweireihige Matrix, so nennt man die Zahl

$$\det(A) = \begin{vmatrix} a & b \\ c & d \end{vmatrix} := ad - bc$$

die ***Determinante*** von A. Bei Gleichungssystemen begegnete uns die Determinante schon in Kapitel 6.

Sind $\mathbf{x} = (x_1, x_2)$ und $\mathbf{y} = (y_1, y_2)$ zwei Vektoren im $\mathbb{R}^2$, so setzt man

$$\det(\mathbf{x}, \mathbf{y}) := \det \begin{pmatrix} x_1 & x_2 \\ y_1 & y_2 \end{pmatrix}.$$

Fasst man det als Abbildung von $\mathbb{R}^2 \times \mathbb{R}^2$ nach $\mathbb{R}$ auf, so zeigt sich, dass diese Abbildung folgende Eigenschaften besitzt:

1. $\det(\mathbf{y}, \mathbf{x}) = -\det(\mathbf{x}, \mathbf{y}), \quad$ für $\mathbf{x}, \mathbf{y} \in \mathbb{R}^2$.

   Eine solche Abbildung nennt man ***alternierend*** oder ***schiefsymmetrisch***.

2. $\det(\mathbf{x}_1 + \mathbf{x}_2, \mathbf{y}) = \det(\mathbf{x}_1, \mathbf{y}) + \det(\mathbf{x}_2, \mathbf{y}), \quad$ für $\mathbf{x}_1, \mathbf{x}_2, \mathbf{y} \in \mathbb{R}^2$.

3. $\det(\alpha \cdot \mathbf{x}, \beta \cdot \mathbf{y}) = \alpha\beta \cdot \det(\mathbf{x}, \mathbf{y}), \quad$ für $\mathbf{x}, \mathbf{y} \in \mathbb{R}^2$ und $\alpha, \beta \in \mathbb{R}$.

   Die Eigenschaften (2) und (3) bedeuten: Die Funktion $f(\mathbf{x}) := \det(\mathbf{x}, \mathbf{y})$ ist (bei festgehaltenem $\mathbf{y}$) eine „lineare Funktion" (also von der Form $(x_1, x_2) \mapsto \alpha_1 x_1 + \alpha_2 x_2$, mit festen Koeffizienten α_1 und α_2). Das Gleiche gilt, wenn man die Rollen von $\mathbf{x}$ und $\mathbf{y}$ vertauscht.

4. $\det(\mathbf{e}_1, \mathbf{e}_2) = 1$.

Sind $\mathbf{a} = (a_1, a_2, a_3)$ und $\mathbf{b} = (b_1, b_2, b_3)$ zwei Vektoren im $\mathbb{R}^3$, so erhält man aus ihnen für jedes $i \in \{1, 2, 3\}$ eine zweireihige Matrix $S_i(\mathbf{a}, \mathbf{b})$, indem man aus der Matrix

$$\begin{pmatrix} \mathbf{a} \\ \mathbf{b} \end{pmatrix} = \begin{pmatrix} a_1 & a_2 & a_3 \\ b_1 & b_2 & b_3 \end{pmatrix}$$

die i-te Spalte streicht.

Definition

Sind $\mathbf{a}$, $\mathbf{b} \in \mathbb{R}^3$, so definiert man das ***Vektorprodukt*** $\mathbf{a} \times \mathbf{b} \in \mathbb{R}^3$ durch

$$\mathbf{a} \times \mathbf{b} := \sum_{i=1}^{3} (-1)^{i+1} \det(S_i(\mathbf{a}, \mathbf{b})) \cdot \mathbf{e}_i.$$

Dabei sind $\mathbf{e}_1 = (1, 0, 0)$, $\mathbf{e}_2 = (0, 1, 0)$ und $\mathbf{e}_3 = (0, 0, 1)$ die drei Einheitsvektoren im $\mathbb{R}^3$. Also ist $\mathbf{a} \times \mathbf{b} = \big(\det S_1(\mathbf{a}, \mathbf{b}), -\det S_2(\mathbf{a}, \mathbf{b}), \det S_3(\mathbf{a}, \mathbf{b})\big)$.

Rechnet man die Determinanten explizit aus, so erhält man:

$$\mathbf{a} \times \mathbf{b} = (a_2 b_3 - a_3 b_2,\ a_3 b_1 - a_1 b_3,\ a_1 b_2 - a_2 b_1).$$

Manchmal ist es nützlich, wenn man diese Formel aus dem Kopf reproduzieren kann. Dazu muss man den Begriff der zyklischen Vertauschung kennen: Die möglichen ***zyklischen Vertauschungen*** des Zahlen-Tripels $(1, 2, 3)$ sind die Tripel $(2, 3, 1)$ und $(3, 1, 2)$.

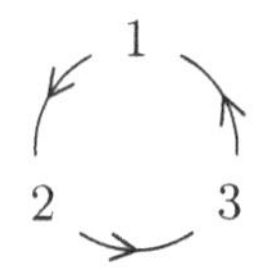

Ist nun $(a_1, a_2, a_3) \times (b_1, b_2, b_3) = (c_1, c_2, c_3)$, so ist $c_i = a_j b_k - a_k b_j$, wobei (i, j, k) diejenige zyklische Vertauschung von $(1, 2, 3)$ ist, die mit i beginnt.

Die Eigenschaften der Determinante vererben sich auf das Vektorprodukt, deshalb gilt für $\mathbf{a}$, $\mathbf{a}_1$, $\mathbf{a}_2$, $\mathbf{b} \in \mathbb{R}^3$ und $\alpha \in \mathbb{R}$:

1. $\mathbf{b} \times \mathbf{a} = -\mathbf{a} \times \mathbf{b}$, insbesondere $\mathbf{a} \times \mathbf{a} = \mathbf{o}$.

2. $(\mathbf{a}_1 + \mathbf{a}_2) \times \mathbf{b} = \mathbf{a}_1 \times \mathbf{b} + \mathbf{a}_2 \times \mathbf{b}$.

3. $(\alpha \cdot \mathbf{a}) \times \mathbf{b} = \alpha \cdot (\mathbf{a} \times \mathbf{b})$.

Außerdem rechnet man mit Hilfe der expliziten Darstellung des Vektorproduktes leicht nach, dass Folgendes gilt:

$$\mathbf{a} \bullet (\mathbf{a} \times \mathbf{b}) = \mathbf{b} \bullet (\mathbf{a} \times \mathbf{b}) = 0.$$

Das heißt, dass $\mathbf{a} \times \mathbf{b}$ auf $\mathbf{a}$ und $\mathbf{b}$ senkrecht steht.

Sind die Vektoren $\mathbf{a}$ und $\mathbf{b}$ linear abhängig, so ist $\mathbf{a} = \lambda \cdot \mathbf{b}$ oder $\mathbf{b} = \mu \cdot \mathbf{a}$ (mit einem geeigneten Faktor λ oder μ). Dann ist (zum Beispiel im ersten Fall)

$$\mathbf{a} \times \mathbf{b} = (\lambda \cdot \mathbf{b}) \times \mathbf{b} = \lambda \cdot (\mathbf{b} \times \mathbf{b}) = \lambda \cdot \mathbf{0} = \mathbf{0}.$$

Sind die Vektoren dagegen linear unabhängig, so spannen sie eine Ebene

$$E = \{\lambda \cdot \mathbf{a} + \mu \cdot \mathbf{b} \, : \, \lambda, \mu \in \mathbb{R}\}$$

auf. Das Vektorprodukt $\mathbf{a} \times \mathbf{b}$ steht auf der ganzen Ebene E senkrecht, aber es könnte ja der Nullvektor sein. Wäre das der Fall, so wäre $a_1 b_2 = a_2 b_1$, $a_2 b_3 = a_3 b_2$ und $a_3 b_1 = a_1 b_3$. Weil $\mathbf{a} \neq \mathbf{0}$ ist, kann man annehmen, dass etwa $a_1 \neq 0$ ist. Setzt man dann $\lambda := b_1/a_1$, so ist $\lambda \cdot \mathbf{a} = \mathbf{b}$, und das kann nicht sein. Damit ist bewiesen:

$$\mathbf{a} \textit{ und } \mathbf{b} \textit{ sind linear unabhängig} \iff \mathbf{a} \times \mathbf{b} \neq \mathbf{0}.$$

Für eine anschauliche Interpretation des Vektorproduktes braucht man noch dessen Länge und Richtung. Auch wenn schon klar ist, dass $\mathbf{a} \times \mathbf{b}$ auf der Ebene E senkrecht steht, so bleiben noch immer zwei Richtungen zur Wahl. Die Länge erhält man aus der (direkt nachzurechnenden) Formel $\|\mathbf{a} \times \mathbf{b}\|^2 = \|\mathbf{a}\|^2 \cdot \|\mathbf{b}\|^2 - (\mathbf{a} \bullet \mathbf{b})^2$ und der schon bekannten Formel $\mathbf{a} \bullet \mathbf{b} = \|\mathbf{a}\| \cdot \|\mathbf{b}\| \cdot \cos\alpha$ (wobei α der **kleinere** der beiden Winkel zwischen den durch $\mathbf{a}$ und $\mathbf{b}$ bestimmten Geraden ist:

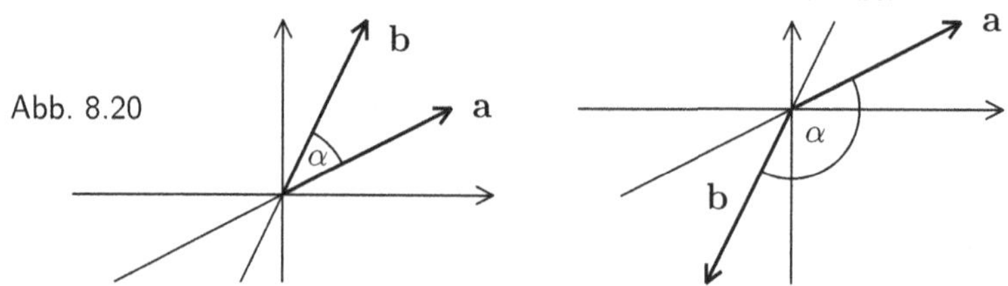

Abb. 8.20

Daraus folgt:

$$\|\mathbf{a} \times \mathbf{b}\| = \sqrt{\|\mathbf{a}\|^2 \cdot \|\mathbf{b}\|^2(1 - \cos^2\alpha)} = \|\mathbf{a}\| \cdot \|\mathbf{b}\| \cdot \sin\alpha,$$

wobei wieder α der kleinere der beiden Winkel zwischen den durch $\mathbf{a}$ und $\mathbf{b}$ bestimmten Geraden ist.

Bezüglich der Richtung von $\mathbf{a} \times \mathbf{b}$ muss man etwas weiter ausholen und zunächst über die Orientierung der Ebene E sprechen. Ein kleiner Kreis um den Nullpunkt in E trifft sowohl $\mathbf{a}$ in einem Punkt P als auch $\mathbf{b}$ in einem Punkt Q. Dieser Kreis soll so durchlaufen werden, dass der Weg von P nach Q auf dem Kreis möglichst klein wird. Durch diesen Umlaufssinn bekommt E eine „Orientierung".

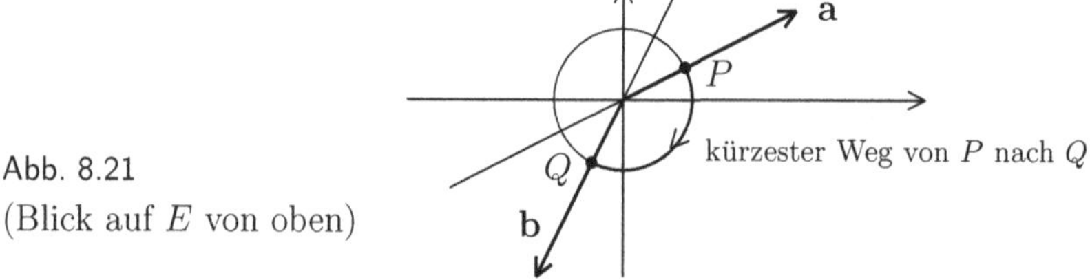

Abb. 8.21
(Blick auf E von oben)

Sei nun $\mathbf{n}$ ein Vektor, der auf E senkrecht steht. Bei einer beliebigen Ebene kann man zunächst nicht sagen, ob $\mathbf{n}$ nach oben oder nach unten zeigt. Irgendwie muss man das festlegen, und dazu braucht man die Orientierung der Ebene. Man sagt, dass $\mathbf{n}$ in Bezug auf die Orientierung von E ***nach oben*** zeigt, wenn $\mathbf{n}$ links von der Kreisbahn zwischen P und Q liegt. Andernfalls sagt man, dass $\mathbf{n}$ nach unten zeigt.

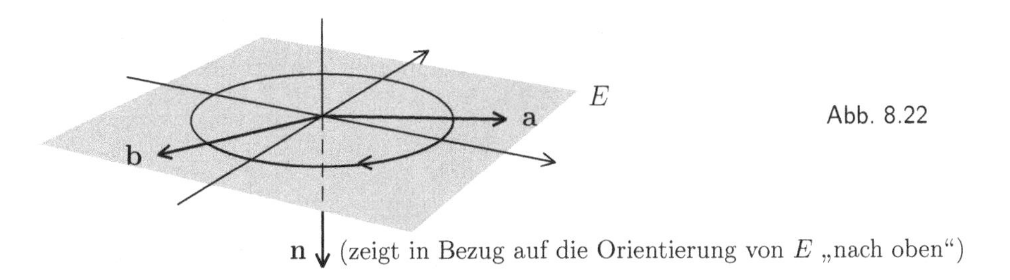

Abb. 8.22

Wie man in Abb. 8.22 sehen kann, hat das durch die Orientierung der Ebene festgelegte „oben" nichts mit dem zu tun, was man – je nach Blickrichtung – anschaulich als „oben" bezeichnen würde. Wäre $E = \{(x, y, z) \; : \; z = 0\}$, so könnte man o. B. d. A. annehmen, dass $\mathbf{a} = (1, 0, 0)$ und $\mathbf{b} = (b_1, b_2, 0)$ ist. Dann wäre $\mathbf{a} \times \mathbf{b} = (0, 0, b_2)$. Wäre $b_2 > 0$, so läge $\mathbf{b}$ in der oberen Halbebene von E, und der kleine Kreis um den Nullpunkt würde von $\mathbf{a}$ und $\mathbf{b}$ so orientiert, dass er – aus z-Richtung betrachtet – gegen den Uhrzeigersinn durchlaufen wird. In dem Fall nennt man $\{\mathbf{a}, \mathbf{b}\}$ eine positiv orientierte Basis von E, und $\mathbf{n} := \mathbf{a} \times \mathbf{b}$ zeigt auch im anschaulichen Sinne nach oben. Im Falle $b_2 < 0$ läge $\mathbf{b}$ in der unteren Halbebene, und $\mathbf{a} \times \mathbf{b}$ würde anschaulich nach unten zeigen, im Sinne der Orientierung von E aber natürlich auch „nach oben".

Damit ist die geometrische Charakterisierung des Vektorproduktes vollständig:

1. $\mathbf{a} \times \mathbf{b}$ steht auf der von $\mathbf{a}$ und $\mathbf{b}$ aufgespannten Ebene E senkrecht.

2. Es ist $\|\mathbf{a} \times \mathbf{b}\| = \|\mathbf{a}\| \cdot \|\mathbf{b}\| \cdot \sin \angle(\mathbf{a}, \mathbf{b})$, und das ist die Fläche des von $\mathbf{a}$ und $\mathbf{b}$ in E aufgespannten Parallelogramms.[1]

3. Orientiert man E mit Hilfe von $\mathbf{a}$ und $\mathbf{b}$ (in dem weiter oben beschriebenen Sinne), so zeigt $\mathbf{a} \times \mathbf{b}$ von E aus nach oben.

Ein System von drei linear unabhängigen Vektoren im $\mathbb{R}^3$ nennt man ein ***3-Bein***. Das ist eine anschauliche, aber mittlerweile veraltete Bezeichnung. Heute kann man natürlich „Basis" dazu sagen. Legt man zusätzlich die Reihenfolge der Vektoren fest, so spricht man von einem orientierten 3-Bein. Ein Beispiel ist das System der Standardeinheitsvektoren $\mathbf{e}_1$, $\mathbf{e}_2$ und $\mathbf{e}_3$. Dabei ist übrigens $\mathbf{e}_1 \times \mathbf{e}_2 = \mathbf{e}_3$, $\mathbf{e}_1 \times \mathbf{e}_3 = -\mathbf{e}_2$ und $\mathbf{e}_2 \times \mathbf{e}_3 = \mathbf{e}_1$.

Insbesondere bilden die Vektoren $\mathbf{e}_1$, $\mathbf{e}_2$ und $\mathbf{e}_3$ ein sogenanntes „Rechtssystem". Spreizt man Daumen, Zeigefinger und Mittelfinger der rechten Hand, so bilden die Richtungen, in die die Finger weisen, in der genannten Reihenfolge ein Rechtssystem. Das ist natürlich keine mathematische Definition, aber man kann das Vektorprodukt für eine Präzisierung benutzen.

Ein 3-Bein $\{\mathbf{a}, \mathbf{b}, \mathbf{c}\}$ im $\mathbb{R}^3$ heißt ***positiv orientiert***, falls $\angle(\mathbf{c}, \mathbf{a} \times \mathbf{b}) < \pi/2$ ist. Andernfalls heißt das 3-Bein ***negativ orientiert***. Ein ***Rechtssystem*** ist ein

[1] Ist h die Höhe des von $\mathbf{a}$ und $\mathbf{b}$ aufgespannten Dreiecks, so ist $h = \|\mathbf{b}\| \cdot \sin \angle(\mathbf{a}, \mathbf{b})$. Das stimmt auch im Falle eines stumpfwinkligen Dreiecks, weil $\sin(\pi - \alpha) = \sin(\alpha)$ ist.

positiv orientiertes 3-Bein. Insbesondere gilt: Sind $\mathbf{a}$ und $\mathbf{b}$ zwei linear unabhängige Vektoren, so bilden $\mathbf{a}$, $\mathbf{b}$ und $\mathbf{a}\times\mathbf{b}$ ein Rechtssystem, weil $\angle(\mathbf{a}\times\mathbf{b}, \mathbf{a}\times\mathbf{b}) = 0 < \pi/2$ ist.

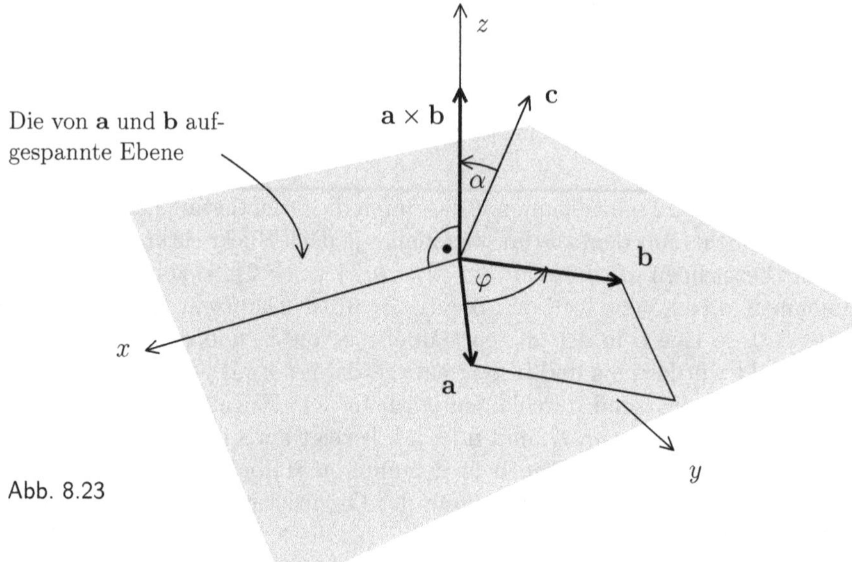

Abb. 8.23

Eine Basis $\{\mathbf{v}_1, \mathbf{v}_2, \mathbf{v}_3\}$ des $\mathbb{R}^3$ heißt ***Orthonormalbasis***, falls gilt:

1. Die Vektoren sind normiert, es ist $\|\mathbf{v}_1\| = \|\mathbf{v}_2\| = \|\mathbf{v}_3\| = 1$.
2. Die drei Vektoren stehen paarweise aufeinander senkrecht.

Die Einheitsvektoren liefern ein Beispiel für eine solche Basis, und darüber hinaus gilt:

Satz: *Sind die Vektoren $\mathbf{a}_1, \mathbf{a}_2 \in \mathbb{R}^3$ linear unabhängig, so gibt es eine Orthonormalbasis $\{\mathbf{v}_1, \mathbf{v}_2, \mathbf{v}_3\}$ des $\mathbb{R}^3$ mit folgenden Eigenschaften:*

1. *$\mathbf{v}_1$ und $\mathbf{a}_1$ spannen die gleiche Gerade auf.*
2. *$\mathbf{v}_1$ und $\mathbf{v}_2$ spannen die gleiche Ebene auf wie $\mathbf{a}_1$ und $\mathbf{a}_2$.*

Man rechne selbst nach, dass das folgende „Orthonormalisierungsverfahren" funktioniert:

1. Zunächst sei $\mathbf{v}_1 := \mathbf{a}_1/\|\mathbf{a}_1\|$.
2. Dann setze man $\mathbf{z}_2 := \mathbf{a}_2 - (\mathbf{a}_2 \bullet \mathbf{v}_1)\cdot\mathbf{v}_1$ und $\mathbf{v}_2 := \mathbf{z}_2/\|\mathbf{z}_2\|$.
3. Schließlich sei $\mathbf{z}_3 := \mathbf{a}_3 - (\mathbf{a}_3 \bullet \mathbf{v}_1)\cdot\mathbf{v}_1 - (\mathbf{a}_3 \bullet \mathbf{v}_2)\cdot\mathbf{v}_2$ und $\mathbf{v}_3 := \mathbf{z}_3/\|\mathbf{z}_3\|$.

Hat man $\mathbf{v}_1$ und $\mathbf{v}_2$ konstruiert, so kann man natürlich auch $\mathbf{v}_3 := \mathbf{v}_1 \times \mathbf{v}_2$ setzen.

Beispiel 8.9.1 (Orthonormalisierung im $\mathbb{R}^3$)

Sei $\mathbf{a}_1 := (1,2,1)$, $\mathbf{a}_2 := (2,4,4)$ und $\mathbf{a}_3 := (4,0,3)$. Diese drei Vektoren sind linear unabhängig, denn wenn $\alpha\mathbf{a}_1 + \beta\mathbf{a}_2 + \gamma\mathbf{a}_3 = \mathbf{0}$ ist, dann gilt:

$$\begin{array}{rcrcrcl} \alpha & + & 2\beta & + & 4\gamma & = & 0, \\ 2\alpha & + & 4\beta & & & = & 0, \\ \alpha & + & 4\beta & + & 3\gamma & = & 0, \end{array} \qquad \text{also} \qquad \begin{array}{rcrcrcl} \alpha & + & 2\beta & + & 4\gamma & = & 0, \\ & & & - & 4\gamma & = & 0, \\ & & 2\beta & - & \gamma & = & 0. \end{array}$$

Daraus folgt, dass $\alpha = \beta = \gamma = 0$ ist.

Zunächst ist $\mathbf{v}_1 = \dfrac{1}{\sqrt{6}}(1,2,1)$ und dann

$$\mathbf{z}_2 := (2,4,4) - \frac{14}{6}(1,2,1) = \frac{1}{6}(-2,-4,10), \quad \text{also} \quad \mathbf{v}_2 = \frac{1}{2\sqrt{30}}(-2,-4,10).$$

Offensichtlich ist $\|\mathbf{v}_1\| = \|\mathbf{v}_2\| = 1$ und $\mathbf{v}_1 \bullet \mathbf{v}_2 = 0$.

Der Vektor $\mathbf{v}_3 = \mathbf{v}_1 \times \mathbf{v}_2 = \dfrac{1}{\sqrt{5}}(2,-1,0)$ ergibt sich mit dem Vektorprodukt ganz einfach. Man kann aber auch das Orthonormalisierungsverfahren anwenden und erhält

$$\mathbf{z}_3 = (4,0,3) - \frac{7}{6}(1,2,1) - \frac{11}{60}(-2,-4,10) = \frac{1}{60}(16,-8,0), \text{ also } \mathbf{v}_3 = \frac{1}{\sqrt{5}}(2,-1,0).$$

Natürlich muss auf beiden Wegen das gleiche Ergebnis herauskommen. ♠

Es gibt noch mancherlei andere Anwendungen des Vektorproduktes:

Beispiel 8.9.2 (Dreiecksfläche mit dem Vektorprodukt)

Zwei Vektoren $\mathbf{a}$ und $\mathbf{b}$, die nicht auf einer Geraden liegen, spannen ein Dreieck ABC auf, so dass $\overrightarrow{AB} = \mathbf{a}$ und $\overrightarrow{AC} = \mathbf{b}$ ist. Die Seite $c = AB$ hat dann die Länge $\|\mathbf{a}\|$. Ist $\alpha = \angle(\mathbf{a}, \mathbf{b})$ und h die Höhe von C auf c, so ist $h = \|\mathbf{b}\| \cdot \sin\alpha$. Dann gilt für die Fläche A des Dreiecks:

$$A = \frac{1}{2} c \cdot h = \frac{1}{2}\|\mathbf{a} \times \mathbf{b}\|.$$

♠

Beispiel 8.9.3 (Abstand von einer Geraden)

Sei L eine Gerade und $\mathbf{z}$ ein Punkt, der nicht auf L liegt. Ist die Gerade in Parameterform $L = \{\mathbf{x} = \mathbf{x}_0 + t\mathbf{v} \,:\, t \in \mathbb{R}\}$ gegeben, so ist der Abstand d von $\mathbf{z}$ und L gegeben durch die Formel

$$d = \frac{\|\mathbf{v} \times (\mathbf{z} - \mathbf{x}_0)\|}{\|\mathbf{v}\|}.$$

BEWEIS: Das Parallelogramm, das (in der Ebene durch L und $\mathbf{z}$) von $\mathbf{v}$ und $\mathbf{z} - \mathbf{x}_0$ aufgespannt wird, hat den Flächeninhalt $\|\mathbf{v} \times (\mathbf{z} - \mathbf{x}_0)\|$.

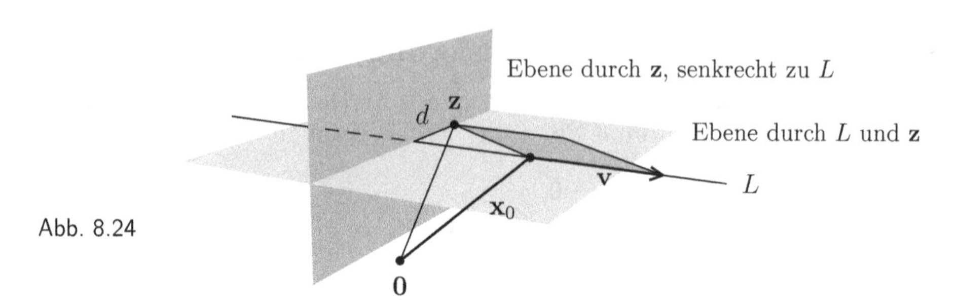

Abb. 8.24

Auf der anderen Seite ist der Flächeninhalt des Parallelogramms gleich dem Produkt aus Grundline und Höhe, also $= d \cdot \|\mathbf{v}\|$. Daraus ergibt sich die Formel. ∎

Gelegentlich erweist sich folgende Größe als nützlich. Die Zahl

$$[\mathbf{u}, \mathbf{v}, \mathbf{w}] := \mathbf{u} \bullet (\mathbf{v} \times \mathbf{w}) \qquad (\text{für } \mathbf{u}, \mathbf{v}, \mathbf{w} \in \mathbb{R}^3)$$

bezeichnet man als ***Spatprodukt***. Dass man hier von einem „Produkt" spricht, ist schon seltsam. Aber zunächst soll untersucht werden, was diese Zahl eigentlich bedeutet.

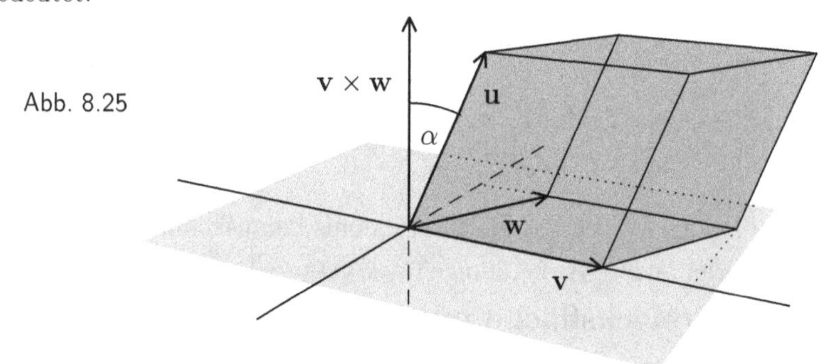

Abb. 8.25

Der von einem 3-Bein $\{\mathbf{v}, \mathbf{w}, \mathbf{u}\}$ erzeugte ***Spat*** (auch ***Parallelotop***, ***Parallelflach*** oder ***Parallelepiped*** genannt) ist die Menge

$$P := \{\mathbf{x} = x\mathbf{v} + y\mathbf{w} + z\mathbf{u} \, : \, 0 \le x, y, z \le 1\}.$$

Nun ist

$$\mathbf{u} \bullet (\mathbf{v} \times \mathbf{w}) = \|\mathbf{u}\| \cdot \|\mathbf{v} \times \mathbf{w}\| \cdot \cos \angle(\mathbf{u}, \mathbf{v} \times \mathbf{w}).$$

Dabei ist $\|\mathbf{v} \times \mathbf{w}\|$ der Flächeninhalt des von $\mathbf{v}$ und $\mathbf{w}$ aufgespannten Parallelogramms und $\|\mathbf{u}\| \cdot \cos \angle(\mathbf{u}, \mathbf{v} \times \mathbf{w})$ die Höhe des Spates, zumindest bis aufs Vorzeichen. Also ist $|\mathbf{u} \bullet (\mathbf{v} \times \mathbf{w})|$ nichts anderes als das Volumen des Spates. Insbesondere hängt diese Größe nicht von der Reihenfolge der Vektoren $\mathbf{u}$, $\mathbf{v}$ und $\mathbf{w}$ ab.

Wenn die drei Vektoren ein Rechtssystem bilden, dann ist $\alpha = \angle(\mathbf{u}, \mathbf{v} \times \mathbf{w})$ kleiner als 90° und deshalb $\cos \alpha > 0$ und $[\mathbf{u}, \mathbf{v}, \mathbf{w}] = |\mathbf{u} \bullet (\mathbf{v} \times \mathbf{w})|$. Bilden die Vektoren kein Rechtssystem, so wird $[\mathbf{u}, \mathbf{v}, \mathbf{w}]$ negativ, der Betrag des Spatproduktes bleibt aber natürlich gleich. Bilden $\mathbf{u}$, $\mathbf{v}$ und $\mathbf{w}$ ein Rechtssystem, so gilt das auch für alle zyklischen Vertauschungen dieser drei Vektoren. Also erhält man:

$$[\mathbf{u}, \mathbf{v}, \mathbf{w}] = [\mathbf{v}, \mathbf{w}, \mathbf{u}] = [\mathbf{w}, \mathbf{u}, \mathbf{v}] = -[\mathbf{u}, \mathbf{w}, \mathbf{v}] = -[\mathbf{w}, \mathbf{v}, \mathbf{u}] = -[\mathbf{v}, \mathbf{u}, \mathbf{w}].$$

Setzt man die Definition des Vektorproduktes ein, so ergibt sich

$$\begin{aligned}[\mathbf{u}, \mathbf{v}, \mathbf{w}] &= \mathbf{u} \bullet (\mathbf{v} \times \mathbf{w}) = \sum_{i=1}^{3} (-1)^{i+1} u_i \cdot \det S_i(\mathbf{v}, \mathbf{w}) \\ &= u_1 \cdot \det \begin{pmatrix} v_2 & v_3 \\ w_2 & w_3 \end{pmatrix} - u_2 \cdot \det \begin{pmatrix} v_1 & v_3 \\ w_1 & w_3 \end{pmatrix} + u_3 \cdot \det \begin{pmatrix} v_1 & v_2 \\ w_1 & w_2 \end{pmatrix}.\end{aligned}$$

Diese Zahl bezeichnet man auch als ***Determinante*** der aus $\mathbf{u}$, $\mathbf{v}$ und $\mathbf{w}$ gebildeten 3×3-Matrix. Leider ist hier nicht der Platz, weiter auf die allgemeine Theorie der Determinanten einzugehen. Stattdessen folgen noch zwei Anwendungen des Spatproduktes.

Beispiel 8.9.4 (Lineare Unabhängigkeit und Spatprodukt)

Drei Vektoren $\mathbf{u}$, $\mathbf{v}$ und $\mathbf{w}$ im $\mathbb{R}^3$ sind genau dann linear abhängig, wenn $[\mathbf{u}, \mathbf{v}, \mathbf{w}] = 0$ ist. Man sieht das recht einfach:

1. Ist $\mathbf{u} \bullet (\mathbf{v} \times \mathbf{w}) = 0$, so steht $\mathbf{u}$ auf dem Vektor $\mathbf{v} \times \mathbf{w}$ senkrecht. Also gibt es Skalare λ, μ mit $\mathbf{u} = \lambda\mathbf{v} + \mu\mathbf{w}$. Das heißt aber, dass $\mathbf{u}$, $\mathbf{v}$ und $\mathbf{w}$ linear abhängig sind.

2. Sind umgekehrt die Vektoren linear abhängig, so gibt es eine nichttriviale Darstellung $\mathbf{0} = \alpha\mathbf{u} + \beta\mathbf{v} + \gamma\mathbf{w}$. Ist $\alpha \neq 0$, so ist $\mathbf{u}$ eine Linearkombination von $\mathbf{v}$ und $\mathbf{w}$, und dann ist $\mathbf{u} \bullet (\mathbf{v} \times \mathbf{w}) = 0$. Ist dagegen $\alpha = 0$, so sind $\mathbf{v}$ und $\mathbf{w}$ linear abhängig, und dann ist $\mathbf{v} \times \mathbf{w} = \mathbf{0}$ (und erst recht $[\mathbf{u}, \mathbf{v}, \mathbf{w}] = 0$).

Sei etwa $\mathbf{u} = (-1, 2, -2)$, $\mathbf{v} = (-2, 1, 2)$ und $\mathbf{w} = (2, 2, 1)$. Dann ist

$$\mathbf{u} \bullet (\mathbf{v} \times \mathbf{w}) = (-1, 2, 2) \bullet (-3, 6, -6) = 27.$$

So sieht man ganz einfach, dass die Vektoren linear unabhängig sind. ♠

Beispiel 8.9.5 (Volumen eines Tetraeders)

Drei Vektoren $\mathbf{a}$, $\mathbf{b}$, $\mathbf{c}$ spannen einen Spat auf. Dieser setzt sich aus zwei Prismen zusammen, und jedes Prisma wiederum aus drei Pyramiden. Um das zu sehen, muss man sein räumliches Vorstellungsvermögen strapazieren. Vielleicht hilft die folgende Skizze:

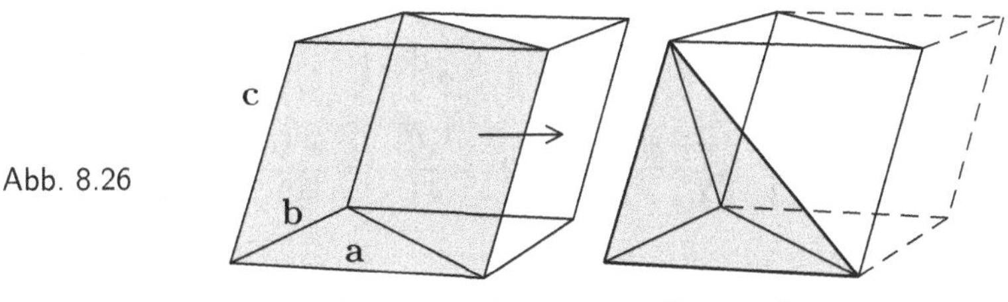

Abb. 8.26

Vom Spat zum Prisma 1. Pyramide

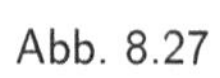

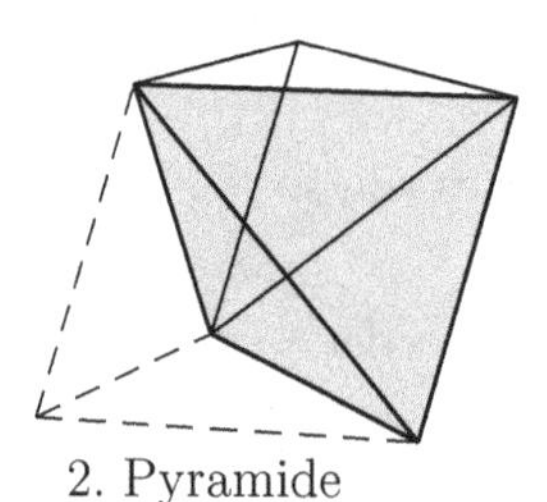

2. Pyramide

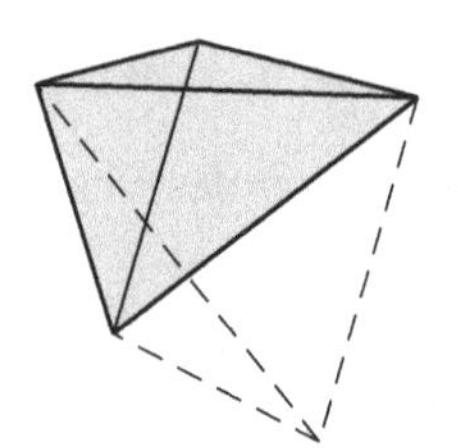

3. Pyramide

Wenn die Vektoren alle die gleiche Länge s haben und zwischen sich je einen Winkel von 60° einschließen, dann sind die Pyramiden alle gleich und bilden jeweils ein reguläres ***Tetraeder*** der Seitenlänge s. Sechs Exemplare des Tetraeders T setzen sich also zu einem Spat zusammen. Deshalb ergibt sich für das Volumen des Tetraeders die Formel

$$\text{vol}(T) = \frac{1}{6}[\mathbf{a}, \mathbf{b}, \mathbf{c}].$$

Für die endgültige Berechnung legt man sich die Vektoren **a**, **b** und **c** möglichst geschickt ins Koordinatensystem. **a** und **b** mögen in der xy-Ebene liegen, symmetrisch zur x-Achse. Sie bilden dann mit dieser Achse jeweils einen Winkel von 30°, und es ist

$$\mathbf{a} = \frac{s}{2}(\sqrt{3}, -1, 0) \quad \text{und} \quad \mathbf{b} = \frac{s}{2}(\sqrt{3}, 1, 0).$$

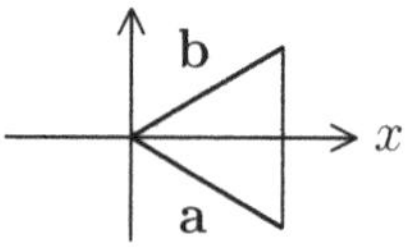

Abb. 8.28

Der Vektor **c** liegt symmetrisch zu **a** und **b** in der xz-Ebene, kann also in der Form $\mathbf{c} = \lambda\mathbf{e}_1 + \mu\mathbf{e}_3 = (\lambda, 0, \mu)$ angesetzt werden. Die Gleichung $\mathbf{a} \bullet \mathbf{c} = \|\mathbf{a}\| \cdot \|\mathbf{c}\| \cdot \cos(60°)$ ergibt die Beziehung $s\lambda\sqrt{3}/2 = s^2/2$, also $\lambda = s/\sqrt{3}$. Weil außerdem $\|\mathbf{c}\| = s$ sein soll, ist $s^2 = \lambda^2 + \mu^2$, also $\mu = s\sqrt{2}/\sqrt{3}$. Damit ist

$$\mathbf{c} = \frac{s}{\sqrt{3}}(1, 0, \sqrt{2}).$$

Jetzt kann man das Spatprodukt ausrechnen. Es ist

$$\begin{aligned}
[\mathbf{a}, \mathbf{b}, \mathbf{c}] &= a_1 \cdot (\mathbf{b} \times \mathbf{c})_1 + a_2 \cdot (\mathbf{b} \times \mathbf{c})_2 + a_3 \cdot (\mathbf{b} \times \mathbf{c})_3 \\
&= \frac{2}{2}\sqrt{3} \det \begin{pmatrix} 2/2 & 0 \\ 0 & s\sqrt{2}/\sqrt{3} \end{pmatrix} + \frac{2}{2} \det \begin{pmatrix} s\sqrt{3}/2 & 0 \\ s/\sqrt{3} & 0 \end{pmatrix} s\sqrt{2}/\sqrt{3} \\
&= \frac{s\sqrt{3}}{2} \cdot \frac{s^2\sqrt{2}}{2\sqrt{3}} + \frac{s}{2} \cdot \frac{s^2\sqrt{2}}{2} = 2 \cdot \frac{s^3\sqrt{2}}{4} = \frac{s^3\sqrt{2}}{2},
\end{aligned}$$

also $\quad \text{vol}(T) = \frac{1}{6}[\mathbf{a}, \mathbf{b}, \mathbf{c}] = \frac{s^3}{12}\sqrt{2}.$

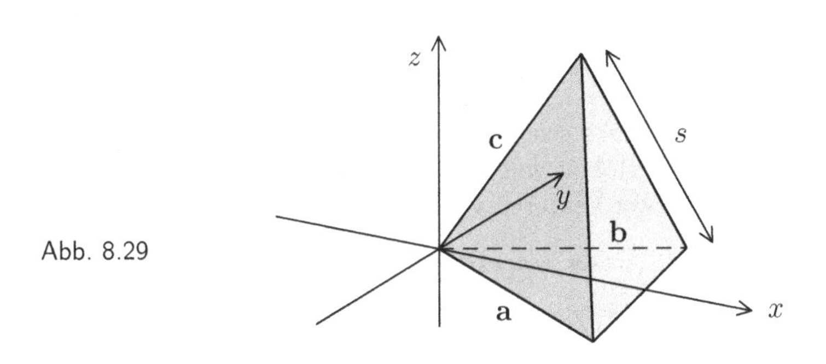

Abb. 8.29

♠

8.10 Zusätzliche Aufgaben

Aufgabe 8.4. Es seien zwei Vektoren $\mathbf{a}, \mathbf{b} \neq \mathbf{o}$ und eine reelle Zahl λ mit $0 < \lambda < 1$ gegeben. Es sei $\mathbf{x} = \mathbf{a} + \lambda(\mathbf{b} - \mathbf{a})$ und $\lambda : (1 - \lambda) = \beta : \alpha$. Zeigen Sie:

1. $\alpha(\mathbf{x} - \mathbf{a}) = \beta(\mathbf{b} - \mathbf{x})$.

   Hinweis: *Man schreibe* $\mathbf{b} - \mathbf{a} = (\mathbf{b} - \mathbf{x}) + (\mathbf{x} - \mathbf{a})$.

2. $\mathbf{x} = \dfrac{\alpha\mathbf{a} + \beta\mathbf{b}}{\alpha + \beta}$.

Aufgabe 8.5. Gegeben seien drei Vektoren $\mathbf{a}, \mathbf{b}, \mathbf{c}$ in der Ebene, von denen je zwei linear unabhängig sind. Weiter sei $\mathbf{u} := \frac{1}{2}\mathbf{a}$, $\mathbf{v} := \mathbf{a} + \frac{1}{2}(\mathbf{b} - \mathbf{a})$, $\mathbf{w} := \mathbf{c} + \frac{1}{2}(\mathbf{b} - \mathbf{c})$ und $\mathbf{z} := \frac{1}{2}\mathbf{c}$. Zeigen Sie:

$$\mathbf{z} - \mathbf{u} = \mathbf{w} - \mathbf{v} \quad \text{und} \quad \mathbf{v} - \mathbf{u} = \mathbf{w} - \mathbf{z}.$$

Interpretieren Sie das Ergebnis geometrisch.

Hinweis: *Schreibt man* $\mathbf{a} = \overrightarrow{OA}$, $\mathbf{b} = \overrightarrow{OB}$ *und* $\mathbf{c} = \overrightarrow{OC}$, *so bilden* O, A, B *und* C *die Ecken eines Vierecks. Bezeichnet man die Endpunkte der Ortsvektoren* $\mathbf{u}$, $\mathbf{v}$, $\mathbf{w}$ *und* $\mathbf{z}$ *mit* U, V, W *und* Z, *so ist das Viereck* $UVWZ$ *zu untersuchen.*

Aufgabe 8.6. Sind die folgenden Vektoren im $\mathbb{R}^3$ linear unabhängig?

1. $\mathbf{x} = (4, 2, 1)$, $\mathbf{y} = (3, 8, 2)$ und $\mathbf{z} = (5, 2, 7)$.
2. $\mathbf{x} = (1, -1, 2)$, $\mathbf{y} = (4, 3, 1)$ und $\mathbf{z} = (5, 2, 3)$.

Aufgabe 8.7. Sei $L = \{\mathbf{x} = (2, 1, 7) + t(0, 6, 4) \ : \ t \in \mathbb{R}\}$. Bestimmen Sie alle Schnittpunkte von L mit der xy-, der xz- und der yz-Ebene.

Aufgabe 8.8. Ein Dreieck in der Ebene kann durch drei Vektoren $\mathbf{a}, \mathbf{b}, \mathbf{c} \neq \mathbf{o}$ mit $\mathbf{a} + \mathbf{b} + \mathbf{c} = \mathbf{o}$ beschrieben werden. Die Winkel sind gegeben durch

$$\alpha = \pi - \angle(\mathbf{b}, \mathbf{c}), \ \beta = \pi - \angle(\mathbf{c}, \mathbf{a}) \text{ und } \gamma = \pi - \angle(\mathbf{a}, \mathbf{b}).$$

1) Beweisen Sie damit den Cosinussatz (siehe Aufgabe 7.8).

2) Die Ecken des Dreiecks seien mit A, B, C bezeichnet, die gegenüberliegenden Seiten mit a, b, c. Die Höhen von A auf a und von B auf b treffen sich in einem Punkt. Es gibt also zwei Vektoren $\mathbf{v}$ und $\mathbf{w}$ mit

$$\mathbf{v} \bullet \mathbf{a} = \mathbf{w} \bullet \mathbf{b} = 0 \text{ und } \mathbf{c} = \mathbf{v} - \mathbf{w}.$$

Sei $\mathbf{x} := \mathbf{b} + \mathbf{v} = -\mathbf{a} + \mathbf{w}$. Zeigen Sie: $\mathbf{x} \bullet \mathbf{c} = 0$. Was bedeutet das Ergebnis für die Höhen im Dreieck?

Hinweis: *Man setze $\mathbf{x} \bullet \mathbf{c}$ aus $\mathbf{x} \bullet \mathbf{v}$ und $\mathbf{x} \bullet \mathbf{w}$ zusammen und ersetze beide Produkte durch geeignete andere Ausdrücke.*

Aufgabe 8.9. Sei $L = \{\mathbf{x} = \mathbf{x}_0 + t\mathbf{v} \,:\, t \in \mathbb{R}\}$ eine Gerade im Raum und $\mathbf{p}$ ein Punkt, der nicht auf L liegt. Beschreiben Sie die Ebene durch $\mathbf{p}$ und L.

Hinweis: *Man suche zwei linear unabhängige Vektoren $\mathbf{a}$ und $\mathbf{b}$, so dass $\mathbf{p} + \mathbf{a}$ und $\mathbf{p} + \mathbf{b}$ auf L liegen. Dann kann man hoffen, dass $\mathbf{a}$ und $\mathbf{b}$ eine Ebene durch $\mathbf{0}$ aufspannen, die zu der gesuchten Ebene parallel ist.*

Aufgabe 8.10. Sei E eine Ebene, $\mathbf{x}_0 \in E$ und $\mathbf{n}$ ein Einheitsvektor, der auf den Spannvektoren von E senkrecht steht. Zeigen Sie:

1. $E = \{\mathbf{x} \,:\, (\mathbf{x} - \mathbf{x}_0) \bullet \mathbf{n} = 0\}$.
2. Der Betrag von $p = \mathbf{x}_0 \bullet \mathbf{n}$ ist der Abstand, den E vom Nullpunkt hat.
3. Ist $\mathbf{z}$ beliebig, so ist $|(\mathbf{z} - \mathbf{x}_0) \bullet \mathbf{n}| = |\mathbf{z} \bullet \mathbf{n} - p|$ der Abstand von $\mathbf{z}$ und E.

Hinweis: *Man geht ähnlich vor wie bei der Hesse'schen Normalform von Geraden in der Ebene.*

Aufgabe 8.11. Berechnen Sie den Abstand d des Punktes $\mathbf{z} = (5, 1, 12)$ von der Ebene $E = \{x - 2y + 2z = 9\}$. In welchem Punkt von E wird dieser Abstand angenommen.

Aufgabe 8.12. Sei $E = \{\mathbf{x} \,:\, (\mathbf{x} - \mathbf{x}_0) \bullet \mathbf{n} = 0\}$ eine Ebene und $L = \{\mathbf{x} = \mathbf{a} + t\mathbf{v} \,:\, t \in \mathbb{R}\}$ eine Gerade (jeweils im $\mathbb{R}^3$). Bestimmen Sie die Menge $E \cap L$.

Hinweis: *Man muss zwei (eigentlich sogar drei) Fälle unterscheiden. Dazu untersuche man die gegenseitige Lage der Vektoren $\mathbf{v}$ und $\mathbf{n}$.*

Aufgabe 8.13. Bestimmen Sie den Durchschnitt der Geraden $L = \{(6, 2, 0) + t(1, 0, -1) \,:\, t \in \mathbb{R}\}$ mit der Ebene $E = \{(0, -2, 0) + t_1(1, 2, 0) + t_2(2, 2, 1)\}$.

Aufgabe 8.14. Sei E die Ebene durch $\mathbf{x}_1 = (-1, 2, 3)$, $\mathbf{x}_2 = (1, 0, 0)$ und $\mathbf{x}_3 = (2, 2, -6)$. Liegt $\mathbf{z} = (-2, 4, 3)$ in E?

Aufgabe 8.15. Sei $L = \{\mathbf{x} = \mathbf{a} + t\mathbf{v} \,:\, t \in \mathbb{R}\}$ eine Gerade im Raum und $\mathbf{z}$ beliebig. Berechnen Sie den Abstand von $\mathbf{z}$ und L. Benutzen Sie dafür ohne Beweis: Wird der Abstand in $\mathbf{x}_0 \in L$ angenommen, so ist $(\mathbf{z} - \mathbf{x}_0) \bullet \mathbf{v} = 0$.

Aufgabe 8.16. Sei $\mathbf{v}_1 = (1,2,1)$ und $\mathbf{v}_2 = (4,2,4)$. Bestimmen Sie eine Orthonormalbasis $\{\mathbf{a}_1, \mathbf{a}_2, \mathbf{a}_3\}$ des $\mathbb{R}^3$, so dass $\mathbf{a}_1$ ein Vielfaches von $\mathbf{v}_1$ und $\mathbb{R}(\mathbf{v}_1, \mathbf{v}_2) = \mathbb{R}(\mathbf{a}_1, \mathbf{a}_2)$ ist.

Aufgabe 8.17. Bestimmen Sie alle Lösungen des Gleichungssystems

$$\begin{array}{rcrcrcl} 3x_1 & + & x_2 & + & 5x_3 & = & 0 \\ x_1 & + & 3x_2 & + & 4x_3 & = & 0 \\ & & 8x_2 & + & 7x_3 & = & 0. \end{array}$$

Aufgabe 8.18. Sei $\mathbf{a} = (0,0,1)$, $\mathbf{b} = (0,s,t)$, $\mathbf{c} = (c_1, c_2, c_3)$ und $\mathbf{d} = (d_1, d_2, d_3)$. Zeigen Sie, dass diese Vektoren die „Lagrange-Identität" erfüllen:

$$(\mathbf{a} \times \mathbf{b}) \bullet (\mathbf{c} \times \mathbf{d}) = (\mathbf{a} \bullet \mathbf{c}) \cdot (\mathbf{b} \bullet \mathbf{d}) - (\mathbf{b} \bullet \mathbf{c}) \cdot (\mathbf{a} \bullet \mathbf{d}).$$

Aufgabe 8.19. Berechnen Sie für die Einheitsvektoren $\mathbf{e}_1$, $\mathbf{e}_2$ und $\mathbf{e}_3$ in $\mathbb{R}^3$ die folgenden Ausdrücke:

1) $(\mathbf{e}_1 + 2\mathbf{e}_2) \bullet (2\mathbf{e}_1 + \mathbf{e}_2 - 4\mathbf{e}_3)$,
2) $(\mathbf{e}_1 + 2\mathbf{e}_2) \times (2\mathbf{e}_1 + \mathbf{e}_2 - 4\mathbf{e}_3)$,
3) $\mathbf{e}_2 \bullet (\mathbf{e}_1 \times (\mathbf{e}_1 + \mathbf{e}_2 + \mathbf{e}_3))$.

Aufgabe 8.20. Welche der folgenden Vektoren bilden ein Rechtssystem (im $\mathbb{R}^3$):

a) $\mathbf{a} = (1,1,0)$, $\mathbf{b} = (1,0,1)$ und $\mathbf{c} = (0,1,1)$.

b) $\mathbf{a} = \frac{1}{\sqrt{5}}(2,-1,0)$, $\mathbf{b} = \frac{1}{\sqrt{5}}(1,2,0)$ und $\mathbf{c} = (0,0,1)$.

Aufgabe 8.21. 1) Eine Ebene E sei durch einen Stützvektor $\mathbf{x}_0$ und Spannvektoren $\mathbf{u}$ und $\mathbf{v}$ gegeben. Zeigen Sie, dass E durch folgende Gleichung beschrieben werden kann:

$$(\mathbf{u} \times \mathbf{v}) \bullet (\mathbf{x} - \mathbf{x}_0) = 0.$$

2) Eine Gerade L im Raum sei durch den Stützvektor $\mathbf{x}_0$ und den Richtungsvektor $\mathbf{v}$ gegeben. Zeigen Sie, dass L durch folgende Gleichung beschrieben werden kann:

$$\mathbf{v} \times (\mathbf{x} - \mathbf{x}_0) = \mathbf{o}.$$

9 Grenzwerte von Funktionen oder „Extremfälle“

9.1 Die Entdeckung des Infinitesimalen

Die Macht des Calculus: *An der Grenze vom 17. zum 18. Jahrhundert wurde eine Methode entdeckt, mit der man erstmals infinitesimale Vorgänge in der Mathematik systematisch behandeln konnte. Das setzte eine revolutionäre Entwicklung in Gang, deren Anfänge hier etwas näher beleuchtet werden sollen. Wer mag, kann den Abschnitt aber auch überspringen und die Lektüre bei 9.2 fortsetzen.*

In modernen Medien und Rankings liebt man Superlative, und da sucht man immer wieder nach Wissenschaftlern, die man als die genialsten Mathematiker oder Physiker aller Zeiten ansehen kann. Isaac Newton und Albert Einstein werden gerne genannt, oft aber auch Archimedes, Leonardo da Vinci oder Stephen Hawking.

- Die technischen Erfindungen des genialen Künstlers **da Vinci** werden gerne für Spekulationen im Mysterybereich missbraucht und dabei womöglich leicht überschätzt.

- **Hawking** arbeitete als theoretischer Physiker an komplizierten mathematischen Raum-Zeit-Modellen, etwa zur Erklärung von schwarzen Löchern. Je weiter seine schreckliche ALS-Krankheit voranschreitet, desto bekannter wird er allerdings durch seine populärwissenschaftlichen Werke zu diesen Themen.

- Der Physiker **Einstein** hat erstmals die Relativitätstheorie in geschlossener Form beschrieben. Dafür muss man schwierige 4-dimensionale Mathematik beherrschen, aber dank Einsteins brillanter Öffentlichkeitsarbeit wurde seine Theorie sogar bei Laien populär. Mathematik hat er allerdings nie geliebt.

Archimedes und **Newton** waren zwei echte Universalwissenschaftler, die heute gerne vor allem als Physiker oder Ingenieure wahrgenommen werden. Beide waren jedoch auch geniale Mathematiker, deren Visionen weit in die Zukunft reichten.

Archimedes konnte um 250 v.Chr. schon über die fertige griechische Mathematik verfügen, insbesondere über Euklids axiomatisch begründete Gesamtdarstellung der Geometrie. In dieser Geometrie war allerdings kein rechter Platz für so diffuse Dinge wie die Berechnung des Flächeninhaltes unregelmäßig berandeter Gebiete, zumal numerische Berechnungen damals eine große Herausforderung darstellten, angesichts des desolaten griechischen Zahlensystems. Archimedes hatte weder

Angst vor dem Rechnen noch vor dem Unendlichen. In seinem Aufsatz „Sandrechner" entwickelte er eigens ein System zur Darstellung großer Zahlen, um berechnen zu können, wie viele Sandkörner man bräuchte, um das Universum damit zu füllen. Und zu seinen größten Leistungen zählen seine „Quadraturen" (also Flächenberechnungen). Ein typisches Beispiel dafür war die Berechnung des Flächeninhaltes P unter einer Parabel:

Abb. 9.1

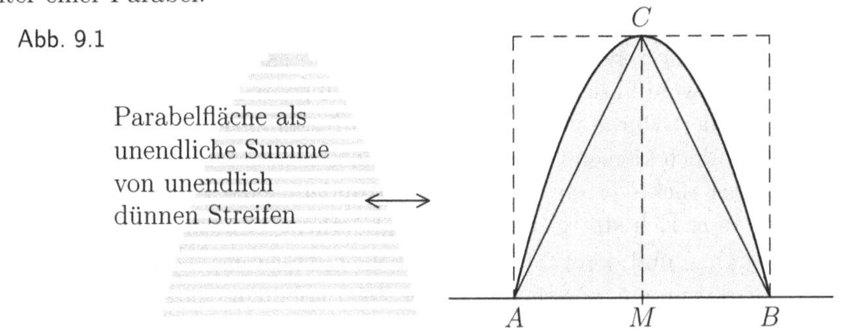

Archimedes approximierte die Parabelfläche von innen durch eine Folge P_n von geradlinig begrenzten Flächenstücken, deren Inhalt sich leicht berechnen ließ. Er begann mit dem Dreieck ABC (mit Flächeninhalt F) und vergrößerte dieses immer weiter durch Anheften kleinerer Dreiecke. Nun behauptete Archimedes, dass $P = \frac{4}{3}F$ sei, und er bewies dies sauber durch einen doppelten Widerspruch. Er konnte zeigen, dass sowohl die Annahme $P > \frac{4}{3}F$ als auch die Annahme $P < \frac{4}{3}F$ zu einem Widerspruch führte. So bewies er die gewünschte Gleichung. Die Logik war unanfechtbar und entsprach der euklidischen Welt. Aber woher hatte Archimedes den richtigen Wert?

Erst im 20. Jahrhundert fand man eine Schrift, die Licht ins Dunkel brachte. Tatsächlich hatte sich der Meister dem Problem aus zwei Richtungen genähert. Zum einen bemühte er die Physik, um durch Volumen- oder Gewichtsbestimmung die Parabelfläche mit einer geeigneten geradlinig begrenzten Fläche zu vergleichen. Zum anderen hatte er aber auch die Idee, die Parabelfläche aus einer unendlichen Folge von unendlich dünnen Streifen zusammenzusetzen. Das war eine Denkweise, die weit über die Traditionen der griechischen Mathmatik hinausging, und damit auch die Geburtsstunde der infinitesimalen Mathematik, lange vor Christi Geburt.

Nach den Hellenen gaben die Römer im Mittelmeerraum den Ton an. Sie waren gute Ingenieure und Redner, aber wenig an Naturwissenschaften interessiert. Das Erbe des Archimedes wurde vergessen, und dann folgten Jahrhunderte unter dem strengen Regiment der katholischen Kirche, in denen wissenschaftliche Betätigung weitgehend verpönt war. Erst ab dem 13. Jahrhundert entwickelte sich wieder ein höheres Bildungswesen. Sogar ein hypothetisches Nachdenken über die Unendlichkeit als Teil des göttlichen Wesens wurde nun toleriert. Das Aufkommen des Humanismus im 15. und 16. Jahrhundert gestattete endlich wieder ein freieres Denken, und zugleich wurden viele Erkenntnisse aus der Antike wiederentdeckt und durch Forschungsergebnisse aus der islamischen Welt ergänzt.

Der Physiker, Mathematiker und Naturphilosoph Isaac Newton lebte von 1643 bis 1727. Am berühmtesten wurde er durch seine Begründung der klassischen Mechanik. In der Mathematik konnte er auf Vorarbeiten von Galilei, Cavalieri, Fermat und vielen anderen zurückgreifen, die Zeit war wohl reif für einen Durchbruch auf dem Gebiete der Infinitesimalrechnung. Dazu zählten nicht nur Quadraturprobleme, sondern auch das Tangentenproblem: Wie bestimmt man die Tangente an eine bliebige gekrümmte Kurve? Im Falle des Kreises konnte das natürlich schon Euklid, aber bei komplizierteren Kurven gab es bis dahin kaum Fortschritte. Newton hat seine Resultate wohl in den Jahren 1664 bis 1666 gefunden, als Cambridge wegen der Pest evakuiert wurde und er viel Zeit zum Nachdenken hatte. Er operierte zunächst mit unendlich kleinen Größen, die er „Momente“ (also „Impulse“) nannte, einige Jahre später rückte er davon ab und begründete seine ***Fluxionsmethode***. Dabei betrachtete er sich stetig (fließend) veränderliche Größen, die sogenannten „Fluenten“ $x, y, z, \ldots$ und deren Momentangeschwindigkeiten $\dot{x}, \dot{y}, \dot{z}, \ldots$ (die „Fluxionen“), die beide von einer Variablen t (der Zeit) abhängig waren.

Man kann das vielleicht an einem einfachen Beispiel veranschaulichen: Man betrachte die Beziehung $y = x^2$ zwischen zwei Fluenten. Bezeichnet ω ein unendlich kleines Zeitintervall (Newton schrieb dafür „o“), so sind die Produkte $\dot{x}\omega$ und $\dot{y}\omega$ die unendlich kleinen Zuwächse von x und y, denn $\dot{x}$ hat die Dimension „Entfernung/Zeit“, und $\dot{x}\omega$ entspricht dann einer Entfernung. Nun muss gelten:

$$y + \dot{y}\omega = (x + \dot{x}\omega)^2 = x^2 + 2\omega\dot{x}x + \omega^2.$$

Auf der linken Seite kann man y durch x^2 ersetzen, und auf der rechten Seite bietet sich ein Trick von Newton an, der oft typisch physikalisch argumentierte. Ist ω schon „unendlich klein“, so ist ω^2 so klein, dass man es vernachlässigen kann. Es bleibt dann die Gleichung

$$x^2 + \dot{y}\omega = x^2 + 2\omega\dot{x}x, \qquad \text{also} \qquad \dot{y}\omega = 2\omega\dot{x}x.$$

Im nächsten Schritt dividiert man die Gleichung durch ω (was sich eigentlich genauso wenig rechtfertigen lässt wie vorher das Weglassen von ω^2). Dann erhält man

$$\dot{y} = 2x\dot{x}.$$

Der Quotient $\dot{y}/\dot{x} = 2x$ ist das, was wir heute als Ableitung der Funktion $f(x) = x^2$ kennen. Mit Hilfe von unendlichen Reihen fand Newton Darstellungen von vielen Kurven, die es ermöglichten, nach der obigen Methode die Ableitung zu berechnen. Die Methode konnte Newton nicht wirklich sauber begründen, aber sie funktionierte. Dies war sicher einer der Gründe für die Geheimniskrämerei Newtons im Zusammenhang mit seinem „Calculus“, wie er diese Berechnungen nannte. Er war der Meinung, dass seine Methoden nur in die Hände von solchen Forschern gehörten, die genial genug wären, um damit umgehen zu können.

Ähnlicher Auffassung war wohl auch Newtons ärgster Konkurrent, der Universalgelehrte, Politiker und Philosoph Gottfried Wilhelm Leibniz (1646–1716). Obwohl er in der Mathematik eigentlich Autodidakt war, kam er zu ähnlich bahnbrechenden Ergebnissen wie Newton. Und obwohl er viele seiner Resultate nie veröffentlichte, entwickelte er großen Ehrgeiz, elegante und bequeme Bezeichnungen einzuführen. Das führte letztendlich zu einer rascheren Verbreitung seiner Version des Calculus.

Leibniz bezeichnete die unendlich kleinen Zuwächse von x und y mit dx und dy. Die Tangente durch den Punkt (x, y) trifft die x-Achse in einem Punkt $(x - s, 0)$ (die Größe s nennt man die „Subtangente"). Das rechtwinklige Dreieck, das dabei entsteht, ist ähnlich zu dem infinitesimalen rechtwinkligen Dreieck mit den Katheten dx und dy (das Leibniz als „charakteristisches Dreieck" bezeichnete). Also ist $dy/dx = y/s$ die Steigung der Tangente.

Abb. 9.2

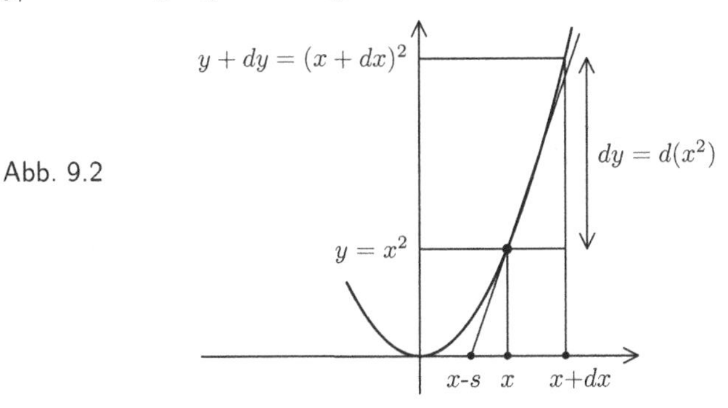

Im Falle der Kurve $y = x^2$ kam Leibniz mit der gleichen Methode wie Newton zum Ergebnis:

$$x^2 + dy = y + dy = (x + dx)^2 = x^2 + 2x\,dx + (dx)^2, \text{ und daher } dy = 2x\,dx,$$

$$\text{beziehungsweise} \quad \frac{dy}{dx} = 2x.$$

Die infinitesimalen Größen dx und dy nennt man „Differentiale" und den Ausdruck dy/dx „Differentialquotient". Die Differentiale hielt Leibniz nicht wirklich für existent. Er sah in ihrem Gebrauch eine Abkürzung für Grenzprozesse, die man wie bei Archimedes durch genügend genaue Annäherung behandeln könne.

Bei der Quadratur setzte Leibniz die Fläche unter einer Kurve aus unendlich vielen Rechtecken mit dem (unendlich kleinen) Inhalt $y\,dx$ zusammen. Die Gesamtfläche ergab sich als Summation, für die er ein symbolisiertes „S" verwendete: $A = \int y\,dx$. Das „Integral" war geboren, und den Vorgang der Summation nennt man deshalb auch „Integration".

Abb. 9.3

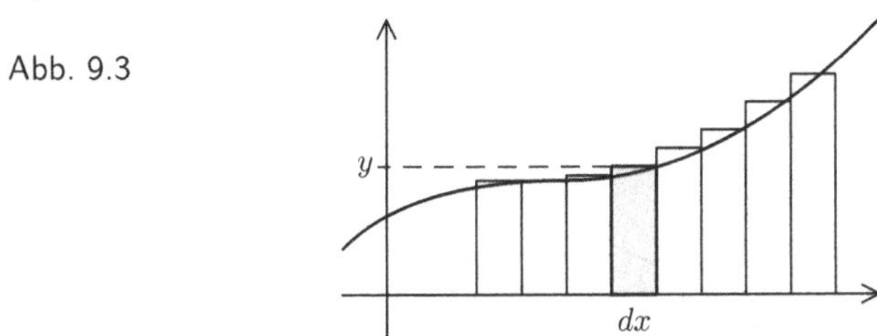

Wie Newton erkannte auch Leibniz, dass Integration und Differentiation zueinander invers sind. Das nennt man den Hauptsatz der Differential- und Integralrechnung.

Zwischen Newton und Leibniz entwickelte sich der vielleicht berühmteste Prioritätsstreit der Wissenschaftsgeschichte, der bis heute nicht eindeutig entschieden ist. Er vergiftete die Beziehungen zwischen englischen und kontinentalen Mathematikern über mehrere Generationen hinweg. Schaden nahm vor allem die Entwicklung der Mathematik in England, die lange an den technisch unterlegenen Newton'schen Notationen festhielt.

9.2 Die Ableitung

Was ist die Ableitung? *In diesem Abschnitt wird nach einer modernen Deutung des Differentialquotienten dy/dx gesucht.*

Heute geht man an den Differentialkalkül etwas anders heran. Die folgenden Ingredienzen standen zu Newtons Zeiten noch nicht zur Verfügung:

- Die Begriffe der Mengenlehre: Sie sind zwar nicht ganz so wichtig, aber sehr hilfreich.
- Der Funktionsbegriff: Wie Newton und Leibniz ohne den zurechtgekommen sind, kann man sich heute kaum noch vorstellen.
- Der Grenzwertbegriff. Er gestattet es, die mysteriösen Differentiale aufs Altenteil zu schicken und die Argumentationslücken zu schließen.

Die Kurven, um die es beim „Calculus“ geht, sind meistens (aber nicht immer) Graphen von Funktionen $f : D_f \to \mathbb{R}$. Der Definitionsbereich D_f ist eine Teilmenge von $\mathbb{R}$, meistens ein Intervall I. Durch die Funktion f wird jedem $x \in D_f$ genau eine reelle Zahl $y = f(x)$ zugeordnet, die Menge $G_f = \{(x, y) \in D_f \times \mathbb{R} \, : \, y = f(x)\}$ ist ihr Graph.

Ist x_0 ein Punkt von D_f, so untersucht man die Geraden durch den Punkt $(x_0, f(x_0))$, die die Gestalt $y = mx + b$ aufweisen. Der Faktor m heißt bekanntlich die „Steigung“ der Geraden, und der Winkel α mit $\tan \alpha = b/(b/m) = m$ ist der ***Steigungswinkel***.

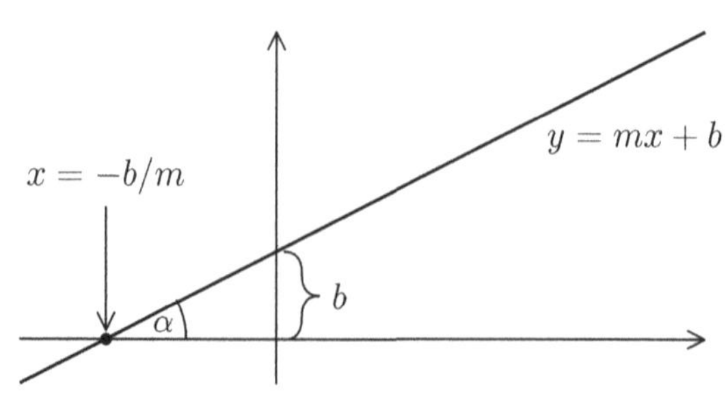

Abb. 9.4

Geht die Gerade noch durch einen zweiten Punkt $(x, f(x)) \in G_f$, so spricht man von einer ***Sekante***. Eine solche Sekante kann niemals vertikal verlaufen, denn sonst wären ja $f(x)$ und $f(x_0)$ zwei verschiedene Funktionswerte eines einzigen Argumentes $x = x_0$, und die Kurve könnte nicht der Graph einer Funktion sein. Deshalb hat die Sekante tatsächlich die Steigungsform $y = mx + b$, und die Steigung m ist gegeben durch den ***Differenzenquotienten***

$$m = \Delta f(x_0, x) := \frac{f(x) - f(x_0)}{x - x_0}.$$

Wenn der Graph G_f genügend glatt ist, passiert Folgendes: Hält man x_0 fest und lässt x gegen x_0 laufen, so strebt die Richtung der Sekante gegen die Richtung der ***Tangenten*** an den Graphen im Punkt $(x_0, f(x_0))$, also gegen die Richtung der Geraden, die den Graphen in $(x_0, f(x_0))$ „berührt". Die Steigung der Tangente (also der Tangens des Steigungswinkels) ist eine Zahl, die man die ***Ableitung*** von f in x_0 nennt und mit $f'(x_0)$ bezeichnet.

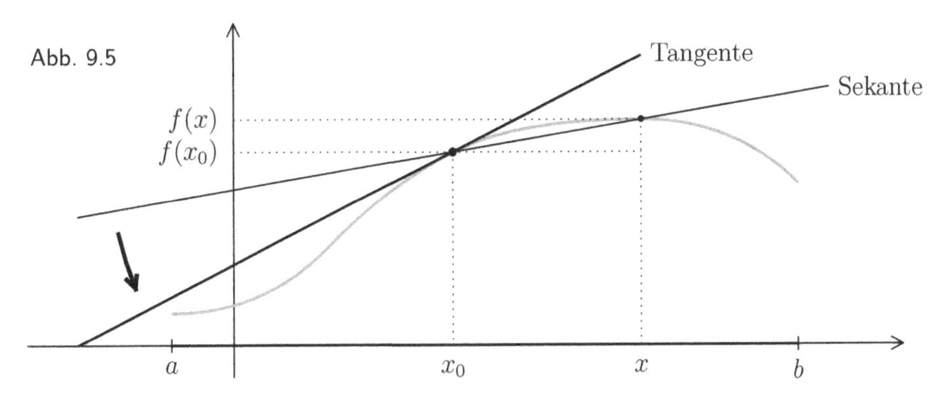

Abb. 9.5

Nähern sich die Werte von x der Zahl x_0 an, so hofft man natürlich, dass sich die Werte einer von x abhängigen Größe $\gamma(x)$ auch der Zahl $\gamma(x_0)$ annähern. Eine Antwort auf die Frage, was dieses „Sichnähern" eigentlich genau bedeutet, müssen wir für den Augenblick noch zurückstellen. Aber selbst wenn man sich erst mal mit einer anschaulichen Vorstellung begnügt, muss man feststellen, dass sich nicht alles in der Welt so schön verhält. Beim großen Finanzcrash mussten die Börsenmakler erkennen, dass ihr Vermögen nicht nur nicht „stetig" weiterwuchs, sondern sogar plötzlich in sich zusammenstürzte, so wie kleine Kinder die Erfahrung machen, dass ein Turm aus Bauklötzen plötzlich aus für sie unerfindlichen Gründen umfällt.

Newton und Leibniz hatten Glück, dass sich die von ihnen untersuchten Kurven gut verhielten und keine plötzlichen Veränderungen zeigten. Deren Sekanten strebten tatsächlich gegen die Tangente. Man spricht in so einem Fall davon, dass der ***Grenzwert*** oder ***Limes*** der Steigungen der Sekanten existiert und mit der Steigung der Tangenten übereinstimmt, und man schreibt das folgendermaßen hin:

$$f'(x_0) = \lim_{x \to x_0} \frac{\Delta f}{\Delta x} = \lim_{x \to x_0} \frac{f(x) - f(x_0)}{x - x_0}.$$

In der Newton'schen Terminologie wäre $f'(x_0) = \dot{y}/\dot{x}$, bei Leibniz würde man dy/dx schreiben. Dabei steht y für die Funktion $y = f(x)$ oder genaugenommen für die zweite Komponente der Abbildung $t \mapsto \big(x(t), y(t)\big) = \big(t, f(x(t))\big)$. Weil

$$\dot{x} = \lim_{t \to t_0} \frac{x(t) - x(t_0)}{t - t_0} = \lim_{t \to t_0} \frac{t - t_0}{t - t_0} = 1$$

ist, ist sogar $\dot{y} = f'(x_0)$. Die schwerfällige Notation Newton's ist damit zu rechtfertigen, dass er allgemeine Kurven betrachtete, die nicht unbedingt Funktionsgraphen sein mussten und auch senkrechte Tangenten besitzen durften.

Der Leibniz'sche Differentialquotient hat heute nur noch die Bedeutung einer alternativen Schreibweise für die Ableitung. Es gibt keine unendlich kleinen Größen, und erst recht keinen Quotienten solcher Größen. Dennoch steckt ein gewisser Sinn hinter diesem Quotienten. Das Verhältnis zweier Zahlen $a : b$ drückt man durch ihren Quotienten a/b aus. Dann ist $a = (a/b) \cdot b$. Zwei linear abhängige Vektoren stehen auch in einem Verhältnis zueinander, es sei etwa $\mathbf{a} = r \cdot \mathbf{b}$. Es ist dann aber nicht üblich, $r = \mathbf{a}/\mathbf{b}$ zu schreiben, denn dann wäre der Quotient zweier Vektoren eine Zahl. Und ähnlich verhält es sich bei den Differentialen, die man am ehesten als eine Art von Vektoren auffassen kann. Dann erscheint zumindest die Gleichung $df = f'(x) \cdot dx$ noch als halbwegs sinnvoll.

Damit ist immer noch nicht geklärt, was

$$\textbf{der Limes von } \frac{f(x) - f(x_0)}{x - x_0} \textbf{ für } x \textbf{ gegen } x_0$$

überhaupt ist. Vielleicht sollte man mal schauen, wie diese Schwierigkeit in der Schule gelöst wird.

Der deutsche Mathematiker Felix Christian Klein (1849–1925), einer der führenden Geometer des 19. Jahrhunderts, engagierte sich sehr stark für die mathematische Erziehung. Unter anderem seinem Wirken ist es zu verdanken, dass die naturwissenschaftlichen Fächer an den deutschen Schulen im Jahre 1900 endlich den humanistischen Fächern formell gleichgestellt wurden. 1905 formulierte Klein in Meran seine Kernthesen zu einer grundlegenden Reform des mathematisch-naturwissenschaftlichen Unterrichts, in denen er unter anderem die Einführung der Infinitesimalrechnung als obligatorisches Unterrichtsthema forderte. Berücksichtigt wurde das allerdings erst 1925, und da die Jahre der nationalsozialistischen Gewaltherrschaft rasch wieder jeden Fortschritt zum Erliegen brachten, knüpfte man erst nach 1945 an die Reformgedanken Kleins an. In einigen Bundesländern tauchte die Infinitesimalrechnung sogar erst 1952 wieder in den Lehrplänen auf.

Heute dürfte die Infinitesimalrechnung überall zum Standardprogramm gehören, und da müsste man eigentlich auch den Grenzwertbegriff finden. Leider sind die Inhalte des Mathematikunterrichts in den letzten Jahrzehnten wieder stark eingeschränkt worden, und deshalb wird vielerorts die Ableitung ohne eine klare Definition des Grenzwertes eingeführt. Wie geht das? Behandelt werden nur sehr einfache

Funktionen, Polynome (die gerne „ganzrationale Funktionen" genannt werden), die Funktion $1/x$, Winkelfunktionen, Exponentialfunktionen und Logarithmen. Alle diese Funktionen verhalten sich in ihrem Definitionsbereich besonders gutartig. Das bedeutet: Ist f eine solche Funktion und x_0 ein Punkt im Definitionsbereich, so gilt die Beziehung

$$\lim_{x\to x_0} f(x) = f(x_0),$$

und das kann man bei den in Frage kommenden Funktionen meistens auch experimentell bestätigen. Deshalb beschränkt man sich auf die Anschauung.

Abb. 9.6

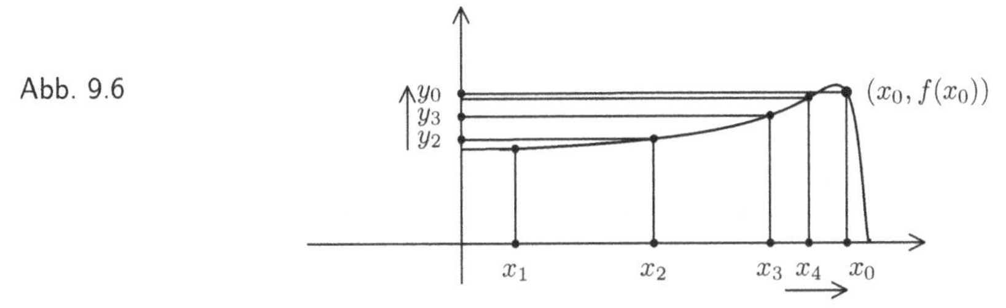

Leider interessiert beim Differenzieren weniger der Grenzwert der Funktion, es geht ja um Grenzwerte von Differenzenquotienten, und das ist extrem unanschaulich. Die Schüler werden an dieser Stelle ziemlich allein gelassen und lernen rasch, mit dem Kalkül zu arbeiten, ohne ihn zu verstehen.

Beispiel 9.2.1 (Algebraische Berechnung einer Ableitung)

Sei $f(x) := 4x^5 - 3x^2$. Dann ist

$$\begin{aligned}\frac{f(x)-f(x_0)}{x-x_0} &= \frac{4(x^5-x_0^5)-3(x^2-x_0^2)}{x-x_0}\\ &= 4(x^4+x^3x_0+x^2x_0^2+xx_0^3+x_0^4)-3(x+x_0).\end{aligned}$$

Bei der Vereinfachung wurde folgende Formel benutzt:

$$(a-b)\cdot(a^{n-1}+a^{n-2}\cdot b+\cdots+a^2b^{n-3}+a\cdot b^{n-2}+b^{n-1}) = a^n - b^n.$$

Für $x \to x_0$ strebt der für den Differenzenquotienten gewonnene Ausdruck offensichtlich gegen $20x_0^4 - 6x_0$. Dafür sind überhaupt keine Grenzwertuntersuchungen nötig. Also ist $f'(x_0) = 20x_0^4 - 6x_0$. Man muss das Koordinatensystem ziemlich zurechtstauchen, um eine halbwegs brauchbare Skizze zu erhalten:

Abb. 9.7

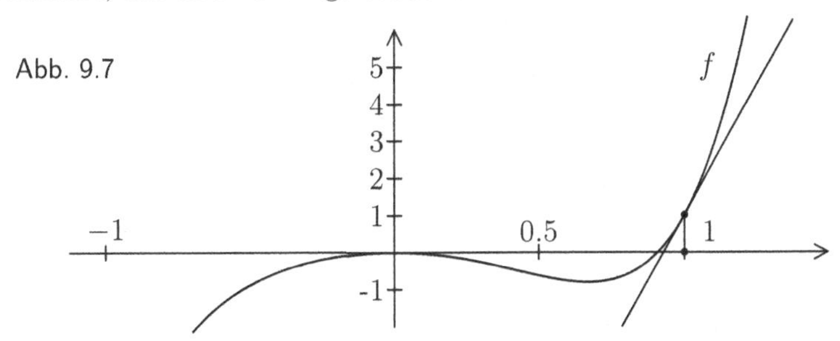

♠

Beispiel 9.2.2 (Eine nicht existierende Ableitung)

Schwieriger wird es mit dem Differenzieren etwa bei der Funktion

$$f(x) := |x-2| = \begin{cases} x-2 & \text{falls } x \geq 2, \\ 2-x & \text{falls } x < 2. \end{cases}$$

Nähert man sich $x_0 = 2$ **von rechts**, so hat der Differenzenquotient immer den Wert

$$\big(f(x) - f(2)\big)/(x-2) = (x-2-0)/(x-2) = 1.$$

Nähert man sich x_0 dagegen **von links**, so besitzt der Differenzenquotient den Wert

$$\big(f(x) - f(2)\big)/(x-2) = (2-x-0)/(x-2) = -1.$$

Das heißt, dass der Differenzenquotient bei $x_0 = 2$ keinen eindeutigen Grenzwert besitzen kann. Also existiert die Ableitung von f in $x_0 = 2$ nicht!

Abb. 9.8

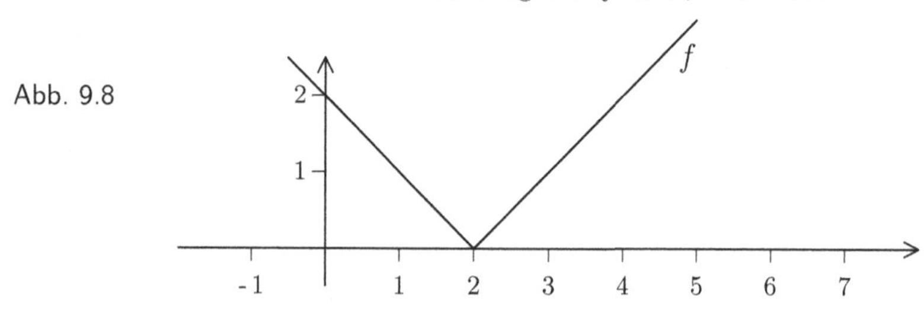

Tatsächlich existiert zwar der Grenzwert von $f(x)$ für x gegen 2, aber der Graph weist bei $x = 2$ einen „Knick" auf. Eine Tangente kann man in solchen Punkten nicht an den Graphen legen, oder zumindest nicht auf eindeutige Weise. Der Graph ist nicht genügend glatt. Es erscheint sinnvoll, die Funktion in $x = 2$ als **nicht differenzierbar** zu bezeichnen.

Eine Funktion f kann in einem Punkt x_0 höchstens dann „differenzierbar" sein, wenn der Graph von f in diesem Punkt „genügend glatt" ist. Was heißt das? Es darf dort keinen Knick geben, keine senkrechte Tangente und natürlich erst recht keine Definitionslücke. Wer weiß, was es noch für Schikanen gibt? Deshalb nennt man eine Funktion in einem Punkt genügend glatt, wenn sie dort eine Ableitung besitzt. Die Katze beißt sich in den Schwanz. Am Ende muss man eben doch eine vernünftige Definition für den Grenzwert einer Funktion finden. Das passiert im folgenden Abschnitt.

9.3 Topologie und Stetigkeit

Jetzt wird es ernst! *Lange genug wurde darum herumgeredet, aber jetzt muss geklärt werden, was man unter dem Grenzwert* $\lim_{x \to x_0} f(x)$ *einer Funktion bei Annäherung an einen Punkt* x_0 *versteht.*

Dass eine Funktion f für x gegen x_0 gegen einen Wert $c \in \mathbb{R}$ strebt, heißt anschaulich: Je näher x bei x_0 liegt, desto näher liegt $f(x)$ bei c. Wir wollen nun gemeinsam aus dieser anschaulichen Vorstellung eine logisch nachvollziehbare Definition entwickeln.

Eigentlich ist das „Sichnähern" nichts Neues? Sie kennen das schon von der Konvergenz von Folgen! Und man kann das Annähern auch hier mit Hilfe von Folgen realisieren: Wenn eine Folge (x_n) gegen x_0 konvergiert, dann muss die Folge der Werte $f(x_n)$ gegen c konvergieren. Wo liegt also das Problem?

1. Die größte Schwierigkeit besteht darin, dass es nicht um eine einzelne Folge geht. Vielmehr muss das Folgenkriterium für **alle** passenden Folgen überprüft werden.

2. Eine weitere Schwierigkeit mag darin liegen, dass Sie schon die Folgen nicht gemocht haben.

Auf die Dauer wird man wohl um die Folgen nicht herumkommen. Trotzdem versuchen wir erst mal, ohne sie auszukommen. Was bedeutet dann, dass x nahe bei x_0 liegt? Irgendwie muss man die Entfernung messen, und man muss einen Begriff davon bekommen, wann diese Entfernung „genügend klein" ist.

Der Abstand zweier Punkte in der Ebene wurde mit Hilfe der euklidischen Metrik gemessen:

$$d\big((x_1, y_1), (x_2, y_2)\big) = \sqrt{(x_1 - x_2)^2 + (y_1 - y_2)^2}.$$

Das funktioniert genauso auch in anderen Dimensionen, und besonders einfach ist es im Falle der Dimension 1. Da ist $d(x_1, x_2) = |x_1 - x_2|$. Ist also $\varepsilon > 0$ eine sehr kleine Zahl und $|x_1 - x_2| < \varepsilon$, so liegt x_2 „nahe" bei x_1. Die Menge

$$U_\varepsilon(x_0) := \{x \in \mathbb{R} \,:\, |x - x_0| < \varepsilon\}$$

nennt man ***ε-Umgebung*** von x_0. Allgemeiner nennt man eine Menge U eine ***Umgebung*** von x_0, falls es ein kleines $\varepsilon > 0$ gibt, so dass x_0 und alle Punkte, deren Abstand von x_0 kleiner als ε ist, noch in U enthalten sind. Das bedeutet, dass $U_\varepsilon(x_0) \subset U$ ist.

Vorstellungen von „Nähe", „Nachbarschaft" oder „Umgebung" eines Punktes gehören in eine spezielle mathematische Disziplin, die ***Topologie***. In die brauchen wir uns zum Glück nicht zu vertiefen, hier interessieren nur sehr wenige ihrer Aspekte, in erster Linie der Umgebungsbegriff.

Wenn man sich die soziale Umgebung eines Menschen genauer anschaut, dann stellt man schnell fest, dass es für diese Umgebung keine klaren Grenzen gibt. Die Familie gehört meistens dazu, Freunde, Nachbarn, bei einem Dorfbewohner vielleicht das ganze Dorf. In der Stadt ist die Grenze oft schwerer zu ziehen, und in der Zeit von Facebook-Freundschaften sind Umgebungen unter Umständen auch riesig groß geworden. Nähe wird damit eigentlich nicht mehr ausgedrückt. Die Nähe verbindet man eher mit einem „harten Kern“, etwa der Familie und den engen Freunden. So ein harter Kern ist hier immer eine ε-Umgebung.

Definition

Sei $M \subset \mathbb{R}$ eine beliebige Menge, $x_0 \in \mathbb{R}$.

Der Punkt x_0 heißt ***innerer Punkt*** von M, falls M Umgebung von x_0 ist, und er heißt ***Randpunkt*** von M, falls jede Umgebung von x_0 einen Punkt von M und einen Punkt von $\mathbb{R} \setminus M$ enthält.

Beispiel 9.3.1 (Innere Punkte, Ränder und Umgebungen)

Ein Intervall $I = [a, b) = \{x \in \mathbb{R} : a \leq x < b\}$ ist ja eine ziemlich übersichtliche Menge. Wie verhalten sich nun Punkte $x_0 \in \mathbb{R}$ zu der Menge I?

a) Ist $a < x_0 < b$, so gehört x_0 nicht nur zu I, es gibt sogar eine ε-Umgebung von x_0, die in I enthalten ist. Wie findet man das passende ε?

Abb. 9.9

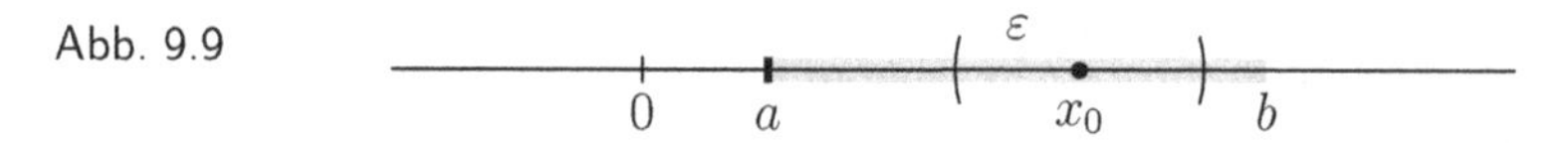

Der Abstand von x_0 und a beträgt $x_0 - a$, der von x_0 und b beträgt $b - x_0$. Wählt man nun ε positiv, aber kleiner als das Minimum von $x_0 - a$ und $b - x_0$, so liegt $U_\varepsilon(x_0)$ komplett in I. Das bedeutet, dass x_0 ein innerer Punkt von I ist.

b) Eine beliebige ε-Umgebung von a enthält Punkte $x > a$, die zu I gehören, und auch Punkte $x < a$, die nicht zu I gehören. Deshalb ist a ein Randpunkt von I. Bei b argumentiert man analog. Ein Randpunkt kann also ein Element der Menge sein oder ein Element des Komplements.

c) Ist $x_0 < a$ oder $x_0 > b$, so kann man eine ε-Umgebung von x_0 finden, die ganz außerhalb von I liegt. Ein solcher Punkt kann weder innerer Punkt noch Randpunkt von I sein.

d) Es gibt aber auch seltsame Situationen, an die man nicht sofort denken würde. Ist $a < c < b$ und $M := [a, b) \setminus \{c\}$, so enthält **jede** ε-Umgebung von c mit Sicherheit Punkte von M, mit c aber auch mindestens einen Punkt aus $\mathbb{R} \setminus M$. Also ist c ein Randpunkt von M, obwohl dieser Punkt eher mitten in M zu liegen scheint. ♠

Zurück zu den Grenzwerten von Funktionen! Dass sich $f(x)$ für x gegen x_0 einem Wert $c \in \mathbb{R}$ annähert, bedeutet: Wenn der Abstand von x und x_0 immer kleiner wird, dann wird auch der Abstand von $f(x)$ und c immer kleiner. Diese Aussage hat die Gestalt einer Implikation $\mathscr{A} \implies \mathscr{B}$. Aber was sind die Aussagen $\mathscr{A}$ und $\mathscr{B}$? Zunächst könnte man meinen, dass es Umgebungen U von x_0 und V von c gibt, so dass $\mathscr{A}$ für die Aussage „$x \in U$“ und $\mathscr{B}$ für die Aussage „$f(x) \in V$“ steht.

Es geht aber sicher nicht nur um **eine** Umgebung von x_0. Wenn x gegen x_0 strebt, braucht man immer kleinere Umgebungen von x_0, in denen sich x wiederfindet.

Und auf der anderen Seite können wir nicht einfach „$\forall U = U(x_0) : x \in U$" schreiben, denn dann wäre automatisch $x = x_0$. Der Clou ist, dass die Umgebungen U von x_0 und V von c voneinander abhängen. Welche ist zuerst da?

1. Wir wollen feststellen, dass $f(x)$ dem Wert c beliebig nahe kommt. Deshalb muss sich $f(x)$ irgendwann in jeder noch so kleinen Umgebung von c aufhalten. Die gesuchte Aussage hat demnach die Struktur

$$\forall V = V(c) \quad \ldots \quad \Longrightarrow f(x) \in V.$$

2. Die Voraussetzung dafür, dass $f(x)$ nahe bei x_0 liegt, ist die Bedingung, dass x sehr nahe bei x_0 liegt. Wie nahe, das hängt von V ab und wird durch eine Umgebung von x_0 beschrieben. Zu jedem V gibt es ein passendes U:

$$\forall V = V(c) \, \exists U = U(x_0), \text{ so dass gilt: } x \in U \Longrightarrow f(x) \in V.$$

Ersetzt man V durch eine ε-Umgebung und U durch eine δ-Umgebung, so erhält man folgende Formulierung für den Grenzwert einer Funktion:

$$\boxed{\forall \varepsilon > 0 \, \exists \delta > 0, \text{ so dass } \forall x \text{ mit } |x - x_0| < \delta \text{ gilt: } |f(x) - c| < \varepsilon.}$$

Das ist die mathematisch einwandfreie Beschreibung der Limes-Beziehung

$$\boxed{\lim_{x \to x_0} f(x) = c.}$$

Die Formulierung ist recht abstrakt und ohne entsprechende Vorbereitung nicht ganz leicht zu verstehen. Wie beweist man nun eine solche Aussage bei gegebenen Daten f, x_0 und c?

Schritt 1: Man legt die Genauigkeitsgrenze fest: Das geschieht durch die Formulierung „Sei $\varepsilon > 0$ beliebig vorgegeben."

Schritt 2: Man sucht ein passendes $\delta > 0$. Wie man das findet, ist eine Wissenschaft für sich.

Schritt 3: Aus der Aussage $|x - x_0| < \delta$ muss die Aussage $|f(x) - c| < \varepsilon$ gefolgert werden.

Beispiel 9.3.2 (Berechnung des Grenzwertes einer Funktion)

Sei etwa $a < 0$ und $b > 1$, sowie $f(x) := \begin{cases} x^2 & \text{für } a < x < 1, \\ (3/125)(x-6)^2 + (2/5) & \text{für } 1 < x < b. \end{cases}$

Abb. 9.10

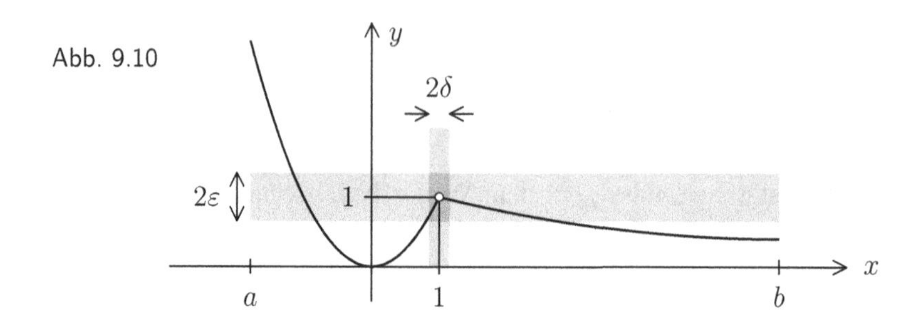

An der Stelle $x = x_0 := 1$ ist die Funktion noch nicht definiert. Man möchte gerne herausfinden, ob $c := \lim_{x \to x_0} f(x)$ existiert und dann $f(x_0) := c$ setzen.

Da die Funktionen $x \mapsto x^2$ und $x \mapsto g(x) := (3/125)(x-6)^2 + 2/5$ beide bei $x_0 = 1$ den Wert $c = 1$ annehmen, liegt die Annahme nahe, dass dieses c auch der Grenzwert ist. Um das zu verifizieren, muss man den Ausdruck $|f(x) - 1|$ für x nahe x_0 abschätzen.

1) Es ist $|x^2 - 1| = |x-1| \cdot |x+1|$. Man möchte ja nachweisen, dass $|x^2 - 1|$ immer kleiner wird, wenn man sich x_0 nähert. Also muss man möglichst eine kontrollierbare obere Schranke für diesen Ausdruck finden. Dabei soll sich x in einem kleinen Intervall um x_0 bewegen, also in $U_\delta(x_0)$, wobei $\delta > 0$ noch genauer bestimmt werden muss. Dann ist $|x-1| < \delta$ und $|x+1| \le |x| + 1 \le (1+\delta) + 1 = 2 + \delta \le 3$ (für genügend kleines δ), also $|x^2 - 1| \le 3\delta$.

2) Es ist $|g(x) - 1| = |(3/125) \cdot \big((x-6)^2 - 25\big)| = (3/125)|(x-1) \cdot (x-11)|$. Liegt x in $U_\delta(x_0)$, so ist $|x-1| < \delta$ und $|x-11| = 11 - x \le 12$, also $|g(x) - 1| \le (36/125)\delta < \delta/2$.

Nun kann man alles zusammenbauen: Ist $\varepsilon > 0$ vorgegeben, so muss $\delta > 0$ so gewählt werden, dass $\max(3\delta, \delta/2) < \varepsilon$ ist, also $\delta < \varepsilon/3$. Dann ist die Ungleichung $|f(x) - 1| < \varepsilon$ für alle $x \in U_\delta$ erfüllt. Also konvergiert $f(x)$ für $x \to x_0$ gegen 1. ♠

Beispiel 9.3.3 (Grenzwerte einer sehr zittrigen Funktion)

Sei $f(x) := \begin{cases} x & \text{für rationales } x, \\ x^2 & \text{für irrationales } x. \end{cases}$

Das ist eine etwas unübersichtliche Funktion. Auf den ersten Blick sieht man, dass f zwischen verschiedenen Werten hin und her oszilliert, und man glaubt kaum, dass $f(x)$ irgendwo einen vernünftigen Grenzwert besitzt. Schaut man genauer hin, so stellt man aber fest, dass sich die Funktionswerte bei $x = 0$ und bei $x = 1$ jeweils auf einen bestimmten Wert konzentrieren.

Behauptung: Ist $x_0 = 0$ oder $x_0 = 1$ (und damit $x_0 = x_0^2$), so ist $\lim\limits_{x \to x_0} f(x) = x_0$. In allen anderen Punkten existiert der Grenzwert von $f(x)$ nicht.

Beweis: Sei $x_0 \in \mathbb{R}$ und $\varepsilon > 0$ beliebig vorgegeben.

Abb. 9.11

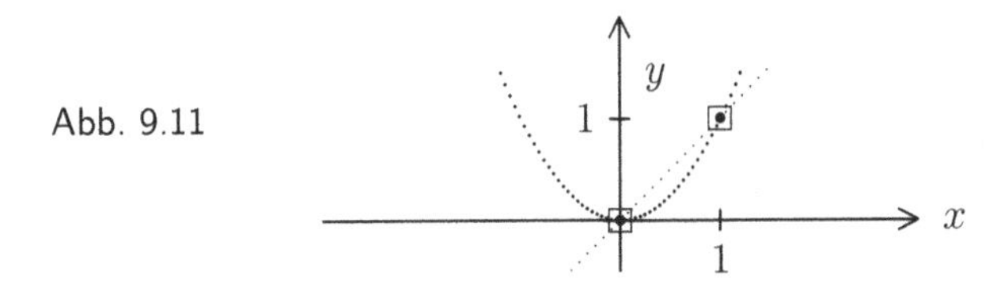

1. Fall: Sei $x_0 = 0$ (und damit auch $f(x_0) = 0$). Für ein genügend klein gewähltes $\delta > 0$ ist zu zeigen, dass $|f(x)| < \varepsilon$ für alle $x \in U_\delta(x_0)$ gilt.

a) Ist x rational, so ist $|f(x)| = |x| < \varepsilon$, wenn man $\delta = \varepsilon$ setzt und $x \in U_\delta(0)$ wählt.

b) Ist x irrational, so ist $|f(x)| = |x^2|$. Wählt man $\delta < 1$, so ist $\delta^2 < \delta$. Ist also $\delta < \min(1, \varepsilon)$ und $x \in U_\delta(0)$, so ist $|f(x)| = |x|^2 < \delta^2 < \delta < \varepsilon$.

2. Fall: Sei $x_0 = 1$. Dann ist $f(x_0) = 1$. Wieder soll gezeigt werden, dass $|f(x) - f(x_0)| < \varepsilon$ für alle x mit $|x - 1| < \delta$ ist, wenn $\delta > 0$ genügend klein gewählt wird.

a) Ist x rational, so ist $|f(x) - f(x_0)| = |x - 1| < \varepsilon$, falls $\delta = \varepsilon$ und $x \in U_\delta(x_0)$ gewählt wird.

b) Ist x irrational, so ist $|f(x) - f(x_0)| = |x^2 - 1| = |x - 1| \cdot |x + 1|$. Diese Größe möchte man für Punkte x in der Nähe von 1 nach oben durch ε abschätzen. Liegt etwa x im Intervall $(0, 2)$, so ist $1 < x + 1 < 3$ und dann auch $|x + 1| < 3$. Für $x \in U_\delta(1)$ ist $|x - 1| < \delta$, also – wenn $\delta < 1$ ist – $|f(x) - f(x_0)| < 3\delta$. Damit das $< \varepsilon$ bleibt, muss man $\delta < \min(\varepsilon/3, 1)$ wählen.

Fasst man alles zusammen, so sieht man, dass $f(x)$ für $x \to 0$ oder $x \to 1$ jeweils einen Grenzwert besitzt.

3. Fall: Ist $x_0 \neq 0$ und $\neq 1$, so ist $x_0 \neq x_0^2$ und $d := |x_0 - x_0^2| > 0$. Beliebig nahe bei x_0 liegen sowohl rationale als auch irrationale Zahlen x, deren Werte x bzw. x^2 den beiden Zahlen x_0 und x_0^2 beliebig nahe kommen. Also gibt es für $x \to x_0$ keinen eindeutigen Grenzwert. ■ ♠

Bei dem obigen Beispiel kann man wohl kaum auf die ε-δ-Technik verzichten, aber in vielen anderen Fällen wirkt diese Methode übermäßig kompliziert. Vielleicht sollte man doch seine Abneigung gegen Folgen überwinden. Es gilt nämlich:

Satz: *Genau dann ist* $\lim\limits_{x \to x_0} f(x) = c$, *wenn gilt:*

$$\forall \text{ Folgen } x_n \text{ mit } \lim_{n\to\infty} x_n = x_0 \text{ ist } \lim_{n\to\infty} f(x_n) = c.$$

Den Beweis dieser Aussage findet man in der Literatur. Hier soll anhand von Beispielen untersucht werden, wie man mit dem Folgenkriterium zurechtkommt.

Beispiele 9.3.4 (Grenzwerte mit dem Folgenkriterium)

1 Sei $\text{sign}(x)$ das Vorzeichen von x, also $\text{sign}(x) = 1$ für $x > 0$ und $= -1$ für $x < 0$. Außerdem setze man noch $\text{sign}(0) = 0$. Dann kann man zum Beispiel die Funktion $f(x) := \text{sign}(x-1) \cdot x^2$ an der Stelle $x = 1$ betrachten.

Die Folge $x_n := 1 + 1/n$ konvergiert gegen 1, und weil $x_n > 1$ ist, strebt $f(x_n) = x_n^2 = 1+2/n+1/n^2$ für $n \to \infty$ gegen 1. Anders sieht es bei der Folge $y_n := 1-1/n$ aus. Auch sie konvergiert gegen 1, aber $f(y_n) = -y_n^2 = -(1-2/n+1/n^2)$ strebt gegen -1. Weil **eine** Ausnahme schon reicht, ist damit gezeigt, dass $f(x)$ bei $x = 1$ keinen Grenzwert besitzt.

Dies ist übrigens ein typisches Beispiel für die Existenz des ***rechtsseitigen*** und ***linksseitigen Grenzwertes*** an der Stelle $x_0 = 1$. Hier ist

$$f(x_0+) := \lim_{x \to x_0, x > x_0} f(x) = 1 \quad \text{und} \quad f(x_0-) := \lim_{x \to x_0, x < x_0} f(x) = -1.$$

Die Funktion f hat in x_0 zwar eine Unstetigkeitsstelle, aber eine der harmloseren Art, eine ***Sprungstelle***. Die Sprunghöhe hat hier im Beispiel den Wert 2.

Die Existenz des Grenzwertes von f in allen Punkten $x \neq 1$ kann man ebenfalls mit Hilfe von Folgen zeigen. Allerdings muss man dabei natürlich **beliebige** (und damit **alle**) Folgen betrachten, die gegen x konvergieren.

2 Besonders bequem ist der Einsatz von Folgen bei einfachen Funktionen wie etwa $f(x) = x^5 - 3x + 27$. Konvergiert eine beliebige Folge x_n gegen x_0, so folgt mit Hilfe der Grenzwertsätze, dass x_n^5 gegen x_0^5, $3x_n$ gegen $3x_0$ und die konstante Folge 27 gegen 27 konvergiert, also $f(x_n)$ gegen $x_0^5 - 3x_0 + 27 = f(x_0)$. ♠

Definition

Sei $I \subset \mathbb{R}$ ein Intervall. Eine Funktion $f : I \to \mathbb{R}$ heißt ***stetig*** in $x_0 \in I$, falls gilt:

$$\lim_{x \to x_0} f(x) = f(x_0).$$

f ist also stetig in x_0, wenn der Limes von $f(x)$ für $x \to x_0$ existiert **und** mit dem Funktionswert $f(x_0)$ übereinstimmt. Gilt dies in jedem Punkt von I, so heißt f stetig auf I. Umgekehrt kann man den Grenzwert von Funktionen auch mit Hilfe des Stetigkeitsbegriffes definieren:

$$\lim_{x \to x_0} f(x) = c \iff F(x) := \begin{cases} f(x) & \text{für } x \neq x_0, \\ c & \text{für } x = x_0 \end{cases} \quad \text{stetig in } x_0.$$

Zwei Sorten von Unstetigkeitsstellen entdeckt man schnell: Sprungstellen und Stellen zu starker Oszillation. Tatsächlich gibt es auch kaum etwas anderes. In der

Schule hieß es früher: „Eine Funktion ist genau dann stetig, wenn man ihren Graphen in einem Zuge zeichnen kann." Das ist zwar keine wissenschaftliche Erklärung, es macht den Sachverhalt aber anschaulich klar. Insbesondere gilt deshalb: Ist f in x_0 stetig und positiv, so bleibt f auch noch auf einer ganzen Umgebung von x_0 positiv.

Es folgt eine Zusammenfassung wichtiger Eigenschaften stetiger Funktionen, die Beweise findet man in der Literatur, zum Beispiel in [FrME]:

Zwischenwertsatz: *Sei $f : [a, b] \to \mathbb{R}$ stetig, $f(a) < c < f(b)$. Dann gibt es ein $x_0 \in [a, b]$ mit $f(x_0) = c$.*

Dieser Satz zeigt eine der wichtigsten Eigenschaften stetiger Funktionen. Der Graph besitzt keinerlei Lücken.

Extremwerte auf abgeschlossenen Intervallen: *Sei $f : [a, b] \to \mathbb{R}$ stetig. Dann nimmt f auf $[a, b]$ sein Maximum und sein Minimum an. Es gibt also Punkte $x_1, x_2 \in [a, b]$, so dass $f(x_1) \leq f(x) \leq f(x_2)$ für alle $x \in [a, b]$ gilt.*

Dabei hat $f : M \to \mathbb{R}$ in $x_0 \in M$ ein lokales (bzw. globales) Maximum, falls $f(x_0) \geq f(x)$ für alle x aus dem Durchschnitt von M mit einer Umgebung U von x_0 gilt (bzw. sogar für alle $x \in M$). Lokale und globale Minima werden analog definiert. Konstante Funktionen besitzen in jedem Punkt ihres Definitionsbereiches sowohl ein Maximum als auch ein Minimum. Der Satz besagt, dass eine **stetige** Funktion auf einem **abgeschlossenen** Intervall immer Maximum und Minimum annimmt. Gelegentlich hilft diese Existenzaussage, das Maximum und das Minimum dann auch konkret zu bestimmen.

Permanenzeigenschaften: *Sind f, g in x_0 stetig, so sind auch $f + g$ und $f \cdot g$ in x_0 stetig. Ist $g(x_0) \neq 0$, so ist auch f/g in x_0 stetig. Und schließlich ist die Verkettung (Verknüpfung) von stetigen Funktionen wieder stetig.*

Die Funktion $\sqrt{x}$ ist in allen Punkten $x > 0$ stetig, die Winkelfunktionen $\sin x$ und $\cos x$ sind auf ganz $\mathbb{R}$ stetig, Polynome natürlich sowieso.

Aufgabe 9.1

Betrachten Sie die Funktion $f(x) := x^2 - 2$ auf dem Intervall $[1, 2]$. Berechnen Sie Maximum und Minimum, zeigen Sie die Existenz einer Nullstelle und berechnen Sie diese (einzige) Nullstelle mit Hilfe des Satzes von Bolzano (und fortgesetzter Intervallhalbierung) auf zwei Stellen hinter dem Komma genau!

Hinweis: *Der Satz von Bolzano ist ein Spezialfall des Zwischenwertsatzes, nämlich der Fall des Zwischenwertes $c = 0$. Er ermöglicht es, Nullstellen durch umgebende Intervalle einzugrenzen. Die Bestimmung der Extremwerte soll natürlich ohne die Verwendung von Ableitungen durchgeführt werden.*

Stetigkeit und Monotonie: *Eine streng monoton wachsende Funktion hat höchstens Sprungstellen als Unstetigkeitsstellen. Ist sie außerdem surjektiv, so muss sie schon stetig sein. Umgekehrt ist eine stetige und streng monoton wachsende (oder fallende) Funktion automatisch bijektiv.*

In der Regel sind Funktionen nicht auf ihrem ganzen Definitionsbereich monoton, sondern nur auf Teilintervallen. Dann sind sie natürlich auch nur auf diesem Teilabschnitt umkehrbar.

Beispiel 9.3.5 (Der Arcussinus)

Auf dem Intervall $[0, \pi/2]$ ist die Sinusfunktion streng monoton wachsend, und wegen der Gleichung $\sin(-x) = -\sin(x)$ bleibt das sogar auf dem Intervall $[-\pi/2, \pi/2]$ richtig. Da die Sinusfunktion bei $-\pi/2$ ein Minimum und bei $\pi/2$ ein Maximum besitzt, ist das Intervall $I = [-\pi/2, \pi/2]$ ein maximaler Bereich strenger Monotonie. Die Funktion $\sin : I \to [-1, 1]$ ist demnach bijektiv, und es gibt eine Umkehrfunktion, die man als „Arcussinus" bezeichnet. Ihren Graphen erhält man aus dem Graphen der Sinusfunktion durch Spiegelung an der Winkelhalbierenden.

Abb. 9.12

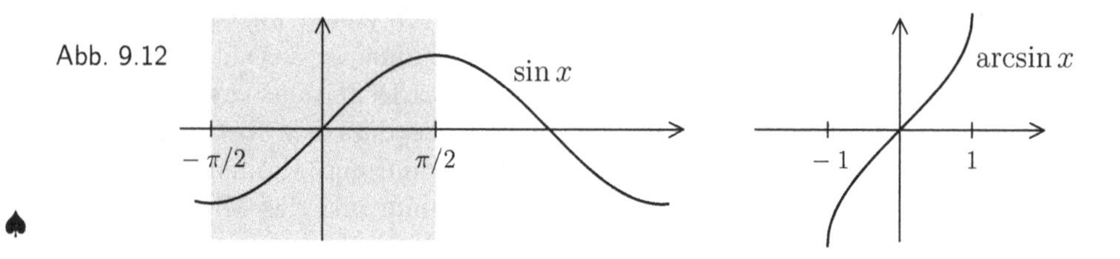

♠

Aufgabe 9.2

1. $f : [0, 2) \to \mathbb{R}$ sei definiert durch $f(x) := [x] + x$. In welchen Punkten ist f stetig bzw. unstetig?

2. Bestimmen Sie $\lim\limits_{x \to 0} x \cdot \sin(1/x)$.

3. Für $0 \le x \le 1$ sei $f(x) := \begin{cases} x & \text{für rationales } x \\ 1 - x & \text{für irrationales } x \end{cases}$.

   Zeigen Sie, dass $f : [0, 1] \to [0, 1]$ surjektiv ist, aber nur in $x = \frac{1}{2}$ stetig.

Hinweise: *(1) Das Auftreten der Gauß-Klammer $[x]$ legt den Verdacht nahe, dass an ganzzahligen Stellen x Sprungstellen auftauchen könnten. Bei (2) ist es nicht unbedingt ratsam, mit Folgen zu arbeiten. Man muss ja nur zeigen, dass die Werte von $f(x)$ nahe $x = 0$ beliebig klein werden. Bei (3) ist die Surjektivität einfach zu zeigen. Einen Stetigkeitsbeweis in $x = 1/2$ sollte man wohl am besten mit ε und δ führen.*

9.4 Differenzierbarkeit

Was heißt „differenzierbar", und wozu braucht man das? *Der Begriff der Ableitung wurde ja schon ausführlich am Anfang des Kapitels diskutiert, und dort wurde auch angedeutet, was eine differenzierbare Funktion ist. Jetzt soll die exakte Erklärung nachgeliefert werden.*

Differenzierbarkeit wurde durch die Existenz des Limes des Differenzenquotienten erklärt. Man macht das auch in der Schule so, aber ohne näher auf den Begriff des Grenzwertes einzugehen. Es gibt zwei Rechtfertigungen dafür:

- Der Grenzwertbegriff ist nicht so einfach, es kostet Zeit und Mühe, ihn zu verstehen. Viel einfacher ist es, den Differentialkalkül auf ein paar Regeln im Sinne eines Axiomensystems zu gründen, wie zum Beispiel $(x^n)' = n \cdot x^{n-1}$, $(f \cdot g)' = f'g + gf'$, $(f \circ g)' = (f' \circ g) \cdot g'$ oder $(f^{-1})' = -1/f'$.
- Eigentlich hilft einem der Grenzwertbegriff nicht sehr viel beim Verständnis der Ableitung, denn der Differenzenquotient $\big(f(x) - f(x_0)\big)/(x - x_0)$ hat auf den ersten Blick zumindest optisch nicht viel mit der Originalfunktion f zu tun. Das zeigt auch das folgende Beispiel, obwohl dort eigentlich demonstriert wird, wie man den Differenzenquotienten benutzen kann, um die Ableitung graphisch zu bestimmen.

Beispiel 9.4.1 (Auswertung des Differenzenquotienten)

Betrachtet werde die Funktion $f(x) = x^2$. Für die Differenzierbarkeit von f etwa in $x_0 = 1$ ist die Stetigkeit des Differenzenquotienten

$$\Delta f(x_0, x) = \frac{f(x) - f(x_0)}{x - x_0} = \frac{x^2 - x_0^2}{x - x_0} = x + x_0 = 1 + x$$

im Punkt $x_0 = 1$ zuständig. Man kann f und $\Delta f(x_0, x)$ im Koordinatensystem darstellen:

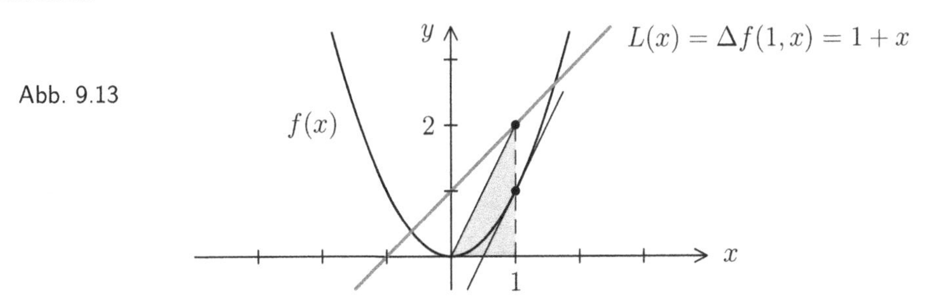

Der Differenzenquotient ist hier die lineare Funktion $L(x) := \Delta f(1, x) = 1 + x$, die bei $x = 1$ natürlich stetig ist. Aber der Punkt $(1, 2) = \big(1, L(1)\big)$ liegt nicht einmal auf der Parabel, und die Steigung der Geraden ist auch nicht die Steigung der Tangente an f in $x = 1$. Kann man überhaupt einen visuellen Zusammenhang erkennen? Doch, das kann man: Verbindet man den Punkt $(1, 2)$ mit dem Nullpunkt, so entsteht ein rechtwinkliges Dreieck (mit dem rechten Winkel bei $(1, 0)$). Die Katheten haben die Längen 1 (Ankathete zum Winkel α beim Nullpunkt) und 2 (Gegenkathete zu α). Daher ist $\tan\alpha = 2/1 = 2 = L(1) = f'(1)$, und die Hypotenuse ist parallel zur Tangente an die Parabel bei $x = 1$.

Das ist so, weil der Wert von L in einem beliebigen x die Steigung der Sekante durch $(1, f(1))$ und $(x, f(x))$ angibt, und im Grenzwert in x_0 die Steigung der Tangente.

Ist $x_0 \neq 1$, so wird es noch ein wenig komplizierter.

Abb. 9.14

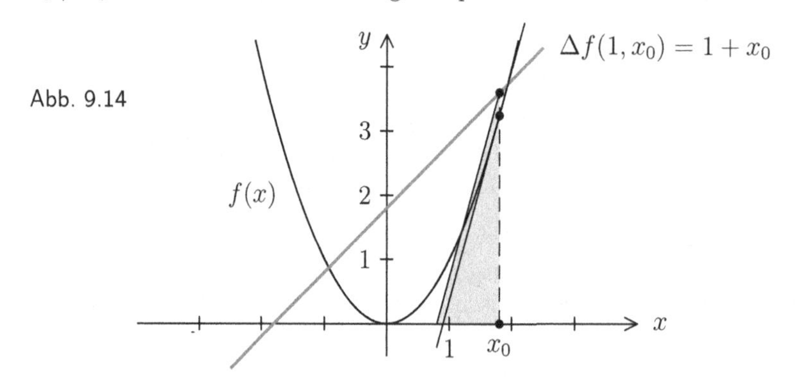

Ist $L^*(x) = \Delta f(x_0, x) = x_0 + x$ der zugehörige Differenzenquotient, so betrachtet man das rechtwinklige Dreieck, das neben den Ecken $(x_0, 0)$ und $(x_0, L^*(x_0))$ **nicht** den Nullpunkt, sondern den Punkt $(x_0 - 1, 0)$ als Ecke hat. Dann hat die Hypotenuse wieder die gleiche Steigung wie die Tangente an die Parabel bei x_0, denn der ♠ Tangens des Winkels bei $(x_0 - 1, 0)$ hat den Wert $L^*(x_0)/1 = L^*(x_0) = f'(x_0)$.

Mit der gerade demonstrierten Methode kann man auch bei beliebigen (differenzierbaren) Funktionen die Richtung der Tangenten in einem speziellen Punkt graphisch bestimmen:

Beispiel 9.4.2 (Graphisches Differenzieren)

Abb. 9.15

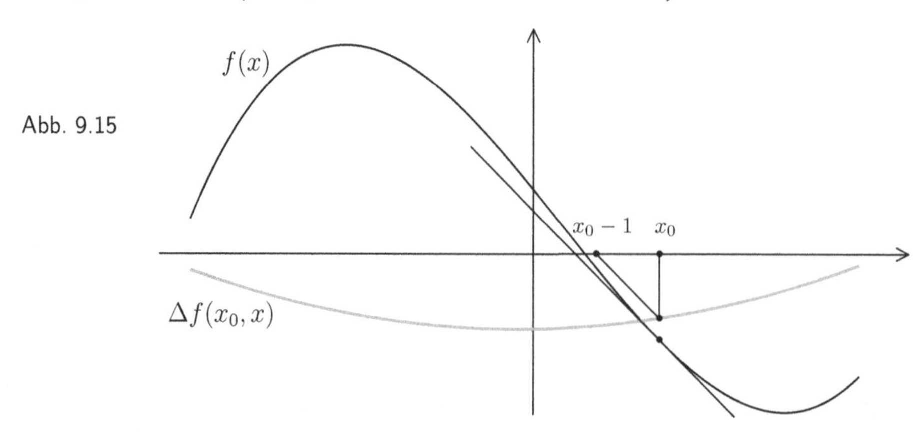

Die Zeichnung zeigt die Funktion $f(x) = \dfrac{1}{10}\Big(\dfrac{x^3}{3} - \dfrac{x^2}{2} - 12x + 10\Big)$. Gefragt ist nach der Ableitung im Punkte $x_0 = 2$. Offensichtlich ist $f(x_0) = -4/3$. Die Funktion $\Delta f(x_0, x)$, also der Differenzenquotient, ist gegeben durch

$$\begin{aligned}\Delta f(x_0, x) &= \frac{f(x) - f(x_0)}{x - x_0} = \frac{1}{10}\Big(\frac{x^3 - x_0^3}{3(x - x_0)} - \frac{x^2 - x_0^2}{2(x - x_0)} - 12\Big) \\ &= \frac{1}{10}\Big(\frac{1}{3}(x^2 + xx_0 + x_0^2) - \frac{1}{2}(x + x_0) - 12\Big) = \frac{1}{10}\Big(\frac{x^2}{3} + \frac{x}{6} - \frac{35}{3}\Big),\end{aligned}$$

Diesmal ist der Differenzenquotient eine quadratische Funktion, und es ist $f'(x_0) = \Delta f(x_0, x_0) = \Delta f(2, 2) = -1$.

Die Tangente an den Graphen von f in x_0 ist auch hier parallel zur Hypotenuse des „charakteristischen Dreiecks" mit den Ecken $(x_0, 0)$, $(x_0 - 1, 0)$ und $\big(x_0, \Delta f(x_0, x_0)\big)$, denn der Tangens des Winkels bei $(x_0 - 1, 0)$ stimmt mit $\Delta f(x_0, x_0) = f'(x_0)$ überein. ♠

Ist f ein Polynom, so benötigt man nur eine Polynomdivision zur Bestimmung des Differenzenquotienten und keine Grenzwertbetrachtungen, um den Wert der Ableitung von f in x_0 oder auf graphischem Wege die Richtung der Tangenten zu ermitteln. Trotzdem erscheint das obige Vorgehen zu kompliziert. Etwas einfacher wird es, wenn man sich von der Bruchschreibweise befreit. Es ist nämlich

$$\Delta f(x_0, x) \cdot (x - x_0) = f(x) - f(x_0),$$

und die Differenzierbarkeit von f bedeutet ja einfach, dass $\Delta f(x_0, x)$ bei $x = x_0$ stetig ist. Also kann man sagen:

Definition

f heißt in x_0 ***differenzierbar***, wenn es eine Funktion Δ gibt, so dass gilt:

1. $f(x) = f(x_0) + (x - x_0) \cdot \Delta(x)$.
2. Δ ist stetig in x_0.

Der Wert $f'(x_0) := \Delta(x_0)$ heißt die ***Ableitung*** von f in x_0.

In dieser Definition ist nicht mehr von einem Quotienten die Rede, und auch nicht von einem Grenzübergang. Auf einen topologischen Begriff (hier die Stetigkeit) kann man dennoch nicht ganz verzichten. Die Praxis zeigt allerdings, dass man die Stetigkeit von Δ in x_0 in der Regel sehr leicht erhält. Natürlich verstecken sich in Wirklichkeit doch Grenzwertbetrachtungen dahinter, aber die sieht man meistens nicht.

Beispiel 9.4.3 (Die Ableitung von $1/x$)

Sei $f(x) := 1/x$ auf einem Intervall $I \subset \mathbb{R}$, das den Nullpunkt nicht enthält. Ist $x_0 \in I$, so ist

$$f(x) - f(x_0) = 1/x - 1/x_0 = (x_0 - x)/(xx_0) = (x - x_0) \cdot (-1/xx_0).$$

Die Funktion $\Delta(x) := -1/xx_0$ ist in x_0 stetig. Also ist f dort differenzierbar und $f'(x_0) = \Delta(x_0) = -1/x_0^2$, allgemein also $(1/x)' = -1/x^2$. ♠

Auf ähnliche Weise erhält man die folgenden wichtigen Formeln:

Ableitungen elementarer Funktionen:

- $(x^n)' = n \cdot x^{n-1}$.
- $\sqrt{x}\,' = 1/(2\sqrt{x})$.
- $\sin' x = \cos x$ *und* $\cos' x = -\sin x$.
- $(e^x)' = e^x$.

Zu weiteren Ableitungen gelangt man, indem man allgemeine Ableitungsregeln verwendet. Hier folgt eine besonders einfache Regel:

Beispiel 9.4.4 (Die Ableitung einer Summe)

Sind f und g in x_0 differenzierbar, so gibt es Funktionen Δ_1 und Δ_2, die in x_0 stetig sind, so dass gilt:

$$f(x) = f(x_0) + (x - x_0) \cdot \Delta_1(x) \quad \text{und} \quad g(x) = g(x_0) + (x - x_0) \cdot \Delta_2(x).$$

Daraus folgt: $(f+g)(x) = (f+g)(x_0) + (x - x_0) \cdot \big(\Delta_1(x) + \Delta_2(x)\big)$. Die Funktion $\Delta_1 + \Delta_2$ ist in x_0 stetig, also ist $f + g$ dort differenzierbar und

$$(f+g)'(x_0) = (\Delta_1 + \Delta_2)(x_0) = \Delta_1(x_0) + \Delta_2(x_0) = f'(x_0) + g'(x_0).$$

♠

Entsprechend zeigt man:

Ableitungsregeln:

- *Produktregel:* $(f \cdot g)' = f' \cdot g + f \cdot g'$.
- *Quotientenregel:* $\left(\dfrac{f}{g}\right)' = \dfrac{f' \cdot g - f \cdot g'}{g^2}$.
- *Kettenregel:* $(f \circ g)'(x) = f'(g(x)) \cdot g'(x)$.

Die wichtige Kettenregel wird von Physikern und Ingenieuren gerne mit Hilfe des Leibniz-Kalküls besonders suggestiv geschrieben:

$$(f \circ g)' = \frac{df}{dx} = \frac{df}{dy} \cdot \frac{dy}{dx} = f' \cdot g'.$$

Dabei sollte man aber nicht vergessen, dass f und g von verschiedenen Variablen abhängen. Es wäre deutlich klarer und richtiger, wenn man $d(f \circ g)/dx$ statt df/dx schreiben würde, aber dann funktioniert natürlich der nette Trick mit dem „Kürzen“ nicht mehr.

Beispiel 9.4.5 (Eine Anwendung der Kettenregel)

Die Funktion $f(x) := \sin(x^2 + 3x)$ kann man in der Form $f(x) = h \circ g(x)$ mit $g(x) = x^2 + 3x$ und $h(y) = \sin y$ schreiben. Dann ist

$$f'(x) = (h \circ g)'(x) = h'(g(x)) \cdot g'(x) = \cos(g(x)) \cdot (2x + 3) = (2x + 3) \cdot \cos(x^2 + 3x).$$

♠

Eine wichtige Ableitungsregel fehlt noch:

Die Ableitung der Umkehrfunktion: *Sei $f : I \to \mathbb{R}$ injektiv und differenzierbar. Ist $f'(x_0) \neq 0$, so ist f^{-1} in $y_0 := f(x_0)$ differenzierbar und $(f^{-1})'(y_0) = 1/f'(x_0)$.*

Beispiel 9.4.6 (Ableitung einer Umkehrfunktion)

$\sin : (-\pi/2, \pi/2) \to \mathbb{R}$ ist injektiv, mit Umkehrfunktion $\arcsin : (-1, 1) \to \mathbb{R}$. Im Definitionsintervall ist $\sin'(x) = \cos(x) \neq 0$. Also ist die Arcussinusfunktion auf $(-1, 1)$ differenzierbar, und für $y = \sin x$ gilt:

$$(\arcsin)'(y) = \frac{1}{\sin'(x)} = \frac{1}{\cos x} = \frac{1}{\sqrt{1 - \sin^2 x}} = \frac{1}{\sqrt{1 - y^2}}.$$

Dabei wurde x durch $\arcsin y$ ersetzt. Damit das so funktionieren konnte, musste $1/\sin'(x)$ durch $\sin x$ ausgedrückt werden.

Auf die gleiche Weise erhält man die Ableitung des Arcustangens (also der Umkehrfunktion des Tangens):

$$\arctan'(x) = \frac{1}{1 + x^2}.$$

♠

Beispiel 9.4.7 (Zur Differenzierbarkeit der Umkehrfunktion)

Die Funktion $f : (-1, 1) \to \mathbb{R}$ mit $f(x) := x^3$ ist injektiv, ihre Umkehrfunktion ist $g(y) = \sqrt[3]{y}$, ebenfalls definiert auf $(-1, 1)$. Deren Ableitung müsste dann durch

$$g'(y) = \frac{1}{f'(x)} = \frac{1}{3x^2} = \frac{1}{3g(y)^2} = \frac{1}{3} y^{-2/3}$$

gegeben sein. Aber g' ist in $y = 0$ gar nicht definiert! Wo steckt der Fehler? Es wurde vergessen, die Voraussetzung $f'(x) \neq 0$ zu prüfen. Und die ist tatsächlich bei $x = 0$ nicht erfüllt. ♠

Erste und wichtigste Anwendung des Ableitungskalküls ist die **Bestimmung von Extremwerten**. Die Funktion $f : [a, b] \to \mathbb{R}$ sei differenzierbar und besitze etwa in einem inneren Punkt x_0 von $[a, b]$ ein lokales Maximum:

Abb. 9.16

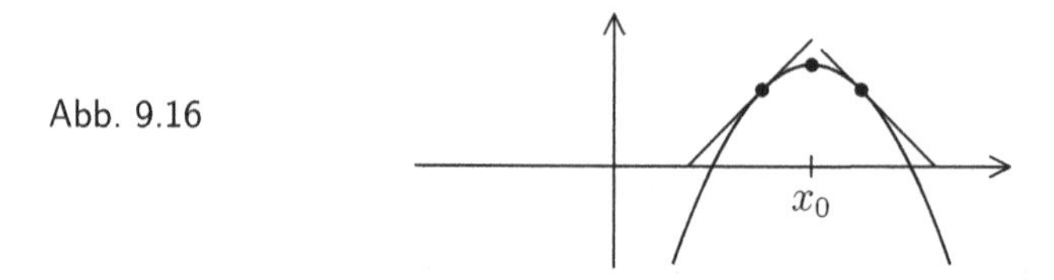

Offensichtlich steigen die Tangenten vor Erreichen des Maximums, und sie fallen danach. Das heißt, dass $f'(x) \geq 0$ für $x < x_0$ und $f'(x) \leq 0$ für $x > x_0$ ist. Es sieht so aus, als könnte man nun schließen, dass $f'(x_0) = 0$ sein muss. Allerdings sollte dazu f' stetig sein. Ob das so ist, braucht man zum Glück nicht zu wissen, denn man kann auch anders argumentieren:

Weil f in x_0 differenzierbar ist, gibt es eine Darstellung $f(x) = f(x_0)+(x-x_0)\cdot\Delta(x)$ mit einer in x_0 stetigen Funktion Δ. Für $x \neq x_0$ gibt $\Delta(x)$ die Steigung der Sekante durch x und x_0 an, und die ist ≥ 0 für $x < x_0$ und ≤ 0 für $x > x_0$. Die Stetigkeit von Δ liefert nun sofort, dass $\Delta(x_0) = 0$ ist. Weil $f'(x_0) = \Delta(x_0)$ ist, folgt:

Notweniges Kriterium für Extremwerte: $f : [a, b] \to \mathbb{R}$ *sei differenzierbar und besitze in einem inneren Punkt* x_0 *von* $[a, b]$ *ein lokales Extremum (Maximum oder Minimum). Dann ist* $f'(x_0) = 0$.

„Notwendig“ heißt: Wenn das Kriterium in einem **inneren** Punkt **nicht** erfüllt ist, dann kann dort auch kein Extremum vorliegen. So negativ das klingt, das Kriterium hilft doch zumindest, Kandidaten für Extremwerte aufzuspüren.

Beispiel 9.4.8 (Bestimmung von Extremwerten)

Sei $f : I := [1, 6] \to \mathbb{R}$ definiert durch

$$f(x) := 0.1(x-2)^4 - 0.4(x-2)^3 + 1.5 = 0.1x^4 - 1.2x^3 + 4.8x^2 - 8x + 6.3\,.$$

Dann ist $f(1) = 2$ und $f(6) = 1.5$.

Abb. 9.17

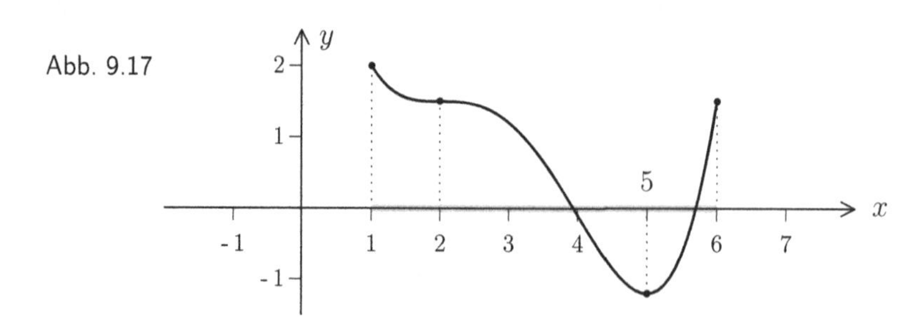

Weiter ist

$$\begin{aligned} f'(x) = 0 &\iff 0.4\,(x-2)^3 - 1.2\,(x-2)^2 = 0 \\ &\iff (x-2)^2 \cdot \big(0.4\,(x-2) - 1.2\big) = 0 \\ &\iff 0.2 \cdot (x-2)^2 \cdot (0.2\,x - 1) = 0. \end{aligned}$$

Als Nullstellen von f' erhält man $x = 2$ und $x = 5$. Beides sind Punkte im Innern des Intervalls, also könnten dort Extremwerte vorliegen.

Weil $f(2) = 1.5$ ist, ist offensichtlich $f(x) - f(2) = (x-2) \cdot \Delta(x)$, mit

$$\Delta(x) := 0.1(x-2)^3 - 0.4(x-2)^2 = 0.1(x-2)^2(x-6).$$

Der Differenzenquotient $\Delta(x)$ ist demnach für $x < 6$ und $x \neq 2$ immer negativ. Daraus folgt: Für $x < 2$ ist $f(x) > f(2)$, und für $x > 2$ ist $f(x) < f(2)$. Das zeigt, dass f bei $x = 2$ keinen Extremwert besitzt (wie ja auch die – leider nicht beweiskräftige – Skizze zeigt).

Wenn keine weiteren Hilfsmittel zur Verfügung stehen, muss man etwas trickreich argumentieren. Als stetige Funktion muss f auf $[1, 6]$ ein globales Minimum und ein globales Maximum besitzen (dieses Argument wird sehr sehr oft benutzt!). Weil $f(1) > f(6) > f(5)$ ist, kann das Minimum von f nicht auf dem Rand des Intervalls liegen. Also gibt es einen Punkt x_0 im Innern von $[1, 6]$, in dem f sein globales (und damit auch ein lokales) Minimum annimmt. Dort ist $f'(x_0) = 0$. Da nicht $x_0 = 2$ gelten kann, bleibt nur $x_0 = 5$ übrig, wie erwartet. Außerdem bleibt im Innern des Intervalls kein Kandidat mehr für ein globales Maximum von f auf $[1, 6]$ übrig. Also muss das **globale** Maximum am Rand des Intervalls liegen, und da kommt nur der Punkt $x = 1$ in Frage.

Nun soll noch untersucht werden, was am rechten Randpunkt passiert. Es ist $f(6) = 1.5$, und es gilt:

$$\begin{aligned} f(x) \geq 1.5 &\iff 0.1\,(x-2)^4 - 0.4\,(x-2)^3 \geq 0 \\ &\iff (x-2)^3 \cdot (0.1x - 0.6) \geq 0 \\ &\iff x \leq 2 \text{ oder } x \geq 6. \end{aligned}$$

Das bedeutet, dass $f(x) < 1.5$ für $2 < x < 6$ ist. Insbesondere besitzt f im Randpunkt $x = 6$ noch ein **lokales** Maximum. ♠

Allein mit dem notwendigen Kriterium für Extremwerte ist es doch mühsam. Will man weiterkommen, so hilft besonders der

Mittelwertsatz der Differentialrechnung: *Sei $f : [a, b] \to \mathbb{R}$ stetig und im Innern des Intervalls differenzierbar. Dann gibt es ein $x_0 \in (a, b)$ mit*

$$f'(x_0) = \frac{f(b) - f(a)}{b - a}.$$

Was bedeutet der Mittelwertsatz? Die Ableitung ist ein Grenzwert von Differenzenquotienten, aber der Mittelwertsatz stellt eine direkte Verbindung zwischen der Ableitung und **einem** Differenzenquotienten her – ganz ohne Grenzübergang. Da ist es nicht verwunderlich, dass der Mittelwertsatz eine Reihe erstaunlicher Tatsachen zu Tage fördert.

Wenn zum Beispiel die Ableitung immer verschwindet, dann folgt das auch für die Differenzenquotienten und damit für Differenzen der Form $f(x) - f(y)$. Deshalb gilt:

Satz: *Sei $I \subset \mathbb{R}$ ein offenes Intervall und $f : I \to \mathbb{R}$ differenzierbar. Ist $f'(x) \equiv 0$, so ist f konstant.*

Besonders nützlich sind die folgenden Aussagen:

Satz (über Ableitung und Monotonie): *Sei $I \subset \mathbb{R}$ ein offenes Intervall und $f : I \to \mathbb{R}$ differenzierbar.*

- *f ist genau dann monoton wachsend (bzw. fallend), wenn $f' \geq 0$ (bzw. ≤ 0) ist.*
- *Ist $f' > 0$ (bzw. $f' < 0$), so ist f streng monoton wachsend (bzw. fallend).*
- *f besitzt in x_0 genau dann ein isoliertes Maximum (bzw. Minimum), wenn $f'(x_0) = 0$ und $f''(x_0) < 0$ (bzw. $f''(x_0) > 0$) ist.*

Hier sind noch ein paar Erklärungen erforderlich: f besitzt in x_0 ein ***isoliertes Maximum***, falls es eine Umgebung $U = U(x_0)$ gibt, so dass $f(x) < f(x_0)$ für alle $x \in U$ mit $x \neq x_0$ gilt. Isolierte Minima werden analog definiert.

Zur ***zweiten Ableitung*** $f''(x_0)$ ist Folgendes zu sagen: Die erste Ableitung $f'(x_0)$ ist eine reelle Zahl. Man kann aber keine Zahlen differenzieren, nur Funktionen. Die Bildung der zweiten Ableitung von f in x_0 macht also nur Sinn, wenn f auf einer Umgebung $U = U(x_0)$ definiert und differenzierbar ist und wenn die Funktion $f' : x \mapsto f'(x)$ ihrerseits noch ein weiteres Mal in x_0 differenzierbar ist. Dann setzt man $f''(x_0) := (f')'(x_0)$. Bei höheren Ableitungen verfährt man analog.

Aufgabe 9.3

1. Berechnen Sie die 1., 2. und 3. Ableitung der Funktion

$$f(x) := \cos(x)^3 + \sin(x)^3.$$

2. Wo kann $g(x) := 3x^2 - 5x + 2$ einen Extremwert besitzen? Liegt ein Maximum oder ein Minimum vor?

Hinweis: *Zur Lösung des zweiten Teils der Aufgabe braucht man keine zweite Ableitung!*

9.5 Kurvenanalyse

Man nennt es auch „Kurvendiskussion": *Mit Hilfe der Ableitungen bekommt man sehr viel über das lokale und globale Verhalten von Funktionen heraus, zum Beispiel über Eigenschaften wie Monotonie, Krümmung und Werteverhalten.*

Die erste Ableitung einer Funktion beschreibt die Richtung der Tangente. Aber was bedeutet die zweite Ableitung?

Grob gesprochen ist f' genau dann positiv (bzw. negativ), wenn f monoton wächst (bzw. fällt). Dass $f'' > 0$ ist, bedeutet also, dass f' monoton wächst und deshalb die Steigung von f größer und größer wird. Anschaulich heißt das, dass der Graph von f eine „Linkskurve" beschreibt. Umgekehrt bedeutet $f'' < 0$, dass f eine „Rechtskurve" beschreibt.

Abb. 9.18

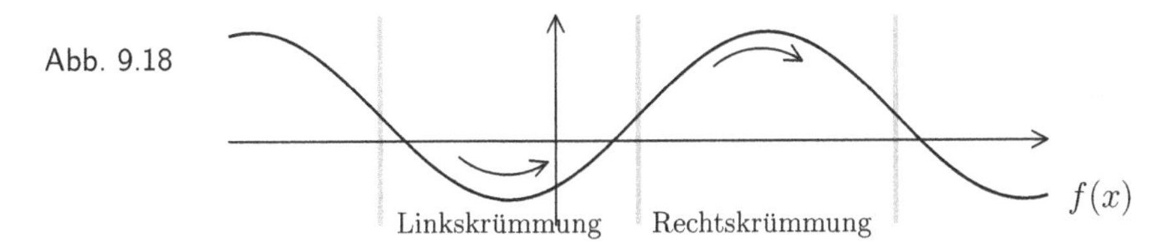

Definition

Ist f zweimal differenzierbar und $f'' > 0$ (bzw. < 0), so sagt man, f ist ***nach links gekrümmt*** (bzw. ***nach rechts gekrümmt***). Ein ***Wendepunkt*** ist ein Punkt, an dem f von einer Linkskrümmung in eine Rechtskrümmung übergeht (oder umgekehrt).

Was passiert, wenn ein Autofahrer eine Kurve zu schnell nimmt? Er kann den Kurs nicht mehr kontrollieren, und die physikalisch wirkenden Kräfte tragen ihn aus der Bahn heraus. In einer Linkskurve verlässt er die Straße nach rechts, in einer Rechtskurve gerät er auf die Gegenfahrbahm und wird schließlich nach links herausgeschleudert. In beiden Fällen neigt das Fahrzeug dazu, auf der Tangente an die Kurve zu bleiben. Das führt uns zum Begriff der konvexen bzw. konkaven Funktion.

Definition

Sei I ein offenes Intervall und $f : I \to \mathbb{R}$ differenzierbar. f heißt ***konvex***, falls der Graph G_f oberhalb jeder Tangente von f liegt. Berühren sich G_f und die Tangente immer nur in einem einzigen Punkt, so heißt f ***strikt konvex***.

Liegt G_f immer unterhalb der Tangente, so nennt man f ***konkav***, bzw. ***strikt konkav***.

f heißt in $q \in I$ strikt konvex (bzw. konkav), falls es eine Umgebung $U = U(q)$ gibt, so dass G_f über U oberhalb (bzw. unterhalb) der Tangente liegt (und sie nur in q berührt).

Bei einer strikt konvexen Funktion weicht die Tangente nach rechts ab, der Graph beschreibt also eine Linkskurve. Bei einer strikt konkaven Funktion sieht es umgekehrt aus, der Graph beschreibt eine Rechtskurve.

Abb. 9.19

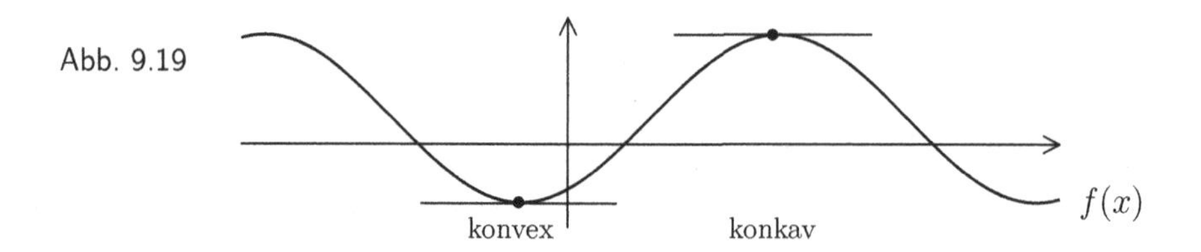

Aufgabe 9.4

Ist die differenzierbare Funktion f auf einem offenen Intervall I strikt konvex, so ist sie trivialerweise auch in jedem Punkt $q \in I$ strikt konvex. Zeigen Sie die nicht ganz so triviale Umkehrung!

Hinweise: *Es liegt nahe, mit dem Widerspruchsprinzip zu arbeiten. Verneint man die globale strikte Konvexität, so kann man einen Punkt x_0 finden, so dass die Tangente L in x_0 nicht in allen Punkten $x \neq x_0$ echt unterhalb von G_f liegt. Man findet dann noch einen Punkt $x_1 \neq x_0$, wo L den Graphen trifft, und zwischen x_0 und x_1 einen Punkt ξ, so dass die Tangente in ξ in einer kleinen Umgebung von ξ nicht unterhalb von f verläuft.*

Satz (über Konvexität und die zweite Ableitung): *Ist f zweimal differenzierbar und $f'' > 0$ (bzw. < 0), so ist f strikt konvex (bzw. strikt konkav).*

Kriterien für Wendepunkte:

1) Notwendiges Kriterium: Sei $f : I \to \mathbb{R}$ zweimal differenzierbar. Besitzt f in $x_0 \in I$ einen Wendepunkt, so ist $f''(x_0) = 0$.

2) Hinreichendes Kriterium: Ist f dreimal differenzierbar, $f''(x_0) = 0$ und $f'''(x_0) \neq 0$, so besitzt f in x_0 einen Wendepunkt.

Beispiel 9.5.1 (Kurvendiskussion mit Wendepunkt)

Es soll noch einmal die Funktion $f : I := [1, 6] \to \mathbb{R}$ mit

$$f(x) := 0.1(x-2)^4 - 0.4(x-2)^3 + 1.5$$

betrachtet werden. Es ist

$$\begin{aligned} f'(x) &= 0.4(x-2)^3 - 1.2(x-2)^2, \\ f''(x) &= 1.2(x-2)^2 - 2.4(x-2) \\ \text{und} \quad f'''(x) &= 2.4(x-3). \end{aligned}$$

Wie oben gezeigt wurde, ist $f'(x) = 0 \iff x = 2$ oder $x = 5$. Weil $f''(2) = 0$ und $f'''(2) = -2.4 \neq 0$ ist, besitzt f in $x = 2$ einen Wendepunkt. Weil $f''(5) = 1.2 \cdot 9 - 2.4 \cdot 3 = 10.8 - 7.2 = 3.6 > 0$ ist, liegt in $x = 5$ ein lokales Minimum vor.

Wie man weiter oben sehen konnte, helfen die Ableitungskriterien nicht bei Extremwerten am Rand des Definitionsbereichs. Die muss man immer gesondert untersuchen.

Zum Beispiel ist $f(1) = 2$, und weil $f'(1) < 0$ ist, fällt die Kurve dort, es liegt ein lokales Maximum vor. Da $f(6) = 1.5$ ist, ist das Maximum bei $x = 1$ auch global. ♠

Beispiel 9.5.2 (Materialminimierung als Anwendung)

Die Bestimmung von Extremwerten hat viele praktische Anwendungen. Ein Klassiker ist folgendes Problem: Eine zylindrische Blechdose soll so konstruiert werden, dass – bei fest vorgegebenem Volumen – der Materialverbrauch minimiert wird.

Sei V_0 das vorgegebene Volumen. Gesucht sind Radius r und Höhe h, so dass die Oberfläche $F = 2\pi r^2 + 2\pi r \cdot h$ minimal wird.

Man wähle r als Variable und berechne h mit Hilfe von V_0 und r. Dann muss nach Möglichkeit das globale Minimum von F (als Funktion von r) bestimmt werden.

Weil $V_0 = r^2\pi \cdot h$ ist, kann man h durch $V_0/(r^2\pi)$ ersetzen. Dann ergibt sich:

$$F(r) = 2\pi r^2 + 2\pi r \cdot \frac{V_0}{r^2\pi} = 2\pi r^2 + \frac{2V_0}{r} \quad (\text{für } r > 0)\,.$$

Es ist $F'(r) = 4\pi r - 4V_0/r^2$, also

$$F'(r) = 0 \iff 4\pi r^3 = 2V_0 \iff r^3 = \frac{V_0}{2\pi} \iff r = \sqrt[3]{\frac{V_0/2}{\pi}}\,.$$

Weil $F(r)$ für $r \to \infty$ beliebig groß wird, gibt es kein globales Maximum. Und weil $F(r)$ für $r \to 0$ ebenfalls beliebig groß wird, muss es ein globales Minimum geben, das zugleich ein lokales Minimum im Innern des Definitionsbereichs ist. Dieses muss bei

$$r_0 = \sqrt[3]{V_0/2\pi}$$

liegen. Sei h_0 die zugehörige Höhe. Weil $2r_0^3 = V_0/\pi$ ist, folgt:

$$h_0 = V_0/(r_0^2\pi) = 2r_0.$$

Das heißt, dass Höhe und Durchmesser der Dose gleich sind.

Obwohl in diesem Fall der Materialverbrauch am geringsten ist, sieht man solche Dosen in der Praxis selten. Schlanke, hohe Dosen sehen wohl besser aus, und Würstchen oder Spargel passen auch besser hinein. ♠

Aufgabe 9.5

Die Funktion $f : \mathbb{R} \to \mathbb{R}$ sei definiert durch $f(x) := 2\cos^2(x) + 3\sin^2(x)$. Bestimmen Sie alle Extremwerte von f im Bereich $0 < x < 2\pi$. Zeigen Sie, dass für $x = \pi/4$ und $x = (5\pi)/4$ Wendepunkte vorliegen.

9.6 Der Zaubertrick des Marquis de l'Hospital

Der letzte Abschnitt dieses Kapitels bietet einen kleinen Blick über den Horizont. *Die Regeln von de l'Hospital erleichtern einem bei der Grenzwertfindung doch oftmals das Leben.*

Dank der Entdeckung der Infinitesimalrechnung konnte man auf einmal viele Probleme lösen, die bis dahin unlösbar erschienen. Allerdings musste die Theorie von Newton und Leibniz erst mal bekannt werden. Großen Anteil daran hatten die Brüder Jakob und Johann Bernoulli. Johann lernte in Paris den Marquis de l'Hospital kennen, bei dem er einige Zeit als Privatlehrer angestellt war. Gegen gute Bezahlung verpflichtete er sich, mathematische Resultate an l'Hospital zu verkaufen. So kam es, dass jener 1696 in seinem ersten Lehrbuch zur Analysis Regeln zur Berechnung von Grenzwerten der Art $0/0$ und ∞/∞ vorstellen konnte. Und hier ist eine dieser Regeln, die nach heutiger Erkenntnis wohl auf Johann Bernoulli zurückgehen.

Satz (Regel von l'Hospital): *Die Funktionen $f, g : (a, b) \to \mathbb{R}$ seien differenzierbar. Es sei $g'(x) \neq 0$ für alle $x \in (a, b)$, und es sei $\lim_{x\to b} f(x) = \lim_{x\to b} g(x) = 0$.*

Dann gilt: *Ist $\lim_{x\to b} \dfrac{f'(x)}{g'(x)} = c$, so ist auch $\lim_{x\to b} \dfrac{f(x)}{g(x)} = c$.*

Ein analoges Resultat gilt auch bei Annäherung an die linke Intervallgrenze.

BEWEIS: Es geht um eine geschickte Anwendung des Mittelwertsatzes. Sei x_n eine Folge von Punkten aus (a, b), die gegen b konvergiert. Die Funktionen

$$h_n(t) := f(t)g(x_n) - g(t)f(x_n)$$

sind auf (a, b) definiert und differenzierbar, es ist $h_n(x_n) = 0$, und für $x \to b$ strebt $h_n(x)$ ebenfalls gegen Null. Letzteres kann man so interpretieren, dass h_n noch auf $(a, b]$ definiert und in b stetig ist, mit $h_n(b) = 0$.

Laut Mittelwertsatz gibt es nun zu jedem $n \in \mathbb{N}$ einen Punkt $\xi_n \in (x_n, b)$ mit $h'_n(\xi_n) = 0$. Das bedeutet:

$$0 = h'_n(\xi_n) = f'(\xi_n)g(x_n) - g'(\xi_n)f(x_n), \text{ also } \frac{f(x_n)}{g(x_n)} = \frac{f'(\xi_n)}{g'(\xi_n)}.$$

Strebt x_n gegen b, so strebt auch ξ_n gegen b, also $f(x_n)/g(x_n)$ gegen den Grenzwert c von $f'(x)/g'(x)$ für $x \to b$. Da das für jede Folge $x_n \to b$ gilt, folgt die Behauptung des Satzes. ∎

Beispiel 9.6.1 (Die Funktion $\sin(x)/x$)

Hier ist ein Beispiel, das mit anderen Mitteln schon früher behandelt wurde. Weil $\sin(0) = 0$ ist und $\sin'(x)/x' = \cos(x)/1$ für $x \to 0$ gegen 1 strebt, ist

$$\lim_{x \to 0} \frac{\sin x}{x} = 1.$$

Ehrlicherweise muss man sagen, dass dieser Grenzwert schon gebraucht wurde, um die Differenzierbarkeit der Sinusfunktion im Nullpunkt zu beweisen, und ohne diese Differenzierbarkeit kann man die Regel von l'Hospital nicht anwenden. In den Anfängervorlesungen zur Analysis wird die Sinusfunktion allerdings nicht geometrisch, sondern ganz anders definiert, und dann kann man ihre Differenzierbarkeit ohne Kenntnis des Grenzwertes von $\sin(x)/x$ für $x \to 0$ nachweisen. ♠

Beispiel 9.6.2 (Zwei Anwendungen von l'Hospital)

Gesucht wird der Grenzwert von $(x - \sin x)/x^2$ für $x \to 0$ (bei Annäherung von rechts). Zähler und Nenner verschwinden beide im Nullpunkt, also kann man es mit l'Hospital versuchen. Weil $(x - \sin x)' = 1 - \cos x$ und $(x^2)' = 2x$ landet man allerdings wieder bei einem Bruch der Form 0/0. Was tun? Man versucht es ein zweites Mal: Weil $(1 - \cos x)' = \sin x$ gegen Null und $(2x)' = 2$ gegen 2 konvergiert, zeigt die Regel von l'Hospital:

$$\lim_{x \to 0} \frac{x - \sin x}{x^2} = \lim_{x \to 0} \frac{1 - \cos x}{2x} = \lim_{x \to 0} \frac{\sin x}{2} = 0.$$

Man beachte, dass stets von rechts nach links argumentiert werden muss. Hält man sich daran, so erhält man zum Beispiel

$$\begin{aligned} \lim_{x \to 1} \frac{\sqrt{1-x}}{\pi/2 - \arcsin x} &= \lim_{x \to 1} \frac{(-1/2)\sqrt{1-x}^{-1}}{-\sqrt{1-x^2}^{-1}} \\ &= \lim_{x \to 1} \frac{\sqrt{(1-x)(1+x)}}{2\sqrt{1-x}} = \frac{\sqrt{2}}{2} \end{aligned}$$

♠

9.7 Zusätzliche Aufgaben

Aufgabe 9.6. a) Sei $M \subset \mathbb{R}$ eine Teilmenge, $M \neq \varnothing$ und $\neq \mathbb{R}$. Zeigen Sie: Es gibt in $\mathbb{R}$ mindestens einen Randpunkt von M.

b) Zeigen Sie, dass die Menge $\mathbb{Q}$ der rationalen Zahlen keinen inneren Punkt besitzt, dass aber jede reelle Zahl ein Randpunkt von $\mathbb{Q}$ ist.

Hinweise: *a) Man überlege sich, dass zwischen einem Punkt aus M und einem aus $\mathbb{R} \setminus M$ immer ein Randpunkt liegen muss. b) Man erinnere sich an die Aussagen über rationale und irrationale Zahlen in Kapitel 4.*

Aufgabe 9.7. Die Funktion $f : \mathbb{R} \to \mathbb{R}$ sei stetig in $x = 0$, und es sei $f(x + y) = f(x) + f(y)$ für alle $x, y \in \mathbb{R}$. Zeigen Sie, dass f dann überall stetig ist.

Hinweis: *Wahrscheinlich ist es am besten, mit Folgen zu argumentieren.*

Aufgabe 9.8. Kann für $f(x) = (x^n - 1)/(x^m - 1)$ in $x = 1$ ein Wert eingesetzt werden, so dass die Funktion dort stetig wird?

Hinweis: *Die „dritte" binomische Formel hilft weiter.*

Aufgabe 9.9. Bestimmen Sie die folgenden Grenzwerte:

$$\lim_{x\to 6}(2x^3 - 24x + x^2), \quad \lim_{x\to -2}\frac{x^2 + 7x + 10}{(x - 7)(x + 2)} \quad \text{und} \quad \lim_{x\to 1}\frac{(x - 1)^3}{x^3 - 1}.$$

Hinweise: *Falls erforderlich, sollte man eine Polynomdivision durchführen. Der Rest ist eine Anwendung der „Grenzwertsätze".*

Aufgabe 9.10. Sei $f(x) := \dfrac{x^3 + 1}{x + 1}$ und $\varepsilon := 0.1$. Bestimmen Sie ein $\delta > 0$, so dass gilt:

$$|x + 1| < \delta \implies |f(x) - 3| < \varepsilon.$$

Hinweise: *Es soll die Stetigkeit von f in $x = -1$ gezeigt und darüber hinaus zu einem speziellen ε das passende δ gefunden werden. Dabei ist es ratsam, nur Punkte in einer kleinen Umgebung von $x = -1$ zu betrachten.*

Aufgabe 9.11. Die Funktionen $f, g : [a, b] \to \mathbb{R}$ seien in x_0 stetig. Zeigen Sie, dass dann auch die Funktionen $|f|$ und $\max(f, g)$ in x_0 stetig sind.

Hinweis: *Man beweise die Formel* $\max(a, b) = \big(a + b + |b - a|\big)/2$.

Aufgabe 9.12. Wo sind die folgenden Funktionen $f_i : [-1, 2] \to \mathbb{R}$ unstetig? Existieren dort rechtsseitige oder linksseitige Grenzwerte?

$$f_1(x) := [x^2], \quad f_2(x) := x[x], \quad f_3(x) := \frac{2x - 1}{2x + 1}$$

$$\text{und} \quad f_4(x) := \begin{cases} \frac{1}{2}(3 + x) & \text{für } x < 0 \\ 1 - x & \text{für } x \geq 0. \end{cases}$$

Hinweis: *Es ist ratsam, die Graphen der Funktionen zu skizzieren und dann mit Folgen und Grenzwertsätzen zu arbeiten.*

Aufgabe 9.13. Wo ist die Funktion $f(x) := |x^2 - 1|$ differenzierbar und wo nicht?

Hinweis: *Es ist leicht, das Differenzierbarkeitskriterium in den Punkten $x = \pm 1$ direkt zu testen. In allen anderen Punkten kommt man mit den Ableitungsregeln zurecht.*

Aufgabe 9.14. Es sei $f : [a,b] \to \mathbb{R}$ differenzierbar und $|f'(x)| \le c$ für alle $x \in (a,b)$. Zeigen Sie, dass für alle $x_1, x_2 \in [a,b]$ gilt:

$$|f(x_1) - f(x_2)| \le c|x_1 - x_2|.$$

Hinweis: *Das Stichwort heißt „Mittelwertsatz".*

Aufgabe 9.15. Es sei $f : (a,b) \to \mathbb{R}$ stetig und in allen Punkten $x \ne x_0$ differenzierbar. Außerdem existiere der Grenzwert $\lim_{x \to x_0} f'(x) =: c$. Zeigen Sie, dass f dann in x_0 differenzierbar und $f'(x_0) = c$ ist.

Hinweis: *Bei der Berechnung des Grenzwertes des Differenzenquotienten hilft wieder der Mittelwertsatz.*

Aufgabe 9.16. Bestimmen Sie in den folgenden Fällen jeweils ein x_0 zwischen a und b, so dass $f'(x_0) = \dfrac{f(b) - f(a)}{b - a}$ ist:

a) $f(x) = x^2$, $a = 1$ und $b = 2$.
b) $f(x) = x^3 - x^2$, $a = 0$ und $b = 2$.

Hinweis: *Berechnet man beide Seiten der zu beweisenden Gleichung getrennt voneinander, so ergibt sich der gesuchte Punkt x_0 fast von selbst.*

Aufgabe 9.17. Es sei $f(x) := \begin{cases} x + 2x^2 \sin(1/x) & \text{für } x \ne 0 \\ 0 & \text{für } x = 0. \end{cases}$

Zeigen Sie, dass f in $x = 0$ differenzierbar und $f'(0) > 0$ ist, obwohl $\lim_{x \to 0} f'(x)$ nicht existiert. Zeigen Sie, dass f für kein $\varepsilon > 0$ auf $(-\varepsilon, \varepsilon)$ streng monoton wächst.

Hinweise: *Dass der Grenzwert von $f'(x)$ für $x \to 0$ nicht existiert, sieht man leicht, genau wie die Existenz des Grenzwertes des Differenzenquotienten. Mit Hilfe geeigneter Folgen muss man dann noch zeigen, dass das Vorzeichen von $f'(x)$ bei Annäherung an den Nullpunkt unendlich oft wechselt.*

Aufgabe 9.18. Berechnen Sie die Ableitungen der folgenden Funktionen:

$$f_1(x) := \sqrt[3]{x^2}, \quad f_2(x) := (x-1)(x^2 - 5)$$
$$\text{und} \quad f_3(x) := \frac{4 - x}{\sqrt{8 - 2x^2}}.$$

Hinweis: *Das ist eine einfache Fleißaufgabe.*

Aufgabe 9.19. Bestimmen Sie die Maxima und Minima der folgenden Funktionen:

$$f(x) := x^3 - 6x^2 + \frac{21}{4}x + 2, \quad g(x) := x + \sin x,$$
$$h(x) := \frac{x}{1+x^2} \quad \text{und} \quad q(x) := \frac{1}{8}(6x^2 - x^3)\,.$$

Hinweis: *Gedacht ist hier an gewöhnliche Kurvendiskussionen mit Hilfe der ersten, zweiten und dritten Ableitung.*

Aufgabe 9.20. Sei $f(x) = x^3 + ax^2 + bx + c$ mit Koeffizienten $a, b, c \neq 0$.

a) Zeigen Sie, dass f immer einen Wendepunkt besitzt.
b) Geben Sie eine Bedingung für a und b an, so dass f ein isoliertes Maximum und ein isoliertes Minimum besitzt.

Hinweis: *Die in (a) und (b) geforderten Eigenschaften führen zu Bedingungen an die Koeffizienten a, b, c. Ähnlich geht es bei der folgenden Aussage.*

Aufgabe 9.21. Bestimmen Sie die Koeffizienten b, c und d so, dass $f(x) = x^3 + bx^2 + cx + d$ ein Maximum bei $x = -2$, einen Wendepunkt bei $x = -2/3$ und eine Nullstelle bei $x = -3$ besitzt.

10 Integrale und Stammfunktionen
oder
„Die Kunst des Integrierens“

10.1 Das Riemann'sche Integral

Wie kann man die Fläche unter einem Funktionsgraphen berechnen? *Ist $f : [a, b] \to \mathbb{R}$ eine Funktion mit dem konstanten Wert $c > 0$, so liegt unter dem Funktionsgraphen eine Fläche mit dem Inhalt $c \cdot (b - a)$. Wenn der Funktionsgraph aber eine krumme Linie ist, dann versucht man, die Fläche unter dem Graphen durch kleine Rechtecke zu approximieren. Genau das geschieht beim Riemann'schen Integral.*

Sei $I = [a, b] \subset \mathbb{R}$ ein **abgeschlossenes** Intervall und $f : I \to \mathbb{R}$ eine **beschränkte** Funktion. Eine ***Zerlegung*** $\mathscr{Z} = (x_0, x_1, \ldots, x_n)$ von I ist eine Aufteilung von I in kleinere Intervalle $I_k := [x_{k-1}, x_k]$, so dass gilt: $a = x_0 < x_1 < x_2 < \ldots < x_n = b$. Eine Zerlegung $\mathscr{Z}$ heißt ***feiner*** als eine Zerlegung $\mathscr{Z}'$, falls $\mathscr{Z}$ mehr Teilpunkte als $\mathscr{Z}'$ enthält.

Wählt man in jedem Teilintervall I_k einen Punkt ξ_k (und setzt $\boldsymbol{\xi} := (\xi_1, \ldots, \xi_n)$), so heißt

$$\Sigma(f, \mathscr{Z}, \boldsymbol{\xi}) := \sum_{k=1}^{n} f(\xi_k) \cdot (x_k - x_{k-1})$$

eine ***Riemann'sche Summe*** von f zur Zerlegung $\mathscr{Z}$.

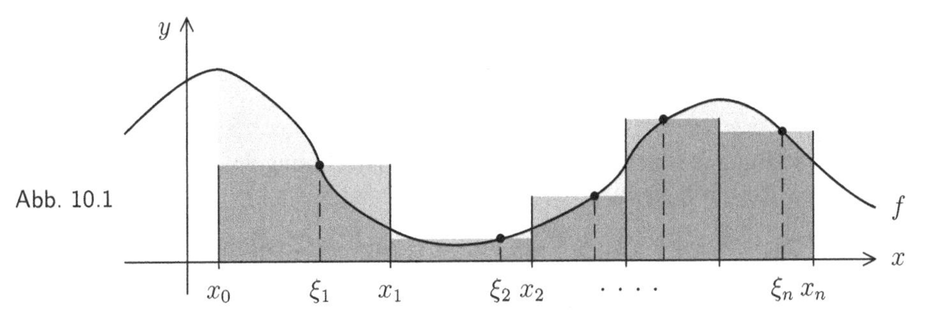

Abb. 10.1

Definition

Sei $f : I \to \mathbb{R}$ beschränkt und A eine reelle Zahl. Die Funktion f heißt ***integrierbar*** (mit ***Integral*** A), falls es zu jedem $\varepsilon > 0$ eine Zerlegung $\mathscr{Z}_0$ gibt, so dass zu jeder feineren Zerlegung $\mathscr{Z}$ eine Riemann'sche Summe $\Sigma = \Sigma(f, \mathscr{Z}, \boldsymbol{\xi})$ mit $|\Sigma - A| < \varepsilon$ existiert. Man schreibt dann:

$$A = \int_a^b f(x)\,dx.$$

Nachgefragt: *Ist f positiv, so möchte man auf diesem Wege den Inhalt der Fläche unter dem Funktionsgraphen erhalten. Kann das klappen?*

Merkwürdig ist ja, dass die „Zwischenpunkte" ξ_k völlig frei wählbar sein sollen. Dass diese Wahl tatsächlich keine Rolle spielt, könnte aber daran liegen, dass man die maximale Länge der Teilintervalle gegen null gehen lässt. Man hofft wohl, dass die Funktionswerte von f auf sehr kleinen Teilintervallen nur noch wenig schwanken.

Ist die Hoffnung berechtigt? Leider gibt es ja immer einen Spielverderber, und als solcher erweist sich hier die sogenannte „Dirichlet-Funktion $\chi_{\mathbb{Q}} : [0, 1] \to \mathbb{R}$, die auf allen rationalen Punkten den Wert 1 und auf allen irrationalen Punkten den Wert 0 annimmt. Wählt man in jedem Teilintervall einen rationalen Zwischenpunkt, so erhält man eine Riemann'sche Summe mit dem Wert 1. Wählt man dagegen immer irrationale Zwischenpunkte, so nimmt die Riemann'sche Summe den Wert 0 an. Daher ist es unmöglich, dass es einen Grenzwert A gibt, der als Integral dienen könnte. Die Dirichlet-Funktion ist **nicht integrierbar**! Sie schwankt zu stark!

Nun ist klar, warum man den Begriff der „Integrierbarkeit" und die recht komplizierte Definition von Riemann für die Integrierbarkeit und das Integral braucht. Eigentlich sollte der Begriff des Inhaltes der Fläche unter einem Funktionsgraphen nicht so schwer zu erklären sein. Es gibt zwar alternative Integralbegriffe, bei denen die Dirichlet-Funktion integrierbar (mit Integral 0) ist, oder bei denen womöglich sogar alle Funktionen integrierbar sind, aber leider ist deren Definition nicht einfacher oder verständlicher. Den Praktiker interessieren solche Spitzfindigkeiten weniger, er möchte ein einfaches Rezept sehen. Ein solches wird im Folgenden vorgestellt.

Bei der Feststellung der Integrierbarkeit und der Berechnung von Integralen dürften die folgenden Regeln helfen:

1. Sei $a < c < b$. Ist $f : [a, b] \to \mathbb{R}$ auf $[a, c]$ und auf $[c, b]$ integrierbar, so ist f auch auf $[a, b]$ integrierbar, und es gilt:

$$\int_a^b f(x)\,dx = \int_a^c f(x)\,dx + \int_c^b f(x)\,dx.$$

2. Ist $f : [a, b] \to \mathbb{R}$ **stetig**, so ist f integrierbar. Ist dann $(\mathscr{Z}_n)$ die Folge der „äquidistanten" Zerlegungen von $[a, b]$ mit $|x_k - x_{k-1}| = (b - a)/n$ und $\boldsymbol{\xi}^{(n)}$

jeweils eine Auswahl von Zwischenpunkten, so ist

$$\int_a^b f(x)\,dx = \lim_{n\to\infty} \Sigma(f, \mathscr{Z}_n, \boldsymbol{\xi}^{(n)}).$$

3. Ist $f : [a,b] \to \mathbb{R}$ **stückweise stetig**, d.h. stetig bis auf endlich viele Sprungstellen (an denen definitionsgemäß jeweils der linksseitige und rechtsseitige Grenzwert existiert), so ist f integrierbar.

   Das Integral lässt sich in diesem Falle mit Hilfe von (1) und (2) berechnen. Bei den meisten praktischen Anwendungen kommt man mit stückweise stetigen Funktionen aus, wobei ja generell vorausgesetzt wird, dass das Definitionsintervall abgeschlossen und die Funktion beschränkt ist. Situationen mit offenen Intervallen oder unbeschränkten Funktionen erfordern weitergehende Definitionen, auf die hier nicht eingegangen werden kann.

4. Aus praktischen Erwägungen heraus setzt man noch

$$\int_a^b f(x)\,dx := -\int_b^a f(x)\,dx \text{ für } a > b \quad \text{und} \quad \int_a^a f(x)\,dx := 0.$$

5. Sind $f, g : [a,b] \to \mathbb{R}$ integrierbar und $\alpha, \beta \in \mathbb{R}$, so ist auch $\alpha \cdot f + \beta \cdot g$ integrierbar, und es gilt:

$$\int_a^b (\alpha \cdot f(x) + \beta \cdot g(x))\,dx = \alpha \cdot \int_a^b f(x)\,dx + \beta \cdot \int_a^b g(x)\,dx$$

   Ist $f(x) \le g(x)$ für alle $x \in [a,b]$, so ist auch

$$\int_a^b f(x)\,dx \le \int_a^b g(x)\,dx.$$

Beispiel 10.1.1 (Das Integral als Grenzwert)

Sei $f : [-1,1] \to \mathbb{R}$ definiert durch $f(x) := 2x + 3$. Teilt man das Intervall $I = [-1,1]$ in n Teilintervalle, so hat jedes Teilintervall die Breite $2/n$. Wählt man $\xi_i := x_i = -1 + 2i/n$, so erhält man damit die Riemann'sche Summe

$$\begin{aligned}\Sigma(f, \mathscr{Z}_n, \boldsymbol{\xi}^{(n)}) &= \sum_{i=1}^n f(x_i) \cdot \frac{2}{n} = \sum_{i=1}^n \Big(1 + \frac{4i}{n}\Big)\frac{2}{n} \\ &= \frac{2}{n}\Big(n + \frac{4}{n} \cdot \frac{n(n+1)}{2}\Big) = 2 + \frac{4(n+1)}{n}.\end{aligned}$$

Für $n \to \infty$ strebt $\Sigma(f, \mathscr{Z}_n, \boldsymbol{\xi}^{(n)})$ gegen $2 + 4 = 6$. Also ist

$$\int_{-1}^1 (2x+3)\,dx = \lim_{n\to\infty} \Sigma(f, \mathscr{Z}_n, \boldsymbol{\xi}^{(n)}) = 6.$$

♠

Aufgabe 10.1

Es sei $S_n := \sum_{i=1}^{n} i$.

1. Zeigen Sie, dass $S_{n+1}^2 - S_n^2 = (n+1)^3$ ist, und leiten Sie daraus eine Formel für die Summe der ersten n dritten Potenzen her.
2. Berechnen Sie $\int_0^x t^3 \, dt$.

Hinweis: *Der Wert von S_n ist bekannt und kann benutzt werden. Im zweiten Teil arbeitet man am besten mit Riemann'schen Summen zu äquidistanten Zerlegungen.*

Ist $f : [a, b] \to \mathbb{R}$ konstant mit dem Wert c, so ist f als stetige Funktion natürlich integrierbar, und es ist $\int_a^b f(x)\,dx = c(b-a)$, denn alle Riemann'schen Summen haben schon diesen Wert.

Daraus folgt:

Ist $f : [a, b] \to \mathbb{R}$ integrierbar und $m \le f(x) \le M$ für alle $x \in [a, b]$, so ist

$$m \cdot (b-a) \le \int_a^b f(x)\,dx \le M \cdot (b-a).$$

Ist f sogar stetig, so nimmt die ebenfalls stetige Funktion $F(x) := f(x) \cdot (b-a)$ auf $[a, b]$ jeden Wert zwischen $m(b-a)$ und $M(b-a)$ an. Insbesondere gibt es ein $c \in [a, b]$ mit

$$\int_a^b f(x)\,dx = f(c) \cdot (b-a).$$

Das nennt man den **Mittelwertsatz der Integralrechnung**.

10.2 Stammfunktionen

Gesucht wird eine einfache Methode zur Integralberechnung *Es ist viel zu schwierig, immer wieder Integrale mit Hilfe von Riemann'schen Summen zu berechnen. Zum Glück gibt es noch einen anderen Weg. Man hat entdeckt, dass die Integration in gewissem Sinne eine Umkehrung der Differentiation ist. Wie das genau funktioniert, wird hier jetzt ausgeführt.*

Definition

Sei I ein Intervall, $f : I \to \mathbb{R}$ stetig, $F : I \to \mathbb{R}$ differenzierbar und $F' = f$. Dann heißt F eine ***Stammfunktion*** von f.

Beispiel 10.2.1 (Einige einfache Stammfunktionen)

Zu einer gegebenen Funktion eine Stammfunktion zu finden, ist im Allgemeinen nicht einfach. Zunächst behilft man sich so, dass man sich Differentiationsregeln vornimmt und damit auf Vorrat Integrationsregeln zusammenstellt.

Bekanntlich ist $(x^n)' = n \cdot x^{n-1}$. Daraus folgt:

$$F(x) = \frac{1}{n+1}\, x^{n+1} \text{ ist Stammfunktion von } f(x) = x^n.$$

Da $\sin'(x) = \cos x$ und $\cos'(x) = -\sin x$ ist, folgt:

$$F(x) = -\cos x \text{ ist Stammfunktion von } f(x) = \sin x$$

und

$$G(x) = \sin x \text{ ist Stammfunktion von } g(x) = \cos x.$$

♠

Jetzt geht es darum, den Zusammenhang mit dem Integral herzustellen. Dazu betrachte man ein Integral mit **variabler Obergrenze** über eine stetige Funktion f. Das ergibt eine neue Funktion:

$$F(x) := \int_a^x f(u)\, du.$$

Es sei nun $a < x_0 < x < b$. Dann gilt:

$$F(x) - F(x_0) = \int_a^x f(u)\, du - \int_a^{x_0} f(u)\, du = \int_{x_0}^x f(u)\, du = f(c) \cdot (x - x_0)$$

mit einem geeigneten c zwischen x_0 und x (nach dem Mittelwertsatz der Integralrechnung). Für $x \to x_0$ strebt die linke Seite der Gleichung

$$\frac{F(x) - F(x_0)}{x - x_0} = f(c)$$

gegen $F'(x_0)$ und die rechte Seite gegen $f(x_0)$. Damit ist gezeigt, dass $F(x) := \int_a^x f(u)\, du$ eine Stammfunktion von f ist.

Sind F_1, F_2 zwei Stammfunktionen einer Funktion f, so ist $F_1' = F_2' = f$, also

$$(F_1 - F_2)'(x) \equiv 0.$$

Das zeigt, dass sich zwei Stammfunktionen von f höchstens um eine Konstante unterscheiden. Insbesondere gilt für eine beliebige Stammfunktion F von f:

$$\int_a^x f(u)\, du = F(x) + c, \text{ mit einer geeigneten Konstante } c.$$

Offensichtlich ist $c = -F(a)$ und deshalb

$$\int_a^b f(u)\,du = F(b) - F(a) =: F(x)\,\Big|_a^b\,.$$

Zusammengefasst ergibt das den

Hauptsatz der Differential- und Integralrechnung: *Sei $f : [a,b] \to \mathbb{R}$ eine stetige Funktion. Dann gilt:*

1. *$F(x) := \int_a^x f(u)\,du$ ist eine Stammfunktion von f.*
2. *Sind F_1, F_2 zwei Stammfunktionen von f, so ist $F_1 - F_2$ konstant.*
3. *Ist F eine Stammfunktion von f, so ist $\int_a^b f(x)\,dx = F(b) - F(a)$.*

Beispiele 10.2.2 (Integration mit Stammfunktionen)

1 Sei $f(x) := 2 + \sin x$. Eine Stammfunktion ist $F(x) := 2x - \cos x$, deshalb ist

$$\begin{aligned}\int_{\pi/4}^{5\pi/4} (2 + \sin x)\,dx &= \big(2x - \cos x\big)\,\Big|_{\pi/4}^{5\pi/4} \\ &= 2\pi - \Big(\cos(5\pi/4) - \cos(\pi/4)\Big) = 2\pi + \sqrt{2}.\end{aligned}$$

2 Um die Stammfunktion von $g(x) := (x-3)(x-10)$ zu ermitteln, multipliziert man am besten aus. Dann erhält man $g(x) = x^2 - 13x + 30$. Eine Stammfunktion ist $G(x) := x^3/3 - 13x^2/2 + 30x$. Damit ist

$$\begin{aligned}\int_0^{12} (x-3)(x-10)\,dx &= \left(\frac{x^3}{3} - \frac{13x^2}{2} + 30x\right)\Big|_0^{12} \\ &= \frac{144 \cdot 8 - 144 \cdot 13}{2} + 360 = -360 + 360 = 0.\end{aligned}$$

Teile des Funktionsgraphen liegen unterhalb der x-Achse. Die positiven und negativen Anteile des Integrals heben sich gerade weg.

3 Bei dem Integral $\int_0^3 |x^2 - 2x|\,dx$ findet man zum Integranden $f(x) = |x^2 - 2x|$ nicht so einfach eine Stammfunktion. Es gibt zwei Möglichkeiten, an das Problem heranzugehen.

a) $g(x) := x^2 - 2x = x(x-2)$ wechselt das Vorzeichen bei $x = 2$. Deshalb ist

$$\begin{aligned}\int_0^3 |x^2 - 2x|\,dx &= \int_0^3 |g(x)|\,dx = \int_0^2 (2x - x^2)\,dx + \int_2^3 (x^2 - 2x)\,dx \\ &= \left(x^2 - \frac{x^3}{3}\right)\Big|_0^2 + \left(\frac{x^3}{3} - x^2\right)\Big|_2^3 \\ &= \left(4 - \frac{8}{3}\right) + \left((9-9) - \left(\frac{8}{3} - 4\right)\right) = 8 - \frac{16}{3} = \frac{8}{3}.\end{aligned}$$

b) Man kann versuchen, doch eine Stammfunktion von f zu finden, und das geht so:

Sei $F(x) := \begin{cases} x^2 - x^3/3 + C & \text{für } 0 \le x \le 2, \\ x^3/3 - x^2 & \text{für } 2 < x \le 3. \end{cases}$

Damit F eine Stammfunktion von f ist, muss F differenzierbar und damit erst recht stetig sein. Diese Bedingung zeigt, dass man $C := -8/3$ setzen muss. Offensichtlich ist F in allen Punkten $x \ne 2$ differenzierbar, und dort ist auch $F' = f$. Wie sieht es aber im Punkt $x_0 := 2$ aus?

Offensichtlich ist $F(x_0) = -4/3$. Es ist ratsam, eine Darstellung $F(x) = F(x_0) + (x - x_0) \cdot \Delta(x)$ mit einer in x_0 stetigen Funktion zu finden. Um das passende Δ zu bekommen, sollte man eine Polynomdivision $\big(F(x) - F(x_0)\big) : (x - x_0)$ durchführen. Dann erhält man folgenden Kandidaten:

$$\Delta(x) := \begin{cases} -x^2/3 + x/3 + 2/3 & \text{für } 0 \le x \le 2, \\ x^2/3 - x/3 - 2/3 & \text{für } 2 < x \le 3. \end{cases}$$

Man sieht, dass $\Delta(x_0) = 0$ ist, und dieser Wert ergibt sich auch bei Annäherung von links und rechts. Also ist Δ in x_0 stetig. Und man rechnet leicht nach, dass $(x - x_0) \cdot \Delta(x) = F(x) - F(x_0)$ ist. Damit ist F tatsächlich eine Stammfunktion von f. Also ist

$$\int_0^3 f(x)\,dx = F(x)\,\Big|_0^3 = F(3) - F(0) = (9 - 9) - \big(0 - 0 - \frac{8}{3}\big) = \frac{8}{3}\,.$$

Das stimmt mit dem obigen Ergebnis überein. ♠

Aufgabe 10.2

Berechnen Sie $\displaystyle\int_{-2}^{2} |x^3 - x^2 - 4x + 4|\,dx.$

10.3 Logarithmus und Exponentialfunktion

Zwei neue Funktionen: *Gelegentlich benutzt man Integrale, um neue Funktionen einzuführen. Der prominenteste Vertreter ist der „natürliche" Logarithmus. Er ist eng verwandt mit der Exponentialfunktion.*

Definition

Die für $x > 0$ definierte Funktion

$$\ln(x) := \int_1^x \frac{1}{u}\,du$$

heißt ***natürlicher Logarithmus***.

Da der Integrand auf $(0, \infty)$ stetig ist, ist $\ln(x)$ eine differenzierbare (und damit auch stetige) Funktion. Es ist $\ln(x) < 0$ für $0 < x < 1$, $\ln(1) = 0$ und $\ln(x) > 0$ für $x > 1$.

Da überall $\ln'(x) = 1/x > 0$ ist, wächst $\ln(x)$ streng monoton, ist also auf $(0, \infty)$ injektiv.

Nachgefragt: *Wieso ist* $\ln(x)$ *ein Logarithmus, und mit welcher Berechtigung bezeichnet man diesen als „natürlich"?*

Historisch kennt man Logarithmen als Rechenhilfe schon sehr lange (etwa in der indischen Mathematik). In Europa gilt an erster Stelle der schottische Gelehrte John Napier (1550–1617) als ihr Erfinder und Namensgeber. Ein heißes Thema war zu jener Zeit das Quadraturproblem, also die Suche nach Methoden der Flächenberechnung. Da lag es nahe, die Fläche $A_{p,q}$ unter dem Graphen der Funktion $f(x) = 1/x$ zwischen p und q zu berechnen. Und man machte eine überraschende Entdeckung:

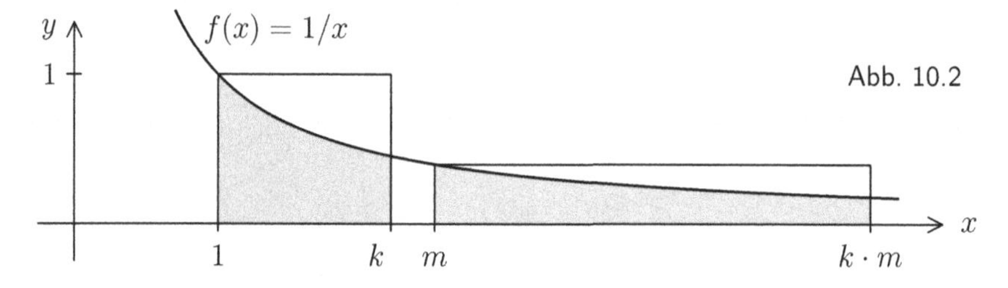

Abb. 10.2

Das Rechteck der Höhe 1 über dem Intervall $[1, k]$ hat den gleichen Inhalt wie das Rechteck der Höhe $1/m$ über $[m, mk]$, denn es ist $(1/m) \cdot (km - m) = k - 1 = 1 \cdot (k - 1)$. Dieser Effekt tritt entsprechend bei den Rechtecksflächen auf, die zu einer Riemann'schen Summe beitragen, und überträgt sich – wenn man zu immer feineren Zerlegungen übergeht – auf den Inhalt der Fläche unter $f(x) = 1/x$.

Es ist $A_{1,k} = A_{m,km}$. Das bedeutet, dass $\ln(k) = \ln(k \cdot m) - \ln(m)$ ist, also

$$\ln(k \cdot m) = \ln(k) + \ln(m).$$

Die Fläche unter dem Graphen von $1/x$ ergibt tatsächlich eine Logarithmusfunktion, und „natürlicher" geht es wohl kaum. Deshalb nannte man die Funktion $\ln(x)$ den natürlichen Logarithmus.

Der natürliche Logarithmus erfüllt also die bekannten Eigenschaften einer Logarithmusfunktion:

1. Für $x_1, x_2 > 0$ ist $\ln(x_1 x_2) = \ln(x_1) + \ln(x_2)$.
2. Für $x > 0$ ist $\ln(1/x) = -\ln(x)$.
3. Für $q \in \mathbb{Q}$ ist $\ln(x^q) = q \cdot \ln(x)$.

Beispiel 10.3.1 (Berechnung von ln(2))

Es ist nicht ganz so leicht, Werte des Logarithmus zu berechnen. Die Zahl ln(2) kann man aber folgendermaßen zumindest ganz grob abschätzen.

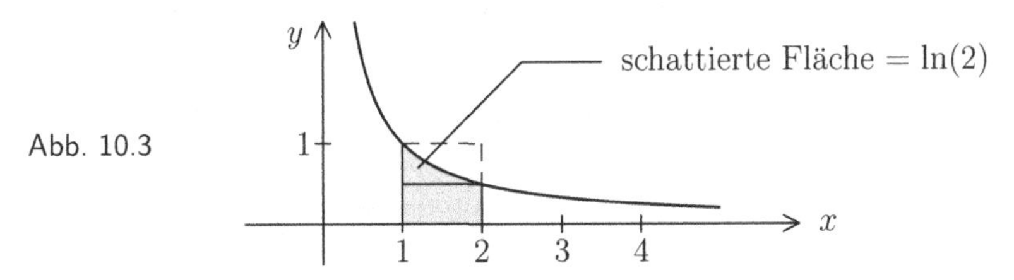

Abb. 10.3

Weil die Werte der Funktion $1/x$ zwischen 1 und 2 unterhalb von $y = 1$ und oberhalb von $y = 1/2$ liegen, folgt: $1/2 < \ln(2) < 1$. Für eine genauere Berechnung braucht man stärkere numerische Methoden. Eine recht gute Annäherung liefert folgende Formel:

$$\int_a^b f(x)\,dx \approx \Big(\frac{1}{6}\,f(a) + \frac{2}{3}\,f\big(\frac{a+b}{2}\big) + \frac{1}{6}\,f(b)\Big) \cdot (b-a).$$

Setzt man $a = 1$, $b = 2$ und $f(x) = 1/x$, so erhält man den Wert $25/36 = 0.694444\ldots$ Tatsächlich ist $\ln(2) \approx 0,69314718\ldots$. ♠

Da $\ln(2) > 0$ ist, strebt $\ln(2^n) = n \cdot \ln(2)$ für $n \to \infty$ gegen $+\infty$ und $\ln(2^{-n}) = -n \cdot \ln(2)$ gegen $-\infty$. Weil $\ln(x)$ zwischen 0 und ∞ stetig und monoton wachsend ist, folgt, dass $\ln : \mathbb{R}_+ \to \mathbb{R}$ surjektiv und damit bijektiv ist.

Als Bijektion ist $\ln(x)$ selbstverständlich umkehrbar:

Definition

Die Umkehrabbildung $\exp := \ln^{-1} : \mathbb{R} \to \mathbb{R}_+$ wird ***Exponentialfunktion*** genannt.

Da die Logarithmusfunktion Multiplikationen in Additionen verwandelt, gilt für die Exponentialfunktion die Umkehrung:

1. Für $x, y \in \mathbb{R}$ ist $\exp(x+y) = \exp(x) \cdot \exp(y)$ und $\exp(-x) = 1/\exp(x)$.
2. Es ist $\exp(0) = 1$ und $\exp(x) > 0$ für alle $x \in \mathbb{R}$.

Die Ableitung der Exponentialfunktion gewinnt man als Ableitung einer Umkehrfunktion wie folgt:

$$\exp'(x) = (\ln^{-1})'(x) = \frac{1}{\ln'(\exp(x))} = \frac{1}{1/\exp(x)} = \exp(x).$$

Diese besondere Eigenschaft charakterisiert die Exponentialfunktion:

Satz: *Die Exponentialfunktion ist die einzige differenzierbare Funktion* $f : \mathbb{R} \to \mathbb{R}$ *mit* $f' = f$ *und* $f(0) = 1$.

BEWEIS: Die Exponentialfunktion erfüllt die geforderte Bedingung. Ist f eine weitere Funktion mit dieser Eigenschaft, so setze man $g(x) := f(x)\exp(-x)$. Dann ist $g'(x) = f'(x)\exp(-x) - f(x)\exp(-x) = (f'(x) - f(x))\exp(-x) = 0$, also $g(x) \equiv k$ eine Konstante. Weil $g(0) = 1$ ist, ist $g(x) \equiv 1$, also $f(x) = \exp(x)$. ∎

Der natürliche Logarithmus ist stetig und monoton wachsend. Weil $\ln(1) = 0$ und $\ln(x)$ für $x \to +\infty$ gegen $+\infty$ strebt, muss es nach dem Zwischenwertsatz eine Zahl $c > 1$ mit $\ln(c) = 1$ geben. Wendet man die Exponentialfunktion auf beide Seiten an, so erhält man die Gleichung $c = \exp(1)$. Weil $\exp(0) = 1$ und exp streng monoton wachsend ist, ist $c > 1$. Man kann beweisen, dass c die Euler'sche Zahl e ist, also $\exp(1) = e$.

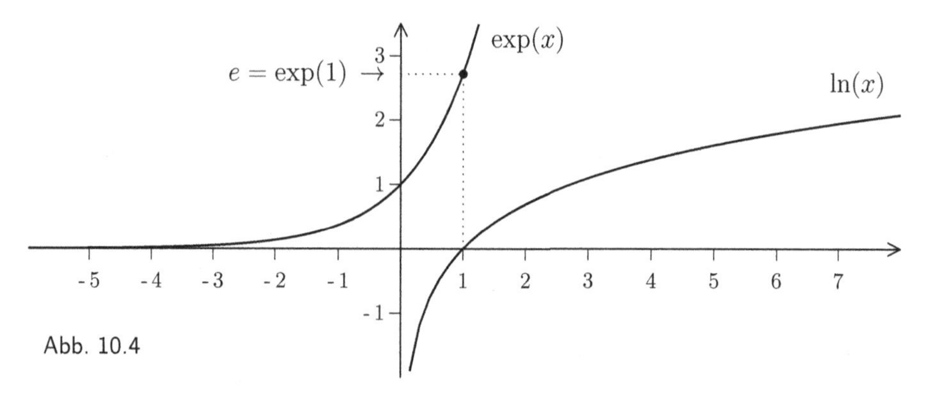

Abb. 10.4

Ist x eine reelle Zahl und (q_ν) eine Folge von rationalen Zahlen, die gegen x konvergiert, so strebt e^{q_ν} gegen e^x. Die Potenz e^x wird auf diese Weise definiert (vgl. Kapitel 4). Weil ln eine stetige Funktion ist, konvergiert dann $q_\nu = \ln(e^{q_\nu})$ gegen $\ln(e^x)$. Also ist $\ln(e^x) = x$ und $\exp(x) = \exp(\ln(e^x)) = e^x$. Damit ist auch die Differenzierbarkeit der Funktion e^x und die Gleichung $(e^x)' = e^x$ bewiesen.

Ist $a > 0$ eine beliebige reelle Zahl, so zeigt man wie oben (im Falle $a = e$), dass $\ln(a^x) = x \cdot \ln(a)$ für alle $x \in \mathbb{R}$ gilt. Damit ist

$$a^x = \exp(\ln(a^x)) = \exp(x \cdot \ln(a)) = e^{\ln(a) \cdot x}, \text{ für } a > 0,$$

sowie

$$(a^x)' = \ln(a) \cdot a^x.$$

Die Exponentialfunktion taucht immer dort auf, wo es um Wachstumsprozesse geht.

Ist $M = M(t)$ eine zeitabhängige Größe, deren Zu- bzw. Abnahme jederzeit (mit einem konstanten Faktor) proportional zu M selbst ist, so besteht die Gleichung

$$M' = k \cdot M.$$

Dies ist ein besonders einfaches Beispiel einer sogenannten ***Differentialgleichung*** (einer Gleichung, die eine Funktion und eine oder mehrere ihrer Ableitungen miteinander verbindet).

In Aufgabe 10.9 soll die Lösung gefunden werden, was sehr einfach ist. Man erhält $M(t) = C \cdot e^{kt}$ (mit $C = e^c = M(0)$). Da ein Vorgang selten zum Zeitpunkt $t = 0$ beginnt, setzt man am besten $M_0 := M(t_0) = C \cdot e^{kt_0}$ und benutzt die Lösung

$$M(t) = M_0 \cdot e^{k(t-t_0)}.$$

Wenn eine fiktive Stadt zum Zeitpunkt t_0 etwa 500.000 Einwohner hatte und 50 Jahre später dann 300.000 Einwohner, so wird die Einwohnerzahl zum Zeitpunkt t gegeben durch

$$M(t) = 500.000 \cdot e^{k(t-t_0)}, \quad \text{mit } 300.000 = 500.000 \cdot e^{50k}.$$

Dann ist $50k = \ln(3/5)$, also $k = \ln(0.6) \approx -0.01$, und damit $M(t) = 500.000 \cdot e^{-0.01(t-t_0)}$. Es ist klar, dass die Einwohnerzahl bei den gegebenen Daten abnehmen muss.

Den Ausdruck $(\ln f)' = f'/f$ nennt man die ***logarithmische Ableitung*** von f. Sie ist manchmal recht nützlich, wenn die direkte Berechnung einer Ableitung zu kompliziert ist.

Beispiel 10.3.2 (Anwendung der logarithmischen Ableitung)

Es soll die Ableitung der Funktion

$$f(x) := \frac{(x^3+2)\sqrt{x^2+3}}{x+5}$$

berechnet werden. Mit der logarithmischen Ableitung erhält man:

$$\begin{aligned}\frac{f'(x)}{f(x)} = (\ln\circ f)'(x) &= \Big(\ln(x^3+2) + \frac{1}{2}\ln(x^2+3) - \ln(x+5)\Big)' \\ &= \frac{3x^2}{x^3+2} + \frac{2x}{2(x^2+3)} - \frac{1}{x+5},\end{aligned}$$

also

$$\begin{aligned}f'(x) &= \frac{(x^3+2)\sqrt{x^2+3}}{x+5} \cdot \Big(\frac{3x^2}{x^3+2} + \frac{2x}{2(x^2+3)} - \frac{1}{x+5}\Big) \\ &= \frac{\sqrt{x^2+3}}{x+5} \cdot \Big(3x^2 + \frac{x(x^3+2)}{x^2+3} - \frac{x^3+2}{x+5}\Big)\end{aligned}$$

Das geht deutlich einfacher als das Differenzieren mit Hilfe von Produkt- und Quotientenregel. ♠

10.4 Die Bestimmung von Stammfunktionen

Auf der Suche nach besseren Werkzeugen: *Wenn die Integration eine Art Umkehrung der Differentiation ist, dann sollten sich auch Ableitungsregeln in Integrationsregeln übersetzen lassen. Damit ist das Programm dieses Abschnittes schon beschrieben. Tatsächlich gewinnt man auf diesem Wege den Zugang zu äußerst wirkungsvollen Integrationswerkzeugen.*

Ist F eine Stammfunktion von f, so schreibt man das gerne in der Form

$$\int f(x)\,dx = F(x) + C.$$

Man spricht auch vom ***unbestimmten Integral***. Das Integralsymbol (ohne Grenzen) steht für die Gesamtheit aller Stammfunktionen, oder – noch genauer – für **einen** repräsentativen Vertreter aller Stammfunktionen. Ein solcher muss – da es nicht nur eine Stammfunktion gibt – mindestens einen variablen Parameter enthalten, und das ist hier die Integrationskonstante C. In dieser Schreibweise ist zum Beispiel

$$\begin{aligned}
\int x^n\,dx &= \frac{1}{n+1}\cdot x^{n+1} + C \text{ für alle } n \in \mathbb{N},\\
\int \frac{1}{x^n}\,dx &= \frac{-1}{(n-1)x^{n-1}} + C \text{ für } n \in \mathbb{N},\ n \geq 2 \text{ und } x \neq 0,\\
\int \frac{1}{x}\,dx &= \ln(|x|) + C \text{ für } x \neq 0,\\
\int \frac{1}{1+x^2}\,dx &= \arctan(x) + C,\\
\int \sin(ax)\,dx &= -\frac{1}{a}\cos(ax) + C, \text{ für } a \neq 0,\\
\int \cos(ax)\,dx &= \frac{1}{a}\sin(ax) + C, \text{ für } a \neq 0,\\
\int \tan(x)\,dx &= -\ln(|\cos(x)|) + C, \text{ für } x \neq (n+\frac{1}{2})\pi,\ n \in \mathbb{Z},\\
\int \frac{1}{\cos^2(x)}\,dx &= \tan(x) + C, \text{ für } x \neq (n+\frac{1}{2})\pi,\ n \in \mathbb{Z}\\
\int a^x\,dx &= \frac{1}{\ln(a)}\cdot a^x + C, \text{ für } a > 1,\\
\int e^x\,dx &= e^x + C.
\end{aligned}$$

Man kann natürlich fortfahren, solche Tabellen aufzustellen, aber das wird immer Stückwerk bleiben. Deshalb versucht man, wie oben versprochen, bekannte Differentiationsregeln zur Bestimmung von Stammfunktionen auszuschlachten.

Als Erstes fällt einem die **Produktregel** ein:

$$(u \cdot v)' = u' \cdot v + u \cdot v'.$$

Wie kommt man nun zu einer Integrationsregel? Formt man die Gleichung um, so erhält man $u \cdot v' = (u \cdot v)' - u' \cdot v$, also

$$\int u(x)v'(x)\,dx = u(x) \cdot v(x) - \int u'(x) \cdot v(x)\,dx.$$

Weil das Integral hier nicht wegfällt, sondern nur verschoben wird, spricht man von der ***Regel der partiellen Integration*** (manchmal auch von ***Produktintegration***). Ob diese Regel einen praktischen Nutzen hat, muss sich noch zeigen. Vorher sollte man die Regel aber etwas genauer formulieren, für „bestimmte Integrale" mit Grenzen:

Partielle Integration: *Sind u und v über $[a, b]$ stetig differenzierbar, so ist*

$$\int_a^b u(x)v'(x)\,dx = \big(u(x) \cdot v(x)\big)\Big|_a^b - \int_a^b u'(x)v(x)\,dx.$$

Beispiele 10.4.1 (Anwendungen der partiellen Integration)

1 Typische Anwendungsbeispiele sind Produkte aus Polynomen und transzendenten Funktionen (also zum Beispiel Exponential- oder Winkelfunktionen). Es besteht aber das Problem, dass man einen der beiden Faktoren als Ableitung identifizieren muss.

Es soll zum Beispiel eine Stammfunktion von $f(x) = x^2e^{-3x}$ berechnet werden. Nun gibt es zwei Möglichkeiten, partielle Integration anzuwenden.

1. Setzt man $u(x) = e^{-3x}$ und $v'(x) = x^2$, so ist $u'(x) = -3e^{-3x}$ und $v(x) = x^3/3$. Irgendwie wird die Situation komplizierter, das kann nicht der richtige Weg sein.
2. Setzt man dagegen $u(x) = x^2$ und $v'(x) = e^{-3x}$, so ist $u'(x) = 2x$ und $v(x) = -(1/3)e^{-3x}$. Auf diesem Wege vereinfacht sich die Situation. Das stimmt hoffnungsfroh.

Nach der Vorüberlegung kann man ans Werk schreiten.

$$\int x^2e^{-3x}\,dx = -\frac{x^2}{3}\,e^{-3x} + \frac{2}{3}\int xe^{-3x}\,dx.$$

Das Integral ist jetzt natürlich noch nicht berechnet. Ein zweiter Schritt ist nötig:

$$\int xe^{-3x}\,dx = -\frac{x}{3}\,e^{-3x} + \frac{1}{3}\int e^{-3x}\,dx = -\frac{x}{3}\,e^{-3x} - \frac{1}{9}\,e^{-3x} + C.$$

Zusammengefasst ergibt sich

$$\int x^2 e^{-3x}\,dx = -\frac{x^2}{3}e^{-3x} - \frac{2x}{9}e^{-3x} - \frac{2}{27}e^{-3x} + C = -\Big(\frac{x^2}{3} + \frac{2x}{9} + \frac{2}{27}\Big)e^{-3x} + C.$$

2 Manchmal kann man die „Produktintegration" auch anwenden, obwohl gar kein Produkt vorliegt. Man verwendet einfach die 1 als zweiten Faktor. Das ist zum Beispiel dann sinnvoll, wenn eine Funktion durch Differentiation einfacher wird, wie etwa im Falle $\ln'(x) = 1/x$ oder $\arctan'(x) = 1/(1+x^2)$. So ist zum Beispiel

$$\begin{aligned}\int \arctan(x)\,dx &= \int \arctan(x)\cdot x'\,dx = x\cdot\arctan(x) - \int \frac{x}{1+x^2}\,dx \\ &= x\cdot\arctan(x) - \frac{1}{2}\int \frac{(1+x^2)'}{1+x^2}\,dx \\ &= x\cdot\arctan(x) - \frac{1}{2}\int \Big(\ln(1+x^2)\Big)'\,dx \\ &= x\cdot\arctan(x) - \frac{1}{2}\ln(1+x^2) + C.\end{aligned}$$

3 Manchmal führt die zweifache partielle Integration wieder zur Ausgangsfunktion zurück und liefert dennoch ein Ergebnis:

$$\begin{aligned}\int e^{-x}\sin(2x)\,dx &= -e^{-x}\sin(2x) + 2\int e^{-x}\cos(2x)\,dx \\ &= -e^{-x}\sin(2x) - 2e^{-x}\cos(2x) - 4\int e^{-x}\sin(2x)\,dx.\end{aligned}$$

Nun kann man $4\int e^{-x}\sin(2x)\,dx$ auf die andere Seite der Gleichung bringen und erhält

$$\int e^{-x}\sin(2x)\,dx = -\frac{1}{5}\Big(\sin(2x) + 2\cos(2x)\Big)\,e^{-x} + C.$$

♠

Eine weitere wichtige Ableitungsregel ist die **Kettenregel**:

$$(F\circ\varphi)'(t) = F'(\varphi(t))\cdot\varphi'(t).$$

Ist F Stammfunktion von f, so ist $F\circ\varphi$ Stammfunktion von $(f\circ\varphi)\cdot\varphi'$. Das ergibt die ***Substitutionsregel***:

$$\Big(\int f(x)\,dx\Big)\circ\varphi(t) = \int f(\varphi(t))\cdot\varphi'(t)\,dt.$$

Auch hier wünscht man sich eine etwas exaktere Formulierung:

Substitutionsregel: *Sei $\varphi : [\alpha, \beta] \to \mathbb{R}$ stetig differenzierbar, $\varphi([\alpha, \beta]) \subset I$ und $f : I \to \mathbb{R}$ stetig. Dann gilt:*

$$\int_{\varphi(\alpha)}^{\varphi(\beta)} f(x)\, dx = \int_{\alpha}^{\beta} f(\varphi(t)) \cdot \varphi'(t)\, dt.$$

Beispiele 10.4.2 (Anwendungen der Substitutionsregel)

1 Manchmal hat der Integrand sehr offensichtlich die Gestalt, die auf der rechten Seite der Substitutionsregel zu sehen ist. Bei dem folgenden Integral ist das der Fall:

$$I := \int_a^b (x^5 - 3x^2 + 1)^2 (5x^4 - 6x)\, dx.$$

Offensichtlich ist $5x^4 - 6x$ die Ableitung der Funktion $\varphi(x) = x^5 - 3x^2 + 1$. Setzt man nun $f(y) := y^2$, so ist

$$\begin{aligned} I &= \int_a^b f(\varphi(x))\varphi'(x)\, dx = \int_{\varphi(a)}^{\varphi(b)} f(y)\, dy \\ &= \int_{\varphi(a)}^{\varphi(b)} y^2\, dy = \frac{1}{3} y^3 \Big|_{\varphi(a)}^{\varphi(b)} = \frac{1}{3} \varphi(x)^3 \Big|_a^b \\ &= \frac{1}{3} \left(x^5 - 3x^2 + 1\right)^3 \Big|_a^b . \end{aligned}$$

Ähnlich offensichtlich läuft es, wenn der Integrand eine logarithmische Ableitung ist. Das gilt bei dem Integral

$$I = \int 2x \cot(x^2)\, dx.$$

Der Integrand ist die Funktion $2x\cot(x^2) = \dfrac{2x\cos(x^2)}{\sin(x^2)} = \dfrac{\varphi'(x)}{\varphi(x)}$, wenn man $\varphi(x) := \sin(x^2)$ setzt. Also ist

$$I = \int \frac{\varphi'(x)}{\varphi(x)}\, dx = \int \big(\ln \circ \varphi\big)'(x)\, dx = \ln \sin(x^2) + C.$$

Manchmal muss man etwas genauer hinschauen. Beim Integral

$$I := \int_0^1 \frac{10x^2}{(x^3 + 1)^2}\, dx$$

fällt auf, dass $(x^3 + 1)' = 3x^2$ Ähnlichkeit mit dem Zähler des Integranden hat. Setzt man $\varphi(x) := x^3 + 1$, so erhält man

$$I = \frac{10}{3} \int_0^1 \frac{\varphi'(x)}{\varphi(x)^2}\,dx = \frac{10}{3} \int_{\varphi(0)}^{\varphi(1)} f(y)\,dy$$

mit $f(y) = 1/y^2$, also

$$I = \frac{10}{3} \int_1^2 \frac{1}{y^2}\,dy = -\frac{10}{3y}\Big|_1^2 = -\Big(\frac{5}{3} - \frac{10}{3}\Big) = \frac{5}{3}\,.$$

2 In anderen Fällen ist es nicht so offensichtlich, wie man die Substitution zu wählen hat. Eine grobe Richtlinie besagt: „Wähle einen Teil des Integranden, der deutlich stört, als Substitution $\varphi(x)$“.

Im Falle des Integrals $\displaystyle\int_a^b x^3 \cdot \sqrt{x^2+1}\,dx$ stört auf den ersten Blick vielleicht am meisten der Ausdruck x^2+1 unter dem Wurzelzeichen (denn die Funktion $x^n\sqrt{x} = x^{(2n+1)/2}$ kann ja sofort problemlos integriert werden).

Setzt man $\varphi(x) = x^2 + 1$, so ist $\varphi'(x) = 2x$ und $x^2 = \varphi(x) - 1$. Damit erhält man:

$$\begin{aligned}
\int_a^b x^3 \cdot \sqrt{x^2+1}\,dx &= \frac{1}{2}\int_a^b (\varphi(x)-1)\sqrt{\varphi(x)}\,\varphi'(x)\,dx \\
&= \frac{1}{2}\int_{\varphi(a)}^{\varphi(b)} (y-1)\sqrt{y}\,dy = \frac{1}{2}\int_{\varphi(a)}^{\varphi(b)} \big(y^{3/2} - y^{1/2}\big)\,dy \\
&= \Big(\frac{1}{5}\,y^{5/2} - \frac{1}{3}\,y^{3/2}\Big)\Big|_{\varphi(a)}^{\varphi(b)} = \Big(\frac{1}{5}\,(x^2+1)^{5/2} - \frac{1}{3}\,(x^2+1)^{3/2}\Big)\Big|_a^b\,.
\end{aligned}$$

Ähnlich geht man beim Integral $\displaystyle\int \sin(\sqrt{x})\,dx$ vor. Hier stört $\sqrt{x}$ als Argument des Sinus. Setzt man $y = \varphi(x) = \sqrt{x}$, so ist $x = \varphi(x)^2 = y^2$ und $\varphi'(x) = 1/(2\sqrt{x}) = 1/(2y)$. Das ergibt

$$\begin{aligned}
\int \sin(\sqrt{x}\,)\,dx &= \int \sin(\varphi(x)) \cdot 2\varphi(x) \cdot \varphi'(x)\,dx = \int 2y\sin(y)\,dy \\
&= 2(\sin y - y\cos y) + C = 2\big(\sin\sqrt{x} - \sqrt{x}\cos(\sqrt{x})\big) + C.
\end{aligned}$$

♠

Aufgabe 10.3

Berechnen Sie die folgenden Integrale:

1. $\displaystyle\int_0^t \cos^3(x)\,dx,$
2. $\displaystyle\int_a^b e^{\sin x} \cdot \cos x\,dx,$

3. $\displaystyle\int_a^x \frac{t+5}{t-1}\,dt$ für $x > a > 1$,

4. $\displaystyle\int_a^b x^2 e^x\,dx$.

Hinweis: *Bei (1) gibt es mehrere Lösungsmöglichkeiten, bei (2) bietet sich die Substitutionsregel, bei (4) die Produktregel an.*

10.5 Zusätzliche Aufgaben

Aufgabe 10.4. Sei $f : [a,b] \to \mathbb{R}$ stückweise stetig, d.h. stetig bis auf endlich viele Sprungstellen. Dann versteht man unter einer ***Stammfunktion*** von f eine **stetige** Funktion $F : [a,b] \to \mathbb{R}$, so dass F **außerhalb der Sprungstellen** von f **differenzierbar** und dort $F'(x) = f(x)$ ist. Bestimmen Sie eine solche Stammfunktion von

$$f(x) := \begin{cases} 4x-1 & \text{für } -1 \leq x < 0, \\ 2x+3 & \text{für } 0 \leq x < 1, \\ 1-x & \text{für } 1 \leq x \leq 2. \end{cases}$$

Hinweis: *Entscheidend ist die Herstellung der Stetigkeit. Dabei hilft, dass Stammfunktionen nicht eindeutig bestimmt sind.*

Aufgabe 10.5. Sei $f(x) = x^2/3$ und $g(x) = x - x^3/12$. Berechnen Sie den Inhalt der von f und g eingeschlossenen (und rechts von $x = 0$ gelegenen) Fläche.

Aufgabe 10.6. Sei $f(x) = x^3 - 27x$ und $g(x)$ eine affin-lineare Funktion, deren Graph durch das Maximum und das Minimum von f geht. Berechnen Sie den Inhalt der von g und f eingeschlossenen Fläche.

Aufgabe 10.7. Berechnen Sie

$$\int_{-2}^{2} |x^2 - 1|\,dx, \quad \int_0^{2\pi} |\sin x|\,dx \quad \text{und} \quad \int_0^2 (2-5x)(2+5x)\,dx.$$

Aufgabe 10.8. Differenzieren Sie die folgenden Funktionen:

$$f(x) = (\ln x)^2, \;\; g(x) = \ln\sqrt{a^2 - x^2}, \;\; h(x) = \ln(\sin^2 x) \;\; \text{und} \;\; q(x) = \ln\ln x.$$

Aufgabe 10.9. Sei $f : \mathbb{R} \to \mathbb{R}$ differenzierbar, $k > 0$, $c \in \mathbb{R}$ beliebig, $f'(x) = k \cdot f(x)$ und $f(0) = c$. Zeigen Sie, dass $f(x) = c \cdot e^{kx}$ ist.

Aufgabe 10.10. Führen Sie eine Kurvendiskussion für die Funktion $f(x) = \frac{1}{2}(e^x + e^{-x})$ durch (Maxima, Minima, Wendepunkte, Monotonie, Konvexität) sowie für die Funktion $g(x) := (x^2+1)e^x$.

Aufgabe 10.11. Zeigen Sie, dass $\ln(1+x) \leq x$ für $x > -1$ ist.

Hinweis: *Hier braucht man eine Beweisidee. Man kann zum Beispiel an Konvexität oder Konkavität denken und daran, was in solchen Fällen über das Verhältnis zwischen einem Funktionsgraphen und der zugehörigen Tangente bekannt ist.*

Aufgabe 10.12. Berechnen Sie mit Hilfe der Regel der partiellen Integration:

$$\int_0^{\pi/2} x^2 \sin(2x)\,dx \quad \text{und} \quad \int_1^2 (x^2+1)e^x\,dx.$$

Aufgabe 10.13. Berechnen Sie mit Hilfe der Substitutionsregel:

$$\int_a^b \frac{3x^2}{x^3+8}\,dx \quad \text{und} \quad \int_a^b \sin(2x+3)\,dx.$$

11 Komplexe Zahlen oder „Imaginäre Welten“

11.1 Gleichungen dritten Grades

Wie löst man Gleichungen höheren Grades? *Lineare und quadratische Gleichungen wurden in der Antike zwar geometrisch gelöst, aber nicht als Gleichungen formuliert. Die Araber führten Gleichungen und typische Verfahren zu ihrer Lösung ein, die Inder steuerten die Null und das Dezimalsystem bei und venezianische Kaufleute sorgten vielleicht dafür, dass auch negative Zahlen hoffähig wurden. Den Rechenmeistern von Bologna gelang es dann endlich um 1500, Gleichungen dritten Grades aufzulösen.*

Die **allgemeine kubische Gleichung** hat die Gestalt

$$x^3 + ax^2 + bx + c = 0. \tag{11.1}$$

Trick 1: Setzt man $y = x + a/3$, so ist (11.1) äquivalent zu der **reduzierten Gleichung**

$$y^3 + py = q\,, \tag{11.2}$$

mit $p = b - \dfrac{a^2}{3}$ und $q = -c + \dfrac{ab}{3} - \dfrac{2a^3}{27}$. Es reicht, (11.2) zu lösen.

Trick 2: Zur Lösung der reduzierten Gleichung macht man den **Ansatz** $y = u + v$. Setzt man diesen ein, so erhält man die Gleichung

$$u^3 + v^3 + 3uv(u + v) + p(u + v) = q. \tag{11.3}$$

Zwei Zahlen u und v lösen (11.3), wenn sie das folgende Gleichungssystem lösen:

$$\begin{aligned} u^3 + v^3 &= q \\ \text{und} \qquad uv &= -\frac{p}{3}. \end{aligned} \tag{11.4}$$

Trick 3: Eine quadratische Gleichung $z^2 + \beta z + \gamma = 0$ mit positiver Diskriminante $\Delta := \beta^2 - 4\gamma$ hat die beiden Lösungen

$$z_1 = \frac{-\beta + \sqrt{\Delta}}{2} \text{ und } z_2 = \frac{-\beta - \sqrt{\Delta}}{2}.$$

z_1 und z_2 sind aber auch die Lösungen der **Gleichungen von Vieta**:

$$z_1 + z_2 = -\beta \quad \text{und} \quad z_1 \cdot z_2 = \gamma. \tag{11.5}$$

Hier fällt einem die Ähnlichkeit mit dem System (11.4) auf!

Setzt man u^3 für z_1 und v^3 für z_2 ein, so erhält man: Die Gleichungen

$$u^3 + v^3 = q \quad \text{und} \quad u^3 \cdot v^3 = -p^3/27$$

sind genau dann erfüllt, wenn u^3 und v^3 Lösungen der quadratischen Gleichung

$$z^2 - qz - p^3/27 = 0$$

sind, wenn also (mit $\Delta = q^2 + \dfrac{4p^3}{27}$) gilt:

$$u^3 = \frac{q + \sqrt{\Delta}}{2} \quad \text{und} \quad v^3 = \frac{q - \sqrt{\Delta}}{2}.$$

Da $p, q > 0$ vorausgesetzt wurde, ist tatsächlich $\Delta > 0$. Fasst man alles zusammen, so erhält man die ***cardanische Formel***:

$$y = u + v = \sqrt[3]{\frac{q}{2} + \sqrt{(\frac{q}{2})^2 + (\frac{p}{3})^3}} + \sqrt[3]{\frac{q}{2} - \sqrt{(\frac{q}{2})^2 + (\frac{p}{3})^3}}.$$

Beispiel 11.1.1 (Auflösung einer Gleichung 3. Grades)

Es soll die Gleichung $x^3 - (1/2)x^2 + x - (1/2) = 0$ gelöst werden. Mit $p = 11/12$ und $q = 37/108$ erhält man die reduzierte Gleichung $y^3 + py = q$ für $y = x - 1/6$.

Die Formel von Cardano liefert

$$\begin{aligned}
y &= \sqrt[3]{\frac{37}{216} + \sqrt{\left(\frac{37}{216}\right)^2 + \left(\frac{11}{36}\right)^3}} + \sqrt[3]{\frac{37}{216} - \sqrt{\left(\frac{37}{216}\right)^2 + \left(\frac{11}{36}\right)^3}} \\
&= \frac{1}{6}\sqrt[3]{37 + \sqrt{32^2 + 11^3}} + \frac{1}{6}\sqrt[3]{37 - \sqrt{32^2 + 11^3}} \\
&= \frac{1}{6}\left(\sqrt[3]{37 + \sqrt{2700}} + \sqrt[3]{37 - \sqrt{2700}}\right) \\
&\approx \frac{1}{6}\Big(4.4641016151 - 2.4641016151\Big) = \frac{2}{6} = \frac{1}{3}.
\end{aligned}$$

Setzt man den näherungsweise ermittelten Wert $y = 1/3$ in die Ausgangsgleichung ein, so stellt man fest, dass es sich sogar um eine exakte Lösung handelt. ♠

Bei dem Versuch, möglichst viele verschiedene kubische Gleichungen zu lösen, stieß Cardano erstmals auf den sogenannten „casus irreducibilis“:

Er tritt z.B. bei der Gleichung $y^3 - 6y + 4 = 0$ auf. Hier ist $p = -6$ und $q = -4$. Der obige Lösungsansatz führt auf die Diskriminante

$$\Delta = q^2 + \frac{4p^3}{27} = 16 + \frac{4 \cdot (-6)^3}{27} = 16 - 32 = -16 < 0.$$

Also erhält man als Lösung den fiktiven Wert

$$y = \sqrt[3]{-2 + 2\sqrt{-1}} + \sqrt[3]{-2 - \sqrt{-1}}.$$

Cardano konnte damit zwar zunächst nichts anfangen, aber man entdeckte bald, dass $(1 \pm \sqrt{-1})^3 = -2 \pm 2\sqrt{-1}$ ist, wenn man nur ganz ungeniert mit $\sqrt{-1}$ rechnet. Dann ergibt sich als Lösung überraschenderweise $y = (1 + \sqrt{-1}) + (1 - \sqrt{-1}) = 2$. Der Gebrauch von „imaginären Zahlen“ führt am Ende zu einem reellen Ergebnis.

11.2 Komplexe Zahlen

Von den imaginären Zahlen zu einer brauchbaren Theorie: *Die Wurzel aus −1 blieb fast 200 Jahre lang eine suspekte Angelegenheit. Erst 1777 führte Euler dafür das Symbol* i *ein. Er hatte allerdings schon lange eifrig mit imaginären Zahlen gerechnet und dabei viele interessante Formeln gefunden. Vermutlich hatte er wie der Franzose Moivre und der Däne Wessel schon relativ klare Vorstellungen von diesen imaginären Zahlen, aber erst Gauß konnte die Fachwelt davon überzeugen, dass sie etwas ganz Normales sind, wenn man sie als Punkte in der Ebene auffasst. Wie man mit dieser Vorstellung zu einem neuen Zahlenbereich kommt, soll hier dargelegt werden.*

Als ***komplexe Zahl*** bezeichnet man einen Ausdruck der Form $z = a + b\,\mathrm{i}$ mit reellen Zahlen a und b. Dabei ist i ein Objekt, mit dem man ganz normal rechnen kann und das durch die Gleichung $\mathrm{i}^2 = -1$ charakterisiert wird. Man nennt dieses Objekt die ***imaginäre Einheit***. Zwar wurde von Anfang an häufig $\mathrm{i} = \sqrt{-1}$ geschrieben, aber wir werden sehen, dass diese Schreibweise irreführend ist.

Die Zahl a nennt man den ***Realteil*** und b den ***Imaginärteil*** der komplexen Zahl z. Die Menge aller komplexen Zahlen wird mit $\mathbb{C}$ bezeichnet. Was komplexe Zahlen sind, bleibt damit immer noch unklar. Man müsste ein Axiomensystem dafür einführen. Stattdessen verwenden wir hier gleich ein Modell.

Realisieren lässt sich $\mathbb{C}$ auf vielerlei verschiedene Weisen. Hier sollen nur zwei Möglichkeiten vorgestellt werden:

1. Das klassische und anschaulichste Modell für die komplexen Zahlen ist der Vektorraum $\mathbb{R}^2$ (mit komponentenweiser Addition), auf dem zusätzlich eine Multiplikation definiert wird:

$$(a, b) \cdot (c, d) := (ac - bd,\ ad + bc).$$

   Das Element $(1, 0)$ stellt die 1 dar, das Element $(0, 1)$ die Zahl i.

2. Ein weiteres Modell ist die Menge aller 2-reihigen Matrizen der Gestalt

$$A = \begin{pmatrix} a & -b \\ b & a \end{pmatrix} \in M_2(\mathbb{R}).$$

Auch sie ist ein Vektorraum, mit

$$\begin{pmatrix} a & -b \\ b & a \end{pmatrix} + \begin{pmatrix} c & -d \\ d & c \end{pmatrix} = \begin{pmatrix} a+c & -(b+d) \\ b+d & a+c \end{pmatrix},$$

und die Multiplikation ist gegeben durch

$$\begin{pmatrix} a & -b \\ b & a \end{pmatrix} \cdot \begin{pmatrix} c & -d \\ d & c \end{pmatrix} = \begin{pmatrix} ac-bd & -(ad+bc) \\ ad+bc & ac-bd \end{pmatrix}.$$

Als 1 dient die Matrix $\begin{pmatrix} 1 & 0 \\ 0 & 1 \end{pmatrix}$,

als „imaginäre Einheit" i die Matrix $\begin{pmatrix} 0 & -1 \\ 1 & 0 \end{pmatrix}$.

Beide Versionen haben Vor- und Nachteile. Am einfachsten ist es, ganz naiv mit den Ausdrücken $z = a + b\,\mathrm{i}$ zu rechnen. Wenn man allerdings das geometrische Modell des $\mathbb{R}^2$ vor Augen hat, versteht man am besten, dass sich die komplexen Zahlen nicht anordnen lassen! Es gibt also keine „positiven" komplexen Zahlen.

Ist $z = a + b\,\mathrm{i} \in \mathbb{C}$, so gewinnt man die zu z ***konjugierte (komplexe) Zahl*** $\overline{z} := a - b\,\mathrm{i}$ durch Spiegelung an der x-Achse. Man rechnet sofort nach, dass $\overline{z+w} = \overline{z} + \overline{w}$ und $\overline{z \cdot w} = \overline{z} \cdot \overline{w}$ ist.

Ist $z = a + b\,\mathrm{i}$, so ist $z \cdot \overline{z} = a^2 + b^2$ **reell** und ≥ 0. Ist $z \neq 0$, so ist sogar $z \cdot \overline{z} > 0$. Die reelle Zahl $|z| := +\sqrt{z\overline{z}}$ nennt man den ***Betrag*** der komplexen Zahl z. Im Modell $\mathbb{R}^2$ entspricht der Betrag der euklidischen Norm, und im Matrizenmodell ist der Betrag von $A = \begin{pmatrix} a & -b \\ b & a \end{pmatrix}$ die Wurzel aus der Determinante von A.

Jede komplexe Zahl $z = a + b\,\mathrm{i} \neq 0$ besitzt ein multiplikatives Inverses, das man leicht berechnen kann: Weil $z\overline{z} = |z|^2 > 0$ ist, gilt:

$$1 = \frac{z\overline{z}}{z\overline{z}} = z \cdot \frac{\overline{z}}{|z|^2} \quad \text{und daher} \quad z^{-1} = \frac{\overline{z}}{|z|^2}.$$

Beispiel 11.2.1 (Rechnen mit komplexen Zahlen)

Sei $z = 4 - 5\,\mathrm{i}$ und $w = 11 + 13\,\mathrm{i}$. Dann ist

$$\begin{aligned} z + w &= 15 + 8\,\mathrm{i}, \\ z \cdot w &= (4 \cdot 11 - (-5) \cdot 13) + \mathrm{i}\,(4 \cdot 13 + (-5) \cdot 11) \\ &= (44 + 65) + \mathrm{i}\,(52 - 55) = 109 - 3\,\mathrm{i}, \\ \text{und} \quad \frac{1}{z} &= \frac{\overline{z}}{|z|^2} = \frac{4 + 5\,\mathrm{i}}{16 + 25} = \frac{4}{41} + \frac{5}{41}\,\mathrm{i}. \end{aligned}$$

Zwei komplexe Zahlen sind ***gleich***, wenn sie in Real- und Imaginärteil übereinstimmen:

$$a + b\,\mathrm{i} = c + d\,\mathrm{i} \iff a = c \text{ und } c = d.$$

Das gilt aber **nur**, wenn a, b, c und d **reell** sind. Ist $z = 2 + 3\,\mathrm{i}$ und $w = 1 - \mathrm{i}$, so ist zwar $z + w\,\mathrm{i} = 3 + 4\,\mathrm{i}$, aber natürlich **nicht** $z = 3$ und $w = 4$.

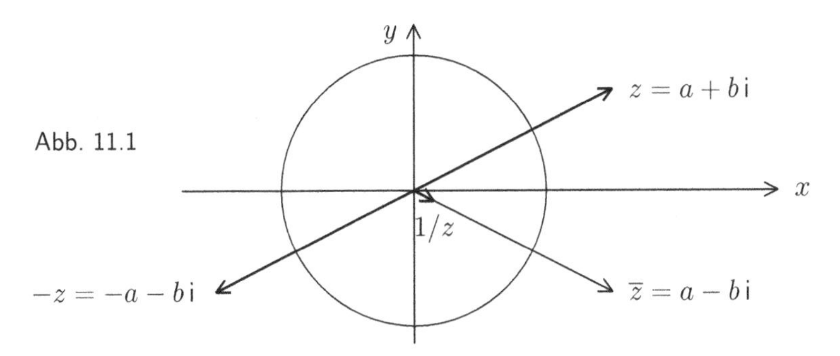

Abb. 11.1

♠

11.3 Polarkoordinaten

Komplexe Zahlen kann man wie Vektoren durch Richtung und Länge charakterisieren: *Man ersetzt bei einer komplexen Zahl $z = x + \mathrm{i}\,y$ den Realteil x durch $r\cos t$ und den Imaginärteil y durch $r\sin t$. Das ist keine akademische Spielerei, sondern stellt äußerst nützliche Werkzeuge für das Rechnen mit komplexen Zahlen zur Verfügung.*

Ist $z = a + \mathrm{i}\,b$ eine komplexe Zahl $\neq 0$, so ist $\dfrac{z}{|z|} = \alpha + \mathrm{i}\,\beta$, mit

$$\alpha := \frac{a}{\sqrt{a^2 + b^2}} \quad \text{und} \quad \beta := \frac{b}{\sqrt{a^2 + b^2}}.$$

Offensichtlich ist $\alpha^2 + \beta^2 = 1$. Damit liegt $\alpha + \mathrm{i}\,\beta$ auf dem Einheitskreis, und es gibt ein (eindeutig bestimmtes) $t \in [0, 2\pi)$ mit $\alpha = \cos t$ und $\beta = \sin t$. Die Darstellung

$$z = |z| \cdot (\cos t + \mathrm{i}\,\sin t)$$

nennt man die ***Polarkoordinatendarstellung*** von z. Die Zahl $\arg(z) := t$ heißt das ***Argument*** von z. Das Argument ist nur bis auf 2π eindeutig bestimmt, und für $z = 0$ kann man überhaupt kein Argument festlegen. Jede komplexe Zahl $z \neq 0$ kann aber auf eindeutige Weise durch ihren Betrag $|z|$ und den Winkel $\arg(z) \in [0, 2\pi)$ beschrieben werden.

Man setzt nun $\quad e^{\mathrm{i}\,t} = \cos(t) + \mathrm{i}\,\sin(t) \quad$ (***Euler'sche Formel***).

Diese eigenartige Exponentialschreibweise rechtfertigt sich aufgrund folgender Eigenschaften:

Schreibt man etwa $E(t) := e^{\mathrm{i}t}$, *so ist*

$$E(0) = 1 \quad \textit{und} \quad E(t+s) = E(t) \cdot E(s) \;\; \textit{für } s,t \in \mathbb{R}.$$

BEWEIS: Es ist $E(0) = \cos(0) + \mathrm{i}\,\sin(0) = 1$, sowie

$$\begin{aligned} E(t+s) &= \cos(t+s) + \mathrm{i}\,\sin(t+s) \\ &= \big(\cos(t)\cos(s) - \sin(t)\sin(s)\big) + \mathrm{i}\,\big(\sin(t)\cos(s) + \cos(t)\sin(s)\big) \\ &= \big(\cos(t) + \mathrm{i}\,\sin(t)\big) \cdot \big(\cos(s) + \mathrm{i}\,\sin(s)\big) \\ &= E(t) \cdot E(s). \end{aligned}$$

■

Hieraus folgt:

Formel von Moivre:

$$(\cos t + \mathrm{i}\,\sin t)^n = \cos(nt) + \mathrm{i}\,\sin(nt).$$

BEWEIS: Es ist

$$\begin{aligned} (\cos t + \mathrm{i}\,\sin t)^n &= E(t)^n = \underbrace{E(t) \cdot E(t) \cdots E(t)}_{n\text{-mal}} = E(\underbrace{t + t + \cdots + t}_{n\text{-mal}}) \\ &= E(nt) = \cos(nt) + \mathrm{i}\,\sin(nt). \end{aligned}$$

■

Diese Formel ist sehr nützlich, zum Beispiel ist

$$\begin{aligned} \cos(3t) + \mathrm{i}\,\sin(3t) &= \big(\cos(t) + \mathrm{i}\,\sin(t)\big)^3 \\ &= \cos^3(t) + 3\,\mathrm{i}\,\cos^2(t)\sin(t) - 3\cos(t)\sin^2(t) - \sin^3(t)\,\mathrm{i}, \end{aligned}$$

also

$$\begin{aligned} \cos(3t) &= \cos^3(t) - 3\cos(t)\sin^2(t) = 4\cos^3(t) - 3\cos(t) \\ \text{und} \quad \sin(3t) &= 3\cos^2(t)\sin(t) - \sin^3(t) = 3\sin(t) - 4\sin^3(t). \end{aligned}$$

Die „komplexe Exponentialfunktion" hat auch einige für eine Exponentialfunktion ungewöhnliche Eigenschaften:

1. Es ist $|e^{\mathrm{i}t}| = 1$ für alle $t \in \mathbb{R}$. Also liegt $E(t)$ stets auf dem Einheitskreis.
2. Es ist $e^{\mathrm{i}(t+2\pi)} = e^{\mathrm{i}t}$ für beliebiges t. Also ist $E(t)$ periodisch mit Periode 2π.

Im Falle $t = \pi$ liefert die Euler'sche Formel übrigens die „Weltformel“

$$e^{\mathrm{i}\pi} + 1 = 0,$$

denn es ist $\cos(\pi) + \mathrm{i}\sin(\pi) = -1$.[1]

In Polarkoordinaten ist das Inverse zu $z = r \cdot (\cos(t) + \mathrm{i}\sin(t))$ die Zahl

$$z^{-1} = \frac{\overline{z}}{z\overline{z}} = \frac{1}{r} \cdot (\cos(t) - \mathrm{i}\sin(t)).$$

Man gewinnt also z^{-1}, indem man z zunächst an der x-Achse spiegelt und dann am Einheitskreis.

Die Polarkoordinaten ermöglichen es, Wurzeln aus komplexen Zahlen zu ziehen. Ist $z = r\,e^{\mathrm{i}t}$, so ist $z^n = r^n\big(e^{\mathrm{i}t}\big)^n = r^n\,e^{\mathrm{i}nt}$. Deshalb setzt man umgekehrt

$$\sqrt[n]{r\,e^{\mathrm{i}t}} := \sqrt[n]{r}\,e^{\mathrm{i}t/n}.$$

Allerdings ist diese Wurzel nicht die einzig Mögliche. Warum? Betrachten wir mal die Gleichung

$$\big(r \cdot e^{\mathrm{i}t}\big)^n = 1.$$

Dann muss $r^n \cdot e^{\mathrm{i}(nt)} = 1$ sein. Wendet man auf beiden Seiten den Betrag an, so erhält man die Gleichung $r^n = 1$. Dafür gibt es in $\mathbb{R}$ nur die Lösung $r = 1$.

Was bleibt, ist die Gleichung $e^{\mathrm{i}(nt)} = 1$ (also $\cos(nt) = 1$ und $\sin(nt) = 0$). Diese Gleichung hat unendlich viele Lösungen, nämlich $nt = 2\pi k$, also $t = 2\pi k/n$. Allerdings sind die Zahlen $e^{\mathrm{i}t}$ mit $t = 2\pi k/n$ nicht für alle $k \in \mathbb{N}$ verschieden. Ist $k = m \cdot n + k_0$ mit $0 \leq k_0 < n$, so ist $e^{\mathrm{i}(2\pi k/n)} = e^{\mathrm{i}(2\pi m)} \cdot e^{\mathrm{i}(2\pi k_0/n)} = e^{\mathrm{i}(2\pi k_0/n)}$. Daraus folgt:

Satz: *Die Gleichung $z^n = 1$ hat in $\mathbb{C}$ genau n Lösungen, nämlich*

$$\zeta_k := e^{2\pi\mathrm{i}\cdot k/n}, \quad k = 0, 1, \ldots, n-1.$$

Die Zahlen $\zeta_{n,k} := e^{2\pi\mathrm{i}\cdot k/n}$, $k = 0, 1, \ldots, n-1$, nennt man die ***n*-*ten Einheitswurzeln***.

Allgemein besitzt in $\mathbb{C}$ jede Zahl $z \neq 0$ genau n n-te Wurzeln.

Beispiel 11.3.1 (Die Wurzel aus einer komplexen Zahl)

Es soll die Wurzel aus $z = -1 + \sqrt{3}\,\mathrm{i}$ gezogen werden. Das geht am besten, wenn man mit Polarkoordinaten arbeitet.

[1]Die Bezeichnung „Weltformel“ ist mehr als Scherz zu verstehen. Die Formel verbindet zwar die wichtigen universellen Konstanten 0, 1, π und e, ihre Aussage ist aber eher simpel.

1. Schritt (Umrechnung in Polarkoordinaten):

$$\text{Es ist} \quad |z| = \sqrt{(-1)^2 + \sqrt{3}^2} = \sqrt{4} = 2,$$

$$\text{also} \quad z = 2 \cdot \left(-\frac{1}{2} + \frac{\sqrt{3}}{2} I\right) = 2 \cdot \left(\cos\frac{2\pi}{3} + \mathrm{i}\sin\frac{2\pi}{3}\right).$$

Damit ist $z = 2 \cdot e^{(2\pi/3)\,\mathrm{i}}$.

2. Schritt: Nun kann man die Wurzel ziehen. Es ist

$$\sqrt{z} = \sqrt{2}\, e^{(\pi/3)\,\mathrm{i}} \cdot \zeta,$$

wobei ζ eine zweite Einheitswurzel ist, also $= e^0 = 1$ oder $= e^{\mathrm{i}\pi} = -1$.

3. Schritt (Umrechnung in kartesische Koordinaten): Es ist $\cos(\pi/3) = 1/2$ und $\sin(\pi/3) = \sqrt{3}/2$. Also erhält man die beiden Wurzeln

$$w_1 = \sqrt{2}\left(\frac{1}{2} + \mathrm{i}\,\frac{\sqrt{3}}{2}\right) = \frac{1}{2}\left(\sqrt{2} + \mathrm{i}\,\sqrt{6}\right) \quad \text{und} \quad w_2 = -w_1 = -\frac{1}{2}\left(\sqrt{2} + \mathrm{i}\,\sqrt{6}\right).$$

♠

Zum Schluss noch ein paar Worte über die Gleichung $\mathrm{i} = \sqrt{-1}$. In Polarkoordinaten ist $-1 = e^{\mathrm{i}\pi}$. Es gibt dann zwei Wurzeln aus -1, nämlich $w_1 = e^{\mathrm{i}\pi/2} = \mathrm{i}$ und $w_2 = -e^{\mathrm{i}\pi/2} = -\mathrm{i}$. Keine dieser beiden Zahlen ist vor der anderen ausgezeichnet. Also ist $\sqrt{-1} = \{\mathrm{i}, -\mathrm{i}\}$, und diese Mehrdeutigkeit muss immer berücksichtigt werden. Lassen Sie sich also nicht durch Taschenspielertricks übertölpeln, mit denen jemand versucht, aus der Gleichung $\mathrm{i} = \sqrt{-1}$ einen Widerspruch herzuleiten (wie es am Ende von Abschnitt 4.3 demonstriert wurde).

Und ein letztes Mal soll hier daran erinnert werden: Komplexe Zahlen können **nicht** die Eigenschaft „positiv“ oder „negativ“ besitzen! Eine Aussage wie „$z_1 < z_2$“ ist völlig sinnlos, aber es könnte $|z_1| < |z_2|$ sein.

11.4 Komplexe Polynome

Komplexe Polynome verallgemeinern die bekannten reellen Polynome. *Sie werden auch ähnlich behandelt, aber hier sollen ein paar Neuigkeiten über ihre Nullstellen vorgestellt werden.*

Ein ***komplexes Polynom***

$$p(z) = c_n z^n + c_{n-1} z^{n-1} + \cdots + c_2 z^2 + c_1 z + c_0$$

ist eigentlich eine Funktion $p : \mathbb{C} \to \mathbb{C}$. Aber die Eigenschaft, eine Funktion zu sein, spielt hier keine große Rolle. Wir interessieren uns hier nur für die Bestimmung der Nullstellen von p, also die Lösungen der Gleichung $p(z) = 0$.

Beispiel 11.4.1 (Quadratische Gleichungen in $\mathbb{C}$)

Sei $p(z) = az^2 + bz + c$. Die Gleichung $p(z) = 0$ löst man wie im Reellen mit Hilfe der quadratischen Ergänzung. Das liefert die bekannte Lösungsformel:

$$z = \frac{-b \pm \sqrt{b^2 - 4ac}}{2a}.$$

Im Reellen kommt es auf die Diskriminante $\Delta := b^2 - 4ac$ an. Dort gibt es nur dann eine Lösung der quadratischen Gleichung, wenn $\Delta > 0$ ist. Im Komplexen gibt es aber keine „positiven" Zahlen, diese Unterscheidung ist also gar nicht möglich. Dafür kann man aus jeder komplexen Zahl die Wurzel ziehen. Also besitzt jede quadratische Gleichung zwei komplexe Lösungen, die nur im Ausnahmefall $\Delta = 0$ zusammenfallen. In diesem Ausnahmefall zählt man die Nullstelle doppelt.

Sei etwa $p(z) = z^2 + \mathrm{i}\,z + 6$. Dann gibt es folgende Lösungen der Gleichung $p(z) = 0$:

$$z_{1/2} = \frac{-\mathrm{i} \pm \sqrt{-1 - 24}}{2} = \frac{\mathrm{i}}{2}(-1 \pm 5) = \begin{cases} 2\,\mathrm{i} & \text{(im Falle des Pluszeichens),} \\ -3\,\mathrm{i} & \text{(im Falle des Minuszeichens).} \end{cases}$$

♠

Die Existenz komplexer Nullstellen betrifft natürlich auch Polynome mit reellen Koeffizienten. Das Polynom $f_t(z) := z^2 + t$ besitzt für $t > 0$ keine reellen Nullstellen mehr, wohl aber die komplexen Nullstellen $z = \pm\sqrt{-t} = \pm\,\mathrm{i}\sqrt{t}$.

Ist $f(z) = z^2 + \beta z + \gamma$ ein beliebiges quadratisches Polynom mit den zwei Nullstellen z_1 und z_2, so ist $z_1 + z_2 = -\beta$ und $z_1 \cdot z_2 = \gamma$ (Gleichungen von Vieta). Daraus folgt, dass $f(z) = (z - z_1) \cdot (z - z_2)$ ist. Dieser Zusammenhang zwischen Nullstellen und Linearfaktoren lässt sich stark verallgemeinern:

Satz über Nullstellen und Linearfaktoren: *Sei $p(z)$ ein Polynom vom Grad n, $p(c) = 0$. Dann gibt es ein Polynom $q(z)$ vom Grad $n - 1$, so dass gilt:*

$$p(z) = (z - c) \cdot q(z).$$

Der Beweis funktioniert wie im Rellen (siehe Abschnitt 5.4).

Definition

Sei $p(z)$ ein Polynom vom Grad n. Eine Zahl $c \in \mathbb{C}$ heißt ***k-fache Nullstelle*** von $p(z)$, falls es ein Polynom $q(z)$ vom Grad $n - k$ gibt, so dass gilt:

$$p(z) = (z - c)^k \cdot q(z) \quad \text{und} \quad q(c) \neq 0.$$

Man nennt k auch die ***Vielfachheit*** der Nullstelle.

Ein quadratisches Polynom besitzt entweder zwei verschiedene Nullstellen oder eine mit der Vielfachheit zwei. Wie es bei Polynomen höheren Grades aussieht, war lange Zeit unklar, bis Gauß den folgenden Satz bewies.

Fundamentalsatz der Algebra: *Jedes nicht konstante komplexe Polynom hat in $\mathbb{C}$ wenigstens eine Nullstelle.*

Man kann aus einem gegebenen Polynom so lange Linearfaktoren herausziehen, bis ein Polynom ohne Nullstellen übrig bleibt. Dieser Prozess kann nur bei einer Konstanten enden, und man erhält:

Ein Polynom n-ten Grades zerfällt immer in ein Produkt von n Linearfaktoren.

11.5 Komplexe Zahlen in der Geometrie

Die komplexe Ebene $\mathbb{C}$ ist ein weiteres Modell für die ebene euklidische Geometrie. *Gegenüber dem $\mathbb{R}^2$ hat $\mathbb{C}$ den Vorteil, dass es neben der Vektorraumstruktur auch noch die Multiplikation komplexer Zahlen gibt. Man kann hoffen, dass diese zusätzliche Struktur ein nützliches Werkzeug liefert.*

Eine ***Gerade*** L wird auch in $\mathbb{C}$ durch eine Gleichung $ax + by = r$ mit $a, b, r \in \mathbb{R}$ und $(a, b) \neq (0, 0)$ beschrieben. Man sollte aber eine komplexe Darstellung finden. Dafür bietet sich folgende Beziehung an: Ist $z = x + \mathrm{i}\, y$, so ist

$$x = \frac{1}{2}(z + \overline{z}) \quad \text{und} \quad y = \frac{1}{2\,\mathrm{i}}(z - \overline{z}).$$

Deshalb liegt $z = x + \mathrm{i}\, y$ genau dann auf L, wenn gilt:

$$\begin{aligned} r &= ax + by = \frac{a}{2} z + \frac{a}{2} \overline{z} + \frac{b}{2\,\mathrm{i}} z - \frac{b}{2\,\mathrm{i}} \overline{z} \\ &= \Big(\frac{a}{2} - \frac{b}{2}\,\mathrm{i}\Big) z + \Big(\frac{a}{2} + \frac{b}{2}\,\mathrm{i}\Big) \overline{z} = cz + \overline{cz}, \end{aligned}$$

mit $c := (a/2) - (b/2)\,\mathrm{i}$.

Der ***Kreis*** um z_0 mit Radius r besteht aus allen Punkten z mit $|z - z_0| = r$, also

$$\begin{aligned} r^2 &= |z - z_0|^2 = (z - z_0)(\overline{z} - \overline{z}_0) \\ &= z\overline{z} - z_0\overline{z} - \overline{z}_0 z + z_0\overline{z}_0, \end{aligned}$$

und damit

$$z\overline{z} + cz + \overline{cz} + \delta, \text{ mit } c := -\overline{z}_0 \in \mathbb{C} \text{ und } \delta := z_0\overline{z}_0 - r^2 \in \mathbb{R}.$$

Ist $z = a + \mathrm{i}\, b$ und $w = c + \mathrm{i}\, d$, so ist $z\overline{w} = (a + \mathrm{i}\, b)(c - \mathrm{i}\, d) = (ac + bd) + \mathrm{i}\,(bc - ad)$. Also ist $\mathrm{Re}(z\overline{w})$ das euklidische Skalarprodukt. Ist $w = \mathrm{i}\, z$, so ist $c = -b$ und $d = a$. Damit verschwindet das Skalarprodukt, und man sieht, dass $\mathrm{i}\, z$ auf z senkrecht steht.

Auch die euklidischen Bewegungen lassen sich in $\mathbb{C}$ sehr einfach beschreiben.

1. Eine Translation wird einfach durch eine Abbildung $z \mapsto z + v$ (mit festem v) beschrieben.

2. Ist $t \in [0, 2\pi)$, so beschreibt $z \mapsto e^{\mathrm{i}\,t} \cdot z$ die Drehung um den Winkel t (um den Nullpunkt).

3. Die Konjugation $z \mapsto \overline{z}$ ist die Spiegelung an der x-Achse.

Jede Bewegung lässt sich aus diesen drei speziellen Abbildungen zusammensetzen. Und auch die gewöhnliche Multiplikation in $\mathbb{C}$ bekommt nun eine anschauliche Bedeutung. Allerdings sollte die Darstellung in Polarkoordinaten verwendet werden. Ist $w = re^{\mathrm{i}\,t}$, so ergibt die Multiplikation $z \mapsto w \cdot z$ eine Drehung um den Winkel t, gefolgt von einer zentrischen Streckung um den Faktor r. Das ist eine sogenannte „Drehstreckung“.

11.6 Die Quaternionen

Wie weit gehen die Zahlensysteme? *Die Entdeckung des Systems der komplexen Zahlen als Erweiterung von $\mathbb{R}$ brachte die Mathematik einen gewaltigen Schritt nach vorne (was man leider im Rahmen dieses Buches nicht einmal annäherungsweise zeigen kann). Das war die Motivation für den irischen Mathematiker Sir William Rowan Hamilton, nach einer weiteren womöglich 3-dimensionalen Erweiterung von $\mathbb{R}$ und $\mathbb{C}$ zu suchen. 13 Jahre lang blieb die Suche vergeblich, dann entdeckte Hamilton, dass er den Schritt in die 4. Dimension vollziehen musste. Auch wenn diese Entdeckung nicht ganz so folgenreich wie die von $\mathbb{C}$ war, so soll hier doch ein kurzer Blick darauf geworfen werden.*

Hamiltons entscheidender Gedanke sah folgendermaßen aus: Statt mit drei reellen Komponenten muss man mit vier Einheiten e, i, j und k arbeiten, für die folgende Multiplikationsregeln gelten: $\mathsf{e} = 1$ und $\mathsf{i}\,\mathsf{j} = -\mathsf{j}\,\mathsf{i} =: \mathsf{k}$.

Definition

Im vierdimensionalen Vektorraum $\mathbb{R}^4$ mit der Standardbasis

$$1 = \mathsf{e} := (1,0,0,0),\ \mathsf{i} := (0,1,0,0),\ \mathsf{j} := (0,0,1,0) \text{ und } \mathsf{k} := (0,0,0,1)$$

wird die ***Hamilton'sche Multiplikation*** durch

$$\mathsf{i}^2 = \mathsf{j}^2 = \mathsf{k}^2 = \mathsf{i}\,\mathsf{j}\,\mathsf{k} = -\mathsf{e} \quad \text{und} \quad \mathsf{i}\,\mathsf{j} = -\mathsf{j}\,\mathsf{i} = \mathsf{k}$$

eingeführt. Dabei ist e das neutrale Element bei der Multiplikation.

Den so erhaltenen Zahlenbereich nennt man die ***Algebra der Quaternionen*** und bezeichnet ihn mit $\mathbb{H}$.

Die von i, j und k aufgespannten Quaternionen nennt man ***rein imaginär***. Hamilton bezeichnete sie als ***Vektoren*** und ist damit einer der Urheber der Vektorrechnung. In der angelsächsischen Literatur wird die Standardbasis des $\mathbb{R}^3$ noch immer mit $\{\mathbf{i}, \mathbf{j}, \mathbf{k}\}$ bezeichnet. Für die Menge der rein imaginären Quaternionen verwendet man das Symbol $\mathrm{Im}(\mathbb{H})$, ihre Elemente werden hier mit Frakturbuchstaben bezeichnet.

Definition

Ist $x = \alpha \cdot 1 + \mathfrak{u}$ eine allgemeine Quaternion mit $\mathfrak{u} \in \mathrm{Im}(\mathbb{H})$, so setzt man

$$\overline{x} := \alpha \cdot 1 - \mathfrak{u}.$$

Offensichtlich ist $\overline{\overline{x}} = x$ und $\mathrm{Im}(\mathbb{H}) = \{x \mid \overline{x} = -x\}$. Die Konjugation lässt sich in $\mathbb{H}$ ähnlich nutzbringend anwenden wie in $\mathbb{C}$, etwa zur Bestimmung des Inversen. Leider ist das Produkt in $\mathbb{H}$ zwangsläufig **nicht kommutativ**. Diese Tatsache mag Schuld daran sein, dass die Quaternionen zwar für die Algebra sehr interessant waren, in der Analysis aber nie die gleiche Bedeutung wie die komplexen Zahlen erlangten.

Für die Vektorgeometrie im $\mathbb{R}^3$ ist es besonders interessant, dass man die Produkte der Vektorrechnung aus dem Quaternionenprodukt gewinnen kann. Das erklärt zum Beispiel, warum das Vektorprodukt nicht kommutativ ist. Sind $\mathfrak{u}$ und $\mathfrak{v}$ zwei vektorielle Quaternionen, so ist

$$\mathfrak{u}\mathfrak{v} = -\mathfrak{u} \bullet \mathfrak{v} + \mathfrak{u} \times \mathfrak{v}.$$

Folgerung: *Es ist*

$$\mathfrak{u} \bullet \mathfrak{v} = -\frac{1}{2}(\mathfrak{u}\mathfrak{v} + \mathfrak{v}\mathfrak{u}) \quad \textit{und} \quad \mathfrak{u} \times \mathfrak{v} = \frac{1}{2}(\mathfrak{u}\mathfrak{v} - \mathfrak{v}\mathfrak{u}).$$

Nach Hamiltons Entdeckung der Quaternionen gingen die Mathematiker auf die Suche nach anderen Erweiterungen von $\mathbb{R}$, $\mathbb{C}$ und $\mathbb{H}$. Am Ende fand sich noch ein 8-dimensionaler Zahlenbereich, bei dem man leider auch noch auf das Assoziativgesetz verzichten muss. Und man konnte zeigen, dass das alles ist. Weitere Zahlbereichserweiterungen gibt es nicht.

11.7 Zusätzliche Aufgaben

Aufgabe 11.1. Lösen Sie die Gleichung $x^3 = px + q$ durch den Ansatz $x = u + v$. Lösen Sie speziell die Gleichung $x^3 = 12x + 16$.

Aufgabe 11.2. Es sei $z = 5 + 3\,\mathrm{i}$ und $w = 6 - 7\,\mathrm{i}$. Berechnen Sie $z + w$, $z \cdot w$ und $\frac{z}{w}$ (jeweils in der Form $a + b\,\mathrm{i}$).

Aufgabe 11.3. Berechnen Sie $\sqrt[3]{1 + \mathrm{i}}$ und $\sqrt[6]{-1}$ (jeweils in der Form $a + b\,\mathrm{i}$). Ist die Lösung eindeutig?

Aufgabe 11.4. Schreiben Sie $z = \sqrt{3} + \mathrm{i}$ in der Form $re^{\mathrm{i}t}$.

Aufgabe 11.5. Die komplexe Zahl z habe die Polarkoordinaten $|z| = 4$ und $\arg(z) = 15°$. Berechnen Sie z in der Form $z = x + \mathrm{i}\,y$.

Aufgabe 11.6. Die komplexen Zahlen $z_1 \neq z_2$ seien beide $\neq 0$. Zeigen Sie, dass die Dreiecke mit den Ecken 0, 1 und z_1 bzw. 0, z_2 und $z_1 z_2$ ähnlich sind.

Aufgabe 11.7. Berechnen Sie die Potenzen $(1 + \mathrm{i})^n$ für $n = 0, 1, 2, \ldots, 8$.

Aufgabe 11.8. Berechnen Sie $(2\sqrt{3} + 2\,\mathrm{i})^6$.

Aufgabe 11.9. Lösen Sie die quadratische Gleichung $z^2 + 15z + 57 = 0$ in $\mathbb{C}$.

Aufgabe 11.10. Beweisen Sie die Gleichung

$$\sin\frac{2\pi}{n} + \sin\frac{4\pi}{n} + \cdots + \sin\frac{2(n-1)\pi}{n} = 0.$$

Hinweis: *Man überlege sich zunächst, dass $1 + \zeta + \zeta^2 + \cdots + \zeta^{n-1} = 0$ für jede n-te Einheitswurzel gilt.*

Aufgabe 11.11. Zerlegen Sie die Polynome $p(z) = z^4 + 4$ und $q(z) = z^2 - z - 6$ in Linearfaktoren.

Aufgabe 11.12. Für $z, w \in \mathbb{C}$ sei $\langle z\,,\, w\rangle := \mathrm{Re}(z\overline{w})$.

a) Zeigen Sie, dass $\langle z\,,\, w\rangle$ das Skalarprodukt der Vektoren z und w im $\mathbb{R}^2$ ist, und beweisen Sie die Formeln

$$|z - w|^2 = |z|^2 + |w|^2 - 2\langle z\,,\, w\rangle \quad \text{und} \quad \langle z\,,\, \mathrm{i}\,z\rangle = 0.$$

b) Seien $a, b \in \mathbb{C}$, $a \neq b$, sowie $m := \frac{1}{2}(a + b)$ und $r := \frac{1}{2}|a - b|$. Beweisen Sie für beliebiges $c \in \mathbb{C}$ die Formel

$$|c - m|^2 - r^2 = \langle c - a\,,\, c - b\rangle.$$

Warum ist dies der Satz vom Thaleskreis?

Hinweis: *Man zeige bei (b), dass $|a + b|^2 - |a - b|^2 = 4\langle a\,,\, b\rangle$ ist. Zur Beantwortung der abschließenden Frage kann eine Skizze hilfreich sein.*

Aufgabe 11.13. Es seien $a \neq b$ zwei komplexe Zahlen. Zeigen Sie: Eine Zahl $c \in \mathbb{C}$ liegt genau dann auf der Geraden durch a und b, wenn $(c - a)/(b - a)$ reell ist.

Aufgabe 11.14. Sei $c \in \mathbb{C}$ und $\delta \in \mathbb{R}$. Unter welchen Umständen bildet die Menge aller $z \in \mathbb{C}$ mit $z\overline{z}+cz+\overline{cz}+\delta = 0$ einen Kreis? Bestimmen Sie Mittelpunkt und Radius dieses Kreises.

Aufgabe 11.15. Aus Translationen $z \mapsto z + c$, Drehungen $z \mapsto az$ (mit $|a| = 1$) und der Spiegelung $z \mapsto \overline{z}$ kann man beliebige Bewegungen der Ebene zusammensetzen. Bestimmen Sie (unter Verwendung von z_0 und $v \neq 0$) die Spiegelung an der Geraden $L := \{z \in \mathbb{C} : z = z_0 + tv \text{ mit } t \in \mathbb{R}\}$.

Aufgabe 11.16. Zeigen Sie für vektorielle Quaternionen $\mathfrak{u}$, $\mathfrak{v}$ und $\mathfrak{w}$ die Beziehung

$$\mathfrak{u}\mathfrak{v}\mathfrak{w} - \mathfrak{v}\mathfrak{w}\mathfrak{u} = -2(\mathfrak{u} \bullet \mathfrak{v})\mathfrak{w} + 2(\mathfrak{u} \bullet \mathfrak{w})\mathfrak{v}.$$

Leiten Sie daraus die folgende Gleichung her:

$$\mathfrak{u} \times (\mathfrak{v} \times \mathfrak{w}) = (\mathfrak{u} \bullet \mathfrak{w})\mathfrak{v} - (\mathfrak{u} \bullet \mathfrak{v})\mathfrak{w}.$$

12 Lösungen

Lösungen zu Kapitel 1

Aufgabe 1.1: Annahme, $g \neq h$ seien zwei Geraden, die sich in mindestens zwei verschiedenen Punkten P und Q treffen. Dann gibt es zu diesen beiden Punkten zwei verschiedene Geraden, auf denen sie liegen. Das ist ein Widerspruch zum ersten Inzidenzaxiom.

Nach dem dritten Inzidenzaxiom gibt es in der Ebene mindestens drei verschiedene Punkte A, B und C, die nicht auf einer Geraden liegen. Dann müssen auch Verbindungsgeraden AB, BC und AC existieren. Wäre etwa $AB = BC$, so lägen A, B, C auf einer Geraden, was nach Voraussetzung ausgeschlossen ist. Analog folgen die anderen beiden möglichen Fälle.

Aufgabe 1.2: Beschränkt man sich nicht auf die reale Ebene, so kann man vier (verschiedene) Punkte mit sechs Geraden verbinden:

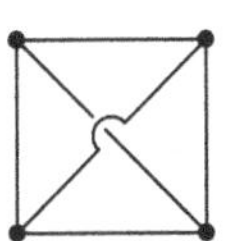

Abb. 12.1

Die gesuchte abstrakte Ebene möge also aus vier Punkten A, B, C, D bestehen. Je zwei Punkte ergeben dann eine abstrakte Gerade, die aus genau diesen beiden Punkten besteht. Die Diagonalen schneiden sich nicht, sind also parallel! In jedem Punkt treffen sich drei Geraden, und zu jeder Geraden g gibt es genau eine Parallele, die durch die beiden Punkte geht, die nicht auf g liegen. Also sind alle gewünschten Axiome erfüllt.

Aufgabe 1.3: Ein Hemputi enthält wenigstens einen grünen Hunki. Dann bleibt noch Platz für weniger als $20 - \frac{11}{10} = \frac{189}{10}$ Knaffs. Wenn dieser Platz auf x Knaffs und y grüne Hunkis verteilt wird und $x > y + 1$ sein soll, dann ist $(y + 1) + \frac{11}{10}y < \frac{189}{10}$, also $y \leq 8$. Maximal 9 grüne Hunkis können in einem Hemputi sein.

In der *Zeit* wurde fälschlicherweise 8 als Lösung angegeben. Allerdings enthielt diese Lösung sowieso schon einen offensichtlicher Druckfehler. Sicherheitshalber sei hier deshalb noch ein weiterer Lösungsweg angegeben:

In ein Hemputi passen n Knaffs und m grüne Hunkis (wobei n und m ganze Zahlen sind). Ist K die Größe eines Knaffs und G die Größe eines grünen Hunkis, so gilt die Ungleichung

$$nK + mG < 20K,$$

weil ein Hemputi kleiner als ein Plauz ist und genau 20 Knaffs in einen Plauz passen. Außerdem ist ein grüner Hunki um 10 % größer als ein Knaff, also $G = \frac{11}{10}K$. Daraus ergibt sich die Ungleichung

$$10n + 11m < 200.$$

Da der Inhalt aller Hemputis vorwiegend rot ist, muss $n > m$ sein, also

$$21m = 10m + 11m < 10n + 11m < 200, \quad \text{und daher} \quad m < \frac{200}{21} = 9.5\ldots$$

Die ganze Zahl m kann demnach maximal $= 9$ werden.

Zur Probe: Ist $m = 9$, so muss n mindestens $= 10$ sein. Damit ist $nK + mG = \frac{199}{10}K < 20K$ und ein Hemputi kleiner als ein Plauz, so wie es sein soll. In ein Plauz passen zwar 20 Knaffs, aber ebenfalls nur 9 grüne Hunkis und 10 Knaffs.

Aufgabe 1.4: Nach dem schwachen Außenwinkelsatz, der ohne Parallelenaxiom bewiesen werden kann, ist der Außenwinkel größer als jeder der beiden gegenüberliegenden Innenwinkel. Diesen Satz braucht man hier aber nicht. Das Parallelenaxiom ist ein viel stärkeres Hilfsmittel.

Die Hilfslinie BE sei parallel zu AC. Dann folgt aus den Sätzen über Winkel an Parallelen: $\gamma = \varepsilon$ und $\alpha = \delta$, also $\alpha + \gamma = \varepsilon + \delta =: \varphi$ der Außenwinkel, der α und γ gegenüberliegt.

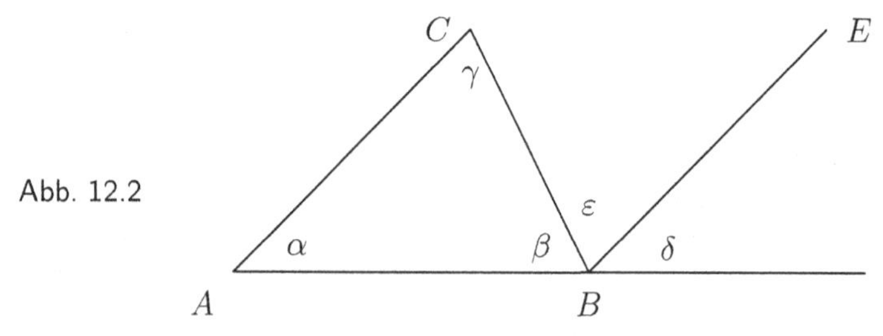

Abb. 12.2

Aufgabe 1.5: 1) Zur Formel $\big(\mathscr{A} \wedge (\mathscr{A} \Longrightarrow \mathscr{B})\big) \Longrightarrow \mathscr{B}$:
Es ist $\mathscr{A} \wedge (\mathscr{A} \Longrightarrow \mathscr{B}) \iff \mathscr{A} \wedge (\mathscr{B} \vee \neg\mathscr{A}) \iff (\mathscr{A} \wedge \mathscr{B}) \vee (\mathscr{A} \wedge \neg\mathscr{A}) \iff \mathscr{A} \wedge \mathscr{B}$. Jetzt geht es mit einer Wahrheitstafel recht einfach weiter:

$\mathscr{A}$	$\mathscr{B}$	$\mathscr{A} \wedge \mathscr{B}$	$(\mathscr{A} \wedge \mathscr{B}) \Longrightarrow \mathscr{B}$
w	w	w	w
w	f	f	w
f	w	f	w
f	f	f	w

2) Bei der Formel $\big((\mathscr{A} \Longrightarrow \mathscr{B}) \wedge (\mathscr{B} \Longrightarrow \mathscr{C})\big) \Longrightarrow (\mathscr{A} \Longrightarrow \mathscr{C})$ sind eventuell Abkürzungen nützlich:

$$\mathscr{X} :\iff (\mathscr{A} \implies \mathscr{B}),\quad \mathscr{Y} :\iff (\mathscr{B} \implies \mathscr{C}) \quad\text{und}\quad \mathscr{Z} :\iff (\mathscr{A} \implies \mathscr{C}).$$

Dann erhält man folgende Wahrheitstafeln:

$\mathscr{A}$	$\mathscr{B}$	$\mathscr{C}$	$\mathscr{X}$	$\mathscr{Y}$	$\mathscr{Z}$	$\mathscr{X} \wedge \mathscr{Y}$	$(\mathscr{X} \wedge \mathscr{Y}) \implies \mathscr{Z}$
w	w	w	w	w	w	w	w
w	w	f	w	f	f	f	w
w	f	w	f	w	w	f	w
w	f	f	f	w	f	f	w

$\mathscr{A}$	$\mathscr{B}$	$\mathscr{C}$	$\mathscr{X}$	$\mathscr{Y}$	$\mathscr{Z}$	$\mathscr{X} \wedge \mathscr{Y}$	$(\mathscr{X} \wedge \mathscr{Y}) \implies \mathscr{Z}$
f	w	w	w	w	w	w	w
f	w	f	w	f	w	f	w
f	f	w	w	w	w	w	w
f	f	f	w	w	w	w	w

3) ist trivial.

4) Auch beim Kontrapositionsgesetz hilft die Wahrheitstafel:

$\mathscr{A}$	$\mathscr{B}$	$\neg\mathscr{A}$	$\neg\mathscr{B}$	$\mathscr{A} \implies \mathscr{B}$	$(\neg\mathscr{B}) \implies (\neg\mathscr{A})$
w	w	f	f	w	w
w	f	f	w	f	f
f	w	w	f	w	w
f	f	w	w	w	w

Die Wahrheitswerte in den letzten beiden Spalten sind gleich.

Aufgabe 1.6: Man kann nicht direkt zeigen, dass eine Zahl irrational ist. Deshalb führt man einen Widerspruchsbeweis. Man nimmt an, es gibt einen (gekürzten) Bruch p/q mit $(p/q)^2 = 3$.

In diesem Fall ist $p^2 = 3q^2$. Ist $p = 3k + 1$, so ist $p^2 = 9k^2 + 6k + 1$ nicht durch 3 teilbar; und wenn $p = 3k + 2$ ist, dann ist $p^2 = 9k^2 + 12k + 3 + 1$ ebenfalls nicht durch 3 teilbar. Also ist $p = 3k$ eine durch 3 teilbare Zahl. Setzt man das ein, so erhält man die Gleichung $3k^2 = q^2$. Mit den gleichen Argumenten wie eben folgt, dass auch q durch 3 teilbar ist. Jetzt ist ein Widerspruch erreicht, denn der Bruch p/q sollte ja gekürzt sein. Also war die Annahme falsch, und das bedeutet, dass $\sqrt{3}$ keine rationale Zahl ist.

Aufgabe 1.7: Die Denkblockade, der wohl auch Euklid unterlegen ist, besteht darin, zu glauben, dass man bei der Anwendung von Kongruenzsätzen zwei verschiedene Dreiecke braucht. Hier vergleicht man aber am besten ein Dreieck mit sich selbst: Ist Dreieck ABC gleichschenklig, so ist ABC kongruent zu BAC (SWS). Also ist auch $\angle BAC = \angle ABC$.

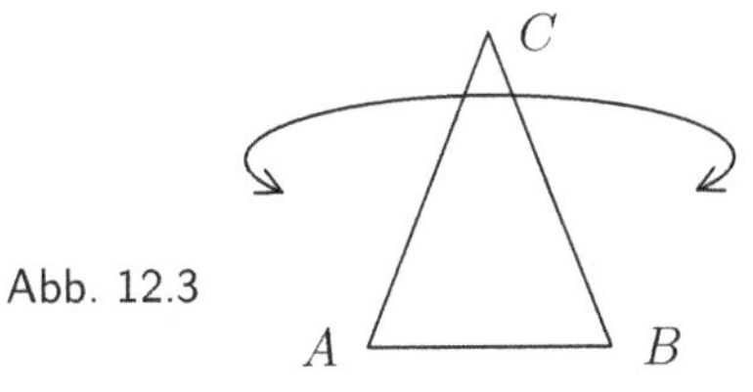

Abb. 12.3

Aufgabe 1.8: Annahme, $\overline{BC} < \overline{AC}$. Wähle D zwischen A und C, mit $\overline{AD} = \overline{BC}$.

Abb. 12.4

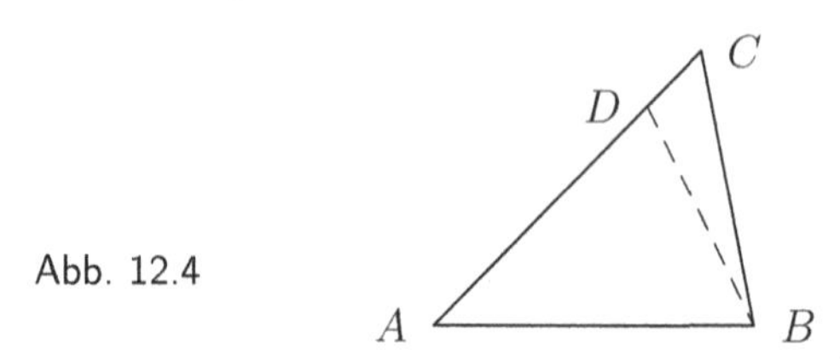

Die Dreiecke ABD und ABC sind kongruent (SWS: $\overline{AB} = \overline{AB}$, $\overline{AD} = \overline{BC}$ und $\angle BAD = \angle ABC$). Also muss auch $\angle ABD = \angle BAC = \angle ABC$ sein. Das ist ein Widerspruch, denn nach Konstruktion ist $\angle ABD < \angle ABC$. Dabei wird benutzt, dass D im Innern des Winkels $\angle ABC$ liegt. Das ist der Fall, weil D auf einer „Transversalen" des Winkels liegt, also einer Strecke, die zwei Punkte (hier A und C) auf den Schenkeln des Winkels miteinander verbindet.

Aufgabe 1.9: Die einzige Lösung der Ausgangsgleichung ist $x = 1$. Also hat der Schüler beim dritten Schritt durch 0 dividiert, ohne es zu merken. Warum die Division durch 0 verboten ist, erfährt man bei der Behandlung des Axiomensystems der reellen Zahlen in Kapitel 3. Bereits hier sieht man, dass es zu unkontrollierbaren Ergebnissen kommen kann, wenn man das Verbot umgeht.

Aufgabe 1.10: Vorausgesetzt wird das fünfte Axiom von Euklid: *Trifft eine Gerade ℓ auf zwei Geraden g_1 und g_2 und bildet mit ihnen auf einer Seite zwei innere Winkel, die zusammen weniger als zwei rechte Winkel ergeben, so treffen sich g_1 und g_2 auf dieser Seite.* Behauptet wird, dass es dann zu jeder Geraden g und jedem Punkt P außerhalb von g genau eine Parallele zu g durch P gibt. Der Beweis kann per Widerspruch geführt werden:

Es sei eine Gerade g und ein Punkt P außerhalb von g gegeben, so dass durch P **mindestens** zwei Parallen zu g laufen. F sei der Fußpunkt des Lotes von P auf g. Sei h_1 die Gerade durch P, die senkrecht auf der Strecke $\overline{FP}$ steht. Es gibt auf jeden Fall eine Gerade $h_2 \neq h_1$ durch P, die parallel zu g ist.

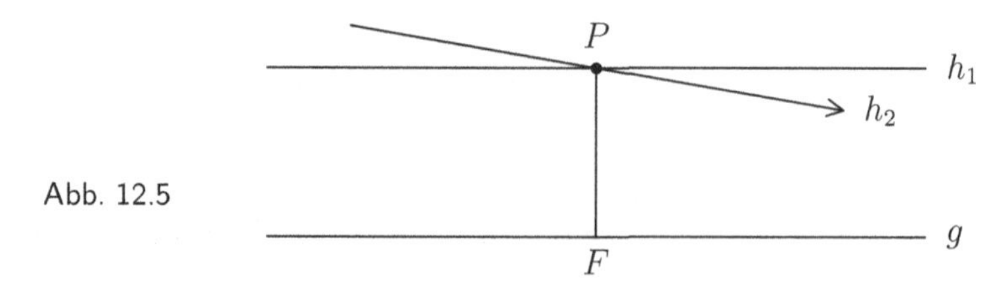

Abb. 12.5

Offensichtlich schließt h_2 mit $\overline{FP}$ auf einer Seite einen Winkel $< 90°$ ein. Aus dem Axiom von Euklid folgt, dass sich h_2 und g in einem Punkt Q treffen müssen. Das ist ein Widerspruch zur Parallelität von g und h_2.

Aufgabe 1.11: Die Situation sieht folgendermaßen aus:

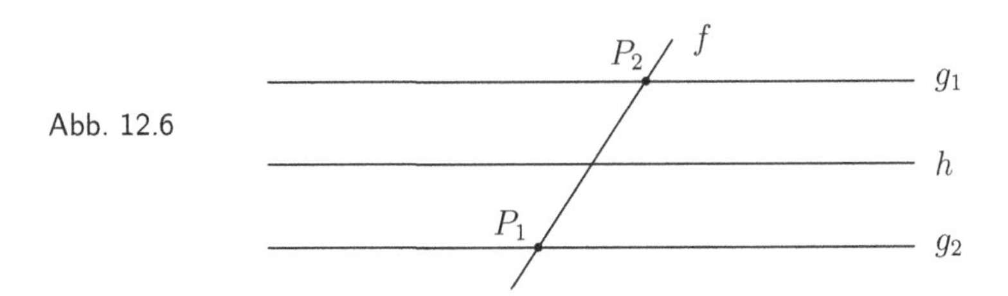

Abb. 12.6

Da g_1 und h nach Voraussetzung parallel sind und außerdem das Parallelenaxiom gilt, erfüllen g_1, h und f die Winkelbeziehungen (F), (E) und (Z) (das wurde auf Seite 12 angegeben). Das Gleiche gilt für g_2, h und f. Mit Hilfe von Nebenwinkel-Beziehungen folgt dann auch, dass g_1, g_2 und f die Winkelbeziehungen erfüllen.

Der auf Seite 12 bewiesene Satz besagt aber, dass aus der Gültigkeit der Winkelbeziehungen (F), (E) oder (Z) an den Geraden g_1, g_2 und f die Parallelität von g_1 und g_2 folgt.

Aufgabe 1.12: Wir führen das Symbol $\mathscr{A} \sqcup \mathscr{B}$ für „**entweder** $\mathscr{A}$ **oder** $\mathscr{B}$" ein. Dann muss die Wahrheitstafel folgendermaßen aussehen:

$\mathscr{A}$	$\mathscr{B}$	$\mathscr{A} \sqcup \mathscr{B}$
w	w	f
w	f	w
f	w	w
f	f	f

Die Wahrheitswerte in der rechten Spalte sind entgegengesetzt zu denen der Äquivalenz $\mathscr{A} \iff \mathscr{B}$. Also ist $\mathscr{A} \sqcup \mathscr{B}$ äquivalent zu der Aussage $\neg(\mathscr{A} \iff \mathscr{B})$. Letzteres kann man umformen zu $(\mathscr{A} \wedge \neg\mathscr{B}) \vee (\mathscr{B} \wedge \neg\mathscr{A})$. Und weil $\mathscr{A} \vee \neg\mathscr{A}$ und $\mathscr{B} \vee \neg\mathscr{B}$ immer wahr sind, ist das äquivalent zu $(\mathscr{A} \vee \mathscr{B}) \wedge \neg(\mathscr{A} \wedge \mathscr{B})$. Das ist genau das, was man haben möchte.

Aufgabe 1.13: Die Verneinungen lauten:

1) 9 ist Teiler von 27, und 3 ist kein Teiler von 27.

2) Höchstens 2 Studenten rauchen vor der Tür.

3) Es gibt einen Professor, der keinen Bart oder keine weißen Haare hat.

4) In Wuppertal regnet es nicht, und es gibt eine Ampel, die nicht rot ist.

Aufgabe 1.14: Die „und"-Verknüpfung $(\mathscr{A} \vee \mathscr{B}) \wedge (\mathscr{C} \vee \neg\mathscr{D})$ wird genau dann falsch, wenn $\mathscr{A} \vee \mathscr{B}$ oder $\mathscr{C} \vee \neg\mathscr{D}$ falsch sind, wenn also $\mathscr{A}$ und $\mathscr{B}$ beide falsch sind, oder $\mathscr{C}$ falsch und $\mathscr{D}$ wahr.

Aufgabe 1.15: Die Aussagen (1) und (2) sind beide wahr (Implikationen mit falscher Prämisse), Aussage (3) ist falsch (eine falsche und eine wahre Aussage können nicht äquivalent sein).

Aufgabe 1.16: Wir identifizieren A, B, C, D jeweils mit ihrer Aussage. Dann gilt:

$$\begin{array}{llll} \text{(I)} & A \iff \neg B & \qquad \text{(III)} & \neg D \iff \neg A \\ \text{(II)} & \neg C \iff D & \qquad \text{(IV)} & D \implies B \end{array}$$

Wenn D die Wahrheit sagt, dann auch B (nach (IV)). Dann lügt aber A (nach (I)), und wegen (III) auch D. Das kann nicht sein! Also muss D lügen (die Implikation (IV) ist dann trotzdem richtig). Wegen (II) folgt, dass C die Wahrheit sagt.

Man sieht außerdem, dass A lügt und B die Wahrheit sagt.

Aufgabe 1.17: Die Kontrapositionen lauten:

1) Wenn ein Viereck kein Rechteck ist, dann ist es auch kein Quadrat.

2) Wenn $a^2 \geq b^2$ ist, dann ist $a \geq b$.

3) Wenn Ferdinand keine Sechs hat, dann ist er mindestens so gut wie einer seiner Mitschüler.

Lösungen zu Kapitel 2

Aufgabe 2.1: Die Reflexivität von „$\subset$" ist trivial, ihre Transitivität folgt aus der Syllogismusregel (siehe Aufgabe 1.5). „$\subset$" ist aber **nicht** symmetrisch, denn die Beziehung $\{1\} \subset \{1, 2\}$ lässt sich nicht umkehren.

Aufgabe 2.2:
1) Ist $A \subset B$ und $x \in A \cup B$, also $(x \in A) \vee (x \in B)$, so liegt offensichtlich x in B. Weil $B \subset A \cup B$ immer gilt, erhält man $A \cup B = B$.

Wird umgekehrt $A \cup B = B$ vorausgesetzt, so gilt für $x \in A$: $x \in A \cup B$ und damit $x \in B$. Also ist $A \subset B$.

Bei (2) ist es ratsam, mit Fallunterscheidungen zu arbeiten. Liegt $x \in A \cup B$, so liegt x in A oder in $B \setminus A$. Im ersten Fall liegt x auch in $A \cap B$ oder in $A \setminus B$. Insgesamt folgt $A \cup B \subset (A \cap B) \cup (A \setminus B) \cup (B \setminus A)$. Umgekehrt gehört jedes Element von $(A \cap B) \cup (A \setminus B) \cup (B \setminus A)$ zu A oder zu B und damit zu $A \cup B$.

3) ergibt sich mehr oder weniger von selbst.

Aufgabe 2.3:
Zu (1): $\big(\exists x : (x \in A) \wedge (x \in B)\big) \implies \big((\exists x : x \in A) \wedge (\exists x : x \in B)\big)$.

Gegenbeispiel zur Umkehrung: $A = \{x \in \mathbb{Z} : x \text{ gerade}\}$ und $B = \{x \in \mathbb{Z} : x \text{ ungerade}\}$.

2): Es seien A und B Teilmengen von G.
a) $\big(\forall x \in G : (x \in A) \wedge (x \in B)\big) \iff \big((\forall x \in G : x \in A) \wedge (\forall x \in G : x \in B)\big)$
b) $\big((\forall x \in G : x \in A) \vee (\forall x \in G : x \in B)\big) \Longrightarrow \big(\forall x \in G : (x \in A) \vee (x \in B)\big)$.

Gegenbeispiel zur Umkehrung von (b): $G = \mathbb{Z}$, A und B wie oben.

Aufgabe 2.4: (Negation von Quantoren)
1) $\exists x \in G : \mathscr{A}(x) \wedge \neg\mathscr{B}(x)$.
2) $\forall x \in G : (\exists y \in H : \neg\mathscr{A}(x,y)) \wedge (\forall y \in H : \mathscr{B}(x,y))$.

Aufgabe 2.5: (Das Rätsel von Carroll)
In der Menge X aller Tiere werden Teilmengen H (im Haus), M (in d. Mond starrend), S (Schoßtier), V (verabscheut), W (gemieden), F (fleischfressend), N (Nachtjäger), I (mich mögend), T (Mäusetöter), K (Kängurus) und Z (Katzen) ausgewählt. Die Komplemente seien jeweils mit einem Strich gekennzeichnet. Zwischen ihnen gelten die Beziehungen:

$H \subset Z$, $M \subset S$, $V \subset W$, $F \subset N$, $Z \subset T$, $I \subset H$, $K \cap S = \varnothing$, $T \subset F$, $I' \subset V$ und $N \subset M$.

Daraus kann man ableiten: $I \subset H \subset Z \subset T \subset F \subset N \subset M \subset S \subset K'$ und $I' \subset V \subset W$. Wegen $I \subset S$ ist $S' \subset I'$, also also $K \subset S' \subset I' \subset W$. Ich gehe Kängurus aus dem Weg.

Aufgabe 2.6: Mögliche Beschreibung der angegebenen Mengen:

1) $K = \{X \text{ im Raum} : \text{der Abstand von } X \text{ und } P \text{ liegt zwischen } r \text{ und } r + d\}$.

2) $\{x \in \mathbb{R} : 3x^2 - 2x = 1\} = \{x \in \mathbb{R} : (x - 1/3)^2 = 4/9\} = \{1, -1/3\}$.

3) $\{n \in \mathbb{Z} : n < 7 \text{ und } n > -1\} = \{0, 1, 2, 3, 4, 5, 6\}$.

4) $\{P : x\text{-Koordinate von } P = \pm y\text{-Koordinate von } P\}$. Das ist das Kreuz der Geraden $x = y$ (also der Winkelhalbierenden) und ihrer Spiegelung, also der Geraden $x = -y$.

Aufgabe 2.7: Leere Mengen sind zum Beispiel

a) $M := \{x \in \mathbb{R} : x^4 + 3x^2 + x = x - 2\} = \{x \in \mathbb{R} : x^2 = -1 \text{ oder } x^2 = -2\} = \varnothing$.

b) $N := \{x \in \mathbb{R} : x^2 + 4 < 2x\} = \{x \in \mathbb{R} : (x - 2)^2 < 0\} = \varnothing$.

Aufgabe 2.8: a) Es ist

$$\begin{aligned} x^2 - 4x + 3 = 0 &\iff (x-2)^2 = 1 \\ &\iff (x-2=1) \vee (x-2=-1) \\ &\iff (x=3) \vee (x=1). \end{aligned}$$

Also ist diese Behauptung wahr.

b) und c) sind wahr, d) ist falsch, e) ist wahr und f) ist falsch.

Aufgabe 2.9: 1) Ist ein Produkt negativ, so muss einer der Faktoren negativ und einer positiv sein. Daher gilt:

$$x^2 - 2x < 0 \iff x(x-2) < 0 \iff (x > 0) \wedge (x < 2),$$

denn $(x < 0) \wedge (x > 2)$ ist unmöglich.

Also ist $A = \{x \in \mathbb{R} : x < 3/2\}$ und $B = \{x \in \mathbb{R} : 0 < x < 2\}$. Daraus folgt:

$$\begin{aligned} A \cap B &= \{x \in \mathbb{R} : 0 < x < 3/2\}, \\ A \cup B &= \{x \in \mathbb{R} : x < 2\} \\ \text{und} \quad A \setminus B &= \{x \in \mathbb{R} : x \leq 0\}. \end{aligned}$$

2) Es ist $A = \{3, 6, 9, 12, \ldots\}$ die Menge aller positiven Vielfachen von 3 sowie $B = \{0, \pm 4, \pm 8, \pm 12, \ldots\}$ die Menge aller ganzzahligen Vielfachen von 4. Dann ist

$$\begin{aligned} A \cap B &= \{x \in \mathbb{N} : \exists\, y \in \mathbb{N} \text{ mit } x = 12y\} = \{12, 24, 36, \ldots\}, \\ A \cup B &= \{x \in \mathbb{Z} : (\exists\, q \in \mathbb{Z} \text{ mit } x = 4q) \vee (\exists\, p \in \mathbb{N} \text{ mit } x = 3p)\} \\ &= \{-12, -8, -4, 0, 3, 4, 6, 8, 9, 12, \ldots\} \\ \text{und} \quad A \setminus B &= \{x \in \mathbb{N} : (\exists\, p \in \mathbb{N} \text{ mit } x = 3p) \wedge \neg(\exists\, q \in \mathbb{N} \text{ mit } x = 12q)\} \\ &= \{3, 6, 9, 15, 18, 21, 27, \ldots\}. \end{aligned}$$

3) Welche natürlichen Zahlen x haben die Gestalt $x = 2p + 3q$ mit $p, q \in \mathbb{N}_0$? Mit $q = 0$ und $p \in \mathbb{N}$ erhält man alle positiven geraden Zahlen. Mit $q = 1$ ist $x = 2p + 3q = 2(p+1) + 1$, und so erhält man alle ungeraden Zahlen ≥ 3. Damit ist $A = \{x \in \mathbb{N} : x \geq 2\}$. Außerdem ist $B = \{x \in \mathbb{N} : x \leq 7\} = \{1, 2, 3, 4, 5, 6, 7\}$. Nun folgt:

$$\begin{aligned} A \cap B &= \{x \in \mathbb{N} : 2 \leq x \leq 7\} = \{2, 3, 4, 5, 6, 7\}, \\ A \cup B &= \mathbb{N} \\ \text{und} \quad A \setminus B &= \{x \in \mathbb{N} : x \geq 8\}. \end{aligned}$$

Aufgabe 2.10: Es ist $\mathbf{P}(\mathbf{P}(\{1\})) = \mathbf{P}(\{\varnothing, \{1\}\}) = \{\varnothing, \{\varnothing\}, \{\{1\}\}, \{\varnothing, \{1\}\}\}$ und $\mathbf{P}(\{\varnothing, 1\}) = \{\varnothing, \{\varnothing\}, \{1\}, \{\varnothing, 1\}\}$. Der Durchschnitt beider Mengen enthält genau die beiden Elemente $\varnothing$ und $\{\varnothing\}$.

Aufgabe 2.11: Es ist $\mathbf{P}(M \cup \{a\}) = \mathbf{P}(M) \cup \{A \cup \{a\} : A \in \mathbf{P}(M)\}$. Offensichtlich gibt es in diesem Fall doppelt so viele Elemente wie in $\mathbf{P}(M)$.

Aufgabe 2.12: Es gilt:

$$\begin{aligned} A \in \mathbf{P}(X) \cap \mathbf{P}(Y) &\iff (A \subset X) \wedge (A \subset Y) \\ &\iff A \subset X \cap Y \\ &\iff A \in \mathbf{P}(X \cap Y) \end{aligned}$$

und

$$\begin{aligned} A \in \mathbf{P}(X) \cup \mathbf{P}(Y) &\iff (A \in \mathbf{P}(X)) \vee (A \in \mathbf{P}(Y)) \\ &\iff (A \subset X) \vee (A \subset Y) \\ &\implies A \subset X \cup Y \\ &\iff A \in \mathbf{P}(X \cup Y). \end{aligned}$$

Dort, wo der Implikationspfeil steht, gilt nicht die Umkehrung. Beispiel: Sei $X = \{1\}$ und $Y = \{2, 3\}$ sowie $A = \{1, 2\}$. Dann liegt A in $\mathbf{P}(X \cup Y)$, aber weder in $\mathbf{P}(X)$, noch in $\mathbf{P}(Y)$.

Aufgabe 2.13: Erste Inklusion: Wir haben folgende Implikationen:

$$\begin{aligned} x \in A \cup (B \setminus C) &\implies (x \in A) \vee (x \in B \wedge x \notin C) \\ &\implies (x \in A \vee x \in B) \wedge (x \in A \vee x \notin C) \\ &\implies (x \in A \cup B) \wedge \neg(x \notin A \wedge x \in C) \\ &\implies (x \in A \cup B) \wedge \neg(x \in C \setminus A) \\ &\implies x \in (A \cup B) \setminus (C \setminus A). \end{aligned}$$

Zweite Inklusion: Hier gilt:

$$\begin{aligned} x \in (A \cap B) \setminus (A \cap C) &\implies (x \in A \cap B) \wedge \neg(x \in A \cap C) \\ &\implies (x \in A \wedge x \in B) \wedge (x \notin A \vee x \notin C) \\ &\implies (x \in A \wedge x \in B \wedge x \notin A) \vee (x \in A \wedge x \in B \wedge x \notin C) \\ &\implies x \in A \wedge x \in B \wedge x \notin C \\ &\implies (x \in A) \wedge (x \in B \setminus C) \\ &\implies x \in A \cap (B \setminus C). \end{aligned}$$

Aufgabe 2.14: Sei B die Menge der schwarzen und W die Menge der silbernen Geräte sowie F die Menge der fehlerhaften Geräte. Dann gilt für die Anzahlen:

$$\#(B \cup F) = 159, \quad \#(B \cap F) = 21 \quad \text{und} \quad \#(W \cap F) = 17.$$

Also ist $\#F = 21 + 17 = 38$. Außerdem gilt:

$$B \cup F = (B \setminus F) \cup (B \cap F) \cup (F \setminus B) = (B \setminus F) \cup F.$$

Da die beiden letzteren Mengen disjunkt sind, ist $B \setminus F = (B \cup F) \setminus F$ und $\#(B \setminus F) = 159 - 38 = 121$. Daraus folgt:

$$\#B = \#(B \setminus F) + \#(B \cap F) = 121 + 21 = 142.$$

Aufgabe 2.15: Beschreibung mit Existenz- und Allquantoren:

1) F stehe für Fußgänger. Die Polizei meldet: „$\exists\, F$ mit $F \in (A46)$", wobei $(A46)$ für die Menge aller Fußgänger auf der A 46 steht.

2) $\forall$ Plätze P (bei der Galavorstellung) gilt: P ist nicht frei.

3) S stehe für Studenten, M für mündliche Prüfungen. $\forall\, S$: $\exists\, M$ mit „S muss M ablegen".

4) „$\exists$ Gerechter in der Stadt" $\Longrightarrow$ „Ich werde die Stadt nicht zerstören".

5) K stehe für Kuh, S für Stall: $\neg(\forall\, K : K \in S)$ oder (gleichbedeutend): $\exists\, K : K \notin S$.

6) $\forall\, K : K \notin S$.

Aufgabe 2.16: Für $x \in G$ gilt:

$$\begin{aligned} x \in G \setminus (A_1 \cup \ldots \cup A_n) &\iff \neg\big((x \in A_1) \vee \ldots \vee (x \in A_n)\big) \\ &\iff \neg(\exists\, i \text{ mit } x \in A_i) \\ &\iff \forall\, i : x \notin A_i \\ &\iff \forall\, i : x \in G \setminus A_i \\ &\iff x \in (G \setminus A_1) \cap \ldots \cap (G \setminus A_n). \end{aligned}$$

Die zweite Aussage wird analog bewiesen.

Aufgabe 2.17: a) Sei $\mathscr{A}$ die Aussage „g trifft g_1 und g_2 und bildet mit ihnen auf einer Seite Winkel, die zusammen $< 180°$ betragen". Und $\mathscr{B}$ sei die Aussage „g_1 und g_2 treffen sich". Dann soll $\mathscr{A} \implies \mathscr{B}$ (also die Aussage $\mathscr{B} \vee (\neg\mathscr{A})$) verneint werden, das ergibt die Aussage $\mathscr{A} \wedge (\neg\mathscr{B})$. Die Verneinung besagt also: „Es gibt zwei parallele Geraden g_1, g_2, die eine dritte Gerade g treffen und mit ihr auf einer Seite von g innere Winkel bilden, die zusammen weniger als $180°$ ergeben." Diese Aussage war der Ausgangspunkt bei der Suche nach einer nichteuklidischen Geometrie.

b) Es gibt ein Dreieck und in diesem Dreieck zwei Winkel, die zusammen mindestens $180°$ ergeben.

c) Es gibt einen Abteilungsleiter, der beim Betriebsfest mindestens eine Stunde lang mit einer (bestimmten) Angestellten nicht Walzer getanzt hat.

d) Es gibt eine Stadt, in der alle Männer in allen Gaststätten bekannt sind.

e) Jeder Student kommt in wenigstens einem Semester in wenigstens einer Vorlesung pünktlich.

Lösungen zu Kapitel 3

Aufgabe 3.1: 1) ist sehr simpel, zum Beispiel ist

$$\begin{aligned}
(a+b)^2 &= (a+b)\cdot(a+b) && \text{(Definition des Quadrates einer Zahl)}\\
&= a\cdot(a+b)+b\cdot(a+b) && \text{(Distributivgesetz)}\\
&= (a\cdot a+a\cdot b)+(b\cdot a+b\cdot b) && \text{(Distributivgesetz)}\\
&= a^2+a\cdot b+b\cdot a+b^2 && \text{(Definition des Quadrates, Assoziativgesetz)}\\
&= a^2+2ab+b^2 && \text{(Kommutativgesetz und die Regel } 1+1=2\text{).}
\end{aligned}$$

Zu (2), 1. Gleichung: Ist $x \neq -1/3$ eine Lösung, so ist $2x-3=6x+2$, also $x=-5/4$. Einsetzen in die Gleichung bestätigt die Richtigkeit der Lösung.

Zur 2. Gleichung: Ist $x \neq 0$ eine Lösung, so ist $5 = x+6$, also $x=-1$. Auch hier sollte man die Probe machen.

Aufgabe 3.2: a) Ist $a < b$, so ist $b-a > 0$ und daher $(-a)-(-b) > 0$, also $-a > -b$.

b) Weil $a < b$ ist, ist $1 = aa^{-1} < ba^{-1}$, also $b^{-1} < b^{-1}(ba^{-1}) = a^{-1}$.

c) Die Richtung „$\Longleftarrow$“ stellt kein Problem dar. Für „$\Longrightarrow$“ nehme man an, dass $(a,b) \neq (0,0)$ ist, und führe einen Widerspruch herbei. Dafür benutzt man die Tatsache, dass $a^2 > 0$ ist, sofern $a \neq 0$ ist.

Aufgabe 3.3: 1) Die Aussage soll für $n > 4$, also $n \geq 5$ bewiesen werden. Für $n = 5$ kann man das direkt nachprüfen, und das ist in diesem Falle der Induktionsanfang. Beim Induktionsschluss muss ein beliebiges $n \geq 5$ betrachtet werden, für das die Behauptung bereits nachgewiesen ist. Für solche n ist $n^2 \geq 5\cdot n \geq 2n+1$ und deshalb $2^{n+1} = 2\cdot 2^n = n^2+n^2 \geq n^2+2n+1 = (n+1)^2$. Damit ist der Schluss vollzogen.

2) Setzt man $M_n := \{1,2,\ldots,n\}$, so ist $\mathbf{P}(M_1) = \{\varnothing,\{1\}\}$ und

$$\mathbf{P}(M_{n+1}) = \mathbf{P}(M_n) \cup \{A \cup \{n+1\} \,:\, A \in \mathbf{P}(M_n)\}.$$

Der Induktionsanfang ist offensichtlich, und mit der Gleichung $2^n + 2^n = 2\cdot 2^n = 2^{n+1}$ ergibt sich auch der Induktionsschluss.

Aufgabe 3.4: Der beschriebene Schluss von n auf $n+1$ ist nur möglich, wenn $n+1 \geq 3$ ist, also $n \geq 2$. Damit fehlt der Schluss von 1 auf 2.

Aufgabe 3.5: 1) Im Falle $n = 2$ hat man die Formel $a^2 - 1 = (a-1)(a+1)$. Damit ist der Induktionsanfang erledigt. Weiter ist $a^{n+1} - 1 = a \cdot a^n - a + (a-1) = a \cdot (a^n - 1) + (a-1)$. Setzt man die Induktionsvoraussetzung $a^n - 1 = b \cdot (a-1)$ ein, so erhält man:

$$a^{n+1} - 1 = a \cdot b \cdot (a-1) + (a-1) = (ab+1)(a-1).$$

Damit funktioniert der Induktionsbeweis. Es geht aber auch ohne Induktion. Es ist nämlich

$$a^n - 1 = (a^{n-1} + a^{n-2} + \cdots + a + 1)(a-1),$$

wie man sofort durch Ausmultiplizieren sieht.

2) Ist $n = x \cdot y$, so wird $2^n - 1 = (2^x)^y - 1$ nach Teil (1) von $2^x - 1$ geteilt. Per Kontraposition folgt die Behauptung.

3) Ist $a = 4k+1$ und $b = 4r+1$, so ist $ab = 16kr + 4k + 4r + 1 = 4(4kr + k + r) + 1$.

Hier ist eine Tabelle von Elementen aus M:

k	0	1	2	3	4	5	6	7	8	9	10	11	12	13	14	15
$4k+1$	1	5	9	13	17	21	25	29	33	37	41	45	49	53	57	61

k	16	17	18	19	20
$4k+1$	65	69	73	77	81

Die Zahlen 9, 21, 33, 77 sind pseudoprim (wie man aus der Tabelle entnehmen kann), aber es ist $21 \cdot 33 = 9 \cdot 77 = 693 = 4 \cdot 173 + 1$. Also ist die Zerlegung in „Primfaktoren" in M nicht eindeutig bestimmt.

Aufgabe 3.6: 1) Es ist $16384 = 2^{14}$ und $486 = 2 \cdot 3^5$, also $\mathrm{ggT}(16384, 486) = 2$. Mit dem euklidischen Algorithmus erhält man das gleiche Ergebnis:

$$\begin{aligned}
16384 &= 33 \cdot 486 + 346 \\
486 &= 1 \cdot 346 + 140 \\
346 &= 2 \cdot 140 + 66 \\
140 &= 2 \cdot 66 + 8 \\
66 &= 8 \cdot 8 + 2 \\
8 &= 4 \cdot 2 + 0.
\end{aligned}$$

Analog ergibt sich im Falle (2) das Ergebnis 1, und im Falle (3) das Ergebnis 3842:

$$\begin{aligned}
1871 &= 4 \cdot 391 + 307 \\
391 &= 1 \cdot 307 + 84 \\
307 &= 3 \cdot 84 + 55 \\
84 &= 1 \cdot 55 + 29 \\
55 &= 1 \cdot 29 + 26 \\
29 &= 1 \cdot 26 + 3 \\
26 &= 8 \cdot 3 + 2 \\
3 &= 1 \cdot 2 + 1 \\
2 &= 2 \cdot 1 + 0
\end{aligned}$$

und

$$\begin{aligned}
434146 &= 3 \cdot 119102 + 76840 \\
119102 &= 1 \cdot 76840 + 42262 \\
76840 &= 1 \cdot 42262 + 34578 \\
42262 &= 1 \cdot 34578 + 7684 \\
34578 &= 4 \cdot 7684 + 3842 \\
7684 &= 2 \cdot 3842 + 0.
\end{aligned}$$

Aufgabe 3.7: Folgende Fehler wurden gemacht:

1) Rechts vom Äquivalenzzeichen müsste eine Aussage stehen, aber $4\sqrt{3}$ ist nur ein Term. Richtig wäre

$$x^2 = 48 \iff x = \pm 4\sqrt{3}.$$

2) Auch hier findet man rechts von den Implikationspfeilen Terme, es sollten dort aber Aussagen stehen. Es ist sogar unklar, was gemeint ist. Vermutlich meint der Student:

$$n = m + 2 \implies n^3 = (m+2)^3 = m^3 + 6m^2 + 12m + 8.$$

3) Zwischen zwei Aussagen kann kein Gleichheitszeichen stehen, da gehört ein Äquivalenzzeichen hin:

$$A \vee (B \wedge C) \iff (A \vee B) \wedge (A \vee C).$$

Aufgabe 3.8: Zur Eindeutigkeit: Existiert eine Lösung x, so gilt $2(x+1) = x+4$, also $2x + 2 = x + 4$. Daraus folgt schließlich $x = 2$.

Zum Beweis der Existenz mache man die Probe: Setzt man $x = 2$ in die Ausgangsgleichung ein, so erhält man auf der linken Seite den Wert $2 \cdot (2+1) = 6$ und auf der rechten Seite den Wert $2 + 4 = 6$. Beide Werte sind gleich, also ist $x = 2$ tatsächlich eine Lösung.

Aufgabe 3.9: 1) Sei 0 eine „Null", also ein Element aus $\mathscr{R}$, das die Gleichung $x + 0 = x$ für jedes $x \in \mathscr{R}$ erfüllt. Man weiß noch nicht, ob es nicht ein zweites Element dieser Art gibt. Nach Voraussetzung gibt es außerdem zu dieser Null und zu jedem Element $x \in \mathscr{R}$ ein „Negatives" x^* (also ein Element $x^* \in \mathscr{R}$ mit $x + x^* = 0$). Die Eindeutigkeit dieses Negativen ist noch nicht bekannt.

Sei nun $x + y = 0$ (wobei man nicht davon ausgehen kann, dass $y = x^*$ ist). Zu y gibt es natürlich auch ein Negatives y^* (mit $y + y^* = 0$). Dann ist

$$\begin{aligned} y + x &= y + (x + 0) = y + \big(x + (y + y^*)\big) \\ &= y + \big((x + y) + y^*\big) = y + (0 + y^*) \\ &= (y + 0) + y^* = y + y^* = 0. \end{aligned}$$

2) Sei $x \in \mathscr{R}$ beliebig und x^* ein Negatives von x, also $x + x^* = 0$. Nach (1) ist dann auch $x^* + x = 0$, und es folgt:

$$0 + x = (x + x^*) + x = x + (x^* + x) = x + 0 = x.$$

Wir nehmen an, neben 0 gibt es eine weitere Null 0^*. Dann ist auch $x + 0^* = 0^* + x = x$ für alle $x \in \mathscr{R}$. Insbesondere ist $0^* = 0^* + 0 = 0 + 0^* = 0$, die Null ist eindeutig bestimmt.

3) Wir nehmen an, zu einem $x \in \mathscr{R}$ gebe es zwei Negative x_1^* und x_2^*. Dann ist $x + x_1^* = x + x_2^* = 0$, und nach (1) ist auch $x_1^* + x = x_2^* + x = 0$. Damit folgt:

$$\begin{aligned} x_1^* &= x_1^* + 0 = x_1^* + (x + x_2^*) \\ &= (x_1^* + x) + x_2^* = 0 + x_2^* = x_2^*. \end{aligned}$$

Aufgabe 3.10: Ist x eine Lösung, so ist $0 = 35x^2 - 21x = 7x(5x - 3)$. Dann muss $7x = 0$ oder $5x - 3 = 0$ sein, also $x = 0$ oder $x = 3/5$. Einsetzen zeigt, dass beide Werte tatsächlich Lösungen sind.

Aufgabe 3.11: Für $x = -1/2$ oder $x = 0$ sind die Ausdrücke $1/(2x + 1)$ bzw. $(2 - 11x)/(6x^2 + 3x)$ nicht definiert. Es geht also um die Menge

$$\begin{aligned} M &:= \{x \in \mathbb{R} \setminus \{-1/2, 0\} : 1/(2x + 1) = (2 - 11x)/(6x^2 + 3x)\} \\ &= \{x \in \mathbb{R} \setminus \{-1/2, 0\} : 3x = 2 - 11x\} \\ &= \{x \in \mathbb{R} \setminus \{-1/2, 0\} : 14x = 2\} = \{1/7\}. \end{aligned}$$

Aufgabe 3.12: Die Aufgabe ist extrem einfach. Sei $x \in \mathbb{R}$ beliebig. Dann gilt:

$$\frac{1}{2}(x - 1) > -3\big(x + \frac{1}{3}\big) \iff x - 1 > -6x - 2 \iff 7x > -1 \iff x > -\frac{1}{7}.$$

Aufgabe 3.13: 1) Die Lösung funktioniert mit einem kleinen Trick: Weil $a^2+b^2-2ab=(a-b)^2 \geq 0$ ist, folgt: $\frac{1}{2}(a^2+b^2) \geq ab$.

2) Sei $a < b$ und $ab < 0$. Dann muss $a < 0 < b$ sein, und deshalb auch $\dfrac{1}{a} < 0 < \dfrac{1}{b}$. Das unterscheidet sich von der Situation, wo $0 < a < b$ ist, denn in dem Fall ist $0 < 1/b < 1/a$.

3) Sei $0 < a < 1 < b$. Dann ist $b - ab = b(1-a) > 1-a$, also $a+b > 1+ab$.

Aufgabe 3.14: Definitionsgemäß ist $F_3 = F_1 + F_2 = 1 + 1 = 2$, also

$$F_1F_3 - F_2^2 = 1 \cdot 2 - 1^2 = 2 - 1 = 1 = (-1)^2.$$

Damit ist der Induktionsanfang (für $n = 2$) erledigt.

Wir kommen zum Induktionsschluss (von n nach $n+1$, für $n \geq 2$): Es ist

$$\begin{aligned}
F_nF_{n+2} - F_{n+1}^2 &= F_n(F_n + F_{n+1}) - F_{n+1}^2 \\
&= F_n^2 + F_nF_{n+1} - (F_{n-1} + F_n)^2 \\
&= F_nF_{n+1} - F_{n-1}^2 - 2F_{n-1}F_n \\
&= F_n(F_{n+1} - F_{n-1}) - F_{n-1}(F_{n-1} + F_n) \\
&= F_n^2 - F_{n-1}F_{n+1} \\
&= -(-1)^n \; = \; (-1)^{n+1}.
\end{aligned}$$

Aufgabe 3.15: Induktionsanfang: **Eine** Gerade teilt die Ebene in 2 Teile, und andererseits ist $1(1+1)/2 + 1 = 1 + 1 = 2$.

Induktionsschluss: Die Behauptung sei für n bewiesen.

Sind $n+1$ Geraden $g_1, g_2, \ldots, g_n, g_{n+1}$ in der Ebene gegeben, so zerlegen $g_1, \ldots, g_n$ diese in höchstens $n(n+1)/2+1$ Teile. Die Gerade g_{n+1} hat höchstens n Schnittpunkte $S_1, \ldots, S_n$ mit den ersten n Geraden. Dadurch erhält man maximal $n+1$ Abschnitte zwischen den S_i auf g_{n+1}.

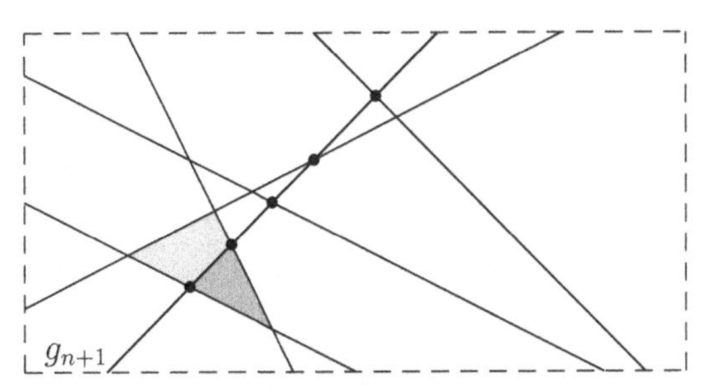

Abb. 12.7

Und jeder solche Abschnitt teilt ein altes Gebiet in 2 neue Gebiete. Die Anzahl der Gebiete erhöht sich also um höchstens $n+1$.

Es ist aber

$$\left(\frac{n(n+1)}{2}+1\right)+(n+1)=\frac{n(n+1)+2(n+1)}{2}+1=\frac{(n+1)(n+2)}{2}+1.$$

Aufgabe 3.16: Es soll gezeigt werden, dass $(n+1)^n < n^{n+1}$ für $n \geq 3$ gilt. Man versucht es natürlich mit Induktion nach n:

Induktionsanfang: Für $n = 3$ ergibt die linke Seite $(3+1)^3 = 4 \cdot 4 \cdot 4 = 64$ und die rechte Seite $3^{3+1} = 9 \cdot 9 = 81$. Die Ungleichung stimmt in diesem Fall.

Induktionsschluss: Die Behauptung sei wahr für ein $n \geq 3$. Dann gilt

$$(n+2)^{n+1} = \frac{(n+2)^{n+1}}{(n+1)^n}(n+1)^n < \frac{(n+2)^{n+1}}{(n+1)^n}n^{n+1} \text{ nach Induktionsvoraussetzung.}$$

Nun muss gezeigt werden, dass die rechte Seite $< (n+1)^{n+2}$ ist.

Das ist gleichbedeutend mit der Ungleichung

$$\big((n+2)n\big)^{n+1} < (n+1)^{2n+2} = \big((n+1)^2\big)^{n+1}.$$

Es ist aber $(n+2)n = n^2+2n < n^2+2n+1 = (n+1)^2$, und daraus folgt die obige Ungleichung.

Dieser Beweisweg ist nicht gerade offensichtlich, da muss man schon etwas tüfteln. Gibt es also noch einen anderen Beweis, auf den man leichter kommen könnte?

Nach einigen Fehlversuchen wird man vielleicht die Behauptung umformulieren. Dividiert man beide Seiten der Originalungleichung durch n^n, so erhält man die Ungleichung

$$\left(1+\frac{1}{n}\right)^n < n.$$

Der Induktionsanfang ist ja schon erledigt. Sei nun $n \geq 3$. Dann ist

$$\begin{aligned}
\left(1+\frac{1}{n+1}\right)^{n+1} &= \left(1+\frac{1}{n+1}\right)^n\left(1+\frac{1}{n+1}\right) < \left(1+\frac{1}{n}\right)^n\left(1+\frac{1}{n+1}\right) \\
&< n\left(1+\frac{1}{n+1}\right) \quad \text{(nach Induktionsvoraussetzung)} \\
&= n+\frac{n}{n+1} < n+1.
\end{aligned}$$

Manchmal lohnt es sich, ein Problem aus einer anderen Warte zu betrachten.

Aufgabe 3.17: Ist $n \in \mathbb{Z}$, so ist $n = 3m$, $n = 3m+1$ oder $n = 3m+2$. Es ist

$$\begin{aligned}
(3m)^2 &= 9m^2 = 3\cdot(3m^2), \\
(3m+1)^2 &= 9m^2+6m+1 = 3(3m^2+2m)+1 \\
\text{und} \quad (3m+2)^2 &= 9m^2+12m+4 = 3(3m^2+4m+1)+1.
\end{aligned}$$

Aufgabe 3.18: Jede der Zahlen a_i besitzt eine Primfaktorzerlegung:

$$a_i = p_{i,1} \cdots p_{i,n_i},\ i = 1, \ldots, n.$$

Die linke Seite der Äquivalenz bedeutet: $\{p_{i,1}, \ldots, p_{i,n_i}\} \cap \{p_{j,1}, \ldots, p_{j,n_j}\} = \varnothing$ für $i \neq j$. Aus dieser Aussage folgt sofort die rechte Seite.

Für die umgekehrte Richtung („$\Longleftarrow$") benutze man Kontraposition: Gibt es eine Primzahl $p \in T_{a_i} \cap T_{a_j}$, so ist $\text{kgV}(a_1, \ldots, a_n)$ höchstens so groß wie $(a_1 \cdots a_n)/p$, also echt kleiner als $a_1 \cdots a_n$.

Aufgabe 3.19: Man bezeichne die im euklidischen Algorithmus auftretenden Reste mit $r_1, r_2, r_3, \ldots$. Dann beweise man mit Induktion nach k:

Es gibt ganze Zahlen α_k, β_k mit $r_k = \alpha_k a + \beta_k b$.

Induktionsanfang: Aus der Darstellung $a = q \cdot b + r_1$ entnehmen wir $r_1 = \alpha_1 a + \beta_1 b$, mit $\alpha_1 = 1$ und $\beta_1 = -q$. Wegen $b = q_1 \cdot r_1 + r_2$ ist auch $r_2 = \alpha_2 a + \beta_2 b$, mit $\alpha_2 = -q_1$ und $\beta_2 = 1 + q_1 q$.

Induktionsschluss: Es sei $k \geq 3$ und $r_i = \alpha_i a + \beta_i b$ für $i < k$. Wegen der Gleichung $r_{k-2} = q_{k-1} \cdot r_{k-1} + r_k$ ist

$$r_k = (\alpha_{k-2} a + \beta_{k-2} b) - q_{k-1}(\alpha_{k-1} a + \beta_{k-1} b) = \alpha_k a + \beta_k b,$$

mit $\alpha_k = \alpha_{k-2} - q_{k-1}\alpha_{k-1}$ und $\beta_k = \beta_{k-2} - q_{k-1}\beta_{k-1}$.

Hier wurde das zweite Induktionsprinzip verwendet. Weil der Induktionsschluss außerdem erst ab $k \geq 3$ funktioniert, muss der Induktionsanfang die Fälle $k = 1$ **und** $k = 2$ behandeln.

Aufgabe 3.20: „3 im Quadrat" bedeutet „3 in 3 Dreiecken", und „a im Dreieck" bedeutet a^a. Weil $(a^b)^c = a^{b \cdot c}$ und $a^b \cdot a^c = a^{b+c}$ ist, folgt:

- „3 im Dreieck" ist $= 3^3 = 27$.
- „3 in 2 Dreiecken" ist $= 27^{27} = (3^3)^{3^3} = 3^{3 \cdot 3^3} = 3^{3^4} = 3^{81}$.
- „3 in 3 Dreiecken" ist $= (3^{81})^{(3^{81})} = 3^{3^4 \cdot 3^{81}} = 3^{3^{85}}$.

Lösungen zu Kapitel 4

Aufgabe 4.1: 1) Die erste Summe ist eine Wechsel- oder Teleskopsumme. Das sieht man besonders gut, wenn man die Abkürzung $b_i := a_i + a_{i+1}$ benutzt. Dann ist

$$\sum_{i=2}^{n-1}(a_{i+1} - a_{i-1}) = \sum_{i=2}^{n-1}(b_i - b_{i-1}) = b_{n-1} - b_1 = (a_{n-1} + a_n) - (a_1 + a_2).$$

Die zweite Summe wurde so ähnlich schon im Text behandelt. Man verwende die Partialbruchzerlegung: $\sum_{n=1}^{20} \frac{1}{n(n+1)} = \sum_{n=1}^{20} \left(\frac{1}{n} - \frac{1}{n+1}\right) = 1 - \frac{1}{21} = \frac{20}{21}$.

2) Der Induktionsanfang ist leicht. Für $n = 1$ erhält man auf beiden Seiten der Gleichung den Wert $1/2$.

Der Induktionsschluss geht so:

$$\sum_{i=1}^{n+1} \frac{i}{2^i} = \left(2 - \frac{n+2}{2^n}\right) + \frac{n+1}{2^{n+1}} = 2 - \frac{(n+1)+2}{2^{n+1}}.$$

3) Bei dieser Aufgabe ist natürlich vorauszusetzen, dass $n \geq k$ ist. Man führt dann Induktion nach n (mit Induktionsanfang $n = k$) und benutzt die bekannten Formeln über Binomialkoeffizienten:

Im Falle $n = k$ steht auf beiden Seiten der Gleichung der Wert 1. Ist nun $n \geq k$ beliebig und die Formel für n bewiesen, so ist

$$\sum_{i=k}^{n+1} \binom{i}{k} = \binom{n+1}{k+1} + \binom{n+1}{k} = \binom{n+2}{k+1} = \binom{(n+1)+1}{k+1}.$$

4) Der erste Teil ist etwas trickreich. Als Beispiel seien die Binomialkoeffizienten „7 über i" betrachtet. Es ist

$$\binom{7}{1} = 1, \binom{7}{2} = 7, \binom{7}{3} = 21, \binom{7}{4} = 35, \binom{7}{5} = 21, \binom{7}{6} = 7 \text{ und } \binom{7}{7} = 1 .$$

Es fällt auf, dass sie alle – mit Ausnahme des ersten und des letzten – durch 7 teilbar sind. Man sollte sich fragen, warum das so ist, und das führt zu der folgenden allgemeinen Untersuchung:

Ist $1 \leq i \leq p-1$, so sind p und $i! = 2 \cdot 3 \cdots i$ teilerfremd, und genauso sind auch p und $(p-i)! = 2 \cdot 3 \cdots (p-i)$ teilerfremd. Weil alle Binomialkoeffizienten ganze Zahlen sind, folgt daraus, dass

$$\binom{p}{i} = \frac{p!}{i!(p-i)!} = p \cdot \frac{(p-1)!}{i!(p-i)!}$$

für $i = 1, \ldots, p-1$ durch p teilbar ist. Also ist auch

$$((a+1)^p - (a+1)) - (a^p - a) = \sum_{i=0}^{p} \binom{p}{i} a^i - a^p - 1 = \sum_{i=1}^{p-1} \binom{p}{i} a^i$$

durch p teilbar. Das ergibt die erste Behauptung.

Die zweite Behauptung beweist man durch Induktion nach n. Der Induktionsanfang ($n = 1$) ist trivial, der Induktionsschluss ergibt sich aus der ersten Behauptung.

Aufgabe 4.2: Es ist $K_0 = 50\,000$, $n = 20$, $i = 5/100 = 1/20$ und $q = i+1 = 21/20$, also

$$\frac{q^n - 1}{q - 1} = \frac{q^{20} - 1}{1/20} \approx 20 \cdot 1.65 = 33,$$

wobei $q^{20} = q^{16} \cdot q^4 = \left(((1.05^2)^2)^2\right)^2 \cdot \left((1.05)^2\right)^2 \approx 2.65$ ist. Man sieht hier schon, dass man ständig mit Rundungsfehlern zu kämpfen hat. Die Ergebnisse hängen deshalb etwas vom Rechenweg und der Rechengenauigkeit ab.

Dann ist $T_1 = \frac{q-1}{q^n-1} \cdot K_0 \approx 50\,000/33 \approx 1\,515$ und $Z_1 = i \cdot K_0 = 50\,000/20 = 2\,500$, also

$$A = Z_1 + T_1 \approx 4\,015.$$

Man kann nun entweder T_ν und Z_ν jeweils für sich berechnen, oder man berechnet nur eine dieser Größen und bestimmt dann die andere mit Hilfe der Gleichung $T_\nu + Z_\nu = A$. Letzteres stellt sicher, dass der Schuldner jedes Jahr den gleichen Betrag zu zahlen hat.

Rechnerisch relativ einfach wird es mit folgenden Formeln:

$$T_\nu = q \cdot T_{\nu-1}, \quad Z_\nu = A - T_\nu \quad \text{und} \quad K_\nu = K_{\nu-1} - T_\nu.$$

Rundet man nach jedem Jahr den Betrag auf ganze Euro auf oder ab im Sinne der mathematischen Rundungsregeln, so gewinnt man die weiteren Tilgungsraten wie folgt:

$$T_2 \approx 1\,591, \quad T_3 \approx 1\,671, \quad T_4 \approx 1\,755, \; \ldots, \; T_{19} \approx 3\,652.$$

Damit sind 46 322 Euro abgezahlt, und es bleibt eine letzte Rate von 3 678 Euro (etwas weniger als die berechnete Rate $T_{20} \approx 3\,835$). Insgesamt bezahlt der Schuldner $\approx 20 \times 4\,015 = 80\,300$ Euro.

Die Ergebnisse sehen – wie gesagt – etwas anders aus, wenn man genauer rechnet.

Aufgabe 4.3: 1) Es ist $A = \{0, 2\}$, also $\inf(A) = 0 =$ kleinstes Element, und $\sup(A) = 2 =$ größtes Element.

2) Es ist $B = \{x \in \mathbb{R} : T(x) \geq 5\}$ mit $T(x) := (2x-1)/(x-5)$. Der Term $T(x)$ ist für $x = 5$ nicht definiert, und für $x \neq 5$ kann der Nenner $x - 5$ zwei verschiedene Vorzeichen annehmen. Deshalb ist

$$\begin{aligned} B &= \{x \in \mathbb{R} : x < 5 \text{ und } 2x - 1 \leq 5(x-5)\} \cup \{x \in \mathbb{R} : x > 5 \text{ und } 2x - 1 \geq 5(x-5)\} \\ &= \{x \in \mathbb{R} : x < 5 \text{ und } 3x \geq 24\} \cup \{x \in \mathbb{R} : x > 5 \text{ und } 3x \leq 24\} \\ &= \varnothing \cup \{x \in \mathbb{R} : x > 5 \text{ und } x \leq 8\} = \{x \in \mathbb{R} : 5 < x \leq 8\}. \end{aligned}$$

Also ist $\inf(B) = 5$ und $\sup(B) = 8 =$ größtes Element. Ein kleinstes Element gibt es in B nicht.

3) Es ist $|y-3| < 2 \iff 1 < y < 5$ und $|x-y| < 1 \iff y-1 < x < y+1$. Ist also $|y-3| < 2$ und $|x-y| < 1$, so ist $0 < x < 6$. Die Umkehrung ist nicht ganz so leicht zu zeigen.

Sei also $0 < x < 6$. Ist sogar $1 < x < 5$, so kann man $y := x$ setzen. Dann ist $|x-y| = 0 < 1$ und $-2 < y-3 < 2$, also auch $|y-3| < 2$. Der Rest ist etwas komplizierter:

a) Ist $0 < x \leq 1$, so setze man $y := 1 + x/2$. Dann ist $1 < y \leq 3/2$, also $y > x$ und $|x-y| = y-x = 1-x/2 < 1$. Außerdem ist $-2 < y-3 \leq 1/2 < 2$, also $|y-3| < 2$.

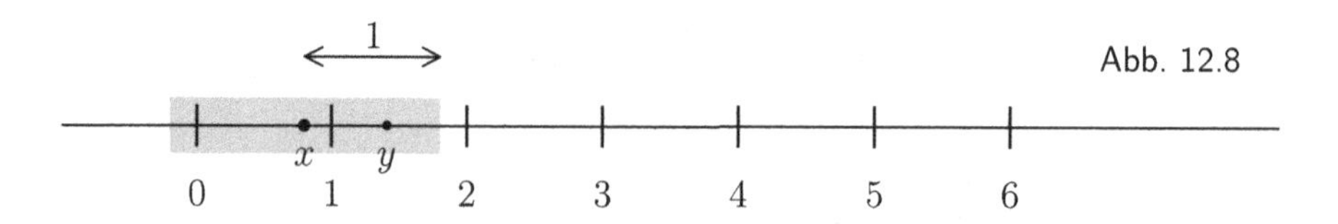

Abb. 12.8

b) Ist $5 \leq x < 6$, so setze man $y := 5-(6-x)/2 = 2+x/2$ (das ist das Gleiche wie bei (a), nur an dem Punkt 3 gespiegelt). Dann ist $9/2 \leq y < 5$ und $|x-y| = x-y = x-(2+x/2) = x/2-2 < 3-2 = 1$. Weiter ist $-2 < 3/2 \leq y-3 < 2$, also $|y-3| < 2$.

Damit ist $C = \{x \in \mathbb{R} : 0 < x < 6\}$, und es gilt: $\inf(C) = 0$ ist nicht kleinstes Element und $\sup(C) = 6$ ist nicht größtes Element von C.

Aufgabe 4.4: Es ist $|4-3x| > 2x+10 \iff 4-3x < -(2x+10)$ oder $4-3x > 2x+10$, also

$$\{x \in \mathbb{R} : |4-3x| > 2x+10\} = \{x \in \mathbb{R} : x > 14\} \cup \{x \in \mathbb{R} : x < -6/5\}.$$

Weiter ist $|2x-10| \leq x \iff -x \leq 2x-10 \leq x$, also

$$\{x \in \mathbb{R} : |2x-10| \leq x\} = \{x \in \mathbb{R} : 10/3 \leq x \leq 10\}.$$

Aufgabe 4.5: Es ist

$$\begin{aligned} 2x^2-5x+6 \leq 4 &\iff 2\cdot(x^2-(5/2)x+3) \leq 4 \\ &\iff x^2 - 2\cdot(5/4)x + (5/4)^2 \leq 2-3+(5/4)^2 \\ &\iff 2\cdot\left(x-5/4\right)^2 \leq 9/16 \\ &\iff |x-5/4| \leq 3/4 \\ &\iff -3/4 \leq x-5/4 \leq 3/4 \iff 1/2 \leq x \leq 2, \end{aligned}$$

also $\{x \in \mathbb{R} : 2x^2-5x+6 \leq 4\} = \{x \in \mathbb{R} : 1/2 \leq x \leq 2\}$.

Aufgabe 4.6: Man braucht nur die üblichen Potenzregeln:

$$a^{x+y} = a^x \cdot a^y, \quad (ab)^x = a^x b^x, \quad (a^x)^y = a^{xy} \text{ und } \sqrt[n]{a^m} = \left(\sqrt[n]{a}\right)^m = a^{m/n}.$$

1) Es ist

$$\sqrt[3]{(8a^3b^6)^2} = (8a^3b^6)^{2/3} = 4a^2b^4,$$

$$\sqrt[5]{\sqrt[3]{x^5y^{10}z^{15}}} = \left((x^5y^{10}z^{15})^{1/3}\right)^{1/5} = (x^5y^{10}z^{15})^{1/15} = x^{1/3}y^{2/3}z^1 = z\sqrt[3]{x}\sqrt[3]{y^2},$$

und

$$\sqrt{\frac{x}{y}\cdot\sqrt{\frac{x}{y}\cdot\sqrt[3]{\frac{y^3}{x}}}} = \left(\frac{x}{y}\left(\frac{x}{y}\left(\frac{y^3}{x}\right)^{1/3}\right)^{1/2}\right)^{1/2} = \frac{x^{1/2}x^{1/4}y^{1/4}}{y^{1/2}y^{1/4}x^{1/12}} = \frac{x^{8/12}}{y^{1/2}} = \frac{\sqrt[3]{x^2}}{\sqrt{y}}.$$

2) a) Es ist

$$\frac{8-12\sqrt[3]{5}}{\sqrt[3]{4}} = \frac{8\sqrt[3]{2}-12\sqrt[3]{10}}{\sqrt[3]{8}} = 4\sqrt[3]{2}-6\sqrt[3]{10}.$$

b) Diese Aufgabe ist ganz einfach:

$$\frac{1}{\sqrt{7}-\sqrt{6}} = \frac{\sqrt{7}+\sqrt{6}}{7-6} = \sqrt{7}+\sqrt{6}.$$

c) $$\frac{2+\sqrt{6}}{2\sqrt{2}+2\sqrt{3}-\sqrt{6}-2} = \frac{\sqrt{2}(\sqrt{2}+\sqrt{3})}{\sqrt{3}(2-\sqrt{2})+\sqrt{2}(2-\sqrt{2})} = \frac{\sqrt{2}}{2-\sqrt{2}} = 1+\sqrt{2}.$$

3) a) Die Diskriminante der Gleichung $120x^2 - 949x + 1173 = 0$ (die in der Form $ax^2 + bx + c = 0$ gegeben ist) ist die Zahl $\Delta = b^2 - 4ac = 949^2 - 480 \cdot 1173 = 900\,601 - 563\,040 = 337\,561 = 581^2$. Also gibt es zwei Lösungen, nämlich

$$\begin{aligned} x_1 &= (-b+\sqrt{\Delta})/(2a) = (949+581)/240 = 1530/240 = 51/8 \\ \text{und}\quad x_2 &= (-b-\sqrt{\Delta})/(2a) = (949-581)/240 = 368/240 = 23/15. \end{aligned}$$

b) Es ist ratsam, zunächst eine Wurzel auf die andere Seite der Gleichung zu bringen. Dann kann man quadrieren:

$$3x+1 = 4+(2x-7)+4\sqrt{2x-7}, \text{ also } x+4 = 4\sqrt{2x-7}.$$

Erneutes Quadrieren liefert nun eine quadratische Gleichung:

$$x^2 - 24x + 128 = 0, \text{ also } x^2 - 2\cdot 12x + 144 = 16.$$

Das ergibt die beiden Lösungen $x_1 = 8$ und $x_2 = 16$. Die Probe bestätigt, dass es sich in beiden Fällen tatsächlich um eine Lösung handelt.

c) Die Bruchgleichung ist nur definiert, wenn $x \neq 4a$ und $x \neq 6a$ ist. Für alle anderen x gilt die Gleichung

$$(x-2a)(x-6a) = x(2x-8a), \text{ also } x^2 = 12a^2.$$

Die Lösungen $x = \pm 2a\sqrt{3}$ werden auch hier durch die Probe bestätigt.

Aufgabe 4.7: 1) $a_n = (-1)^n$ nimmt abwechselnd die Werte $+1$ und -1 an. Eine solche Folge kann nicht konvergieren, aber wie argumentiert man genau? Es ist $|a_{2k} - a_{2k+1}| = |1-(-1)| = 2$. Deshalb bietet sich ein Widerspruchsbeweis an. Würde a_n gegen eine Zahl a konvergieren, so gäbe es ein n_0, so dass $|a_n - a| < 1$ für alle $n \geq n_0$ ist. Wählt man nun k so, dass $2k \geq n_0$ ist, so ist auch $2k+1 > n_0$ und damit $|a_{2k+1} - a| < 1$. Andererseits gilt aber:

$$\begin{aligned}
|a_{2k+1} - a| &= |a_{2k+1} - a_{2k} + a_{2k} - a| = |a_{2k+1} - a_{2k} - (a - a_{2k})| \\
&\geq |a_{2k+1} - a_{2k}| - |a - a_{2k}| > 2 - 1 = 1.
\end{aligned}$$

Das ist jetzt tatsächlich ein Widerspruch. Um den zu erhalten, musste man zwei gängige Tricks anwenden, nämlich das Einfügen einer Null (in der Form $-a_{2k} + a_{2k}$) und die Anwendung der **zweiten** Dreiecksungleichung ($|a - b| \geq |a| - |b|$). Dieses Verfahren ist ein Prototyp für den Beweis der Divergenz einer Folge, deren Glieder zwei oder mehr verschiedenen Zahlen beliebig nahe kommen.

Auch die Folge $b_n = (-1)^n \cdot 2^n$ konvergiert nicht. Die Situation ist hier etwas anders als bei a_n, die Glieder von b_n nehmen dem Betrag nach beliebig große Werte an. Auch hier versucht man es am besten mit einem Widerspruchsbeweis. Wenn es einen Grenzwert b gäbe, dann wäre

$$|b_{2k} - b| \geq |b_{2k}| - |b| = 4^k - |b|.$$

Das ist ein Widerspruch, wenn $4^k - |b|$ **nicht** beliebig klein wird. Und tatsächlich gibt es ein k_0, so dass $2|b| < 4^k$ für $k \geq k_0$ gilt. Dann ist $4^k - |b| > 4^k - 4^k/2 = 4^k/2 > 1$ für alle $k \geq 1$. Das reicht.

Die Folge $c_n = (-1)^n \cdot 2^{-n}$ konvergiert gegen Null. Hier zeigt sich mal wieder, dass es oft einfacher ist, Konvergenz zu beweisen als Divergenz. Offensichtlich ist $|c_n| = 1/2^n < 1/n$ für $n \geq 1$, und die Folge $1/n$ konvergiert gegen Null. Also konvergiert auch c_n gegen Null.

2) Die Folge

$$a_n = \frac{37n^2 - 2n + 101}{(8n-3)(n+1)} = \frac{37 - 2/n + 101/n^2}{(8-3/n)(1+1/n)}$$

konvergiert offensichtlich gegen $37/8$.

$$b_n = \frac{n^3 - 7n^2}{5n(n+1)} = n \cdot \frac{1 - 7/n}{5(1+1/n)}$$

ist Produkt der divergenten Folge $\alpha_n := n$ und der gegen $1/5$ konvergenten Folge $\beta_n := \big(1 - 7/n\big)/\big(5(1 + 1/n)\big)$. So ist also auf Anhieb nicht klar, ob die Folge konvergiert. Würde β_n gegen Null konvergieren, so wäre die Angelegenheit recht schwierig. Aber da β_n gegen die positive Zahl 1/5 konvergiert, müssen die Glieder für großes n oberhalb einer positiven Schranke bleiben. Ist etwa $|\beta_n - 1/5| < 1/10$ für $n \geq n_0$, so ist

$$-\frac{1}{10} < \beta_n - \frac{1}{5} < \frac{1}{10}, \text{ also } \frac{1}{10} < \beta_n < \frac{3}{10},$$

und damit $|b_n| = n \cdot |\beta_n| > n/10$ für $n \geq n_0$. Das bedeutet, dass $|b_n|$ beliebig groß wird und b_n nicht konvergieren kann.

Aufgabe 4.8: Hier sind ein paar Werte zur Probe:

n	0	1	2	3	4	5
x_n	1	1.5	1.41666667	1.41421569	1.41421356	1.41421356

Da sich die Werte schon jetzt nicht mehr ändern, kann man vermuten, dass die Folge konvergiert. Die Aufgabenstellung liefert einen roten Faden durch den Beweis.

Die Aussage (1) ist trivial: Die Zahl $x_0 = 1$ ist positiv, und wenn $x_n > 0$ ist, dann ist auch $x_{n+1} = \big(x_n + 2/x_n\big)/2 > 0$.

Zu Aussage (2): Für $n \geq 0$ ist $x_{n+1}^2 - 2 = \frac{1}{4}(x_n + \frac{2}{x_n})^2 - 2 = \frac{1}{4}(x_n - \frac{2}{x_n})^2 \geq 0$.

3) Es ist $x_n - x_{n+1} = x_n - \frac{1}{2}\left(x_n + \frac{2}{x_n}\right) = \frac{x_n}{2} - \frac{1}{x_n} = \frac{1}{2}\left(x_n - \frac{2}{x_n}\right) = \frac{1}{2x_n}(x_n^2 - 2) \geq 0$.

Die Aussage (3) bedeutet:

$$x_{n+1} \leq x_n \text{ für alle } n \geq 1.$$

Die Folge x_n ist also monoton fallend, und die Folgeglieder bleiben immer oberhalb von 0. Nach dem Satz über monotone Konvergenz ist x_n konvergent.

Aufgabe 4.9: Es soll $k = n + 1 - i$ sein, also $i = n + 1 - k$, $i(i + 2) = (n + 1 - k)(n + 3 - k) = n^2 + k^2 + 3 + 2 \cdot (\ldots)$ (und damit $(-1)^{i(i+2)} = (-1)^{n+k+1}$). Läuft i von 1 bis n, so läuft k von n bis 1 Somit steht auf der rechten Seite der Ausdruck

$$\sum_{k=1}^{n} (-1)^{n+k+1} a^k b^{n+2-k}.$$

Aufgabe 4.10:

$$\text{Es ist } \sum_{i=1}^{n}(4i - 3) = 4 \cdot \sum_{i=1}^{n} i - 3 \cdot \sum_{i=1}^{n} 1 = 4 \cdot \frac{n(n+1)}{2} - 3n = n(2n-1).$$

Aufgabe 4.11: Auf Seite 80 wird darauf eingegangen, wie man überhaupt eine solche Formel findet. Hier geht es nur darum, die fertig vorgelegte Formel per Induktion zu beweisen.

Induktionsanfang ($n = 1$)**:** Es ist $1^2 = 1$ und $\frac{1}{6}(1+1)(2+1) = 1$.

Induktionsschluss: Es ist

$$\begin{aligned}\sum_{i=1}^{n+1} i^2 &= \sum_{i=1}^{n} i^2 + (n+1)^2 \\ &= \frac{1}{6}n(n+1)(2n+1) + (n+1)^2 \text{ (nach Induktionsvoraussetzung)} \\ &= \frac{1}{6}[n(n+1)(2n+1) + 6(n+1)(n+1)] \\ &= \frac{1}{6}(n+1)(2n^2+7n+6)\end{aligned}$$

und

$$\frac{1}{6}(n+1)(n+2)(2(n+1)+1) = \frac{1}{6}(n+1)(2n^2+7n+6).$$

Aufgabe 4.12: Wir versehen die hintereinander liegenden Kugeln mit Nummern $1, \dots, n$. Dass die Kugeln mit den Nummern $i_1, \dots, i_k$ weiß sind, liefert die Auswahl einer k-elementigen Teilmenge von $\{1, \dots, n\}$. Es gibt also $\binom{n}{k}$ Möglichkeiten.

Will man erst k weiße Kugeln und aus den verbliebenen $n - k$ Kugeln dann l rote aussuchen, so gibt es $\binom{n}{k} \cdot \binom{n-k}{l} = \frac{n!}{k!\,l!\,m!}$ Möglichkeiten.

Aufgabe 4.13: Aus den 11 Buchstaben des Wortes „MISSISSIPPI" sollen andere Wörter mit wieder 11 Buchstaben gebildet werden.

Es gibt 11! Möglichkeiten, aber davon sind einige gleich. Wenn ein Buchstabe k-mal vorkommt, dann ergibt sich $k!$-mal das gleiche Wort. Also gilt:

$$\text{Anzahl} = \frac{11!}{4!\,4!\,2!\,1!} = 5 \cdot 7 \cdot 9 \cdot 10 \cdot 11 = 34650.$$

Aufgabe 4.14: Ein Spieler erhält eine 10-elementige Teilmenge von $\{1, 2, \dots, 32\}$. Dafür gibt es $M := \binom{32}{10}$ Möglichkeiten. Berücksichtigt man alle 3 Spieler, so gibt es

$$N := \binom{32}{10} \cdot \binom{22}{10} \cdot \binom{12}{10} = \frac{32!}{2 \cdot 10!\,10!\,10!} \text{ Möglichkeiten.}$$

Der Inhalt des Skats liegt dann fest.

Die Spieler seien mit A, B und C bezeichnet, es geht um die Möglichkeiten, die A berücksichtigen muss. Die Verteilung der Karten liefert drei Teilmengen T_A, T_B und T_C von $\{1, 2, \ldots, 32\}$. Nachdem Spieler A sein Blatt kennt, muss er noch die Möglichkeiten für T_B und T_C berücksichtigen. Die Anzahl beträgt

$$\binom{22}{10} \cdot \binom{12}{10} = \frac{22!\,12!}{10!\,12!\,10!\,2!} = \frac{22!}{2 \cdot 10!\,10!} = 42.678.636.$$

Aufgabe 4.15: a) Es ist

$$\begin{aligned}(n+1)!/(n-1)! = 30 \quad &\iff \quad n(n+1) = 30 \\ &\iff \quad n^2 + n - 30 = 0 \\ &\iff \quad n = \frac{-1 \pm \sqrt{1+120}}{2}.\end{aligned}$$

Da $n \in \mathbb{N}$ ist, kommt nur die Lösung $n = 5$ in Frage.

b) $\dfrac{(n-3)!}{(n-4)(n-3)} < 5000 \iff (n-5)! < 5000$. Hier ist eine Tabelle von Fakultäten:

$$3! = 6,\ 4! = 24,\ 5! = 120,\ 6! = 720,\ 7! = 5040,\ \ldots$$

Dieser Tabelle entnimmt man, dass $1 \le n-5 \le 6$ sein muss, also $6 \le n \le 11$.

Aufgabe 4.16: a) Man kann z.B. Induktion nach m führen:

Im Falle $m = 1$ ergibt die linke Seite den Wert $\binom{n}{0} + \binom{n+1}{1} = 1 + (n+1) = n+2$ und die rechte Seite den Wert $\binom{n+1+1}{1} = n+2$.

Ist die Formel für m bewiesen, so ist

$$\begin{aligned}\sum_{k=0}^{m+1} \binom{n+k}{k} &= \sum_{k=0}^{m} \binom{n+k}{k} + \binom{n+m+1}{m+1} \\ &= \binom{n+m+1}{m} + \binom{n+m+1}{m+1} \\ &= \binom{n+m+2}{m+1}.\end{aligned}$$

b) Es ist $\binom{n}{k} \Big/ \binom{n-1}{k-1} = \dfrac{n!(k-1)!(n-k)!}{k!(n-k)!(n-1)!} = \dfrac{n}{k}$.

Aufgabe 4.17: Es ist

$$\begin{aligned}\overline{x} = 2^n - x &= 2^n - \sum_{i=0}^{n-1} x_i 2^i = (2^n-1) - \sum_{i=0}^{n-1} x_i 2^i + 1 \\ &= \sum_{i=0}^{n-1} 2^i - \sum_{i=0}^{n-1} x_i 2^i + 1 = \sum_{i=0}^{n-1}(1-x_i)2^i + 1 = 1 + \sum_{i=1}^{n-1}(1-x_i)2^i .\end{aligned}$$

Die Stelle x_0 bleibt gleich, alle anderen Stellen x_i wechseln.

Aufgabe 4.18: Es ist $16^0 = 1$, $16^1 = 16$, $16^2 = 256$ und $16^3 > 2500$, und

$$2003 = 256 \cdot 7 + 211 = 256 \cdot 7 + 16 \cdot 13 + 3.$$

Mit den Ziffern $0, 1, 2, 3, 4, 5, 6, 7, 8, 9, A, B, C, D, E, F$ ist dann $2003 = (7D3)_{16}$.

Für jede Hexadezimalstelle braucht man 4 Dualstellen. Es ist zum Beispiel $(15)_{10} = (F)_{16} = (1111)_2$, insbesondere ist $(7)_{16} = (0111)_2$. Lässt man die führende Null weg, so braucht man $3 + 4 + 4 = 11$ Stellen im Dualsystem.

Aufgabe 4.19: Es ist $B_n = (1-i)^n \cdot B_0$, also

$$A = B_0 = \left(\frac{100}{100-p}\right)^6 \cdot B_n = \left(\frac{10}{7}\right)^6 \cdot 3000 \approx 8.49986 \cdot 3000 = 25\,499.58.$$

Aufgabe 4.20: 1) Es ist $\inf(M_1) = 0$ und $\sup(M_1) = 1$, und beide Zahlen gehören nicht zu der Menge.

2) Es ist $M_2 = (0, 1)$, also $\inf(M_2) = 0$ und $\sup(M_2) = 1$. Auch in diesem Fall gehört Infimum und Supremum nicht zur Menge.

3) Es ist

$$\begin{aligned} M_3 &= \{x : -2 < x^2 - 1 < 2\} = \{x : -1 < x^2 < 3\} = \{x : 0 \le x^2 < 3\} \\ &= \{x : 0 \le |x| < \sqrt{3}\} = (-\sqrt{3}, \sqrt{3}),\end{aligned}$$

also $\inf(M_3) = -\sqrt{3}$ und $\sup(M_3) = \sqrt{3}$. Auch hier gehört Infimum und Supremum nicht zur Menge.

Aufgabe 4.21: a) Es ist $x^2(x-1) \ge 0 \iff (x = 0) \vee (x \ge 1)$.

b) Die Ungleichung $|x - 5| < |x + 1|$ bedeutet: x hat von 5 einen kleineren Abstand als von -1. Demnach muss $x > 2$ sein.

Aufgabe 4.22: Anschaulich bedeutet die Aussage der Aufgabe: Haben x und y beide von a einen Abstand $< r$, so gilt das auch für alle Punkte z zwischen x und y. Es ist leicht zu zeigen:

Ist $a-r < x < a+r$, $a-r < y < a+r$ und $x \le z \le y$, so ist $a-r < x \le z \le y < a+r$, also $a - r < z < a + r$ und damit $|z - a| < r$.

Aufgabe 4.23: Die Folge $(-1)^n$ ist ein alter Bekannter aus Aufgabe 7. Die Folgeglieder a_n nehmen abwechselnd die Werte $+1$ und -1 an. Die positiven reellen Zahlen sind weit von -1 entfernt, die negativen Zahlen weit von $+1$.

Ist $x \ge 0$, so ist $|a_{2n+1} - x| = |-1 - x| = |x + 1| = x + 1 \ge 1 > \frac{1}{2}$, für alle n.

Ist $x < 0$, so ist $-x > 0$ und $|a_{2n} - x| = |1 - x| = 1 - x > 1 > \frac{1}{2}$, für alle n.

Aufgabe 4.24: Definitionsgemäß ist $F_1 = F_2 = 1$ und $F_{n+1} = F_{n-1} + F_n$ (vgl. Aufgabe 3.14). Weil $\alpha - \beta = \sqrt{5}$ ist, folgt:

$$\frac{1}{\sqrt{5}}(\alpha - \beta) = 1 = F_1 \quad \text{und} \quad \frac{1}{\sqrt{5}}(\alpha^2 - \beta^2) = \alpha + \beta = 1 = F_2.$$

Es ist $x^2 = x + 1$ genau dann, wenn $x = \dfrac{1}{2}(1 \pm \sqrt{5})$ ist. Also ist $\alpha^2 = \alpha + 1$ und $\beta^2 = \beta + 1$. Daraus folgt (nach Multiplikation mit α^{n-1} bzw. β^{n-1}):

$$(*) \qquad \alpha^{n+1} = \alpha^n + \alpha^{n-1} \quad \text{und} \quad \beta^{n+1} = \beta^n + \beta^{n-1} \quad \text{für alle } n \ge 1.$$

Setzt man $w_n := \dfrac{1}{\sqrt{5}}(\alpha^n - \beta^n)$, so ist $w_1 = w_2 = 1$, und mit $(*)$ ergibt sich: $w_{n+1} = w_n + w_{n-1}$. Also ist $w_n = F_n$.

Aufgabe 4.25: a) Es ist $a_n = (3/5)^n + (2/5)^n$. Beide Summanden konvergieren gegen Null, also auch a_n.

b) Es ist $b_n = \dfrac{6n^2 + 2}{n^2} = 6 + \dfrac{2}{n^2}$, und das konvergiert gegen 6.

c) Man verwendet den üblichen Trick (Erweitern):

$$c_n = \sqrt{n+1} - \sqrt{n} = \frac{(n+1) - n}{\sqrt{n+1} + \sqrt{n}} = \frac{1}{\sqrt{n+1} + \sqrt{n}}.$$

Also ist $0 < c_n < 1/(2\sqrt{n})$. Ist $\varepsilon > 0$ vorgegeben und $n > 1/(4\varepsilon^2)$, so ist $|c_n| < \varepsilon$. Also konvergiert c_n gegen Null.

d) Am Anfang des Kapitels wird gezeigt, dass $1 + 3 + 5 + \cdots + (2n - 1) = n^2$ ist, also $d_n = (n/(n + 1))^2$, und dieser Ausdruck strebt gegen 1.

Aufgabe 4.26: Ist $x = 0.12373\underline{737}\ldots$, so ist $100x - x = 12.25$, also $x = 1225/9900 = 245/1980 = 49/396$.

Das gleiche Ergebnis erhält man durch die Rechnung

$$\begin{aligned} x &= \frac{12}{100} + 37 \cdot \sum_{i=2}^{\infty} \frac{1}{10^{2i}} = \frac{12}{100} + 37 \cdot \Big(\frac{1}{1 - 1/100} - 1 - \frac{1}{100}\Big) \\ &= \frac{12}{100} + 37 \cdot \Big(\frac{100}{99} - \frac{101}{100}\Big) = \frac{99 \cdot 12 + 37 \cdot 1}{9900} = \frac{1225}{9900} = \frac{49}{396}. \end{aligned}$$

Aufgabe 4.27: x_0 ist obere Schranke von A, und $x_0 - 1/n$ ist keine obere Schranke mehr (weil x_0 die kleinste obere Schranke ist). Also gibt es ein $a_n \in A$ mit $x_0 - 1/n < a_n \le x_0$. Dann ist $|a_n - x_0| < 1/n$ und (a_n) konvergiert gegen x_0.

Aufgabe 4.28: Wenn $a_n = a$ für fast alle n gilt, dann ist die Aussage trivial. Ist dagegen $a_n \ne a$ für unendlich viele n, so ist entweder $a_n < a$ oder $a_n > a$ für unendlich viele n. Man kann sich auf den ersten Fall beschränken, der andere wird analog behandelt. Und man kann dann o. B. d. A. annehmen, dass **alle** $a_n < a$ sind.

Weil die Folge (a_n) gegen a konvergiert, gibt es zu jedem $\varepsilon > 0$ ein $n(\varepsilon) \in \mathbb{N}$, so dass **alle** a_n mit $n \ge n(\varepsilon)$ im Intervall $(a - \varepsilon, a)$ liegen. Es soll nun induktiv eine monoton wachsende Teilfolge (x_i) von (a_n) konstruiert werden, so dass $a - 1/i < x_i < a$ für alle i gilt.

Induktionsanfang: Für x_1 kann man sich ein beliebiges Element der Folge im Intervall $(a - 1, a)$ aussuchen. Dieses hat eine Nummer $n(1)$, so dass $x_1 = a_{n(1)}$ ist.

Induktionsschluss: Seien $x_1, \ldots, x_k$ schon konstruiert. Dann ist $x_1 \le x_2 \le \ldots \le x_k$, und es gibt eine Folge $n(1) < n(2) < \ldots < n(k)$ von natürlichen Zahlen, so dass $x_i = a_{n(i)}$ und $x_i \in (a - 1/i, a)$ für $i = 1, 2, \ldots, k$ gilt.

Nun muss ein geeignetes x_{k+1} gefunden werden. Auf jeden Fall gibt es ein $n_0 > n(k)$, so dass $a - 1/(k+1) < a_j < a$ für alle $j \ge n_0$ gilt. Weil $x_k < a$ ist und die Folge a_j gegen a konvergiert, kann man j so groß wählen, dass $a_j > x_k$ ist. Ein solches j sei festgehalten und $n(k+1) := j$ gesetzt. Dann ist $n(k+1) > n(k)$, und für $x_{k+1} := a_{n(k+1)} = a_j$ gilt:

$$x_{k+1} > x_k \quad \text{und} \quad a - \frac{1}{k+1} < x_{k+1} < a.$$

Damit ist (x_i) eine monoton wachsende Teilfolge von (a_n), die gegen a konvergiert.

Aufgabe 4.29: Es soll gezeigt werden, dass die Folge $a_n := (1 - n + n^2)/n(n+1)$ nach oben beschränkt und monoton wachsend ist. Dabei soll es zunächst keine Rolle spielen, dass man diese Folge sehr einfach mit Hilfe der Grenzwertsätze untersuchen könnte. Um a_n besser abschätzen zu können, sollte man den Term umformen. Die Tatsache, dass $n(n+1) = n^2 + n = (n^2 - n) + 2n$ ist, liefert den richtigen Hinweis:

Es ist

$$a_n = \frac{n^2 + n}{n(n+1)} - \frac{2n-1}{n(n+1)} = 1 - \frac{2n-1}{n(n+1)} \le 1,$$

also a_n nach oben beschränkt. Außerdem ist

$$\begin{aligned} a_{n+1} - a_n &= \left[1 - \frac{2(n+1)-1}{(n+1)(n+2)}\right] - \left[1 - \frac{2n-1}{n(n+1)}\right] \\ &= \frac{(2n-1)(n+2) - n(2n+1)}{n(n+1)(n+2)} \\ &= \frac{2n^2 + 3n - 2 - 2n^2 - n}{n(n+1)(n+2)} = \frac{2(n-1)}{n(n+1)(n+2)} \geq 0. \end{aligned}$$

Damit ist $a_n \leq a_{n+1}$, also a_n monoton wachsend. Jetzt folgt, dass a_n konvergiert, aber diese Erkenntnis hilft nicht unbedingt bei der Bestimmung des Grenzwertes. Den bekommt man zum Beispiel mit Hilfe der „Grenzwertsätze“: Es ist

$$a_n = \frac{1 - n + n^2}{n^2 + n} = \frac{1/n^2 - 1/n + 1}{1 + 1/n},$$

und dieser Ausdruck strebt für $n \to \infty$ gegen 1.

Will man lieber benutzen, dass a_n nach oben beschränkt ist, so kann man etwa folgendermaßen vorgehen: Ist $0 < \varepsilon < 1$ beliebig klein, so kann man n_0 so groß wählen, dass für $n \geq n_0$ gilt:

$$\frac{2n-1}{n(n+1)} = \frac{2 - 1/n}{n+1} < \frac{2}{n+1} < \varepsilon, \text{ also } 1 - \varepsilon < 1 - \frac{2n-1}{n(n+1)} = a_n \leq 1\,.$$

Das bedeutet, dass der Grenzwert von a_n (dessen Existenz schon bewiesen wurde) ≥ 1 sein muss. Da er aber auch ≤ 1 ist, folgt: $\lim\limits_{n \to \infty} a_n = 1$.

Aufgabe 4.30: Aus der Voraussetzung folgt die Ungleichung $|a_{n+1}| \leq q|a_n|$. Das sagt einem noch nicht viel, aber man kann diese Kette von Ungleichungen auch umformulieren:

$$|a_2| \leq q|a_1|, \quad |a_3| \leq q|a_2| \leq q^2|a_1|, \quad |a_4| \leq q^3|a_1|, \quad \ldots$$

Mit einem simplen Induktionsbeweis folgt allgemein, dass $|a_n| \leq q^{n-1}|a_1|$ ist. Weil $0 \leq q < 1$ ist, strebt q^n (und damit auch q^{n-1}) gegen Null. Daraus folgt, dass a_n gegen Null konvergiert.

Sei $a_n := 2^n/n!$. Dann ist $a_{n+1}/a_n = \big(2^{n+1}n!\big)/\big(2^n(n+1)!\big) = 2/(n+1)$. Für $n > 3$ ist $(n+1)/2 > 2$, also $a_{n+1}/a_n < 1/2 =: q < 1$. Das zeigt, dass (a_n) gegen Null konvergiert.

Lösungen zu Kapitel 5

Aufgabe 5.1: „Bruder von“: nicht t, nicht r, nicht s. (Zur Transitivität: Wenn Hans Bruder von Karl ist, ist Karl auch Bruder von Hans, aber natürlich Hans

nicht Bruder von Hans.)
„Mutter von“: nicht r, nicht s, nicht t.
„Teiler von“: r und t, aber nicht s.
„x liebt y“: nicht s, nicht t, wahrscheinlich auch nicht r (psychologische Frage).
„Nachbar von“: s, nicht r und nicht t.

Aufgabe 5.2: Der Quotient ist $3x^2 + 7x - 2$, der Rest $-2x + 3$.

Aufgabe 5.3: (1) $D_f = \{|x| \leq 2\}$, $D_g = \{|x| \leq 1\}$ und $D_h = \{x < 0 \text{ oder } x \geq 1\}$.
(2) f ist streng monoton wachsend und daher überall injektiv.

(3) Ist $f(x) = f(y)$, so ist $3(x^2 - y^2) + 6(x - y) = 0$. Entweder ist dann $x = y$, oder es muss $3(x + y) + 6 = 0$ sein, also $x + y = -2$. Mit $x, y > -1$ ist Letzteres nicht möglich.

(4) $D_f = \{x \mid x \neq -d/c\}$. Da $y = a/c$ nicht als Bild vorkommt, ist f nicht surjektiv. Ist $f(x_1) = f(x_2)$, so ist $(ad - bc) \cdot (x_2 - x_1) = 0$, also $x_1 = x_2$. Damit ist f injektiv.

Aufgabe 5.4: Es ist $D_{f \circ g} = \{x : |x| \leq 1\}$ und $D_{g \circ f} = \{x : 0 \leq x \leq 2/5\}$.

Aufgabe 5.5: (1) ist eine triviale Anwendung der Rechenregeln für Logarithmen. Man beachte, dass $\log_a(a) = 1$ ist.

(2) ist nur sinnvoll, wenn man $x > 0$ voraussetzt. Dann ergibt sich $\lg \dfrac{x}{\sqrt{x}} = \lg 4$, also $x = 16$.

Aufgabe 5.6: 1) reflexiv, transitiv, aber nicht symmetrisch ($5 \geq 3$, aber $3 < 5$).
2) nicht reflexiv, nicht smmetrisch, nicht transitiv.
3) reflexiv, symmetrisch, nicht transitiv $\big($denn es ist $2 \cdot 1 = 2 \geq -1$, $1 \cdot (-1) = -1 \geq -1$, aber $2 \cdot (-1) = -2 < -1\big)$.

Aufgabe 5.7: Sei $f(x) = ax + b$ mit $f(1) = 2$ und $f(3) = 5$. Dann ist $a + b = 2$ und $3a + b = 5$. Daraus ergibt sich:

$$f(x) = \frac{1}{2}(3x + 1).$$

Ist $f(3) = -1$ und $f(4) = -7$, so ergibt sich $f(x) = -6x + 17$.

Aufgabe 5.8: Setzt man die Bedingung $f(c-x) = f(c+x)$ mit $f(x) = x^2 - 10x + 1$ an, so erhält man die Gleichung

$$-2cx - 10(c - x) = 2cx - 10(c + x), \quad \text{also } (4c - 20)x = 0.$$

Da dies für alle x gelten soll, muss $c = 5$ sein. Leider war das bis jetzt die falsche Schlussrichtung, aber man rechnet natürlich leicht nach, dass tatsächlich $f(5-x) = x^2 - 24 = f(5+x)$ ist.

Aufgabe 5.9: Die Methode der quadratischen Ergänzung liefert.

$$f(x) = a \cdot \left(x^2 + 2 \cdot \frac{b}{2a}x + \frac{c}{a}\right) = a \cdot \left[\left(x + \frac{b}{2a}\right)^2 - \frac{b^2 - 4ac}{4a^2}\right].$$

Dann ist $f(-b/(2a) + x) = f(-b/(2a) - x)$, also f symmetrisch zu $x = -b/(2a)$. Dort liegt auch der Scheitelpunkt. Der y-Wert ist dort $= -(b^2 - 4ac)/(4a)$.

Ist $a > 0$, so ist die Parabel nach oben geöffnet. Ist dann die Diskriminante $\Delta := b^2 - 4ac > 0$, so liegt der Scheitelpunkt unterhalb der x-Achse, und es gibt zwei Schnittpunkte mit der x-Achse. Ist $\Delta = 0$, so liegt der Scheitelpunkt genau auf der x-Achse. Ist $\Delta < 0$, so liegt er oberhalb der x-Achse und es gibt keinen Schnittpunkt.

Ist $a < 0$, so ist die Parabel nach unten geöffnet. Der Einfluss der Diskriminante bleibt gleich.

Gesucht ist nun eine Parabel mit $a < 0$, $-b/(2a) = 2$ und $\Delta > 0$. Setzt man z.B. $a = -1$, $b = 4$ und $c > -4$, so ist $\Delta = b^2 - 4ac = 16 + 4c > 0$ und alle Bedingungen sind erfüllt.

Aufgabe 5.10: a) Ist $n \in \mathbb{Z}$ und $n \le x < n + 1/2$, so ist $2n - 1 \le 2x - 1 < 2n$, also $[2x-1] = 2n-1$. Ist $n + 1/2 \le x < n+1$, so ist $[2x-1] = 2n$. Das ergibt die folgende Skizze für $f(x)$:

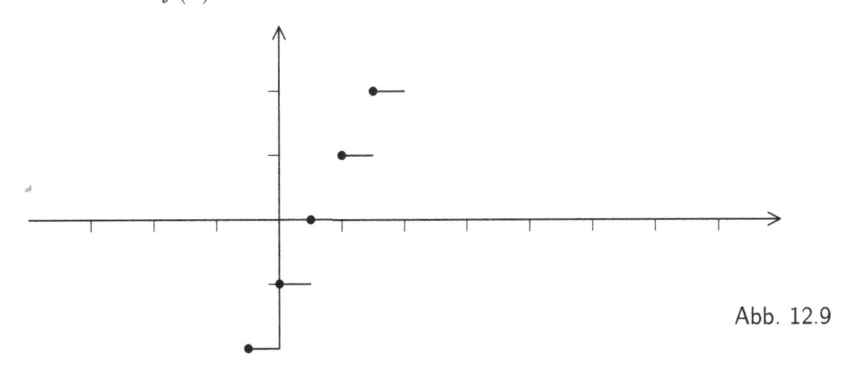

Abb. 12.9

b) Den zweiten Graphen gewinnt man folgendermaßen: Es ist

$$\frac{1}{10}x^2 - x + 1 = 0 \iff x = 5 \pm \sqrt{15} \approx \begin{cases} 8.873 \\ 1.127 \end{cases}$$

Die Parabel ist nach oben geöffnet, der Scheitelpunkt ist $(x, y) = (5, -1.5)$. Das ergibt die folgende Skizze für $g(x) = |f(x)|$:

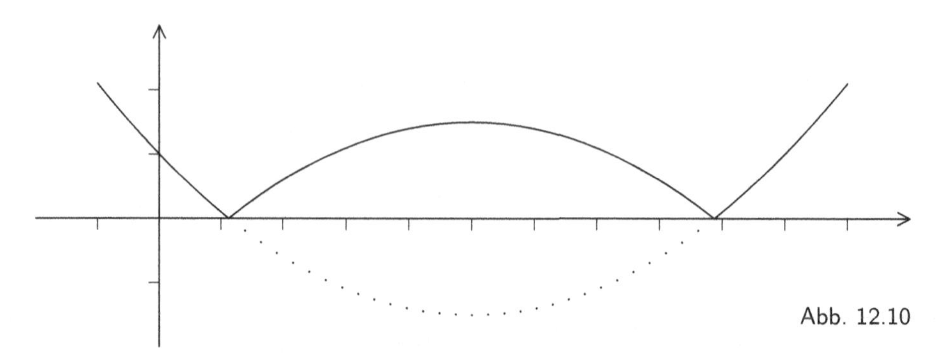

Abb. 12.10

c) Sei $h_0(x) := 2x - 3$. Weil $h_0(x) = 0$ für $x = 3/2$ ist, ist $h(x) = |h_0(x)|$ für $x \geq 0$. Ist $x < 0$, so ist $-x = |x| > 0$ und $h(x) = h(-x) = |h_0(-x)|$. In beiden Fällen ist $h(x) = \big|\, h_0(|x|) \,\big| = \big|\, 2|x| - 3 \,\big|$.

Aufgabe 5.11: Es ist $f = f^+ - f^-$ und $|f| = f^+ + f^-$. Das kann man leicht nachprüfen.

Aufgabe 5.12: Im ersten Fall ist $(f_1 + f_2)(x) = \begin{cases} 0 & \text{falls } x < 0, \\ x & \text{falls } x \geq 0. \end{cases}$

Im zweiten Fall ist $(f_1 + f_2)(x) = x^4 - 2x^2 = x^2(x^2 - 2)$.

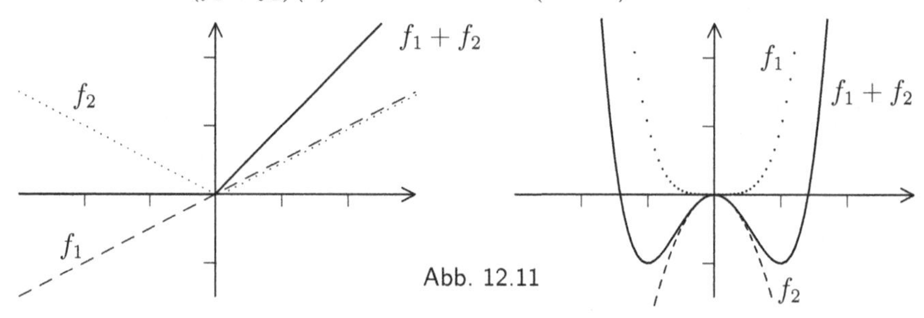

Abb. 12.11

Aufgabe 5.13: 1) Ist $f(x) = a_n x^n + \cdots + a_1 x + a_0$, so ist $0 = f(x_0) = a_n x_0^n + \cdots + a_1 x_0 + a_0$. Man erinnere sich nun an die Formel

$$a^{n+1} - b^{n+1} = (a - b) \cdot \sum_{i=0}^{n} a^i b^{n-i}.$$

Damit erhält man:

$$\begin{aligned} f(x) &= f(x) - f(x_0) \\ &= a_n(x^n - x_0^n) + \cdots + a_1(x - x_0) \\ &= (x - x_0) \cdot \left[a_n \sum_{i=0}^{n-1} x^i x_0^{n-1-i} + \cdots + a_1 \right]. \end{aligned}$$

In der eckigen Klammer steht ein Polynom der Gestalt $g(x) = b_{n-1}x^{n-1} + \cdots + b_0$ mit $b_{n-1} = a_n$, es hat offensichtlich den Grad $n-1$.

2) Man berechne formal $(x - x_0)g(x)$ und vergleiche die Koeffizienten mit denen von $f(x)$.

3a) Eine erste Nullstelle erhält man durch Probieren. Offensichtlich ist $x_1 = 1$ eine Nullstelle und daher $f(x) = (x-1)\cdot g(x)$. Man gewinnt $g(x)$ durch Polynomdivision.

$$(x^3 - \frac{5}{2}x^2 - x + \frac{5}{2}) : (x-1) = x^2 - \frac{3}{2}x - \frac{5}{2}.$$

Die noch fehlenden Nullstellen gewinnt man jetzt mit Hilfe der Lösungsformel für quadratische Gleichungen.

$$x^2 - \frac{3}{2}x - \frac{5}{2} = 0 \iff x = \frac{3/2 \pm \sqrt{(9/4) + 10}}{2} = \frac{3 \pm 7}{4}.$$

Also hat $f(x)$ noch die Nullstellen $x_2 = 5/2$ und $x_3 = -1$.

3b) Im Falle des Polynoms $f(x) = x^3 - 67x - 126$ ist $x = -2$ eine Nullstelle. Dann erhält man:

$$(x^3 - 67x - 126) : (x+2) = x^2 - 2x - 63.$$

Das quadratische Polynom auf der rechten Seite hat noch die Nullstellen $x_2 = 9$ und $x_3 = -7$.

Aufgabe 5.14: Die Beweise zu (a) sind ziemlich trivial. Exemplarisch sei hier nur der Beweis der zweiten Aussage vorgeführt:

$$\begin{aligned} y \in f(A \cap B) &\implies \exists\, x \in A \cap B \text{ mit } f(x) = y \\ &\implies \exists\, x \text{ mit } (x \in A) \wedge (x \in B) \wedge (f(x) = y) \\ &\implies y \in f(A) \ \wedge \ y \in f(B) \\ &\implies y \in f(A) \cap f(B). \end{aligned}$$

Die vorletzte Implikation kann nicht ohne weiteres umgekehrt werden. Deshalb gilt hier nur „$\subset$". Hier ist ein Beispiel dafür, dass nicht die Gleichheit gilt: Sei $X = \{1,2,3,4,5\}$, $Y = \{a,b\}$, $f(x) = a$ für $x = 3$ und $f(x) = b$ für $x \neq 3$. Außerdem sei $A := \{1,2,3\}$ und $B := \{3,4,5\}$. Dann ist $f(A \cap B) = \{a\}$ und $f(A) \cap f(B) = \{a,b\}$.

b) Sei zunächst $f(X \setminus A) = Y \setminus f(A)$ für alle $A \subset X$.

Injektivität: Ist $x_1 \neq x_2$, so ist $x_2 \in X \setminus \{x_1\}$, also $f(x_2) \in f(X \setminus \{x_1\}) = Y \setminus \{f(x_1)\}$. Damit ist auch $f(x_1) \neq f(x_2)$.

Surjektivität: Ist $y \in Y$ vorgegeben, so wählen wir irgend ein $x \in X$. Ist $y = f(x)$, so sind wir fertig. Ist $y \neq f(x)$, so ist $y \in Y \setminus f(\{x\}) = f(X \setminus \{x\})$. Aber dann existiert ein $x' \neq x$ mit $f(x') = y$.

Nun sei umgekehrt f als bijektiv vorausgesetzt und $A \subset X$ nicht leer.

Ist $y \in f(X \setminus A)$, so gibt es ein $x \in X \setminus A$ mit $f(x) = y$. Weil f injektiv ist, ist $f(x') \neq y$ für $x' \in A$. Also ist $y \in Y \setminus f(A)$.

Ist andererseits $y \in Y \setminus f(A)$, so gibt es kein $x \in A$ mit $f(x) = y$. Aber weil f surjektiv ist, muss es ein $x_0 \in X$ mit $f(x_0) = y$ geben. Dann liegt x_0 in $X \setminus A$ und y in $f(X \setminus A)$.

Aufgabe 5.15: Sei $f(n) := 2n + 1$. Dann ist f nicht surjektiv. Außerdem sei $g : \mathbb{N} \to \mathbb{N}$ definiert durch

$$g(n) := \begin{cases} (n-1)/2 & \text{falls } n \geq 3 \text{ und ungerade,} \\ n & \text{sonst.} \end{cases}$$

g ist nicht injektiv, weil z.B. $g(3) = 1 = g(1)$ ist. Und schließlich ist $g \circ f(n) = g(2n + 1) = n$.

Aufgabe 5.16: Sei $g \circ f$ bijektiv.

a) Ist $f(x_1) = f(x_2)$, so ist $g \circ f(x_1) = g \circ f(x_2)$, also

$$x_1 = (g \circ f)^{-1}(g \circ f(x_1)) = (g \circ f)^{-1}(g \circ f(x_2)) = x_2.$$

b) Sei $z \in C$. Dann gibt es ein $x \in A$ mit $g \circ f(x) = z$. Aber dann liegt $y := f(x)$ in B, und es ist $g(y) = z$.

Aufgabe 5.17: a) $f(x) := x^3 - 27$ ist injektiv und surjektiv:

1) Ist $f(x_1) = f(x_2)$, so ist $x_1^3 - 27 = x_2^3 - 27$, also $0 = x_1^3 - x_2^3 = (x_1 - x_2)(x_1^2 + x_1x_2 + x_2^2)$. Ist $x_1 = x_2$, so ist man fertig. Andernfalls ist $x_1^2 + x_1x_2 + x_2^2 = 0$, also $(x_1 + x_2)^2 = x_1x_2$. Damit folgt: $0 \leq x_1^2 \leq x_1^2 + x_1x_2 + x_2^2 = 0$, also $x_1 = 0 = x_2$. Damit ist f injektiv.

2) Sei $y \in \mathbb{R}$ gegeben. Dann existiert $x := \sqrt[3]{y + 27}$ als reelle Zahl, und es ist $f(x) = x^3 - 27 = y$.

b) Der Ausdruck $(2x + 3)/(1 - x)$ ist für alle $x \neq 1$ erklärt, die Definitionslücke wird durch die Vorschrift $1 \mapsto -2$ gefüllt. Die Auflösung der Gleichung $g(x) = y$ führt einen zu der Funktion

$$x = k(y) = \begin{cases} (y-3)/(2+y) & \text{für } y \neq -2, \\ 1 & \text{für } y = -2 \end{cases}$$

Weil $g \circ k = \mathrm{id}_{\mathbb{R}}$ und $k \circ g = \mathrm{id}_{\mathbb{R}}$ ist, folgt, dass g bijektiv und $k = g^{-1}$ ist.

c) Ist $h(x_1, y_1) = h(x_2, y_2)$, so ist $x_1 - 1 = x_2 - 1$, also $x_1 = x_2$. Weil außerdem $x_1^2 - y_1 = x_2^2 - y_2$ ist, folgt auch $y_1 = y_2$. Also ist h injektiv.

Ist $(u, v) \in \mathbb{R}^2$ gegeben, so setze man $x := v + 1$ und $y := (v + 1)^2 - u$. Dann ist $h(x, y) = (u, v)$. Also ist h surjektiv.

Aufgabe 5.18: Es ist

$$g \circ f(x) = \begin{cases} (2x - 3)^2 & \text{für } x \leq 0, \\ 14x - 1 & \text{für } x > 0, \end{cases}$$

und

$$f \circ g(x) = \begin{cases} 7x^2 & \text{für } x \leq -2, \\ 4x - 5 & \text{für } -2 < x \leq 1/2, \\ 14x - 7 & \text{für } x > 1/2. \end{cases}$$

Aufgabe 5.19: Hier ist $f((-\infty, 2]) = \{2x - 1 \,:\, x \leq 2\} = (-\infty, 3]$ und $f((2, +\infty)) = \{x + 1 \,:\, x > 2\} = (3, +\infty)$, also $f(\mathbb{R}) = \mathbb{R}$. Damit ist f surjektiv.

Seien $x_1, x_2 \in \mathbb{R}$, $x_1 \neq x_2$. Man nehme an, dass $f(x_1) = f(x_2)$ ist. Liegen x_1, x_2 beide in $(-\infty, 2]$ oder beide in $(2, +\infty)$, so müssen sie sogar gleich sein, weil die affin-linearen Funktionen $x \mapsto 2x - 1$ und $x \mapsto x + 1$ beide injektiv sind. Man kann also annehmen, dass $x_1 \leq 2$ und $x_2 > 2$ ist. Aber dann muss $f(x_1) = 2x_1 - 1 \leq 3$ und $f(x_2) = x_2 + 1 > 3$ sein. Das ist ein Widerspruch. Also ist f injektiv und damit sogar bijektiv.

Die Umkehrabbildung ist gegeben durch

$$f^{-1}(y) = \begin{cases} (y + 1)/2 & \text{falls } y \leq 3, \\ y - 1 & \text{falls } y > 3. \end{cases}$$

Wenn man diese Abbildung direkt angibt und die Gleichungen $f \circ f^{-1} = \text{id}_{\mathbb{R}}$ und $f^{-1} \circ f = \text{id}_{\mathbb{R}}$ beweist, dann kann man sich oben den Nachweis von Injektivität und Surjektivität sparen.

Aufgabe 5.20: Damit der Graph von f durch $(3, 3)$ läuft, muss $m \cdot 3 - 3 = 3$ sein, also $m = 2$. Dann ist $f(2) = 2 + 1 = 3$ und $f(3) = 2 \cdot 3 - 3 = 3$. Also ist f nicht injektiv.

Aufgabe 5.21: Ist $1 \leq x \leq 3$, so ist $1 < 3/2 \leq f(x) \leq 5/2 < 3$, also $f([1, 3]) \subset [1, 3]$. Nun ist

$$f^2(x) = \frac{1}{2}\Big(\frac{1}{2}x + 1\Big) + 1 = \frac{1}{4}x + \frac{3}{2}$$

und

$$f^3(x) = \frac{1}{2}\Big(\frac{1}{4}x + \frac{3}{2}\Big) + 1 = \frac{1}{8}x + \frac{7}{4}.$$

Das legt folgende Vermutung nahe:

$$f^n(x) = \frac{1}{2^n}\,x + \frac{2^n - 1}{2^{n-1}}\,.$$

Man beweist diese Formel ganz einfach durch Induktion. Und offensichtlich konvergiert $f^n(x)$ unabhängig von x gegen 2.

Man kann auch folgendermaßen vorgehen: Weil $f(x) - f(y) = \frac{1}{2}(x - y)$ ist, bilden die Intervalle $[f^n(1), f^n(3)]$ eine Intervallschachtelung, die gegen eine Zahl c konvergiert. Ist x fest, so ist $f^{n+1}(x) = \frac{1}{2}f^n(x) + 1$. Weil $f^n(x)$ und $f^{n+1}(x)$ gegen den gleichen Grenzwert c konvergieren, muss $c/2 + 1 = c$ sein, also $c = 2$.

Aufgabe 5.22: a) Ist $x = 2t/(t^2+1)$ und $y = (t^2-1)/(t^2+1)$, so ist $x^2 + y^2 = (4t^2 + t^4 - 2t^2 + 1)/(t^2+1)^2 = 1$, also $F(\mathbb{R}) \subset B$.

b) Ist $x^2 + y^2 = 1$ und $(x, y) \neq (0, 1)$, so setze man $t := x/(1-y)$. Dann kann man nachrechnen, dass $t^2 + 1 = 2/(1-y)$ und $t^2 - 1 = 2y/(1-y)$ ist, also $F(t) = (x, y)$. Damit ist $H(x, y) = x/(1-y)$ die Umkehrabbildung zu F.

Aufgabe 5.23: 1) Sei $z := \log_2(3)$. Dann ist $2^z = 3$ und $2^{3/2} = \sqrt{8} < \sqrt{9} = 3 = 2^z$, also $3/2 < z$.

Weiter ist $2 > \dfrac{6561}{4096} = \left(\dfrac{81}{64}\right)^2$, also $2^{1/4} > 9/8$, $2^{5/4} = 2 \cdot 2^{1/4} > 9/4$ und $2^{5/8} > 3/2$. Daraus folgt:

$$2^{11/16} > 2^{10/16} = 2^{5/8} > \frac{3}{2} \quad \text{und} \quad 2^{27/16} = 2{\cdot}2^{11/16} > 3 = 2^{\log_2(3)} = 2^z, \text{ also } \frac{3}{2} < z < \frac{2\ldots}{1\ldots}$$

2) Es ist

$$\log_5\bigl(100^{\log_{10}(5)}\bigr) = \log_5\bigl(10^{2\cdot\log_{10}(5)}\bigr) = \log_5(25) = 2 \cdot \log_5(5) = 2.$$

3) Sei $A = B_0$ der Anschaffungspreis. Es ist $B_n = A \cdot (1-i)^n$, mit $i = p/100$. Dann folgt für eine beliebige Basis a:

$$\log_a(1-i) = \frac{1}{n}\bigl(\log_a B_n - \log_a A\bigr),$$

also

$$p = 100 \cdot \left[1 - a^{(\log_a B_n - \log_a A)/n}\right].$$

In dem angegebenen Zahlenbeispiel (Aufgabe 4.19) war $n = 6$, und der Restwert betrug 3000 Euro. Als Anschaffungspreis wurde ein Wert von 25 500 Euro berechnet. Also ist $A = 25\,500$, $n = 6$ und $B_n = 3000$, und daher $\log_{10}(B_n) \approx 3.47712$, $\log_{10}(A) \approx 4.40654$,

$$p \approx 100 \cdot \left[1 - 10^{-0.92942/6}\right] \approx 100 \cdot (1 - 0.7) = 30.$$

Der Prozentsatz beträgt etwa 30 %, so wie es sein soll.

Lösungen zu Kapitel 6

Aufgabe 6.1: Ist $b = 0$, also $L = \{x = c\}$ eine vertikale Gerade, so ist

$$L' := \{x = x_0\}$$

die Parallele zu L durch $P_0 = (x_0, y_0)$. Ist $b \neq 0$, also

$$L = \{(x,y) : ax + by = r\} = \{(x,y) : y = -(a/b)x + (r/b)\},$$

so ist $L' := \{(x,y) : ax + by = ax_0 + by_0\} = \{(x,y) : y = -(a/b)x + (ax_0 + by_0)/b\}$ die gesuchte Parallele.

Aufgabe 6.2: Die Gerade L_1 durch $(-1,0)$ und $(1,1)$ ist nicht vertikal, ihre Gleichung kann also in der Zweipunkteform geschrieben werden:

$$\frac{y-0}{1-0} = \frac{x-(-1)}{1-(-1)} \iff y = \frac{1}{2}(x+1).$$

Analog ist $L_2 = \{y = \frac{1}{2}(x-2)\}$ die Gerade durch $(0,-1)$ und $(2,0)$, und die Gerade durch $(0,5)$ und $(5,0)$ ist gegeben als Menge $L_3 = \{y = -x + 5\}$.

Den Durchschnitt $L_1 \cap L_3$ erhält man, wenn man $(x+1)/2 = -x + 5$ setzt. Dann ist $x = 3$, und wenn man das in eine der beiden Ausgangsgleichungen einsetzt, erhält man $y = 2$. Also ist $L_1 \cap L_3 = \{(3,2)\}$. Analog gewinnt man die Gleichung $L_2 \cap L_3 = \{(4,1)\}$. Die Gleichungen für L_1 und L_2 haben keine gemeinsame Lösung. Das bedeutet, dass L_1 und L_2 parallel sind.

Abb. 12.12

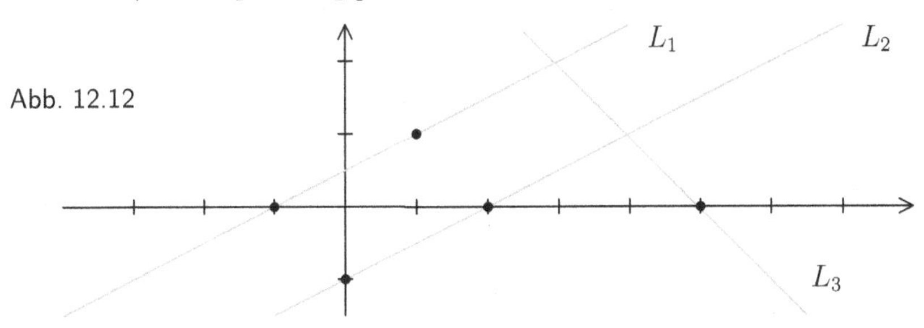

Aufgabe 6.3: a) Man wähle ein Koordinatensystem so, dass $A = (0,0)$, $B = (1,0)$ und $C = (0,1)$ ist. Dann ist $R = (1/2, 0)$ der Mittelpunkt von $\overline{AB}$ und $Q = (0, 1/2)$ der Mittelpunkt von $\overline{AC}$. Die Gerade BC ist gegeben durch $y = 1 - x$. Außerdem ist $\pi(x,y) := y$ ein Lineal für BC mit $\pi(B) = 0$ und $\pi(C) = 1$. Also ist $P := \pi^{-1}(1/2) = (1/2, 1/2)$ Mittelpunkt von $\overline{BC}$.

Abb. 12.13

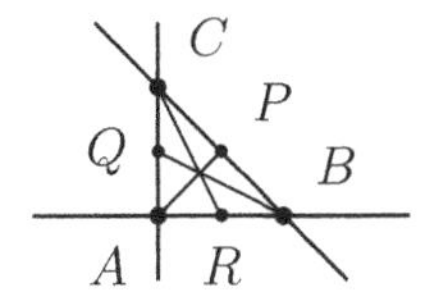

Die Seitenhalbierenden $\overline{CR}$, $\overline{AP}$ und $\overline{BQ}$ sind gegeben durch die Gleichungen

$$2x + y - 1 = 0, \quad y - x = 0 \text{ und } x + 2y - 1 = 0.$$

Gemeinsame Lösung ist der Punkt $M = (1/3, 1/3)$. Wählt man $\widetilde{\pi}(x,y) := 2x$ als Lineal für CR, so ist $\widetilde{\pi}(C) = 0$ und $\widetilde{\pi}(R) = 1$ sowie $\widetilde{\pi}(M) = 2/3$. Deshalb ist $CM : MR = (0-2/3)/(2/3-1) = 2:1$. Bei den beiden anderen Seitenhalbierenden geht es genauso.

b) O. B. d. A. sei $x_0 \neq x_1$. Dann ist die Gerade L_1 durch $P_0 = (x_0, y_0)$ und $P_1 = (x_1, y_1)$ nicht vertikal und hat die Steigung $m_1 := (y_1 - y_0)/(x_1 - x_0)$. Die Steigung m_3 der Geraden L_3 durch $P_2 = (x_2, y_2)$ und $P = (x_2 + x_1 - x_0, y_2 + y_1 - y_0)$ ist gegeben durch

$$m_3 = \frac{(y_2 + y_1 - y_0) - y_2}{(x_2 + x_1 - x_0) - x_2} = \frac{y_1 - y_0}{x_1 - x_0} = m_1.$$

Also sind L_1 und L_3 parallel, und analog folgt, dass die Geraden L_2 durch P_1 und P und L_4 durch P_0 und P_2 parallel sind.

c) Sei $P_0 = (0,0)$, $P_1 = (x_1, y_1)$, $P_2 = (x_2, y_2)$ und $P := (x_2 + x_1 - 0, y_2 + y_1 - 0) = (x_1 + x_2, y_1 + y_2)$. Nach (b) ist dann $P_0P_1PP_2$ ein Parallelogramm. Bilden auch die Punkte P_0, P_1, $Q := (u, v)$ und P_2 die Ecken eines Parallelogramms, so muss $Q = P$ sein, also $u = x_1 + x_2$ und $v = y_1 + y_2$.

Aufgabe 6.4: Sei $b := f(0)$ und $a := f(1) - f(0)$. Nach Voraussetzung ist $f(1) \neq f(0)$, also $a \neq 0$. Ist $t \in \mathbb{R}$ beliebig, so setze man $p := t$, $q := 0$, $r := 1$ und $s := 0$. Dann ist

$$t = \frac{p-q}{r-s} = \frac{f(p) - f(q)}{f(r) - f(s)} = \frac{f(t) - f(0)}{f(1) - f(0)} = \frac{f(t) - b}{a},$$

also $f(t) = at + b$.

Aufgabe 6.5: Es gibt Zahlen a_1, a_2, b_1, b_2, so dass $a_1 \neq 0$ und $a_2 \neq 0$ ist sowie

$$\begin{aligned} \mu_1 \circ f \circ \lambda_2^{-1}(t) &= \lambda_1 \circ \lambda_2^{-1}(t) &= a_1 t + b_1 \\ \text{und} \quad & \mu_2 \circ \mu_1^{-1}(t) &= a_2 t + b_2. \end{aligned}$$

Daraus folgt:

$$\begin{aligned} \mu_2 \circ f \circ \lambda_2^{-1}(t) &= \mu_2 \circ \mu_1^{-1}(\mu_1 \circ f \circ \lambda_2^{-1}(t)) \\ &= a_2(a_1 t + b_1) + b_2 \\ &= (a_1 a_2)t + (a_2 b_1 + b_2). \end{aligned}$$

Natürlich ist auch $a := a_1 a_2 \neq 0$, und es ist $\mu_2 \circ f \circ \lambda_2^{-1}(t) = at + b$ mit $b := a_2 b_1 + b_2$.

Aufgabe 6.6: 1) Sei $X \in L$ und $x := \lambda(X)$. Genau dann liegt X in $\overrightarrow{PQ}$, wenn P nicht zwischen X und Q liegt. Das ist genau dann der Fall, wenn 0 nicht zwischen x und 1 liegt, wenn also $-x = (x - 0)/(0 - 1) \leq 0$ ist, also $\lambda(X) \geq 0$.

2) Es gibt Zahlen a, b mit $a \neq 0$, so dass $\lambda \circ \mu^{-1}(t) = at + b$ ist. Dann ist $b = \lambda \circ \mu^{-1}(0) = \lambda(P) = 0$.

Aufgabe 6.7: Die Gleichung lässt sich nach y auflösen, $y = -(4/5)x - (6/5)$. Also ist $m := -4/5$ die Steigung der Geraden. Sie schneidet die y-Achse in $(0, -6/5)$ und die x-Achse in $(-3/2, 0)$.

Aufgabe 6.8: (I) Addition der beiden Gleichungen ergibt

$$3x = 42, \text{ also } x = 14 \text{ und dann } 21 + 2y/3 = 27, \text{ also } y = 9.$$

(II) Hier muss man vorsichtiger sein. Die Gleichungen sind für $x = 1$ und $y = -6$ nicht definiert. Unter Beachtung dieser Ausnahmeregeln kann man z.B.

$$u := 1/(x-1) \quad \text{und} \quad v := 1/(y+6)$$

setzen und das Gleichungssystem

$$7u + 4v = 8 \quad \text{und} \quad 4u + 7v = 23/4$$

lösen, durch $u = 1$ und $v = 1/4$. Dann ist $x = 2$ und $y = -2$. Die Probe zeigt, dass das tatsächlich die Lösung ist.

Aufgabe 6.9: a) Seien K_1 und K_2 zwei konvexe Mengen. Sind X und Y Punkte aus $K_1 \cap K_2$, so liegt ihre Verbindungsstrecke in K_1 uznd in K_2, also auch in $K_1 \cap K_2$.

b) Jede Halbebene ist konvex, also auch das Innere eines Winkels (als Durchschnitt zweier Halbebenen). Das Innere eines Dreiecks ist der Durchschnitt der Mengen der inneren Punkte der drei Winkel des Dreiecks.

Sei nun $ABCD$ ein Viereck. Wenn drei der Punkte auf einer Geraden liegen, entsteht kein Viereck, den Fall kann man also ausschließen. Das bedeutet, dass B und D in den beiden Halbebenen liegen müssen, die durch die Gerade L bestimmt ist, auf der A und C liegen. Liegen die Punkte B und D auf **einer** Seite von L, so ist $ABCD$ ein nichtkonvexes Viereck, denn die inneren Punkte der Strecke $\overline{AC}$ gehören nicht zum Viereck.

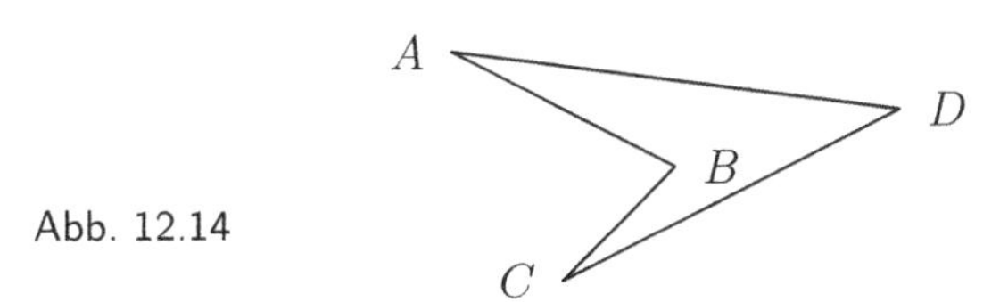

Abb. 12.14

Aufgabe 6.10: Sei $ABCD$ das Parallelogramm. Man kann Koordinaten einführen, so dass $A = (0, 0)$, $B = (1, 0)$, $C = (1, 1)$ und $D = (0, 1)$ ist. Die Diagonale durch A

und C wird durch $y = x$ gegeben, die Diagonale durch B und D durch die Gleichung $y = 1 - x$. Der Schnittpunkt ist $S = (1/2, 1/2)$. Auf der ersten Diagonalen haben die Punkte A, S und C die Koordinaten $a = 0$, $s = 1/2$ und $c = 1$. Also ist $AS : SC = (0 - 1/2)/(1/2 - 1) = 1$. Bei der anderen Diagonalen geht's analog.

Aufgabe 6.11: Ist der Winkel $\angle AOB$ gegeben, so führe man ein Koordinatensystem mit $O = (0,0)$, $A = (1,0)$ und $B = (0,1)$ ein. Dann ist $X = (x_0, y_0)$ mit $x_0 > 0$ und $y_0 > 0$. Ist $L = \{x = x_0\}$ die vertikale Gerade durch X, so schneidet L den Strahl $\overrightarrow{OA}$ im Punkt $(x_0, 0)$. Ist $L = \{y = mx + b\}$ schräg, so schneidet L die Gerade durch O und B in $(0, b)$. Ist $b \geq 0$, so ist man fertig. Ist $b < 0$, so ist $m = (y_0 - b)/x_0 > 0$, und L schneidet den Strahl $\overrightarrow{OA}$ im Punkt $(-b/m, 0)$.

Aufgabe 6.12: Sei ABC das Dreieck und X der Punkt im Innern des Dreiecks. Nach Einführung geeigneter Koordinaten ist $A = (0,0)$, $B = (1,0)$, $C = (0,1)$ und $X = (x_0, y_0)$, mit $x_0 > 0$, $y_0 > 0$ und $x_0 + y_0 < 1$.

Sei nun L die Gerade durch A und X. Dann ist $L = \{y = mx\}$, mit $m = y_0/x_0 > 0$. Die Seite $\overline{BC}$ liegt auf der Geraden $\{y = 1 - x\}$. Damit L diese Gerade in (u_0, v_0) trifft, muss $v_0 = 1 - u_0$ und $v_0 = mu_0$ sein, also $(u_0, v_0) := \big(1/(m+1), m/(m+1)\big)$. Dann ist $u_0 > 0$, $v_0 > 0$ und $u_0 + v_0 = 1$, also (u_0, v_0) tatsächlich ein Punkt der Seite $\overline{BC}$.

Aufgabe 6.13: 1) Sei h die Länge des Lotes von P auf L, $p := d(F, X)$, $q := d(F, Y)$, $x := d(X, P)$ und $y := d(Y, P)$.

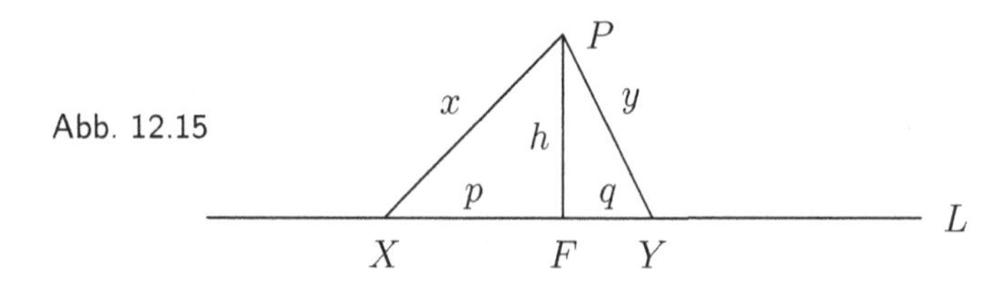

Abb. 12.15

Es ist $p^2 + h^2 = x^2$ und $q^2 + h^2 = y^2$, also $p^2 = x^2 - h^2$ und $q^2 = y^2 - h^2$. Damit ist

$$\begin{aligned} x > y \quad &\iff \quad x^2 > y^2 \quad \iff \quad x^2 - h^2 > y^2 - h^2 \\ &\iff \quad p^2 > q^2 \quad \iff \quad p > q. \end{aligned}$$

2) Sei X der Schnittpunkt von L und M. Außerdem sei P ein Punkt auf M und F der Fußpunkt des Lotes von P auf L, $x = d(X, F)$, $y = d(X, P)$ und $h = d(F, P)$. Dann ist $x^2 + h^2 = y^2$. Der Skalenfaktor m der orthogonalen Projektion ist die Zahl $m = (x - 0)/(y - 0)$. Offensichtlich ist $0 < m^2 < x^2/y^2 = x^2/(x^2 + h^2) \leq 1$, also $0 < |m| \leq 1$.

Aufgabe 6.14: Sei a die Dreiecksseite, die A gegenüberliegt, und b die Dreiecksseite, die B gegenüberliegt. Dann ist $a^2 + b^2 = (p+q)^2 = p^2 + q^2 + 2pq = (b^2 - h^2) + (a^2 - h^2) + 2pq$, also $h^2 = pq$.

Aufgabe 6.15:

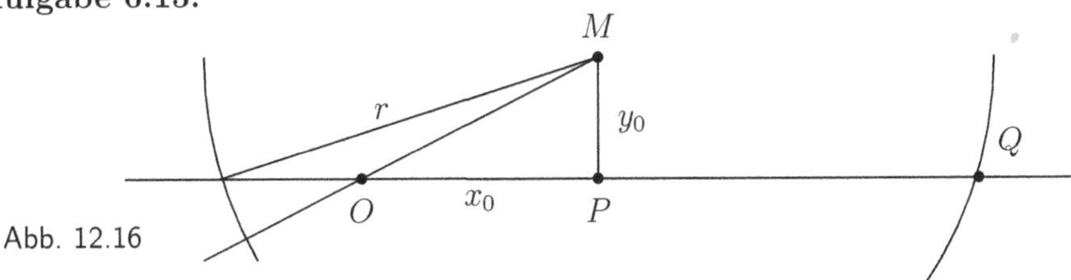

Abb. 12.16

Weil $d(M,O) < r$ ist, ist $x_0^2 + y_0^2 < r^2$, also $t := \sqrt{r^2 - y_0^2} > x_0$ eine positive reelle Zahl. Damit liegt $Q := (x_0 + t, 0)$ auf $\overrightarrow{OP}$. Außerdem ist $d(Q,M)^2 = t^2 + y_0^2 = r^2$, also $Q \in K_r(M)$.

Aufgabe 6.16: Wir können ein Koordinatensystem einführen, so dass $P = (-a, 0)$ und $Q = (a, 0)$ ist, mit $a > 0$. Die Mittelsenkrechte zu P und Q ist dann die y-Achse $\{(x,y) : x = 0\}$. Sei $X = (x_0, y_0)$ ein beliebiger Punkt. Dann gilt:

$$\begin{aligned} d(X,P) = d(X,Q) &\iff (x_0 - a)^2 + y_0^2 = (x_0 + a)^2 + y_0^2 \\ &\iff a \cdot x_0 = 0 \iff x_0 = 0. \end{aligned}$$

Aufgabe 6.17: Man kann das Polygongebiet in Dreiecksgebiete zerlegen. Ist G ein solches Dreiecksgebiet mit Grundlinie c und Höhe h, so ist $f(G)$ wieder ein Dreiecksgebiet, mit einer Grundlinie der Länge kc und einer Höhe der Länge kh. Dann ist $\mu(f(G)) = \frac{1}{2}(kc)(kh) = k^2 \cdot \frac{1}{2}ch = k^2\mu(G)$.

Aufgabe 6.18: Sei $ABCD$ das Parallelogramm bzw. Trapez. Man kann die Koordinaten so wählen, dass $\overline{AB}$ auf der x-Achse liegt.

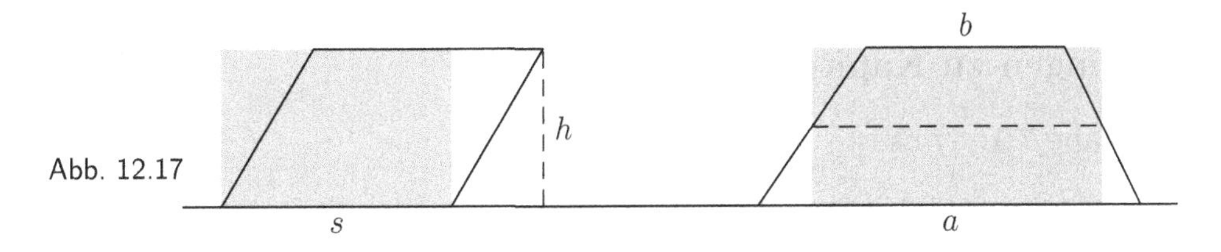

Abb. 12.17

Offensichtlich beträgt dann die Fläche des Parallelogramms $s \cdot h$, und die des Trapezes $h \cdot (a+b)/2$.

In Wirklichkeit muss man verschiedene Fälle unterscheiden. Sieht die Situation mit dem Rechteck und dem Parallelogramm zum Beispiel wie folgt aus, so kann man entsprechend argumentieren: Da die Dreiecke BCE und ADF kongruent sind, haben sie den gleichen Flächeninhalt. Letzteres gilt dann auch für die Vierecke $BCDS$ und $ASEF$, die daraus durch Subtraktion des Dreiecks SDE entstehen. Fügt man anschließend das Dreieck ABS hinzu, entstehen das Rechteck $ABEF$ und das Parallelogramm $ABCD$.

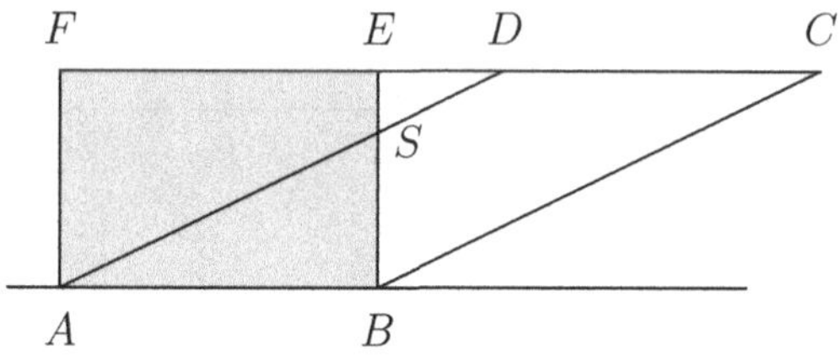

Abb. 12.18

Aufgabe 6.19:

1) Man verwandle das Dreieck zunächst in ein Parallelogramm (wie in der nebenstehenden Skizze). Der zweite Schritt ist aufgrund der vorigen Aufgabe kein Problem.

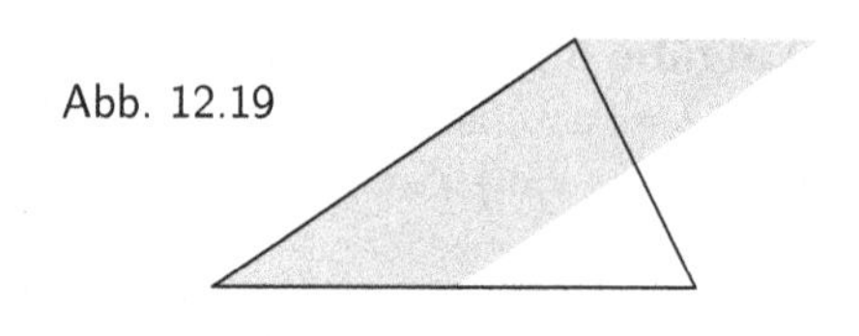

Abb. 12.19

2) Das gewonnene Rechteck besitze die Seiten a und b. Dann benutze man den Halbkreis mit Radius $(a+b)/2$ über einer Strecke der Länge $a+b$.

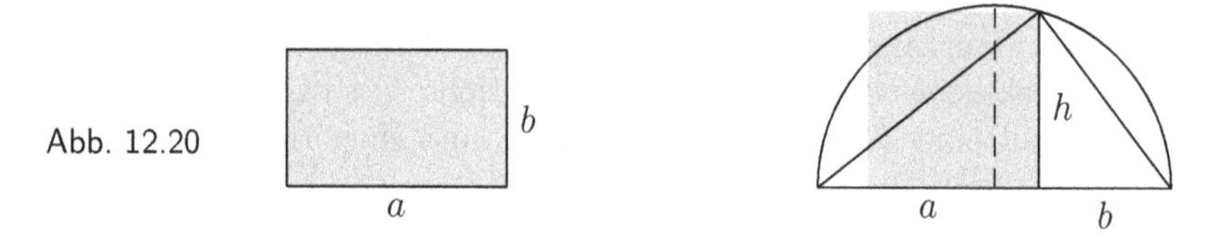

Abb. 12.20

Wie schon früher gezeigt, ist $h^2 = a \cdot b$. Deshalb hat das Quadrat mit der Seitenlänge h den gleichen Flächeninhalt wie das Rechteck und damit wie das Ausgangsdreieck.

Lösungen zu Kapitel 7

Aufgabe 7.1: 1) Es ist

$$\begin{aligned}
\sin(3x) &= \sin(2x+x) = \sin(2x)\cos x + \cos(2x)\sin x \\
&= 2\sin x\cos^2 x + (\cos^2 x - \sin^2 x)\sin x \\
&= 3\sin(x)\cos^2(x) - \sin^3(x) \\
&= 3\sin x - 4\sin^3 x.
\end{aligned}$$

2) Die Höhe von C auf c teilt c in die Abschnitte x und y, und damit das ursprüngliche Dreieck in zwei rechtwinklige Dreiecke.

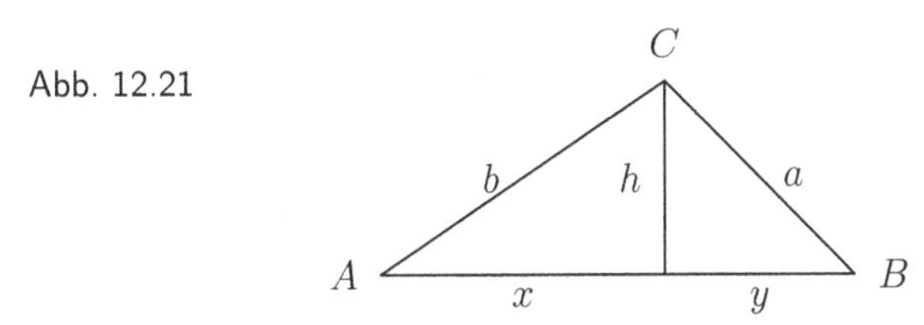

Abb. 12.21

So bekommt man die Gleichungen $h = b \sin \alpha$ und $h = a \sin \beta$. Weil die linken Seiten übereinstimmen, ist $a/\sin\alpha = b/\sin\beta$. Es liegt auf der Hand (aus Symmetriegründen), dass dieser Ausdruck auch mit $c/\sin\gamma$ übereinstimmen. Der Winkel γ stört, aber es ist $\sin\gamma = \sin(\pi - (\alpha + \beta)) = \sin(\alpha + \beta)$. Daraus ergibt sich:

$$a = c \cdot \frac{\sin(\alpha)}{\sin(\alpha + \beta)} \quad \text{und} \quad b = c \cdot \frac{\sin(\beta)}{\sin(\alpha + \beta)}.$$

3) Sei s die Seite und $\alpha = (2\pi)/5$ der darüberliegende Zentrumswinkel.

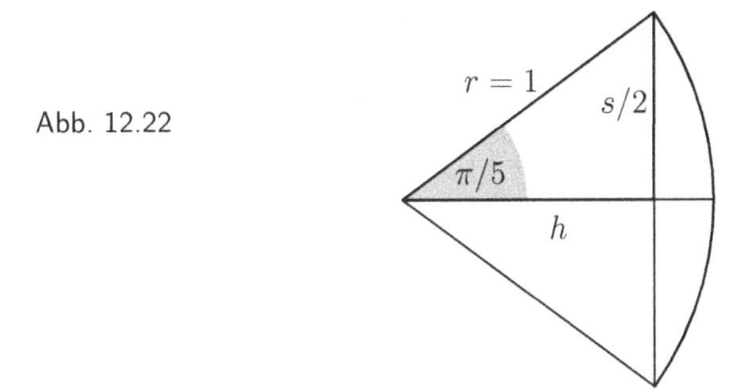

Abb. 12.22

Dann ist $s = 2 \cdot \sin(\pi/5)$ und $h = \cos(\pi/5)$ die Länge des Lotes vom Zentrum auf die Seite und damit

$$F = 5 \cdot h \cdot (s/2) = 5 \cdot \sin(\frac{\pi}{5}) \cos(\frac{\pi}{5})$$

die gesuchte Fläche.

4) Die Steigung der Geraden durch $(x_1, y_1) = (0, 2)$ und $(x_2, y_2) = (2\sqrt{3}, 4)$ ist der Quotient

$$\frac{y_2 - y_1}{x_2 - x_1} = \frac{4 - 2}{2\sqrt{3} - 0} = \frac{1}{\sqrt{3}} = \frac{\sqrt{3}}{3}.$$

Dies ist der Tangens des Steigungswinkels α. Da Letzterer zwischen $-\pi/2$ und $\pi/2$ liegt und der Tangens auf $(-\pi/2, 0)$ negativ ist, muss $\alpha = \pi/6$ sein. Der Steigungswinkel beträgt also $30°$.

5) Ist $a = 25$ und $e = 24$, so ist $b^2 = a^2 - e^2 = 625 - 576 = 49$, also $b = 7$. Das ergibt die Ellipsengleichung $x^2/625 + y^2/49 = 1$.

Der gesuchte Ellipsenpunkt über F_2 ist der Punkt $X = (e, y)$ mit

$$y^2 = b^2\Big(1 - \frac{e^2}{a^2}\Big) = b^2\Big(1 - \frac{a^2 - b^2}{a^2}\Big) = b^2\Big(1 - \big(1 - \frac{b^2}{a^2}\big)\Big) = \frac{b^4}{a^2},$$

also $y = b^2/a$.

Aufgabe 7.2: a) Ist $X = (x, y)$ ein Fixpunkt der Drehung R, so erfüllen x und y das Gleichungssystem

$$\begin{aligned} (a-1)x - by &= 0, \\ bx + (a-1)y &= 0. \end{aligned}$$

Die Determinante dieses Systems, $\delta = (a-1)^2 + b^2$, verschwindet genau dann, wenn $(a, b) = (1, 0)$ ist. Da dies ausgeschlossen ist, besitzt das Gleichungssystem genau eine Lösung, nämlich $(x, y) = (0, 0)$. Der Nullpunkt ist also der einzige mögliche Fixpunkt.

b) Sei F eine Bewegung mit den Fixpunkten P und Q. Liegt X zwischen P und Q (auf der Geraden durch P und Q), so ist $d(P, X) + d(X, Q) = d(P, Q)$. Weil F die Abstände erhält, ist dann auch

$$d\big(F(P), F(X)\big) + d\big(F(X), F(Q)\big) = d\big(F(P), F(Q)\big).$$

Das bedeutet, dass $F(X)$ auf der Verbindungsstrecke von $F(P)$ und $F(Q)$ liegt. Analog argumentiert man, wenn P zwischen X und Q oder Q zwischen P und X liegt.

Aufgabe 7.3: Sei f eine beliebige Bewegung. Man wähle drei nicht kollineare Punkte A, B, C. Dann sind auch die Bilder $f(A)$, $f(B)$ und $f(C)$ nicht kollinear. Nach dem Hauptsatz über Bewegungen kann man eine Verknüpfung g von Translationen, Drehungen und der Spiegelung S finden, so dass $g(f(A)) = (0, 0)$, $g(f(B)) = (r, 0)$ mit $r > 0$ und $g(f(C)) \in H^+$ ist. Außerdem gibt es auch eine entsprechend zusammengesetzte Bewegung h mit $h(A) = (0, 0)$, $h(B) = (r, 0)$ und $h(C) \in H^+$. Dann ist $g \circ f = h$ (wegen der Eindeutigkeitsaussage im Hauptsatz), und $f = g^{-1} \circ h$ setzt sich nur aus speziellen Bewegungen (Translationen, Drehungen und S) zusammen.

Aufgabe 7.4:

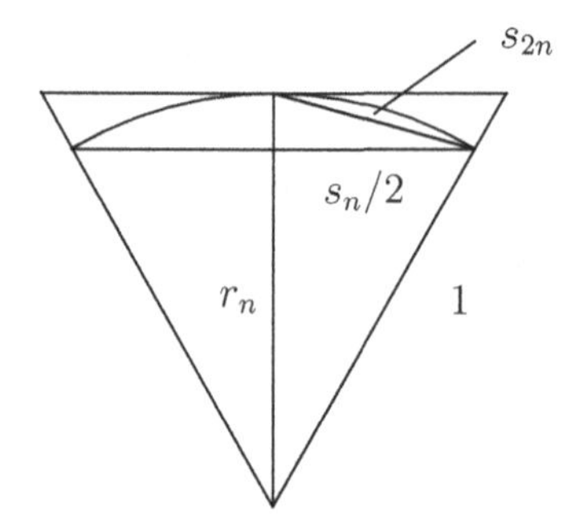

Abb. 12.23

Es ist $(s_{2n})^2 = (s_n/2)^2 + (1-r_n)^2$ und $(s_n/2)^2 + r_n^2 = 1$. Aus der zweiten Gleichung folgt $2r_n = \sqrt{4-s_n^2}$. Setzt man dies in die erste Gleichung ein, so erhält man

$$(s_{2n})^2 = 2 - 2r_n = 2 - 2\sqrt{1-(s_n/2)^2} = 2 - \sqrt{4-(s_n)^2}.$$

Aufgabe 7.5: a) Es reicht, die Winkel α und β zu betrachten, die anderen Fälle werden analog behandelt. Der bei β anliegende Außenwinkel δ ist nach dem schwachen Außenwinkelsatz größer als jeder der beiden nicht anliegenden Innenwinkel α und γ.

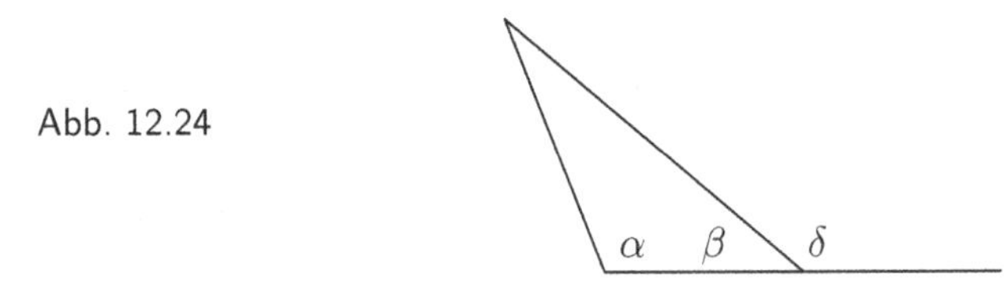

Abb. 12.24

Weil $\delta > \alpha$ ist, ist $\alpha + \beta < \delta + \beta = 180°$.

b) Im Dreieck ABC sei $\overline{AB} > \overline{BC}$. Man wähle den Punkt D auf $\overline{AB}$, für den $\overline{DB} = \overline{BC}$ ist (zu konstruieren mit Hilfe eines Kreises um B mit Radius $\overline{BC}$).

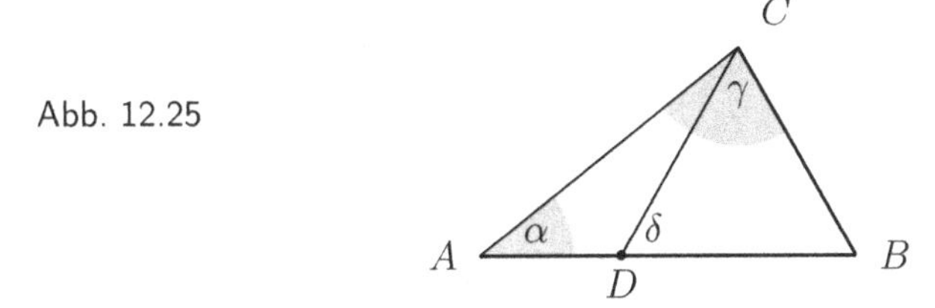

Abb. 12.25

Nach dem schwachen Außenwinkelsatz ist $\delta > \alpha$. Weil $\angle DCB = \angle CDB = \delta$ ist, ist $\gamma > \angle DCB$, also $\alpha < \gamma$.

Aufgabe 7.6: Das 10-Eck setzt sich aus 10 kongruenten Dreiecken zusammen, deren eine Ecke O ist und deren andere Ecken V und W auf dem Einheitskreis liegen. Der Basiswinkel des gleichschenkligen Dreiecks VWO beträgt $2\alpha = (180 - 36)/2 = 90 - 18 = 72$. Die Winkelhalbierende des Winkels $\angle OWV$ trifft $\overline{OV}$ in einem Punkt U und zuvor die Höhe h des Dreiecks VWO (von O nach $\overline{VW}$) in einem Punkt X.

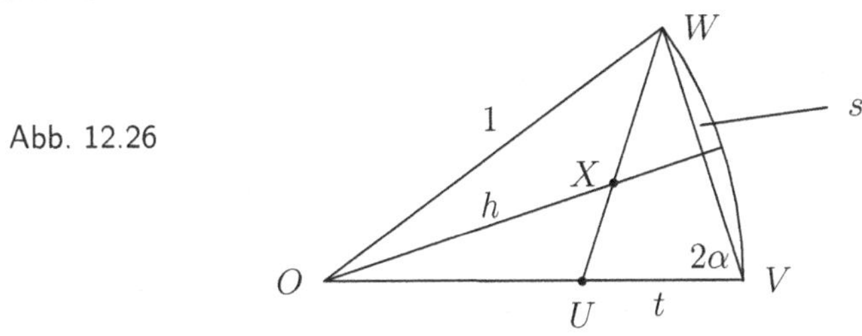

Abb. 12.26

Das Dreieck UVW enthält die Winkel α, 2α und $180 - 3\alpha = 180 - 108 = 72 = 2\alpha$, ist also ähnlich zu dem Dreieck VWO. Bezeichnen wir $\overline{VW}$ mit s und $\overline{VU}$ mit t, so ist $1 : s = OW : VW = VW : VU = s : t$, also $s^2 = t$.

Das Dreieck WOU besitzt gleiche Basiswinkel ($= \alpha$) bei W und O, ist also gleichschenklig. Damit ist $\overline{OU} = \overline{WU} = \overline{WV} = s$ und $\overline{UV} = 1 - s$, was die Gleichung $1 - s = s^2$ liefert, also $s = \frac{1}{2}(\sqrt{5} - 1)$.

Nun erhält man $h = \sqrt{1 - s^2/4} = \frac{1}{4}\sqrt{10 + 2\sqrt{5}}$.

Weil $\alpha/2 = 18°$ ist, ist

$$\sin(18°) = \frac{s/2}{1} = \frac{1}{4}(\sqrt{5} - 1) \quad \text{und} \quad \cos(18°) = \frac{h}{1} = \frac{1}{4}\sqrt{10 + 2\sqrt{5}}.$$

Aufgabe 7.7: Man leitet leicht die folgenden Formeln her:

$$\cos^2\alpha = \frac{1}{1 + \tan^2\alpha} \quad \text{und} \quad \sin^2\alpha = \frac{\tan^2\alpha}{1 + \tan^2\alpha}.$$

Setzt man darin die Formeln $\sin(2\alpha) = 2\sin\alpha\cos\alpha$ und $\cos(2\alpha) = \cos^2\alpha - \sin^2\alpha$ ein, so erhält man

$$\tan(2\alpha) = \frac{2\tan\alpha}{1 - \tan^2\alpha}$$

und

$$\cot(2\alpha) = \frac{1}{\tan(2\alpha)} = \frac{\cot^2\alpha - 1}{2\cot\alpha}.$$

Aufgabe 7.8: Die Höhe h von C auf c zerschneidet c in die Abschnitte p und q. Dann ist

$$p^2 + h^2 = b^2 \quad \text{und} \quad q^2 + h^2 = a^2.$$

Zusammen ergibt das

$$a^2 = q^2 + (b^2 - p^2) = b^2 + (p + q)^2 - 2p^2 - 2pq = b^2 + c^2 - 2pc.$$

Weil $p/b = \cos\alpha$ ist, folgt $a^2 = b^2 + c^2 - 2bc\cos\alpha$.

Weil $h/b = \sin\alpha$ und $h/a = \sin\beta$ ist, ist $b\sin\alpha = a\sin\beta$, also

$$\frac{a}{\sin\alpha} = \frac{b}{\sin\beta}.$$

Vertauscht man die Rollen der Seiten, so erhält man weitere Formeln.

Aufgabe 7.9: Wir können annehmen, dass der Schnittpunkt der Nullpunkt ist, sowie $0 < m_1 < m_2 < +\infty$. Dann geht die erste Gerade durch $(0,0)$ und $(1, m_1)$, die zweite durch $(0,0)$ und $(1, m_2)$. Die Neigung der Geraden gegen die x-Achse sei durch Winkel α und β beschrieben, mit $m_1 = \tan(\alpha)$ und $m_2 = \tan(\beta)$. Der Schnittwinkel ist $\varphi := \beta - \alpha$.

Allgemein ist

$$\begin{aligned} \tan(u+v) &= \frac{\sin(u+v)}{\cos(u+v)} = \frac{\sin u \cos v + \cos u \sin v}{\cos u \cos v - \sin u \sin v} \\ &= \frac{(\sin u \cos v + \cos u \sin v)/(\cos u \cos v)}{(\cos u \cos v - \sin u \sin v)/(\cos u \cos v)} \\ &= \frac{\tan u + \tan v}{1 - \tan u \tan v}. \end{aligned}$$

Damit ist $\tan\varphi = \dfrac{\tan\beta - \tan\alpha}{1 + \tan\alpha\tan\beta} = \dfrac{m_2 - m_1}{1 + m_1 m_2}$.

Bei den Geraden $3x - 2y + 5 = 0$ und $2x + 7y + 8 = 0$ sind die Steigungen $m_1 = 3/2$ und $m_2 = -2/7$. Für den Schnittwinkel φ gilt dann

$$\tan\varphi = \frac{-2/7 - 3/2}{1 + (3/2)(-2/7)} = \frac{-25/14}{8/14} = -\frac{25}{8} = -3.125,$$

also $\varphi = |\arctan(-3.125)| \approx 72.2553°$.

Aufgabe 7.10: In Aufgabe 7.1 wurde gezeigt, dass $\sin(3x) = 3\sin x - 4\sin^3 x$ ist. Die Gleichung $\sin(3x) - 2\sin(x) = 0$ wird damit zu der Gleichung $\sin x - 4\sin^3 x = 0$. Also ist entweder $\sin x = 0$ oder $\sin x = \pm 1/2$. Das bedeutet:

$$x = 0°, = 180° \text{ oder } = 360°,$$

oder

$$x = 30°, = 150°, = 210° \text{ oder } = 330°.$$

Nun zur zweiten Aufgabe! Es ist

$$\begin{aligned} 3\cos^2 x = \sin^2(2x) &\iff 3\cos^2 x = 4\sin^2 x \cos^2 x \\ &\iff \cos^2 x\left(3 - 4\sin^2 x\right) = 0 \\ &\iff \cos x = 0 \quad \text{oder} \quad \sin x = \pm\sqrt{3}/2 \\ &\iff x = 90°, = 270° \\ & \quad \text{oder } = 60°, = 120°, = 240°, = 300°. \end{aligned}$$

Aufgabe 7.11: a) Sei $u := (\alpha + \beta)/2$ und $v := (\alpha - \beta)/2$. Dann ist $\alpha = u + v$ und $\beta = u - v$, also

$$\begin{aligned}\sin\alpha + \sin\beta &= \sin(u+v) + \sin(u-v) = 2\sin u \cos v \\ &= 2\sin\Big(\frac{\alpha+\beta}{2}\Big)\cos\Big(\frac{\alpha-\beta}{2}\Big).\end{aligned}$$

b) Ist $0 = \sin(2x+1) + \sin(3x-2) = 2\sin\Big(\frac{5x-1}{2}\Big)\cos\Big(\frac{-x+3}{2}\Big)$, so ist entweder $(5x-1)/2 = k\pi$, also $x = (1+2\pi k)/5$,
oder $(-x+3)/2 = \pi/2 + k\pi$, also $x = 3 - (2k+1)\pi$.

Aufgabe 7.12: Sei $0 = 2\sin x - \tan x = 0$. Dann ist $2\sin x\cos x - \sin x = 0$ und $\cos x \neq 0$. Es folgt:

Entweder ist $\sin x = 0$, also $x = 0,\ \pi,\ 2\pi$,
oder $2\cos x - 1 = 0$, also $\cos x = 1/2$ und $x = \pi/3,\ 5\pi/3$.

Aufgabe 7.13: Die Gerade durch $(2, -\sqrt{3})$ und $(5,0)$ ist durch die Gleichung

$$\frac{y+\sqrt{3}}{0+\sqrt{3}} = \frac{x-2}{5-2}$$

gegeben, also $y = \frac{\sqrt{3}}{3}(x-5)$. Damit besitzt die Gerade die Steigung $m = \sqrt{3}/3$ und den Steigungswinkel $\alpha = 30°$.

Aufgabe 7.14: Es ist $\gamma = \pi - (\alpha+\beta)$, also

$$\begin{aligned}1 = \cos(2\alpha+2\beta-\pi) &= -\cos(2(\alpha+\beta)) = -\cos^2(\alpha+\beta) + \sin^2(\alpha+\beta) \\ &= 1 - 2\cos^2(\alpha+\beta).\end{aligned}$$

Damit ist $\cos(\alpha+\beta) = 0$, also $\alpha+\beta = \pi/2$ oder $= 3\pi/2$. Im Dreieck kommt nur der erste Fall in Frage, damit ist $\gamma = \pi/2$.

Aufgabe 7.15: Sei $e := \overline{AB_1}$ und $f := \overline{BA_1}$ sowie

$$\alpha := \angle BAA_1,\ \alpha_1 := \angle BAB_1,\ \beta := \angle ABB_1 \quad \text{und} \quad \beta_1 := \angle ABA_1.$$

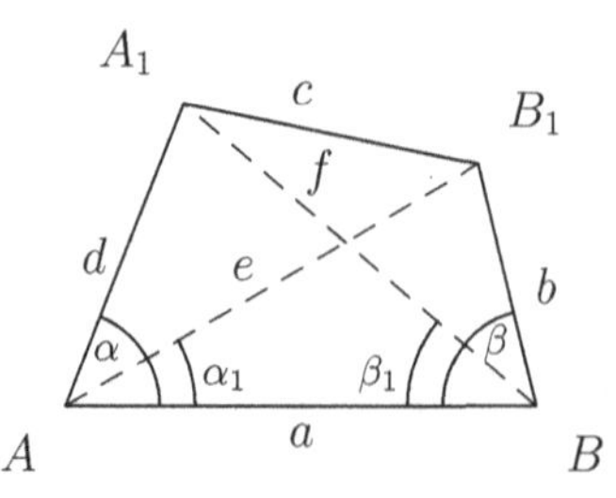

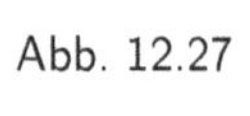
Abb. 12.27

Da $\sin(\pi - \varrho) = \sin \varrho$ für jeden Winkel ϱ gilt, folgt im Dreieck ABB_1 aus dem Sinussatz die Gleichung

$$\frac{e}{\sin \beta} = \frac{a}{\sin(\alpha_1 + \beta)}$$

und im Dreieck ABA_1 die Gleichung

$$\frac{d}{\sin \beta_1} = \frac{a}{\sin(\alpha + \beta_1)}.$$

Damit berechnet man e und d. Der Cosinussatz liefert schließlich im Dreieck AB_1A_1 die Beziehung

$$c^2 = e^2 + d^2 - 2ed\cos(\alpha - \alpha_1).$$

Setzt man die Werte für e und d in diese Formel ein, so erhält man c (aus a und den gegebenen Winkeln).

Aufgabe 7.16: Gesucht ist die Tangente an den Kreis K (um 0 mit Radius r) im Punkte (x_0, y_0). Man kann x_0, y_0 in der Form $x_0 = r\cos\alpha$ und $y_0 = r\sin\alpha$ mit $0 < \alpha < \pi/2$ schreiben. Die Steigung der Geraden $L' = \{y = m'x\}$ durch $(0,0)$ und (x_0, y_0) ist die Zahl $m' = \tan\alpha = y_0/x_0$. Die Gerade L, die in (x_0, y_0) auf L' senkrecht steht, hat die Gestalt $L = \{y = m(x - x_0) + y_0\}$ mit $m = -1/m' = -x_0/y_0$.

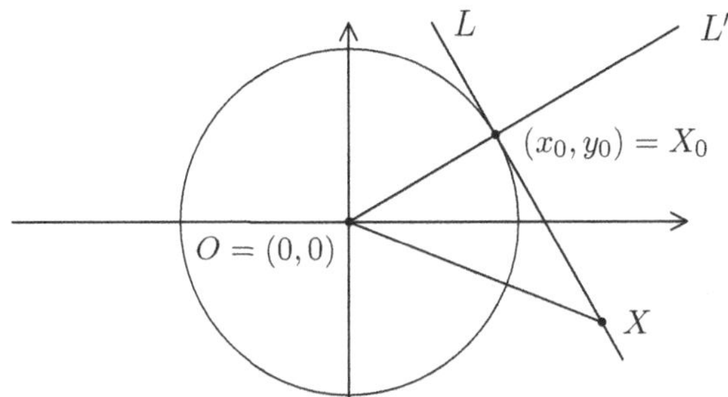

Abb. 12.28

Ist $(x, y) \neq (x_0, y_0)$ ein beliebiger Punkt auf L, so bilden die Punkte $O = (0,0)$, $X_0 := (x_0, y_0)$ und $X = (x, y)$ ein rechtwinkliges Dreieck mit Hypotenuse $\overline{OX}$. Daher ist $d(O, X)$ länger als $d(O, X_0) = r$ und damit X kein Punkt von K. Das bedeutet, dass $K \cap L = \{(x_0, y_0)\}$ ist.

Aufgabe 7.17: Die Ellipse ist gegeben durch $\dfrac{x^2}{25} + \dfrac{y^2}{9} = 1$, hat also Mittelpunkt $(0,0)$ und die Halbachsen $a = 5$ und $b = 3$.

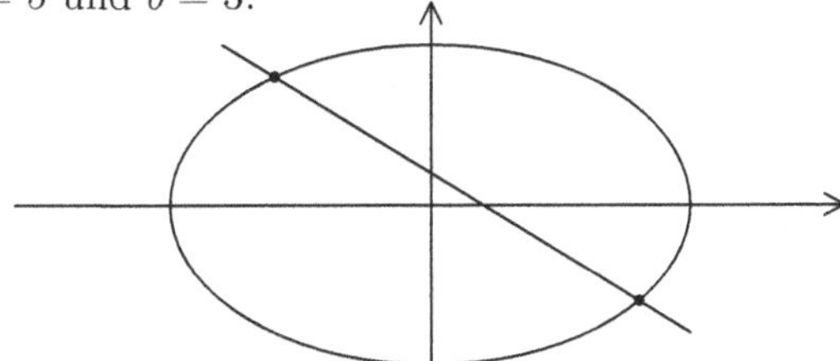

Abb. 12.29

Liegt (x, y) auf der Geraden $L = \{(x, y) : 3x + 5y - 3 = 0\}$, so ist $3x = 3 - 5y$. Setzt man das in die Ellipsengleichung $9x^2 + 25y^2 = 225$ ein, so erhält man die Gleichung

$$(3 - 5y)^2 + 25y^2 = 225,$$

also $50y^2 - 30y - 216 = 0$. Die Lösungsformel für quadratische Gleichungen liefert

$$y = \frac{30 \pm \sqrt{900 + 200 \cdot 216}}{100} = \frac{3 \pm \sqrt{441}}{10} = \frac{3 \pm 21}{10} = \begin{cases} 12/5 \\ -9/5. \end{cases}$$

Die beiden Schnittpunkte sind somit $P_1 = (-3,\ 12/5)$ und $P_2 = (4,\ -9/5)$.

Aufgabe 7.18: Hier ist eine Skizze zur Methode von Eratosthenes:

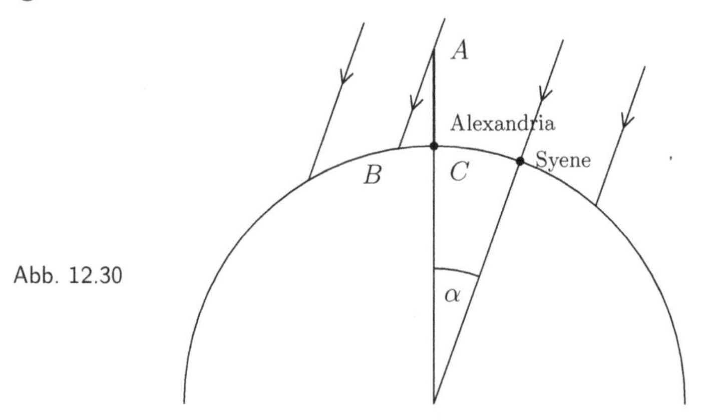

Abb. 12.30

Wenn der Winkel $\angle ABC$ etwa $82.8°$ beträgt, dann erhält man $90 - 82.8 = 7.2$ Grad für den Winkel $\angle BAC$. Der Winkel α im Erdmittelpunkt beträgt dann auch $7.2°$ (Z-Winkel). Das ist $1/50$ von $360°$. Deshalb beträgt der Bogen von Alexandria bis Syene auch $1/50$ des Erdumfanges.

Ein Stadion entspricht $1/6.25$ km, also etwa 160 Meter. Die Entfernung von Alexandria bis Syene beträgt $100 \cdot 50 = 5000$ Stadien. Für den Erdumfang erhält man dann $50 \cdot 5000 = 250\,000$ Stadien, das sind etwa $0.16 \cdot 250\,000 = 40\,000$ km. Das entspricht recht gut dem wahren Wert.

Lösungen zu Kapitel 8

Aufgabe 8.1: 1) $\mathbf{x}$, $\mathbf{y}$ sind genau dann linear abhängig, wenn es ein $(\lambda, \mu) \neq (0, 0)$ mit $\lambda\mathbf{x} + \mu\mathbf{y} = \mathbf{0}$ gibt. Dann ist $(\lambda\alpha + \mu\gamma)\mathbf{a}_1 + (\lambda\beta + \mu\delta)\mathbf{a}_2 = \mathbf{0}$, also $\lambda\alpha + \mu\gamma = \lambda\beta + \mu\delta = 0$.

Man untersuche nun die Größe $\Delta := \alpha\delta - \beta\gamma$ und unterscheide dafür am besten zwei Fälle:

1. Ist $\mu = 0$, so muss $\lambda \neq 0$ sein. Daraus folgt, dass $\lambda\alpha = \lambda\beta = 0$ und dann auch $\alpha = \beta = 0$ ist. Insbesondere ist $\Delta = 0$.

2. Ist $\mu \neq 0$, so folgt aus der Gleichung $\mu\cdot\Delta = (\mu\delta)\alpha - (\mu\gamma)\beta = -\lambda\beta\alpha + \lambda\alpha\beta = 0$, dass $\Delta = 0$ ist.

Ist umgekehrt $\Delta = 0$, so ist $\gamma\mathbf{x} - \alpha\mathbf{y} = \gamma(\alpha\mathbf{a}_1 + \beta\mathbf{a}_2) - \alpha(\gamma\mathbf{a}_1 + \delta\mathbf{a}_2) = -\Delta\mathbf{a}_2 = \mathbf{0}$. Ist $(\alpha, \gamma) \neq (0,0)$, so bedeutet das, dass $\mathbf{x}$ und $\mathbf{y}$ linear abhängig sind. Ist aber $\alpha = \gamma = 0$, so ist $\mathbf{x} = \beta\mathbf{a}_2$ und $\mathbf{y} = \delta\mathbf{a}_2$, und $\mathbf{x}$ und $\mathbf{y}$ sind auch in diesem Fall linear abhängig.

Deshalb gilt: $\mathbf{x}$, $\mathbf{y}$ sind linear unabhängig $\iff$ $\alpha\delta - \beta\gamma \neq 0$.

2) Ist $\alpha(1,1,1) + \eta(-2,1,-1) + \gamma(1,-2,-1) = \mathbf{0}$, so ergeben sich die Gleichungen

$$\alpha - 2\beta + \gamma = 0, \quad \alpha + \beta - 2\gamma = 0 \quad \text{und} \quad \alpha - \beta - \gamma = 0.$$

Aus der Beziehung $\gamma = \alpha - \beta$ erhält man: $2\alpha - 3\beta = 0$ und $3\beta - \alpha = 0$.

Das geht nur, wenn $\alpha = \beta = 0$ und dann auch $\gamma = 0$ ist. Die angegebenen Vektoren sind linear unabhängig.

Aufgabe 8.2: Da L_1 auf $(3,1)$ senkrecht steht, erhält man die Geradengleichung $3x + y = r$, und weil die Gerade durch $(11/2, -3/2)$ geht, ist

$$L_1 = \{(x,y) \,:\, 3x + y = 15\}.$$

Die Gerade L_2 durch $(7,5)$ und $(-7,3)$ kann durch eine Gleichung $ax + by = r$ mit $7a + 5b = r$ und $-7a + 3b = r$ beschrieben werden. Rechnet man jeweils a und b aus, so kürzt sich schließlich r heraus, und man erhält $L_2 = \{(x,y) \,:\, -x + 7y = 28\}$ (alternativ kann man mit der Zwei-Punkte-Form der Geradengleichung arbeiten).

Die Gerade durch den Nullpunkt, die mit der positiven x-Achse einen Winkel von $135°$ einschließt, steht auf dem Vektor $(1,1)$ senkrecht. Deshalb ist $L_3 = \{(x,y) \,:\, x + y = 0\}$.

Die Schnittpunkte bekommt man durch Auflösen der jeweiligen Gleichungssysteme:

$$C = (\frac{7}{2}, \frac{9}{2}), \quad B = (\frac{15}{2}, -\frac{15}{2}) \text{ und } A = (-\frac{7}{2}, \frac{7}{2}).$$

Die Gerade $L_3 = AB$ (mit der Gleichung $x + y = 0$) steht offensichtlich auf $(1,1)$ senkrecht. Das Lot L_4 von C auf AB steht deshalb auf $(1,-1)$ senkrecht und erfüllt eine Gleichung der Form $x - y = r$. Weil diese Gerade durch C geht, ist $L_4 := \{(x,y) \,:\, x - y = -1\}$. Der Fußpunkt ergibt sich als Schnittpunkt $\mathbf{z}$ von L_3 und L_4: $\mathbf{z} = (-\frac{1}{2}, \frac{1}{2})$.

Es ist $L_2 = \{\mathbf{x} \,:\, \mathbf{x} \bullet \mathbf{n} = p\}$ in der Hesse'schen Normalform, mit $\mathbf{n} = \frac{1}{\sqrt{50}}(-1,7)$ und $p = \frac{28}{\sqrt{50}}$. Für den Abstand des Punktes P von L_2 errechnet man $d = |p - \mathbf{z} \bullet \mathbf{n}| = \frac{24}{\sqrt{50}} \approx 3.4$.

Aufgabe 8.3: Mit dem Gauß-Verfahren erhält man: $\left(\begin{array}{ccc|c} 1 & 1 & 1 & 3 \\ 0 & -2 & -2 & 1 \\ 0 & 0 & 0 & 0 \end{array}\right)$.

Um das zu erreichen, subtrahiere man zuerst die 1. Zeile von der 2. Zeile. Dann addiere man die 2. Zeile und das Negative der 1. Zeile zur 3. Zeile.

Um eine spezielle Lösung zu finden, setze man $x_3 = 0$. Das ergibt die einzelne Lösung $\mathbf{x}_0 = \frac{1}{2}(7, -1, 0)$.

Eine Basis des homogenen Systems erhält man, indem man $x_3 = 1$ setzt. Das ergibt den Vektor $\mathbf{a} = (0, -1, 1)$. Die Lösungsmenge ist also die Gerade

$$L = \{\mathbf{x} = \mathbf{x}_0 + t\mathbf{a} \,:\, t \in \mathbb{R}\} = \{(x_1, x_2, x_3) = (7/2, -1/2 - t, t) \,:\, t \in \mathbb{R}\}.$$

Aufgabe 8.4: 1) Es ist $\mathbf{x} - \mathbf{a} = \lambda(\mathbf{b} - \mathbf{a}) = \lambda(\mathbf{b} - \mathbf{x}) + \lambda(\mathbf{x} - \mathbf{a})$, also

$$(1 - \lambda)(\mathbf{x} - \mathbf{a}) = \lambda(\mathbf{b} - \mathbf{x}) = (1 - \lambda)\frac{\beta}{\alpha}(\mathbf{b} - \mathbf{x}).$$

Daraus folgt die Gleichung $\alpha(\mathbf{x} - \mathbf{a}) = \beta(\mathbf{b} - \mathbf{x})$.

2) Aus (1) folgt: $\alpha\mathbf{x} + \beta\mathbf{x} = \beta\mathbf{b} + \alpha\mathbf{a}$, also

$$\mathbf{x} = \frac{1}{\alpha + \beta}(\alpha\mathbf{a} + \beta\mathbf{b}).$$

Aufgabe 8.5: Mit den Bezeichnungen aus dem Hinweis ergibt sich folgendes Bild:

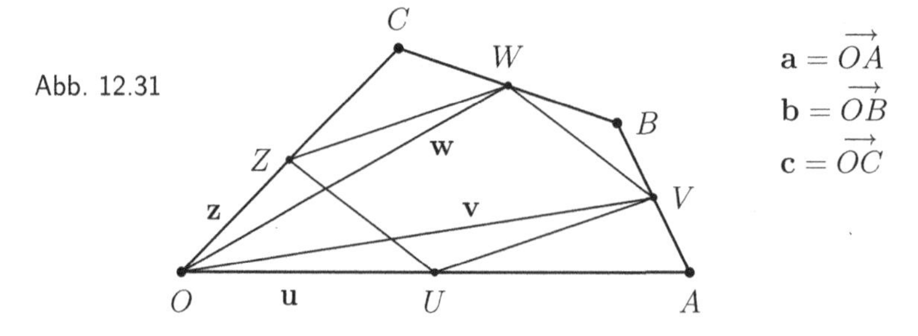

Abb. 12.31

Nach Voraussetzung ist $\mathbf{u} = \frac{1}{2}\mathbf{a} = \frac{1}{2}\overrightarrow{OA} = \overrightarrow{OU}$, wobei U der Mittelpunkt der Strecke $\overline{OA}$ ist. Weiter ist $\mathbf{v} = \mathbf{a} + \frac{1}{2}(\mathbf{b} - \mathbf{a}) = \overrightarrow{OA} + \frac{1}{2}\overrightarrow{AB} = \overrightarrow{OV}$, wobei V der Mittelpunkt der Strecke $\overline{AB}$ ist. Und schließlich ist $\mathbf{w} = \mathbf{c} + \frac{1}{2}(\mathbf{b} - \mathbf{c}) = \overrightarrow{OC} + \frac{1}{2}\overrightarrow{CB} = \overrightarrow{OW}$, wobei W der Mittelpunkt der Strecke $\overline{CB}$ ist, sowie $\mathbf{z} = \frac{1}{2}\mathbf{c} = \frac{1}{2}\overrightarrow{OC} = \overrightarrow{OZ}$ mit dem Mittelpunkt Z der Strecke $\overline{OC}$.

Es ist $\mathbf{z} - \mathbf{u} = \frac{1}{2}(\mathbf{c} - \mathbf{a})$ sowie

$$\begin{aligned} \mathbf{w} - \mathbf{v} &= \mathbf{c} - \mathbf{a} + \frac{1}{2}(\mathbf{a} - \mathbf{c}) = \frac{1}{2}(\mathbf{c} - \mathbf{a}) = \mathbf{z} - \mathbf{u}, \\ \mathbf{v} - \mathbf{u} &= \mathbf{a} + \frac{1}{2}(\mathbf{b} - \mathbf{a}) - \frac{1}{2}\mathbf{a} = \frac{1}{2}\mathbf{b} \\ \text{und } \mathbf{w} - \mathbf{z} &= \mathbf{c} + \frac{1}{2}(\mathbf{b} - \mathbf{c}) - \frac{1}{2}\mathbf{c} = \frac{1}{2}\mathbf{b}. \end{aligned}$$

Nun ist

$$\begin{aligned} \mathbf{z} - \mathbf{u} &= \overrightarrow{OZ} - \overrightarrow{OU} = \overrightarrow{UZ}, \\ \mathbf{w} - \mathbf{v} &= \overrightarrow{OW} - \overrightarrow{OV} = \overrightarrow{VW}, \\ \mathbf{v} - \mathbf{u} &= \overrightarrow{OV} - \overrightarrow{OU} = \overrightarrow{UV} \\ \text{und} \quad \mathbf{w} - \mathbf{z} &= \overrightarrow{OW} - \overrightarrow{OZ} = \overrightarrow{ZW}. \end{aligned}$$

Die bewiesenen Formeln $\mathbf{z} - \mathbf{u} = \mathbf{w} - \mathbf{v}$ und $\mathbf{v} - \mathbf{u} = \mathbf{w} - \mathbf{z}$ zeigen deshalb:

Die Mittelpunkte U, V, W, Z der Seiten des Vierecks $OABC$ bilden ein Parallelogramm.

Aufgabe 8.6: 1) Ist $\alpha\mathbf{x} + \beta\mathbf{y} + \gamma\mathbf{z} = \mathbf{o}$, so erhält man das Gleichungssystem

$$\begin{aligned} 4\alpha + 3\beta + 5\gamma &= 0, \\ 2\alpha + 8\beta + 2\gamma &= 0, \\ \alpha + 2\beta + 7\gamma &= 0. \end{aligned}$$

Setzt man $\alpha = -2\beta - 7\gamma$ in die ersten beiden Gleichungen ein, so erhält man die Gleichungen

$$20\beta + 92\gamma = 0 \quad \text{und} \quad 20\beta - 60\gamma = 0.$$

Man sieht, dass es genau eine Lösung gibt, nämlich $\alpha = \beta = \gamma = 0$. Die Vektoren sind also linear unabhängig.

2) Es ist $(5, 2, 3) = (1, -1, 2) + (4, 3, 1)$. Die Vektoren sind linear abhängig. Wenn man das nicht auf Anhieb sieht, muss man wie in (1) mit einem Gleichungssystem arbeiten. Als Lösungsmenge erhält man die Gerade $L = \{(-t, t, t) : t \in \mathbb{R}\}$ und daraus die oben angegebene Beziehung.

Aufgabe 8.7: Ein Punkt auf der Geraden L hat die Gestalt $(x, y, z) = (2, 1 + 6t, 7 + 4t)$, mit $t \in \mathbb{R}$. Er ist Schnittpunkt mit der xy-Ebene, der xz-Ebene oder der yz-Ebene, wenn die Gleichung $7 + 4t = 0$, $1 + 6t = 0$ oder $2 = 0$ erfüllt ist. Also gibt es keinen Schnittpunkt mit der yz-Ebene. Der Schnittpunkt mit der xy-Ebene ist $(2, -19/2, 0)$, der Schnittpunkt mit der xz-Ebene ist $(2, 0, 19/3)$.

Aufgabe 8.8: 1) Es geht um folgende Situation:

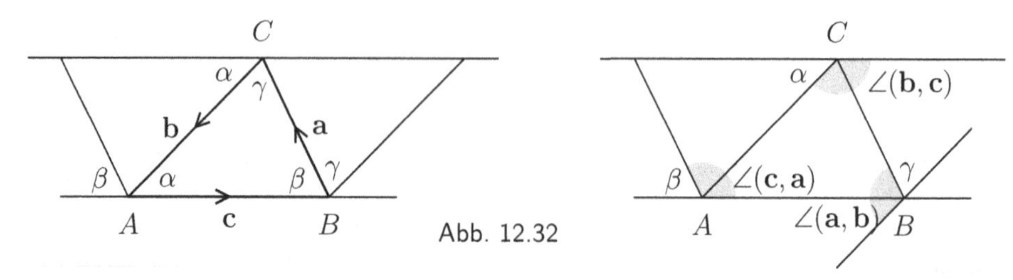

Abb. 12.32

Ist $a = \|\mathbf{a}\|$, $b = \|\mathbf{b}\|$ und $c = \|\mathbf{c}\|$, so besagt der Cosinussatz: $a^2 = b^2+c^2-2bc\cos\alpha$. Tatsächlich ist

$$\begin{aligned}
\|\mathbf{a}\|^2 &= \mathbf{a}\bullet\mathbf{a} = (-\mathbf{c}-\mathbf{b})\bullet(-\mathbf{c}-\mathbf{b}) \\
&= \|\mathbf{c}\|^2 + \|\mathbf{b}\|^2 + 2\mathbf{b}\bullet\mathbf{c} \\
&= \|\mathbf{b}\|^2 + \|\mathbf{c}\|^2 + 2\|\mathbf{b}\|\cdot\|\mathbf{c}\|\cdot\cos\angle(\mathbf{b},\mathbf{c}) \\
&= \|\mathbf{b}\|^2 + \|\mathbf{c}\|^2 - 2\|\mathbf{b}\|\cdot\|\mathbf{c}\|\cdot\cos(\alpha).
\end{aligned}$$

2) Es geht um folgende Situation:

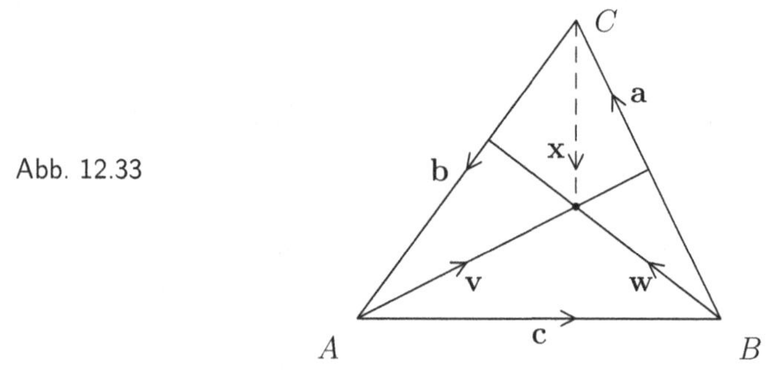

Abb. 12.33

Es ist $\mathbf{a} = \mathbf{w} - \mathbf{x}$ und $\mathbf{b} = \mathbf{x} - \mathbf{v}$, also

$$\mathbf{v}\bullet\mathbf{w} - \mathbf{v}\bullet\mathbf{x} = \mathbf{v}\bullet(\mathbf{w}-\mathbf{x}) = \mathbf{v}\bullet\mathbf{a} = 0$$

und

$$\mathbf{w}\bullet\mathbf{x} - \mathbf{w}\bullet\mathbf{v} = \mathbf{w}\bullet(\mathbf{x}-\mathbf{v}) = \mathbf{w}\bullet\mathbf{b} = 0.$$

Daraus folgt

$$\mathbf{c}\bullet\mathbf{x} = (\mathbf{v}-\mathbf{w})\bullet\mathbf{x} = \mathbf{v}\bullet\mathbf{x} - \mathbf{w}\bullet\mathbf{x} = \mathbf{v}\bullet\mathbf{w} - \mathbf{v}\bullet\mathbf{w} = 0.$$

Das bedeutet, dass sich die drei Höhen eines Dreiecks in einem Punkt treffen.

Aufgabe 8.9: Zunächst ein paar Vorbemerkungen:

Eine Ebene E ist in der Regel kein Untervektorraum. Deshalb kann man nicht erwarten, dass mit zwei Elementen $\mathbf{x}, \mathbf{y} \in E$ auch deren Summe $\mathbf{x}+\mathbf{y}$ zu E gehört.

Es gibt aber ein $\mathbf{q} \in E$ und eine Ebene E_0 durch den Nullpunkt (die dann ein Untervektorraum ist), so dass E aus allen Elementen $\mathbf{q} + \mathbf{u}$ mit $\mathbf{u} \in E_0$ besteht. Sind dann $\mathbf{x}_1 = \mathbf{p} + \mathbf{u}_1$ und $\mathbf{x}_2 = \mathbf{p} + \mathbf{u}_2$ zwei Elemente von E, so liegt die Differenz $\mathbf{x}_1 - \mathbf{x}_2 = \mathbf{u}_1 - \mathbf{u}_2$ in E_0.

Die gesuchte Ebene E soll $\mathbf{p}$ und alle Vektoren $\mathbf{x} = \mathbf{x}_0 + t\mathbf{v}$ enthalten, also insbesondere auch $\mathbf{x}_0$ und $\mathbf{x}_0 + \mathbf{v}$. Die Differenzen $\mathbf{a} := \mathbf{x}_0 - \mathbf{p}$ und $\mathbf{b} := \mathbf{x}_0 + \mathbf{v} - \mathbf{p}$ liegen dann in der zu E gehörenden Ebene E_0 durch den Nullpunkt. Wären sie linear abhängig, so lägen $\mathbf{x}_0 = \mathbf{p} + \mathbf{a}$ und $\mathbf{x}_0 + \mathbf{v} = \mathbf{p} + \mathbf{b}$ beide auf der Geraden $G = \{\mathbf{p} + t\mathbf{a} \,:\, t \in \mathbb{R}\}$, die auch $\mathbf{p}$ enthält. Diese Gerade müsste mit L übereinstimmen, aber das ist unmöglich, weil nach Voraussetzung $\mathbf{p} \notin L$ ist. Also sind $\mathbf{a}$ und $\mathbf{b}$ linear unabhängig, und die gesuchte Ebene ist gegeben durch

$$E = \{\mathbf{p} + t_1\mathbf{a} + t_2\mathbf{b} \,:\, t_1, t_2 \in \mathbb{R}\} = \{\mathbf{p} + s_1(\mathbf{x}_0 - \mathbf{p}) + s_2\mathbf{v} \,:\, s_1, s_2 \in \mathbb{R}\}.$$

Aufgabe 8.10: In dieser Aufgabe geht es um die Hesse'sche Normalform für Ebenen.

1) Sei $E = \{\mathbf{x}_0 + t\mathbf{v} + s\mathbf{w} \,:\, t, s \in \mathbb{R}\}$ eine Ebene und $\mathbf{n}$ ein Einheitsvektor, der auf $\mathbf{v}$ und $\mathbf{w}$ senkrecht steht..

a) Ist $\mathbf{x} \in E$, so ist $\mathbf{x} - \mathbf{x}_0 = t\mathbf{v} + s\mathbf{w}$, also $(\mathbf{x} - \mathbf{x}_0) \bullet \mathbf{n} = 0$.

b) Sei umgekehrt $(\mathbf{x} - \mathbf{x}_0) \bullet \mathbf{n} = 0$. Da $\mathbf{v}$, $\mathbf{w}$ und $\mathbf{n}$ linear unabhängig sind, ist $\mathbf{x} - \mathbf{x}_0 = a\mathbf{v} + b\mathbf{w} + c\mathbf{n}$. Also ist

$$0 = (\mathbf{x} - \mathbf{x}_0) \bullet \mathbf{n} = c \quad \text{und} \quad \mathbf{x} = \mathbf{x}_0 + a\mathbf{v} + b\mathbf{w} \in E.$$

Das bedeutet, dass $E = \{\mathbf{x} \,:\, (\mathbf{x} - \mathbf{x}_0) \bullet \mathbf{n} = 0\}$ ist. Das ist die Hesse'sche Normalform für die Ebene E.

2) Ist $p := \mathbf{x}_0 \bullet \mathbf{n}$, so ist $E = \{\mathbf{x} \,:\, \mathbf{x} \bullet \mathbf{n} = p\}$.

Weil $(p\mathbf{n}) \bullet \mathbf{n} = p$ ist, liegt $p\,\mathbf{n}$ in E. Also gibt es eine Darstellung $p\,\mathbf{n} = \mathbf{x}_0 + a\mathbf{v} + b\mathbf{w}$, mit geeigneten Faktoren a und b. Ist $\mathbf{x} = \mathbf{x}_0 + s\mathbf{v} + t\mathbf{w} \in E$ beliebig, so ist

$$\begin{aligned}
\|\mathbf{x}\|^2 &= \|\mathbf{x}_0 + s\mathbf{v} + t\mathbf{w}\|^2 \\
&= \|\mathbf{x}_0 + a\mathbf{v} + b\mathbf{w} + (s-a)\mathbf{v} + (t-b)\mathbf{w}\|^2 \\
&= \big(p\,\mathbf{n} + (s-a)\mathbf{v} + (t-b)\mathbf{w}\big) \bullet \big(p\,\mathbf{n} + (s-a)\mathbf{v} + (t-b)\mathbf{w}\big) \\
&= p^2 + \|(s-a)\mathbf{v} + (t-b)\mathbf{w}\|^2 \geq p^2.
\end{aligned}$$

Also ist $\|\mathbf{x}\| \geq |p|$ und $\|p\,\mathbf{n}\| = |p|$. Das zeigt, dass $|p|$ der Abstand der Ebene vom Nullpunkt ist.

3) Sei L die Gerade, die auf E senkrecht steht und durch $\mathbf{z}$ geht. Dann ist $L = \{\mathbf{x} = \mathbf{z} + t\mathbf{n} \,:\, t \in \mathbb{R}\}$. Sei $\mathbf{z}_0 = \mathbf{z} + t_0\mathbf{n}$ der Schnittpunkt von E und L. Ist nun $\mathbf{x} \in E$ beliebig, so ist

$$(\mathbf{x}-\mathbf{z}_0)\bullet(\mathbf{z}_0-\mathbf{z}) = (\mathbf{x}-\mathbf{z}_0)\bullet t_0\mathbf{n} = 0,$$

also

$$\|\mathbf{x}-\mathbf{z}\|^2 = \|(\mathbf{x}-\mathbf{z}_0)+(\mathbf{z}_0-\mathbf{z})\|^2 = \|\mathbf{x}-\mathbf{z}_0\|^2 + \|\mathbf{z}_0-\mathbf{z}\|^2 \geq \|\mathbf{z}_0-\mathbf{z}\|^2.$$

Damit ist $d := \|\mathbf{z}_0 - \mathbf{z}\| = |t_0|$ der Abstand von $\mathbf{z}$ und E. Weil $\mathbf{z}_0$ in E liegt, folgt: $p = \mathbf{z}_0\bullet\mathbf{n} = \mathbf{z}\bullet\mathbf{n} + t_0$, also $d = |\mathbf{z}\bullet\mathbf{n} - p| = |\mathbf{z}\bullet\mathbf{n} - \mathbf{x}_0\bullet\mathbf{n}| = |(\mathbf{z}-\mathbf{x}_0)\bullet\mathbf{n}|$.

Aufgabe 8.11: Man kann das Ergebnis der vorigen Aufgabe verwenden. Hier ist $\mathbf{z} = (5,1,12)$ und $E = \{\mathbf{x} \,:\, \mathbf{x}\bullet\mathbf{n} = p\}$, mit $\mathbf{n} := (1/3,-2/3,2/3)$ und $p := 3$. Dann ist

$$d = |p - \mathbf{z}\bullet\mathbf{n}| = |3-(5,1,12)\bullet(1/3,-2/3,2/3)| = |3-(5/3-2/3+24/3)| = 6.$$

Außerdem ist $\mathbf{z}-6\mathbf{n} = (5,1,12)-(2,-4,4) = (3,5,8)$. Weil $(3,5,8)\bullet\mathbf{n} = 3 = p$ ist, liegt $(3,5,8)$ in E. Also wird der Abstand in diesem Punkt angenommen.

Aufgabe 8.12: 1. Fall: $\mathbf{v}\bullet\mathbf{n} = 0$. Dann ist L parallel zu E. Ist außerdem $(\mathbf{x}_0 - \mathbf{a})\bullet\mathbf{n} = 0$, so ist $L \subset E$. Ist $(\mathbf{x}_0-\mathbf{a})\bullet\mathbf{n} \neq 0$, so ist $L \cap E = \varnothing$.

2. Fall: Ist $\mathbf{v}\bullet\mathbf{n} \neq 0$, so sind L und E nicht parallel und es gibt ein $\mathbf{s} \in L \cap E$. Dann ist $(\mathbf{s}-\mathbf{x}_0)\bullet\mathbf{n} = 0$, und es gibt ein t_0 mit $\mathbf{s} = \mathbf{a} + t_0\mathbf{v}$. Es folgt:

$$(\mathbf{a}+t_0\mathbf{v}-\mathbf{x}_0)\bullet\mathbf{n} = 0, \text{ also } t_0(\mathbf{v}\bullet\mathbf{n}) = (\mathbf{x}_0-\mathbf{a})\bullet\mathbf{n}.$$

Damit ist

$$\mathbf{s} = \mathbf{a} + \frac{(\mathbf{x}_0-\mathbf{a})\bullet\mathbf{n}}{\mathbf{v}\bullet\mathbf{n}}\,\mathbf{v},$$

und das ist der einzige Punkt in $L \cap E$.

Aufgabe 8.13: Es werden die Bezeichnungen der vorigen Aufgabe benutzt. Hier ist

$$\mathbf{a} = (6,2,0),\ \mathbf{v} = (1,0,-1),\ \mathbf{x}_0 = (0,-2,0) \text{ und } \mathbf{n} = (2/3,-1/3,-2/3),$$

also $\mathbf{v}\bullet\mathbf{n} = 4/3 \neq 0$. Es folgt, dass $L\cap E$ aus einem einzigen Punkt besteht, nämlich

$$\mathbf{s} = \mathbf{a} + \frac{(\mathbf{x}_0-\mathbf{a})\bullet\mathbf{n}}{\mathbf{v}\bullet\mathbf{n}}\,\mathbf{v} = (6,2,0) + \frac{-8/3}{4/3}\,(1,0,-1) = (4,2,2).$$

Aufgabe 8.14: Es ist $E = \{\mathbf{x} = \mathbf{x}_1 + s\mathbf{v} + t\mathbf{w} \,:\, s,t \in \mathbb{R}\}$, mit $\mathbf{v} := \mathbf{x}_2 - \mathbf{x}_1 = (2,-2,-3)$ und $\mathbf{w} = \mathbf{x}_3 - \mathbf{x}_1 = (3,0,-9)$. Nun werden α und β gesucht, mit $\mathbf{z}-\mathbf{x}_1 = \alpha\mathbf{v} + \beta\mathbf{w}$, also $(-1,2,0) = (2\alpha+3\beta, -2\alpha, -3\alpha-9\beta)$. Das geht mit $\alpha = -1$ und $\beta = 1/3$. Also liegt $\mathbf{z}$ in E.

Aufgabe 8.15: Schreibe $\mathbf{x}_0 = \mathbf{a} + t_0\mathbf{v}$. Dann ist $0 = (\mathbf{z} - \mathbf{x}_0) \bullet \mathbf{v} = \mathbf{z} \bullet \mathbf{v} - \mathbf{a} \bullet \mathbf{v} - t_0 \cdot \mathbf{v} \bullet \mathbf{v}$, also

$$t_0 := \frac{\mathbf{z} \bullet \mathbf{v} - \mathbf{a} \bullet \mathbf{v}}{\mathbf{v} \bullet \mathbf{v}}.$$

Der Abstand von $\mathbf{z}$ und L ist die Zahl

$$d := \|\mathbf{z} - \mathbf{x}_0\| = \|\mathbf{z} - \mathbf{a} - \frac{(\mathbf{z} - \mathbf{a}) \bullet \mathbf{v}}{\mathbf{v} \bullet \mathbf{v}} \mathbf{v}\|.$$

Aufgabe 8.16: Sei $\mathbf{a}_1 = \frac{1}{\|\mathbf{v}_1\|}\mathbf{v}_1 = \frac{1}{\sqrt{6}}(1,2,1)$, $\mathbf{z}_2 := \mathbf{v}_2 - (\mathbf{v}_2 \bullet \mathbf{a}_1)\mathbf{a}_1 = (2,-2,2)$ und $\mathbf{a}_2 := \frac{1}{\|\mathbf{z}_2\|}\mathbf{z}_2 = \frac{1}{\sqrt{3}}(1,-1,1)$. Schließlich setzen wir $\mathbf{z}_3 := (1,2,1) \times (1,-1,1) = (3,0,-3)$ und $\mathbf{a}_3 := \frac{1}{\|\mathbf{z}_3\|}\mathbf{z}_3 = \frac{1}{\sqrt{2}}(1,0,-1)$.

Aufgabe 8.17: Wir haben die Koeffizientenmatrix

$$\begin{pmatrix} 3 & 1 & 5 \\ 1 & 3 & 4 \\ 0 & 8 & 7 \end{pmatrix}.$$

Vertauscht man die ersten beiden Zeilen und subtrahiert man dann das 3-Fache der ersten Zeile von der zweiten Zeile, so erhält man

$$\begin{pmatrix} 1 & 3 & 4 \\ 0 & -8 & -7 \\ 0 & 8 & 7 \end{pmatrix}.$$

Jetzt kann man noch die zweite Zeile zur dritten Zeile addieren und erhält das reduzierte Gleichungssystem

$$\begin{aligned} x_1 + 3x_2 &= -4x_3 \\ 8x_2 &= -7x_3. \end{aligned}$$

Eine Variable kann bestimmt werden, wir setzen $x_3 := 1$. Dann ist $x_2 := -7/8$ und $x_1 := -11/8$. Die Lösungsmenge besteht aus allen Vielfachen von $\mathbf{a} := (11, 7, -8)$.

Aufgabe 8.18:

Es ist $\mathbf{a} \times \mathbf{b} = (-s, 0, 0)$ und $\mathbf{c} \times \mathbf{d} = (c_2d_3 - c_3d_2, c_3d_1 - c_1d_3, c_1d_2 - c_2d_1)$, also $(\mathbf{a} \times \mathbf{b}) \bullet (\mathbf{c} \times \mathbf{d}) = -s(c_2d_3 - c_3d_2)$. Andererseits ist

$$\begin{aligned} (\mathbf{a} \bullet \mathbf{c}) \cdot (\mathbf{b} \bullet \mathbf{d}) - (\mathbf{b} \bullet \mathbf{c}) \cdot (\mathbf{a} \bullet \mathbf{d}) &= c_3 \cdot (sd_2 + td_3) - (sc_2 + tc_3) \cdot d_3 \\ &= s(c_3d_2 - c_2d_3) + t(c_3d_3 - c_3d_3) \\ &= -s(c_2d_3 - c_3d_2). \end{aligned}$$

Aufgabe 8.19: Es ist

$$
\begin{aligned}
(\mathbf{e}_1 + 2\mathbf{e}_2) \bullet (2\mathbf{e}_1 + \mathbf{e}_2 - 4\mathbf{e}_3) &= (1,2,0) \bullet (2,1,-4) = 1 \cdot 2 + 2 \cdot 1 = 4, \\
(\mathbf{e}_1 + 2\mathbf{e}_2) \times (2\mathbf{e}_1 + \mathbf{e}_2 - 4\mathbf{e}_3) &= (1,2,0) \times (2,1,-4) = (-8,4,1-4) \\
&= (-8,4,-3) \\
\text{und} \quad \mathbf{e}_2 \bullet \big(\mathbf{e}_1 \times (\mathbf{e}_1 + \mathbf{e}_2 + \mathbf{e}_3)\big) &= (0,1,0) \bullet \big((1,0,0) \times (1,1,1)\big) \\
&= (0,1,0) \bullet (0,-1,1) = -1.
\end{aligned}
$$

Aufgabe 8.20:
Drei Vektoren $\mathbf{a}$, $\mathbf{b}$ und $\mathbf{c}$ bilden ein „Rechtssystem", wenn $\mathbf{c} \bullet (\mathbf{a} \times \mathbf{b}) > 0$ ist, also der Winkel zwischen $\mathbf{c}$ und $\mathbf{a} \times \mathbf{b}$ kleiner als $90°$.

a) $(0,1,1) \bullet \big((1,1,0) \times (1,0,1)\big) = (0,1,1) \bullet (1,-1,-1) = -2 < 0$. Kein Rechtssystem!

b) $(0,0,1) \bullet \frac{1}{5}\big((2,-1,0) \times (1,2,0)\big) = \frac{1}{5}(0,0,1) \bullet (0,0,5) = 1 > 0$. Hier liegt ein Rechtssystem vor!

Aufgabe 8.21: 1) $\mathbf{x}$ liegt genau dann in E, wenn es Zahlen $s, t \in \mathbb{R}$ gibt, so dass $\mathbf{x} - \mathbf{x}_0 = s\mathbf{u} + t\mathbf{v}$ ist. Aus dieser Gleichung folgt die Beziehung

$$(\mathbf{u} \times \mathbf{v}) \bullet (\mathbf{x} - \mathbf{x}_0) = s(\mathbf{u} \times \mathbf{v}) \bullet \mathbf{u} + t(\mathbf{u} \times \mathbf{v}) \bullet \mathbf{v} = 0.$$

Ist umgekehrt $(\mathbf{u} \times \mathbf{v}) \bullet (\mathbf{x} - \mathbf{x}_0) = 0$, so steht $\mathbf{x} - \mathbf{x}_0$ auf $\mathbf{u} \times \mathbf{v}$ senkrecht, muss also eine Linearkombination von $\mathbf{u}$ und $\mathbf{v}$ sein. Dann liegt $\mathbf{x}$ in E.

2) $\mathbf{x}$ liegt genau dann in L, wenn es ein $t \in \mathbb{R}$ gibt, so dass $\mathbf{x} - \mathbf{x}_0 = t\mathbf{v}$ ist. Aber dann ist $\mathbf{v} \times (\mathbf{x} - \mathbf{x}_0) = \mathbf{v} \times (t\mathbf{v}) = \mathbf{o}$.

Sei umgekehrt $\mathbf{v} \times (\mathbf{x} - \mathbf{x}_0) = \mathbf{o}$ und $\mathbf{x} \neq \mathbf{x}_0$. Dann ist

$$\|\mathbf{v}\| \cdot \|\mathbf{x} - \mathbf{x}_0\| \cdot \sin(\mathbf{v}, \mathbf{x} - \mathbf{x}_0) = 0,$$

also $\angle(\mathbf{v}, \mathbf{x} - \mathbf{x}_0) = 0$. Das bedeutet, dass $\mathbf{x} - \mathbf{x}_0$ ein Vielfaches von $\mathbf{v}$ ist, also $\mathbf{x} \in L$.

Lösungen zu Kapitel 9

Aufgabe 9.1: Die Funktion $f(x) = x^2 - 2$ soll ohne die starken Hilfsmittel der Differentialrechnung untersucht werden. Auf dem Intervall $[1,2]$ ist $1 \le x^2 \le 4$ und deshalb $-1 \le f(x) \le 2$. Weil außerdem $f(1) = -1$ und $f(2) = 2$ ist, nimmt f in $x = 1$ sein (globales) Minimum und in $x = 2$ sein (globales) Maximum an. Einen weiteren lokalen Extremwert gibt es nicht, weil f zwischen 1 und 2 streng monoton wächst.

Da f stetig ist, sichert der Zwischenwertsatz die Existenz eines $c \in (1,2)$ mit $f(c) = 0$. Diese Nullstelle soll dann mit Hilfe einer Intervallschachtelung genauer bestimmt werden. Die Intervallschachtelung beginnt mit $I_1 = [1,2]$. Sukzessive wird das Intervall halbiert und dann geprüft, auf welcher Seite die Nullstelle liegt. Weil $f(1.5) = 0.25 > 0$ ist, wählt man $I_2 = [1, 1.5]$, und dann geht es wie folgt weiter:

$$\begin{aligned} f(1.25) &= -0.438\ldots < 0\,, \text{also} \quad I_3 = [1.25, 1.5] \\ f(1.375) &= -0.109\ldots < 0\,, \text{also} \quad I_4 = [1.375, 1.5] \\ f(1.4375) &= 0.066\ldots > 0\,, \text{also} \quad I_5 = [1.375, 1.4375] \\ f(1.40625) &= -0.022\ldots < 0\,, \text{also} \quad I_6 = [1.40625, 1.4375] \\ f(1.421875) &= 0.022\ldots > 0\,, \text{also} \quad I_7 = [1.40625, 1.421875] \\ f(1.4140625) &= -0.0004\ldots < 0\,, \text{also} \quad I_8 = [1.4140625, 1.421875] \\ f(1.41796875) &= 0.0106\ldots > 0\,, \text{also} \quad I_9 = [1.4140625, 1.41796875] \end{aligned}$$

Die Nullstelle hat demnach den Wert $1.41\ldots$, und die ersten zwei Stellen nach dem Komma sind gesichert. Damit wurde insbesondere gezeigt: $\sqrt{2} = 1.41\ldots$.

Aufgabe 9.2: 1) Der Verlauf von $f(x) = [x] + x$ sieht folgendermaßen aus:

Abb. 12.34

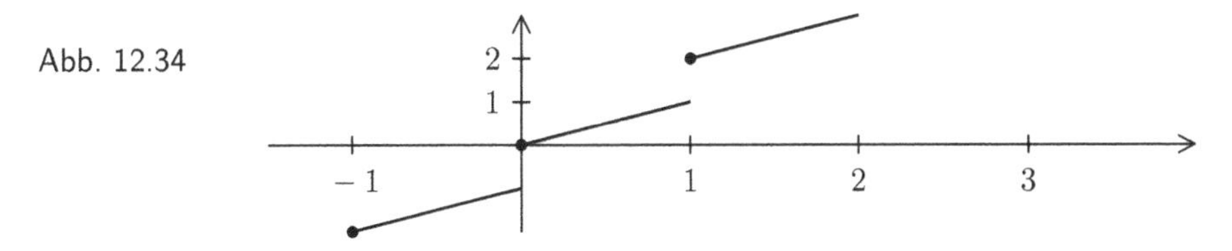

Untersucht werden muss nur auf dem Intervall $[0,2)$, da scheint bei $x_0 = 1$ die einzige Unstetigkeitsstelle zu liegen. Tatsächlich ist

$$\lim_{x\to 1, x>1} f(x) = 1 + \lim_{x\to 1, x>1} x = 2 \quad \text{und} \quad \lim_{x\to 1, x<1} f(x) = 0 + \lim_{x\to 1, x<1} x = 1.$$

Also besitzt f bei $x = 1$ eine Sprungstelle der Höhe 1 und kann dort nicht stetig sein. Für $0 \leq x < 1$ ist $f(x) = x$, und für $1 < x < 2$ ist $f(x) = 1 + x$. In beiden Fällen ist f stetig.

2) Die Funktion $f(x) = x \cdot \sin(1/x)$ hat folgenden Graphen:

Abb. 12.35

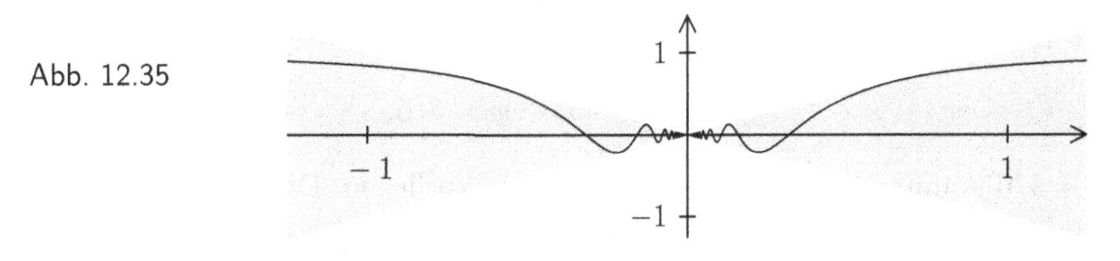

Da $|\sin t| \leq 1$ für alle t gilt, ist $|f(x)| \leq |x|$ für alle x. Damit ist klar, dass $\lim_{x\to 0} f(x) = 0$ ist (ist nämlich $\varepsilon > 0$ vorgegeben, so kann man $\delta := \varepsilon$ setzen; ist dann $|x| < \delta$, so ist $|f(x)| < \varepsilon$).

3) Die Funktion

$$f(x) := \begin{cases} x & \text{für } x \in \mathbb{Q} \\ 1-x & \text{für } x \in \mathbb{R} \setminus \mathbb{Q} \end{cases}$$

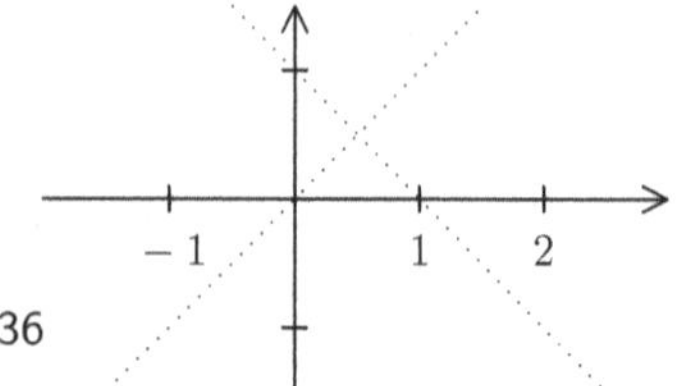

Abb. 12.36

kann man eigentlich nicht zeichnen:

a) Sei $y \in [0,1]$ gegeben. Ist y rational, so ist y Bild von sich selbst. Ist y irrational, so ist y Bild von $1-y$. Also ist f surjektiv.
b) Ist $|x - \frac{1}{2}| < \varepsilon$, so ist auch $|f(x) - \frac{1}{2}| < \varepsilon$. Also ist f in $x = 1/2$ stetig.
c) Ist $0 \le x_0 < 1/2$, so ist $(1-x_0) - x_0 = 1 - 2x_0 > 0$, also $x_0 \ne 1 - x_0$. Ist x_0 rational, so ist $f(x_0) = x_0$, und man kann eine Folge (x_ν) von irrationalen Zahlen finden, die gegen x_0 konvergiert. Weil dann $f(x_\nu) = 1 - x_\nu$ gegen $1 - x_0$ konvergiert, ist f in x_0 nicht stetig. Ist x_0 dagegen irrational, so gibt es eine Folge von rationalen Zahlen, die gegen x_0 konvergiert, und wieder konvergiert die Folge der Funktionswerte nicht gegen den Funktionswert $f(x_0) = 1 - x_0$.

In den Punkten $x_0 > 1/2$ kann man genauso argumentieren.

Aufgabe 9.3: (1) Es ist

$$f'(x) = 3\sin x\cos x(\sin x - \cos x) = 3(\sin^2 x\cos x - \cos^2 x\sin x),$$

$$\begin{aligned} f''(x) &= 3(2\sin x\cos^2 x + 2\cos x\sin^2 x - \sin^3 x - \cos^3 x) \\ &= 3\big(\cos^2 x(\sin x - \cos x) - \sin^2 x(\sin x - \cos x) + \sin x\cos x(\sin x + \cos x)\big) \\ &= 3(\sin x + \cos x)\big((\cos x - \sin x)(\sin x - \cos x) + \sin x\cos x\big) \\ &= 3(\sin x + \cos x)(3\sin x\cos x - 1) \\ &= 3\big(3\sin^2 x\cos x - \sin x + 3\cos^2 x\sin x - \cos x\big) \\ &= 3\big(\cos x(3\sin^2 x - 1) + \sin x(3\cos^2 x - 1)\big). \end{aligned}$$

und
$$\begin{aligned} f'''(x) &= 3(-3\sin^3 x + \sin x + 6\sin x\cos^2 x + 3\cos^3 x - \cos x - 6\sin^2 x\cos x) \\ &= 3\big(6\sin x\cos x(\cos x - \sin x) + 3(\cos^2 x - \sin^3 x) + \sin x - \cos x\big) \\ &= 3(\cos x - \sin x)(9\sin x\cos x + 2). \end{aligned}$$

(2) Ist $g(x) = 3x^2 - 5x + 2$, so ist $g'(x) = 6x - 5$. Also gilt:

$$g'(x) = 0 \iff x = 5/6.$$

In $x_0 = 5/6$ könnte also ein lokaler Extremwert vorliegen. Da

$$g(x) = 3 \cdot \big(x - (5/6)\big)^2 - 1/12$$

ist, folgt: $g(x_0) = -1/12$ und $g(x) > -1/12$ für $x \ne x_0$. Also liegt in x_0 ein Minimum vor.

Aufgabe 9.4: Die Funktion f sei in jedem $q \in I$ strikt konvex. Es soll gezeigt werden, dass f dann auf ganz I strikt konvex ist.

Die Aufgabe ist vielleicht nicht ganz so einfach, aber es liegt zumindest nahe, das Widerspruchsprinzip zu verwenden. Der Beweis beginnt also mit einer **Annahme**: f ist **nicht global** strikt konvex! Das bedeutet: Es gibt ein $x_0 \in I$ und ein $x_2 \neq x_0$ in I, so dass für die Tangente $L(x) := f(x_0) + f'(x_0)(x - x_0)$ gilt: $L(x_2) \geq f(x_2)$. O. B. d. A. sei $x_2 > x_0$ (den Fall $x_2 < x_0$ würde man analog behandeln).

Die Beweisidee sieht nun folgendermaßen aus: Die Gerade L ist offensichtlich auch eine Sekante. Es muss dann (zum Beispiel wegen des Mittelwertsatzes) zwischen x_0 und x_2 einen Punkt ξ geben, in dem die Tangente L^* parallel zu L verläuft. Wenn man beweisen kann, dass L^* in der Nähe von ξ oberhalb von f verläuft, ist man fertig.

Die Funktion $r = r_{x_0} := f - L$ ist differenzierbar, also erst recht stetig, und es ist $r(x_0) = 0$ und $r(x_2) \leq 0$ (Letzteres gemäß Annahme). Da andererseits (wegen der lokalen strikten Konvexität) $r(x) > 0$ nahe x_0 ist, muss es nach dem Zwischenwertsatz ein $x_1 \in (x_0, x_2]$ mit $r(x_1) = 0$ geben. Auf dem abgeschlossenen Intervall $[x_0, x_1]$ muss r als stetige Funktion sein Maximum annehmen, etwa in $\xi \in (x_0, x_1)$. Es sei $c := r(\xi) > 0$.

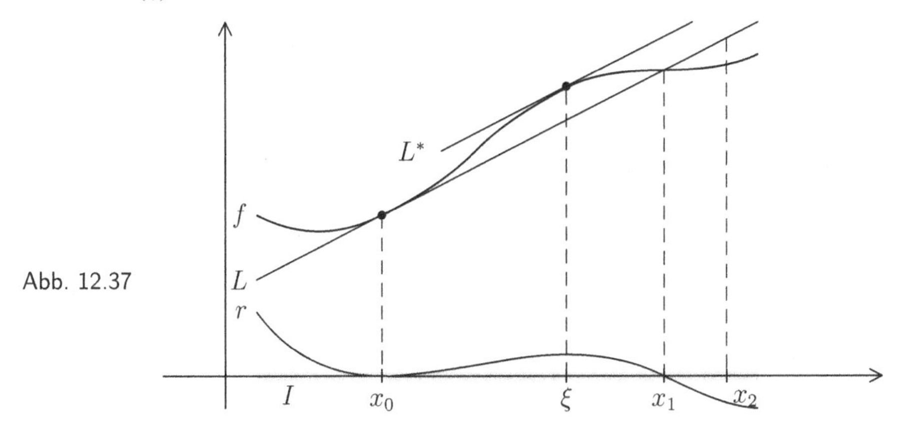

Abb. 12.37

Nun ist $L^*(x) := L(x) + c$ eine affin-lineare Funktion mit

$$L^*(\xi) = L(\xi) + r(\xi) = f(\xi)$$

$$\text{und} \quad (L^*)'(\xi) = L'(\xi) = f'(\xi) - r'(\xi) = f'(\xi).$$

Letzteres gilt, weil r in ξ ein lokales Maximum besitzt und dann $r'(\xi) = 0$ sein muss.

Die einzige affin-lineare Funktion, die diese Bedingungen erfüllt, ist die Tangente an f in ξ. Also ist L^* diese Tangente.

Wegen der lokalen strikten Konvexität von f in ξ muss auf einer Umgebung von ξ gelten: $L^*(x) < f(x)$ für $x \neq \xi$. Da aber $L^*(x) = L(x) + r(\xi) \geq L(x) + r(x) = f(x)$ nahe ξ ist, ergibt sich ein Widerspruch.

Aufgabe 9.5: Sei $f(x) := 2\cos^2(x) + 3\sin^2(x)$.

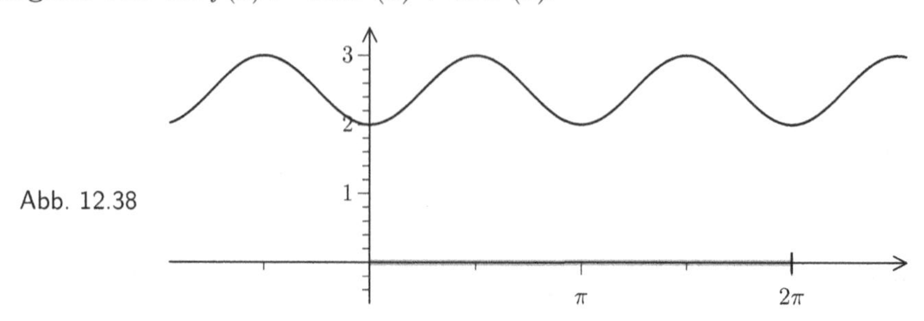

Abb. 12.38

Es ist $f'(x) = 2\sin x \cos x$ und $f''(x) = 2(\cos^2(x) - \sin^2(x))$. Daher gilt:

$$f'(x) = 0 \iff \begin{cases} \sin(x) = 0, \text{ also } x = 0,\ \pi,\ 2\pi, \\ \text{oder} \\ \cos(x) = 0, \text{ also } x = \pi/2,\ 3\pi/2. \end{cases}$$

Es ist $f''(\pi/2) = -2 < 0$ (Maximum), $f''(\pi) = 2 > 0$ (Minimum) und $f''(3\pi/2) = -2 < 0$ (Maximum).

Weiter ist $f''(\pi/4) = f''(5\pi/4) = 0$, und die 2. Ableitung wechselt dort jeweils das Vorzeichen. Also liegen Wendepunkte vor.

Aufgabe 9.6: 1) Sei $x_1 \in M$ und $x_2 \in \mathbb{R} \setminus M$. Dann kann man O. B. d. A. annehmen, dass $x_1 < x_2$ ist. Nun liegt die Vermutung nahe, dass der größte Punkt $x > x_1$, der noch zu M gehört, ein Randpunkt ist oder auch der kleinste Punkt $x > x_1$, der nicht mehr zu M gehört. Deshalb definiert man $x_0 := \sup\{x \in [x_1, x_2] : x \in M\}$ und hofft, dass dies der gesuchte Randpunkt ist. Auf jeden Fall ist $x_1 \le x_0 \le x_2$.

1. Fall: Ist $x_0 \in M$, so ist $x_1 \le x_0 < x_2$. Definitionsgemäß ist x_0 eine obere Schranke der Menge $[x_1, x_2] \cap M$. Es kann also keine Zahl $x > x_0$ geben, die zu M gehört. Das bedeutet, dass in jeder ε-Umgebung von x_0 ein $x \in \mathbb{R} \setminus M$ liegt. Da diese ε-Umgebung mit x_0 auch einen Punkt von M enthält, ist x_0 ein Randpunkt von M.

2. Fall: Ist $x_0 \notin M$, so ist $x_1 < x_0 \le x_2$. Weil x_0 die **kleinste** obere Schranke von $[x_1, x_2] \cap M$ ist, muss es zu jedem Punkt $x < x_0$ ein $x^* \in M$ zwischen x und x_0 geben. Das bedeutet, dass jede ε-Umgebung von x_0 ein Element aus M (und mit x_0 ein Element aus $\mathbb{R} \setminus M$) enthält. Auch in diesem Fall ist also x_0 ein Randpunkt von M.

2) Ist $q \in \mathbb{Q}$, so muss jede ε-Umgebung Punkte von $\mathbb{R} \setminus \mathbb{Q}$ enthalten, denn die Umgebung ist keine abzählbare Menge, im Gegensatz zu $\mathbb{Q}$. Ist $x_0 \in \mathbb{R}$ beliebig, so gibt es eine Folge (q_ν) von rationalen Zahlen, die gegen x_0 konvergiert. Jede ε-Umgebung von x_0 enthält deshalb rationale Zahlen. Sie enthält aber auch irrationale Zahlen, denn sonst wäre die Umgebung eine abzählbare Menge. Also ist x_0 Randpunkt von $\mathbb{Q}$.

Aufgabe 9.7: Sei $x_0 \in \mathbb{R}$ und (x_ν) eine Folge von reellen Zahlen, die gegen x_0 konvergiert. Dann ist $x_\nu = x_0 + q_\nu$, mit einer gegen 0 konvergenten Folge (q_ν). Es folgt:

$$f(x_\nu) = f(x_0 + q_\nu) = f(x_0) + f(q_\nu) \to f(x_0) + f(0) = f(x_0 + 0) = f(x_0).$$

Also ist f stetig in x_0.

Aufgabe 9.8: Es ist $x^k - 1 = (x-1) \cdot \sum\limits_{\nu=0}^{k-1} x^\nu$. Also kann man in $f(x)$ den Faktor $x-1$ herauskürzen und erhält, dass $f(x)$ für $x \to 1$ gegen $\sum_{\nu=0}^{n-1} 1 \Big/ \sum_{\nu=0}^{m-1} 1 = n/m$ konvergiert. Diesen Wert kann man einsetzen.

Aufgabe 9.9: 1) Eine simple Anwendung der Grenzwertsätze ergibt:

$$\lim_{x\to 6}(2x^3 - 24x + x^2) = 12 \cdot 36 - 4 \cdot 36 + 36 = (12 - 4 + 1) \cdot 36 = 9 \cdot 36 = 324.$$

2) Polynomdivision ergibt $x^2 + 7x + 10 = (x+2)(x+5)$. Also ist

$$\lim_{x\to -2} \frac{x^2 + 7x + 10}{(x-7)(x+2)} = \lim_{x \to -2} \frac{x+5}{x-7} = -1/3.$$

3) Es ist $\lim\limits_{x\to 1} \dfrac{(x-1)^3}{x^3 - 1} = \lim\limits_{x \to 1} \dfrac{(x-1)^2}{1 + x + x^2} = 0.$

Aufgabe 9.10: Es geht um die Stetigkeit von f im Punkt $x = -1$. Dabei kann man sich auf das Intervall $(-2, 0)$ und damit auf den Fall $|x| < 2$ beschränken. Polynomdivision ergibt $f(x) = x^2 - x + 1$. Also ist $f(-1) = 3$ und daher $f(x) - f(-1) = f(x) - 3 = x^2 - x - 2 = (x+1)(x-2)$. Ist $\delta > 0$ eine kleine Zahl und $|x + 1| < \delta$, so ist $|f(x) - f(-1)| = |(x+1)(x-2)| < \delta(\,|x| + 2) < 4\delta$. Das legt Folgendes nahe:

Ist $\varepsilon = 0.1 = 1/10$ vorgegeben, so wähle man $\delta = \varepsilon/4 = 1/40$. Ist dann $|x+1| < \delta$, so ist $|f(x) - 3| < 4\delta = \varepsilon = 1/10$.

Aufgabe 9.11: Die Funktion $b(x) := |x|$ ist stetig. Im Nullpunkt ist das klar, und außerhalb des Nullpunktes stimmt sie mit $x \mapsto x$ oder mit $x \mapsto -x$ überein und ist deshalb stetig. Daraus folgt, dass $|f| = b \circ f$ stetig ist.

Und dann ist auch $\max(f, g)$ stetig, sofern man folgende Gleichung beweisen kann:

$$\max(f, g) = \frac{1}{2}(f + g + |f - g|).$$

Der Beweis funktioniert mit Fallunterscheidung. Ist $f(x) \geq g(x)$, so ist einerseits $\max(f(x), g(x)) = f(x)$ und andererseits

$$f(x) + g(x) + |f(x) - g(x)| = f(x) + g(x) + (f(x) - g(x)) = 2\,f(x).$$

Ist $f(x) < g(x)$, so ist $\max(f(x), g(x)) = g(x)$ und

$$f(x) + g(x) + |f(x) - g(x)| = f(x) + g(x) - (f(x) - g(x)) = 2\,g(x).$$

Aufgabe 9.12: Hier sind die Graphen der Funktionen:

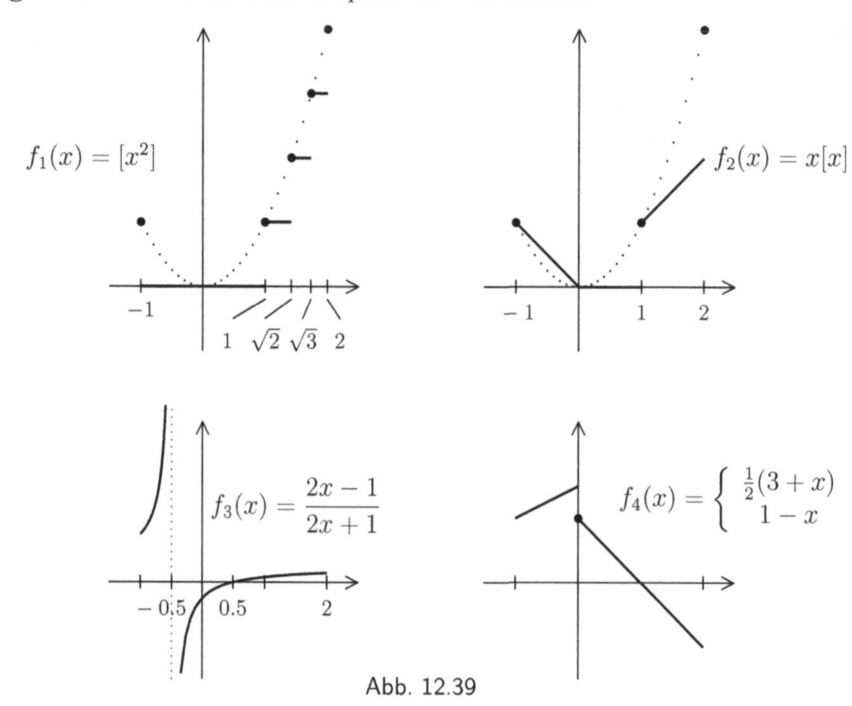

Abb. 12.39

Die Funktion f_1 hat Sprungstellen bei -1, 1, $\sqrt{2}$, $\sqrt{3}$ und 2, dazwischen ist sie jeweils konstant und insbesondere stetig. Man sieht das mit Hilfe von Folgen durch Annäherung an die Sprungstellen von beiden Seiten (bzw. von einer Seite an den Endpunkten des Intervalls). Zum Beispiel ergibt sich bei $x_0 = \sqrt{2}$:

Für $1 < x < \sqrt{2}$ ist $1 < x^2 < 2$ und daher $f_1(x) = [x^2] = 1$. Also ist $\lim\limits_{x \to x_0, x < x_0} f_1(x) = 1$. Für $\sqrt{2} \leq x < \sqrt{3}$ ist dagegen $2 \leq x^2 < 3$ und damit $f_1(x) = 2$. Daraus folgt, dass $\lim\limits_{x \to x_0, x > x_0} f_1(x) = 2$ ist.

Die Funktion f_2 hat Sprungstellen bei 1 und 2, denn es gilt:

$$f_2(x) = \begin{cases} -x & \text{für } -1 \leq x \leq 0, \\ 0 & \text{für } 0 < x < 1, \\ x & \text{für } 1 \leq x < 2, \\ 4 & \text{für } x = 2. \end{cases}$$

Die Funktion f_3 ist in $x = -1/2$ nicht definiert, und es gibt dort auch keine einseitigen Grenzwerte (denn für $x > 1/2$ nimmt $f_3(x)$ bei Annäherung an $1/2$ immer größere Werte an, für $x < 1/2$ jedoch immer kleinere Werte). In allen anderen Punkten ist f_3 stetig.

Die Funktion f_4 hat eine Sprungstelle bei $x = 0$, sonst ist sie stetig.

Die noch fehlenden Beweisteile bieten keine Überraschungen, jeder sollte die Lücken selbst füllen können.

Aufgabe 9.13: Es ist $f(x) = |x^2 - 1| = \begin{cases} x^2 - 1 & x \leq -1, \\ 1 - x^2 & -1 < x < 1, \\ x^2 - 1 & x \geq 1. \end{cases}$

In den Punkten $x \neq \pm 1$ ist f differenzierbar. Weiter ist

$$\frac{f(x) - f(1)}{x - 1} = \begin{cases} x + 1 \to 2 & \text{für } x > 1, \\ -x - 1 \to -2 & \text{für } x < 1. \end{cases}$$

Bei $x = -1$ sieht es entsprechend aus. Also ist f in $x = 1$ und $x = -1$ nicht differenzierbar.

Aufgabe 9.14: Ist $x_1 < x_2$, so gibt es ein $x \in (x_1, x_2)$ mit $\left|\dfrac{f(x_1) - f(x_2)}{x_1 - x_2}\right| = |f'(x)| \leq c$ (Mittelwertsatz). Daraus folgt die Behauptung.

Aufgabe 9.15: Zu jedem x in der Nähe von x_0 gibt es nach dem Mittelwertsatz ein ξ zwischen x_0 und x mit $\dfrac{f(x) - f(x_0)}{x - x_0} = f'(\xi)$. Strebt x gegen x_0, so strebt das zugehörige ξ erst recht gegen x_0 und damit $f'(\xi)$ (und somit auch der Differenzenquotient) gegen c. Daraus folgt, dass f in x_0 differenzierbar und $f'(x_0) = c$ ist.

Aufgabe 9.16: a) Ist $f(x) = x^2$, $a = 1$ und $b = 2$, so ist $f'(x) = 2x$ und

$$\frac{f(b) - f(a)}{b - a} = \frac{4 - 1}{2 - 1} = 3.$$

Also kann man $x_0 = 3/2$ setzen.

b) Hier ist $f(x) = x^3 - x^2$, $a = 0$ und $b = 2$, also $f'(x) = 3x^2 - 2x$ und $(f(b) - f(a))/(b - a) = 2$. Es ist $f'(x_0) = 2 \iff x_0 = 1/3 \pm \sqrt{7}/3$. Der Punkt $x_0 := 1/3 + \sqrt{7}/3$ liegt zwischen 0 und 2.

Aufgabe 9.17: Sei $f(x) := \begin{cases} x + 2x^2 \sin(1/x) & \text{für } x \neq 0 \\ 0 & \text{für } x = 0 \end{cases}.$

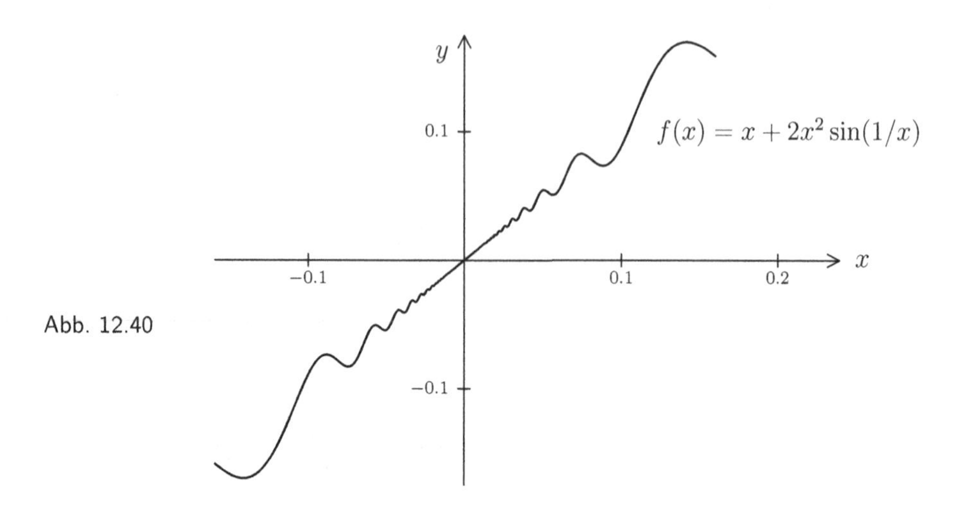

Abb. 12.40

Für $x \neq 0$ ist $f'(x) = 1 + 4x\sin(1/x) - 2\cos(1/x)$, und das hat für $x \to 0$ keinen Grenzwert.

Dagegen strebt $f(x)/x = 1 + 2x\sin(1/x)$ für $x \to 0$ gegen 1. Also ist f in $x = 0$ differenzierbar und $f'(0) = 1$.

Weil $f'\bigl(1/(2\pi n)\bigr)$ für $n \to \infty$ gegen -1 und $f'\bigl(2/((4n+1)\pi)\bigr)$ für $n \to \infty$ gegen $+1$ konvergiert, gibt es kein $\varepsilon > 0$, so dass $f'(x) \geq 0$ für $|x| < \varepsilon$ ist. f wächst auf keiner Umgebung von 0 streng monoton. Der Graph von f sieht bei $x = 0$ ziemlich glatt aus, in Wirklichkeit „zittert" er aber beliebig auf und ab.

Aufgabe 9.18: Es ist

$$\begin{aligned} f_1'(x) &= \bigl(x^{2/3}\bigr)' = (2/3)x^{-1/3} = \frac{2}{3\sqrt[3]{x}}, \\ f_2'(x) &= 1\cdot(x^2-5) + (x-1)\cdot 2x = 3x^2 - 2x - 5 \\ \text{und}\quad f_3'(x) &= \frac{(-1)\sqrt{8-2x^2} - (4-x)\cdot\bigl(-2x(8-2x^2)^{-1/2}\bigr)}{8-2x^2} = \frac{8x-8}{(8-2x^2)^{3/2}}. \end{aligned}$$

Aufgabe 9.19: 1) Es ist $f'(x) = 3x^2 - 12x + 21/4$ und $f''(x) = 6x - 12$. Dann ist $f'(x) = 0 \iff x = 1/2$ oder $x = 7/2$. Weil $f''(1/2) = -9 < 0$ und $f''(7/2) = 9 > 0$ ist, liegt in $x = 1/2$ ein Maximum und in $x = 7/2$ ein Minimum vor.

2) Es ist $g'(x) = 1 + \cos x$ und $g''(x) = -\sin x$. Nun ist $g'(x) = 0 \iff x = \pi + 2\pi n$, und $g''(\pi + 2\pi n) = 0$. Weil $g'''(\pi) = 1$ ist, liegen nur Wendepunkte vor, keine Extremwerte.

3) Es ist

$$h'(x) = \frac{1-x^2}{(1+x^2)^2} \quad \text{und} \quad h''(x) = \frac{2x(x^2-3)}{(1+x^2)^3}.$$

Also ist $h'(x) = 0 \iff x = \pm 1$, $h''(1) = -1/2 < 0$ und $h''(-1) = 1/2 > 0$. Das ergibt ein Maximum und ein Minimum.

4) Es ist $q'(x) = \dfrac{3}{8}(4x - x^2)$ und $q''(x) = \dfrac{3}{4}(2 - x)$. Zunächst ist

$$q'(x) = 0 \iff x = 0 \text{ oder } x = 4,$$

und dann ist $q''(0) > 0$ (Minimum) und $q''(4) < 0$ (Maximum).

Aufgabe 9.20: Es ist

$$\begin{aligned} f'(x) &= 3x^2 + 2ax + b, \\ f''(x) &= 6x + 2a \\ \text{und} \quad f'''(x) &= 6. \end{aligned}$$

a) $f''(x) = 0 \iff x = -a/3$. In diesem Punkt liegt offensichtlich immer ein Wendepunkt vor, denn $f'''(x)$ ist in jedem Punkt $\neq 0$.

b) Es gilt:

$$f'(x) = 0 \iff x = -\frac{a}{3} \pm \frac{1}{3}\sqrt{a^2 - 3b}.$$

Ist $a^2 - 3b > 0$, also $|a| > \sqrt{3b}$, so hat f' zwei Nullstellen. In diesem Falle erhält man ein isoliertes Minimum und ein isoliertes Maximum.

Aufgabe 9.21: Sei $f(x) = x^3 + bx^2 + cx + d$. Dann ist $f'(x) = 3x^2 + 2bx + c$, $f''(x) = 6x + 2b$ und $f'''(x) = 6$. Es soll $f''(-2/3) = 0$ sein, $f'(-2) = 0$, $f''(-2) < 0$ und $f(-3) = 0$. Daraus erhält man folgende Gleichungen:

$$\begin{aligned} -4 + 2b &= 0 \\ 12 - 4b + c &= 0 \\ -27 + 9b - 3c + d &= 0. \end{aligned}$$

Daraus erhält man $b = 2$, $c = -4$ und $d = -3$. Die Ungleichung $f''(-2) < 0$ ergibt sich automatisch.

Lösungen zu Kapitel 10

Aufgabe 10.1: 1) Man kann die Formel $S_n = n(n+1)/2$ verwenden. Offensichtlich ist

$$\begin{aligned} S_{n+1}^2 - S_n^2 &= \big(S_n + (n+1)\big)^2 - S_n^2 \;=\; 2S_n(n+1) + (n+1)^2 \\ &= n(n+1)(n+1) + (n+1)^2 \;=\; (n+1)^3 \end{aligned}$$

für $n \geq 0$. Dabei ist $S_0 = 0$, und deshalb folgt:

$$\sum_{i=1}^{n} i^3 = \sum_{i=1}^{n}(S_i^2 - S_{i-1}^2) = S_n^2 - S_0^2 = S_n^2 = \left(\frac{n(n+1)}{2}\right)^2.$$

2) Zur Berechnung des Integrals kann man Riemann'sche Summen zu äquidistanten Zerlegungen verwenden. Als Zwischenpunkte wähle man die Zerlegungspunkte. Das ergibt für das Intervall $[0, x]$:

$$\begin{aligned}\Sigma(f, \mathbf{Z}_n, \xi^{(n)}) &= \sum_{k=1}^{n}(x_k)^3(x_k - x_{k-1}) \\ &= \sum_{k=1}^{n}\left(\frac{kx}{n}\right)^3 \frac{x}{n} = \frac{x^4}{n^4}\sum_{k=1}^{n} k^3 = \frac{x^4}{n^4}\cdot\frac{n^2(n+1)^2}{4} \\ &= \frac{x^4}{4}\left(1+\frac{1}{n}\right)^2 \to \frac{x^4}{4} \quad (\text{für } n \to \infty)\end{aligned}$$

Also ist $\displaystyle\int_0^x t^3\,dt = \frac{x^4}{4}$.

Aufgabe 10.2: Sei $f(x) := x^3 - x^2 - 4x + 4 = (x-1)(x-2)(x+2)$, $F(x)$ die Stammfunktion, also $F(x) = \frac{1}{4}x^4 - \frac{1}{3}x^3 - 2x^2 + 4x$. Die Funktion f wechselt ihr Vorzeichen bei $x = -2$, $x = 1$ und $x = 2$. Auf dem Intervall $[-2, 2]$ ist $f(x) > 0$ für $-2 < x < 1$ und $f(x) < 0$ für $1 < x < 2$. Deshalb ist

$$\begin{aligned}\int_{-2}^{+2} |f(x)|\,dx &= \int_{-2}^{1} f(x)\,dx - \int_{1}^{2} f(x)\,dx \\ &= \big(F(1) - F(-2)\big) - \big(F(2) - F(1)\big) \\ &= \Big(\big(2 - \frac{1}{12}\big) - \big(-12 + \frac{32}{12}\big)\Big) - \Big(\big(4 - \frac{32}{12}\big) - \big(2 - \frac{1}{12}\big)\Big) \\ &= \Big(14 - \frac{33}{12}\Big) - \Big(2 - \frac{31}{12}\Big) = 12 - \frac{1}{6} = \frac{71}{6}.\end{aligned}$$

Aufgabe 10.3: 1) Es ist $\cos^2(x) = 1 - \sin^2(x)$ und $\cos(x) = \sin'(x)$. Die Substitution $\varphi(x) = \sin(x)$ liefert deshalb:

$$\begin{aligned}\int_0^t \cos^3(x)\,dx &= \int_0^t (1 - \varphi(x)^2)\varphi'(x)\,dx = \int_0^{\varphi(t)} (1 - y^2)\,dy \\ &= (y - \frac{1}{3}y^3)\Big|_0^{\varphi(t)} = \sin(t) - \frac{1}{3}\sin^3(t).\end{aligned}$$

Man kann auch partielle Integration anwenden, indem man $\cos x$ als $\sin'(x)$ auffasst:

$$\begin{aligned}\int_0^t \cos^3(x)\,dx &= \cos^2(x)\sin(x)\Big|_0^t + 2\int_0^t \cos(x)\sin^2(x)\,dx \\ &= \cos^2(t)\sin(t) + 2\int_0^t \cos(x)\big(1-\cos^2(x)\big)\,dx \\ &= \cos^2(t)\sin(t) + 2\sin(t) - 2\int_0^t \cos^3(x)\,dx.\end{aligned}$$

Also ist

$$\int_0^t \cos^3(x)\,dx = \frac{1}{3}\Big(\cos^2(t)\sin(t) + 2\sin(t)\Big) = \sin(t) - \frac{1}{3}\sin^3(t).$$

Dieser Weg ist etwas mühsamer, aber vielleicht derjenige, der einem als Erstes einfällt.

2) Das Integral $\int_a^b e^{\sin x}\cdot\cos x\,dx$ schreit nach der Substitutionsregel, denn der Sinus im Exponenten stört ganz offensichtlich. Also sollte man es mit der Substitution $\varphi(x) = \sin(x)$ versuchen. Dann ist $\varphi'(x) = \cos(x)$ und

$$\int_a^b e^{\sin(x)}\cos(x)\,dx = \int_a^b e^{\varphi(x)}\varphi'(x)\,dx = \int_{\varphi(a)}^{\varphi(b)} e^t\,dt = e^{\sin(b)} - e^{\sin(a)}.$$

3) Bei einer rationalen Funktion sollte man immer erst mal eine Division mit Rest durchführen, um einfachere Terme zu erhalten. Hier kann man das im Kopf erledigen, es ist

$$\frac{t+5}{t-1} = 1 + \frac{6}{t-1}.$$

Daher gilt für $x > a > 1$:

$$\begin{aligned}\int_a^x \frac{t+5}{t-1}\,dt &= \int_a^x dt + 6\int_a^x \frac{1}{t-1}\,dt \\ &= (t)\Big|_a^x + 6\cdot(\ln|t-1|)\Big|_a^x = x - a + 6\cdot\ln\Big|\frac{x-1}{a-1}\Big|.\end{aligned}$$

4) Bei $f(x) = x^2e^x$ benutzt man zweimalige partielle Integration. Da eine ähnliche Funktion schon in einem Beispiel behandelt wurde, braucht man hier nicht zu sehr ins Detail zu gehen. Es ist

$$\int x^2(e^x)'\,dx = x^2e^x - 2\int xe^x\,dx \text{ und } \int x(e^x)'\,dx = xe^x - \int e^x\,dx.$$

Damit erhält man $F(x) := e^x(x^2 - 2x + 2) + C$ als allgemeine Stammfunktion und speziell

$$\int_a^b x^2e^x\,dx = \big(e^x(x^2 - 2x + 2)\big)\Big|_a^b.$$

Aufgabe 10.4: Die Funktion f ist stückweise stetig. Auf den einzelnen Abschnitten findet man die Stammfunktion ganz einfach: $F_1(x) = 2x^2 - x$ ist Stammfunktion von $4x - 1$, $F_2(x) = x^2 + 3x$ ist Stammfunktion von $2x + 3$ und $F_3(x) = x - x^2/2$ ist Stammfunktion von $1 - x$. Damit aber aus dem Ganzen eine stetige Funktion wird, muss man die Teile aneinander anpassen. Das ist möglich, weil eine Stammfunktion nur bis auf eine Konstante bestimmt ist. Sei also

$$F(x) := \begin{cases} 2x^2 - x & \text{für } -1 \leq x < 0, \\ x^2 + 3x + c_1 & \text{für } 0 \leq x < 1, \\ x - x^2/2 + c_2 & \text{für } 1 \leq x \leq 2. \end{cases}$$

An der Stelle $x = 0$ strebt $F(x)$ von links gegen 0 und von rechts gegen c_1. Um Stetigkeit bei $x = 0$ zu erzielen, kann man $c_1 = 0$ setzen. An der Stelle $x = 1$ strebt $F(x)$ dann von links gegen 4 und von rechts gegen $c_2 + 1/2$. Setzt man $c_2 = 7/2$, so wird F auch an dieser Stelle stetig.

Aufgabe 10.5: Es ist $f(x) = g(x) \iff x = 0$ oder $x/3 = 1 - x^2/12$ (also $x = 2$ oder $x = -6$). Dabei ist $f(0) = g(0) = 0$ und $f(2) = g(2) = 4/3$. Weil $f(1) = 1/3 < 11/12 = g(1)$ ist, ist $f(x) < g(x)$ auf $(0, 2)$.

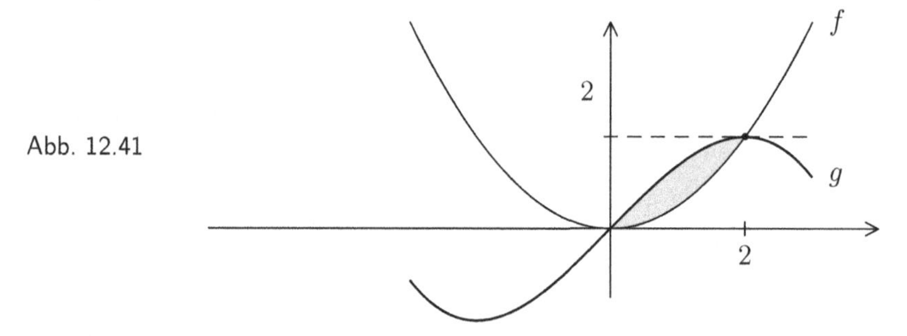

Abb. 12.41

Die Fläche zwischen den Graphen ist gegeben durch

$$\int_0^2 \big(g(x) - f(x)\big)\, dx = \int_0^2 (x - \frac{1}{12}x^3 - \frac{1}{3}x^2)\, dx = \frac{7}{9}.$$

Aufgabe 10.6: Zunächst müssen die Extremwerte von $f(x) = x^3 - 27x$ bestimmt werden. Die Ableitung $f'(x) = 3x^2 - 27$ hat die Nullstellen $x_1 = 3$ und $x_2 = -3$. Man rechnet sofort nach, dass f bei $x = -3$ ein Maximum (mit $f(-3) = 54$) und bei $x = 3$ ein Minimum (mit $f(3) = -54$) besitzt.

Die gesuchte affin-lineare Funktion g muss aus Symmetriegründen durch den Nullpunkt gehen, also die Gestalt $g(x) = mx$ haben, mit $3m = -54$. Daher ist $g(x) = -18x$.

Hier ist eine Skizze dazu:

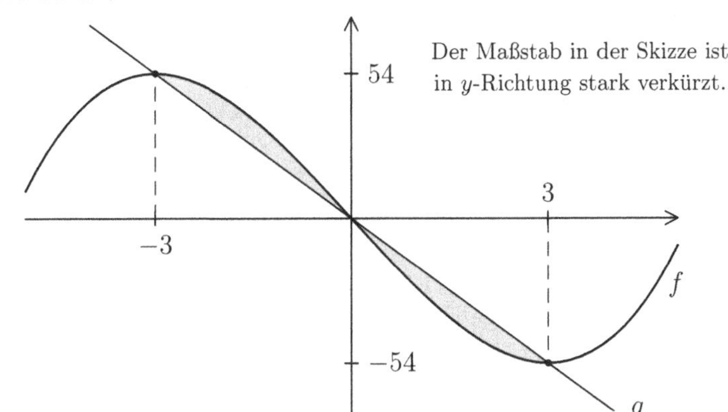

Abb. 12.42

Aus Symmetriegründen hat die gesuchte Fläche nun den Inhalt

$$I = 2\int_0^3 \big(g(x) - f(x)\big)\,dx = 2\int_0^3 (-x^3 + 9x)\,dx = 2\cdot\Big(-\frac{1}{4}x^4 + \frac{9}{2}x^2\Big)\Big|_0^3 = \frac{81}{2}\,.$$

Aufgabe 10.7: Es ist

$$\begin{aligned}
\int_{-2}^{2} |x^2-1|\,dx &= \int_{-2}^{-1}(x^2-1)\,dx - \int_{-1}^{1}(x^2-1)\,dx + \int_{1}^{2}(x^2-1)\,dx \\
&= \Big(\frac{x^3}{3} - x\Big)\Big|_{-2}^{-1} - \Big(\frac{x^3}{3} - x\Big)\Big|_{-1}^{1} + \Big(\frac{x^3}{3} - x\Big)\Big|_{1}^{2} \\
&= \frac{4}{3} - \Big(-\frac{4}{3}\Big) + \frac{4}{3} = 4\,, \\
\int_0^{2\pi} |\sin x|\,dx &= \int_0^{\pi} \sin x\,dx - \int_{\pi}^{2\pi} \sin x\,dx \\
&= (-\cos x)\Big|_0^{\pi} - (-\cos x)\Big|_{\pi}^{2\pi} = 2+2 = 4
\end{aligned}$$

und $$\int_0^2 (2-5x)(2+5x)\,dx = \int_0^2 (4-25x^2)\,dx = \Big(4x - \frac{25}{3}x^3\Big)\Big|_0^2 = -\frac{176}{3}\,.$$

Aufgabe 10.8: Es ist

$$\begin{aligned}
f'(x) &= \frac{2\ln x}{x}, \\
g'(x) &= \frac{1}{2}\Big(\ln(a^2-x^2)\Big)' = \frac{-2x}{2(a^2-x^2)} = \frac{x}{x^2-a^2}, \\
h'(x) &= 2\Big(\ln(\sin x)\Big)' = \frac{2\cos x}{\sin x} = 2\cot x
\end{aligned}$$

und $$q'(x) = \frac{\ln'(x)}{\ln x} = \frac{1}{x\ln x}\,.$$

Aufgabe 10.9: Man möchte gerne $f'/f = (\ln f)'$ berechnen, aber man weiß nicht, ob f im betrachteten Intervall Nullstellen besitzt. Es gibt einen Trick, mit dem man dieses Problem umgehen kann: Man setze $g(x) := f(x)e^{-kx}$. Dann ist

$$g'(x) = \big(f'(x) - kf(x)\big)e^{-kx} \equiv 0,$$

also $g(x) \equiv c_0$ konstant. Damit ist $f(x) \equiv c_0\, e^{kx}$. Dabei ist $c_0 = f(0) = c$.

Aufgabe 10.10: 1) Es ist $f'(x) = (e^x - e^{-x})/2$ und $f''(x) = (e^x + e^{-x})/2$. Daher ist $f'(x) = 0 \iff e^{2x} = 1 \iff x = 0$, und $f''(0) = 1 > 0$, also $x = 0$ ein Minimum und der einzige Extremwert von f.

Weiter ist $f''(x) = 0 \iff e^{2x} = -1$. Letzteres ist unmöglich, es gibt also keinen Wendepunkt.

Da $f''(x) > 0$ überall gilt, ist f überall konvex. Ist $x < 0$, so ist $e^x < 1$ und $e^{-x} > 1$, also $f'(x) < 0$ und f streng monoton fallend. Ist $x > 0$, so ist $e^x > 1$ und $e^{-x} < 1$, also $f'(x) > 0$ und f streng monoton wachsend. Auch hieraus könnte man sehen, dass f in $x = 0$ ein globales Minimum besitzt.

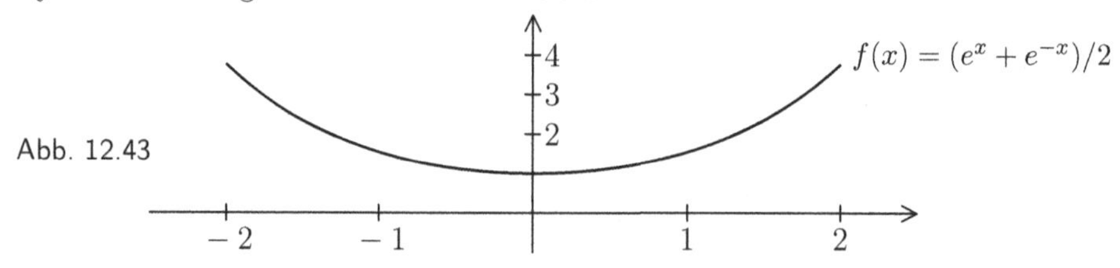

Abb. 12.43

2) Es ist $g(x) = (x^2 + 1)e^x$, also

$$\begin{aligned} g'(x) &= (x^2 + 2x + 1)e^x = (x+1)^2 e^x \\ \text{und} \quad g''(x) &= (x^2 + 4x + 3)e^x = \big[(x+2)^2 - 1\big]e^x. \end{aligned}$$

Offensichtlich ist $g'(x) \geq 0$ für alle x, also g überall monoton wachsend. Weiter ist

$$g'(x) = 0 \iff x = -1.$$

Weil $g''(-1) = 0$ und $g''(x) < 0$ für $-3 < x < -1$ und $g''(x) > 0$ für $x > -1$ ist, besitzt g keinen Extremwert und einen Wendepunkt bei $x = -1$. Schließlich ist auch $g''(-3) = 0$ und $g''(x) > 0$ für $x < -3$, also $x = -3$ ein weiterer Wendepunkt. Auf $(-\infty, -3)$ ist g konvex, auf $(-3, -1)$ konkav und auf $(-1, +\infty)$ wieder konvex.

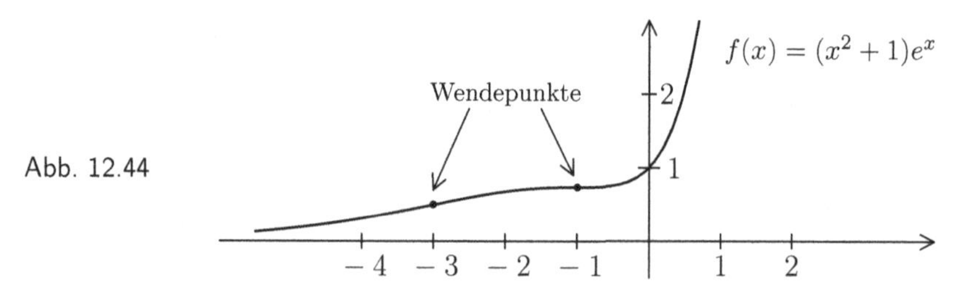

Abb. 12.44

Aufgabe 10.11: Die Funktion $f(x) := \ln(1+x)$ ist auf $(-1, +\infty)$ definiert. Es gilt:

$$f(0) = 0, \quad f'(x) = \frac{1}{1+x} \quad \text{und} \quad f''(x) = -\frac{1}{(1+x)^2}.$$

Weil $f''(x) < 0$ für alle $x \in (-1, \infty)$ ist, ist f überall konkav. Also liegt G_f unterhalb jeder Tangente an den Graphen.

Die Tangente an G_f in $(0,0)$ ist gegeben durch

$$L(x) = f(0) + f'(0)(x-0) = x.$$

Also ist $f(x) \le x$ für alle $x \in (-1, \infty)$.

Aufgabe 10.12: 1) Sei $f(x) := x^2$ und $g(x) := \cos(2x)$. Dann ist

$$\begin{aligned}\int_0^{\pi/2} x^2 \sin(2x)\,dx &= -\frac{1}{2}\int_0^{\pi/2} f(x)g'(x)\,dx \\ &= -\frac{1}{2}\Big[x^2\cos(2x)\,\Big|_0^{\pi/2} - \int_0^{\pi/2} 2x\cos(2x)\,dx\Big]\end{aligned}$$

und nach dem gleichen Schema erhält man

$$\int_0^{\pi/2} x\cos(2x)\,dx = \frac{1}{2}\Big[x\sin(2x)\,\Big|_0^{\pi/2} - \int_0^{\pi/2}\sin(2x)\,dx\Big].$$

Schließlich liefert die Substitutionsregel die Formel

$$\int_0^{\pi/2}\sin(2x)\,dx = \frac{1}{2}\int_0^{\pi}\sin t\,dt = -\frac{1}{2}\cos t\,\Big|_0^{\pi} = 1.$$

Setzt man alles zusammen, so erhält man:

$$\begin{aligned}\int_0^{\pi/2} x^2\sin(2x)\,dx &= -\frac{1}{2}\Big[-\Big(\frac{\pi}{2}\Big)^2 - 2\int_0^{\pi/2} x\cos(2x)\,dx\Big] \\ &= -\frac{1}{2}\Big[-\Big(\frac{\pi}{2}\Big)^2 + \int_0^{\pi/2}\sin(2x)\,dx\Big] \\ &= \frac{1}{2}\Big[\Big(\frac{\pi}{2}\Big)^2 - 1\Big] = \frac{\pi^2-4}{8}.\end{aligned}$$

2) Es ist

$$\begin{aligned}\int_1^2 (x^2+1)e^x\,dx &= (x^2+1)e^x\,\Big|_1^2 - 2\int_1^2 xe^x\,dx \\ &= (x^2+1)e^x\,\Big|_1^2 - 2\Big[xe^x\,\Big|_1^2 - \int_1^2 e^x\,dx\Big] \\ &= (x^2-2x+3)e^x\,\Big|_1^2 = 3e^2 - 2e.\end{aligned}$$

Aufgabe 10.13: 1) Es ist $(x^3+8)' = 3x^2$. Also liegt es nahe, die Substitution $\varphi(t) := t^3 + 8$ zu verwenden. Dann ist

$$\int_a^b \frac{3x^2}{x^3+8}\,dx = \int_a^b \frac{\varphi'(t)}{\varphi(t)}\,dt = \int_{\varphi(a)}^{\varphi(b)} \frac{1}{u}\,du = \ln u \,\Big|_{\varphi(a)}^{\varphi(b)} = \ln\Big(\frac{b^3+8}{a^3+8}\Big).$$

2) Setzt man $\varphi(t) := 2t+3$, so ist $\varphi'(t) = 2$. Also ist

$$\begin{aligned}\int_a^b \sin(2x+3)\,dx &= \frac{1}{2}\int_a^b \sin(\varphi(t))\varphi'(t)\,dt \\ &= \frac{1}{2}\int_{\varphi(a)}^{\varphi(b)} \sin u\,du = \frac{1}{2}\big[\cos(2a+3) - \cos(2b+3)\big].\end{aligned}$$

Lösungen zu Kapitel 11

Aufgabe 11.1: Mit $x = u + v$ ergibt sich die Gleichung

$$u^3 + v^3 + 3uv(u+v) = p(u+v) + q.$$

Diese wird gelöst, wenn man u und v so wählen kann, dass $u^3 + v^3 = q$ und $3uv = p$ ist, wenn also u^3 und v^3 Lösungen der quadratischen Gleichung

$$z^2 - qz + \frac{p^3}{27} = 0$$

sind. Die Lösungsformel für quadratische Gleichungen liefert

$$z = \frac{q}{2} \pm \sqrt{\frac{q^2}{4} - \frac{p^3}{27}}$$

und damit

$$x = \sqrt[3]{\frac{q}{2} + \sqrt{\Big(\frac{q}{2}\Big)^2 - \Big(\frac{p}{3}\Big)^3}} + \sqrt[3]{\frac{q}{2} - \sqrt{\Big(\frac{q}{2}\Big)^2 - \Big(\frac{p}{3}\Big)^3}}.$$

Ist nun $p = 12$ und $q = 16$, so ist $q/2 = 8$, $p/3 = 4$, $(q/2)^2 = 64$ und $(p/3)^3 = 64$. Daraus ergibt sich $x = \sqrt[3]{8} + \sqrt[3]{8} = 4$. Die Probe zeigt, dass 4 tatsächlich eine Lösung ist.

Aufgabe 11.2: Es ist $z+w = 11 - 4\,\mathrm{i}$, $z\cdot w = (5\cdot 6 + 3\cdot 7) + \mathrm{i}\,(3\cdot 6 - 5\cdot 7) = 51 - 17\,\mathrm{i}$ und $z/w = (z\overline{w})/w\overline{w} = \big((30-21) + \mathrm{i}\,(18+35)\big)/(36+49) = (9/85) + (53/85)\,\mathrm{i}$.

Aufgabe 11.3: a) Es ist $1 + \mathrm{i} = r\,e^{\mathrm{i}\,t}$ mit $r = |1+\mathrm{i}\,| = \sqrt{2}$ und $\cos t = \sin t = 1/\sqrt{2}$, also

$$1 + \mathrm{i} = \sqrt{2}\, e^{(\pi/4)\,\mathrm{i}} \quad \text{und} \quad \sqrt[3]{1+\mathrm{i}} = \sqrt[6]{2}\, e^{(\pi/12)\,\mathrm{i}}.$$

Natürlich gibt es noch zwei weitere Lösungen, die sich durch Multiplikation mit dritten Einheitswurzeln ergeben. Diese sind

$$\zeta_0 = 1, \quad \zeta_1 = e^{(2\pi/3)\,\mathrm{i}} = -\frac{1}{2} + \frac{\sqrt{3}}{2}\,\mathrm{i} \quad \text{und} \quad \zeta_2 = e^{(4\pi/3)\,\mathrm{i}} = -\frac{1}{2} - \frac{\sqrt{3}}{2}\,\mathrm{i}.$$

b) Weiter ist $\sqrt[6]{-1} = e^{(\pi/6)\,\mathrm{i}} \cdot \zeta$, mit einer beliebigen sechsten Einheitswurzel ζ. Die Einheitswurzeln sind $\pm\zeta_0$, $\pm\zeta_1$ und $\pm\zeta_2$.

c) Die Ergebnisse sollen in der Form $x + \mathrm{i}\,y$ angegeben werden. Das erfordert weitere Rechnungen:

Es ist $\cos(\pi/6) = \sqrt{3}/2$ und $\sin(\pi/6) = 1/2$. Um auch die Werte für $\pi/12$ zu erhalten, benutzt man die Gleichungen

$$\sin(\pi/6) = 2xy \text{ und } \cos(\pi/6) = y^2 - x^2, \text{ mit } x := \sin(\pi/12) \text{ und } y := \cos(\pi/12).$$

Zur Vereinfachung setze man $u := 2x^2$ und $v := 2y^2$. Dann sind die Gleichungen $4uv = 1$ und $v - u = \sqrt{3}$ zu lösen. Diese führen auf die Gleichungen

$$v = u + \sqrt{3} \quad \text{und} \quad 4u^2 + 4\sqrt{3}u - 1 = 0 \text{ (für } u, v > 0).$$

Das liefert zunächst $u = \frac{1}{2}(-\sqrt{3} + 2)$ und $v = \frac{1}{2}(\sqrt{3} + 2)$, und dann

$$x = \sqrt{\frac{u}{2}} = \frac{1}{2}\sqrt{2 - \sqrt{3}} \quad \text{und} \quad y = \sqrt{\frac{v}{2}} = \frac{1}{2}\sqrt{2 + \sqrt{3}}.$$

Somit ist

$$\sqrt[3]{1+\mathrm{i}} = \frac{\sqrt[6]{2}}{2}\left(\sqrt{2+\sqrt{3}} + \mathrm{i}\sqrt{2-\sqrt{3}}\right) \quad \text{und} \quad \sqrt[6]{-1} = \frac{1}{2}(\sqrt{3} + \mathrm{i}).$$

Die Lösung ist natürlich nicht eindeutig bestimmt, nur bis auf passende Einheitswurzeln.

Aufgabe 11.4: Ist $z = \sqrt{3} + \mathrm{i}$, so ist $|z|^2 = (\sqrt{3} + \mathrm{i})(\sqrt{3} - \mathrm{i}) = 4$. Für den Winkel $t = \arg(z)$ gelten die Gleichungen

$$\cos t = \frac{\sqrt{3}}{2} \quad \text{und} \quad \sin t = \frac{1}{2}.$$

Also ist $t = \pi/6$ (d.h. $= 30°$). Damit ist $\sqrt{3} + \mathrm{i} = 2\, e^{(\pi/6)\,\mathrm{i}}$.

Aufgabe 11.5: Es ist $z = 4\left(\cos(\pi/12) + \mathrm{i}\,\sin(\pi/12)\right) = -(\sqrt{6} + \sqrt{2}) - \mathrm{i}\,(\sqrt{6} - \sqrt{2})$.

Hier wurden die Gleichungen

$$\cos(\pi/12) = (\sqrt{6} + \sqrt{2})/4 \quad \text{und} \quad \sin(\pi/12) = (\sqrt{6} - \sqrt{2})/4$$

aus einer Formelsammlung benutzt. In Aufgabe 11.3 wurden stattdessen die Werte $\cos(\pi/12) = \left(\sqrt{2+\sqrt{3}}\right)/2$ und $\sin(\pi/12) = \left(\sqrt{2-\sqrt{3}}\right)/2$ errechnet. Durch Quadrieren findet man heraus, dass die errechneten und die nachgeschlagenen Werte übereinstimmen.

Aufgabe 11.6:

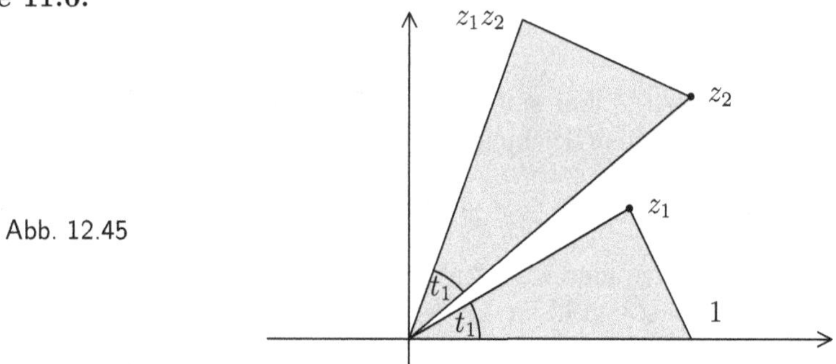

Abb. 12.45

Sei $z_1 = r_1 e^{\mathrm{i} t_1}$ und $z_2 = r_2 e^{\mathrm{i} t_2}$, also $z_1 z_2 = r_1 r_2 e^{\mathrm{i}(t_1+t_2)}$. Dann haben die beim Nullpunkt anliegenden Seiten des ersten Dreiecks die Längen 1 und r_1, die des zweiten Dreiecks die Längen $r_2 = 1 \cdot r_2$ und $r_1 \cdot r_2$. Der dazwischen liegende Winkel hat im ersten Dreieck den Wert t_1 und im zweiten Dreieck den Wert $(t_1 + t_2) - t_2 = t_1$. Also sind die Dreiecke ähnlich.

Aufgabe 11.7: Die Potenzen von $1 + \mathrm{i}$ (für $n = 0, 1, 2, \ldots, 7, 8$) ergeben

$1,\ 1 + \mathrm{i},\ 2\mathrm{i},\ -2 + 2\mathrm{i},\ -4,\ -4 - 4\mathrm{i},\ -8\mathrm{i},\ 8 - 8\mathrm{i},\ 16.$

Aufgabe 11.8: Es ist $z = 2\sqrt{3} + 2\mathrm{i} = r e^{\mathrm{i}t}$ mit $r = |z| = 4$ und $\cos t = \sqrt{3}/2$, $\sin t = 1/2$. Damit ist $t = \pi/6$.

Mit Moivre folgt: $z^6 = 4^6\big(\cos(6 \cdot (\pi/6)) + \mathrm{i}\sin(6 \cdot (\pi/6))\big) = 4^6(-1 + \mathrm{i} \cdot 0) = -4096.$

Aufgabe 11.9: Das Prinzip der quadratischen Ergänzung funktioniert auch in $\mathbb{C}$. Deshalb bleibt auch die Lösungsformel für quadratische Gleichungen gültig. Ist $z^2 + 15z + 57 = 0$, so ist

$$z = \frac{-15 \pm \sqrt{225 - 228}}{2} = \frac{1}{2}(-15 \pm \sqrt{3}\,\mathrm{i}).$$

Aufgabe 11.10: Ist $\zeta = e^{2\pi \mathrm{i} k/n}$, $k = 1, \ldots, n-1$, so ist $\zeta \neq 1$ und $\zeta^n = 1$, also

$$1 + \zeta + \zeta^2 + \cdots + \zeta^{n-1} = \frac{\zeta^n - 1}{\zeta - 1} = 0.$$

Man nennt das auch die „Kreisteilungsgleichung“. Nun folgt:

$$1 + e^{2\pi \mathrm{i}/n} + e^{4\pi \mathrm{i}/n} + \cdots + e^{2(n-1)\pi \mathrm{i}/n} = 0.$$

Der Imaginärteil liefert die gewünschte Gleichung.

Aufgabe 11.11: 1) Ist $z^4 = -4$, so ist $z^2 = \pm 2\,\mathrm{i} = \pm 2e^{\mathrm{i}(\pi/2)}$. Ist nun $z^2 = 2e^{\mathrm{i}(\pi/2)}$, so ist $z = \pm\sqrt{2}e^{\mathrm{i}(\pi/4)} = \pm(1 + \mathrm{i})$. Ist dagegen $z^2 = -2e^{\mathrm{i}(\pi/2)} = 2e^{\mathrm{i}(3\pi/2)}$, so ist $z = \pm\sqrt{2}e^{\mathrm{i}(3\pi/4)} = \pm(-1 + \mathrm{i})$. Damit sind alle Nullstellen von $p(z)$ bestimmt, und man hat die Zerlegung

$$\begin{aligned} p(z) &= (z^2 - 2\,\mathrm{i})(z^2 + 2\,\mathrm{i}) \\ &= \big(z - (1 + \mathrm{i})\big)\big(z + (1 + \mathrm{i})\big)\big(z - (\mathrm{i} - 1)\big)\big(z + (\mathrm{i} - 1)\big). \end{aligned}$$

2) Die Lösungen der quadratischen Gleichung $z^2 - z - 6 = 0$ ergeben die Nullstellen von $q(z)$, nämlich $z_1 = -2$ und $z_2 = 3$. Daher ist $q(z) = (z + 2)(z - 3)$.

Aufgabe 11.12: a) Ist $z = x + \mathrm{i}y$ und $w = u + \mathrm{i}v$, so ist $\langle z\,,\, w\rangle = \mathrm{Re}(z\overline{w}) = \mathrm{Re}\big(xu + yv) + \mathrm{i}(yu - xv)\big) = xu + yv$ das Skalarprodukt der Vektoren (x, y) und (u, v). Es gilt:

$$\begin{aligned} |z - w|^2 &= (z - w)(\overline{z} - \overline{w}) = z\overline{z} + w\overline{w} - (z\overline{w} + \overline{z\overline{w}}) \\ &= |z|^2 + |w|^2 - 2\,\mathrm{Re}(z\overline{w}). \end{aligned}$$

Insbesondere ist $\langle z\,,\, \mathrm{i}\,z\rangle = \mathrm{Re}\big(z(-\mathrm{i}\,\overline{z})\big) = -\mathrm{Re}(\mathrm{i}\,|z|^2) = 0$.

b) Man rechne zunächst nach, dass $|a + b|^2 - |a - b|^2 = 4\langle a\,,\, b\rangle$ ist. Dann folgt:

$$\begin{aligned} |c - m|^2 - r^2 &= |c - \frac{1}{2}(a + b)|^2 - \frac{1}{4}|a - b|^2 \\ &= |c|^2 + \frac{1}{4}|a + b|^2 - \langle c\,,\, a + b\rangle - \frac{1}{4}|a - b|^2 \\ &= |c|^2 + \langle a\,,\, b\rangle - \langle c\,,\, a + b\rangle = \langle c - a\,,\, c - b\rangle. \end{aligned}$$

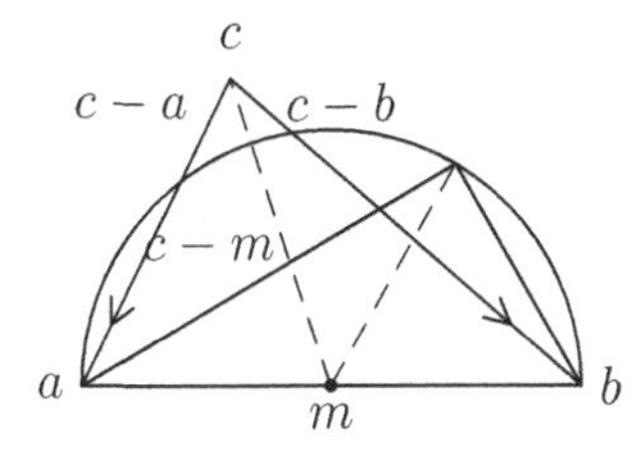

Abb. 12.46

m ist der Mittelpunkt der Strecke zwischen a und b. Die Vektoren $c-a$ und $c-b$ verbinden c mit a und b. Die gewonnene Gleichung zeigt: c liegt genau dann auf dem Kreis um m mit Radius $r = |b-a|/2$, wenn $c-a$ und $c-b$ aufeinander senkrecht stehen, wenn also a, b und c ein rechtwinkliges Dreieck bilden.

Aufgabe 11.13: c liegt genau dann auf der Geraden durch a und b, wenn es ein $t \in \mathbb{R}$ mit $c = a + t(b-a)$ gibt. Dann ist aber $\dfrac{c-a}{b-a} = t$ reell.

Ist umgekehrt $t := \dfrac{c-a}{b-a} \in \mathbb{R}$, so ist $c = a + t(b-a)$.

Aufgabe 11.14: Es ist

$$\begin{aligned} |z-z_0|^2 = r^2 \quad &\iff \quad (z-z_0)(\overline{z}-\overline{z}_0) - r^2 = 0 \\ &\iff \quad z\overline{z} - z\overline{z}_0 - z_0\overline{z} + z_0\overline{z}_0 - r^2 = 0 \\ &\iff \quad z\overline{z} + cz + \overline{cz} + \delta = 0 \text{ (mit } c = -\overline{z}_0 \text{ und } \delta = z_0\overline{z}_0 - r^2), \end{aligned}$$

wobei $r = \sqrt{z_0\overline{z}_0 - \delta}$ ist und $c\overline{c} = z_0\overline{z}_0 = \delta + r^2 > \delta$ sein muss.

Ist umgekehrt ein $c \in \mathbb{C}$ und ein $\delta \in \mathbb{R}$ mit $c\overline{c} - \delta > 0$ gegeben, so setze man $z_0 := -\overline{c}$ und $r := \sqrt{c\overline{c} - \delta}$. Dann liefert die Gleichung $z\overline{z} + cz + \overline{cz} + \delta = 0$ einen Kreis mit Radius r um z_0.

Aufgabe 11.15: Man setze die Abbildung folgendermaßen zusammen:

- Die Translation $z \mapsto w = z - z_0$ verschiebt die Gerade L so, dass sie durch den Nullpunkt geht.
- Die Transformation $w \mapsto u = (1/v)w$ ist eine Drehstreckung, die die Gerade auf die x-Achse abbildet. Allerdings ist eine Drehstreckung (wegen des Streckungsanteils) keine Bewegung.
- Die Spiegelung $u \mapsto y = \overline{u}$ lässt die x-Achse punktweise fest.
- Die Abbildung $y \mapsto k = vy$ macht die Drehstreckung rückgängig..
- Die Abbildung $k \mapsto k + z_0$ macht die Translation rückgängig.

Die zusammengesetzte Abbildung $f : z \mapsto z_0 + \dfrac{v}{\overline{v}}(\overline{z} - \overline{z}_0)$ ist jetzt aber eine Bewegung, die man folgendermaßen beschreiben kann: Spiegelung an der x-Achse, Translation um $-\overline{z}_0$, Drehung durch Multiplikation mit $v/\overline{v}$ und Translation um z_0. Man rechnet leicht nach, dass f die Gerade L punktweise festlässt.

Aufgabe 11.16: Man benutze die Gleichungen

$$\mathfrak{u}\mathfrak{v} = -\mathfrak{u} \bullet \mathfrak{v} + \mathfrak{u} \times \mathfrak{v}, \quad \mathfrak{u} \bullet \mathfrak{v} = -\frac{1}{2}(\mathfrak{u}\mathfrak{v} + \mathfrak{v}\mathfrak{u}) \quad \text{und} \quad \mathfrak{u} \times \mathfrak{v} = \frac{1}{2}(\mathfrak{u}\mathfrak{v} - \mathfrak{v}\mathfrak{u}).$$

Damit ist

$$\begin{aligned} \mathbf{uvw} - \mathbf{vwu} &= (\mathbf{uv} + \mathbf{vu})\mathbf{w} - \mathbf{v}(\mathbf{uw} + \mathbf{wu}) \\ &= (-2\mathbf{u} \bullet \mathbf{v})\mathbf{w} + (2\mathbf{u} \bullet \mathbf{w})\mathbf{v} \\ &= -2(\mathbf{u} \bullet \mathbf{v})\mathbf{w} + 2(\mathbf{u} \bullet \mathbf{w})\mathbf{v}, \end{aligned}$$

also

$$\frac{1}{2}(\mathbf{uvw} - \mathbf{vwu}) = (\mathbf{u} \bullet \mathbf{w})\mathbf{v} - (\mathbf{u} \bullet \mathbf{v})\mathbf{w}.$$

Andererseits ist

$$\begin{aligned} \mathbf{uvw} &= \mathbf{u}(-\mathbf{v} \bullet \mathbf{w} + \mathbf{v} \times \mathbf{w}) \\ &= -(\mathbf{v} \bullet \mathbf{w})\mathbf{u} + \mathbf{u}(\mathbf{v} \times \mathbf{w}) \end{aligned}$$

und

$$\begin{aligned} \mathbf{vwu} &= (-\mathbf{v} \bullet \mathbf{w} + \mathbf{v} \times \mathbf{w})\mathbf{u} \\ &= -(\mathbf{v} \bullet \mathbf{w})\mathbf{u} + (\mathbf{v} \times \mathbf{w})\mathbf{u}. \end{aligned}$$

also

$$\frac{1}{2}(\mathbf{uvw} - \mathbf{vwu}) = \frac{1}{2}\Big(\mathbf{u}(\mathbf{v} \times \mathbf{w}) - (\mathbf{v} \times \mathbf{w})\mathbf{u}\Big) = \mathbf{u} \times (\mathbf{v} \times \mathbf{w}).$$

Daraus folgt die zweite Behauptung.

Literaturverzeichnis

[Ant1] Anton, H.: *Lineare Algebra.* Spektrum Akademischer Verlag, Heidelberg (1998)

[Ant2] Anton, H.: *Calculus with analytic geometry.* 3. Aufl., John Wiley & Sons, USA (1989)

[GrWi] Arens, T., Busam, R., Hettlich, F., Karpfinger, Ch., Stachel, H.: *Grundwissen Mathematikstudium.* Springer Spektrum, Heidelberg (2013)

[ZtfE] Bartholomé, A., Rung, J., Kern, H.: *Zahlentheorie für Einsteiger.* 5. Aufl., vieweg, Wiesbaden (2006)

[CouR] Courant, R., Robbins, H.: *Was ist Mathematik?* 5. Aufl., Springer, Berlin-Heidelberg (2000)

[Zahl] Ebbinghaus, H.D. u.a. (Hg.): *Zahlen*, Band 1 von *Grundwissen Mathematik.* 3. Aufl., Springer, Berlin-Heidelberg-New York (1992)

[Eucl] Euclid: *The thirteen books of the elements, translated from the text of Heiberg with introduction and commentary by Sir Thomas L. Heath.* Dover Publications (1956)

[FiLA] Fischer, G.: *Lernbuch Lineare Algebra und Analytische Geometrie.* 2. Aufl., Springer Spektrum, Heidelberg (2012)

[FrME] Fritzsche, K.: *Mathematik für Einsteiger.* 5. Aufl., Springer Spektrum, Heidelberg (2014)

[Hilb] Hilbert, D.: *Grundlagen der Geometrie.* 13. Aufl., Teubner, Stuttgart (1987)

[Levi] Levi, H.: *Foundations of Geometry and Trigonometry.* Robert E. Krieger Publishing Company, Huntington, New York (1975)

[Ore] Ore, O.: *Invitation to Number Theory.* Random House, Yale University (1967)

[Ran] Range, R.M.: *What is Calculus?.* World Scientific (2016)

[SchG] Schäfer, W., Georgi, K.: *Mathematik-Vorkurs.* 3. Aufl., Teubner, Stuttgart (1997)

[Sch1] Scheid, H.: *Elemente der Arithmetik und Algebra.* Spektrum Akademischer Verlag, Heidelberg (2002)

[Sch2] Scheid, H., Schwarz, W.: *Elemente der Linearen Algebra und der Analysis.* Spektrum Akademischer Verlag, Heidelberg (2009)

[Sch3] Scheid, H., Schwarz, W.: *Elemente der Geometrie.* 4. Aufl., Spektrum Akademischer Verlag, Heidelberg (2007)

[Kalei] Steinhaus, H.: *Kaleidoskop der Mathematik.* VEB Deutscher Verlag der Wissenschaften, Berlin (1959)

[Tars] Tarski, A.: *Einführung in die mathematische Logik.* 2. Aufl., Vandenhoek & Ruprecht, Göttingen (1966)

[Thie] Thiele, R.: *Mathematische Beweise.* Harri Deutsch Verlag, Frankfurt/Main (1981)

[ThWH] Thomas, G.B., Weir, M.D., Hass,J.: *Basisbuch Analysis.* Pearson, München (2013)

[Trud] Trudeau, R.: *Die geometrische Revolution.* Birkhäuser (1998)

Index

Printed in the United States
By Bookmasters